江苏“十四五”普通高等教育本科规划教材

Organic Chemistry

有机化学

第二版

刘　睿　朱红军　主编

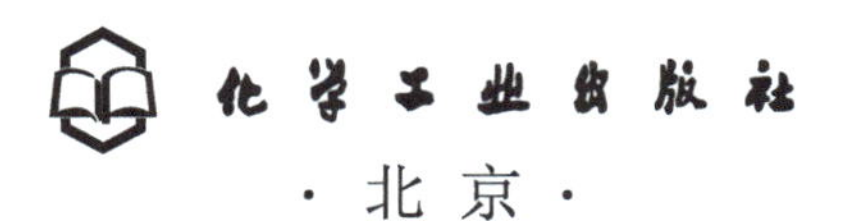

·北　京·

内容简介

《有机化学》（第二版）共21章，分别为概论，烷烃，烯烃，共轭二烯烃，环烷烃，炔烃，立体化学，卤代烃，苯及芳香化学，醇、酚、醚，核磁共振波谱，红外光谱，醛和酮，羧酸及其衍生物，双官能团化合物，胺及其他含氮化合物，杂环化合物，碳水化合物，氨基酸、多肽、蛋白质和核酸，金属有机化合物，周环反应等内容。每章在保持系统性和讲述清楚基本原理的基础上，尽可能做到简明，以符合当前少学时的授课需求。本书在编写时引入有机化学家事迹、化学史、学科前沿等内容，以增加学生的学习兴趣，提高科学素养。

《有机化学》（第二版）可作为化学类、化工与制药类、材料类、药学类、食品科学与工程类、生物工程类、环境科学与工程类、轻化工程类等专业本科生及研究生的教材，亦可供相关人员参考。

图书在版编目（CIP）数据

有机化学/刘睿，朱红军主编. —2版. —北京：化学工业出版社，2022.8（2025.7重印）
高等学校规划教材
ISBN 978-7-122-41544-8

Ⅰ. ①有… Ⅱ. ①刘… ②朱… Ⅲ. ①有机化学-高等学校-教材 Ⅳ. ①O62

中国版本图书馆CIP数据核字（2022）第091738号

责任编辑：宋林青　　文字编辑：刘志茹
责任校对：宋　夏　　装帧设计：史利平

出版发行：化学工业出版社（北京市东城区青年湖南街13号　邮政编码100011）
印　　装：涿州市般润文化传播有限公司
787mm×1092mm　1/16　印张24½　字数705千字　2025年7月北京第2版第4次印刷

购书咨询：010-64518888　　售后服务：010-64518899
网　　址：http://www.cip.com.cn
凡购买本书，如有缺损质量问题，本社销售中心负责调换。

定　　价：68.00元

前言

有机化学研究有机化合物的组成、结构、性质、合成、应用及相关问题，是一门面向化学类、化工与制药类、材料类、药学类、食品科学与工程类、生物工程类、环境科学与工程类等诸多专业，理论性和实践性并重的专业基础课。当前，我国与海外高校和科研机构交流合作、深入开展国际化合作办学，已成为常态。因此，更新有机化学内容，进行有机化学中文版和英文版双语教材的建设，既是对有机化学教学体系的改进与完善，也是对既有教学成果的继承与创新。本书为中文版，相应的英文版正在编写中，不久后也将正式出版。

本书参考了国外一些原版教材，按照我们的教学实践、教学经验和国内的实际情况进行编写。在新时代生态文明建设背景下，本教材立足于有机化学学科特点，以“立德树人”为宗旨，在所有章节之后添加了有机化学家事迹、化学史趣闻轶事、学科前沿成果等内容，以实现塑造正确价值观、传授科学知识、培养职业能力三位一体的教育目的。

全书共21章，南京工业大学刘睿和朱红军编写第1、2、21章，宋广亮编写第5、18章，韩国志编写第6章，解沛忠编写第7章，何广科编写第8章，岳燕妮编写第10章，程夏民、鹿永娜编写第13章，王建强编写第14章，朱森强编写第15章，沈志良编写第20章，常州大学黄海编写第11、19章，上海理工大学李钰皓编写第3章，青岛大学姜鹏编写第4章，山东理工大学楚庆岩编写第9章，东南大学成贤学院黄诚编写第12、16章，南京科技职业学院冯美丽编写第17章。全书由刘睿统稿，南京工业大学沈志良、赵恺、王亚辉、胡绪红等老师参与了全书的修订工作。

本教材已同步上线至超星学习通数字教材平台，师生可登录学习通应用中心，于数字教材模块搜索本书名称，购买并获取丰富多样的教学资源，包括章节内容、PPT课件、微课视频及在线测验等，助力高效学习与教学。

本书可作为各专业本科生有机化学课程教材及研究生课程教材，也可作为有关工矿企业和研究院所科研人员的参考书。由于编者水平有限，书中难免有疏漏和不妥之处，希望各位读者给予批评指正。

编　者

2022年5月20日

第一版前言

有机化学双语教学已经成为目前有机化学教学改革的一个重要举措，国内许多学校均做了有关的尝试，但一般都是选用国外原版教材，由于与国内教材不匹配，教师授课和学生学习时都颇为不便，使效果受到极大的影响。所以我们针对这一情况分别编写了《有机化学》中文版和英文版，以作为双语教学使用，本书为中文版。

本书以国外原版教材近10套作为参考，结合我们的教学实践、教学经验和国内的实际情况进行内容组织，着重吸收了国外名优教材的优点、有机化学新成果，同时还在每章的后面介绍了一些著名的有机化学家的事迹，以帮助学生们继承他们献身科学的敬业精神。书后编制了索引，和国际教材接轨，方便教材的使用。全书共22章，朱红军编写了第1、7、20、21、22章，王兴涌编写了第10、16章，郭成编写了第18、19章，汪海波编写了第13、17章，关建宁编写了第3、4章，陈静编写了第11、12章，马鸿飞编写了第8章，万嵘编写了第2、5章，肖涛编写了第9章，韩国志编写了第6章，宋广亮编写了第14章，徐浩编写了第15章，李玉峰和徐斌也参加了部分章节的编写。王锦堂教授主审了本书的全部内容。

本书是有关双语教材的首次尝试，希望能对提高国内有机化学双语教学水平和改善双语教学效果有一定的帮助。本书可作为各专业有机化学课程的教材，也可供有关工矿企业和研究院所的科研人员参考。

由于编者水平所限和时间仓促，本书还存在着很多值得改进的地方，希望各位读者对本书的不足之处给予指正。

编　者

2007年11月

目录

第13章 醛和酮 214

第14章 羧酸及其衍生物 233

第1章 概论

1.1 有机化学的发展

什么是有机化学呢？一般认为1806年瑞典化学家贝采利乌斯首次使用了“有机化学”这个词。因为当时已知的有机物都是从生物体内合成得到的，所以那时得出的一个错误结论是形成有机物需要一种神奇的“生命力”。这种生命力学说后来被德国化学家魏勒打破。

1828年，魏勒在试图合成氰酸铵时得到了尿素（脲）：

$$\underset{\text{氰酸铅}}{Pb(NCO)_2} + \underset{\text{氢氧化铵}}{NH_4^+OH^-} \longrightarrow \underset{\text{氰酸铵}}{NH_4^+NCO^-} \xrightarrow{\text{加热}} \underset{\text{脲}}{H_2N{-}C(=O){-}NH_2}$$

无机物（氰酸铅、氢氧化铵）　　有机物（脲）

魏勒的发现具有划时代的意义，因为它激发了化学家们研究有机体、石油和煤（植物和动物化石）中化学物质性质的热情。

如今化学原理得到了统一，同样的原理既可以解释简单的无机化合物，也可以解释复杂的有机化合物。有机化合物的唯一区别点是含有元素碳。因此，有机化学就是含碳化合物的化学。

碳是有机化合物中的主要元素，绝大多数有机物还含有氢元素，大多数有机化合物还含有氮、氧、磷、硫、氯和其他元素。为什么有机化学就是碳元素的化学呢？这主要是因为碳原子能够相互成键形成长链和环。在众多的元素中，唯有碳可以形成从具有1个碳的甲烷到数十亿个碳的DNA等各种有机化合物。

1.2 有机化学中的结构理论

有机化学是研究有机化合物分子结构和它们的反应及其之间关系的科学，因此结构理论是有机化学的基础理论。

有机化学中的结构理论与我们在无机化学中所学的结构理论是一致的，因此这里只作简单介绍。

1.2.1 原子轨道

原子由带正电荷的原子核和其周围运动的带等量负电荷的电子构成。电子可以看作一种波，原子中运动的电子可以用数学波动方程表示，即每一个电子均在称为轨道（图1-1）的一定空间中运动。

原子轨道可以认为是在一定时间内拍摄的电子的照片，也就是一种围绕核的电子云。原子中电子云的形状和角度分布的情况或空间图像由量子数来决定。

有4个量子数可用来表示原子中的电子：

n = 1、2、3、…，表示轨道能量，主量子数；

l = 0、1、…、n−1，表示角动量，角量子数

m = 0、±1、±2、…、±l，原子轨道在空间的伸展方向，磁量子数；

$s=-1/2$、$1/2$，自旋量子数（有时用m_s表示）

这4个量子数确定了电子的量子态，化学家用s、p、d、f等字母表示角动量l。因此，$n=3$，$l=1$的电子表示为3p。

图1-1可以有助于理解这些数字和字母对应的轨道形状。这些图像是一些代表性的三维轨道，为了得到全图，必须把它们想象成是围绕垂直轴旋转的。

1.2.2 离子键

化合物从广义上可以分为两类，即离子化合物和共价化合物。

离子化合物由带有电荷的单一原子或基团构成的离子组成，通常是具有高熔点的晶体，大多数能够溶解于水，形成能够导电的溶液。氯化钠（NaCl）就是典型的离子化合物。醋酸钠（$Na^+CH_3CO_2^-$）也是离子型化合物，其阴离子（$CH_3CO_2^-$）含有共价键。

带电粒子之间的相互作用力是静电引力，正、负离子间的静电引力构成离子键。例如氯化钠晶体（图1-2），每个钠离子周围有6个氯离子，每个氯离子周围有6个钠离子，它们之间具有强静电引力，因此氯化钠具有很高的熔点（801 ℃）和沸点（1413 ℃）。这些物理性质表明，静电引力将这些离子强烈地吸引到一起，需要较大的能量克服静电引力才能使氯化钠晶体转变成液态的氯化钠，而将其进一步从液态转变成气态则需要更大的能量。

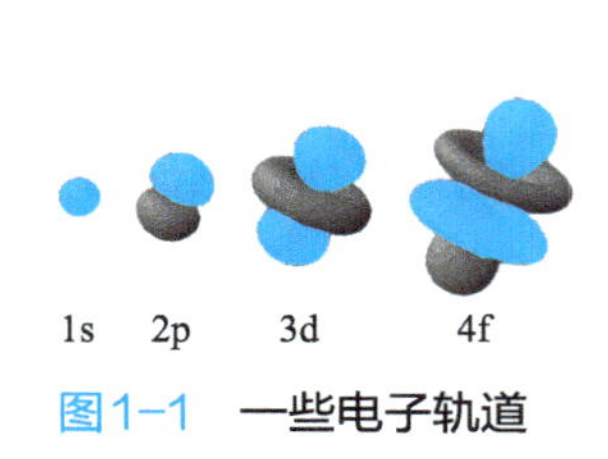

图1-1 一些电子轨道

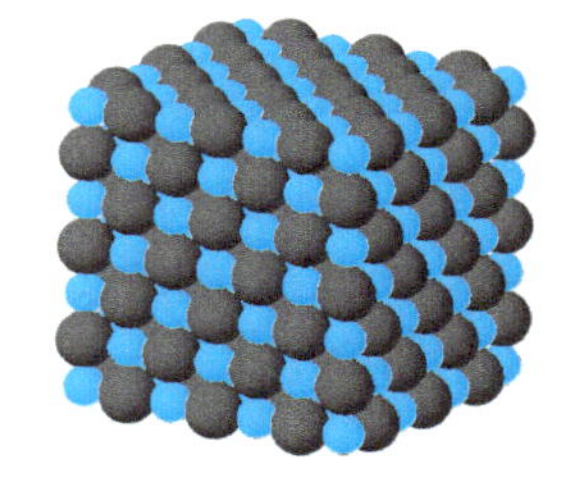

图1-2 氯化钠晶体示意图

1.2.3 共价键

共价化合物的结构单元是不带净电荷的分子，共价化合物可以是气体、液体或固体。

对简单的双原子分子H_2，两个H原子通过各自的1个未成对的1s电子云重叠交盖，使得两个H原子相互接近成键。同样对F_2而言，两个F原子通过2p轨道的交盖重叠成键。这种类型的结构可以用路易斯结构式表示。

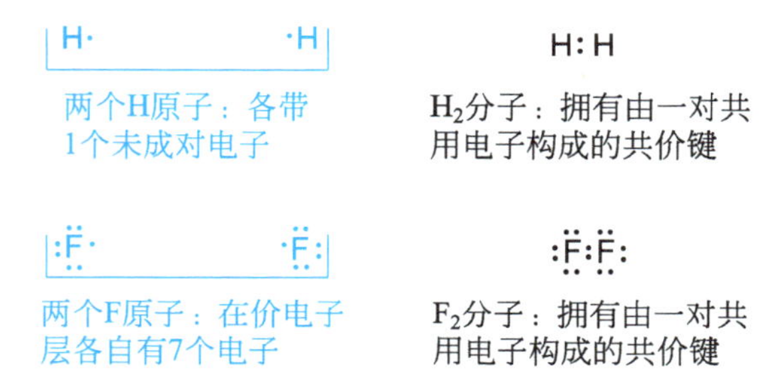

当碳原子通过轨道重叠来填满价电子层时，情况则变得更为复杂。为了解决这些问题，化学家们引入了分子轨道和杂化的概念。

1.2.4 杂化

（1）sp^3杂化和甲烷中的键

由碳和氢的原子轨道重叠形成的甲烷（CH_4）结构，其碳原子的电子组态是$1s^2\ 2s^2\ 2p_x^1\ 2p_y^1$，仅有两个半充满的轨道。那么它是如何与4个氢原子成键的呢？20世纪30年代，化学家鲍林提出了一个创造性的解决方案——杂化轨道理论。他首先提出，激发2s轨道中的一个电子到$2p_z$轨道，得到4个半充满的轨道；然后将这4个半充满的轨道2s、$2p_x$、$2p_y$和$2p_z$混合（杂化）为4个能量相同的半充满的轨道，这4个新轨道就称为sp^3杂化轨道（图1-3）。

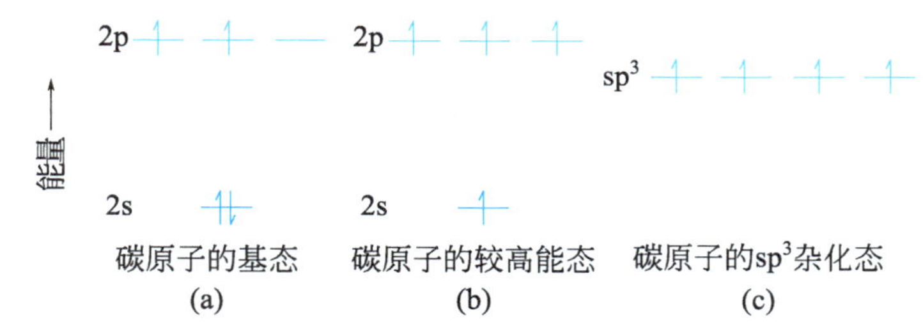

图1-3 sp^3杂化电子组态示意图。(a) 碳原子基态时的电子组态；(b) 一个2s电子激发到空的2p轨道；(c) 一个2s轨道和3个2p轨道杂化得到4个能量相同的sp^3杂化轨道（各含有一个电子）

每个sp^3杂化轨道由两个不等的椭球组成，其中一侧的电子密度大于另外一侧（图1-4和图1-5）。

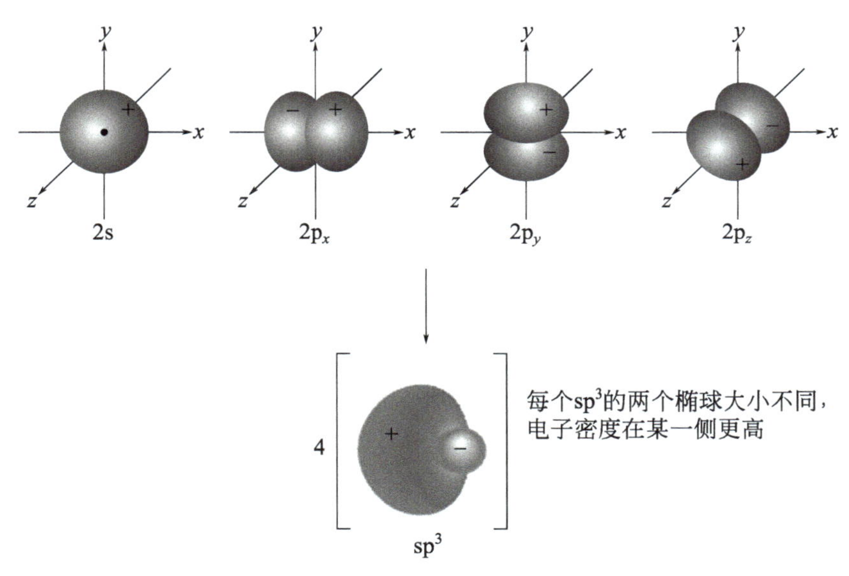

图1-4 sp^3杂化轨道示意图

一个s轨道与3个p轨道杂化形成4个sp^3杂化轨道，每个sp^3杂化轨道有25%的s成分和75%的p成分。这4个sp^3杂化轨道大椭球一侧指向以C为中心的四面体各角

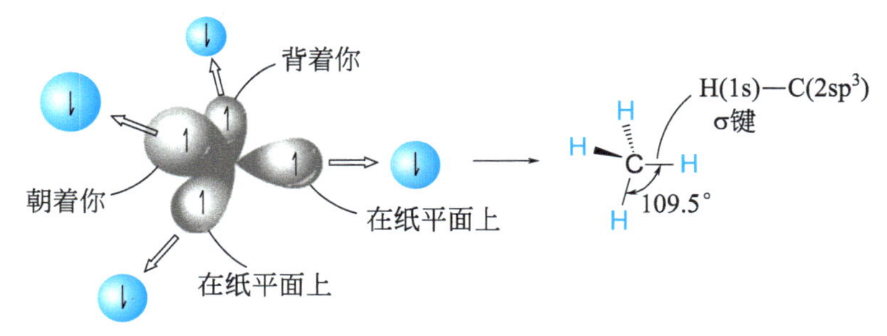

图1-5 sp^3杂化轨道围绕C原子形成了四面体排列，每个轨道含有1个电子，可与H原子成键形成四面体构型的甲烷分子

（2）sp^2杂化和乙烯中的键

如图1-6所示，乙烯分子中的所有原子（2个碳原子和4个氢原子）均共平面，所有键角接近120°，碳碳键长明显小于乙烷中的碳碳键长。其杂化如图1-7所示，激发2s轨道中的一个电子到$2p_z$轨道得到4个半充满的轨道；然后将其中3个半充满的轨道2s、$2p_x$和$2p_y$杂化为3个能量相等的半充满的轨道，这3个新轨道就称为sp^2杂化轨道。这些sp^2轨道分别与氢原子的s轨道组成4个C—H σ键，两个碳的sp^2轨道结合成C—C σ键，剩余的$2p_z$从侧面重叠，形成C—C π键，如图1-8所示。

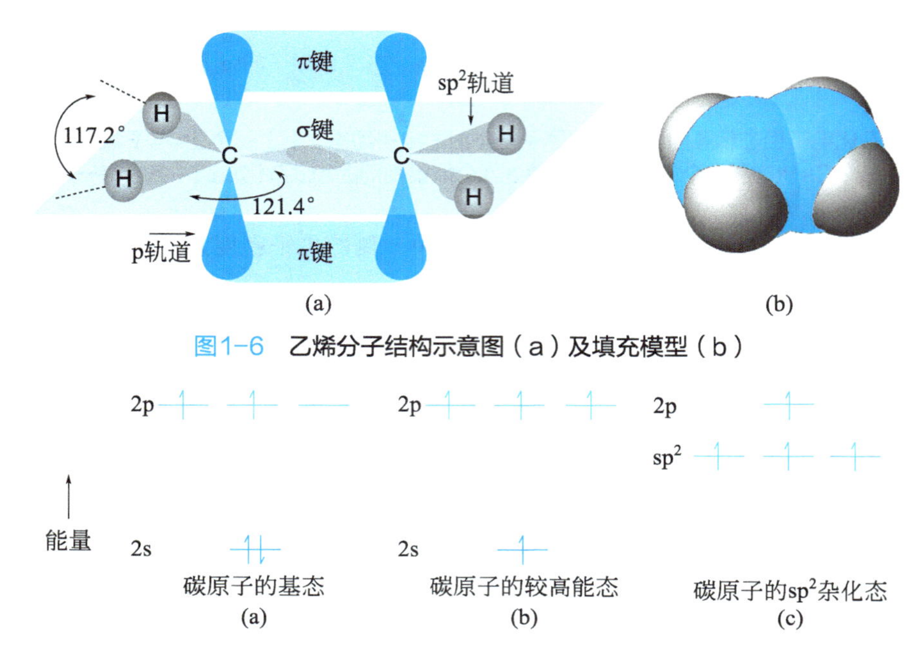

图1-6　乙烯分子结构示意图（a）及填充模型（b）

2p
sp²
2p
2p
能量
2s
2s
碳原子的基态
(a)
碳原子的较高能态
(b)
碳原子的sp²杂化态
(c)

图1-7　乙烯分子中的sp^2杂化的电子组态示意图：（a）碳的电子构型处于最稳定状态；（b）一个电子从2s轨道激发到空的2p轨道；（c）2s轨道与3个2p轨道中的两个组合成3个能量相等的sp^2杂化轨道，其中一个2p轨道无变化

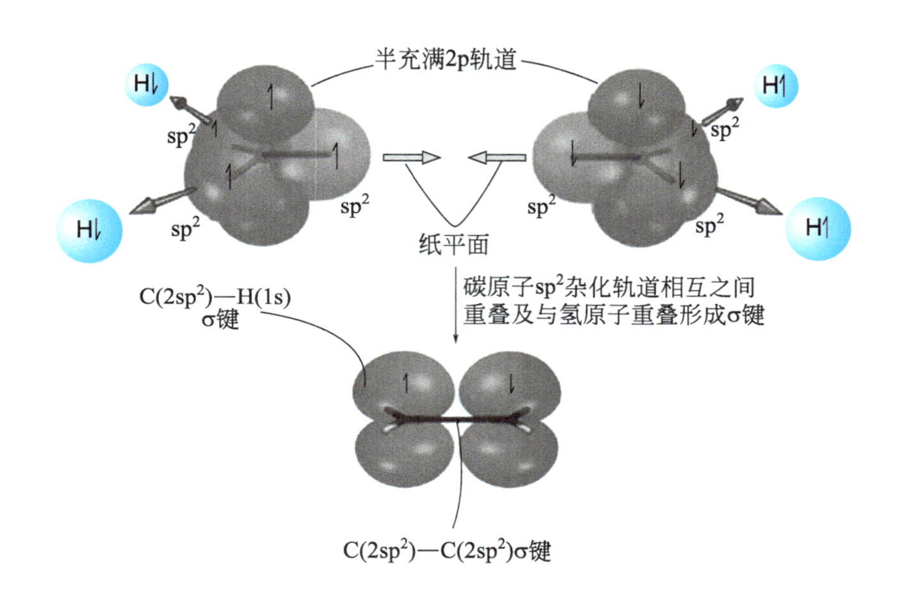

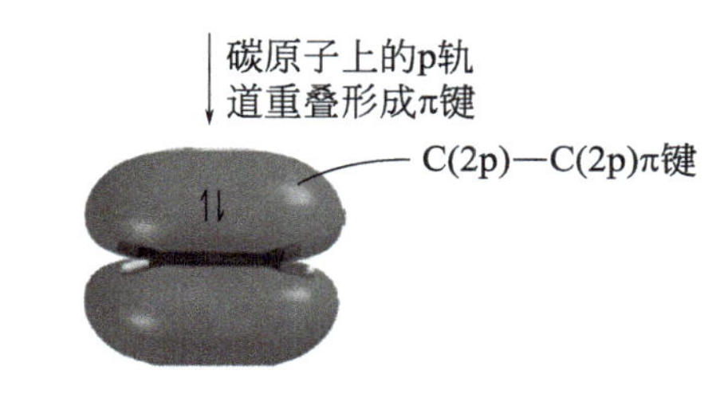

图1-8　乙烯分子成键示意图

（3）sp杂化和乙炔中的键

乙炔分子为线形结构（图1-9）。其杂化如图1-10所示，激发2s轨道中的一个电子到$2p_z$轨道得到4个半充满的轨道；然后将其中2个半充满的轨道2s和$2p_x$杂化为2个能量相同的半充满的轨道，这2个新轨道就称为sp杂化轨道。这些sp轨道分别与氢原子的s轨道形成2个C—H σ键，两个碳的sp轨道结合成C—C σ键，剩余的$2p_y$、$2p_z$轨道从侧面重叠，形成2个C—C π键，如图1-11所示。碳碳叁键可以看作由一个σ键和两个π键组成。

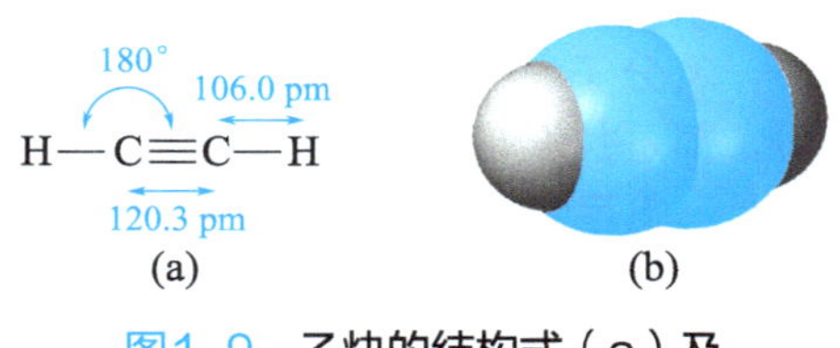

图1-9　乙炔的结构式（a）及填充模型（b）

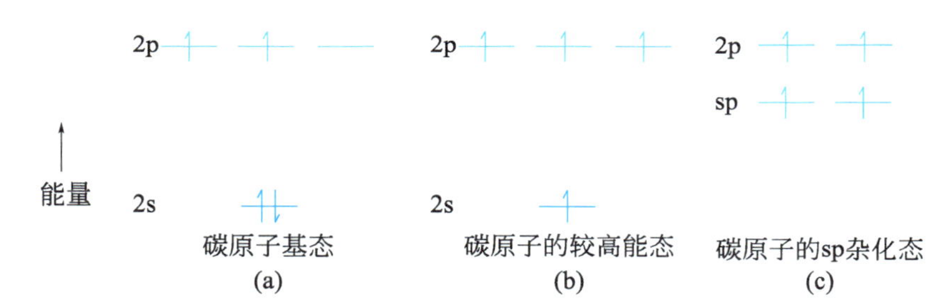

图1-10　乙炔分子中的sp杂化的电子组态示意图：（a）碳的电子构型处于最稳定状态；（b）一个电子从2s轨道激发到空的2p轨道；（c）2s轨道与3个2p轨道中的一个组合成两个能量相等的sp杂化轨道，剩下的两个2p轨道无变化

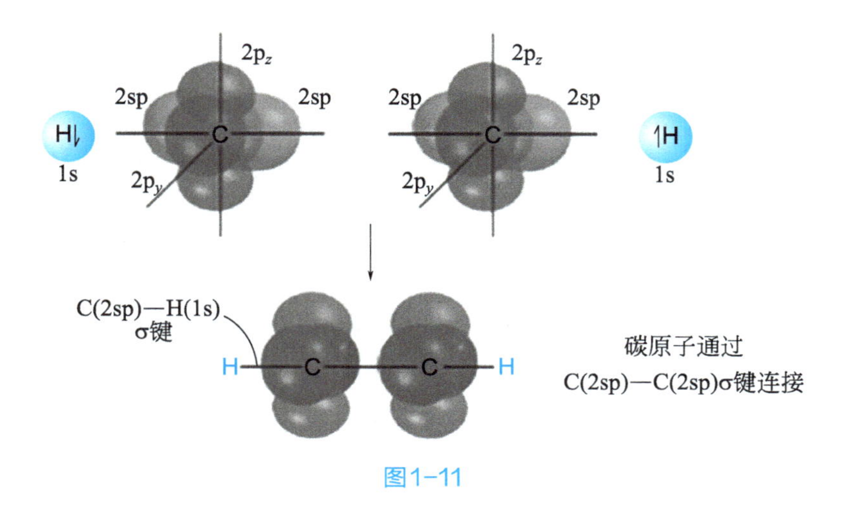

图1-11

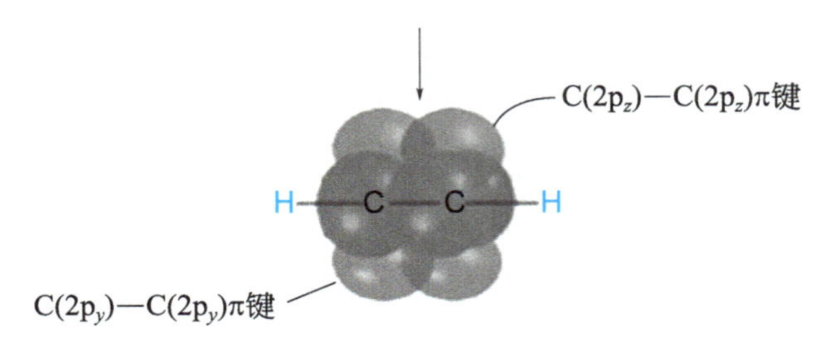

图1-11　乙炔分子成键示意图

1.2.5　共价键的极性、电负性和偶极矩

氢分子（H_2）中的H—H键、氯气分子（Cl_2）中的Cl—Cl键、乙烷分子（C_2H_6）中的C—C键，都是共价键，其中的两个电子平均分布在两个原子上，因此这些共价键被称为非极性共价键。但是，氯甲烷（CH_3Cl）中的C—Cl键因不同原子对电子的吸引力不同，导致电子分布不对称，该键是极性共价键。

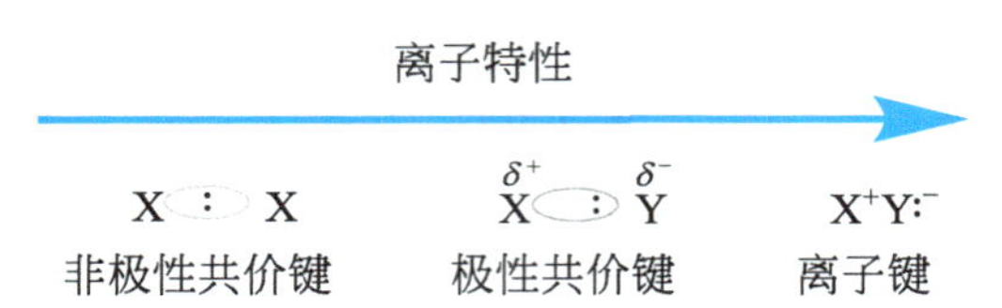

键的极性是由于成键原子间的电负性（electronegativity，EN，原子对电子的吸引力）不同而引起的。共价键中的原子吸引电子的能力就是电负性。具有电负性的原子吸引电子，而电正性原子给出电子。鲍林给电负性下的定义为“电负性是元素的原子在化合物中吸引电子能力的标度”。元素电负性数值越大，表示其原子在化合物中吸引电子的能力越强；反之，电负性数值越小，相应原子在化合物中吸引电子的能力越弱（稀有气体原子除外）。最常用的电负性标准是由鲍林制定的，见表1-1。

表1-1　部分元素的电负性

电负性增加

周期																		
1	H 2.20																	He
2	Li 0.98	Be 1.57											B 2.04	C 2.55	N 3.04	O 3.44	F 3.98	Ne
3	Na 0.93	Mg 1.31											Al 1.61	Si 1.90	P 2.19	S 2.58	Cl 3.16	Ar
4	K 0.82	Ca 1.00	Sc 1.36	Ti 1.54	V 1.63	Cr 1.66	Mn 1.55	Fe 1.83	Co 1.88	Ni 1.91	Cu 1.90	Zn 1.65	Ga 1.81	Ge 2.01	As 2.18	Se 2.55	Br 2.96	Kr 3.00
5	Rb 0.82	Sr 0.95	Y 1.22	Zr 1.33	Nb 1.6	Mo 2.16	Tc 1.9	Ru 2.2	Rh 2.28	Pd 2.20	Ag 1.93	Cd 1.69	In 1.78	Sn 1.96	Sb 2.05	Te 2.1	I 2.66	Xe 2.6
6	Cs 0.79	Ba 0.89	*	Hf 1.3	Ta 1.5	W 2.36	Re 1.9	Os 2.2	Ir 2.20	Pt 2.28	Au 2.54	Hg 2.00	Tl 1.62	Pb 2.33	Bi 2.02	Po 2.0	At 2.2	Rn
7	Fr 0.7	Ra 0.9	**	Rf	Db	Sg	Bh	Hs	Mt	Ds	Rg	Uub	Uut	Uuq	Uup	Uuh	Uus	Uuo
镧系	*	La 1.1	Ce 1.12	Pr 1.13	Nd 1.14	Pm 1.13	Sm 1.17	Eu 1.2	Gd 1.2	Tb 1.1	Dy 1.22	Ho 1.23	Er 1.24	Tm 1.25	Yb 1.1	Lu 1.27		
锕系	**	Ac 1.1	Th 1.3	Pa 1.5	U 1.38	Np 1.36	Pu 1.28	Am 1.13	Cm 1.28	Bk 1.3	Cf 1.3	Es 1.3	Fm 1.3	Md 1.3	No 1.3	Lr 1.3		

单个键经常是极性的，整个分子也常常是极性的。分子的极性来自所有键和孤对电子的极性之和。偶极矩是衡量分子极性大小的物理量，即正、负电荷中心间的距离和电荷中心所带电量的乘积，用符号μ表示，$\mu=q\times d$。它是一个矢量，方向规定为从正电中心指向负电中心。分子偶极矩可由键偶极矩经矢量加法后得到。偶极矩的单位为D（Debyes，德拜），1 D = 3.336×10^{-19} C · m

（库仑·米）。

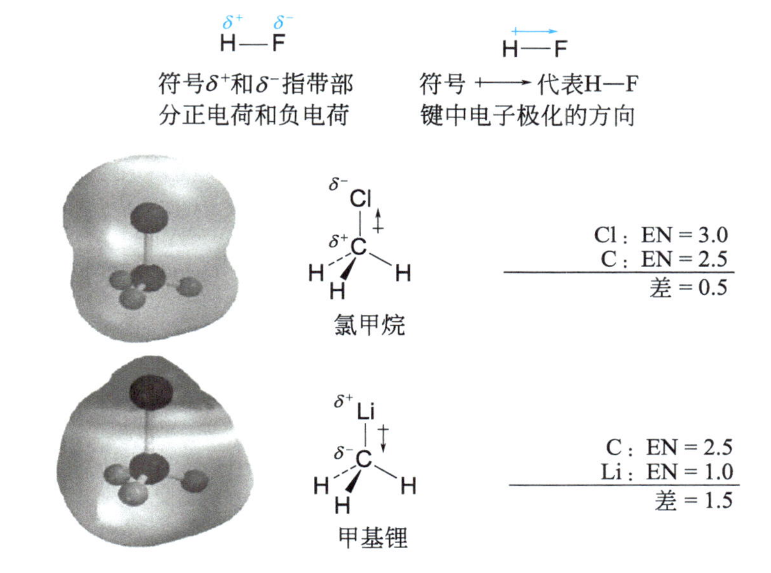

偶极矩可以通过下述方法来理解：假设分子中存在正电荷中心和负电荷中心，如果这两个中心不能重合，则整个分子就存在极性。常见化合物的偶极矩见表1-2。

表1-2　常见化合物的偶极矩

化合物	偶极矩/D	化合物	偶极矩/D
NaCl	9.0	NH_3	1.47
CH_3NO_2（硝基甲烷）	3.46	CH_4	0
		CCl_4	0
		CH_3CH_3	0
CH_3Cl	1.87	（苯结构式）	0
H_2O	1.85		
CH_3OH	1.70		
$H_2C{=}\overset{+}{N}{=}N^-$（重氮甲烷）	1.50	BF_3	0

1.3　有机化学中的酸碱理论

1.3.1　布朗斯德-劳瑞酸碱

布朗斯德-劳瑞酸就是能够给出质子（H^+）的分子或离子，布朗斯德-劳瑞碱就是能够与质子（H^+）结合的分子或离子。

$$\underset{\text{酸}}{H{-}A} + \underset{\text{碱}}{:B} \rightleftharpoons \underset{\text{共轭碱}}{A:^-} + \underset{\text{共轭酸}}{H{\cdots}B^+}$$

$$\underset{\text{酸}}{HCl\,(g)} + \underset{\text{碱}}{H_2O\,(l)} \longrightarrow \underset{\text{共轭酸}}{H_3O^+} + \underset{\text{共轭碱}}{Cl^-}$$

$$CH_3CO_2H + OH^- \longrightarrow H_2O + CH_3CO_2^-$$

酸　　碱　　共轭酸　　共轭碱

$$H_2O + NH_2^- \longrightarrow NH_3 + OH^-$$

酸　　碱　　共轭酸　　共轭碱

1.3.2 路易斯酸碱

路易斯酸是能够接受电子对的分子或离子，路易斯碱是能够给出电子对的分子或离子，给出的电子对由路易斯酸和路易斯碱通过共价键共享。

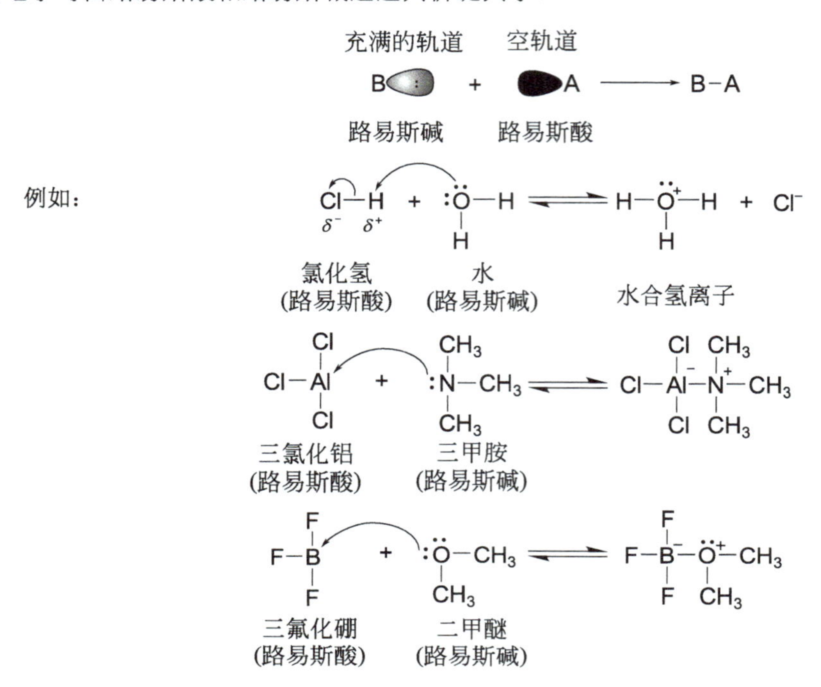

路易斯酸必须含有一个空轨道或有一个含质子的极性键能让它提供质子。路易斯酸包括金属阳离子，例如Mg^{2+}，当与碱键合时可以接受一对电子；第3主族元素组成的化合物，如BF_3和$AlCl_3$，由于有未充满的空轨道，从而能够从路易斯碱接受电子对。$TiCl_4$、$FeCl_3$、$ZnCl_2$和$SnCl_4$等金属化合物也是路易斯酸。

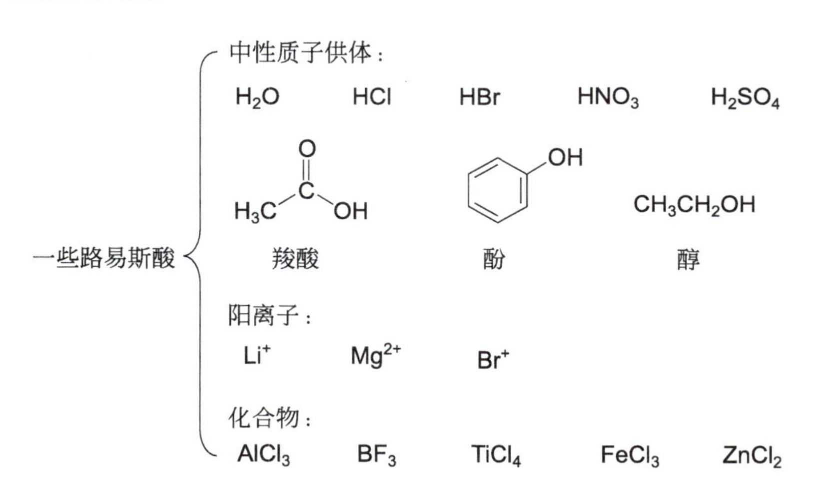

路易斯碱含有孤对电子，不仅可接受质子，还可与路易斯酸结合，因此该定义包含了布朗斯德-劳瑞碱。大多数含氧和氮的有机化合物因为有孤对电子而是路易斯碱；像CH_3CO_2H和CH_3OH等化合物既可以是路易斯酸，也可以是路易斯碱；许多路易斯碱含有不止一个碱中心（两个孤对电子）。

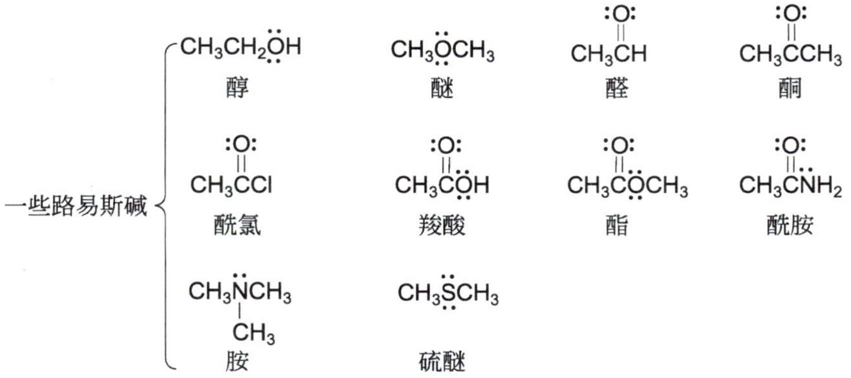

一些路易斯碱：

- $CH_3CH_2\ddot{O}H$ 醇；$CH_3\ddot{O}CH_3$ 醚；$CH_3\overset{:O:}{\overset{\|}{C}}H$ 醛；$CH_3\overset{:O:}{\overset{\|}{C}}CH_3$ 酮
- $CH_3\overset{:O:}{\overset{\|}{C}}Cl$ 酰氯；$CH_3\overset{:O:}{\overset{\|}{C}}\ddot{O}H$ 羧酸；$CH_3\overset{:O:}{\overset{\|}{C}}\ddot{O}CH_3$ 酯；$CH_3\overset{:O:}{\overset{\|}{C}}\ddot{N}H_2$ 酰胺
- $CH_3\ddot{N}(CH_3)CH_3$ 胺；$CH_3\ddot{S}CH_3$ 硫醚

1.4 官能团和有机化合物的分类

官能团是分子中具有一定化学特性的原子或原子团。官能团不仅对有机化合物的化学性质有决定性作用，而且还决定了有机化合物的种类和有机化合物的同分异构体。有机化学中常见官能团及其优先次序见表1-3，表中官能团的优先次序从上到下递减。

表1-3 常见官能团及其优先次序

官能团名称	官能团结构	化合物类名	实例
羧基	$-\overset{O}{\overset{\|}{C}}-OH$	羧酸	CH_3COOH（乙酸） 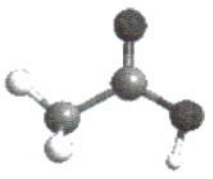
磺基	$-\overset{\mid}{\underset{\mid}{C}}-SO_3H$	磺酸	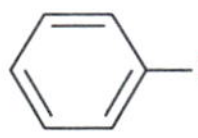 $C_6H_5-SO_3H$（苯磺酸） 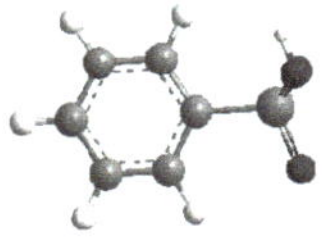
酰氧甲酰基	$-\overset{O}{\overset{\|}{C}}-O-\overset{O}{\overset{\|}{C}}-R$	酐	$CH_3\overset{O}{\overset{\|}{C}}-O-\overset{O}{\overset{\|}{C}}CH_3$（乙酐） 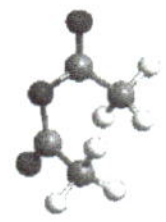
烃氧甲酰基（酯基）	$-\overset{O}{\overset{\|}{C}}-OR$	酯	$CH_3\overset{O}{\overset{\|}{C}}-OCH_2CH_3$（乙酸乙酯） 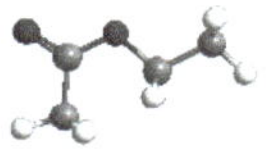
卤代甲酰基	$-\overset{O}{\overset{\|}{C}}-X$	酰卤	$CH_3\overset{O}{\overset{\|}{C}}-Cl$（乙酰氯） 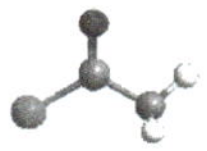
氨基甲酰基（酰胺基）	$-\overset{O}{\overset{\|}{C}}-NH_2$	酰胺	$CH_3\overset{O}{\overset{\|}{C}}-NH_2$（乙酰胺） 
氰基	$-CN$	腈	CH_3CN（乙腈） 

续表

官能团名称	官能团结构	化合物类名	实例
醛基（甲酰基）	$-\overset{O}{\overset{\|}{C}}-H$	醛	$CH_3\overset{O}{\overset{\|}{C}}-H$（乙醛）
羰基	$\begin{matrix}-\overset{\|}{\underset{\|}{C}}\diagdown \\ \quad C=O \\ -\overset{\|}{\underset{\|}{C}}\diagup\end{matrix}$	酮	$CH_3\overset{O}{\overset{\|}{C}}CH_3$（丙酮）
羟基	$-\overset{\|}{\underset{\|}{C}}-OH$	醇	CH_3OH（甲醇）
	C_6H_5-OH	酚	C_6H_5-OH（苯酚）
巯基	$-\overset{\|}{\underset{\|}{C}}-SH$	硫醇	CH_3CH_2SH（乙硫醇）
	C_6H_5-SH	硫酚	C_6H_5-SH（硫酚）
过氧基	$-\overset{\|}{\underset{\|}{C}}-O-O-H$	过氧化物	$C_6H_5-\overset{CH_3}{\underset{CH_3}{C}}-OOH$（氢过氧化异丙苯）
氨基	$-\overset{\|}{\underset{\|}{C}}-NH_2$	胺	CH_3NH_2（甲胺）
亚氨基	$\begin{matrix}-\overset{\|}{\underset{\|}{C}}\diagdown \\ \quad NH \\ -\overset{\|}{\underset{\|}{C}}\diagup\end{matrix}$	仲胺	$\begin{matrix}CH_3\diagdown \\ \quad NH \\ CH_3\diagup\end{matrix}$（二甲胺）
		亚胺	$CH_3CH=NH$（乙亚胺）
叁键	$-C\equiv C-$	炔	$HC\equiv CH$（乙炔）
双键	$\rangle C=C\langle$	烯	$H_2C=CH_2$（乙烯）
		烷	CH_3-CH_3（乙烷）
烃氧基	$-\overset{\|}{\underset{\|}{C}}-OR$	醚	CH_3OCH_3（甲醚）
卤原子	$-\overset{\|}{\underset{\|}{C}}-X$ (F,Cl,Br,I)	卤代烃	CH_3CH_2Br（溴乙烷）
硝基	$-\overset{\|}{\underset{\|}{C}}-NO_2$	硝基化合物	CH_3NO_2（硝基甲烷）

有了官能团的优先次序，我们才可以对多官能团有机物进行命名。当有机物分子中出现两种或两种以上官能团时，需要把排在前面的官能团作为母体化合物（决定了化合物的种类），排在后面的作为取代基。具体内容将在后面的章节中根据有机化合物的不同分类来进行学习。

拓展阅读：莱纳斯·卡尔·鲍林

莱纳斯·卡尔·鲍林（Linus Carl Pauling，1901.2.28—1994.8.19），美国著名化学家，量子化学和结构生物学的先驱者。由于他在揭示化学键本质方面的贡献，于1954年荣获诺贝尔化学奖。由于他在反对地面核试验和对和平事业的贡献，于1962年荣获诺贝尔和平奖，成为一生中获得不同诺贝尔奖项的两人之一，另外一位是玛丽·居里（Marie Curie，居里夫人）。

早期生活

鲍林出生在美国俄勒冈州波特兰市，他的父亲是个不成功的药剂师，从1903年到1909年他家在俄勒冈州辗转了多个城市后，最终又回到波特兰市。1910年老鲍林因穿孔溃疡而去世，其母亲照料鲍林和他的两个年幼的弟妹。

鲍林幼年聪明好学，上小学时认识了心理学教授捷夫列斯（Lloyd Jeffress），捷夫列斯有一所私人实验室，他曾给幼小的鲍林做过许多有意思的化学演示实验，这使鲍林从小萌生了对化学的热爱，这种热爱使他走上了研究化学的道路。鲍林在读中学时，各科成绩都很好，尤其是化学成绩一直名列全班第一名。他经常埋头在实验室里做化学实验，立志当一名化学家。

在读中学时鲍林从爷爷巡更的废弃的钢铁公司借了大量的仪器设备和材料，继续埋头在实验室里做化学实验。因未通过美国历史学课程考试而未能拿到高中的毕业文凭，直到45年后鲍林获得2次诺贝尔奖，该中学才授予他中学毕业文凭。

大学生涯

1917年，鲍林以优异的成绩考入位于康瓦利斯城的俄勒冈州农业学院（OAC，现俄勒冈州立大学）化学工程系学习。由于母亲多病，家中经济困难，鲍林在大学曾停学一年，自己去挣学费。复学以后，他靠勤工俭学来维持学习和生活，曾兼任分析化学实验员，在大四时还兼任过大一年级实验课的指导老师。

在OAC学习的最后两年，鲍林开始关注吉尔伯特·刘易斯（Gilbert N. Lewis）和欧文·朗格缪尔（Irving Langmuir）在原子的电子结构及其分子形成的价键理论方面取得的成果。于是他决定集中精力研究物质的物理化学性质与该物质原子结构之间的关系，成为了现代量子化学的奠基人之一。

在读大学第四年时，鲍林遇到了他的学妹，爱娃·海伦·米勒（Ava Helen Miller），并于1923年6月17日结婚，他们有三个儿子和一个女儿。

1922年，鲍林以优异的成绩大学毕业，同时，考取了加州理工学院（Caltech）的研究生，导师是著名化学家诺伊斯。诺伊斯擅长物理化学和分析化学，知识非常渊博。诺伊斯告诉鲍林，不要只停留在书本知识上，应当注重独立思考，同时要研究与化学有关的物理知识。读研期间，鲍林主要研究晶体结构X射线衍射的测定。在加州理工学院期间，他发表了7篇关于矿物晶体结构测定方面的论文。1925年，他以优异成绩获得了博士学位。

早期科研生涯

鲍林获博士学位以后，于1926年2月去欧洲，先后跟随慕尼黑的阿诺德·索末菲、哥本哈根的尼尔斯·玻尔和苏黎世的埃尔温·薛定谔进行研究工作，这些学术研究经历，使鲍林对量子力学有了极为深刻的了解，坚定了他用量子力学方法解决化学键问题的信心。

鲍林于1927年在加州理工学院担任理论化学助教，开始了他在加州理工学院多产的5年教师生涯。鲍林继续进行了他的X射线晶体衍射研究，同时对原子和分子的量子力学机理进行了演算。在这5年中，他发表了近五十篇论文。1929年，他晋升副教授，1930年晋升教授。1931年，美国化学协会授予鲍林朗格缪尔奖，此奖项是表彰那些30岁或更年轻的在理论科学领域有杰出成就的人。

1930年夏天，鲍林再次来到欧洲，从事与他曾经研究过的X射线晶体衍射相似的电子衍射研究。他和他的学生布洛克瓦（L.O.Brockway）在加州理工学院建造了一台电子衍射仪，用于研究众多化学物质的分子结构。

1932年，他提出了电负性的概念。根据分子各种性质，如键能、分子偶极矩，他确定了大多数元素的鲍林电负性标度，这可以用于预测分子中原子间键的性质。另外一种电负性测量方法由罗伯特·马利肯（Robert S. Mulliken）提出，即Mulliken标度。Mulliken标度与鲍林电负性标度相关，但是并不完善。鲍林电负性标度更加常用。

化学键的性质研究

在20世纪30年代，鲍林开始发表关于化学键性质研究的文章，他在1939年出版的该领域教科书非常出名。由于在该领域的基础性研究，1954年鲍林获得了诺贝尔化学奖，以表彰他在化学键及其在阐述复杂物质结构应用方面的研究成就。鲍林在《化学键的性质》(The Nature of the Chemical Bond）一书中，对他的工作进行了总结。这是化学书籍中最具影响力的一本著作，该书自1939年出版以来，被引用超过16000次，由此可见该书的重要性。即使在今天，很多发表在重要杂志上的现代科技论文还在引用这本巨著。

鲍林基于化学键性质方面的研究工作而提出了杂化的概念，原子中的电子通常处于不同的轨道中，如s轨道、p轨道等。而描述分子的价键时，最好是将各个参与成键的原子组合起来。因此，碳原子中1个2s和3个2p轨道可以组合得到4个等价的轨道（称为sp^3杂化轨道），这样就得到了合适的轨道来描述含碳化合物，如甲烷；2s轨道可以和2个2p轨道组合，得到3个等价的轨道（称为sp^2杂化轨道），还有一个2p轨道未参与杂化，这样就可以解释不饱和的含碳化合物，如乙烯的分子轨道；在其他类型的分子中，还可以看到其他轨道杂化示意图。

鲍林探索的另外一个领域是离子键（其电子可以在原子间转移）和共价键（其电子在原子间共享）之间的关系。鲍林指出，离子键和共价键仅仅是众多实际成键的两个极端情况。对于这种情况，鲍林的电负性理论就特别有用，一对原子间的电负性差异就是键离子化程度的最有力预测。

在化学键性质这个大的领域中，鲍林研究涉及的第三个主要研究课题是芳烃的结构，特别是苯的结构。对苯的结构最佳描述是由德国化学家凯库勒（Friedrich A.Kekule）提出的。他将苯看作是两种结构之间迅速转换的结果，每一种结构之间单双键交替，但是一种结构中出现双键的位置则是另一种结构中的单键。鲍林基于量子力学理论，提出了一个合适的描述。他认为，苯是一个中间结构，是一个结构的重叠而不是它们之间的迅速相互转换的结构。后来鲍林将共振（resonance）的概念应用到了这种现象的解释中。从某种程度上讲，这种现象类似于早期描述的杂化，因为该现象涉及了不止一种电子结构，从而得到中间结构的结论。

生物学研究

20世纪30年代中期，鲍林决定冲击感兴趣的新领域。在他研究生涯早期，他曾经提到过自己缺乏对生物分子研究的兴趣，但是，随着加州理工学院在生物领域实力的增强，同时随着与Thomas Hunt Morgan、Theodosius Dobzhanski、Calvin Bridges和Alfred Sterdivant等许多伟大生物学家的接触，他开始热衷于研究生物分子。他在这个领域的第一个工作是有关血色素的结构，他能够证明当血色素分子得到或者失去一个氧原子时，它自身结构会发生改变。这一观察结果让他决定对普通蛋白质的结构做更全面的研究。他重新拾起他X射线衍射分析，但是蛋白质结构远没有他之前研究的晶体矿石容易测试。最好的蛋白质X射线衍射图已于20世纪30年代由英国的晶体学家William Astbury做出来，但1937年，当鲍林尝试用量子力学的观点对Astbury的观察进行解释时，他没有成功。

鲍林解释这个问题花了11年的时间：他的数学分析是正确的，相反Astbury的图形对蛋白质结构的描述偏离了它的本来结构。鲍林为血色素的结构建立了一个模型，在这个模型中原子是按螺旋形排列的，他把这一理论应用到常见的蛋白质分子。虽然他假设的DNA结构并不是十分正确，但是这个螺旋排列支持了James D. Watson和Francis Crick提出的DNA双螺旋结构。大多数了解他工作的人相信，即使Watson和Crick未能揭示DNA的模型，鲍林在不久之后也会得到同样的结论。

在1951年，基于氨基酸、蛋白质以及肽键的平面结构，鲍林和他的同事们正确地提出：蛋白质亚结构中α螺旋结构和β片状结构是其主要结构。这一理论成为20世纪生物化学若干基本理论之一，影响深远。

此外，鲍林还提出了酶催化反应的机理、抗原与抗体结构互补性原理以及DNA复制过程中的互补性原理，这些理论在20世纪的生物化学和医学领域都扮演了非常重要的角色。

政治生涯

鲍林一直都不关心政治，直到第二次世界大战。战争深深地改变了他的生活，他变成了一位和平积极分子。1946年，他参加了由爱因斯坦担任主席的原子科学家紧急委员会，其使命是提醒公众核武器的发展和危害的联系。在1952年，当他被邀请在伦敦的一个科学会议上做演讲时，由于他政治上的激进行为，美国拒绝给予他护照。他的护照直到1954年在斯德哥尔摩举行的他第一个诺贝尔奖颁奖典礼之前不久才归还给他。

1957年，鲍林与生物学家Barry Commoner合作开始了一场请愿运动。Commoner研究过北美儿童乳牙中的放射性锶90，并且推断地面上的核试验以放射性沉降形式对人类健康造成威胁。1958年，鲍林和他的妻子向联合国递交了一份超过11000名科学家签名的《科学家反对核武器试验宣言》，要求缔结一项停止核武器试验的国际协定。1959年，鲍林和罗素等人在美国创办了《一人少数》月刊，反对战争，宣传和平。由于舆论的压力，地面上核武器试验终止了。1963年，约翰·肯尼迪（John F. Kennedy）和尼基塔·赫鲁晓夫（Nikita S.Khrushchev）签订了《部分禁止核试验条约》。在条约生效的那天，诺贝尔委员会宣布把1962年和平奖授予这位坚持不渝的反核斗士。他以《科学与和平》为题，发表了领奖演说，在演说中指出："在我们这个世界历史的新时代，世界问题不能用战争和暴力来解决，而是按着对所有人都公平，对一切国家都平等的方式，根据世界法律来解决。"最后他号召："我们要逐步建立起一个对全人类在经济、政治和社会方面都公正合理的世界，建立起一种和人类智慧相称的世界文化"。

在替代性医学方面的工作

鲍林晚年的科学工作产生了争议，被许多科学家认为完全是一个骗子。1966年，鲍林65岁时开始拥护生物化学家Irwin Stone，Irwin Stone提出大剂量的维生素C可以预防癌症。然而大多数的科学家不相信这些说法有任何的依据，少数人相信在许多个病例中有一个是因为人体中自然存在的物质能用来预防疾病，并建立了一个"新的学科"——正分子医学（orthomolecular medicine）。

鲍林晚年的兴趣特别集中在大剂量维生素C上，他认为大剂量维生素C能治疗包括炎症、胶原病、心脏病和癌症在内的很多疾病。1970年，鲍林的《维生素C与感冒》出版，声称维持健康所需要的维生素和其他营养素因人而异，差别悬殊，许多人的需要量远比日供给量大得多。该书畅销美国，维生素C的身价也因此陡增，但医学权威们激烈反对鲍林的论点。然而鲍林始终坚持大剂量维生素C会给人类带来健康，提倡正分子疗法。1972年，斯坦福大学拒绝了鲍林扩大实验室的要求，同时提醒他已超过退休年龄。1973年5月，他用筹集的捐款成立了莱纳斯·鲍林正分子医学研究所。不久，美国精神病学会发表了长篇报告，批评正分子精神病学的概念。尽管鲍林作了激烈反驳，谴责他们的“偏见”，但他的声望和刚成立的研究所的财政遭到沉重的打击，于是他次年将正分子医学研究所改名为莱纳斯·鲍林科学与医学研究所（简称鲍林研究所）。1976年他的书再版，更名为《维生素C与感冒和流感》，推荐的维生素C剂量更大。1979年，鲍林的著作《维生素C与癌症》出版，宣称大剂量维生素C对癌症有效。鲍林晚年执着推广“大剂量维生素疗法”“正分子疗法”“正分子营养”等旁道医疗，由于鲍林在科学界的巨大声誉，致使谬论流传，在社会上产生不良的影响，遭到美国医学界的激烈批评。

1994年8月19日，鲍林因前列腺癌在美国加利福尼亚州的家中逝世，享年93岁。

参考资料

[1] 陈发俊，卜晓勇. 鲍林[M]. 上海：上海交通大学出版社，2009.

[2] “科学往事丨鲍林：两获诺奖的20世纪最受尊敬和最受嘲弄的全能科学家” https://m.antpedia.com/news/wx_article/49389.html

习题

1-1 有机化合物与无机化合物最大的区别是什么？

1-2 成键的三原则是什么？

1-3 众多的物理化学家对分子轨道理论进行了完善，发展出了很多的应用分子轨道理论，解释物质结构与性质的方法。这些方法有哪些？

1-4 什么是σ键？什么是π键？

1-5 请简要回答共价键的饱和性。

1-6 请给出下述化合物中碳原子的杂化类型。

（a）CH_4；（b）$CH_2{=}CH_2$；（c）$HC{\equiv}CH$

1-7 请画出$CH_2{=}C{=}O$的轨道图。

1-8 请解释丙醇在水中的溶解度大于甲乙醚。

1-9 何谓路易斯酸和路易斯碱？

1-10 蜂蜡和石蜡是同一类化合物吗？

1-11 请将下述化合物按照极性由大到小排序：CH_3F、CH_3Cl、CH_3Br、CH_3I。

1-12 阿莫西林是青霉素家族中的一种抗生素，请标出阿莫西林中所有的官能团。

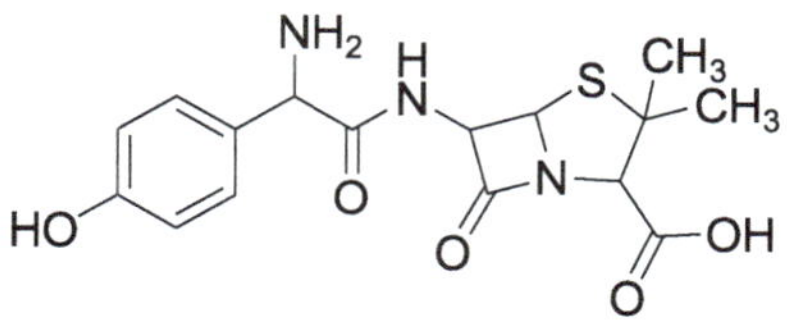

第2章 烷烃

2.1 烃类简介

仅由碳和氢两种元素组成的有机化合物称为碳氢化合物，简称烃。碳氢化合物是有机化合物的母体，按照结构，可分为脂肪族碳氢化合物和芳香族碳氢化合物。

脂肪族碳氢化合物也简称脂肪烃，脂肪（aliphatic）一词来源于希腊语*aleiphar*，意为这类有机物最早是从脂肪中提取的。碳原子以直链、支链或环状排列的脂肪烃，分别称为直链脂肪烃、支链脂肪烃及脂环烃。从化学键的种类上看，脂肪烃可分为烷烃、烯烃和炔烃。其中，烷烃中的键全部为单键，烯烃中包含碳碳双键，炔烃中包含碳碳叁键。含有两个碳原子的脂肪族碳氢化合物如下所示：

乙烷（烷烃）　　乙烯（烯烃）　　乙炔（炔烃）

芳香族碳氢化合物简称芳香烃，芳香（aromatic）一词来源于希腊语*aroma*，最初是指从天然产物中分离出的有芳香味道的物质。芳香烃的性质和烷烃、烯烃、炔烃有很大区别，相关内容将在第9章苯及芳香化学中学习。

烷烃的结构通式为C_nH_{2n+2}。自然界中含量最多、结构最简单的烷烃是甲烷（CH_4），只含有一个碳原子。按照碳原子数量递增，其他烷烃依次是乙烷（C_2H_6）、丙烷（C_3H_8）、丁烷（C_4H_{10}）、戊烷（C_5H_{12}）等。甲烷、乙烷和丙烷的结构式、键长和键角如图2-1所示。

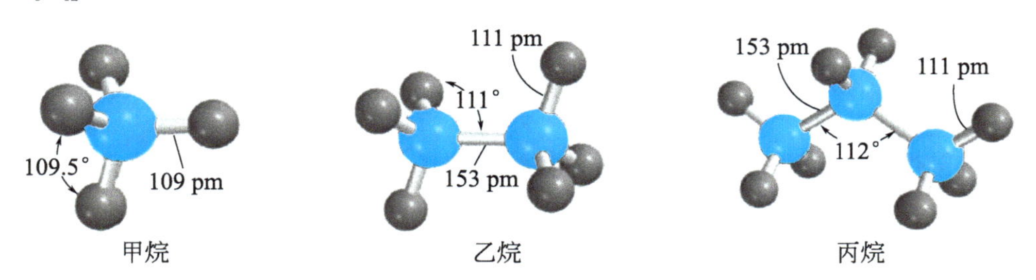

图2-1　甲烷、乙烷和丙烷的结构式、键长和键角

甲烷、乙烷、丙烷都只有唯一的分子构造式。但是，从丁烷开始，就可能存在不同的结构。这种分子式相同而结构相异的化合物叫作同分异构体。同分异构体中，如果分子结构的不同是由于各原子的不同连接次序，即不同构造引起的，它们称为构造异构体。

以丁烷为例，四个碳原子连接成一条直链的称为正丁烷，正丁烷中的“正”代表“正构”，表明碳链没有支链；而另一个有一条支链的称为异丁烷。正丁烷和异丁烷互为构造异构体。因为结构上存在差异，所以它们是两种不同的化合物，性质也不同。正丁烷的沸点比异丁烷高10℃左右，熔点高20℃左右。

$CH_3CH_2CH_2CH_3$　　CH_3CHCH_3（下接 CH_3）或 $(CH_3)_3CH$

正丁烷　　异丁烷

正烷烃的通式为$CH_3(CH_2)_xCH_3$（$x = 1, 2, 3\cdots$），它们被称为同系物。同系物中相邻两个分子式之间相差的—CH_2—称为系差。虽然没有支链的烷烃被称为“直链烷烃”，但其实它们的链并不是直的，而是呈“Z”形。

正戊烷的键线式　　正己烷的键线式

C_5H_{12}有3个异构体。其中没有支链的异构体，称为正戊烷。有一条甲基支链的，称为异戊烷。主链有3个碳，支链上有2个甲基的，称为新戊烷。

正戊烷　$CH_3CH_2CH_2CH_2CH_3$　$CH_3(CH_2)_3CH_3$

异戊烷　$CH_3CHCH_2CH_3$（下接 CH_3）　$(CH_3)_2CHCH_2CH_3$

新戊烷　$H_3C—C(CH_3)_2—CH_3$　$(CH_3)_4C$

2.2 烷烃的命名

直到19世纪末，有机化合物的系统命名法才慢慢形成。而在此以前，虽然很多有机化合物已被发现，但通常根据它们的来源进行命名。很多过去的“通用名”或“俗名”现在仍被广泛使用，所以学习一些化合物的俗名很有必要。但在大部分情况下，我们应该遵循国际纯粹和应用化学联合会（IUPAC）制定的系统命名法对有机化合物进行命名。

我国现用的中文系统命名法就是基于IUPAC规定的系统命名规则，再结合我国文字特点而制定的。其基本原则是：每一种有确定结构式的有机化合物都可以用一个确定的名称来描述它，即通过一套系统规则，可以让熟悉规则的人写出所遇到有机化合物的名称，也可以通过其名称画出所给化合物的结构式。

部分直链烷烃的名称列在表2-1中。按照烷烃分子中的碳原子数命名，称为“某烷”。含1～10个碳原子时用传统天干地支中的“天干”序列来命名，即用“甲、乙、丙、丁、戊、己、庚、辛、壬、癸”后加“烷”字表示，从11个碳以上开始直接用中文数字“十一、十二、十三……”来表示。

表2-1　直链烷烃命名

名称	碳原子数	结构式	名称	碳原子数	结构式
甲烷	1	CH_4	戊烷	5	$CH_3(CH_2)_3CH_3$
乙烷	2	CH_3CH_3	己烷	6	$CH_3(CH_2)_4CH_3$
丙烷	3	$CH_3CH_2CH_3$	庚烷	7	$CH_3(CH_2)_5CH_3$
丁烷	4	$CH_3(CH_2)_2CH_3$	辛烷	8	$CH_3(CH_2)_6CH_3$

续表

名称	碳原子数	结构式	名称	碳原子数	结构式
壬烷	9	$CH_3(CH_2)_7CH_3$	二十烷	20	$CH_3(CH_2)_{18}CH_3$
癸烷	10	$CH_3(CH_2)_8CH_3$	三十烷	30	$CH_3(CH_2)_{28}CH_3$
十一烷	11	$CH_3(CH_2)_9CH_3$	八十烷	80	$CH_3(CH_2)_{78}CH_3$
十二烷	12	$CH_3(CH_2)_{10}CH_3$	一百烷	100	$CH_3(CH_2)_{98}CH_3$

2.2.1 直链烷基命名法

烷烃移除一个氢原子，剩下的原子团称为烷基，常用R—(C_nH_{2n+1}—)表示。当这个烷烃是直链，并且被移走的氢原子位于分子结构末端时，其命名比较直观：

烷烃	烷基	缩写
CH_3—H 甲烷	CH_3— 甲基	Me—
CH_3CH_2—H 乙烷	CH_3CH_2— 乙基	Et—
$CH_3CH_2CH_2$—H 丙烷	$CH_3CH_2CH_2$— 丙基	Pr—
$CH_3CH_2CH_2CH_2$—H 丁烷	$CH_3CH_2CH_2CH_2$— 丁基	Bu—

2.2.2 支链烷烃命名法

支链烷烃命名遵循以下规则：

① 选取最长的连续碳链作为主链。以这条链为母体决定这个烷烃的命名。例如，下面的烷烃命名为己烷，因为其最长的碳链含有6个碳原子。

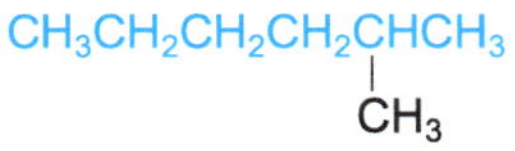

$CH_3CH_2CH_2CH_2CHCH_3$
$\qquad\qquad\qquad\quad|$
$\qquad\qquad\qquad CH_3$

注意：最长的连续碳链不一定是分子结构式中最明显的。下面这个烷烃应被命名为庚烷，因为其最长的碳链包含了7个碳原子。

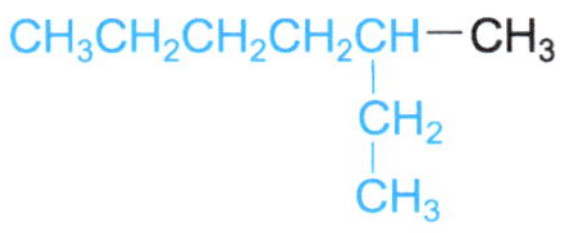

$CH_3CH_2CH_2CH_2CH—CH_3$
$\qquad\qquad\qquad\quad|$
$\qquad\qquad\qquad CH_2$
$\qquad\qquad\qquad\quad|$
$\qquad\qquad\qquad CH_3$

② 从最接近取代基的一端开始，用阿拉伯数字给主链编号。例如：

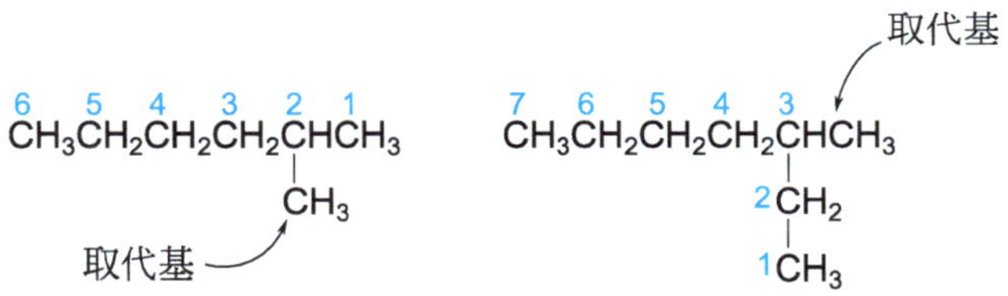

6 5 4 3 2 1
$CH_3CH_2CH_2CH_2CHCH_3$
$\qquad\qquad\qquad\quad|$
$\qquad\qquad\qquad CH_3$ ← 取代基

7 6 5 4 3
$CH_3CH_2CH_2CH_2CHCH_3$ (3号碳：← 取代基)
$\qquad\qquad\qquad\quad|$
$\qquad\qquad\qquad$ 2 CH_2
$\qquad\qquad\qquad\quad|$
$\qquad\qquad\qquad$ 1 CH_3

③ 命名取代基时，把它们在母体主链上的位次编号作为取代基的前缀。命名时取代基及其在主链中的位置序号放在前面，母体主链放在后面。位置序号与取代基名称之间需用短线“-”相

隔。最后一个基团与母体名称直接相连。例如：

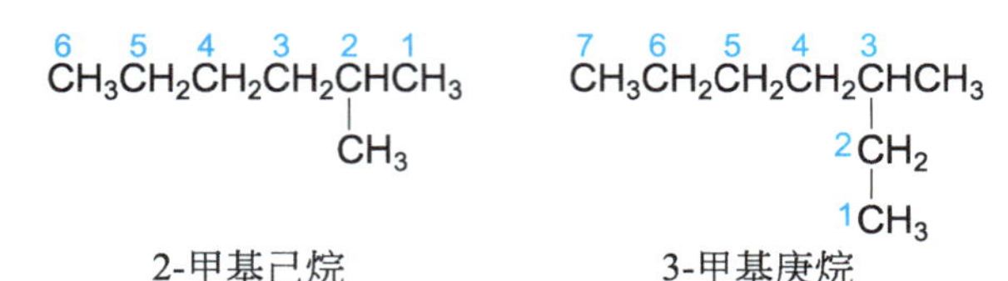

2-甲基己烷　　　　3-甲基庚烷

④ 当有两个或多个取代基同时存在时，根据它们在主链上的位置分别给它们一个序号。命名时要以取代基的大小次序排列，小的在前，大的在后（但在英文命名中，则要以取代基名称的首字母为序）。例如：

$$\overset{1}{C}H_3\overset{2}{C}H(CH_3)-\overset{3}{C}H_2-\overset{4}{C}H(CH_2CH_3)\overset{5}{C}H_2\overset{6}{C}H_3$$

2-甲基-4-乙基己烷

⑤ 当一个碳原子上有两个支链时，位次编号使用两次。例如：

$$CH_3CH_2-C(CH_3)(CH_2CH_3)-CH_2CH_2CH_3$$

3-甲基-3-乙基己烷

⑥ 如果有相同的取代基，可以合并，并在取代基名称前面用中文数字二、三……来写明位次和数目，确认每个取代基都被编号，并且之间用逗号隔开。例如：

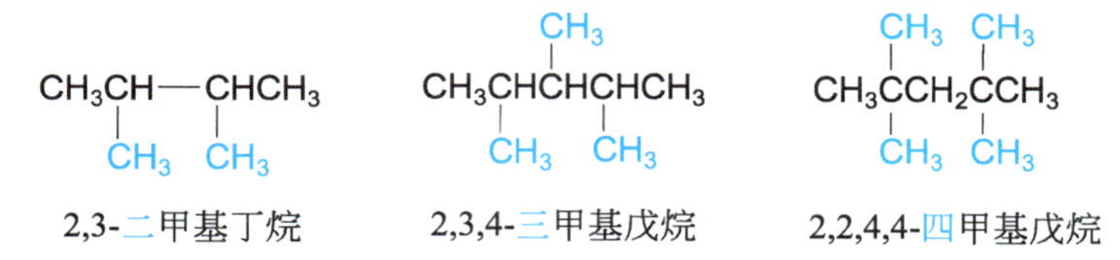

2,3-二甲基丁烷　　2,3,4-三甲基戊烷　　2,2,4,4-四甲基戊烷

使用这六条规则可以命名绝大部分的烷烃。除此之外，另外两条规则可能在某些情况下也必须遵守。

⑦ 选择主链时，当两条链的碳原子数目一样时，选取含有取代基最多的为主链。例如：

$$\overset{7}{C}H_3\overset{6}{C}H_2-\overset{5}{C}H(CH_3)-\overset{4}{C}H(CH_2CH_3)-\overset{3}{C}H(CH_3)-\overset{2}{C}H(CH_3)-\overset{1}{C}H_3$$

2,3,5-三甲基-4-丙基庚烷
(四个取代基)

(不是2,3-二甲基-4-仲丁基庚烷)
(三个取代基)

⑧ 当在主链的任意一端上，首个支链的位置都相同且末端距离也相同时，从首次出现最小编号的一端开始编号（选择所有取代基编号加和最小的方向）。例如：

$$\overset{6}{C}H_3-\overset{5}{C}H(CH_3)-\overset{4}{C}H_2-\overset{3}{C}H(CH_3)-\overset{2}{C}H(CH_3)-\overset{1}{C}H_3$$

2,3,5-三甲基己烷
(不是2,4,5-三甲基己烷)

2.2.3 支链烷基命名法

当烷烃的碳原子数大于两个时，就可能存在不止一个衍生取代基。例如，丙烷就可以产生两个衍生取代基：丙基——因末端碳原子的氢被移除而得；1-甲基乙基或异丙基——因中间碳原子上的氢被移除而得。

$CH_3CH_2CH_3$（丙烷）→ $CH_3CH_2CH_2-$ 丙基

$CH_3CH_2CH_3$（丙烷）→ $CH_3-CH(CH_3)-$ 1-甲基乙基或异丙基

1-甲基乙基是这个取代基的系统命名，异丙基是它的俗名。烷基的系统命名和支链烷烃类似，只是规定从取代基上与主链直接相连的首个原子开始编号。C_4烷烃有4个取代基——两个由正丁烷得到，两个由异丁烷得到。如下所示：

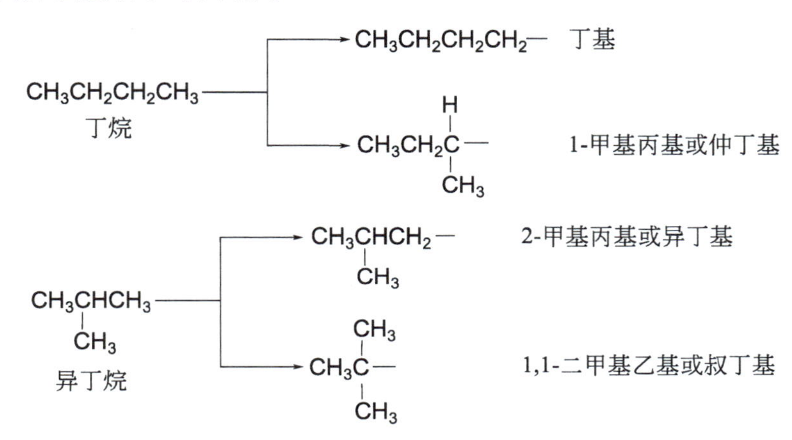

下列例子说明了取代基的命名是如何进行的。

$CH_3CH_2CH_2CH(CH(CH_3)_2)CH_2CH_2CH_3$

4-(1-甲基乙基)庚烷或4-异丙基庚烷

$CH_3CH_2CH_2CH(C(CH_3)_3)CH_2CH_2CH_2CH_3$

4-(1,1-二甲基乙基)辛烷或4-叔丁基辛烷

含有5个碳原子的基团，2,2-二甲基丙基，也称为新戊基。这些俗名，包括上述的异丙基、异丁基、仲丁基、叔丁基等，一直都在广泛使用。

$CH_3-C(CH_3)_2-CH_2-$ 2,2-二甲基丙基或新戊基

2.2.4 氢原子的分类

烷烃上氢原子的分类是以它所在的碳原子为基础的，按照与该碳原子直接相连的其他碳原子的个数，分为伯、仲、叔、季碳原子。其中伯碳原子又称一级碳原子，以1°表示，只与1个其他碳原子直接相连；仲碳原子又称二级碳原子，以2°表示，与2个其他碳原子直接相连；叔碳原子又称三级碳原子，以3°表示，与3个其他碳原子直接相连；季碳原子又称四级碳原子，以4°表示，与4个其他碳原子直接相连。

氢原子如果在伯碳原子上，它就是伯氢，其余的以此类推。如化合物2-甲基丁烷，有伯氢、

仲氢、叔氢三种氢原子。而2,2-二甲基丙烷（新戊烷），则只含有伯氢原子。

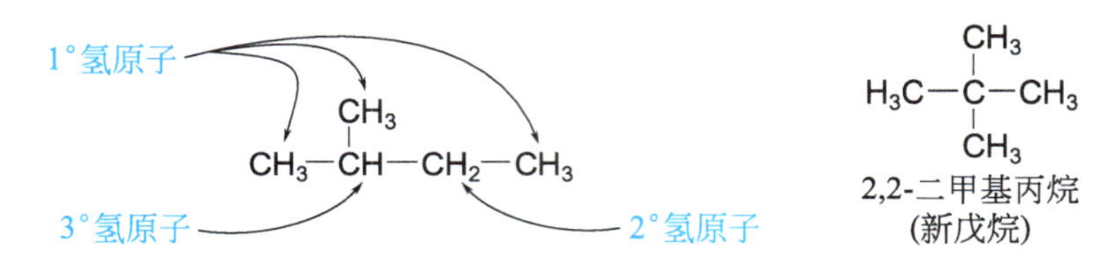

2.3 烷烃的结构和构象

2.3.1 甲烷的结构

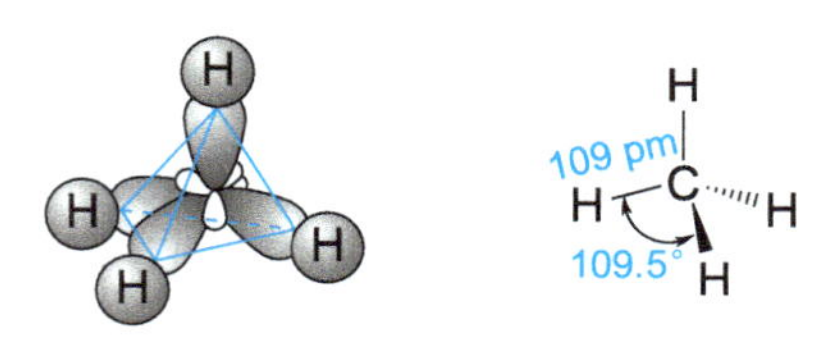

(a) 四面体sp^3轨道　　(b) 键长和键角

图2-2 甲烷分子

在甲烷（CH_4）中，4个氢都以共用一对电子的共价键形式与碳原子结合。碳原子与四个氢原子成键时，碳的成键轨道（sp^3轨道）指向四面体的四个角。这个四面体中的四条轨道尽可能地远离彼此，每条轨道都和一个氢原子的s轨道重叠成键，四个氢原子处于四面体的四个顶点，如图2-2（a）所示。甲烷的四面体结构已经被电子衍射所证实，其原子空间排列和键长、键角如图2-2（b）所示。

甲烷结构中，通常用短横线来表示每一对碳和氢共享的电子（Ⅰ）。为了研究个别的电子，有时会用一对点来表示一对电子（Ⅱ）。当讨论分子空间结构时，可使用简单的三维图（Ⅲ）。

Ⅰ　　Ⅱ　　Ⅲ

2.3.2 乙烷的结构

乙烷（C_2H_6）分子中，每个碳原子都和三个氢原子以及另一个碳原子以共价键相连。乙烷的结构可表示为：

每个碳原子都连着其他四个原子，其轨道（sp^3轨道）键直接指向四面体。C—H键由氢的s轨道与碳的sp^3轨道重叠而成，而C—C键源于两个sp^3轨道的重叠。

C—H键和C—C键有着相似的电子云分布，为对称的圆柱形，都称为σ键（图2-3）。

乙烷的键长和键角理论上应和甲烷非常相近，各项数据如图2-4所示：键角109.5°，C—H键长110 pm，C—C键长153 pm。事实上，链烷烃中的碳氢键长、碳碳键长以及键角是很接近的，只

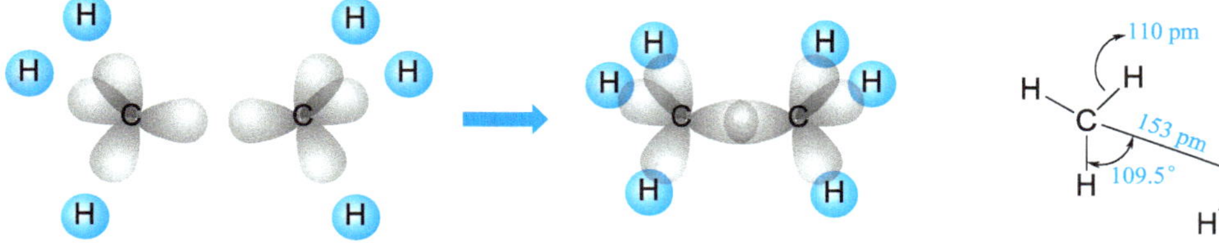

图2-3 乙烷分子的碳碳单键：σ键

110 pm　153 pm　109.5°　109.5°

图2-4 乙烷分子的键长和键角

有细微的差别。

2.3.3 碳碳单键的自由旋转、构象及扭转张力

键长和键角只反映了乙烷分子的部分结构数据，而两个碳原子上的氢之间没有体现出差别。事实上，乙烷的碳-碳键自由旋转，能得到图2-5（a）的结构，氢呈重叠状；也能得到图2-5（b）的结构，氢呈完全交叉状；或者是处于（a）和（b）中间的无数个结构。那么哪一个是乙烷的真实结构呢？答案为：全部都是。

通过单键的旋转，所产生的原子或基团在空间排列的无数特定的结构称为构象。换言之，构象是由于单键旋转而造成的原子在空间的不同排布。图2-5中，（a）称为重叠构象，（b）称为交叉构象，重叠构象和交叉构象之间还有无数个构象存在。

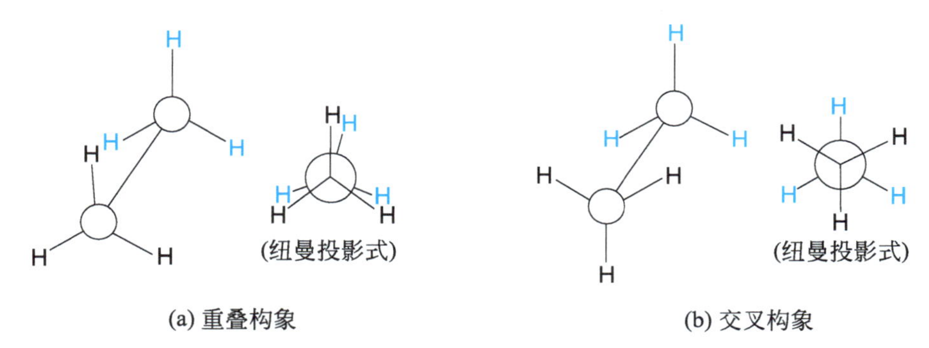

图2-5 乙烷的构象和纽曼投影式

乙烷的重叠式构象与交叉式构象一般有三种表示方法，如图2-6所示。

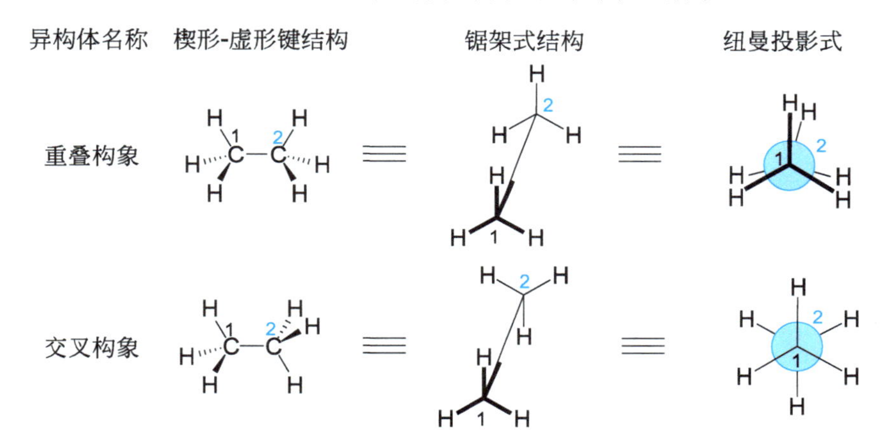

图2-6 乙烷的重叠式与交叉式构象

表示构象的方法中，最具代表性的是纽曼投影式，简称纽曼式，由美国化学家梅尔文·斯宾塞·纽曼于1952年创立。具体表示方法为：沿碳碳键的键轴投影，以交叉于一点的三根键表示位于前方的碳原子及其键，以被一个圆挡住的三根键表示位于后方的碳原子及其键。若该碳碳键为重叠式构象，六根键中前后两两重合，则通常把后方的键稍微偏转一个角度，以便于表示。

物理学研究表明，键的旋转并不是完全自由的，大概有3 kcal/mol（1 kcal = 4.1840 kJ）的能垒。分子势能在交叉构象时最小，此时分子最稳定。随着键的旋转，势能逐渐增加，重叠构象时，势能最大（图2-7）。大部分乙烷分子以较为稳定的交叉构象存在。也就是说，分子基本都以稳定态构象存在。

乙烷分子从一种交叉构象转化到另一种交叉构象的自由度有多大呢？3 kcal/mol 的能量其实

很低。在室温下，分子碰撞产生的能量就足以使交叉构象发生迅速互变。在大多数情况下，碳碳单键能自由旋转。然而分子在某一构象停留的时间很短（$<10^{-6}$ s），因此不能把某一种构象分离出来。

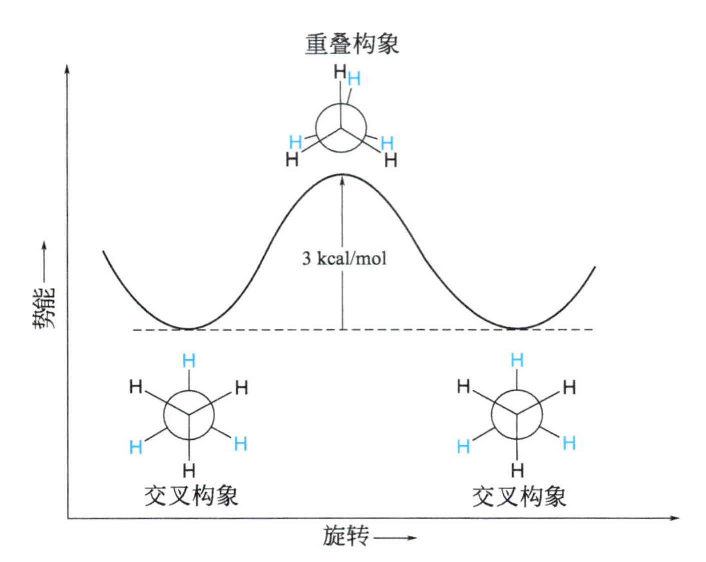

图2-7　乙烷碳碳单键旋转过程中的能量变化

目前，乙烷的旋转能垒仍未被完全理解。如果仅仅归结为范德华力，则太高了。尽管重叠构象比交叉构象空间更拥挤，但对应碳上氢的体积还没有大到可以引起足够的排斥。一般认为能垒是碳氢键的电子云相互作用引起的。像甲烷一样，乙烷中的轨道也要尽可能在空间张开呈交叉态。

旋转乙烷分子中碳碳键的能量称为扭转能。重叠构象及任何中间态的邻位交叉构象的不稳定性，都可归结于扭转张力。当乙烷的氢原子被其他原子或基团取代时，其他因素会影响构象的稳定性，如范德华力、偶极作用、氢键。

2.3.4　丙烷和丁烷

丙烷（C_3H_8）的结构和构象如图2-8所示，其分子内的碳碳单键同样能自由旋转。尽管甲基的体积比氢大许多，但其旋转能垒（3.3 kcal/mol）只比乙烷高了一点。在重叠构象中各原子的空间拥挤程度不高，旋转能垒也主要归结于扭转张力。

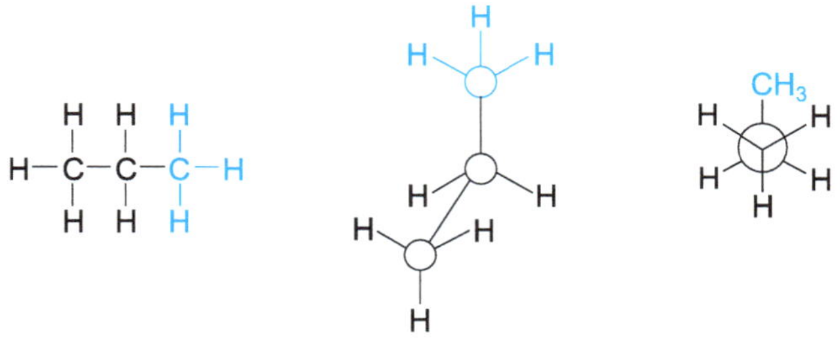

图2-8　丙烷的结构和构象

丁烷（C_4H_{10}）有两种同分异构体：正丁烷和异丁烷。直链结构的正丁烷中，每个碳原子至少连接着两个氢，然而在支链结构的异丁烷中，有一个碳只连了一个氢。支链结构异丁烷中，有一个碳连接着其他三个碳，但在直链结构正丁烷中，没有一个碳连接有两个以上的其他碳原子。因此，它们是不同的化合物，如表2-2所示，其物理性质也不相同。

表 2-2　丁烷异构体的物理常数

物理常数	正丁烷	异丁烷	物理常数	正丁烷	异丁烷
沸点（b.p.）/℃	0	–12	相对密度（–20℃）	0.622	0.604
熔点（m.p.）/℃	–138	–159	溶解度（在100mL乙醇中）/mL	1813	1320

2.3.5　正丁烷的构象和范德华排斥力

观察正丁烷分子的构象，注意中间的碳碳键，可以把其看作类似于乙烷的分子，只是每个碳上有1个氢被1个甲基所取代。和乙烷一样，正丁烷的交叉构象具有更低的扭转能，因此比重叠构象更稳定。但是由于甲基的存在，需要考虑两点：第一，正丁烷有几种不同的交叉构象；第二，除扭转张力之外的因素开始影响构象的稳定性。

正丁烷的交叉构象如图2-9所示，反交叉构象Ⅰ中两个甲基离得最远（平面180°）。在邻交叉构象Ⅱ和Ⅲ中，甲基相距60°（构象Ⅱ和Ⅲ彼此互为镜像，具有相同的稳定性，然而又是不同的，通过模型可以清楚地发现不同点）。

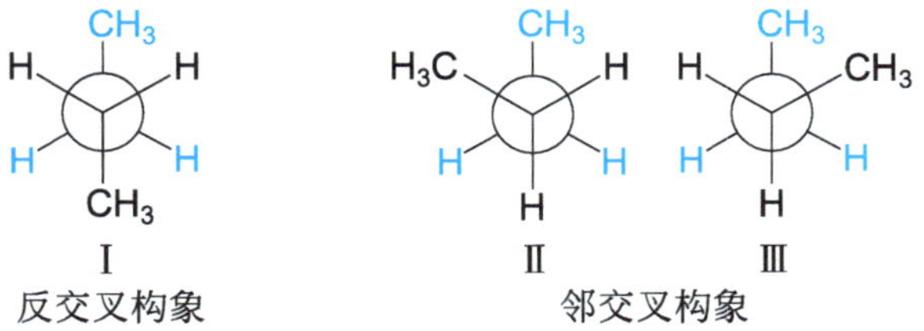

Ⅰ
反交叉构象

Ⅱ　Ⅲ
邻交叉构象

图2-9　正丁烷的交叉构象

反交叉构象比邻交叉构象稳定（图2-10）。它们都没有扭转张力，但在邻交叉构象中两个甲基离得很近，其间距比范德华力的半径要小。在这种情况下，范德华力起排斥作用，增加了构象的能量。因此在邻交叉构象中，由于两个甲基之间范德华斥力（空间排斥力）的存在，导致该构象不太稳定。

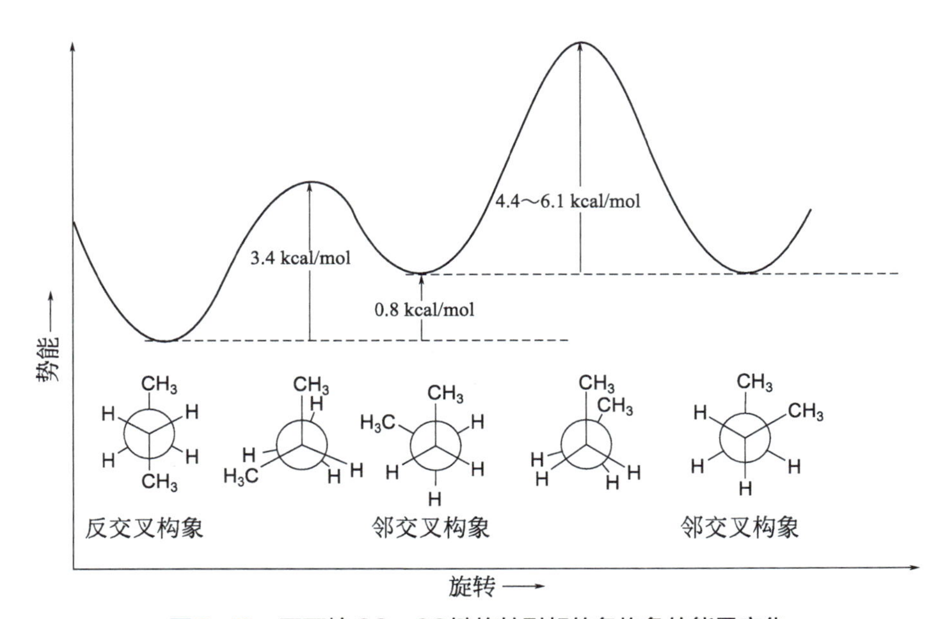

图2-10　正丁烷C2—C3键旋转引起的各构象的能量变化

范德华斥力不仅能影响各种交叉构象的稳定性，也影响构象之间的能垒。当两个甲基互相旋转到重叠位置时，所需能量是所有构象中最高的，在4.4～6.1 kcal/mol之间。即使如此，在室温下这一能垒还是较低的，分子碰撞的能量即可引起键的快速旋转。如果一个给定分子某时以邻交叉构象存在，在下一个瞬间则可以反交叉构象存在。

2.4 烷烃的物理性质

2.4.1 沸点

在室温下，甲烷、乙烷、丙烷和丁烷都是气体。非支链烷烃从戊烷（C_5H_{12}）到十七烷（$C_{17}H_{36}$）都是液体，而更高级的同系物是固体。非支链烷烃的沸点随着碳原子数的增加而升高。含2-甲基的支链烷烃的沸点要比那些碳原子数相同的非支链异构体的沸点低。烷烃沸点随碳原子数的增加而升高，并且碳原子数相同的支链和非支链的烷烃有不同的沸点。对此，可以把烷烃的结构和性质联系起来（见表2-3）。

表2-3　烷烃的熔点、沸点和状态

名称	分子式	熔点/℃	沸点/℃	状态（25 ℃）
甲烷	CH_4	−182.5	−164	气体
乙烷	C_2H_6	−183.3	−88.6	气体
丙烷	C_3H_8	−189.7	−42.1	气体
丁烷	C_4H_{10}	−138.4	−0.5	气体
戊烷	C_5H_{12}	−129.7	36.1	液体
己烷	C_6H_{14}	−95	68.9	液体
庚烷	C_7H_{16}	−90.6	98.4	液体
辛烷	C_8H_{18}	−56.8	124.7	液体
壬烷	C_9H_{20}	−51	150.8	液体
癸烷	$C_{10}H_{22}$	−29.7	174.1	液体
十一烷	$C_{11}H_{24}$	−24.6	195.9	液体
十二烷	$C_{12}H_{26}$	−9.6	216.3	液体
二十烷	$C_{20}H_{42}$	36.8	343	固体
三十烷	$C_{30}H_{62}$	65.8	449.7	固体

一种物质以液态存在而不是以气态存在，是因为物质处于液态时的分子间引力大于物质处于气态时的分子间引力。烷烃分子是靠范德华力吸引在一起的，这些力只在分子相距很近时才能产生。分子量的大小影响力的大小，分子量较大的烷烃有更多的原子和电子，因此相对于低分子量的烷烃，其分子间作用力更强，具有更高的沸点。

如前所述，直链烷烃异构体比含支链的烷烃异构体沸点高。虽然各异构体有相同数量的原子和电子，但是直链烷烃分子与含支链的烷烃分子相比，分子表面积更大，伸展拉长的分子形状允许其分子间有更多的相互作用。分子表面积越大（接触面积越大），则分子间作用力越强，沸点越高。戊烷与其异构体沸点的比较如下：

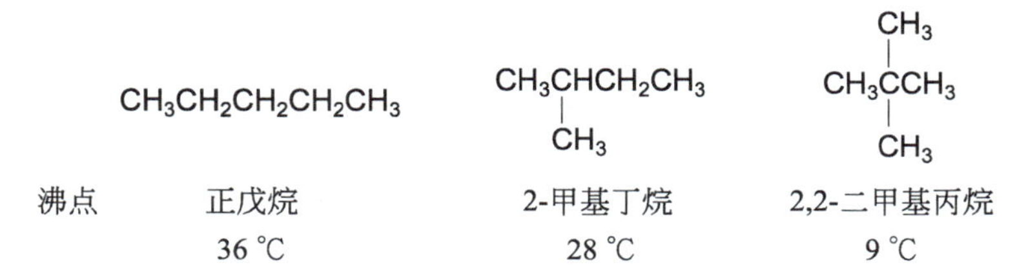

如图2-11中空间填充模型所示，正戊烷有最大的伸展结构和表面积，又由于分子间吸引力，易与其他分子“黏合”在一起，故有最高的沸点。相比之下，2,2-二甲基丙烷的支链多，具有结构最紧凑、最接近球形的三维结构，分子之间不易像正戊烷那样接近，分子间作用力减弱，因此沸点最低。

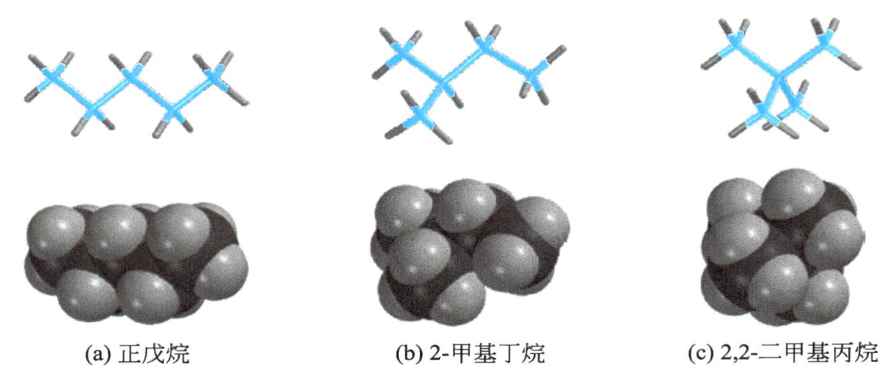

(a) 正戊烷　　(b) 2-甲基丁烷　　(c) 2,2-二甲基丙烷

图2-11　正戊烷及其异构体的空间填充模型

2.4.2　熔点

固态下，由于分子间范德华力的作用，分子之间靠得很近，并按照一定的晶格排列。当固体受热时，分子的动能增加，当动能增加到能克服分子间的范德华力时，晶体就开始熔化变为液体。这时的温度叫作熔点。烷烃熔点的变化，基本上也是随着分子量的增加而增加，即随着碳原子数增加，熔点升高。

支链烷烃的熔点比相同分子量的直链烷烃低。这是由于支链结构对分子在晶格中的紧密排列有阻碍作用，其分子间的吸引力小于直链烷烃，熔点也就相对较低。但有的支链烷烃结构具有高度的对称性，它们的熔点则比相同分子量的直链烷烃高。一般来说，熔点随着分子的对称性增加而升高，例如，新戊烷的熔点在戊烷的三种异构体中最高。

固体烷烃通常比较柔软，熔点很低。含有17个碳原子以上的正烷烃为固体，但直至含有60个碳原子的正烷烃（熔点99 ℃），其熔点都不超过100 ℃。

2.4.3　水中的溶解度

所谓“油水不相容”，烷烃——甚至所有碳氢化合物——几乎都不溶于水。一般而言，当化合物溶于水时，每一个溶解的化合物分子周围区域的水分子之间的氢键结构会变得更加有序。其有序化程度越高（与熵的减小是一致的），如果再适当放热，对溶解过程越是有利。但烷烃不属于这种情况。烷烃的密度在0.6～0.8 g/mL之间，其不溶于水，而是漂浮在水的表面（看一下1991年波斯湾溢油事件和2010年美国墨西哥湾原油泄漏事件的图片就知道了）。水分子通过氢键互相连接形成大的水分子团，氢键作用力比范德华力更大。溶解时，水分子会首先与相邻的极性分子相互吸引并结合，从而形成表面张力。但水分子对非极性基团具有排斥性，它们会拒绝非极性分子加入，因此水显示出对非极性物质（烷烃）的排斥力。烷烃含有C—H键，其极性很弱（<0.4）。水分子与烷烃的分子之间仅存在微弱的感应电荷和范德华力，远小于氢键，因此水与烷烃不仅

不会相互溶合，还会出现分层现象。像烷烃这样的非极性分子被水排斥在外的现象，称作疏水效应。

2.5 烷烃的化学性质

2.5.1 烷烃的燃烧

烷烃的反应活性较低，但是像其他大部分有机化合物一样，容易在空气中燃烧，并放出大量的热。所有碳氢化合物充分燃烧都会产生二氧化碳和水。

$$CH_4 + 2O_2 \xrightarrow{燃烧} CO_2 + 2H_2O \quad \Delta_r H_m^\ominus = -890\ kJ/mol\ (-212.8\ kcal/mol)$$

甲烷　氧气　二氧化碳　水

$$(CH_3)_2CHCH_2CH_3 + 8O_2 \xrightarrow{燃烧} 5CO_2 + 6H_2O \quad \Delta_r H_m^\ominus = -3529\ kJ/mol\ (-843.4\ kcal/mol)$$

甲基丁烷　氧气　二氧化碳　水

物质燃烧时放出的热，称作该物质的燃烧热。燃烧热等于反应的$-\Delta_r H_m^\ominus$（按照惯例，写在等式右边）。

$$\Delta_r H_m^\ominus = \Delta_f H_{产物}^\ominus - \Delta_f H_{原料}^\ominus$$

$\Delta_f H_m^\ominus$是化合物在标准状态下（气体、纯净液体或结晶固体在一个大气压下）的生成焓。在放热过程中，产物的生成焓小于初始原料的生成焓，因此放热过程的$\Delta_r H_m^\ominus$是负数。

表2-4列出了一些烷烃的燃烧热。非支链烷烃的燃烧热比它们的含2-甲基支链的异构体稍微高一些，但最重要的影响因素是碳原子的个数。非支链烷烃和它们的2-甲基支链异构体构成了两个独立的系列，每增加一个—CH_2—基团，它们的燃烧热便分别有规律地增加653 kJ/mol或156 kcal/mol。

表 2-4　典型烷烃的燃烧热（$-\Delta_r H_m^\ominus$）

化合物	化学式	$-\Delta_r H_m^\ominus$	
		kJ/mol	kcal/mol
非支链烷烃			
己烷	$CH_3(CH_2)_4CH_3$	4163	995.0
庚烷	$CH_3(CH_2)_5CH_3$	4817	1151.3
辛烷	$CH_3(CH_2)_6CH_3$	5471	1307.5
壬烷	$CH_3(CH_2)_7CH_3$	6125	1463.9
癸烷	$CH_3(CH_2)_8CH_3$	6778	1620.1
十一烷	$CH_3(CH_2)_9CH_3$	7431	1776.1
十二烷	$CH_3(CH_2)_{10}CH_3$	8086	1932.7
十六烷	$CH_3(CH_2)_{14}CH_3$	10701	2557.6
2-甲基支链烷烃			
2-甲基戊烷	$(CH_3)_2CHCH_2CH_2CH_3$	4157	993.6
2-甲基己烷	$(CH_3)_2CH(CH_2)_3CH_3$	4812	1150.0
2-甲基庚烷	$(CH_3)_2CH(CH_2)_4CH_3$	5466	1306.3

燃烧热可用于测量异构烃的相对稳定性，它不仅能告诉我们一种异构体比另一种稳定，而且能告诉我们稳定性相差多少。如C_8H_{18}的四个构造异构体：

$$CH_3(CH_2)_6CH_3$$
辛烷

$$(CH_3)_2CHCH_2CH_2CH_2CH_2CH_3$$
2-甲基庚烷

$$(CH_3)_3CCH_2CH_2CH_2CH_3$$
2,2-二甲基己烷

$$(CH_3)_3CC(CH_3)_3$$
2,2,3,3-四甲基丁烷

势能可以和焓相比较，它是分子中除动能以外的能量。势能较高的异构体没有势能较低的异构体稳定。图2-12比较了C_8H_{18}异构体的燃烧热。根据下面的方程式可知，这些异构体燃烧后，最终状态都一样，它们燃烧热的差异可直接转换为势能的差异。

$$C_8H_{18} + \frac{25}{2}O_2 \longrightarrow 8CO_2 + 9H_2O$$

异构体之间相对比，势能最低（在这种情况下，燃烧热最低）的那一个最稳定。在C_8H_{18}烷烃中，支链化程度最高的异构体2,2,3,3-四甲基丁烷最稳定，而非支链异构体正辛烷的稳定性最差。对于烷烃，通常支链越多越稳定。

支链烷烃与非支链烷烃稳定性的微小差异是由分子内吸引力与斥力（分子内作用力）的相互作用产生的。化学键和分子间范德华作用力是基本作用力，包括原子核间的斥力，电子间的斥力，原子核和电子间的吸引力。计算分子内所有原子核和电子与这些相互作用相关的能量时，会发现分子结构越紧凑，吸引力比斥力增长得越多。

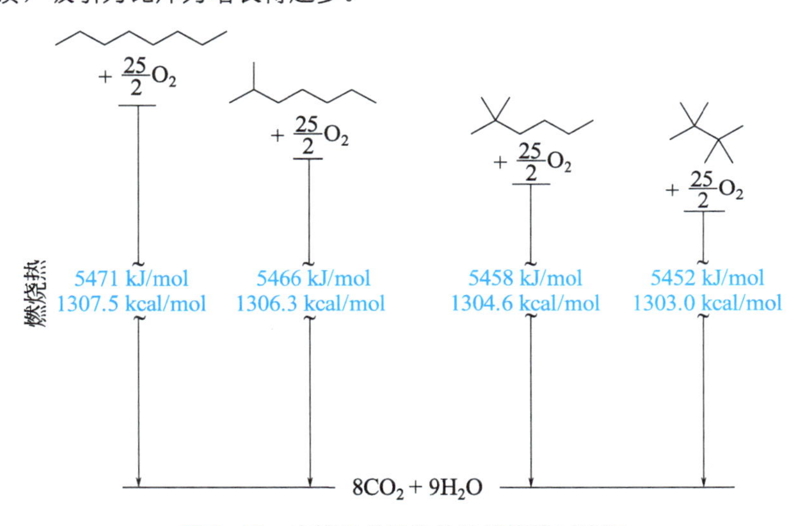

图2-12 辛烷同分异构体的燃烧热对比图

2.5.2 烷烃的热解：裂解

分子被加热分解的过程叫热解。当烷烃被热解时，C—C键断裂倾向于产生较小的烷基自由基。高级烷烃则沿链随机断裂。

$$CH_3CH_2CH_2CH_2CH_3 \longrightarrow CH_3\cdot + CH_3CH_2CH_2CH_2\cdot$$
$$CH_3CH_2CH_2CH_2CH_3 \longrightarrow CH_3CH_2\cdot + CH_3CH_2CH_2\cdot$$

这些自由基可能重新结合，生成不同的烷烃。

$$CH_3\cdot + CH_3\cdot \longrightarrow CH_3CH_3$$

$$CH_3\cdot + CH_3CH_2\cdot \longrightarrow CH_3CH_2CH_3$$

$$CH_3CH_2\cdot + CH_3CH_2CH_2CH_2\cdot \longrightarrow CH_3CH_2CH_2CH_2CH_2CH_3$$

这些自由基也可能发生歧化反应：一个自由基转移一个氢原子给另一个自由基，从而生成一个烷烃和一个烯烃。

$$CH_3CH_2\cdot + CH_3CH_2CH_2\cdot \longrightarrow CH_3CH_3 + CH_3CH{=}CH_2$$

热解的最终结果是大的烷烃转换为小的烷烃和烯烃，而有机实验室通常需要高产率合成单一纯净的化合物，所以这个反应在实验室中的实际用处不大。然而这个反应对化学工业生产非常重要，它是生产烃类燃料的主要方法。

原油是一种成分复杂的烃类混合物，主要是烷烃和环烷烃。直接蒸馏原油只能得到相对少量的汽油。为了增加可用燃料的百分比，炼油厂在高温下裂解原油，为的就是提高低碳烃的相对产量，特别是汽油馏分（表2-5）。在实际生产中，有各种各样的催化剂用于促进这些反应发生。在石化工业中，这个过程称作“催化重整”。这个过程所使用的反应器称作“催化裂解装置”。在催化过程中，铂（Pt）被广泛用作催化重整的催化剂，这一过程称作“铂重整”。

表 2-5　石油蒸馏得到的典型馏分

馏分的沸程/℃	每个分子所含碳原子个数	用途
低于20	$C_1 \sim C_4$	天然气，罐装液化气，石化产品
20 ～ 60	$C_5 \sim C_6$	石油醚，溶剂
60 ～ 100	$C_6 \sim C_7$	轻石油，溶剂
40 ～ 200	$C_5 \sim C_{10}$	汽油（直馏汽油）
175 ～ 325	$C_{12} \sim C_{18}$	煤油和喷气燃料
250 ～ 400	C_{12}以及更多	柴油，燃料油和柴油机油
非挥发性液体	C_{20}以及更多	精制矿物油，润滑油，润滑脂
非挥发性固体	C_{20}以及更多	固体石蜡，沥青和焦油

在400 ～ 600 ℃之间催化裂解得到的汽油馏分组成如下：

馏分	质量分数/%	馏分	质量分数/%
C_1和C_2	3	汽油（沸点：30 ～ 230 ℃）	46
丙烯	6	轻柴油（沸点：230 ～ 400 ℃）	15
丙烷	4	重柴油（沸点：400 ～ 600 ℃）	5
丁烯	4	焦炭	6
异丁烷	9	合计	100
正丁烷	2		

2.5.3　烷烃的卤化

（1）氯化

甲烷与氯气的混合物被加热到120 ℃左右或者以适当波长的光照射时，会发生放热反应。

$$CH_4 + Cl_2 \xrightarrow[\text{或光照}]{\text{加热}} \underset{\text{一氯甲烷}}{CH_3Cl} + HCl \quad \Delta H^{\ominus} = -24.7\ \text{kcal/mol}$$

这个反应是工业上制备一氯甲烷的重要方法，但在实验室制备中用处不大，因为它不能停留在只引入一个氯原子的阶段。随着一氯甲烷浓度的增加，它将与甲烷竞争，进一步发生氯化反应。

$$CH_3Cl + Cl_2 \longrightarrow \underset{\text{二氯甲烷}}{CH_2Cl_2} + HCl$$

$$CH_2Cl_2 + Cl_2 \longrightarrow \underset{\text{氯仿}}{CHCl_3} + HCl$$

$$CHCl_3 + Cl_2 \longrightarrow \underset{\text{四氯化碳}}{CCl_4} + HCl$$

甲烷与氯气反应的实际产物是一氯甲烷（b.p. 23.8 ℃）、二氯甲烷（b.p. 40.2 ℃）、三氯甲烷（氯仿，b.p. 51.2 ℃）和四氯化碳（b.p. 76.8 ℃）的混合物。混合物的成分与起始原料的相对量和反应条件有关。由于它们的沸点不同，所以很容易用分馏的方法逐一进行分离。

如一个共价键断裂为两个碎片，且每一个碎片仍然保留一个电子，这个过程称为均裂。均裂后的两个部分各带有一个未成对电子，是一种活泼的中间体，称为自由基（或游离基）。

$$A:B \longrightarrow A\cdot + B\cdot$$

如果其中一个碎片保留两个电子，这个过程则称为异裂。

$$A:B \longrightarrow A^+ + B^-:$$

大量实验证明，氯气和甲烷反应的第一步，是氯分子在光照条件下，发生均裂，生成两个氯自由基（Cl·）［反应式（2-1）］，氯自由基再和甲烷作用。由于氯分子的键裂解能较低（$\Delta H^\ominus = 58$ kcal/mol），所以用波长相对较长的光照射氯分子，或者把氯分子加热到中等温度，即可使氯分子均裂成两个氯自由基（$h\nu$ 表示光照）。

$$Cl_2 \xrightarrow[\text{或}h\nu]{\triangle} 2\,Cl\cdot \tag{2-1}$$

一旦有少量的氯自由基生成，一个连锁反应便开始了。氯自由基攻击甲烷分子夺走氢原子，同时产生另一个甲基自由基和一个HCl分子［反应式（2-2）］；甲基自由基和另一个氯气分子反应，夺走其中一个氯原子生成产物一氯甲烷，同时生成另一个氯自由基［反应式（2-3）］。

$$Cl\cdot + CH_4 \rightleftharpoons CH_3\cdot + HCl \quad \Delta H^\ominus = +1\ \text{kcal/mol} \tag{2-2}$$

$$CH_3\cdot + Cl_2 \longrightarrow CH_3Cl + Cl\cdot \quad \Delta H^\ominus = -25.7\ \text{kcal/mol} \tag{2-3}$$

反应式（2-3）中的这个氯自由基能和另一个甲烷分子再发生反应，从而使这个连锁反应能不断地进行下去。此类连锁反应称为自由基取代反应，反应式（2-1）称作链引发步骤，反应式（2-2）和（2-3）称作链增长步骤。

原则上，仅需一个氯分子发生均裂，就可以使大量的甲烷和氯气转化为一氯甲烷和HCl。但实际上，这个连锁过程经过平均约10000次循环便终止了。因为只要两个自由基发生碰撞，连锁反应便会终止。如反应式（2-4）和（2-5）所示。

$$CH_3\cdot + Cl\cdot \longrightarrow CH_3Cl \tag{2-4}$$

$$CH_3\cdot + CH_3\cdot \longrightarrow CH_3CH_3 \tag{2-5}$$

另一种可能的链终止步骤是两个氯自由基的碰撞，与链引发步骤反应式（2-1）相反。但是当两个氯自由基碰撞生成Cl_2时，两个自由基的所有动能全部转化为所生成分子的振动能，这个能量总是大于键能，所以两个自由基又重新分开。只有在碰撞发生时有第三种物质参与或者碰撞在反应容器壁上时转移一些能量，氯气分子才能稳定生成。

$$Cl\cdot + Cl\cdot + M \longrightarrow Cl_2 + M$$

对于多原子分子，反应式（2-4）和（2-5）中反应物的平动能可以转化为其他键的振动能，反应直接发生，即在反应中C—H充当第三种物质。其他没有产物生成的反应也有可能发生，且不会终止连锁反应。

$$CH_4 + CH_3\cdot \longrightarrow CH_3\cdot + CH_4$$
$$Cl_2 + Cl\cdot \longrightarrow Cl\cdot + Cl_2$$

分析一下上述链增长步骤会发现，反应式（2-2）略微吸热且可逆，但其能量却很低，大约只有4 kcal/mol。这个反应可以从氯自由基进攻氢原子这个方面进一步探究：

$$Cl\cdot + H-CH_3 \longrightarrow [Cl\cdots H\cdots CH_3]^{\ddagger} \longrightarrow Cl-H + \cdot CH_3$$

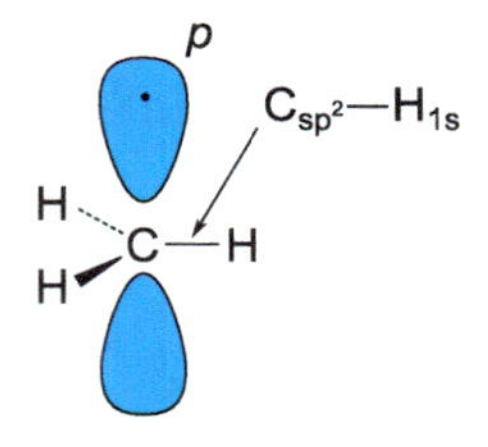

图 2-13　甲基自由基

H—Cl键和H—CH_3键强度相似（$\Delta H^{\ominus}$分别为103 kcal/mol和104 kcal/mol）。当Cl—H键形成，且逐渐变强时，H—C键逐渐变弱，直至彻底断裂。中间经历了一个过渡态，即反应物转变为产物的中间状态势能最高处相对应的结构（用“‡”表示），其键的状况是旧键未完全断裂，而新键未完全形成。过渡态与反应物的内能差称为活化能（E_a），活化能越低，反应越容易进行。

所形成的产物甲基自由基的结构近似平面（图2-13）。根据三个C_{sp^2}—H_{1s}键和保留在C_{2p}轨道中的单电子的位置，在过渡态，甲基开始从最初的四面体结构，向之后的平面结构转化。

同样的机理也适用于上述反应的逆过程，$HCl + CH_3\cdot \longrightarrow CH_4 + Cl\cdot$。甲基自由基从H—Cl键的后方进攻HCl中的氢原子，C—H键开始形成。随着C—H键的形成，键长减小，键的强度增加，其余的C—H键开始转变回原来在甲烷中的四面体几何结构。同时H—Cl键的键长增加，强度逐渐变弱，直至断裂。

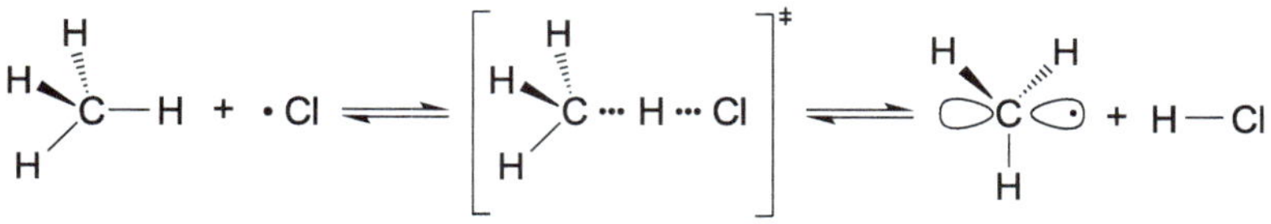

$$CH_3-H + \cdot Cl \rightleftharpoons [H_3C\cdots H\cdots Cl]^{\ddagger} \rightleftharpoons \cdot CH_3 + H-Cl$$

过渡态的立体模型如图2-14所示。

图2-14　反应过渡态的立体模型

根据微观可逆性原理（正逆反应在相同的条件下必具有相同的反应历程，例如某一可逆反应由A⟶B经过中间体C，则C一定是逆反应由B⟶A的中间体），正逆反应的过渡态结构是相同的。也就是说，由产物到反应物的逆反应和正反应的反应机理是一样的。如果不一样，原则上就可以制造一种永动机——但这是违反热力学第二定律的。

上面的问题同样也可以用轨道的观点来阐述。氯原子轨道与氢原子的1s轨道有部分电子交叠，由于电子间的排斥使得H 1s轨道和C sp^3轨道的重叠减小，C—H键开始变长变弱。当这个C—H键变弱时，其s轨道特征变少，碳的s轨道更多地用于和其他C—H键键合。碳原子轨道由sp^3杂化逐渐向sp^2杂化转变，轨道开始向平面状转变，其余的C—H键变得更短更强。过渡态的结构可以用组分的原子轨道描述，如图2-15所示。

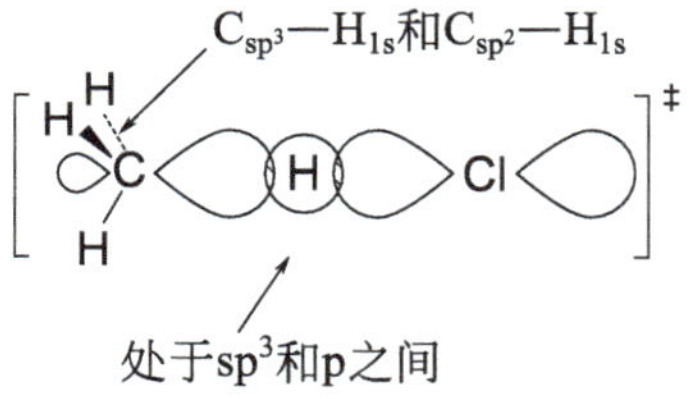

C_{sp^3}—H_{1s}和C_{sp^2}—H_{1s}

处于sp^3和p之间

图2-15　用轨道描述反应的过渡态

反应式（2-2）的反应坐标如图2-16所示。

反应式（2-3）的活化能很小，只有1 kcal/mol。这个反应的反应速率快且放出大量的热，而其逆反应为高吸热反应，且活化能相对较高（25.7+1 = 26.7 kcal/mol）。因此，总反应是一个不可逆反应。反应如图2-17所示，其过渡态是C—Cl键部分形成，而Cl—Cl键部分断裂。

$$[CH_3 \cdots\cdots Cl \cdots Cl]^{\ddagger}$$

$$CH_3\cdot + Cl_2 \longrightarrow CH_3Cl + Cl\cdot$$

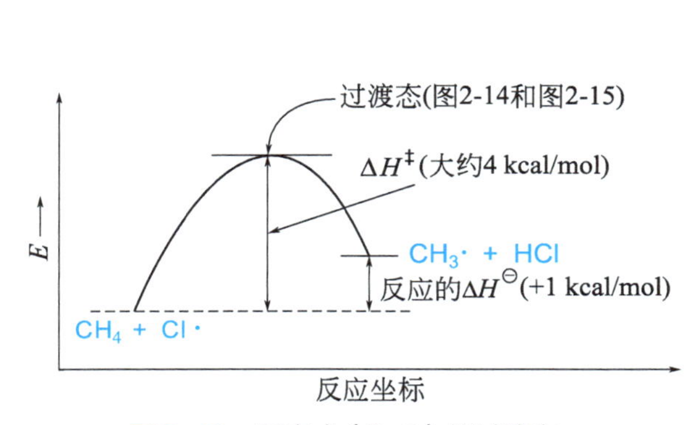

图2-16 反应式（2-2）的过渡态

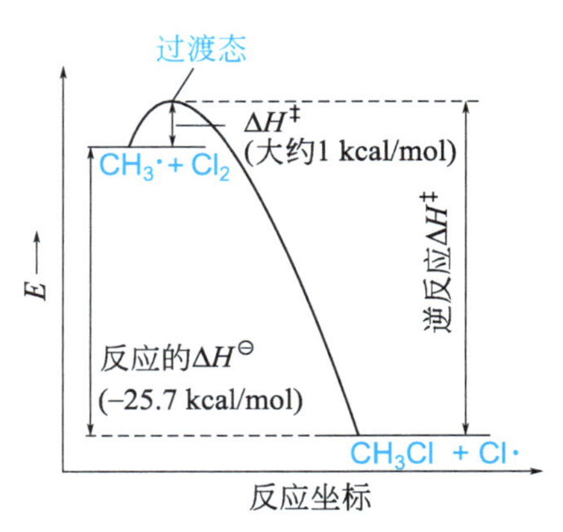

图2-17 反应式（2-3）的过渡态

过渡态的立体模型如图2-18所示。

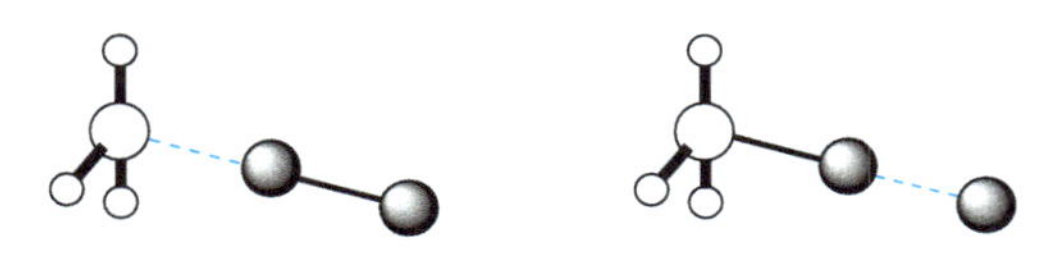

图2-18 反应过渡态的立体模型

高级烷烃的氯化与甲烷的氯化类似，但是生成的混合物更为复杂。如乙烷氯化不仅生成一氯乙烷，而且还有1,1-二氯乙烷和1,2-二氯乙烷生成。

$$CH_3CH_3 + Cl_2 \longrightarrow CH_3CH_2Cl + HCl$$

$$CH_3CH_2Cl + Cl_2 \longrightarrow \underset{1,1\text{-二氯乙烷}}{CH_3CHCl_2} + \underset{1,2\text{-二氯乙烷}}{ClCH_2CH_2Cl} + HCl$$

对于丙烷，可能会生成两种一氯产物：正丙基氯和异丙基氯，但它们不等量。

$$CH_3CH_2CH_3 + Cl_2 \longrightarrow \underset{\substack{(43\%) \\ \text{正丙基氯}}}{CH_3CH_2CH_2Cl} + \underset{\substack{(57\%) \\ \text{异丙基氯}}}{CH_3CHClCH_3}$$

在25 ℃四氯化碳溶液中，这两种异构体的产量比为43∶57。进一步反应可以生成四种二氯丙烷的混合物。

丙烷的一氯取代反应中，丙烷仲氢的$\Delta H^{\ominus}$大约比伯氢的$\Delta H^{\ominus}$低3.5 kcal/mol，可以预测丙烷的仲氢比伯氢更容易被氯原子取代。然而，丙烷中有六个伯氢可能被取代，而仲氢只有两个，则每种氢的相对反应活性为：

$$\frac{\text{仲氢}}{\text{伯氢}} = \frac{57/2}{43/6} = \frac{4}{1}$$

异丁烷的一氯取代反应和丙烷类似，生成36%的叔丁基氯和64%的异丁基氯。

$$(CH_3)_3CH + Cl_2 \longrightarrow \underset{\substack{(36\%)\\ \text{叔丁基氯}}}{(CH_3)_3CCl} + \underset{\substack{(64\%)\\ \text{异丁基氯}}}{(CH_3)_2CHCH_2Cl}$$

叔氢和伯氢的相对反应活性为：

$$\frac{\text{叔氢}}{\text{伯氢}} = \frac{36/1}{64/9} = \frac{5.1}{1}$$

这样，不同氢与氯气反应相对活性正好和以$\Delta H^{\ominus}$为基础预测出的各种氢的反应活性一致：

叔氢＞仲氢＞伯氢

但是，反应的选择性相对较低，这是由于各种反应活化能的差异小于反应热之间的差异，如图2-19所示。

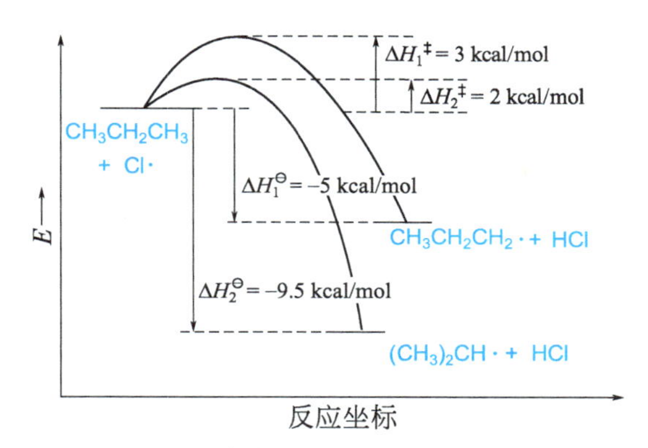

图2-19　氯气与丙烷反应的反应曲线

由图2-19可见，在丙烷的氯化中，$\Delta\Delta H^{\ominus}$为4.5 kcal/mol，而$\Delta\Delta H^{\ddagger}$只有1 kcal/mol左右。考虑到在过渡态中自由基还没有完全生成，这个结果就比较合理了。不管如何产生，仲自由基都比伯自由基更稳定，这同样也影响到两个过渡态。但当碳还没完全具备自由基特征时，对过渡态的影响并不大。

对于更加复杂的烷烃，其氯化产物也更加复杂。因此，制备烷基氯化物时，烷烃的氯化不是通用反应。一般可以通过分馏的方法，从烃、二氯化烃和含氯原子数更多的氯化烃中得到目标产物。例如环己烷和新戊烷的氯化反应：

$$\text{环己烷} + Cl_2 \xrightarrow{\text{光照}} \underset{\text{环己基氯}}{C_6H_{11}Cl} + HCl$$

$$H_3C-C(CH_3)_2-CH_3 + Cl_2 \xrightarrow{\text{光照}} \underset{\text{新戊基氯}}{H_3C-C(CH_3)_2-CH_2Cl} + HCl$$

在实验室中由于氯气操作不方便，因此氯化反应经常用硫酰氯（SO_2Cl_2）代替。硫酰氯是无色液体，沸点为69 ℃，由Cl_2和SO_2反应制备得到。由于其与水能迅速反应，因此在潮湿空气中容易冒烟，反应式如下：

$$SO_2Cl_2 + 2H_2O \longrightarrow 2HCl + H_2SO_4$$

当硫酰氯用作氯化试剂时，必须用一种专门的引发剂提供自由基，以引发这个连锁反应。过氧化物经常被用作这种引发剂，因为O—O键比较弱，且在相对较低的温度下就很容易断裂。

$$ROOR \longrightarrow 2\,RO\cdot$$

硫酰氯氯化环己烷就是一个典型实例：

$$C_6H_{12} + SO_2Cl_2 \longrightarrow C_6H_{11}Cl + HCl + SO_2$$

（2）其他卤素的卤化反应

氯化反应的机理也同样适用于其他卤素，但实际反应中最终产物却表现出显著差异。甲烷被各种卤素卤化的反应焓总结在表2-6中。

表2-6　甲烷的各种卤化

$$CH_4 + X_2 \longrightarrow CH_3X + HX$$

X	$\Delta H^{\ominus}$/(kcal/mol)	X	$\Delta H^{\ominus}$/(kcal/mol)
F	−102.8	Br	−7.3
Cl	−24.7	I	+12.7

氟化反应较难控制，是因为氟化反应会放出大量的热，释放出来的能量足以破坏大多数键。当甲烷与氟气混合时，少量自由基会自发生成并引发连锁反应。反应释放的热使温度迅速升高，更多的键断裂形成自由基，并引发更多的连锁反应。激烈的连锁反应放出大量的热，生成自由基的速率比湮灭的速率更快，最终导致爆炸。由于有机氟化物具有独特的物理化学性质，因此具有非常重要的研究和应用价值。但是直接氟化不是一个常规用于实验室制备有机氟化物的方法。

甲烷的碘化反应正好和氟化反应相反。由表2-6可知，甲烷与碘的反应是吸热反应。事实上，CH_3I可以和HI反应生成CH_4和I_2。碘原子的反应活性相对较差，与甲烷反应时，由于是吸热反应，以至于在常温下无明显反应发生。任何产生的碘自由基都会最终发生二聚反应生成I_2。

$$CH_4 + I\cdot \longrightarrow HI + CH_3\cdot \quad \Delta H^{\ominus} = +33\ \text{kcal/mol}$$

甲烷的溴化比氯化放热少。两个链增长步骤中，只有一个是相对放热的。

$$CH_4 + Br\cdot \longrightarrow CH_3\cdot + HBr \quad \Delta H^{\ominus} = +16.5\ \text{kcal/mol}$$

$$CH_3\cdot + Br_2 \longrightarrow CH_3Br + Br\cdot \quad \Delta H^{\ominus} = -23.8\ \text{kcal/mol}$$

因此溴化的速率比氯化慢得多。从反应机理方面分析甲烷的溴化，其两个链增长步骤的反应曲线如图2-20和图2-21所示。

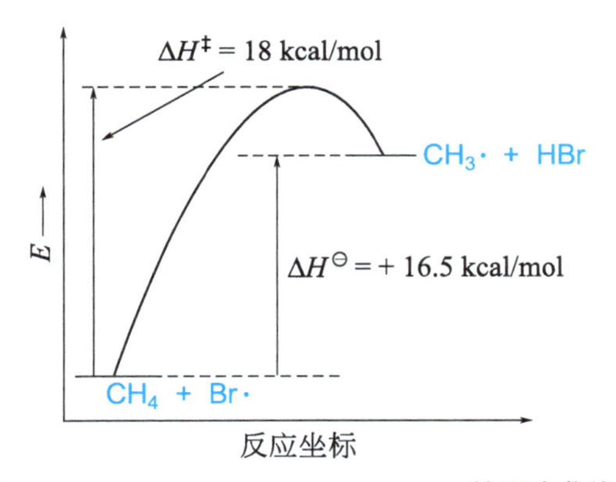

图2-20　$CH_4 + Br\cdot \rightleftharpoons CH_3\cdot + HBr$的反应曲线

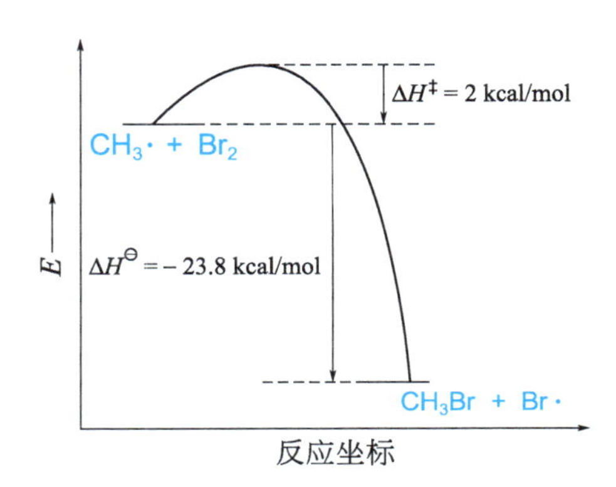

图2-21　$CH_3\cdot + Br_2 \rightleftharpoons CH_3Br + Br\cdot$的反应曲线

在溴和其他烷烃的反应中，溴的反应选择性比氯的反应选择性要好得多。例如，丙烷在330 ℃气态下溴化，生成92%的异丙基溴和仅8%的正丙基溴。

$$CH_3CH_2CH_3 + Br_2 \xrightarrow{330\ ^\circ C} \underset{\substack{(8\%) \\ \text{正丙基溴}}}{CH_3CH_2CH_2Br} + \underset{\substack{(92\%) \\ \text{异丙基溴}}}{(CH_3)_2CHBr}$$

溴置换氢生成两个异构体的两步反应是：

$$CH_3CH_2CH_3 + Br\cdot \longrightarrow CH_3CH_2CH_2\cdot + HBr \quad \Delta H^\ominus = +10.5\ \text{kcal/mol}$$

$$CH_3CH_2CH_3 + Br\cdot \longrightarrow (CH_3)_2CH\cdot + HBr \quad \Delta H^\ominus = +6.0\ \text{kcal/mol}$$

将这两个反应以反应坐标形式绘制，如图2-22所示。

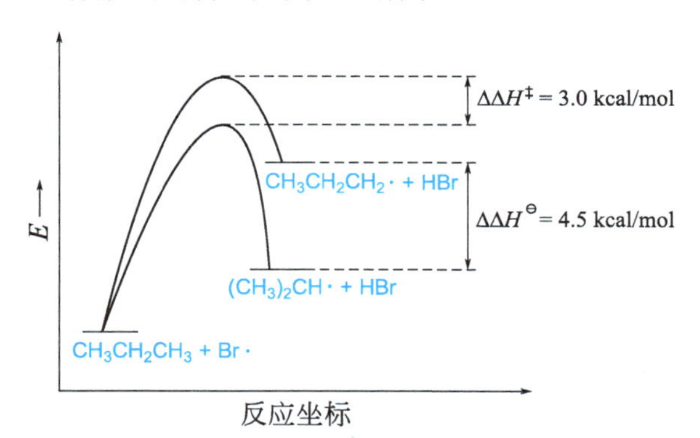

图2-22 溴与丙烷反应的反应曲线

溴自由基与丙烷的两个反应的反应速率如下：

$$\text{速率}(1^\circ) = k_1[CH_3CH_2CH_3][Br\cdot]$$

$$\text{速率}(2^\circ) = k_2[CH_3CH_2CH_3][Br\cdot]$$

产物生成速率比是两个速率常数的比值。

$$\frac{\text{速率}(2^\circ)}{\text{速率}(1^\circ)} = \frac{k_2}{k_1}$$

对于上述两个类似的反应，其速率常数与活化能呈指数相关。活化能越大的反应，其速率常数越小。丙烷的氯化反应中，$\Delta\Delta H^\ddagger$只有1 kcal/mol，因此氯化反应选择性相对较差。对于溴化反应，$\Delta\Delta H^\ddagger$为3 kcal/mol，因此溴化反应所得的仲氢产物与伯氢产物的产率比值很大，即选择性很好。

当烷烃中有叔氢存在时，溴的反应选择性明显比氯好。例如，虽然2,2,3-三甲基丁烷有15个伯氢而只有1个叔氢，但其溴化反应却生成96%以上的叔溴化物。

$$\underset{\text{2,2,3-三甲基丁烷}}{H_3C-C(CH_3)_2-CH(CH_3)-CH_3} + Br_2 \xrightarrow[CCl_4]{h\nu} \underset{(>96\%)}{H_3C-C(CH_3)_2-CBr(CH_3)-CH_3}$$

因此，对于卤代烷烃的制备，溴化反应比氯化反应更有用。但当分子中只有一个叔氢而有多个仲氢时，溴化反应生成的产物也很复杂。

为什么溴原子比氯原子更具有“识别能力”？基于“早”和“晚”两个过渡态概念，可以给出一个简单的解释。通常认为氯化反应的过渡态早到达，使得C—H键的断裂远没有完成。结果，

H—Cl键在很大程度上还没有形成。和氯化反应相比，通常认为溴化反应的过渡态晚到达，过渡态中的C—H键正在断裂，H—Br键很快就要形成。像这样早或晚到达的过渡态可以表示为：

$$[\text{R}\cdots\text{H}\cdots\cdots\cdots\text{Cl}]^{\ddagger} \qquad [\text{R}\cdots\cdots\cdots\text{H}\cdots\text{Br}]^{\ddagger}$$

早过渡态　　　　晚过渡态

如果过渡态早到达，C—H键还没完全伸长，碳仍然是四面体结构，它的几何结构类似于原料烷烃。相反，如果过渡态晚到达，C—H键在很大程度上已经断裂，那么碳的几何结构更接近平面，其产物类似自由基。

在过渡态早到达的反应中，产物的稳定性几乎不影响反应速率，因为过渡态的结构和能量与反应物类似（图2-23）。因此，在异丁烷氯化反应中，两个可能的过渡态能量相近，使得两个竞争反应的反应速率相当。

但是如果过渡态晚到达，产物的稳定性对反应速率有影响，过渡态的结构和能量与产物类似（图2-24）。因此，在异丁烷溴化反应中，其中一个过渡态类似伯自由基，而另一个类似叔自由基。这两个过渡态的能量相差很大，结果使得生成叔自由基的反应速率更快。

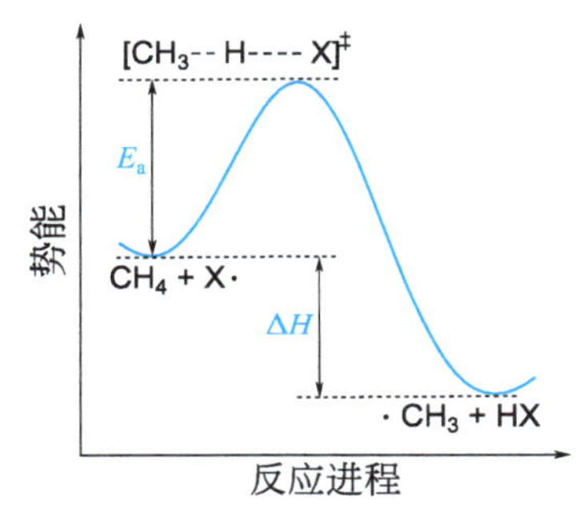

图2-23　早过渡态反应曲线

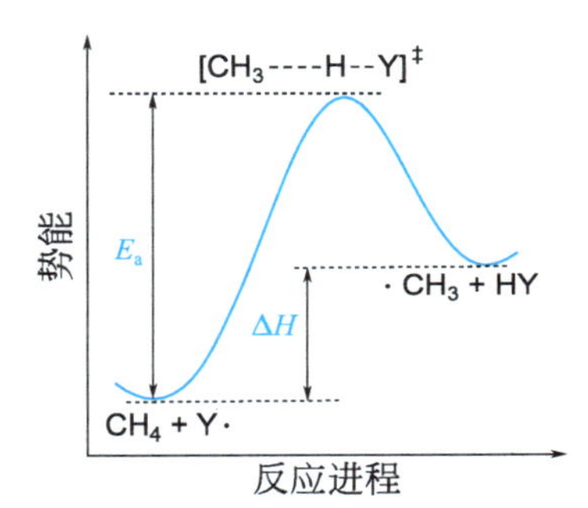

图2-24　晚过渡态反应曲线

2.6　烷烃的生产与用途

2.6.1　烷烃的来源

烷烃的主要来源是石油。石油是一种复杂的有机化合物的混合物，其主要成分是烷烃和芳烃，也包含很少量的氧气、氮气和含硫化合物。

烷烃最主要的用途是作为燃料获得能量。石油一直在全球能源需求中独占鳌头，化石能源在较长时期内仍然是人类生存和发展的能源基础。普遍使用的天然气、汽油、煤油和柴油，主要成分都是烷烃的混合物，其中大部分是从石油中获得的。

石油和其他化石燃料的供给都是有限的。石油耗尽时间的估计各种各样，大多依赖于人类对石油使用量的多少。当今世界，石油仍然是工业的血液，化石燃料在较长时间内仍将发挥关键作用。随着发展中国家经济的增长，化工用油发展空间巨大，未来石油的原料属性将更加凸显。现实情况是，虽然短期内供应无忧，但面对日益严重的气候变化危机，能源转型势在必行。大力发展绿色经济，尽快实现全面的碳中和目标，是整个人类社会的共同责任。

2.6.2　石油精炼

石油精炼指的是将石油中的数百种不同的碳氢化合物分子，分离成有用的化合物，包括汽车燃料、润滑油、塑料成分和洗涤剂等。石油精炼的第一步是蒸馏：根据石油组分挥发性的不同，把石油分离成几部分。若把每一部分都分离到只含一种化合物，这在经济上是不切合实际的，在技术上也几乎是不可能的。沸点低于200 ℃的石油馏出物就包含了五百多种不同的化合物，而且其中好多种都有着几乎相同的沸点。因此石油分离出的每个部分，都是沸点近似的烷烃混合物。

2.6.3 裂解

汽油是从石油里分馏、裂解出来的具有挥发性、可燃性的烃类液体混合物，其主要成分为C_5～C_{12}的脂肪烃和环烷烃，以及一定量的芳香烃。作为用途广泛的燃料，汽油的需求量远大于石油精炼所产出汽油的供给量。因此，石油工业一个重要的加工处理过程是把其他部分的烃转化为汽油。当轻柴油（C_{12}和含碳量更高的烷烃）混合物在多种催化剂存在下，被加热到非常高的温度时，烃分子将断裂重组成支链程度更高的烷烃（包含5～10个碳原子），这个过程叫催化裂解。裂解也可在无催化剂存在的条件下进行，这种过程称作热裂解。热裂解倾向于生成非支链产物，非支链烷烃的“辛烷值”（汽油抗震爆能力的指标）很低。此外，汽油组分也可以通过低级分子（烯烃）的烷基化过程来制备。

拓展阅读：雅可比·亨利克·范特霍夫

雅可比·亨利克·范特霍夫（Jacobus Henricus Van't Hoff），荷兰物理化学家。1852年8月30日出生于荷兰鹿特丹市，父亲是当地一位有名的医生，他是家里七个孩子中的老三。

1869年，他进入代尔夫特高等工业学校，1871年获得工程学学士学位。这个学校虽然是专门学习工程技术的，但讲授化学课的教授奥德曼水平很高，他推理清晰，论述有序，很能激发人们对化学的兴趣。范特霍夫在奥德曼教授的指导下进步很快。由于范特霍夫很努力，他仅用了2年时间就学完了一般人3年才能学完的课程。1871年，范特霍夫毕业后，立志于全力进行化学研究。为了打好基础，找准研究的方向，1873年范特霍夫只身前往德国的波恩，拜当时世界著名的有机化学家佛莱德·凯库勒为师。在波恩期间，范特霍夫在有机化学方面受到了良好的训练。随后，他又前往法国巴黎向化学家武兹求教学习。1874年，他回到荷兰，在乌特勒支大学获得博士学位。

1876年，范特霍夫在乌特勒支兽医学院任讲师，第二年赴阿姆斯特丹大学任讲师。1878年在同一所大学任化学、矿物学和地质学教授，就此开启了更加深入的研究工作。

范特霍夫首先提出了碳的四面体结构学说。过去的有机结构理论认为有机分子中的原子都处在一个平面内，这与很多现象是矛盾的。范特霍夫的理论纠正了过去的错误。

范特霍夫声名鹊起是从他的划时代论文的发表开始的。他博士论文（1874年）的题目是：《对于氰基醋酸和丙二酸性质的新认识》（*Bijdrage tot de Kennis van Cyaanazijnzuren en Malonzuur*）。他更重要的论文是《发展三维化学结构新认识》（*Voorstel tot Uitbreiding der Tegenwoordige in de Scheikunde gebruikte Structuurformules in de Ruimte*）。这个小册子包含了十二页字和一页图表，推动了立体化学的发展。在这个小册子中他提出了“不对称碳原子”的概念，解释了许多无法用传统结构式解释的异构体，同时还指出了光学活性与不对称碳原子是有关联的。

1884年，他出版了《化学动力学研究》（*Études de Dynamique chimique*）一书，首次涉足了物理化学领域。最重要的贡献是他提出了由于温度变化而引起的热转换与平衡移动之间的一般热力学关系。即体积一定时，体系的平衡倾向于向施加于体系上的温度变化相反的方向移动。因此，温度降低导致放热，而温度升高导致吸热。1885年，被勒·夏特列补充了体积、压力改变时的情况，提出了平衡移动原理的一般形式。这就是大家都熟知的范特霍夫-勒·夏特列原理。

1885年，他出版了《气体体系或稀溶液中的化学平衡》（*L'Équilibre chimique dans les Systèmes gazeux ou dissous à I'État dilué*），这本书涉及稀溶液理论，证明了在足够稀的溶液中渗透压与浓度和热力学温度成比例，这个压力还可以用公式表示，而这个公式只比气体压力公式相差一个系数i。他还用各种方法测定了i的值，例如借助蒸气压和拉乌尔关于冰点降低的结果，这样范特霍夫便可以证明热力学定律不仅适用于气体，而且也适用于稀溶液。他的压力定律被阿伦尼乌斯（1884—1887，在阿姆斯特丹第一个和范特霍夫一起工作的外国人）的电解质电离理论所证实，被普遍认为是自然科学中最全面最重要的定律之一。1887年，范特霍夫和德国化学家威廉·奥斯特瓦尔德在莱比锡一起创办了《物理化学学报》（*Zeitschrift für physikalische Chemie*），由此物理化学作为一门学科诞生了。

1901年12月10日，诺贝尔奖首次颁发，范特霍夫作为第一位诺贝尔化学奖的获得者，达到了事业的顶峰。有趣的是，范特霍夫创立的碳的四面体结构学说并不是获奖原因。他的另外两篇著名论文《化学动力学研究》和《气体体系或稀溶液中的化学平衡》使他获得了诺贝尔化学奖。

范特霍夫于1911年3月1日在柏林附近的施特格利兹病逝，一颗科学巨星陨落。为了纪念他，范特霍夫的遗体火化后，人们将他的骨灰安放在柏林达莱姆公墓，供后人瞻仰。

参考资料

[1]“物理化学的创始人，绝世天才的一生——范特霍夫”https://baijiahao.baidu.com/s?id=1621624400320653098&wfr=spider&for=pc.

[2]“第一个荣获诺贝尔化学奖的范特霍夫”http://blog.sina.com.cn/s/blog_534260f00100bao8.html.

习题

2-1 请用系统命名法给下列化合物命名。

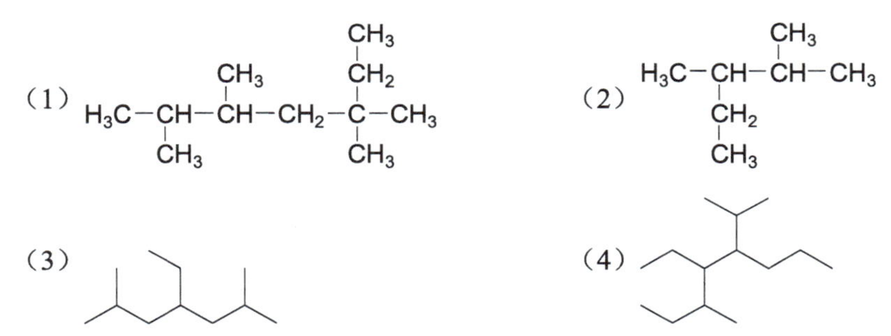

2-2 根据命名写出下列分子的结构式。

（1）甲基乙基异丙基甲烷　　（2）2,3-二甲基-3-乙基己烷

（3）2-甲基-3-乙基己烷　　（4）2,2,3-三甲基己烷

2-3 如何区分烷烃中伯碳、仲碳和叔碳原子？

2-4 同分异构体的定义是什么？烷烃C_5H_{12}的同分异构体有多少个？写出各异构体的结构式并命名。

2-5 丁烷的四种典型构象分别是什么？

2-6 画出下列分子的纽曼投影式的最稳定构象。

（1）1-氯丙烷　　（2）2-甲基丁烷

2-7 烷烃与卤素的取代反应中，卤原子和氢原子的反应活性顺序是什么？

2-8 将下列自由基按稳定性大小排列。

（1）$(CH_3)_2CHCH_2\dot{C}H_2$；（2）$(CH_3)_2CH\dot{C}HCH_3$；（3）$(CH_3)_2\dot{C}CH_2CH_3$

2-9 从四甲基甲烷出发，写出含有一个季碳原子的C_7H_{16}的各个异构体。

2-10 判断下列各组构象是否相同，并注明是交叉式还是重叠式构象。

（1） 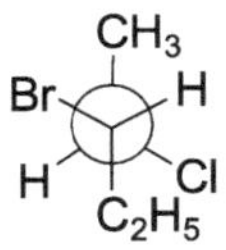 和 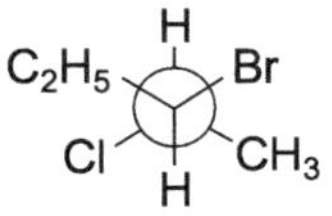 （2） 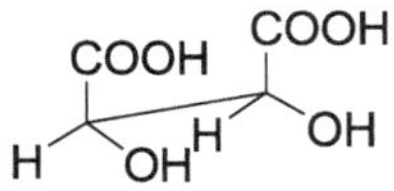 和

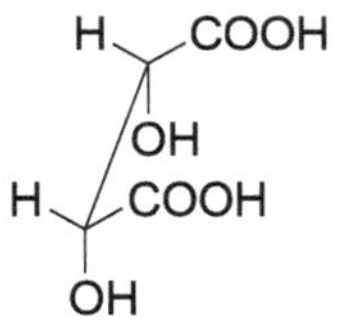

（3） 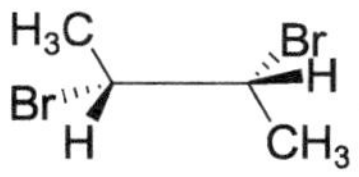 和 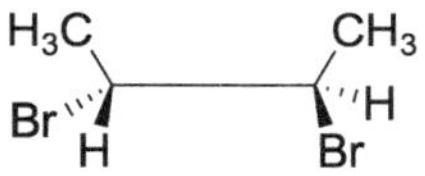 （4） 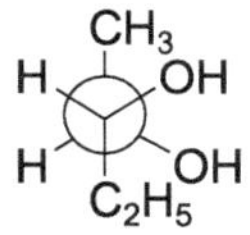 和

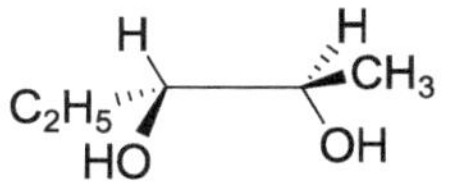

2-11 在光照下，乙烷与氯气发生一氯代反应，写出一氯代反应的主要产物及反应机理。

2-12 甲烷氯化反应时观察到下列现象，试解释之。

（1）将氯气先光照，在黑暗中放置一段时间后再与甲烷混合，不生成甲烷氯代产物。

（2）将氯气先光照，立即在黑暗中与甲烷混合，生成甲烷的氯代产物。

（3）将甲烷光照后，立即在黑暗中与氯气混合，不生成甲烷氯代产物。

2-13 分子式为C_8H_{18}的烷烃与氯气在紫外线照射下反应，产物中的一氯代烃只有一种，写出这个烷烃的结构。

2-14 烷烃的分子量为86，推测符合下列条件的烷烃的结构式：（1）两个一溴代产物；（2）三个一溴代产物；（3）四个一溴代产物；（4）五个一溴代产物。

第3章 烯烃

烷烃分子中只有碳碳单键，并且在每个非碳碳键上都连有一个氢，像这种除碳碳单键外完全连接氢原子的碳结构称为饱和化合物。当氢原子个数少且满足不了碳原子四价结构所需时，就会形成不饱和化合物，可以通过引进碳碳多重键，使其结构完整。分子中含有一个碳碳双键的开链不饱和烃叫作烯烃，其通式是C_nH_{2n}。

3.1 烯烃的结构

在烯烃中，两个相邻碳原子的价态要满足三个σ键和一个π键的形式。总的来说，一个σ键和一个π键交盖就形成了双键。高电子云密度以及双键的存在使烯烃分子具有特殊的反应活性，这种能反映化学特性的原子或原子团就是官能团。烯烃的官能团是碳碳双键（$\rangle$C=C$\langle$）。分子的几何学和双键的化学特征可以用碳原子的杂化来解释。烯烃中的碳原子并不是像烷烃那样进行sp^3杂化，而是进行了sp^2杂化，并且产生了π键。

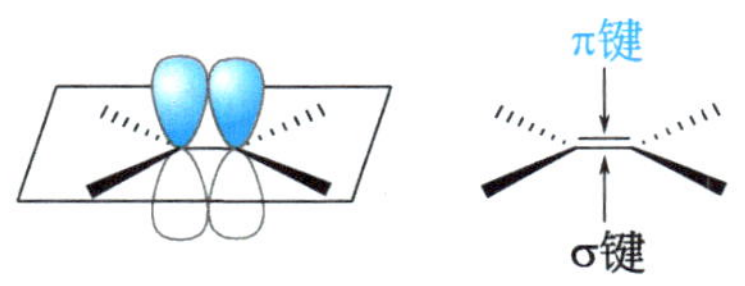

烯烃中双键碳原子的价电子形成了处于同一平面的三个sp^2杂化轨道，且每个sp^2杂化轨道和剩余未参与杂化的p轨道都尽可能地彼此远离。也就是说，这三个sp^2杂化轨道的对称轴是以碳原子为中心，分别指向正三角形的三个顶点，轨道对称地分布在碳原子周围，相互之间构成了接近120°的夹角，而未参加杂化的p轨道则垂直于这个平面。值得注意的是，sp^2杂化碳原子的电子云密度分布不同于sp^3杂化轨道，这是由于sp^2杂化轨道有更多的s轨道成分，所以在原子核附近电子云密度大。成键时，sp^2杂化碳原子比sp^3杂化碳原子有更大的电负性。

当两个碳原子间形成双键时，一个碳原子上的sp^2轨道正面交盖另一个碳原子上的sp^2轨道形成一个键，这个键称为σ键。两个碳原子的p轨道也相互侧面交盖，这就在σ键的上下形成了第二个键。这种由未参与杂化的p轨道电子所形成的键称为π键。尽管π键的电子云是分布于σ键的上方和下方的，但是π键是只有两个电子的键。可见，碳碳双键是由一个σ键和一个更弱的π键组成的。双键连接的原子比用单键连接具有更紧凑的空间效果和更大的能量。每一个碳原子，除了提供两个电子形成腊肠形状的双键外，还形成由两个sp^2杂化轨道形成的σ键。

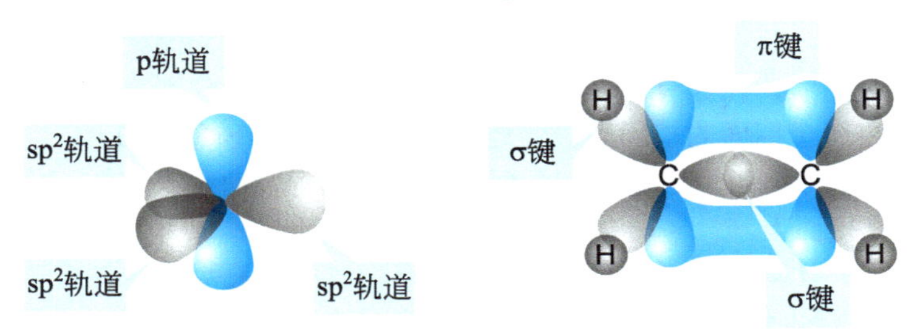

sp^2杂化轨道的分布　　乙烯分子中σ键和π键示意图

3.2 烯烃的命名和几何异构

3.2.1 烯烃的命名

烯烃命名时称为某烯，英文名称中以–ene结尾。选含有碳碳双键的最长碳链为主链，对碳链编号时，必须从靠近双键的一端开始，尽可能使双键的编号数字最小。母体名称前要冠以表示双键位置的阿拉伯数字。

以下是一些五碳和六碳烯烃异构体以及它们的IUPAC名称：

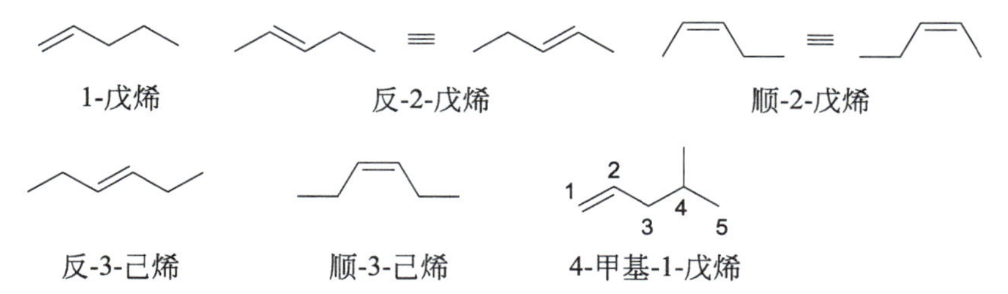

注意：4-甲基-1-戊烯较低编号的命名方式是从最靠近双键的一侧开始编号，而不是从最靠近取代基（甲基）的一侧开始编号。也就是说，对烯烃化合物命名时，双键位置的编号优于烷基取代基的编号。

总的来说，可以使用如下几步进行简单烯烃的命名：

① 选择包含双键的最长碳链，确定合适的母体，并且用烯作为后缀。

② 选择碳链的编号，使得双键上的第一个碳原子的编号尽可能地小。

③ 确定取代基的编号。

④ 用合适的阿拉伯数字编号，标出多个取代基的位置。

3.2.2 烯烃的几何异构及其命名

碳碳双键中两端碳原子上连接不同的原子或基团时，在空间中有两种排列方式，形成两种几何异构体。例如1,2-二氯乙烯，虽然结构简式相同，但却有两种二氯乙烯异构体，每个都有其特有的物理性质：

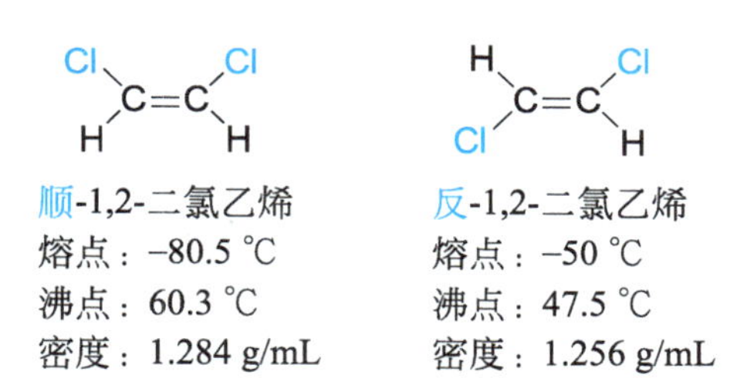

顺-1,2-二氯乙烯	反-1,2-二氯乙烯
熔点：−80.5 ℃	熔点：−50 ℃
沸点：60.3 ℃	沸点：47.5 ℃
密度：1.284 g/mL	密度：1.256 g/mL

由于π键能有效阻止碳原子的自由旋转，σ键连接在π键碳原子上时就会产生几何异构体。我们把双键两端的两个氯原子在双键同侧时叫顺式（*cis*），在异侧时叫反式（*trans*）（*cis*在拉丁文中的意思是“在同一面”，*trans*意思是“在相反面”）。也就是说，相同的两个原子或基团在双键两端的同侧就称为顺式，而相同的两个原子或基团在双键两端的异侧就称为反式，这种方法称为“顺-反”标记法。命名时，在原有命名前加上“顺-”或“反-”分别表示其几何异构体。若双键同一个碳原子上含有两个相同的基团则该烯烃不具有顺反异构现象，如1,1-二氯乙烯。此外先前所述烷烃类物质如1,2-二氯乙烷也不存在几何异构体，因为没有π键存在，就不会将碳原子上所有的基团限定排列在平面上。

对于简单的烯烃，比如2-丁烯、1,2-二氯乙烯等，如果双键两端连有相同的取代基，这时用“顺反”标记法比较方便。但是如果双键上连有四个不同的原子或取代基时，就无法用“顺反”标记了。此时，按照“次序规则”分别比较双键碳原子上连接的两个原子或基团，若两个“较优”的原子或基团在双键两端的同侧时，用*Z*（*Z*是德语Zusammen的第一个字母，是“相同”的意思）标记，称为*Z*异构体；相反，若两个“较优”的原子或基团在双键两端的异侧时，用*E*（*E*是德语Entgegen的第一个字母，是“相反”的意思）标记，称为*E*异构体。这种标记方法称为“*Z-E*”标记法。两种异构体命名时在原有命名前加上“(*Z*)-”或“(*E*)-”。例如：

(*E*)-3-甲基-2-己烯

(*Z*)-3-甲基-2-己烯

采用以下规则判断较优原子或基团（次序规则）：

① 与双键碳相连的第一个原子，原子序数大者为“较优”原子或基团；若为同位素，则质量大者为“较优”原子或基团。例如上式中与双键相连左侧取代基甲基（—CH_3）中的C的原子序数大于与双键左侧相连的取代基H，因此—CH_3的优先次序大于H。

② 如果两个基团的第一个原子相同，则比较与之相连的第二个原子。比较时，按原子序数排列，先比较各组中原子序数最大的原子，若仍相同，则比较第二个、第三个。若仍相同，则沿取代基链逐次比较。例如上式中与双键相连右侧取代基的正丙基（—$CH_2CH_2CH_3$）的优先顺序大于与双键相连右侧的—CH_3。因为正丙基中与第一个C原子相连的原子为一个C原子和两个H原子，而甲基中与第一个C原子连接的原子为三个H原子，C的优先顺序大于H，所以正丙基“优先”。

③ 含双键或叁键基团时，可将其分解为连有两个或三个相同原子的键。例如：

④ 若原子的键不到四个（H除外），可以补加原子序数为零的假想原子，使其达到四个并排在最后。例如：—NH_2中的孤对电子为假想原子。

“顺–反”标记法和“*Z-E*”标记法不冲突，能用“顺-反”标记法命名的物质也可以用“*Z-E*”标记法进行命名。

3.3 烯烃的物理性质

与烷烃相同，烯烃也是非极性的，分子间的作用力主要是范德华力。烯烃化合物具有相对低的沸点和熔点（表3-1），可溶于非极性溶剂。不饱和烃的熔、沸点随着分子量的增加而升高。含1～4个碳原子的烯烃在室温下是气体，含5～18个碳原子的烯烃是液体，碳链更长的烯烃则为固体。

表3-1 烯烃的物理常数

名称	分子式	沸点/℃	熔点/℃	名称	分子式	沸点/℃	熔点/℃
乙烯	C_2H_4	−104	−169	反-2-丁烯	C_4H_8	1	−105
丙烯	C_3H_6	−48	−185	顺-2-丁烯	C_4H_8	4	−139
1-丁烯	C_4H_8	−6	−185	1-戊烯	C_5H_{10}	30	−138

续表

名称	分子式	沸点/℃	熔点/℃	名称	分子式	沸点/℃	熔点/℃
反-2-戊烯	C_5H_{10}	36	−136	2,3-二甲基-2-丁烯	C_6H_{12}	73	−74
顺-2-戊烯	C_5H_{10}	37	−151	1-庚烯	C_7H_{14}	94	−119
2-甲基-1-丁烯	C_5H_{10}	31	−137	1-辛烯	C_8H_{16}	121	−102
3-甲基-1-丁烯	C_5H_{10}	21	−168	1-壬烯	C_9H_{18}	146	−81.4
2-甲基-2-丁烯	C_5H_{10}	39	−134	1-癸烯	$C_{10}H_{20}$	171	−66
1-己烯	C_6H_{12}	63	−139				

3.4 烯烃的制备和应用

3.4.1 醇脱水

烯烃可以由醇脱水制备得到。

$$R-\underset{H}{\overset{H}{C}}-\underset{OH}{\overset{H}{C}}-R \xrightarrow{H_2SO_4} R-\overset{H}{C}=\overset{H}{C}-R + H_2O$$

硫酸从醇分子中相邻的两个碳原子上脱去一分子的水。这个反应的最佳温度取决于反应物醇。对于乙醇来说，所需的温度为170 ℃。

$$CH_3CH_2OH \xrightarrow[170\ ^\circ C]{H_2SO_4} \underset{乙烯}{H_2C=CH_2} + H_2O$$

醇脱水制烯烃方法简单，但是容易产生副反应。

2-丁醇脱水会得到1-丁烯和2-丁烯两种产物。

$$\underset{OH}{CH_3CHCH_2CH_3} \xrightarrow{H_2SO_4} \underset{\substack{2-丁烯\\(主产物)}}{CH_3CH=CHCH_3} + \underset{1-丁烯}{H_2C=CHCH_2CH_3} + H_2O$$

和乙烯相比，1-丁烯只有一个氢被乙基取代，2-丁烯的双键两端的两个氢被两个甲基取代，比1-丁烯更容易生成。这个规律是在大量的实验中发现的，虽不十分准确，但是对醇和烷烃卤化物的脱水和脱卤化氢比较有效。我们把这个规律用发现人的名字命名为扎伊采夫（Zaitsev）规则，即醇或烷烃卤化物发生消除反应生成烯烃时，主要产物是由含氢较少的β-碳原子脱去一个氢原子（β-碳是指羟基或者卤素原子所连碳原子上紧邻着的碳原子），生成取代基较多的稳定烯烃。

3.4.2 脱卤化氢

烯烃也可以由烷烃卤化物制备。通常选择KOH为碱，用乙醇做溶剂，因为两种物质都可以溶解于乙醇中。由于用于反应的烷烃卤化物通常是由醇的卤化反应得到的，因此很少用烷烃卤化物为原料来制备烯烃。烯烃可以直接由相应的醇制备，不需要再有中间反应步骤。但如果用烷烃卤化物可以降低工业成本，这种方法有时也可以用。这类反应是在乙醇存在的条件下，通过从相邻两个碳原子上脱卤化氢得到烯烃。

$$R-\underset{X}{\overset{R}{C}}-\underset{H}{\overset{H}{C}}-R + KOH \xrightarrow{C_2H_5OH} R-\overset{R}{C}=\overset{H}{C}-R + KX + H_2O$$

$$CH_3\underset{\underset{Br}{|}}{C}HCH_3 + KOH \xrightarrow[\triangle]{C_2H_5OH} CH_3CH{=}CH_2 + KBr + H_2O$$

2-溴丙烷

在这类反应中，使用叔卤代烷为原料所得的烯烃产物最多，最差的是伯卤代烷，处于两者之间的是仲卤代烷。由叔卤代烷制烯烃的转化率基本上能达到100%，而伯卤代烷转化率很难超过20%，因为主要生成了醚类物质。

$$CH_3CH_2CH_2Br \xrightarrow[\triangle]{KOH/C_2H_5OH} \underset{20\%}{CH_3CH{=}CH_2} + \underset{60\%}{CH_3CH_2CH_2OCH_2CH_2CH_3}$$

由烷烃卤化物通过脱去卤化氢制备烯烃的方法可能会得到不止一种烯烃产物，这就需要用扎伊采夫规则来判断哪种产物是主产物。

烷烃二卤化物也能用来制备烯烃。生成双键的决定因素是所用的试剂，如果试剂是金属（如锌），所得产物为金属卤化物和烯烃。

$$R-\underset{X}{\overset{H}{C}}-\underset{X}{\overset{H}{C}}-R + Zn \longrightarrow R-\overset{H}{C}{=}\overset{H}{C}-R + ZnX_2$$

$$H_3C-\underset{Cl}{\overset{H}{C}}-\underset{Cl}{\overset{H}{C}}-CH_3 + Zn \longrightarrow H_3C-\overset{H}{C}{=}\overset{H}{C}-CH_3 + ZnCl_2$$

3.4.3 裂化

一定温度下，气态烷烃能裂化成小分子物质：

$$CH_3CH_2CH_3 \xrightarrow{500\ ^\circ C} H_2C{=}CH_2 + CH_4$$

在反应中，键断裂所形成的电子被平均分配到产生的两个物质上，每个物质都有一个电子，这两个物质称为自由基。

$$CH_3CH_2CH_3 \longrightarrow \cdot CH_3 + \cdot CH_2CH_3$$

这些自由基结构不稳定，不会长久存在。当遇到其他自由基就会发生反应生成更稳定的分子。对于甲基自由基和乙基自由基，甲基会从乙基上攫取一个氢原子，生成甲烷和乙烯。

$$\underset{7电子}{\overset{4原子}{\cdot CH_3}} + \underset{13电子}{\overset{7原子}{\cdot CH_2CH_3}} \longrightarrow \underset{12电子}{\overset{6原子}{H_2C{=}CH_2}} + \underset{8电子}{\overset{5原子}{CH_4}}$$

裂化反应会发生原子和电子重组，这是由于反应的最终产物需要形成稀有气体结构，并且裂化反应前后的原子和电子数目应该相等。裂化反应也可以是脱氢制备烯烃：

$$CH_3CH_2CH_3 \xrightarrow{500\ ^\circ C} CH_3CH{=}CH_2 + H_2$$

脱氢反应的机理类似于裂化反应。不同点在于，适宜的温度下，断裂的是碳氢键而不是碳碳键。

3.4.4 烯烃的应用

与烷烃不同，烯烃更加容易与许多试剂发生反应，并且可作为合成其他有机化合物的重要中间体。例如，烯烃被用作生产乙醇、烷基卤化物和聚合物等。烯烃与烷烃相比在汽油中具有较高的辛烷值。石化炼油厂中，常常在高温下与催化剂一同对烷烃和烯烃混合物进行精制反应，加氢有利于生成烷烃。

3.5 烯烃的化学性质

烯烃的官能团是双键，大多数化学反应发生在双键上。最重要的反应是双键上的亲电加成反应。除此之外，烯烃中的α-H受双键的影响比较活泼，也容易发生反应。

3.5.1 催化加氢反应

烯烃加氢转化为烷烃需要加入金属催化剂如铂、镍或钯。加氢反应是还原反应的一种。

$$CH_3CH_2CH{=}CH_2 \xrightarrow[Pt]{H_2} CH_3CH_2CH_2CH_3$$

加氢反应在工业上被用作将不饱和菜油转化成饱和菜油。这个反应非常有用，因为生产出的烷烃衍生物性质更加稳定，在加热的过程中不容易产生腐臭或者呛人的分解产物。加氢反应在工业上也用来生产高清洁汽油。

此外，可以通过计算加氢反应产生的烷烃所释放出来的热量（加氢反应热）对烯烃的同分异构体的稳定性进行排序。因此加氢反应热不仅在总体上反映了烯烃分子的稳定性，而且反映了分子中活性部分——碳碳双键的相对稳定性。例如，图3-1是1-丁烯、顺和反-2-丁烯的双键加氢生成丁烷所产生的燃烧热。加氢反应中释放出较低热量的异构体具有较好的稳定性。

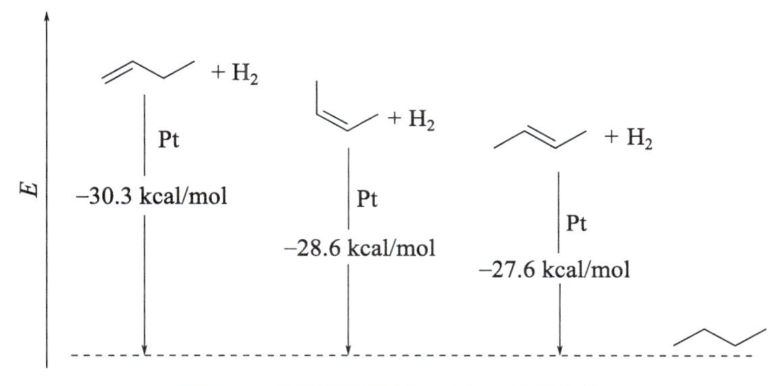

图3-1 三种丁烯异构体的加氢反应热

3.5.2 烯烃的亲电加成

（1）与氢卤酸反应

烯烃很容易与无机氢卤酸包括HCl、HBr、HI发生加成反应。对氢卤酸而言，酸性越强，与烯烃发生反应越容易。

$$RCH{=}CH_2 + HX \longrightarrow \underset{\displaystyle X}{\underset{|}{RCH}}-\underset{\displaystyle H}{\underset{|}{CH_2}} \quad (\text{X为卤素})$$

加氯化氢，通常可以直接通入氯化氢气体；也可以用浓盐酸代替，但通常需要加入$AlCl_3$等催化剂催化。

在反应过程中，烯烃中碳碳双键上的π电子可被强酸性物质质子化而形成碳正离子。决定产物产率高低的因素是所形成碳正离子的稳定性。同时，通过碳正离子的稳定性也可以判断反应的主要产物和次要产物。碳正离子会暂时存在于反应过程中，它是反应的中间体（图3-2）。

$$H_3C-CH=CH_2 + H-Br \longrightarrow H_3C-\overset{+}{C}H-CH_3 + Br^- \longrightarrow H_3C-CHBr-CH_3$$

稳定　　　　主要产物

$$H_3C-CH_2-\overset{+}{C}H_2 + Br^-$$

较不稳定

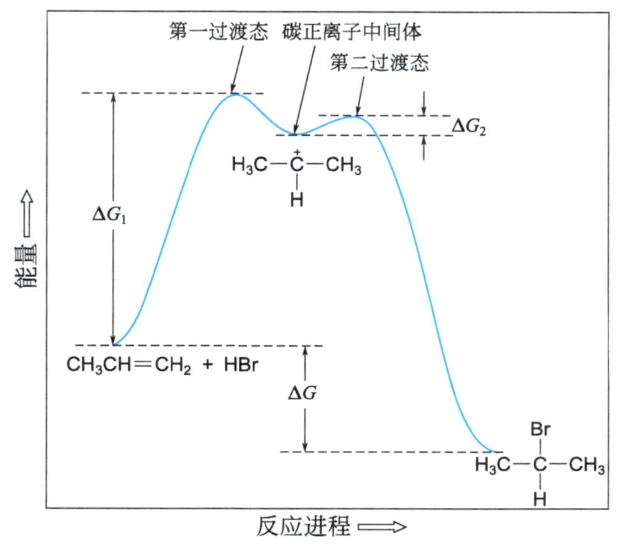

图3-2　烯烃卤化反应的反应曲线

带正电的碳正离子本身具有反应活性和不稳定性。它们越不稳定，在反应中就越不容易形成。任何有利于正电荷稳定性提高的因素，都将使反应更加有利于碳正离子生成。有三种方法可以使正电荷稳定：诱导效应、超共轭效应和离域效应。

诱导效应：烷基能够给相邻的正电荷中心提供电子，这种作用有助于碳正离子的正电荷得到分散，使正电荷离子的稳定性增加。如下结构中，叔丁基因具有三个甲基给碳正离子的正电荷中心提供电子，有助于叔丁基碳正离子（1）的电荷分散，其稳定性比异丙基碳正离子（2）和乙基碳正离子（3）高。

$$H_3C\rightarrow\overset{CH_3\downarrow}{\underset{+}{C}}\leftarrow CH_3 \qquad H_3C\rightarrow\overset{CH_3\downarrow}{\underset{+}{C}}-H \qquad H_3C\rightarrow\overset{H\downarrow}{\underset{+}{C}}-H$$

稳定性　　(1)　　>　　(2)　　>　　(3)

超共轭效应：碳正离子有三个sp^2杂化轨道和一个非成键的2p空轨道，2p空轨道与相邻C—H原子间的σ键轨道可相互重叠，这种相互作用使得C—H键上的σ电子能够在部分时间进入2p轨道的空间，2p轨道不再是完全的空轨道，进而使得正电荷产生离域并且其稳定性也得到了提高。如叔丁基碳正离子中，碳正离子最多可与3个甲基上的9个C—H键产生超共轭效应，因此该碳正离子较稳定。碳正离子的稳定性随着碳正离子上带的烷基数目减少（由叔碳到伯碳）而降低。

2p　　　　2p　s

$$(H_3C)_2\overset{+}{C}-CH_3 = (H_3C)_2\overset{+}{C}-CH_3$$

碳正离子是一种路易斯酸，它们是电子捕获试剂或亲电试剂，可与亲核试剂反应形成反应混合物。如异丁烯与氯化氢反应得到两种产物，因为生成的两种碳正离子均可以捕获氯离子生成产物，但稳定的中间体决定了生成产物中由它反应得到的产物占比较高，是主要产物。这种在反应中生成产率较高的某种化合物的特性叫作反应的选择性。

$$(H_3C)_2C{=}CH_2 + H{-}Cl \longrightarrow (H_3C)_2\overset{+}{C}{-}CH_3 \text{（稳定）} + Cl^- \longrightarrow Cl{-}C(CH_3)_3 \text{（主要产物）}$$

$$(H_3C)_2CH{-}\overset{+}{C}H_2 \text{（较不稳定）} + Cl^- \longrightarrow H{-}C(CH_3)_2{-}CH_2Cl \text{（次要产物）}$$

质子酸对烯烃加成反应的选择性在很久以前就被人们认识到了。1869年，俄国化学家马尔科夫尼科夫（Markovnikov）将他在实验中观察到的现象总结为一条规律，并且以他的名字命名。当不对称结构的烯烃与氢卤酸混合时，卤素加在碳碳双键上含氢较少的碳原子上，这就是马尔科夫尼科夫规律，简称马氏加成规则。HI、HBr和HCl一样，可以以相同的方式加成到双键上。加成反应的容易程度从HI到HCl依次递减，因为与碘元素和溴元素相比，氯元素与氢结合形成很强的键，因此它上面的氢很难与碳正离子结合。由此也可解释为什么采用浓盐酸替代氯化氢气体发生加成反应时需要加入$AlCl_3$等催化剂催化反应。所以马氏加成规则表明，当一种不对称试剂（HBr）加成到一种不对称烯烃分子（如：丙烯）上时，加入试剂的负极部分（如溴离子）将与碳碳双键上含较少氢原子的碳结合成键，而正极部分（氢原子）将与碳碳双键上含氢原子较多的碳结合成键。

（2）与硫酸的加成反应

除了氢卤酸，其他酸如硫酸也可以作为亲电试剂与烯烃发生加成反应并且符合马氏加成规则。

$$H_2C{=}CH_2 + H_2SO_4 \xrightarrow{80\ ^\circ C} CH_3CH_2OSO_3H$$

$$CH_3(CH_2)_9CH{=}CH_2 + H_2SO_4 \longrightarrow CH_3(CH_2)_9CH(OSO_3H)CH_3$$

硫酸是二元酸，加成得到的产物是硫酸氢酯。烯烃的结构不同，加成反应的难易程度也不同。一般情况下，双键上取代基越多反应越容易进行。

（3）水合反应

水（$pK_a = 15.7$）的酸性不够强，不足以使双键质子化。但如果在反应中加一些强酸，比如硫酸与水反应产生水合氢离子（H_3O^+），所产生的水合氢离子便能与烯烃发生反应。水与烯烃的加成反应称为烯烃的水合反应。整个过程实现了水对烯烃的加成且符合马氏加成规则。

$$(CH_3)_2C{=}CH_2 \xrightarrow[65\%\ H_2SO_4]{35\%\ H_2O} (CH_3)_3C{-}OSO_3H + (CH_3)_3C{-}OH$$

$$(CH_3)_3C{-}OSO_3H \xrightarrow[\triangle]{H_2O,\ H_2SO_4} (CH_3)_3C{-}OH$$

此反应条件通常需要加热并且中间可能会有重排反应发生。重排主要是因为在反应过程中生成了更稳定的碳正离子中间体。稳定中间体碳正离子相应生成的产物为主要产物。

$$(H_3C)_3C-\underset{H}{C}=CH_2 \xrightarrow{H_3O^+} (H_3C)_2\overset{CH_3}{C}-\overset{+}{C}HCH_3 \xrightarrow{-CH_3迁移} (H_3C)_2\overset{+}{C}-\overset{CH_3}{C}HCH_3$$

$$\xrightarrow{H_2O,\ -H^+} (H_3C)_2\overset{OH}{C}-\overset{CH_3}{C}HCH_3$$

重排产物(主要产物)

与烯烃的水合反应相似，烯烃与乙醇在酸性条件下也会发生加成反应。因为醇类物质也是一种弱酸，所以加成反应需要强酸作催化剂。例如：

$$(CH_3)_2C=CH_2 + CH_3OH \xrightarrow{磺酸型离子交换树脂} (CH_3)_3C-OCH_3$$

其反应历程如下：

$$(CH_3)_2C=CH_2 \xrightarrow{H^+} H_3C-\overset{CH_3}{\underset{+}{C}}-CH_3 \xrightarrow{CH_3OH} H_3C-\overset{CH_3}{\underset{H-\overset{+}{O}-CH_3}{C}}-CH_3 \xrightarrow{-H^+} H_3C-\overset{CH_3}{\underset{O-CH_3}{C}}-CH_3$$

此外，较为温和的由烯烃合成醇的方法是在烯烃中先加入醋酸汞，然后再加入硼氢化钠，这个方法会得到比较好的结果。这个反应涉及汞试剂与烯烃的亲电加成反应，反应过程中形成有机汞中间体。硼氢化钠再与其发生还原反应并用氢取代了汞取代基，生成最终产物。

$$CH_3CH=CH_2 \xrightarrow{Hg(OAc)_2} \left[\text{环状汞鎓离子}\ \overset{+}{Hg}OAc,\ H_3C\right] \xrightarrow{H_2O} H_3C-\overset{H}{\underset{OH}{C}}-\overset{HgOAc}{C}H_2 \xrightarrow{NaBH_4} H_3C-\overset{H}{\underset{OH}{C}}-CH_3$$

（4）卤化反应

就像烯烃与氢气的催化加氢反应一样，双键也可以与卤素发生加成反应。例如，氯、溴和碘都能与烯烃发生反应生成邻二卤代烷烃，这个反应的产物没有异构体。不同卤素与同一烯烃进行加成反应活性是不同的，活性顺序为：$F_2 > Cl_2 > Br_2 > I_2$。

$$CH_3CH=CH_2 + Br_2 \longrightarrow CH_3\underset{Br}{CH}-\underset{Br}{CH_2}$$

该反应为离子反应机理。溴异裂为一个正电荷溴离子和一个负电荷溴离子。首先溴正离子与丙烯发生反应产生带正电荷的碳正离子，这个碳正离子是亲电试剂，它再与溴负离子结合形成二溴丙烷。

$$\underset{\overset{\delta^+}{Br}-\overset{\delta^-}{Br}}{CH_3CH=CH_2} \longrightarrow CH_3\overset{H}{\overset{\oplus}{C}}-\underset{Br}{CH_2}\ (Br^-) \longrightarrow CH_3\overset{H}{\underset{Br}{C}}-\underset{Br}{CH_2}$$

这个反应的机理尚不太清楚，可能是碳正离子邻近的烷基通过诱导效应和超共轭效应使碳正离子中间体更稳定，也可能是溴原子和第二个碳原子共用正电荷使它稳定。一旦溴上的孤对电子被用作形成与碳正离子结合的键，溴因此获得了正电荷从而形成了溴鎓离子（环状溴鎓离子）。目前，这种机理被广泛接受并认可。

$$\ce{(CH3)2C=C(CH3)2 + Br^{\delta+}-Br^{\delta-} -> (CH3)2\overset{+}{C}-C(CH3)2Br <-> [\text{环状溴鎓离子}] ->[Br^-] (CH3)2CBr-CBr(CH3)2}$$

环状溴鎓离子

溴与环状烯烃的加成反应所提供的证据表明了溴鎓离子的存在，并形成立体化学反式结构产物。也就是说，两个溴原子分别加成到烯烃双键两端的异侧，因此只产生反式异构体，没有顺式异构体形成。

$$\text{环己烯} + \ce{Br^{\delta+}-Br^{\delta-}} \longrightarrow \text{环状溴鎓离子} \xrightarrow{\ce{Br^-}} \text{反式-1,2-二溴环己烷}$$

（5）烯烃与次卤酸反应

烯烃与卤素如溴、氯等发生反应通常产生一种邻二卤化物。但如果以水为溶剂进行此反应（或与次卤酸反应），卤素加成到双键的末端，水中的羟基加成到双键的另一端，获得的产物为卤代醇。

$$\ce{CH3CH=CH2 ->[\overset{\delta+}{HO}-\overset{\delta-}{Cl}][\text{或}Cl2/H2O] CH3CH(OH)-CH2Cl}$$

$$\ce{CH3CH=CH2 ->[Cl^{\delta+}-Cl^{\delta-}] CH3\overset{+}{C}H-CH2Cl ->[H2O] CH3CH(\overset{+}{O}H2)-CH2Cl ->[-H^+] CH3CH(OH)-CH2Cl}$$

3.5.3 溴化氢自由基加成反应

氢溴酸与烯烃发生加成反应符合马氏加成规则。但是在反应体系中有过氧化物存在下，不对称烯烃与氢溴酸加成则得到反马氏加成规则的产物。这种由于过氧化物而改变了氢溴酸与烯烃加成方向的作用称为过氧化物效应。

$$\ce{CH3CH=CH2 + HBr ->[\text{过氧化苯甲酰}][-30\sim50\ ^\circ C] \underset{98\%}{CH3CH2CH2Br} + \underset{2\%}{CH3CHBrCH3}}$$

该反应是自由基机理，首先是由马尔科夫尼科夫提出来的，如果反应中没有碳正离子产生，则主要产物是1-溴丙烷。反应中引发剂过氧化物的过氧键（—O—O—）键能小，容易断裂生成初始氧自由基（RO·）。生成的RO·再与HBr反应生成Br·引发自由基链式反应：

$$\ce{R-O-O-R ->[h\nu\text{或}\triangle] 2RO\cdot}$$

$$\ce{RO\cdot + HBr -> Br\cdot + ROH}$$

这些自由基与双键中的碳原子发生反应生成碳自由基：

$$\ce{CH3CH=CH2 + Br\cdot -> CH3\dot{C}HCH2Br}$$

一旦碳自由基产生，它可以与其他HBr分子相互反应生成1-溴丙烷并且使溴自由基再次产生：

$$CH_3\dot{C}HCH_2Br + HBr \longrightarrow CH_3CH_2CH_2Br + Br\cdot$$

最终自由基相互碰撞后，自由基消失，反应终止。

只有HBr有过氧化物效应，HCl和HI与烯烃反应都无过氧化物效应。

3.5.4 硼氢化反应

甲硼烷（BH_3）是一种路易斯酸，是亲电试剂。在没有路易斯碱存在的情况下，BH_3以二聚体的形式即乙硼烷［B_2H_6或$(BH_3)_2$］存在。它在醚类化合物中很容易解离，所以醚类化合物经常被用作乙硼烷反应的溶剂。为方便起见，本书使用BH_3代表反应活性物。

硼烷与双键的加成反应称为硼氢化反应。硼烷与烯烃双键的π电子发生反应生成比较稳定的碳正离子，同时使硼原子的负电荷增加。氢与硼结合的键需要获得部分负电荷，氢负离子转移到其中一个带有部分正电荷的碳原子上，形成由四个原子（2个碳、1个硼和1个氢）组成的四元环过渡态。然后四元环中的硼氢键和碳碳双键中的π键断裂的同时碳氢键和碳硼键生成，完成反应。反应结果是硼原子被加成到有较少取代基的碳原子上，带部分负电荷的氢在这个反应中成为亲核试剂并被加成到有较多取代基的碳原子上。因此，烯烃的硼氢化反应遵循马氏加成规则。硼烷是从双键的一边与之形成四元环过渡态，因此硼烷与烯烃的加成是顺式加成。这种不产生中间体，不发生碳架重排现象的反应，称为立体专一性反应。

$$C_2H_5-CH{=}CH_2 + H-BH_2 \longrightarrow C_2H_5-\overset{\delta^+}{C}H\cdots CH_2\cdots BH_3^{\delta^-} \longrightarrow C_2H_5-\overset{\delta^+}{C}H\cdots CH_2 \text{（H}^{\delta^-}\cdots B^{\delta^+}H_2\text{）}$$

四元环过渡态

$$C_2H_5-CH_2CH_2-BH_2 \xrightarrow{2\ C_2H_5-CH=CH_2} B(CH_2CH_2-C_2H_5)_3$$

硼氢化反应在有机合成中应用较广，其中比较重要的是利用硼氢化实现烯烃间接水合。在乙醇的碱性溶液中用过氧化氢（H_2O_2）氧化上述反应中所形成的有机硼烷中的C—B键，可以进一步发生插入反应，最终得到醇类物质，反应结果相当于将一分子的水加成至烯烃中得到醇实现烯烃间接水合，该反应称为硼氢化-氧化反应。1-丁烯的硼氢化-氧化反应过程如下所示，从结果可知该反应的主产物是反马氏加成规则的。

$$6\ CH_3CH_2CH{=}CH_2 \xrightarrow{2\ BH_3} \underset{\text{三正丁基硼烷}}{(CH_3CH_2CH_2CH_2)_3B} + (CH_3CH_2\underset{}{C}H(CH_3))_3B$$

$$\xrightarrow[NaOH,\ H_2O]{H_2O_2} \underset{\substack{\text{正丁醇}\\93\%}}{CH_3CH_2CH_2CH_2OH} + \underset{\substack{\text{仲丁醇}\\7\%}}{CH_3CH_2CH(OH)CH_3}$$

3.5.5 氧化反应

在烯烃结构中引入氧原子的反应称为氧化反应。通过多条途径对烯烃氧化，可得到多种含氧化合物，如醇、醛、酮、酸等。以下通过不同的氧化方式对烯烃的氧化反应进行讨论。

（1）臭氧氧化

臭氧（O_3）可由氧气受到紫外线照射或者放电形成。在地球大气的平流层中，臭氧通常是由于氧气吸收太阳放射出的紫外线而形成的。这个过程具有可逆性，因为臭氧也会吸收太阳光中其他波长的光分解成氧气。这个过程如果没有受到干扰，平流层中的臭氧浓度会维系平衡。近几十年来，科学家非常关注平流层的臭氧浓度变化。研究发现臭氧正在不断减少来，尤其是在极地地区。臭氧在平流层中对我们是有益的，而在地面上臭氧则无益，它会刺激我们的眼睛和肺，也会对橡胶制品造成损害。

当臭氧与烯烃发生反应时，碳碳双键会断裂形成碳氧双键，整个反应称作臭氧分解反应。例如：将含有6%～8%臭氧的空气在低温下通入烯烃溶液中，烯烃就会与臭氧迅速定量发生反应并进一步在锌粉与水的作用下生成醛和酮类物质。该过程是两步反应的总反应，包含了臭氧氧化与还原水解。

$$(C_2H_5)(H_3C)C{=}CH_2 \xrightarrow{O_3} \xrightarrow{Zn,\ H_2O} (C_2H_5)(H_3C)C{=}O + O{=}CH_2$$

臭氧作为亲电试剂与烯烃发生反应，形成不稳定的环状分子的臭氧化物。这个臭氧化物会分解形成带电荷的中间体，并形成羰基化合物。如果这个羰基化合物是醛类，则这两种新形成的分子会重新化合形成新的五元环臭氧化物。

臭氧化物不稳定，受热易分解引起爆炸，但一般可以不分离在溶液中直接进行水解断裂形成羰基化合物和过氧化物。如果羰基化合物是醛类物质（较活泼），就会由于臭氧化作用而形成羧酸。与醛相比，酮类化合物就没有那么容易被进一步氧化了。

$$\text{臭氧化物} \xrightarrow{H_2O} (C_2H_5)(H_3C)C{=}O + O{=}CH_2 + H_2O_2;\quad O{=}CH_2 \rightarrow HCOOH$$

如果使用锌或者二甲基硫醚作还原剂，这个过程称作还原反应，生成的醛类物质就不会被进一步氧化。

$$\text{环己烯} \xrightarrow{O_3} \xrightarrow{H_2O_2} HOOC(CH_2)_4COOH$$

$$\text{环己烯} \xrightarrow{O_3} \xrightarrow[\text{或}(CH_3)_2S]{Zn} OHC(CH_2)_4CHO$$

这些反应的结果是分子内的双键断裂，大分子转变成简单结构的小分子。这个反应也称作降解反应。

(2)与氧化剂发生氧化反应

氧化剂的种类、浓度、氧化介质和氧化温度等都会影响烯烃双键氧化产物的组成。例如在低温碱性或中性介质中，较稀的高锰酸钾（质量分数小于5%）水溶液可以把碳碳双键氧化成顺式的1,2-二醇（邻二醇）类化合物。

$$3\ \text{环己烯} + 2\,KMnO_4 + 4\,H_2O \xrightarrow[0\sim5\,^\circ C]{\text{碱性介质}} 3\ \text{顺-1,2-环己二醇} + 2\,MnO_2 + 2\,KOH$$

这个反应的第一步很重要，高锰酸根进攻碳碳双键，形成顺式的1,2-二醇结构。

$$\text{环己烯} + MnO_4^- \longrightarrow \text{环状锰酸酯} \xrightarrow{H_2O} \text{顺-1,2-环己二醇}$$

另一个和高锰酸钾结构类似的试剂，四氧化锇（OsO_4），也能使碳碳双键氧化成顺式的1,2-二醇，不过四氧化锇价格昂贵且毒性很高。只有当用昂贵的烯烃作原料，为了高转化率时才会用它。

$$\text{环戊烯} \xrightarrow{OsO_4} \text{环状锇酸酯} \xrightarrow{H_2O} \text{顺-1,2-环戊二醇}$$

此外，在酸性介质和温度较高的条件下，浓高锰酸钾溶液氧化性较强，可使碳碳双键氧化断裂而得到不同的产物。大量的实验结果表明，若碳碳双键上没有氢，生成的产物是酮；若双键上有一个氢，生成的产物则是酸；若双键上有两个氢，生成的产物则是二氧化碳和水。因此，也可以根据此规律区别烯烃与饱和烃，还可以通过此规律推断出氧化前烯烃的结构。

$$H_3C-CH=C(CH_3)_2 \xrightarrow[\triangle]{KMnO_4/H^+} CH_3C(OH)=O + O=C(CH_3)_2$$

$$H_3C-CH=CH_2 \xrightarrow[\triangle]{KMnO_4/H^+} CH_3COOH + CO_2 + H_2O$$

(3)过氧酸氧化

过氧酸（RCO_3H）也是氧化剂，能与烯烃反应生成三元环状的环醚，它们被称作环氧衍生物或环氧乙醚。这些小环化合物很活泼，尤其是在酸溶液中非常容易开环。过氧酸能用多种方法制备。例如，在酸性条件下羧酸可以与过氧化氢发生反应得到过氧酸：

$$RCO_2H + H_2O_2 \xrightarrow{H_2SO_4} RCO_3H + H_2O$$

以常见的间氯过氧苯甲酸（*m*-CPBA）为氧化剂可进行过氧酸氧化烯烃的反应：

$$\text{顺-2-丁烯} \xrightarrow{m\text{-CPBA}} \text{顺-2,3-环氧丁烷}$$

m-CPBA

$$H_3C\text{-}CH=CH\text{-}CH_3\ (trans) \xrightarrow{m\text{-CPBA}} \text{epoxide} + \text{epoxide}$$

在该反应中，过氧酸相当于亲电试剂。反应过程是一步反应，即过氧酸进攻碳碳双键形成过氧化物，因此没有立体化学的异构问题。过氧酸的亲电性对取代程度不同的双键表现出选择性，若底物中含有多个双键，过氧酸容易与取代基最多的双键反应。

（4）过氧化氢氧化

过氧化氢也可以对烯烃进行氧化反应。例如在杂多酸季铵盐的催化下，α-烯烃可以被氧化成环氧烷烃，而在钨酸钠作为催化剂和季铵盐作为相转移催化剂的条件下，过氧化氢也可以将环己烯氧化成己二酸。由于以过氧化氢为氧化剂氧化，副产物是氧气和水，可在水中进行氧化反应且反应条件温和，因此该氧化方法是一条绿色清洁环保的氧化工艺，是目前的热门研究领域。

$$R-CH=CH_2 + H_2O_2 \xrightarrow[20\sim35\ ^\circ C]{(\pi\text{-}C_5H_5)_3N(C_{16}H_{33})[PW_4O_{16}]} R-\underset{\diagdown O \diagup}{CH-CH_2} + H_2O$$

$$\text{环己烯} + 4\ H_2O_2 \xrightarrow[75\sim90\ ^\circ C]{(C_4H_9)_4NHSO_4/Na_2WO_4\cdot 2H_2O} HOOC\text{-}(CH_2)_4\text{-}COOH$$

（5）氧气氧化

氧气氧化是工业生产中最常用的一种氧化方法，但是该种方法也需要催化剂来实现。例如烯烃在银催化下通过氧气氧化得到环氧乙烷。这种方法是工业生产环氧乙烷的主要方法。

$$H_2C=CH_2 + O_2 \xrightarrow[250\ ^\circ C]{Ag} \underset{\diagdown O \diagup}{CH_2-CH_2}$$

除此之外，金属铜和钯化合物也能催化氧气发生氧化反应。例如乙烯和丙烯在氯化钯和氯化铜水溶液中，用空气氧化可得到乙醛和丙酮。

$$H_2C=CH_2 + \frac{1}{2}O_2 \xrightarrow[100\sim120\ ^\circ C]{PdCl_2\text{-}CuCl_2} CH_3CHO$$

$$CH_3CH=CH_2 + \frac{1}{2}O_2 \xrightarrow[120\ ^\circ C]{PdCl_2\text{-}CuCl_2} CH_3COCH_3$$

3.5.6 α-H的反应

和官能团相连的第一个碳原子称为α-碳（α-C），α-碳上的氢称为α-氢（α-H）。在烯烃分子中，双键是官能团，因此双键旁α-C上的α-H受双键影响较活泼，容易发生卤代、氧化等反应。

（1）卤代反应

烯烃与卤素发生反应时，反应温度不同则产物也不同。例如，丙烯与氯气发生反应时，若反应温度低于200 ℃，氯气主要进攻双键进行加成反应，生成1,2-二氯丙烷；若反应温度高于300 ℃时，卤素主要进攻α-H发生氯代反应，生成3-氯丙烯。

$$CH_3CH{=}CH_2 + Cl_2 \xrightarrow{<200\ ^\circ C} CH_3CH(Cl){-}CH_2Cl$$

$$CH_3CH{=}CH_2 + Cl_2 \xrightarrow{>300\ ^\circ C} CH_2(Cl)CH{=}CH_2$$

α-H上的卤代反应机理为自由基反应机理。通过链引发、链增长和链终止三个阶段进行。因此，除高温以外，在实验室中还常用光照或自由基引发剂引发该类反应。

$$\text{环己烯} + Br_2 \xrightarrow[\text{或}h\nu]{\text{引发剂}} \text{3-溴环己烯（-Br）}$$

（2）氧化反应

工业中，通常采用氧气作为氧化剂，在金属催化剂催化和高温共同作用下可实现对α-H的氧化反应。例如丙烯在氧气氧化下可生成丙烯醛；若在氧气中添加氨气，可直接氧化丙烯得到丙烯腈。丙烯腈是重要的化工原料，用于生产多种聚合物，包括聚丙烯腈、ABS工程塑料、丁腈橡胶等。这种工业上制备丙烯腈的方法称为氨氧化法。

$$CH_3CH{=}CH_2 + O_2 \xrightarrow[350\ ^\circ C,\ 0.25\ MPa]{Cu_2O} CH_2{=}CH{-}CHO + H_2O$$

$$CH_3CH{=}CH_2 + \frac{3}{2}O_2 + NH_3 \xrightarrow[470\ ^\circ C]{\text{催化剂}} CH_2{=}CH{-}CN + 3\,H_2O$$

3.6 聚合物和塑料

不饱和烯烃会发生简单但又非常重要的聚合反应，也就是很多个小分子反应形成大分子，结果就形成了聚合物。能发生聚合反应的单个分子称作单体。如果单体是乙烯，那么它的聚合物就是聚乙烯：

$$n\,H_2C{=}CH_2 \xrightarrow[\text{加压}]{O_2,\ \triangle} \sim CH_2{-}CH_2{-}CH_2{-}CH_2 \sim \text{或} \left[CH_2{-}CH_2 \right]_n$$

聚乙烯

当n相当大时就形成大分子化合物，即聚合物。聚乙烯是塑料，通常用来制造包装膜、塑料瓶和儿童玩具等。如果取代乙烯发生聚合的话，聚合物就是包含有侧链的长链。聚氯乙烯是最常见的取代聚乙烯高聚物，通常用来制造唱片、塑料雨衣和油漆等。

$$n\,H_2C{=}CH(Cl) \xrightarrow{\text{过氧化物}} \sim CH_2{-}CH(Cl){-}CH_2{-}CH(Cl) \sim \text{或} \left[CH_2{-}CH(Cl) \right]_n$$

氯乙烯　　　　聚氯乙烯(PVC)

许多基团能与乙烯发生加成反应，并能形成相应的高聚物，比如—C_6H_5、—CN、—$COOCH_3$和卤化物。上述加成乙烯的聚合反应过程基本上都是相同的。当然，每个聚合物的性质都是不同的，这主要取决于侧链上的基团。自由基型聚合反应通常需要引发剂来促使反应顺利进行，某些过氧化物可以使一些单体变成自由基，这些自由基可以和其他单体分子连接，由此形成聚合物链。这个链继续连接其他单体分子而越来越长，如果这个长链保持着自由基状态，则表示它还有能力继续连接其他单体继续增长：

$$\mathrm{ROOR} \longrightarrow 2\,\mathrm{RO\cdot}$$

过氧化物　　自由基

$$\mathrm{RO\cdot} + \mathrm{CH_2{=}CH(R)} \longrightarrow \mathrm{RO{-}CH_2{-}\dot{C}H(R)}$$ 链引发

$$\mathrm{RO{-}CH_2{-}\dot{C}H(R)} + \mathrm{H_2C{=}CH(R)} \longrightarrow \mathrm{RO{-}CH_2{-}CH(R){-}CH_2\dot{C}H(R)}$$ 链增长

如果两个带未成对电子的自由基形成了共价键，那么链就停止增长。形成这个共价键的两个自由基的大小与性质决定了最后形成聚合物的大小与性质。

$$2n\,\mathrm{RO{-}CH_2{-}CH(R){-}CH_2\dot{C}H(R)} \longrightarrow \mathrm{RO{-}CH_2{-}CH(R){+}CH_2CH(R){+}_{2n}CH(R){-}CH_2{-}OR}$$ 链终止

不是只有自由基才能发生聚合作用，化合物中的碳正离子和碳负离子也能发生聚合，这类反应称为离子型聚合反应。就像自由基聚合一样，离子型聚合也可以分为三个步骤即链引发、链增长和链终止。例如，可用三氟化硼（BF_3）醇络合物作聚合反应的催化剂，在低温下催化异丁烯聚合得到大分子量的用来制造汽车轮胎的聚异丁烯聚合物，此种聚合方法称为阳离子型聚合反应。

$$n\,\mathrm{(H_3C)_2C{=}CH_2} \xrightarrow{\mathrm{BF_3 \cdot HOR}} \mathrm{{+}C(CH_3)_2{-}CH_2{+}_n}$$

其反应的三个步骤如下：

$$\mathrm{F{:}\ddot{B}(F)(F)} + \mathrm{:\ddot{O}H(H)} \longrightarrow \mathrm{F_3B{:}\ddot{O}H(H)} \rightleftharpoons \left[\mathrm{F_3B{:}\ddot{O}H}\right]^- + \mathrm{H^+}$$

$$\mathrm{H^+} + \mathrm{H_2C{=}C(CH_3)_2} \longrightarrow \mathrm{H_3C{-}C^+(CH_3)_2}$$ 链引发

BF_3（路易斯酸）可以作为催化剂和水反应生成氢离子，产生的氢离子加成到异丁烯上形成三甲基碳正离子，这样就可以继续反应合成聚合物。

$$\mathrm{(CH_3)_3C^+} + (n+1)\mathrm{CH_2{=}C(CH_3)_2} \longrightarrow \mathrm{(CH_3)_3C{-}[CH_2C(CH_3)_2]_nCH_2C^+(CH_3)_2}$$ 链增长

当碳正离子释放出氢质子时链就会停止增长。所释放出的氢质子会和三氟化硼与水反应生成的阴离子结合：

$$\mathrm{(CH_3)_3C{-}[CH_2C(CH_3)_2]_nCH_2C^+(CH_3)_2} \longrightarrow \mathrm{(CH_3)_3C{-}[CH_2C(CH_3)_2]_nCH{=}C(CH_3)_2} + \mathrm{H^+}$$

$$\mathrm{H^+} + \mathrm{F_3BOH^-} \rightleftharpoons \mathrm{F_3BOH_2}$$ 链终止

天然橡胶是另一种制造轮胎的物质，它可由异戊二烯（2-甲基-1,3-丁二烯）合成。聚异戊二烯的分子量通常约有一百万，也就是说每个聚合物分子约来源于14000个异戊二烯分子单体的聚合。

离子型聚合反应除了三氟化硼醇络合物作催化剂之外，另一类非常著名的催化剂如$TiCl_4$/

$MgCl_2/Al(C_2H_5)_3$构成的催化体系称为齐格勒-纳塔（Ziegler-Natta）催化剂。在此类催化剂催化下通过聚合反应可得到立体构型规整的聚乙烯、聚丙烯、聚丁烯等。因发现此催化剂，齐格勒和纳塔两位科学家获得了1963年的诺贝尔化学奖。

对两种或两种以上单体进行聚合的反应称为共聚反应。例如乙烯和丙烯共聚可得到乙烯丙烯共聚物。

$$n\,H_2C{=}CH_2 + n\,H_2C{=}CH(CH_3) \xrightarrow{TiCl_2/C_2H_5AlCl_2} \left[CH_2CH_2CH_2{-}CH(CH_3)\right]_n$$

拓展阅读：海葵毒素的合成

人类自从诞生之日起就充满了征服世界的欲望，也正是这些永不满足的欲望促进了人类社会的不断发展。对于心中充满征服欲的有机化学家而言，天然产物全合成注定是其研究工作的不二之选。

海葵毒素（Palytoxin）是非多肽类物质中毒性非常大的一个，仅2.3 ~ 31.5 μg就可以致死。海葵毒素最早在1971年从夏威夷的软体珊瑚中分离出来，后来在其他海洋生物中也有发现。海葵毒素是分子量很大的天然产物，1981年完成其结构解析，分子式$C_{129}H_{223}N_3O_{54}$，分子量2680.14，含有64个手性中心和7个可异构双键，理论上的立体异构体为2^{71}个。其全合成在1994年由哈佛大学化学系教授岸义人（Yoshito Kishi）领导的24个研究生和博士后组成的研究小组经过8年的努力完成（J. Am. Chem. Soc., 1994, 116, 11205-11206; J. Am. Chem. Soc., 1989, 111, 7525-7530）。其关键中间体海葵毒素羧酸（即从C1处开始的含有全碳骨架的羧酸）被分割成8个小的片段分别合成，最后用汇聚法连接，这也大大降低了合成的难度。海葵毒素的全合成是有机化学100多年来积极探索、不断积累的结果，它的成功预示着有机合成必将步入新的辉煌。要合成这么复杂的有机分子，只有对有机化学的强烈热爱，集聚多人智慧突破重重困难才能完成，这正体现了科学家们的钻研精神与工匠精神。这项工作无与伦比地鼓舞了全世界的化学家，有机合成化学家开始产生了“没有合成不出来的分子”的言论。“衣带渐宽终不悔，为伊消得人憔悴”，天然产物全合成注定是众多优秀合成化学家的毕生追求。

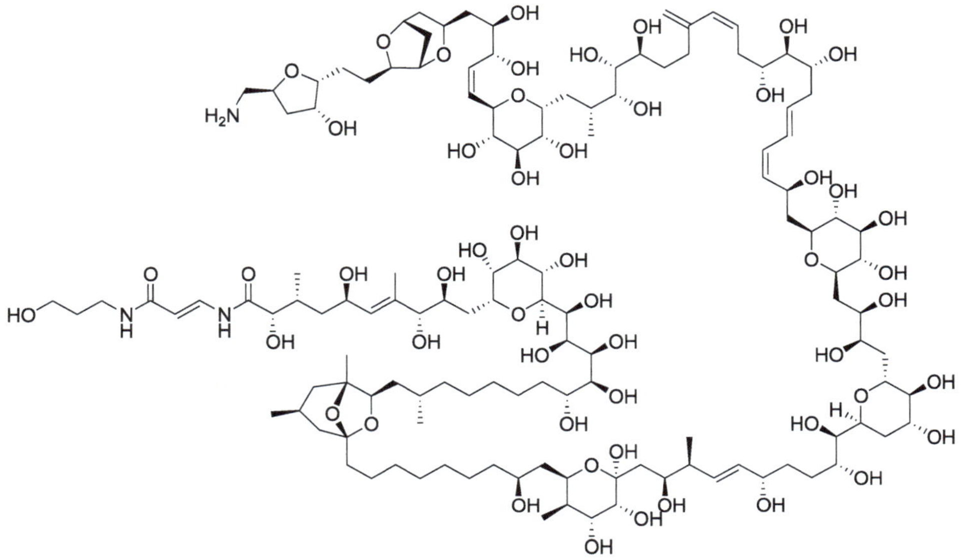

海葵毒素结构式

参考资料

李鹭，刘诣，李力更，王磊，史清文. 天然药物化学史话：岩沙海葵毒素的全合成[J]. 中草药，2013, 44(18): 2630-2633.

习题

3-1 对下列化合物进行命名。

（1）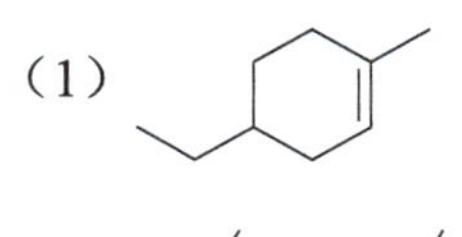

（2） 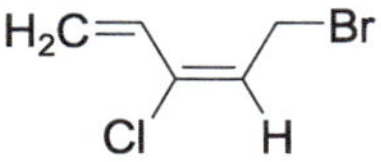 $H_2C=$，Br，Cl，H

（3） H_3C，H

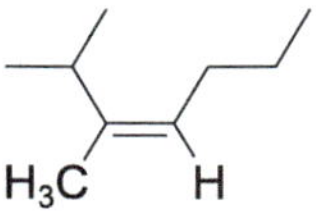

（4）

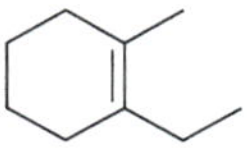

3-2 写出下列化合物的结构。

（1）2,3-二甲基-2-戊烯　　（2）反-4-甲基-2-戊烯

（3）反-1-苯基-1-丁烯　　（4）(*E*)-3,4-二甲基-3-庚烯

3-3 写出下列反应的主要产物或必要反应试剂（注意立体构型）。

（1） 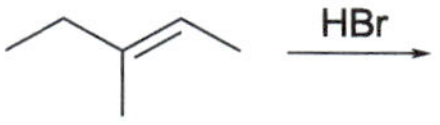 $\xrightarrow{HBr}$

（2） $\xrightarrow{HOBr}$

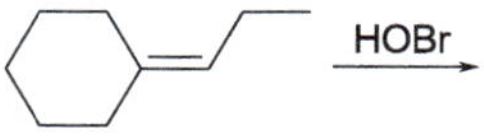

（3） $F_3C-\underset{H}{C}=CH_2 \xrightarrow{HBr}$

（4） 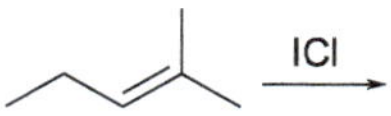 $\xrightarrow{ICl}$

（5） $\xrightarrow[ROOR]{HBr}$

（6） $\xrightarrow{?}$ Br

（7） $\xrightarrow[2)\ H_2O_2/OH^-]{1)\ BH_3}$

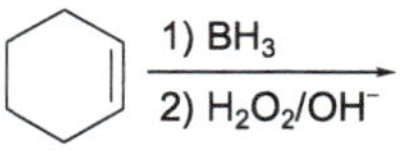

（8） $(CH_3)_2C=CH_2 \xrightarrow{?} (CH_3)_2CHCH_2OH$

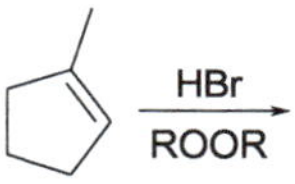

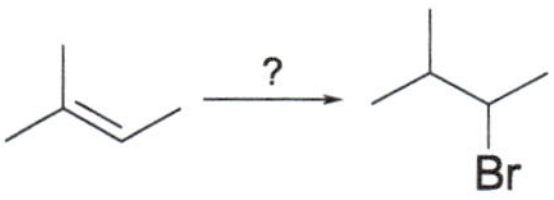

（9） 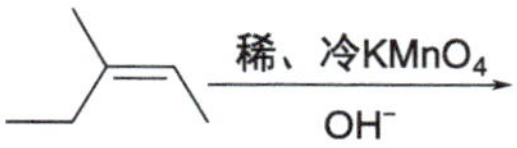 $\xrightarrow[OH^-]{稀、冷KMnO_4}$

（10） $\xrightarrow[\triangle]{KMnO_4/H^+}$

（11） $\xrightarrow[2)\ CH_3SCH_3]{1)\ O_3}$

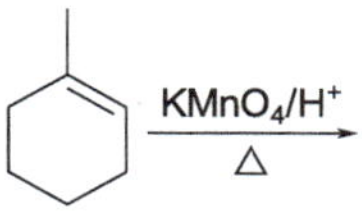

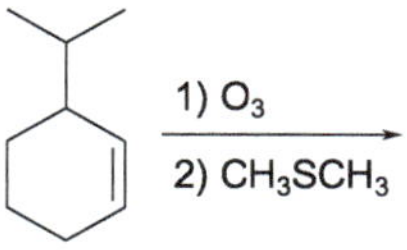

$$n\,CH_2=CH_2 + n\,\underset{\displaystyle CH_3}{\underset{|}{CH}}=CH_2 \xrightarrow{\text{共聚}}$$

（12）

3-4 写出下面反应的机理。

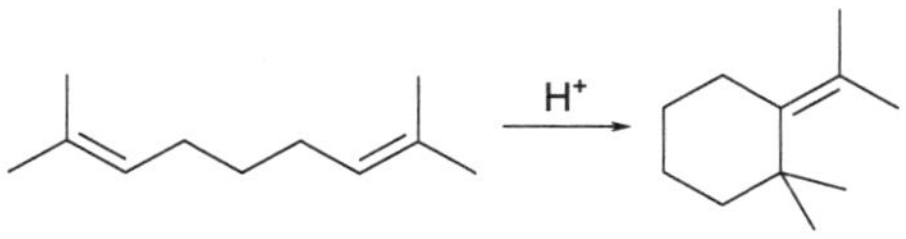

$$\xrightarrow{H^+}$$

3-5 结构推导

A、B两种化合物，其分子量都是84，它们加氢还原后得到同一个带一个甲基侧链的烷烃：A比B的氢化热高。用$KMnO_4$氧化A时，可得到两种不同的羧酸，氧化B时也可得到上述两种酸，写出A和B的结构式。

3-6 试通过给定的原料，设计合理的路线合成如下产物：

（1）以丙烯为原料，选用必要的无机试剂合成1,2,3-三氯丙烷。

（2） 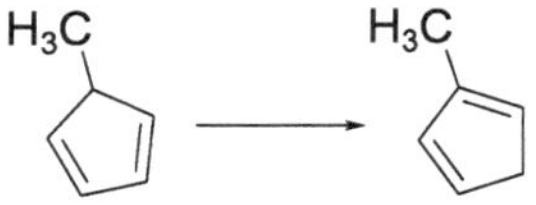 H_3C —— $\longrightarrow$ H_3C ——

（3）以乙烯为原料合成聚氯乙烯。

第4章 共轭二烯烃

4.1 二烯烃的命名

含有两个双键的碳氢化合物称为二烯烃，结构通式为C_nH_{2n-2}。根据两个双键相对位置的不同，可分为孤立二烯烃、共轭二烯烃和累积二烯烃三类。

两个碳碳双键之间被一个或多个sp^3杂化碳原子所隔开的二烯烃叫作孤立二烯烃，如1,4-戊二烯；在一个碳原子上同时连接有两个双键的二烯烃称为累积二烯烃，如丙二烯。

$H_2C{=}CHCH_2CH{=}CH_2$　　$H_2C{=}C{=}CH_2$

1,4-戊二烯　　丙二烯

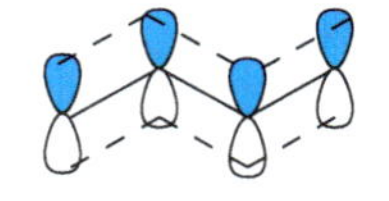

图4-1　共轭二烯烃的大π键

两个碳碳双键被一个单键隔开的二烯烃叫作共轭二烯烃，它们相邻的p轨道之间彼此相互交叠形成大π键（图4-1）。此类二烯烃结构、性质比较特殊，在理论和实际应用中都比较重要。

1,3-戊二烯和1,3-环己二烯含有共轭双键，是典型的共轭二烯烃：

$H_2C{=}CH{-}CH{=}CH{-}CH_3$

1,3-戊二烯　　1,3-环己二烯

多烯烃（包括共轭二烯烃、孤立二烯烃和累积二烯烃）的命名与烯烃命名相似：选取含双键最多的最长碳链作为主链，以阿拉伯数字标明双键和取代基的位置，用中文数字（二、三、四等）表示双键的数量；命名时，需要用顺/反或*E*/*Z*逐个注明双键的构型；环状二烯烃用同样的方法进行命名。例如：

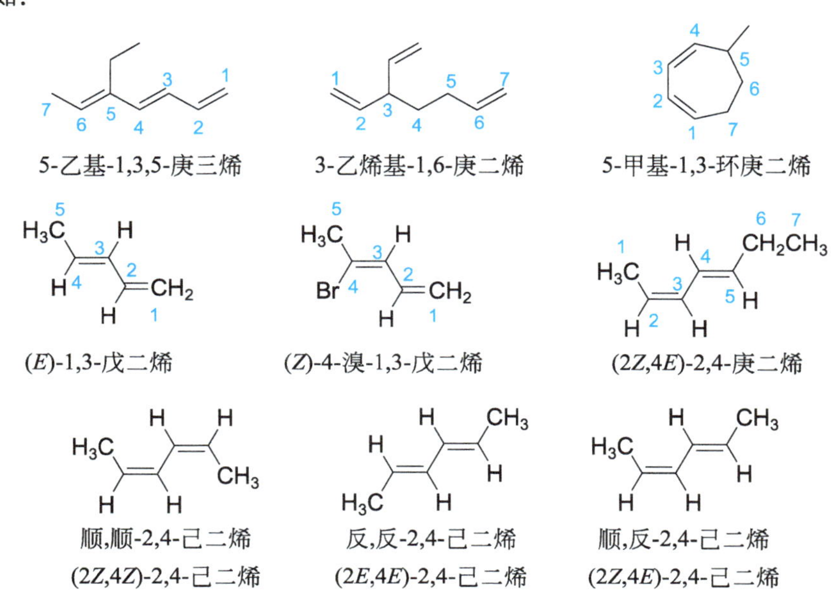

4.2 共轭二烯烃的结构和稳定性

4.2.1 共轭效应

共轭二烯烃的化学性质与一般烯烃相似，但同时它们也具备一些与一般烯烃所不同的特性。共轭二烯烃中两个双键以及两个双键之间单键的键长与常规的单键及双键键长不同。以1,3-丁二烯为例，C2—C3之间的键长为148 pm，比相应的1-丁烷中碳碳单键键长（153 pm）短5 pm，显然此键具有了部分“双键”的特性；双键的键长是134 pm，比正常的双键键长（133 pm）要略长。

$H_2C{=}CH{-}CH{=}CH_2$（134 pm）　　$H_3C{-}CH_2{-}CH{=}CH_2$（133 pm）

1,3-丁二烯　　1-丁烯

共轭二烯烃的另外一个特性就是稳定性。氢化热数据表明，二取代的双键要比单取代的双键稳定。

$\xrightarrow{H_2,Pt}$　$\Delta H = -125.5$ kJ/mol

$\xrightarrow{H_2,Pt}$　$\Delta H = -114.6$ kJ/mol

孤立二烯烃的氢化热数据约等于单烯烃中一个双键氢化热数值的2倍。

$\xrightarrow{H_2,Pt}$　$\Delta H = -251.9$ kJ/mol

共轭二烯烃的氢化热比孤立二烯烃的氢化热要低。因此，共轭二烯烃要比孤立二烯烃稳定约15.4 kJ/mol［预测值为：–125.5+（–114.6）=–240.1 kJ/mol，实测值为：–224.7 kJ/mol］。

$\xrightarrow{H_2,Pt}$　$\Delta H = -224.7$ kJ/mol

含有累积双键的丙二烯稳定性要低于孤立双键。

$H_2C{=}C{=}CH{-}CH_2CH_3 \xrightarrow{H_2,Pt}$　$\Delta H = -292.0$ kJ/mol

二烯烃的稳定性按由低到高的顺序列于表4-1中。

共轭二烯烃的稳定性与其分子结构有关。1,3-丁二烯中，由于π键的相互交盖（双键的特性所引起），C2—C3之间的键长（148 pm）远小于一般烷烃中单键的键长（154 pm）。分子的平面结构以及p轨道的相互平行使得两个双键之间也发生了一定程度的p轨道侧面交盖，π电子云离域到整个共轭双键所有碳原子周围。电子的离域使得C2—C3之间的共价键也具有部分双键的性质。路易斯结构式不能准确地描述离域结构，这种结构需要利用分子轨道理论来解释。

表4-1　二烯烃的稳定性（由低到高）

烯烃类型	氢化热/（kJ/mol）	烯烃类型	氢化热/（kJ/mol）
累积二烯烃	–292.0	孤立二烯烃	–240.2
末端炔烃	–290.8	共轭二烯烃	–224.7
非末端炔烃	–275.3		

4.2.2 1,3-丁二烯的分子轨道

在1,3-丁二烯分子中，4个碳原子都是sp^2杂化，排列在同一个平面中形成了分子的平面结构，

所有的p轨道相互间都发生了侧面交盖。在讨论1,3-丁二烯分子轨道之前，先讨论相对简单的乙烯的分子轨道。

由图4-2所示，每一个p轨道都具有两个相切的球面，两个球面的波函数符号不同（可用+/−、黑/白、阴影/无阴影表示）。波函数符号相同的p轨道侧面交盖（建设性的交盖）形成了π成键轨道；波函数符号相反的p轨道侧面交盖（破坏性的交盖）形成了π^*反键轨道。π成键轨道的能量低于p原子轨道的能量，π^*反键轨道的能量高于p原子轨道的能量。基态时，乙烯的两个p电子占据了π成键轨道而空出了π^*反键轨道。

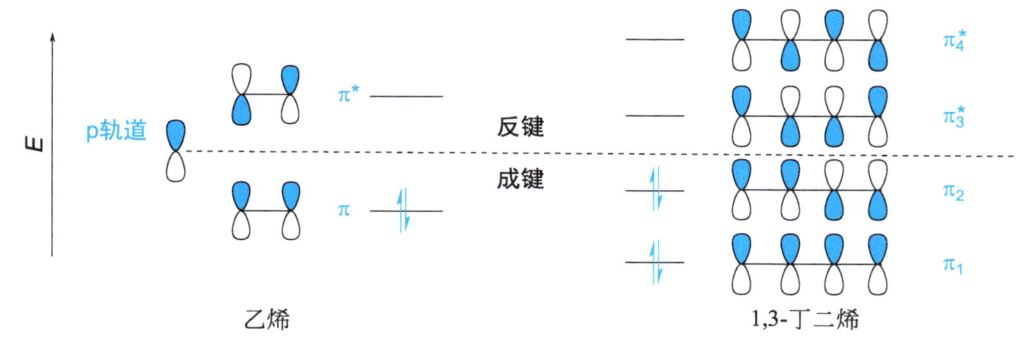

图4-2　乙烯和1,3-丁二烯的π分子轨道

根据分子轨道理论：建设性的交盖形成成键轨道，破坏性的交盖形成反键轨道；π分子轨道数等于p原子轨道数；π分子轨道的能量对称地分布于p原子轨道能量的上下；π分子轨道的一半是成键轨道（π_1，π_2），另一半是反键轨道（π_3^*，π_4^*）。因此，在1,3-丁二烯分子中，4个p原子轨道组合成4个π分子轨道，能量最低的分子轨道（π_1）具有最多的有利相互作用（即所有的p轨道曲面都具有建设性的相互作用）。π_1轨道上，电子云密度分布于所有4个碳原子周围。在这个轨道上有三个成键作用使得轨道上的电子离域到整个分子的4个原子核周围，这就解释了C2—C3之间为什么具有部分双键性质。第二个分子轨道（π_2）在分子中心（C2—C3之间）有一个节面。这是一个经典的二烯分子轨道，分别在C1—C2和C3—C4之间具有成键作用，而在C2—C3之间具有反键作用。这个分子轨道具有两个成键作用和一个反键作用，所以总体上它是一个成键轨道，只是能量要高于π_1。第三个分子轨道（π_3^*）有两个节面，这个分子轨道具有两个反键作用和一个成键作用，总体上是一个反键轨道，以星号（*）表示。第四个分子轨道（π_4^*）有3个节面，p轨道相互之间都是反键作用，因而能量最高，是一个反键轨道。1,3-丁二烯分子中有4个π电子，每个分子轨道可以占有两个电子，电子首先填充能量较低的分子轨道。基态时，电子占据了两个成键轨道而反键轨道是空的。毫无疑问，稳定的分子倾向于电子占据成键轨道而使反键轨道空着。

1,3-丁二烯的平面构型使得分子内4个p轨道侧面可以相互交盖，因而是最稳定的构象。1,3-丁二烯有两个平面构象，即单键-顺式和单键-反式构象。

单键-反式　　　　单键-顺式

单键旋转所产生的这两个平面构象，类似于顺/反异构。其中，*s*-反式（单键-反）构象的能量比*s*-顺式（单键-顺）构象的能量低10.5 ～ 13.0 kJ/mol，这是由于顺式构象中存在氢原子间的相互排斥作用，使得顺式构象的能量稍高。这些构象异构体的旋转能垒为26.8 ～ 29.2 kJ/mol。由此可见，室温下这些构象相互之间会非常容易和迅速地转换。

4.3 共轭二烯烃的化学性质

4.3.1 亲电加成

当共轭二烯烃进行亲电加成反应时（例如和HBr或Br_2加成），所得到的产物和单烯烃的加成产物不同。例如，Br_2和1,3-丁二烯的加成反应可以得到两种产物：3,4-二溴-1-丁烯和1,4-二溴-2-丁烯，即两个溴原子加在二烯烃末端一个双键上（C1和C2）的1,2-加成产物和两个溴原子分别加在共轭体系两端的碳原子上（C1和C4）并在中间两个碳原子（C2和C3）生成新的双键的1,4-加成产物。

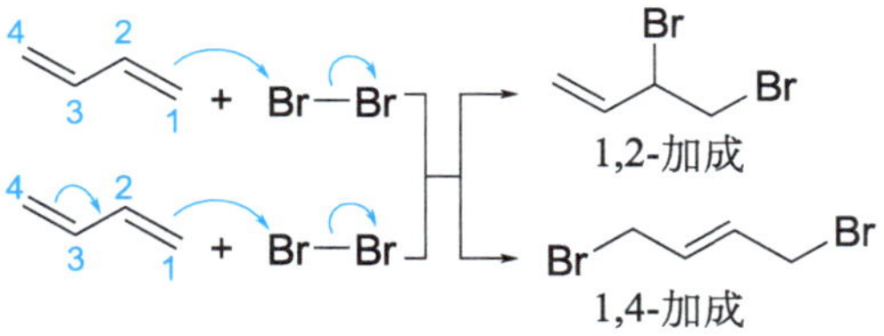

1,2-加成

1,4-加成

等物质的量的HBr和1,3-丁二烯在−78 ℃进行亲电加成反应也可以得到取代位置不同的两种异构体：3-溴-1-丁烯和1-溴-2-丁烯。

1,2-加成(90%)　　1,4-加成(10%)

我们可以利用加成反应机理解释这两种产物的生成。首先，1,3-丁二烯一端的碳原子加上一个质子使其相邻的仲碳原子变成碳正离子，生成的仲碳正离子与相邻双键共振得到离域的碳正离子（烯丙基碳正离子），正电荷分散在一个仲碳原子和另一端的伯碳原子上，因而变得稳定。因此在共振杂化体系中有两个正电荷中心，两个都容易遭受溴负离子的亲核进攻；溴负离子进攻仲碳正离子得到1,2-加成产物，进攻伯碳正离子得到1,4-加成产物。

烯丙基碳正离子　　1,4-加成

质子进攻端基碳原子生成烯丙基碳正离子，电荷分散在C1和C3上

进一步考察这个反应可以发现：低温下，1,2-加成产物生成速率快；较高温度下，1,4-加成产物是主要产物；低温下，只要时间足够长，1,4-加成产物仍然是主要产物；因为HBr和丁二烯的加成反应是可逆的，1,2-加成产物在较高的温度下或者反应时间足够长时将会转化成1,4-加成产物。

这一现象可以利用下面的势能曲线解释（图4-3）。由于1,2-加成产物的生成速率快于1,4-加成产物，因此1,2-加成的活化能较低。1,4-加成产物比1,2-加成产物稳定，因为反应平衡时得到的是1,4-加成产物（注意，这个反应是可逆的，只要时间足够长，1,2-加成产物可以转化为1,4-加成产物）。1,2-加成产物生成速率快，因此是动力学控制产物；1,4-加成产物具有更好的热力学稳定性，因此是热力学控制产物。通过类似的反应历程，1,3-丁二烯和Br_2加成也可以得到类似取代的产物。

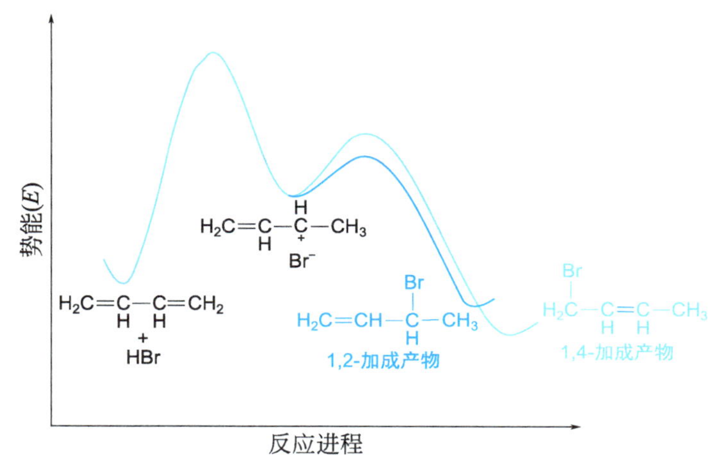

图4-3　丁二烯和HBr的反应势能曲线

4.3.2　狄尔斯-阿尔德反应

1928年，狄尔斯和阿尔德在德国发现了共轭二烯烃另外一个独特的化学性质，它可以和一些碳碳双键或叁键化合物进行环加成反应。能与共轭二烯烃反应的双键或叁键化合物称为亲双烯体，提供共轭双键的共轭二烯烃称为双烯体，狄尔斯-阿尔德反应（Diels-Alder reation）产物称作狄尔斯-阿尔德加合物。这里，共轭二烯烃的四个碳原子和亲双烯体的两个碳原子化合形成一个六元环。反应后，产物比反应物多了两个σ键，相应地少了两个π键。两个较弱的π键转化为两个σ键是这个反应的主要驱动力。

这个反应是可以生成六元环的少数几个反应之一，并且在反应中生成了两个新的碳-碳键。狄尔斯-阿尔德反应最简单的例子是1,3-丁二烯和乙烯的反应，两个反应物在室温下都是气体。尽管这个反应确实可以发生，但是即使在185 ℃和加压的条件下反应进行得也非常缓慢。

185 ℃, 15 MPa
36 h

当亲双烯体上有吸电子取代基或者双烯体上有推电子取代基时，狄尔斯-阿尔德反应将变得容易进行。例如，当亲双烯体上有羰基取代基（吸电子基团，因为碳原子上带有部分正电荷）时，反应容易进行。

CHO　100 ℃　100%　CHO

双烯体上具有推电子取代基甲基时，反应也将更加容易进行。

O　C　CH_3　30 ℃　O　C　CH_3

常见的吸电子取代基和推电子取代基如表4-2所示。

狄尔斯-阿尔德反应可用于合成双环化合物。例如：

O　C　OCH_3　→　$COOCH_3$

表 4-2　吸电子取代基和推电子取代基

推电子基团	吸电子基团	推电子基团	吸电子基团
$-CH_3$	$-\overset{\overset{O}{\|}}{C}H$（醛基）	—R（其他烷基）	$-\overset{\overset{O}{\|}}{C}OR$（酯基）
$-CH_2CH_3$	$-\overset{\overset{O}{\|}}{C}R$（酮基）	—OR（醚基）	$-NO_2$（硝基）
$-CH(CH_3)_2$	$-\overset{\overset{O}{\|}}{C}OH$（羧基）	$-O\overset{\overset{O}{\|}}{C}R$（酯基）	$-C\equiv N$（氰基）

狄尔斯-阿尔德反应具有立体选择性。亲双烯体构象在反应过程中保持不变。如果亲双烯体是顺式异构体，则亲双烯体中取代基相互间的顺式关系在狄尔斯-阿尔德加合物中仍然是顺式的。反之，如果亲双烯体是反式异构体，则亲双烯体中的反式取代基在加合物中仍然是反式的。

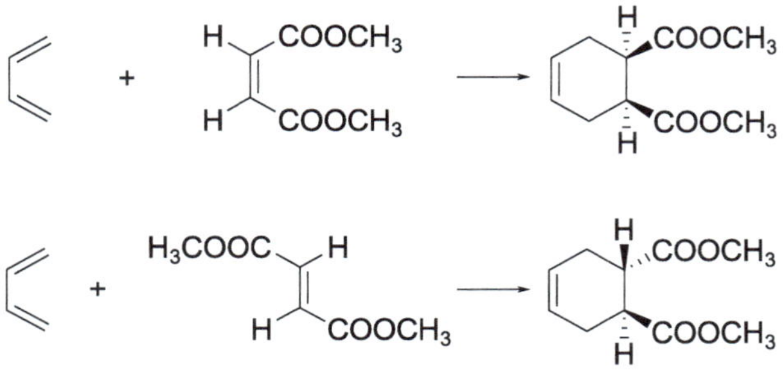

双烯体必须采取顺式构象才能反应。可以用1,3-丁二烯来说明双烯体构象的重要性。1,3-丁二烯要获得最大的稳定性，未杂化的4个2p轨道必须要最大限度地侧面交盖形成一个大π键，这就要求双烯体的4个碳原子都在同一个平面上。这时共平面的1,3-丁二烯的碳骨架和与其键合的6个氢原子处在同一个平面上。1,3-丁二烯的平面构象有两个，即*s*-顺式和*s*-反式。两个构象中，*s*-反式的能量略低些，因而也稳定些。尽管*s*-反-1,3-丁二烯更稳定些，但是只有*s*-顺-1,3-丁二烯才可以进行狄尔斯-阿尔德反应。在*s*-顺式构象中，共轭体系的碳原子C1和C4足够接近，从而可以和亲双烯体的碳碳双键或叁键反应形成一个六元环。

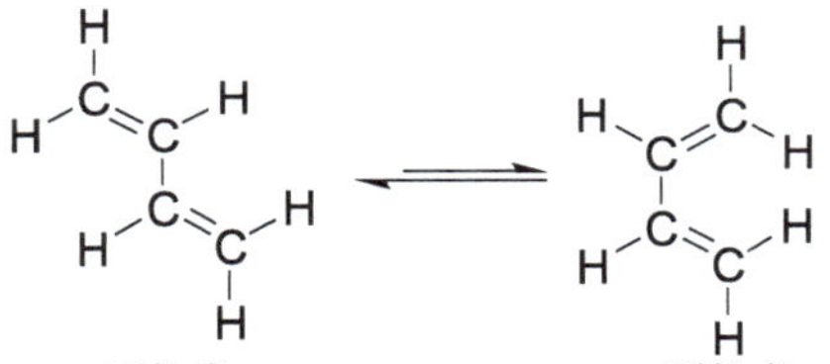

s-反构象（能量略低）　　*s*-顺构象（能量略高）

4.4 橡胶

很久以前，印第安人就从植物体的汁液中发现了一种具有黏弹性的物质。后来，约瑟夫·普里斯特里发现这种弹性物质可擦去铅笔字迹，当时将这种用途的材料称为橡胶（rubber），并一直沿用至今。1823年，查尔斯·麦金托什发明了利用橡胶制作雨衣和雨鞋的方法。其后不久，迈克尔·法拉第确定了橡胶的实验式C_5H_8。最终，化学家们确定了橡胶的结构是2-甲基-1,3-丁二烯通过首尾相连而形成的聚合物（聚异戊二烯）。橡胶中双键的立体构型是*Z*型，同时自然界中也存在另一种*E*-构型橡胶古塔胶。

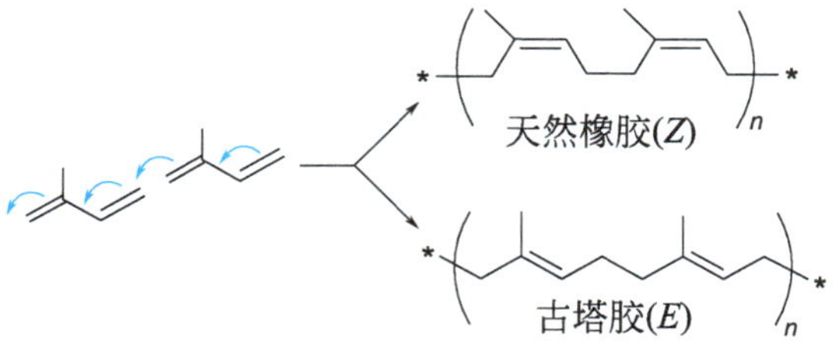

天然橡胶(Z)

古塔胶(E)

和普通烯烃一样，共轭二烯烃也可以聚合，生成物质所具有的弹性使其在合成橡胶中得到了广泛应用。反应的引发剂可以是自由基或者酸。共轭二烯烃的两个双键可以独立或者一起参与反应。实际过程中，两个反应过程是同时发生的，生成含有不同重复单元的共聚物。得到的长链中具有双键，可以进行随后的交联反应（即橡胶的硫化）。假如双键只有一个参与聚合，这个过程叫作1,2-增长，单体中另外一个双键则是这个聚合物的侧基。

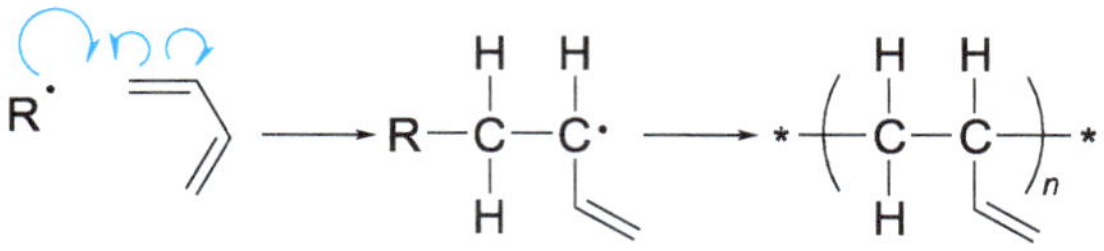

共振可以使自由基传递到单体的另一端从而发生1,4-增长。由于双键在聚合物链的中间，因此可能存在顺式和反式两种异构体。

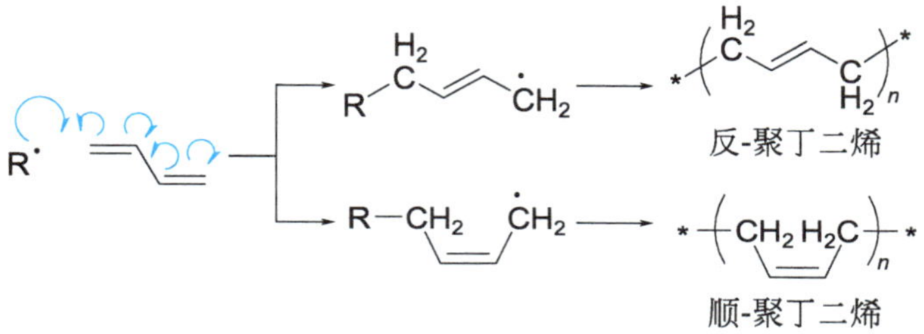

反-聚丁二烯

顺-聚丁二烯

氯丁二烯（2-氯-1,3-丁二烯）聚合生成氯丁橡胶（chloroprene rubber，CR），这是一种性能优异但价格也较高且防水性能良好的合成橡胶。此外，氯丁橡胶还可以用于制造工业软管和手套。氯丁橡胶电绝缘性能和耐寒性能较差，因此生胶在贮存时不稳定。

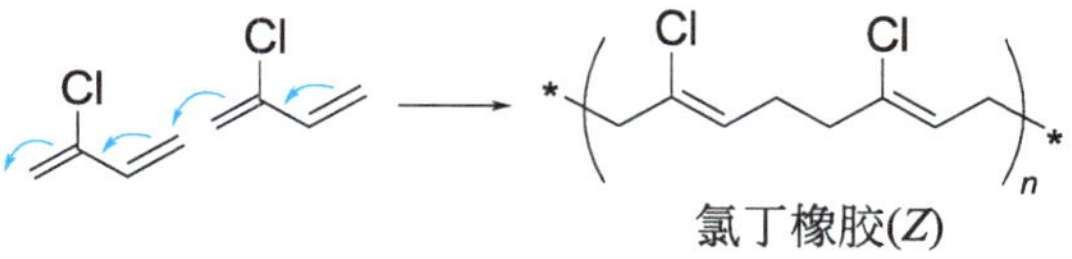

氯丁橡胶(Z)

产量最大的橡胶是丁苯橡胶（polymerized styrene butadiene rubber，SBR）。从丁苯橡胶的名字可以看出，它是由苯乙烯和1,3-丁二烯共聚得到的，是一个共聚物。与天然橡胶比较，SBR品质均匀，异物少，具有更好的耐磨性及耐老化性，但机械强度较弱，可与天然橡胶掺和使用。丁苯橡胶主要用于汽车工业。

利用齐格勒-纳塔催化剂从异戊二烯单体聚合得到的聚合物性能和天然橡胶类似，利用齐格勒-纳塔催化剂同样也可以得到1,3-丁二烯的顺式聚合物。该聚合物的年产量约为SBR的2/3，主要用于轮胎的生产。

未经硫化的天然橡胶和合成橡胶都性软、发黏。1839年，查尔斯·古德伊尔发现了将生胶和少量硫黄加热硫化的方法。硫黄在两个聚合物链之间形成硫桥（交联），将长链连接在一起（图4-4），得到了硬度增加、耐磨损性能大大改善的橡胶。

图4-4 硫化处理后得到的硫原子交联的长链

拓展阅读1：奥托·保罗·赫尔曼·狄尔斯

奥托·保罗·赫尔曼·狄尔斯（Otto Paul Hermann Diels），德国化学家。1876年1月23日生于汉堡，1954年3月7日卒于基尔。1895年入柏林大学攻读化学，1899年在埃米尔·费歇尔指导下获博士学位。1906年任柏林大学化学教授。1916年起，任基尔克里斯琴·奥尔布雷克特大学教授，兼化学研究所所长，1926年任该校校长，1948年退休。

狄尔斯长期从事天然有机化合物，特别是甾族化合物的研究。1906年开始研究胆甾醇的结构，从胆结石中分离出纯的胆固醇，并通过氧化作用将它转变成狄尔斯酸。1927年他用硒在300 ℃使胆甾醇脱氢，得到一种被称为狄尔斯烃（$C_{18}H_{16}$）的芳香族化合物，这一研究对胆甾醇、胆酸皂苷、强心苷等结构的确定起到了重要的作用。1928年他和助手柯特·阿尔德实现双烯合成，该反应是一类共轭双键与含有双键或叁键的化合物互相作用生成六元环状化合物的反应，最简单的例子就是丁二烯与顺式丁烯二酸酐的加成。1950年他们二人共享了当年的诺贝尔化学奖。此外，狄尔斯还著有《有机化学导论》(1907年)，共发行了15版。

拓展阅读2：柯特·阿尔德

柯特·阿尔德（Kurt Alder），德国化学家。1902年生于德国肯尼斯舒特。1922年在柏林大学学习化学专业，然后在基尔继续化学的学习与研究，并于1926年获得博士学位。他的博士论文是在狄尔斯指导下完成的，题目是*Über die Ursachen der Azoester-reaktion*（偶氮酯反应历程探讨）。1930年，阿尔德被基尔大学哲学系任命为化学讲师，随后在1934年被提升为教授。1936年阿尔德离开基尔来到莱沃库森担任I. G. Farben-Industrie科学实验室主任，在那儿他从事合成橡胶（丁钠橡胶）的研究和制备工作。1940年，阿尔德被任命为科隆大学化学与化学工艺实验室主任并同时任化学院院长。他对有机化学的贡献主要是二烯合成，由于这一成果是和狄尔斯共同取得的，因而通常被称为“狄尔斯-阿尔德反应”，他们二人共享了1950年诺贝尔化学奖。狄尔斯-阿尔德反应提供了制备萜烯类化合物的合成方法，从而推动了萜烯化学的发展。二烯合成不仅在实验室合成中，而且在工业生产中获得了广泛应用。利用这一反应制备了许多工业产品，如染料、医药、杀虫剂、润滑油、干燥油、合成橡胶和塑料等。主要著作有《有机化学导论》(1907年)、《无机实验化学导论》(1924年）等。

为了表彰他的工作，1938年德国化学家联合会授予阿尔德“埃米尔·费希尔纪念章”。同年，他成为位于霍尔的皇家利奥波德-卡罗尔德国自然哲学研究会的成员。1950年，科隆大学医学系授予阿尔德荣誉医学博士学位，1954年，他又被授予萨拉曼卡大学荣誉博士学位。柯特·阿尔德逝世于1958年6月20日。

参考资料

[1] 马军营，侯延民.论狄尔斯-阿尔德反应[J].平顶山师专学报，2000(4):38-43.

[2] “联邦德国有机化学家——狄尔斯” https://huaxue.7139.com/4925/15/4094.html.

[3] “库尔特·阿尔德” https://www.zupu.cn/renwu/20201016/483258.html.

习题

4-1 命名下列化合物。

4-2 根据下列化合物名称写出结构式。

(1) 5-乙基-1,3,5-庚三烯　　(2) (2*Z*,4*Z*)-2,4-己二烯

4-3 名词解释。

(1) 孤立二烯烃　　(2) 累积二烯烃　　(3) 共轭二烯烃

(4) 环加成反应　　(5) 亲双烯体

4-4 写出下列反应的主要产物。

(1) 1,2-加成, 1 mol HBr

(2) 1,4-加成, 1 mol HBr

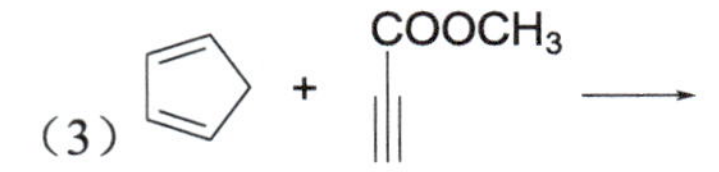

(4) *n* 聚合

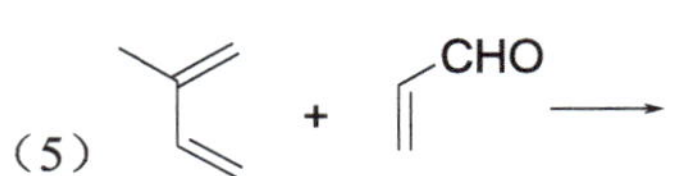

4-5 下列关于乙烯和1,3-丁二烯的描述中，①C═C键的键长，乙烯大于1,3-丁二烯；②最大紫外-可见吸收波长，乙烯大于1,3-丁二烯；③氢化热，乙烯小于1,3-丁二烯；④沸点，乙烯大于1,3-丁二烯，正确的是哪些？

4-6 下列关于共轭二烯烃和孤立二烯烃描述中，①共轭二烯烃比孤立二烯烃更易极化；②共轭二烯烃的C═C键长大于孤立二烯烃；③共轭二烯烃的电子是离域的，孤立二烯烃的电子是定域的；④共轭二烯烃的氢化热一般小于孤立二烯烃，正确的是哪些？

4-7 下列关于Diels-Alder反应的描述中，①反应为立体专一性的顺式加成反应；②是一步完成的协同反应；③亲双烯烃体上的给电子取代基利于反应的进行；④反应电子流向为从双烯体的HOMO流入亲双烯体的LUMO，正确的是哪些？

4-8 产生共轭效应的条件是什么？

4-9 写出1 mol 1,3-丁二烯与2 mol HBr反应的所有产物，产量最少的产物是什么？

4-10 天然橡胶是一种聚合物，它的主要单体是什么？

4-11 丁苯橡胶是一种人工合成的橡胶，常用于制造轮胎，其聚合物的结构是什么？

4-12 下列化合物不能发生Diels-Alder反应的是哪个？

4-13 写出下列化合物与丙烯醛的反应产物，并比较它们的反应速率。

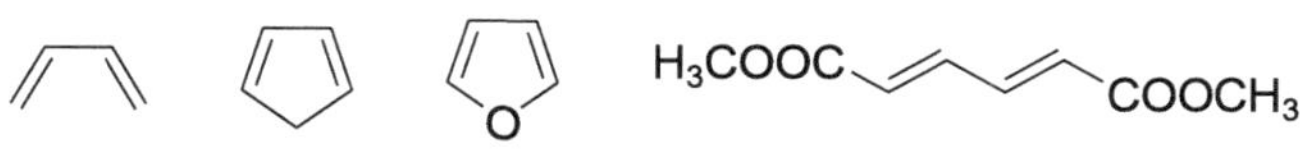

H_3COOC $COOCH_3$

4-14 写出下列反应可能的历程。

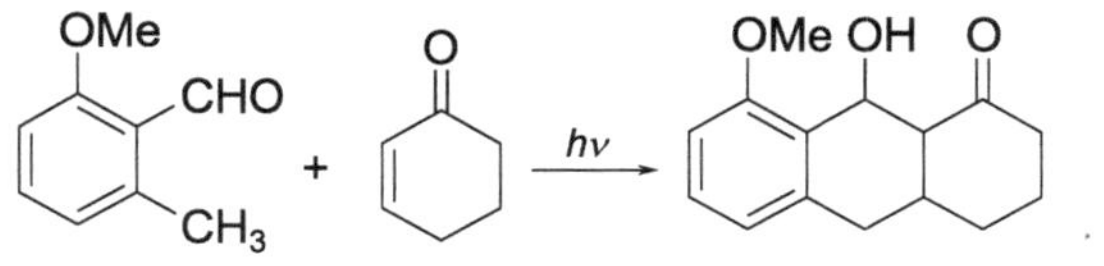

OMe CHO CH_3 + O $\xrightarrow{h\nu}$ OMe OH O

4-15 写出下列反应的机理。

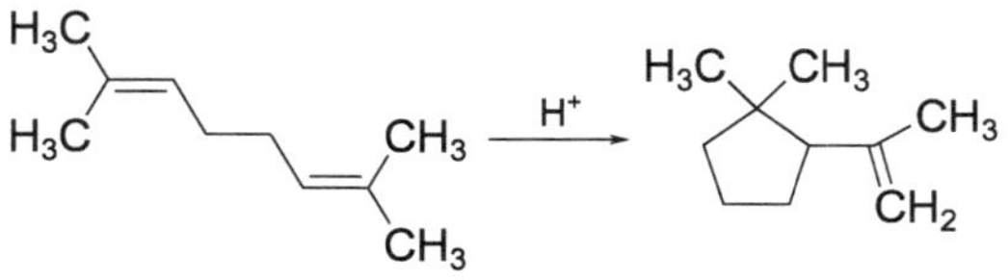

H_3C H_3C CH_3 CH_3 $\xrightarrow{H^+}$ H_3C CH_3 CH_3 CH_2

4-16 请写出丁苯橡胶的工业合成方法。

第5章 环烷烃

5.1 环烷烃的命名

5.1.1 单环烷烃的命名

环烷烃是具有单个或多个环的有机分子，呈闭合环状碳链。最简单的环状分子是分子式为C_nH_{2n}的环烷烃，它与链状烯烃是同分异构体。环烷烃以相应的链烷烃命名，加上前缀“环”字。可用线角方式把环烷烃表示成正多边形结构。

取代环烷烃的命名类似于直链烷烃，如图5-1所示。环上碳原子的编号顺序，以取代基所在位置的号码最小为原则。由于除了取代位，环上的其他位置都是相同的，当不止一个取代基时才以数字表示（图5-2）。

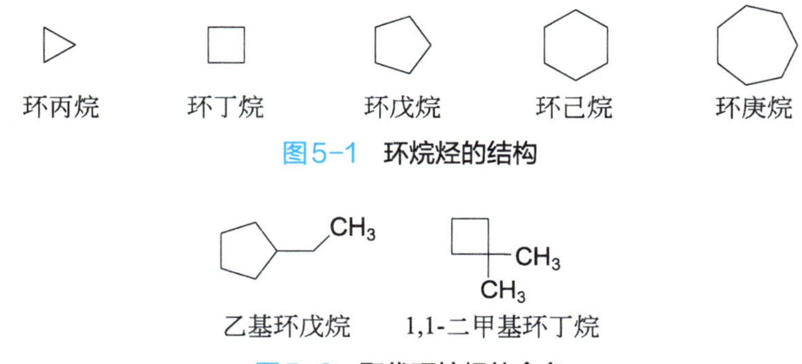

图5-1 环烷烃的结构

图5-2 取代环烷烃的命名

和烯烃一样，环烷烃也存在顺反异构，它有不同的两个面，环上取代基可朝向任意一面。当环上两个取代基朝向同一面时，为顺式。当处于相反面时为反式。类似于烯烃中的顺反异构情况，这种异构体的原子连接顺序相同但空间结构不同。因此，它们是立体异构体（图5-3）。

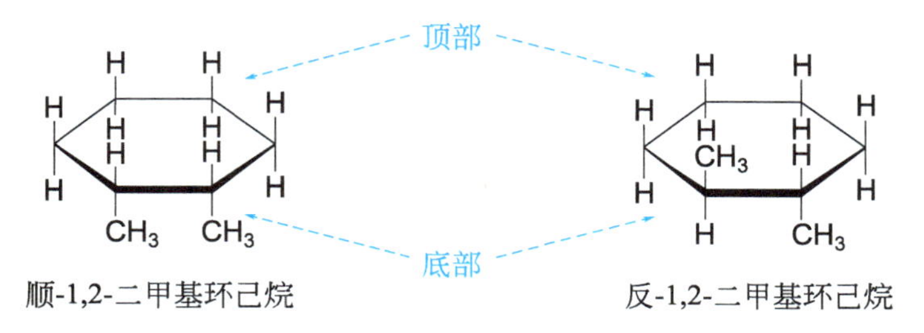

图5-3 1,2-二甲基环己烷的顺反异构

环烷烃的系统命名规则如下：

① 对于单取代环烃，以环作为母体，其他按取代基命名，不必标注其编号。

② 如果烷基取代部分分子量较大或结构复杂，则环作为烷烃的取代基来命名。

③ 如果环上有两个不同的取代基，要对母体环进行编号。取代基按照基团大小次序，小的在

前，大的在后，前面的取代基所在碳原子命名为C1。然后顺时针或逆时针命名编号其他碳原子，以第二个碳取代位编号较小为原则。

④ 如果环上有数个取代基，按上述先后顺序进行编号，即在前的取代基为C1，其他按顺时针或逆时针方向，以取代碳原子位次的编号加和最小为宜。

⑤ 具体命名时，先命名取代基，将取代基所在碳原子的编号作为前缀，写在取代基前面并用短线“-”与取代基隔开，不同取代基按照中文大小次序，小的在前，大的在后，中间用短线“-”隔开，用二、三、四等作前缀来表示相同取代基的数目，最后一个取代基直接和母体相连。

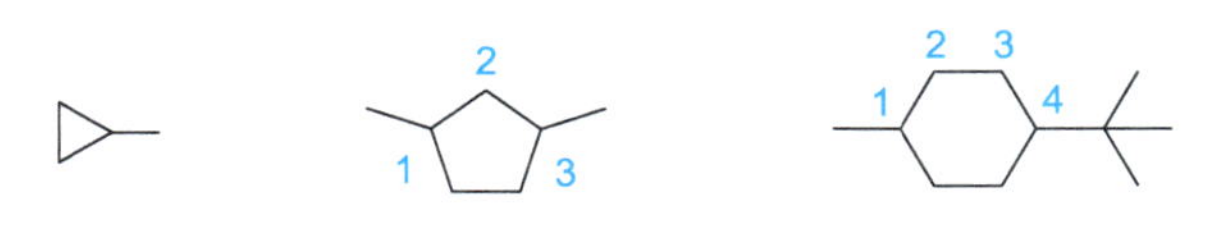

甲基环丙烷　　1,3-二甲基环戊烷　　1-甲基-4-叔丁基环己烷

5.1.2 多环烷烃的命名

多于一个环的碳氢化合物也很常见，一般称为双环、三环和多环化合物。随着环数增加，分子式中H/C比例会下降。一般来说，有n个C和m个环的碳氢化合物通式为$C_nH_{2n+2-2m}$。多环化合物中环的结构多样，它们可能独立也可能不独立，或者共用一两个原子。一些不同类型的双环和多环化合物如表5-1所示。

表5-1　C_8H_{14}双环的同分异构体

独立环	螺环	桥环
无共用原子	共用一个原子	共用两个原子
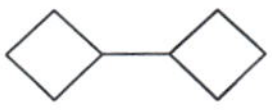	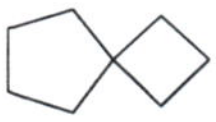	 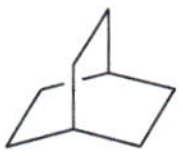 =
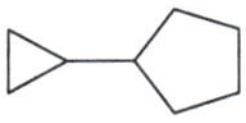	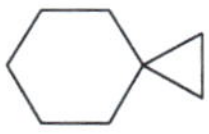	  =

(1) 独立环烷烃的命名

独立环烷烃是指两个或多个环烷烃通过单键相连，命名时取较大的环或中心环作为母体，其他环作为取代基。如含多个取代基也可能存在顺反异构的现象，其他规则和单环烷烃命名类似。如：

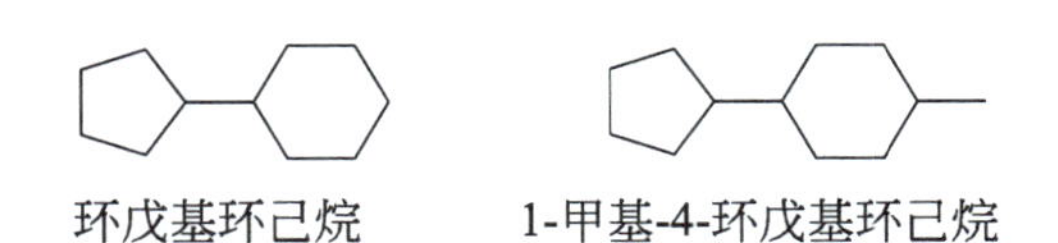

环戊基环己烷　　1-甲基-4-环戊基环己烷

(2) 螺环烷烃的命名

螺环烷烃是指两个环烷烃共用一个碳原子，两个环共用的碳原子叫螺原子。命名螺环化合物时，首先根据环上碳原子总数命名为“某烷”，加上前缀“螺”。再把连接于螺原子的两个环的碳原子数目，按由小到大的次序写在“螺”和“某烷”之间的方括号内，数字之间用“.”隔开。

环上有取代基时，需要将它们的位置表示出来。螺环烷烃的环上碳原子的编号，从最靠近螺原子的一个碳原子开始，先编较小的环，然后经过螺原子再编另外一个环，含有多个取代基时，编号顺序以取代基位置号码加和较小为原则。如：

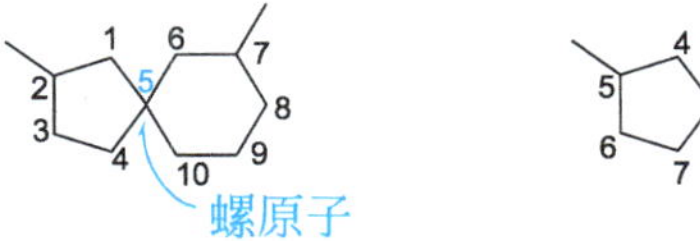

2,7-二甲基螺[4.5]癸烷 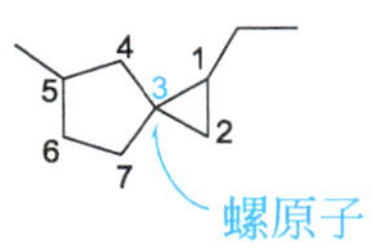　5-甲基-1-乙基螺[2.4]庚烷

（3）桥环烷烃的命名

桥环烷烃也叫双环烷烃，是指两个或多个环共用两个碳原子，共用的碳原子叫桥头碳，每个连接桥头碳的键或链叫作桥。命名时按照环上相应碳原子总数的烷烃来命名，在前面加上前缀“双环”。如下列化合物，含7个碳原子，因此为双环庚烷。

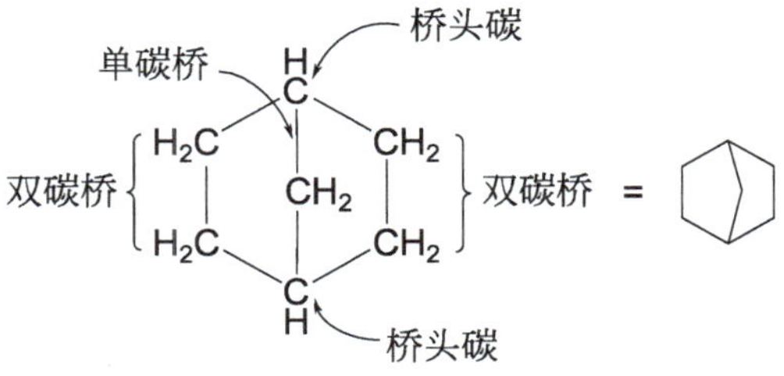

双环庚烷

然后用括号内数字表示出每个桥链的碳原子数（降序），中间用“.”隔开，如：

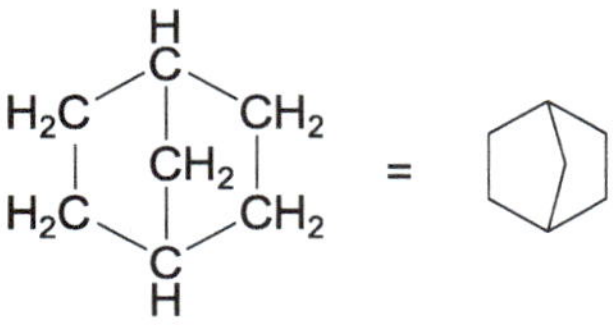

双环[2.2.1]庚烷 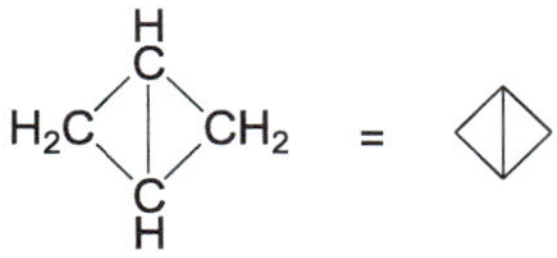　双环[1.1.0]丁烷

如果有取代基，先从一个桥头碳开始编号，先编最长的桥至第二个桥头，再编较长的桥回到第一个桥头，最后编最短的桥，同等情况下使取代基的编号较小。如：

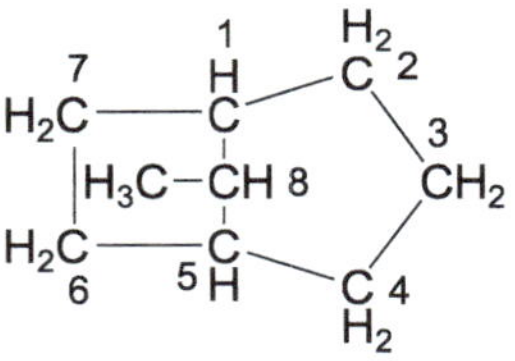

8-甲基双环[3.2.1]辛烷 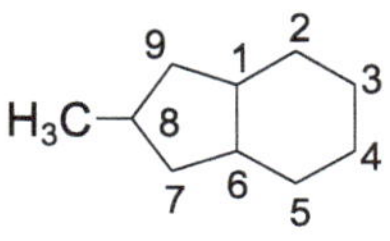　8-甲基双环[4.3.0]壬烷

5.2 环烷烃的稳定性

环烷烃的稳定性与环张力大小有关，环张力分为扭转张力和角张力两种，可以用燃烧热来衡量。扭转张力是由相邻碳原子上处于重叠式的氢引起的，角张力是由形成烷烃的键角偏离正常的sp^3杂化键角引起的。燃烧热数值表明，环己烷是最稳定的环烷烃，而环丙烷和环丁烷不太稳定。它们的环状结构直接导致了其不稳定性，即其分子具有环张力。

为了用实验数据说明这一点，我们需要测定环烷烃的燃烧热。环烷烃作为一系列同系物，它们结构上的区别在于CH_2单元的数目。环烷烃的一般燃烧方程式可以表示如下：

$$(CH_2)_n + \frac{3}{2}nO_2 \longrightarrow nCO_2 + nH_2O + 热量$$

因为不同的环烷烃含碳氢数目不一样，它们的燃烧热不能直接比较。但我们可以计算每个CH_2的燃烧热，这样就能比较环烷烃的相对稳定性，结果见表5-2。

表5-2 环烷烃的燃烧热

环烷烃	n	燃烧热		每个CH_2燃烧热	
		kcal/mol	kJ/mol	kcal/mol	kJ/mol
环丙烷	3	499.8	2091	166.6	697.5
环丁烷	4	655.9	2744	164.0	686.2
环戊烷	5	793.5	3220	158.7	664.0
环己烷	6	944.5	3952	157.4	658.6
环庚烷	7	1108.2	4636.7	158.3	662.3
环辛烷	8	1269.2	5310.3	158.6	663.6
环壬烷	9	1429.5	5981.0	158.8	664.4
环癸烷	10	1586.0	6635.8	158.6	663.6
环十五烷	15	2362.5	9984.7	157.5	659.0
直链烷烃				157.4	658.6

对比上述实验结果能得出如下结论：

① 环己烷每个CH_2单元的燃烧热最低（157.4 kcal/mol）。它与没有环、没有环张力的无支链烷烃一样。由此可以推测环己烷没有环张力，它能作为比较其他环烷烃的标准。我们可以这样计算其他环烷烃的环张力（表5-3）：即用157.4 kcal/mol乘以n，然后用环烷烃的燃烧热减去这个数值。

② 环丙烷每个CH_2单元的燃烧热最大。因此，环丙烷分子的环张力（27.6 kcal/mol）最大。既然环丙烷每个CH_2单元的燃烧热最大，则其每个CH_2单元的势能也最大。也就是说，我们所称的环张力是环状分子的势能。分子的环张力越大，其势能就越大，同时越不稳定。

③ 环丁烷每个CH_2单元的燃烧热第二大。因此，环丁烷的环张力排第二（26.3 kcal/mol）。

④ 其他环烷烃的环张力各不相同，数值不算太大。环戊烷和环庚烷具有相同的环张力，8、9、10元环有不太大的环张力且数值越来越小。15元环只有非常微弱的环张力。

表5-3 环烷烃的环张力

环烷烃	环张力		环烷烃	环张力	
	kcal/mol	kJ/mol		kcal/mol	kJ/mol
环丙烷	27.6	115	环辛烷	10.0	42
环丁烷	26.3	110	环壬烷	12.9	54
环戊烷	6.5	27	环癸烷	12.0	50
环己烷	0	0	环十五烷	1.5	6
环庚烷	6.4	27	环辛烷	10.0	42

5.3 环烷烃的结构和构象

5.3.1 环丙烷和环丁烷的结构和构象

烷烃碳原子是sp^3杂化的，一般sp^3杂化碳原子的正四面体键角为109.5°，而环丙烷分子形状为正三角形（图5-4），键角为60°，要比理想的键角偏离大约−49.5°（图5-5）。

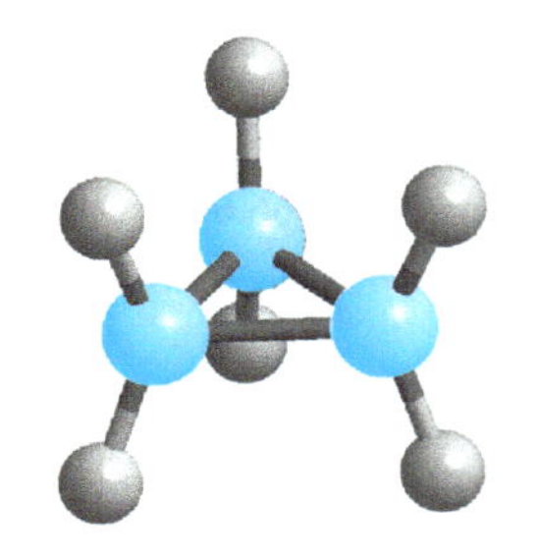

图5-4 环丙烷的球棍模型

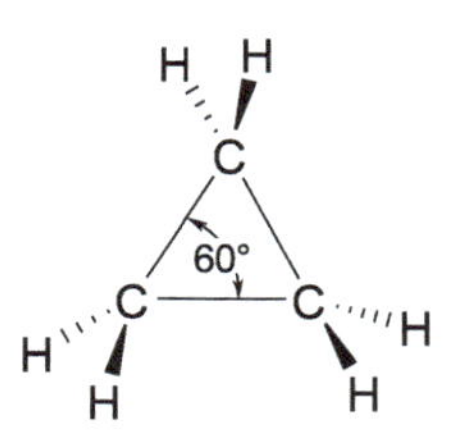

图5-5 环丙烷的角张力和扭转张力

这种因键角的偏离而引起的张力叫作角张力。环丙烷存在角张力是因为其碳原子的sp^3轨道不能像烷烃一样实现最大交盖［图5-6（a）］。因此，环丙烷中的C—C键为弯曲键，轨道重叠不明显（键的杂化不完全是sp^3，具有更多的p轨道特性）。环丙烷的C—C键较弱，因此，其分子具有更大的势能，容易发生开环反应。

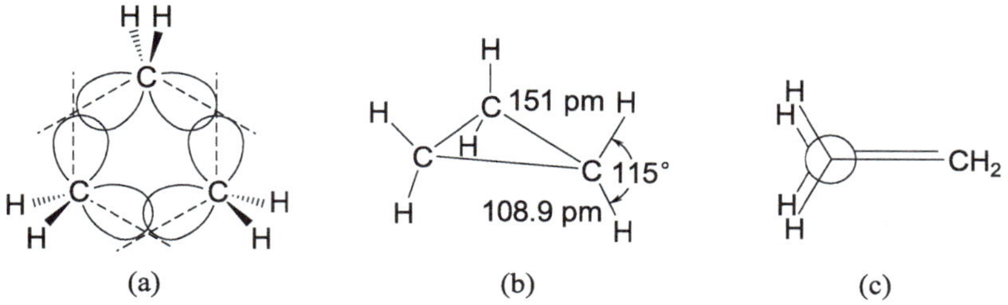

(a) (b) (c)

图5-6 （a）环丙烷的C—C键轨道没有完全交盖重叠，这导致了较弱的弯曲键和角张力；（b）环丙烷中的键长和键角；（c）展现相邻C—C键的氢位置的纽曼投影式（沿任意相邻键的视图均如此）

环丙烷的环张力大多源于角张力，但并非都如此。因为环是平面结构，环上的氢原子间为重叠式［图5-6(b)和(c)］，所以分子也有扭转张力。

环丁烷也有相当大的角张力，其内角为88°，与正四面体的键角相差21°。环丁烷不是平面结构，而是呈略微的折叠结构［图5-7(a)］。如果环丁烷是平面结构，角张力（键角为90°，而不是88°）将会降低一点，但扭转张力将会相当大——所有八个氢原子都会重叠。因此，通过略微的折叠或弯曲环丁烷，相对于角张力的略微增加，其扭转张力能更大程度地降低。

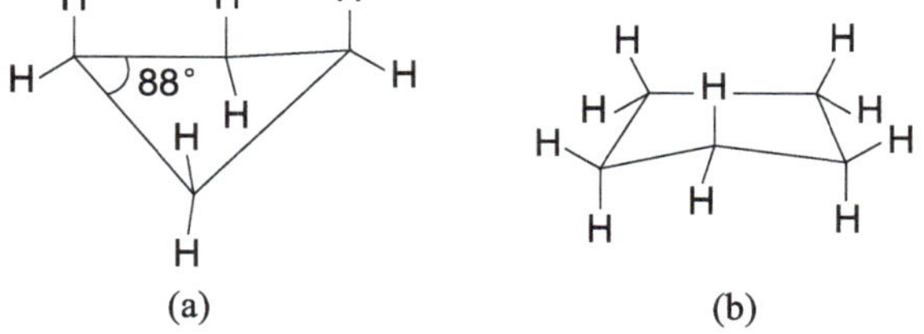

(a) (b)

图5-7 （a）环丁烷的折叠或弯曲构象和（b）环戊烷的弯曲信封式结构

5.3.2 环戊烷的结构和构象

正五边形的内角为108°，接近于一般正四面体的键角109.5°。因此，如果环戊烷分子是平面结构，它将几乎不具有角张力。但这样的平面结构会导致相当大的扭转张力，因为所有十个氢原子都将重叠。所以类似于环丁烷，环戊烷呈现出略微的弯曲构象，其环中一或两个碳原子不在其他碳原子所组成的平面内［图5-7(b)］。这种结构能降低扭转张力，碳碳键的微小扭转并没有伴随能量的改变，因此分子很容易从一个构象转化成另一个构象。很小的扭转张力和角张力使环戊烷几乎如环己烷一样稳定。

5.3.3 环己烷的结构和构象

大量事实表明，环己烷也不是平面结构，其最稳定的构象是图5-8所示的椅式构象。在这个非平面结构中，碳碳键角为109.5°，故没有角张力。同时椅式构象也没有扭转张力。从任意碳碳键观察，氢原子呈完全交叉排列，没有扭转张力［图5-9(a)］。而且，环己烷的环对位的氢原子呈现出最大限度的相互分离［图5-9(b)］。环己烷有12个C—H键，在椅式构象中，它们可分为两种：与对称轴平行的直立键（a键）和与对称轴成109.5°倾斜角的平伏键（e键）。在环己烷椅式构象中，六个碳原子在空间分成了两组，1、3、5三个碳原子一个平面，称作下平面，2、4、6三个碳原子一个平面，称作上平面，两个平面互相平行。显而易见，a键垂直于两个平面，上平面的a键向上，下平面的a键向下，e键和a键成109.5°，上平面的e键向下，下平面的e键向上，都指向分子外侧（图5-10）。

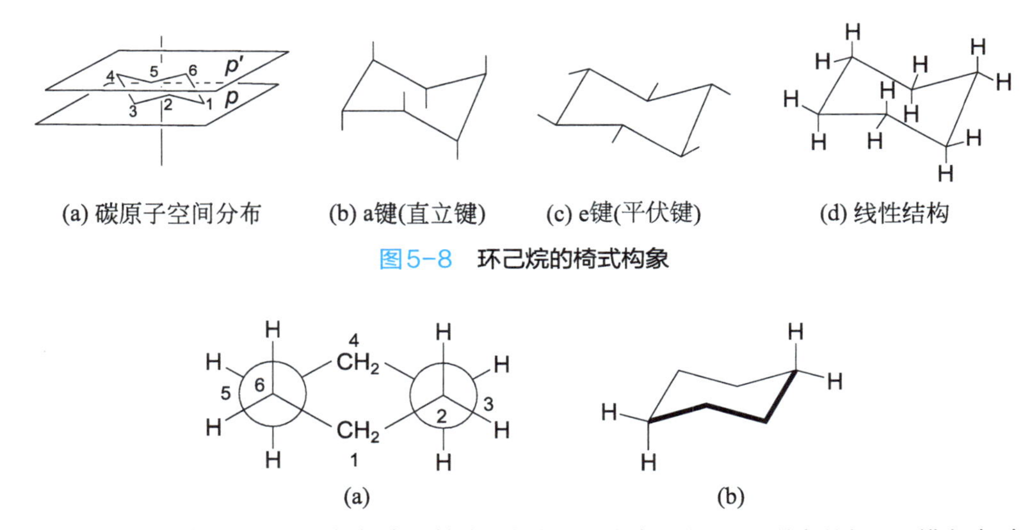

图5-8 环己烷的椅式构象

图5-9 环己烷的纽曼投影式(a)和椅式构象中环对位(C1位和C4位)的氢原子排布(b)

在画椅式构象时，既要注意表示环键的平行线以及平伏氢，也要注意直立键都是垂直态。当环的顶点向上时直立键向上，顶点向下时直立键向下。

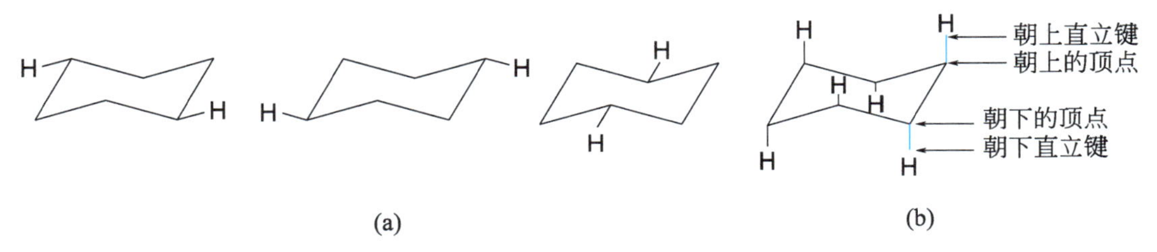

图5-10 (a)椅式构象中表示环结构的平行线以及平伏氢;(b)直立键为垂直状，当环的顶点向上时直立键向上，否则相反

室温下，环己烷在两种相同的构象中快速翻转变化。值得注意的是，当环翻转时，所有的直立键会变成平伏键，平伏键会变成直立键（图5-11）。为说明问题方便，图中省去了氢原子。

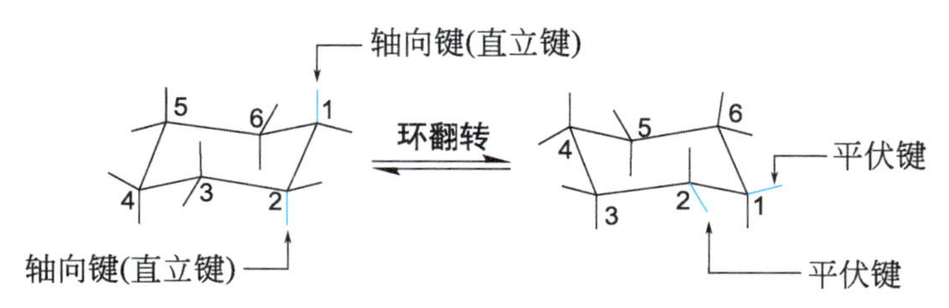

图5-11　环己烷椅式构象的翻转

通过碳碳单键的部分旋转，椅式构象能转换成船式构象（图5-12）。因为船式构象也没有角张力，故与椅式构象很相似。然而，船式构象具有扭转张力。当沿着任一边碳碳键轴观察船式构象时，会发现这些碳原子上的氢相互重叠；此外，C1和C4的氢原子靠得很近，引起范德华排斥力，这一现象叫做船式构象的“旗杆效应”[图5-13(b)]。由于扭转张力和旗杆效应，环己烷的船式构象比椅式构象具有更大的能量。

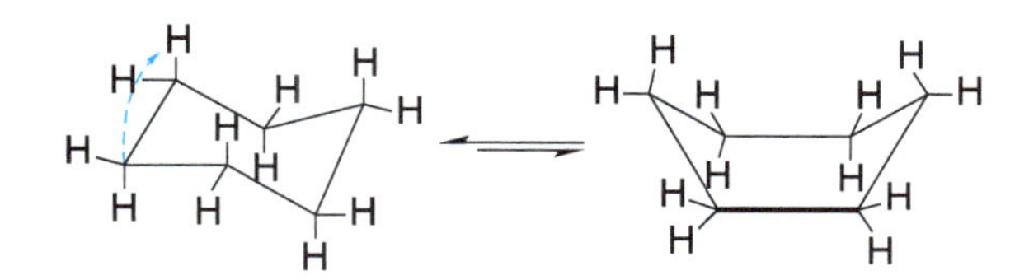

图5-12　环己烷船式构象和椅式构象的转换

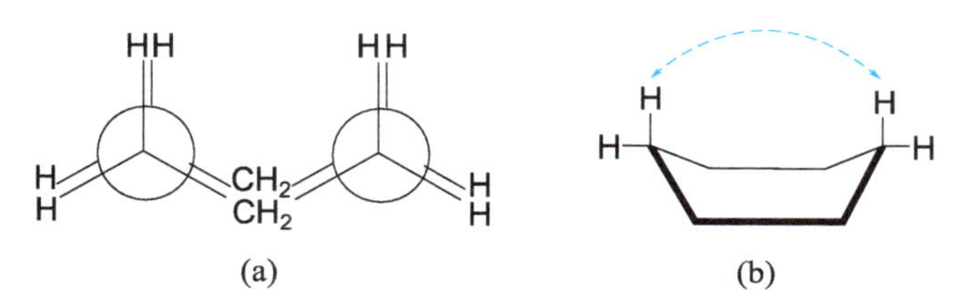

图5-13　环己烷船式构象的重叠构象（a）和C1和C4氢原子的旗杆效应（b）

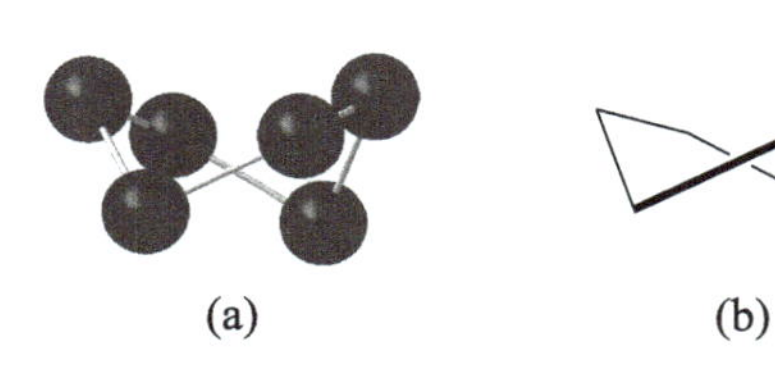

图5-14　（a）环己烷盘曲构象的碳链骨架；（b）线性图

尽管椅式构象更稳定，但与船式构象相比却“刚硬”许多。船式构象则较为“柔韧”，可通过扭转变成新的盘曲结构，也叫扭船式（图5-14）。这样能降低结构的扭转张力，同时降低旗杆效应。因此，盘曲构象比船式构象的能量更低。然而盘曲构象通过扭转获得的稳定性还不足以使其比椅式构象更稳定，椅式构象的能量大致比盘曲构象低5 kcal/mol。

船式、椅式和盘曲式构象间的能垒足够低，致使室温下这三种构象难以分离。室温下分子的热能就足以每秒产生一百万次构象转换。由于稳定性因素，环己烷分子99%为椅式构象。环己烷各种构象的能量关系如图5-15所示，具有最大能量的构象为半椅式，其环中一端的碳原子与环共平面。

5.3.4　更高碳数环烷烃的构象

环庚烷、环辛烷和环壬烷及更高碳数的环烷烃也以非平面构象存在。这些环烷烃呈现的微小不稳定性可能是由扭转张力和所谓跨环张力（即氢原子的范德华排斥力）造成的。然而这些环烷烃都没有角张力。

环癸烷的X射线单晶衍射实验表明，其最稳定构象的碳碳键角为117°，这表明存在部分角张

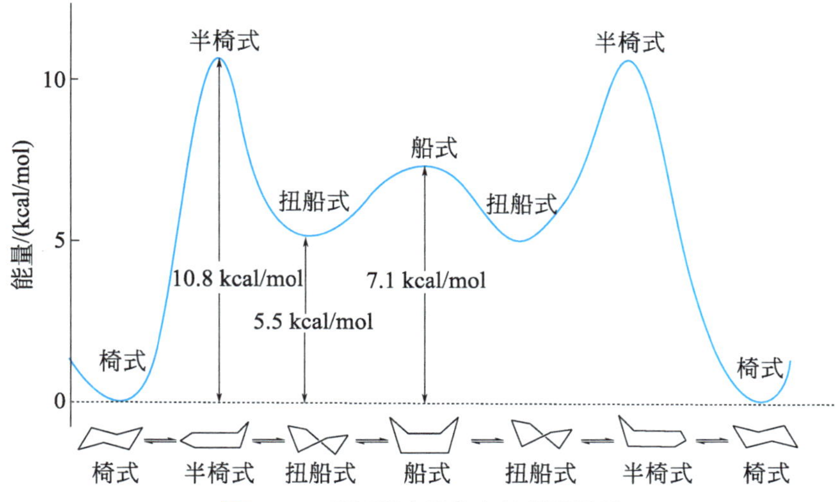

图5-15　环己烷各种构象的能量关系

力。较大的键角能明显使分子扩环，以此尽量减小氢原子之间的排斥力。

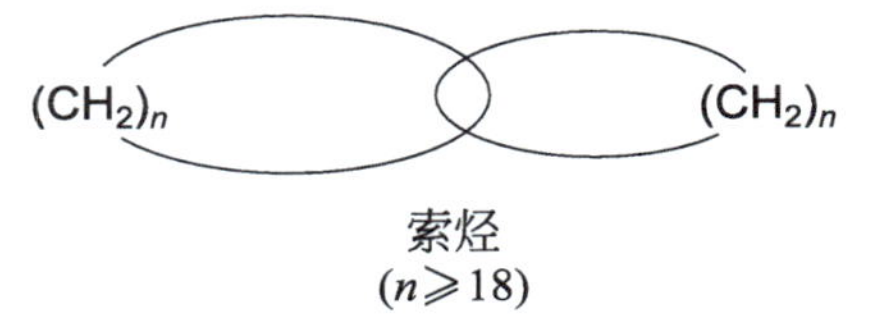

除非环足够大，否则环烷烃中间没有足够大的空间，将导致环内氢之间存在张力。计算数据表明环十八烷烃是具有—$CH_2CH_2CH_2$—螺旋链的最小碳数烃，该分子已经被合成。两个或数个环型分子互相套索构成的具有复杂拓扑结构的分子，叫作索烃。

5.3.5　取代环己烷的构象

六元环是自然界有机分子中最常见的环状化合物。我们知道环己烷的椅式构象是其最稳定的构象，也是环己烷分子最基本的构象。

如果环己烷上某一氢原子被烷基取代，那其最稳定的构象是什么？即单取代环己烷的最稳定构象是什么？

我们可以以甲基环己烷为例来回答上述问题。甲基环己烷有两种可能的椅式构象，这两种构象能通过环的翻转来相互转换。一种构象中甲基为直立键，而另一种构象中甲基为平伏键（图5-16）。实验证明平伏键甲基比直立键甲基的构象稳定约1.8 kcal/mol。因此在平衡体系中，平伏键甲基构象处于主要地位，大致占了95%（表5-4）。

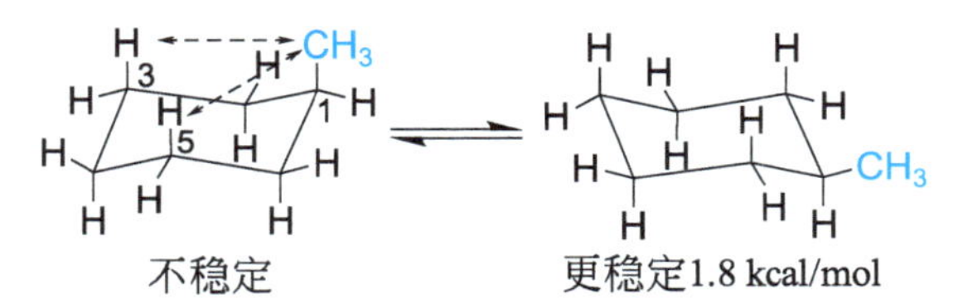

图5-16　甲基处在直立键和平伏键的甲基环己烷构象

表5-4　25℃下平衡体系中自由能差值和异构体含量的关系

自由能差值$\Delta G^\ominus$ /(kcal/mol)	更稳定异构体含量/%	欠稳定异构体含量/%	自由能差值$\Delta G^\ominus$ /(kcal/mol)	更稳定异构体含量/%	欠稳定异构体含量/%
0	50	50	1.4	91	9
0.41	67	33	1.8	95	5
0.65	75	25	2.7	99	1
0.82	80	20	4.1	99.9	0.1
0.95	83	17	5.5	99.99	0.01

甲基处在平伏位的环己烷，其稳定性可通过图5-16来解释。当甲基处于直立位时，它与分子同一面C3、C5上的氢很接近，它们之间的范德华力产生排斥作用。因为产生于直立键C1和C3（或C5）之间，所以这种空间作用叫作1,3-双直立效应。而当取代基处于平伏位时，排斥力则较小。

甲基环己烷的1,3-双直立效应引起的张力与处于邻位交叉式构象中丁烷分子内的甲基氢位置的邻近所造成的张力是相同的。邻位交叉式构象丁烷分子中邻近的氢原子间的相互作用（简言之，交叉效应）使得其比对位交叉式构象丁烷的稳定性低0.9 kcal/mol。借助图5-17的纽曼结构式可以更容易理解这两种空间效应。图5-17（b）是从C1和C2位置观察甲基环己烷的直立键，这里所谓的1,3-双直立效应就是甲基与C3位的直立氢之间的交叉效应。

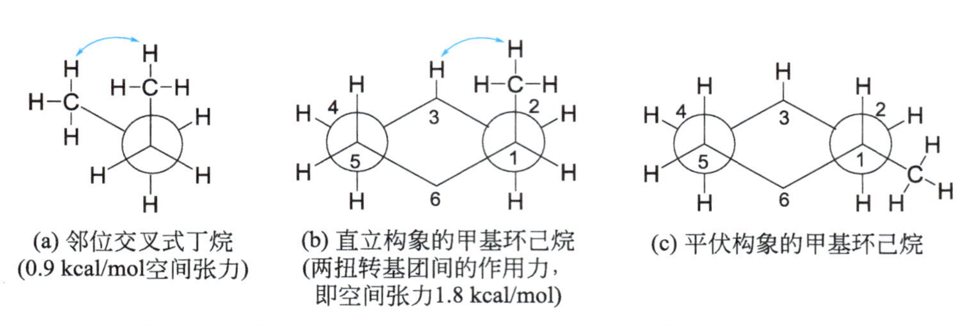

(a) 邻位交叉式丁烷 (0.9 kcal/mol空间张力)

(b) 直立构象的甲基环己烷 (两扭转基团间的作用力，即空间张力1.8 kcal/mol)

(c) 平伏构象的甲基环己烷

图5-17　邻位交叉式丁烷与直立构象甲基环己烷的空间效应对比

从C1—C6键角度观察甲基环己烷，甲基与C5上的氢有类似的交叉效应。因此，甲基环己烷上的直立键甲基有两个交叉效应，具有2×0.9 kcal/mol=1.8 kcal/mol的张力。而另一种甲基处在平伏键的甲基环己烷没有交叉构象，因为甲基与C3和C5是反交叉的。

当环己烷上有更大的烷基取代基时，由1,3-双直立效应引起的张力更加明显。叔丁基在平伏键的叔丁基环己烷，比叔丁基在直立键上时要更稳定些（图5-18）。这两种构象较大的能量差意味着室温下的叔丁基环己烷分子中，99%的叔丁基处在平伏位（然而分子构象并不完全固定，它依然存在两种椅式构象的互换）。

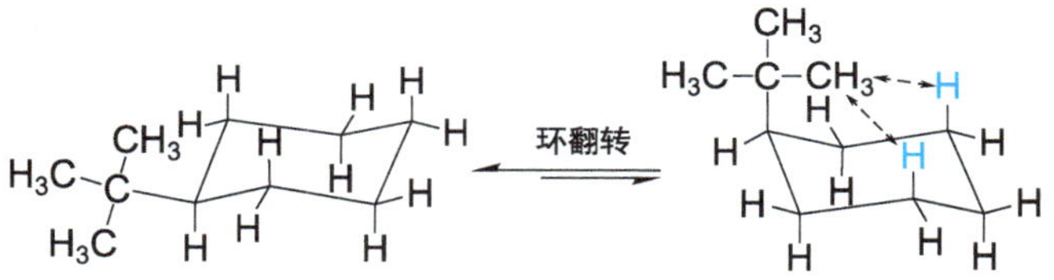

环翻转

平伏位的叔丁基环己烷　　直立位的叔丁基环己烷

图5-18　叔丁基直立键的双直立效应

对于双取代环己烷，顺-1,4-二甲基环己烷可写成两种椅式构象中的任一种，都是一个甲基处在直立位，另一个甲基处在平伏位，两种结构通过环的翻转达到平衡。

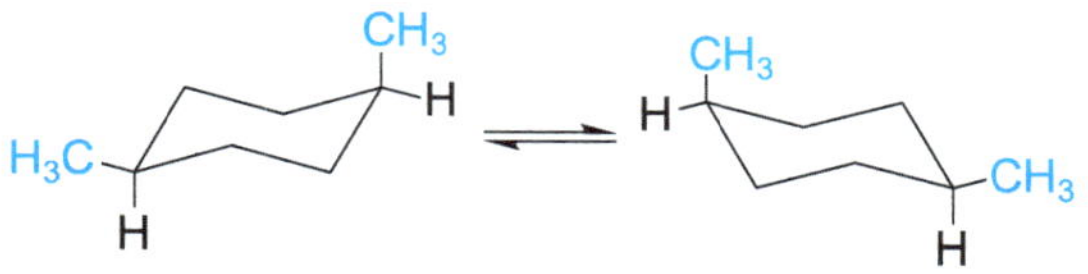

一个甲基直立，另一个甲基平伏　　一个甲基平伏，另一个甲基直立

两个甲基均朝上
顺-1, 4-二甲基环己烷

反-1,4二甲基环己烷最稳定的构象为两个甲基都处在平伏位。这两种椅式构象是不同的，一种含有两个平伏键甲基，另一个含有两个直立键甲基。

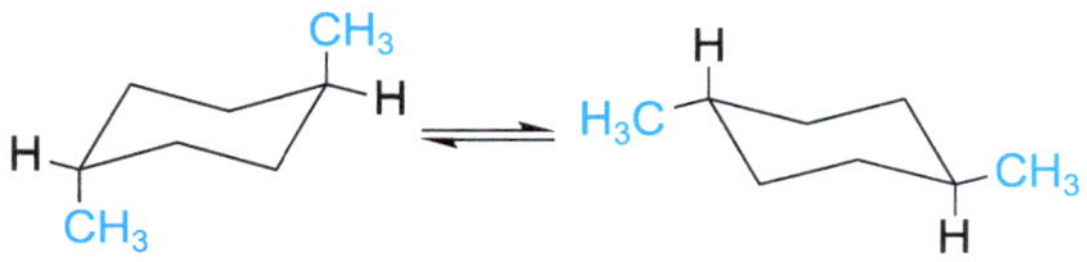

两个甲基均直立
不太稳定

两个甲基均平伏
更稳定

一个甲基朝上，另一个甲基朝下
反-1, 4-二甲基环己烷

顺-1,3-二甲基环己烷最稳定的构象为甲基都在平伏位。而反-1,3-二甲基环己烷的两种椅式构象是相同的，都具有一个平伏键甲基和一个直立键甲基。

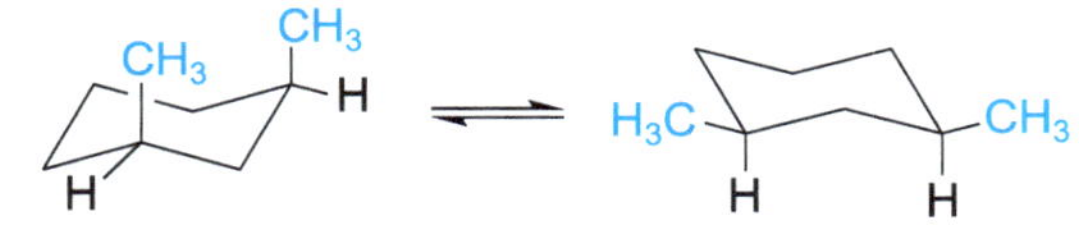

两个甲基均直立
不太稳定

两个甲基均平伏
更稳定

顺-1, 3-二甲基环己烷

一个甲基直立，
另一个甲基平伏

一个甲基平伏，
另一个甲基直立

反-1, 3-二甲基环己烷

和1,4-二甲基衍生物一样，反-1,2-二甲基环己烷比顺-1,2-二甲基环己烷更稳定。

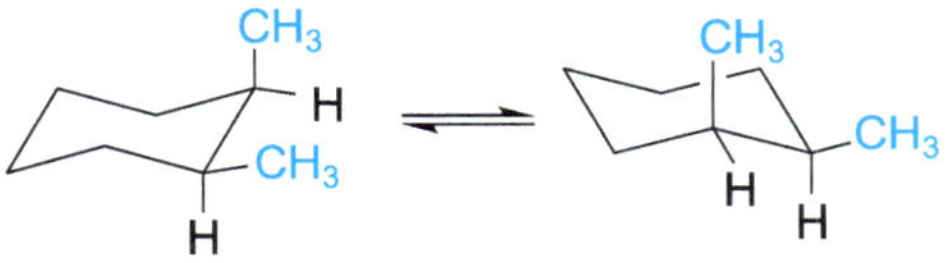

一个甲基直立，
另一个甲基平伏

一个甲基平伏，
另一个甲基直立

顺-1, 2-二甲基环己烷

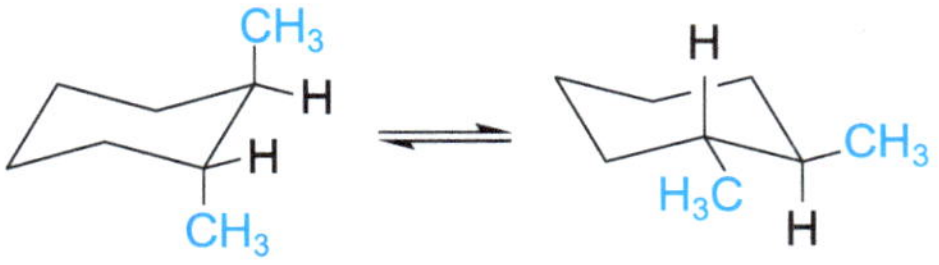

两个甲基均直立
不太稳定

两个甲基均平伏
更稳定

反-1, 2-二甲基环己烷

如果二取代环己烷有两个不同的取代基，比较稳定的椅式构象是较大的取代基团处在平伏位的那个。例如：

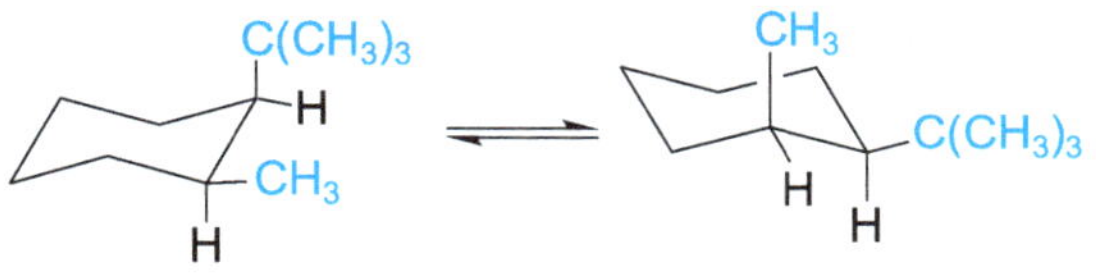

较大基团处于直立位
不太稳定

较大基团处于平伏位
更稳定

顺-1-叔丁基-2-甲基环己烷

那么，如何画出多取代环己烷的最稳定构象呢？例如，对顺-1-甲基-4-叔丁基环己烷的最稳定构象，可分为三步进行：

第一步，画出环己烷的椅式构象；

第二步，将多个取代基中最大的一个放在e键上；

第三步，根据顺反异构画出其他取代基。

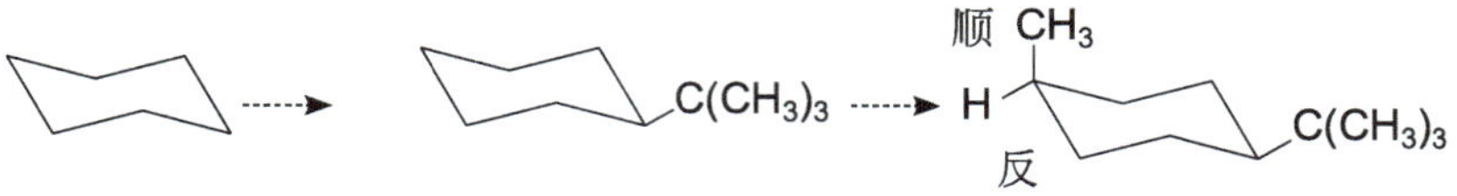

双环[4.4.0]癸烷有两种立体异构体，分别为顺十氢萘和反十氢萘，每个异构体的环都呈椅式构象。

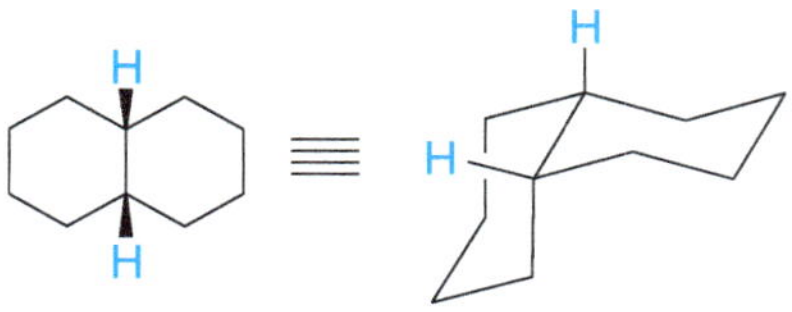

顺-双环[4.4.0]癸烷
顺 十氢萘

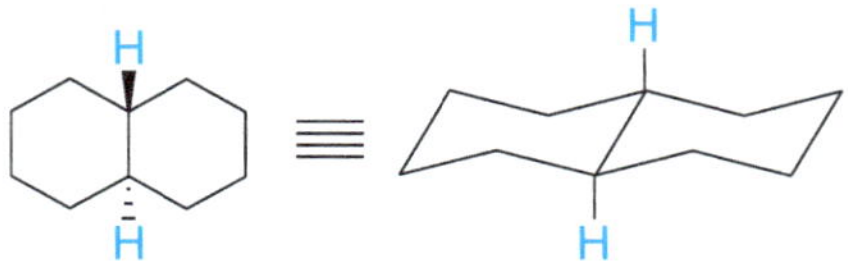

反-双环[4.4.0]癸烷
反 十氢萘

许多天然产物中含有十氢萘结构单元，特别是类固醇化合物。它们的构象可根据并环处取代基或氢原子的顺、反关系画出。例如，广泛存在于消化道胆汁中的一种类固醇——胆酸。

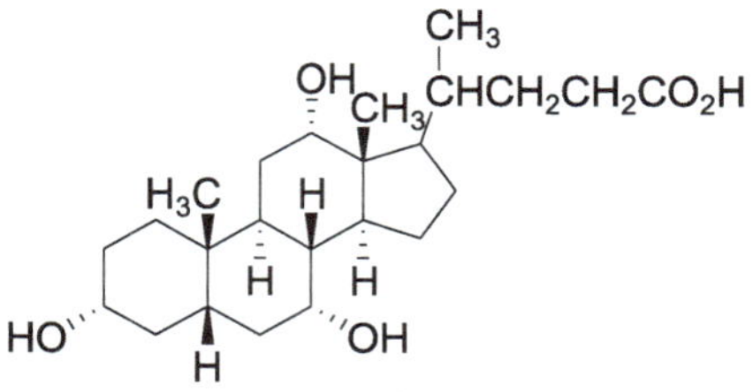

胆酸

5.4 环烷烃的化学性质

除了一些独特的反应外，脂环烃与开链烃能发生相同的化学反应。自由基反应是环烷烃和一般烷烃的典型反应，例如：

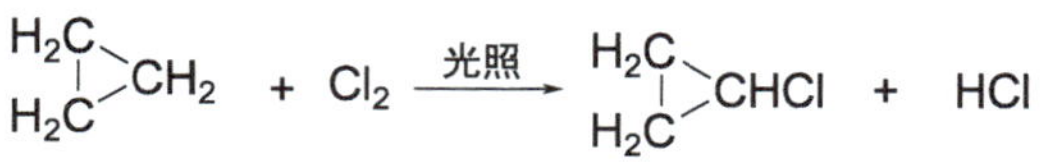

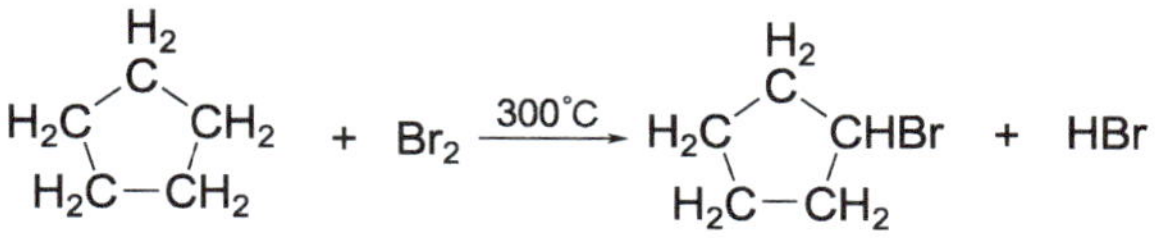

$$\text{环丙烷} + Cl_2 \xrightarrow{\text{光照}} \text{氯代环丙烷} + HCl$$

$$\text{环戊烷} + Br_2 \xrightarrow{300^\circ C} \text{溴代环戊烷} + HBr$$

同时，环丙烷和环丁烷也有一些特殊的反应：加成反应。反应试剂简单地加成到有机分子中，而不是取代分子的某个部分。这些加成反应破坏了环丙烷和环丁烷的环结构，生成开链产物。例如：

$$\underset{\text{环丙烷}}{\text{H}_2\text{C}\text{—}\text{CH}_2\text{—}\text{CH}_2\ (\text{环})} \xrightarrow[80\ ^\circ\text{C}]{\text{Ni,H}_2} \underset{\text{H}}{\text{CH}_2}\text{CH}_2\underset{\text{H}}{\text{CH}_2}$$

$$\text{环丙烷} \xrightarrow{\text{Cl}_2\text{,FeCl}_3} \underset{\text{Cl}}{\text{CH}_2}\text{CH}_2\underset{\text{Cl}}{\text{CH}_2}$$

$$\text{环丙烷} \xrightarrow[\text{H}_2\text{O}]{\text{浓H}_2\text{SO}_4} \underset{\text{H}}{\text{CH}_2}\text{CH}_2\underset{\text{OH}}{\text{CH}_2}$$

反应中碳碳键断裂，试剂的两个原子断裂部位接到丙烷的端位。

$$\text{Y—Z} + \text{H}_2\text{C}\text{—}\text{CH}_2\text{—}\text{CH}_2\ (\text{环}) \longrightarrow \underset{\text{Y}}{\text{CH}_2}\text{CH}_2\underset{\text{Z}}{\text{CH}_2}$$

一般而言，环丙烷不比烯烃更容易发生加成反应。例如，环丙烷的氯化反应需要路易斯酸来极化氯气分子。但是在与硫酸和其他水溶性质子酸的反应中，环烷烃比烯烃快得多。

环丁烷能发生氢化反应，但比环丙烷的反应条件苛刻许多。环丁烷的加成反应活性不如环丙烷。

拓展阅读：德里克·哈罗德·理查德·巴顿

德里克·哈罗德·理查德·巴顿（Derek Harold Richard Barton，1918年9月8日—1998年3月16日），英国化学家，1969年获诺贝尔化学奖。二十世纪有机化学巨匠。在有机化学的理论和实践上都做出了巨大的贡献。1994年当选为中国科学院外籍院士。

巴顿出生于英国一个木匠家庭，祖上三代是木匠。巴顿中学毕业后的确从事了一年木匠工作。当时他父亲亡故，家里正指着他继承祖业。一年后巴顿就厌烦了木工活，于是就考大学学化学去了。

巴顿学术生涯的基本特点就是“漂”，颠沛流离。在帝国大学坐稳位子之前先后在很多小学校待过。他还一度在一个私人企业做技术人员。这些看似琐碎的经历其实真正地丰富和拓宽了巴顿的学识。他十分好学，比如在私人企业工作时就跟一个老德国技工学会了很多化学动力学的研究方法。而这些最终在他后期研究自由基化学时派上了大用场。巴顿广阔的知识面使得他比其他有机同行看问题更长远。巴顿晚年也一直在“漂”。他60岁的时候在英国伦敦帝国学院被强行退休，然后跑到大名鼎鼎的法国国立科研中心CNRS干到65岁的法定退休年龄，最后一路奔至美国德州农工大学。他在那儿做了12年研究，一直到1998年逝世。

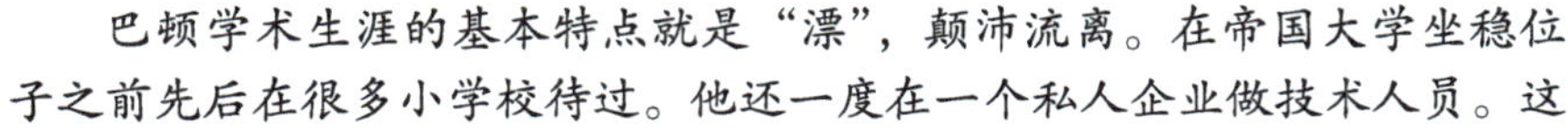

巴顿的学术贡献是里程碑式的，概况来说有两方面：一个是构象分析，另一个是自由基化学。巴顿是构象分析的主要奠基人，并因此获得诺贝尔化学奖。而且他的理论从建立到现在近60年的时间内没什么大的变动，一直是指导有机合成的重要理论。巴顿还是现代自由基化学研究的开山鼻祖。在巴顿之前，自由基化学反应因缺乏约束条件被普遍认为无合成价值。在巴顿之后，这个观点被彻底推翻。在现代有机合成中自由基化学在很多场合发挥了其他化学技术难以替代的作用。

由于自由基化学避免了酸碱的反应氛围，使得对酸碱敏感的糖化学合成研究取得了巨大的进展。事实上巴顿也是现代糖化学研究的主要开拓者之一。巴顿在有机化学领域的特立独行还在于提出了“发明化学反应”的研究概念。他试图通过大量的亲身经历告诉人们，只要通过合理的逻辑思辨和相关的知识，人们可以根据需要来发明，而不是发现新的化学反应。

参考资料

[1] Derek H R Barton: Some Recollections of Gap Jumping (Profiles, Pathways, and Dreams)，ISBN-10:084121770X，An American Chemical Society Publication (May5，1991).

[2] “诺贝尔化学奖得主德里克·巴顿简介”http://www.doczj.com/doc/e083c15d3b3567ec102d8acf.html.

习题

5-1 命名下述化合物。

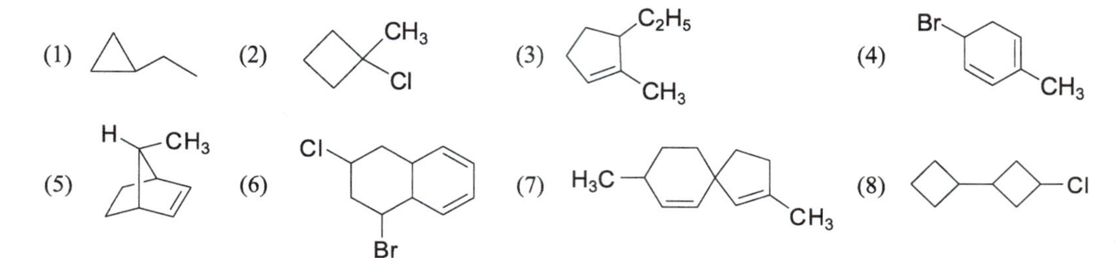

5-2 请画出下述化合物的结构式。

（1）螺[3.4]辛烷　　（2）2,2-二甲基-4-环丁基戊烷

（3）1,1-二甲基-3-氯-5-溴环己烷　　（4）5,6-二甲基双环[2.2.2]-2-辛烯

（5）1-甲基-3-异丙基环己烯　　（6）7,7-二甲基双环[4.1.0]庚烷

（7）4-甲基-1-乙基螺[2.5]辛烷　　（8）4-甲基-1-异丙基双环[3.1.0]己烷

5-3 画出下列化合物的稳定构象。

（1）顺-1-甲基-4-叔丁基环己烷　　（2）反-1-甲基-3-异丙基环己烷

（3）反-1-甲基-4-异丙基环己烷　　（4）顺-1-甲基-2-异丙基环己烷

（5）异丙基环己烷　　（6）顺-1-氯-2-溴环己烷

（7）CH_3 / $C(CH_3)_3$　　（8）CH_3 / C_2H_5 / $C(CH_3)_3$

5-4 写出下列反应的主要产物。

（1）△ + Br_2 $\xrightarrow{CCl_4}$

（2）⬠ + Cl_2 $\xrightarrow{300\ ^\circ C}$

（3）△ + H_2SO_4(浓) $\longrightarrow$? $\xrightarrow{H_2O}$

（4）$CH_3-CH-CH_2$ （CH_2） + HI $\longrightarrow$

（5）$CH_3-CH-CH-CH=CH_2$ （CH_2） + O_3 $\xrightarrow{Zn/H_2O}$

（6）$(CH_3)_2C$—CH—CH_3（C 与 CH 间以 CH_2 相连成环） + HBr ⟶

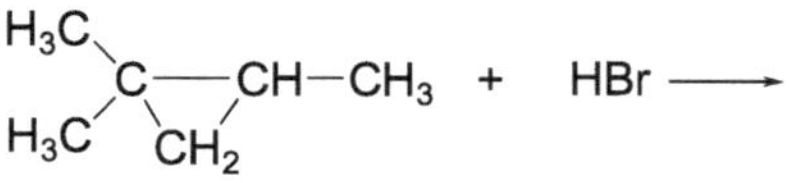

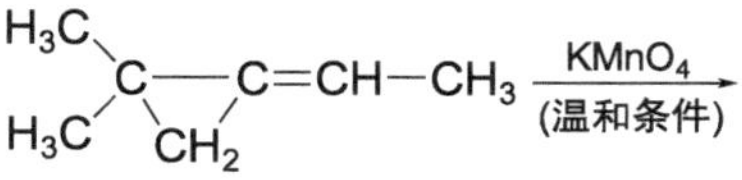

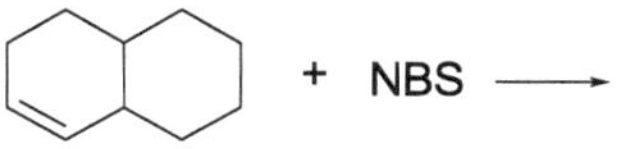

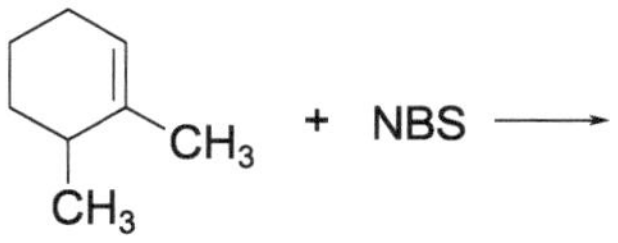

（7）$(CH_3)_2C$—C=CH—CH_3（C 与 C 间以 CH_2 相连成环） $\xrightarrow[\text{(温和条件)}]{KMnO_4}$

（8） + Br_2 $\xrightarrow{CCl_4}$

（9） + NBS ⟶

（10）CH_3 CH_3 + NBS ⟶

（11） + Br_2 $\xrightarrow{CCl_4}$

5-5 写出环戊烯与下列试剂反应的主要产物。

（1）Br_2/CCl_4 （2）Br_2/300 ℃

（3）冷 $KMnO_4$ （4）热 $KMnO_4$

（5）HCOOOH，H_2O/H^+ （6）H_2/Pd

（7）NBS （8）O_3，Zn/H_2O

（9）B_2H_6，H_2O_2/OH^-

5-6 为什么顺-1,3-环己烷比反-1,3-环己烷更稳定？

5-7 写出分子式为 C_6H_{12} 的脂环烃的异构体并命名。

5-8 鉴别2-丁烯、1-丁炔、乙基环丙烷。

5-9 环己烷的典型构象是椅式构象和船式构象，为什么椅式构象是优势构象？

5-10 用下列指定的化合物合成相应的卤化物，用氯还是溴？为什么？

（1）CH_3 ⟶ CH_3 X

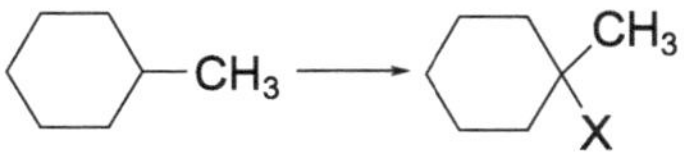

（2） ⟶ X

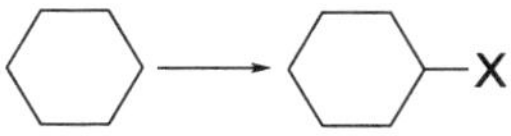

5-11 写出环己烷在光作用下溴代产生一溴环己烷的反应机理。

5-12 环丁基甲醇在H^+催化下脱水得化合物A，A的分子式为 C_5H_8，A催化加氢后可生成环戊烷，请推测化合物A的结构并写出这一系列反应的机理。

5-13 有A、B、C、D四种化合物，分子式均为 C_6H_{12}。A用臭氧氧化水解后得到丙醛和丙酮，D用臭氧氧化水解后只得到一种产物。B和C与臭氧或催化氢化都不反应，C分子中所有的氢原子均为等价，而B分子中含有一个 >CH—CH_3 结构单元。问A、B、C、D可能的结构式？

5-14 1,3-丁二烯聚合时，除生成高分子化合物外，还有一种二聚体生成，该二聚体能发生下列反应：

（1）还原后生成乙基环己烷；

（2）溴化时可以加上四个溴原子；

（3）氧化时生成β-羧基己二酸。

试根据以上事实推测该二聚体的结构，并写出各步反应式。

5-15 以丙烯和1,3-环戊二烯为原料合成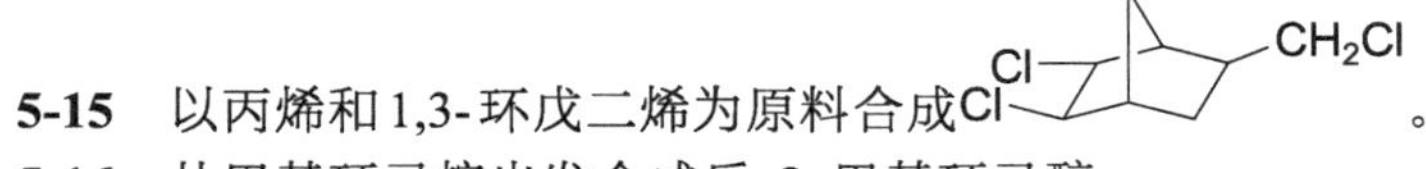

。

5-16 从甲基环己烷出发合成反-2-甲基环己醇。

5-17 以环丙烷和必要的无机试剂为原料合成己烷。

5-18 以乙炔和丙烯为原料合成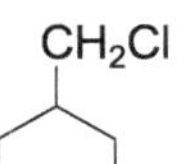

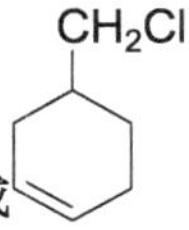

。

5-19 下列化合物是否有顺反异构体？如有，请写出它们的立体结构式。

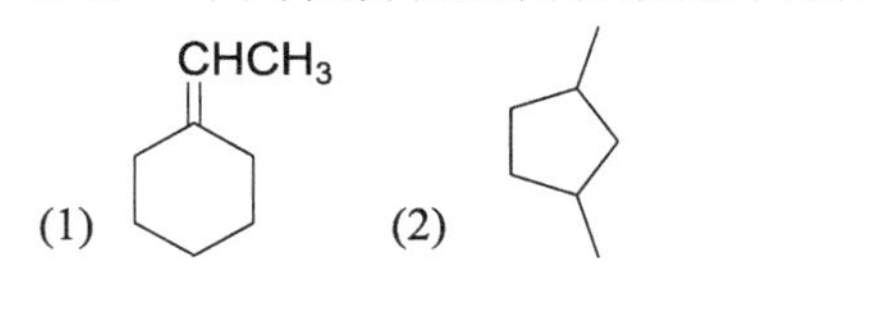

(3) 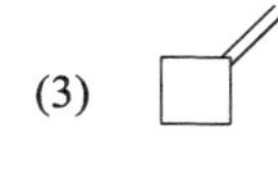

(4)

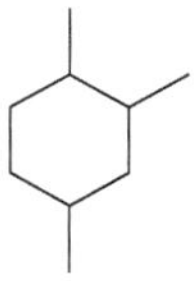

(5) 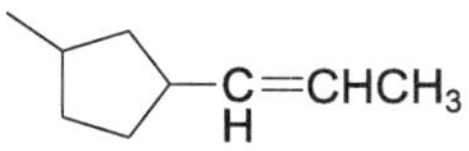 C=CHCH3
H

(6) 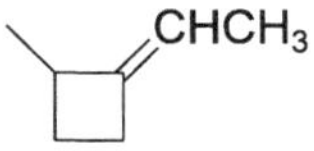 CHCH3

第6章

炔烃

分子中含有碳碳叁键的烃叫作炔烃，开链炔烃的分子通式为C_nH_{2n-2}。碳碳叁键可位于碳链中的任意位置，其中碳碳叁键位于碳链一端的炔烃称为末端炔烃。

6.1 炔烃的结构

与烯烃的碳碳双键相比，炔烃中碳碳叁键碳原子上的价电子经历了不同的杂化。在此杂化中，碳的一个2s轨道和一个2p轨道进行杂化。每个杂化轨道含有1/2 s轨道和1/2 p轨道的成分。这种杂化轨道称为sp杂化轨道。碳碳叁键是两个sp杂化的碳原子相互之间形成的，碳原子中的两个sp杂化轨道沿一轴线呈180° 伸展，该轴线与非杂化的$2p_x$和$2p_y$轨道垂直。当两个sp杂化碳原子相互靠近时，sp杂化轨道以头碰头方式形成σ键，剩下的两个p轨道之间就以肩并肩方式重叠，形成两个相互垂直的π键，如图6-1所示。因此，乙炔C_2H_2是一个线形分子，四个原子都排布在同一条直线上。由于此线形特征，环状炔烃至少需要含有十个碳原子才能消除过多的张力。此外，围绕炔烃叁键部分的电子云密度要比乙烷、乙烯大得多。与烯烃类似，炔烃容易与亲电试剂相互作用。

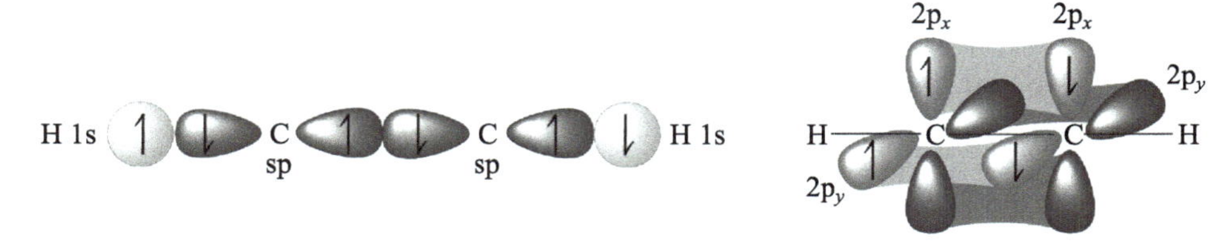

图6-1 乙炔成键示意图

乙炔碳碳叁键的长度为120 pm，键能大约是836 kJ/mol，碳碳叁键是已知的键能最大、键长最短的碳碳键。表6-1是乙烷、乙烯和乙炔的共价键参数。可以看出，836–368=468 kJ/mol，并不是607–368=239 kJ/mol的两倍。实验结果表明，打开乙炔中的π键需要大约318 kJ/mol的能量，而乙烯只需要268 kJ/mol。

表6-1 乙烷、乙烯和乙炔的共价键参数

键参数	乙烷	乙烯	乙炔	键参数	乙烷	乙烯	乙炔
C—C键键能/(kJ/mol)	368	607	836	C—H键键能/(kJ/mol)	410	444	506
C—C键键长/pm	154	134	120	C—H键键长/pm	110	108	106

炔烃与亲电试剂的反应比烯烃与亲电试剂的反应要迟钝。应该怎样深入理解这一点呢？毕竟，炔烃的加成反应所产生的热效应要比烯烃的加成反应大，而且碳碳叁键有更高的π电子云密度。有两种原因可以解释这个看起来相互矛盾的结论。首先，尽管碳碳叁键有更高的π电子云密度，但sp杂化的碳原子对这些π电子云有更强的吸引力，与碳碳双键的π电子相比，叁键中的π电子与碳原子结合得更紧密。因为烯烃或炔烃与亲电试剂的反应首先是π络合物的形成，在该过程

中，亲电试剂接受π电子与不饱和键形成较弱的络合。这样，炔烃与亲电试剂反应相对较慢就可以理解了。第二个因素是由一个质子或其他亲电试剂与叁键作用形成的碳正离子中间体的稳定性。这个中间体的正电荷位于不饱和碳原子上，是一种烯基正离子，其稳定性显然要比相对应的饱和碳正离子弱。

6.2 炔烃的命名

炔烃的命名与烯烃类似，依照前面讨论过的IUPAC命名规则，只需把名称中最后的“烯”改为“炔”。碳碳叁键的编号由链中第一个叁键碳的位置决定。碳的编号从距离叁键最近的一端开始。

带支链的炔烃的命名，首先选择主链。在炔烃中，主链为包含叁键的最长碳链，即使它不是最长的碳链。对主链的编号，从靠近叁键一端的碳原子开始。

$H_3C-C\equiv C-CH_3$

2-丁炔

$H_3C-C(CH_3)(Cl)-C\equiv C-CH_3$

4-甲基-4-氯-2-戊炔

如果主链结构中出现几个叁键，就称之为二炔、三炔等，每一个叁键都要标明其所在位置。如同时包含双键和叁键，称为烯炔。双键在IUPAC中的命名优先于叁键，但是主链的编号却是从靠近碳碳重键的一端开始编号，无论是双键还是叁键，例如：

$HC\equiv C-CH_2-CH_2-CH=CH_2$

1-庚烯-6-炔

$HC\equiv C-CH_2-CH(CH_3)-CH_2-CH_2-CH=CH-CH_3$

4-甲基-7-壬烯-1-炔

在简单的环形炔烃中，叁键碳在环上的位置定为1和2。具体哪个是1，由最靠近叁键的取代基决定。此外，就像烷基和烯基取代基的名称由烷烃和烯烃衍生而来，包含叁键的取代基也可以类似命名：

$HC\equiv C—$ 乙炔基　　　$HC\equiv CH—CH_2—$ 炔丙基

6.3 炔烃的物理性质

除了沸点和偶极矩，大部分炔烃在物理特性上与相应的烷烃和烯烃差别不大。它们和其他烃类一样，都具有低密度和低水溶性的性质，但易溶于一些低极性溶剂，例如石油醚、苯等。

与对应的烯烃相比，炔烃由于极性略强，所以沸点更高。同时，叁键位于末端的炔烃比叁键位于主链中间的炔烃沸点更低。表6-2是一些常见炔烃的物理参数。

表6-2　炔烃的物理参数

炔烃	熔点/℃	沸点/℃	相对密度	炔烃	熔点/℃	沸点/℃	相对密度
乙炔	−80.8	−84.0	0.6181（−32℃）	1-己炔	−132.0	71.3	0.7155
丙炔	−101.5	−23.2	0.7062（−50℃）	1-庚炔	−81.0	99.7	0.7328
1-丁炔	−125.7	8.1	0.6784（0℃）	1-辛炔	−79.3	125.2	0.747
2-丁炔	−32.3	27.0	0.6910	1-壬炔	−50.0	150.8	0.760
1-戊炔	−90.0	40.2	0.6901	1-癸炔	−36.0	174.0	0.765
2-戊炔	−101.0	56.1	0.7107				

6.4 炔烃的制备和应用

6.4.1 乙炔制备

1842年，弗里德里希·维勒将生石灰与焦炭共热制备了电石，当电石与水相互作用时，产生了乙炔：

$$CaC_2(s) + H_2O \longrightarrow HC{\equiv}CH$$

作为最简单的炔烃，乙炔在空气中燃烧产生明亮的火焰，放出大量的热量。乙炔也能作为原料在工业中广泛应用于乙醛、乙酸、氯乙烯等其他化学品的合成。

6.4.2 消去反应制备炔烃

类似烯烃的制备，碳碳叁键能通过烃基卤化物消去HX得到。当然，反应条件与体系有多种可能，如图6-2所示。

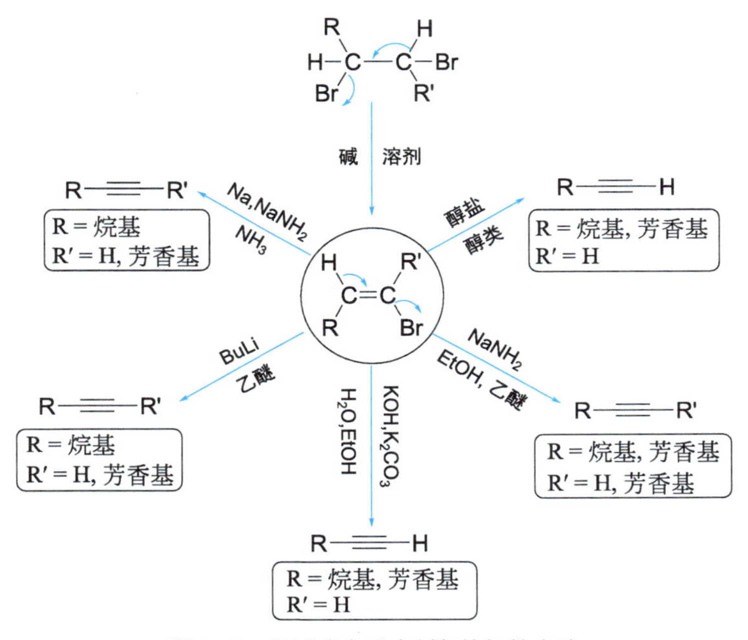

图6-2 通过消去反应制备炔烃的方法

6.5 炔烃的化学性质

碳碳双键的化学变化中最重要的是加成反应。基于烯烃和炔烃之间的电子相似性，由此可知碳碳叁键也有类似的性质。实际上，炔烃可以进行之前讨论过的烯烃参与的大部分亲电加成反应，且有类似的立体选择性。然而，炔烃也有烯烃所不具备的性质，如末端炔烃的酸性。

6.5.1 末端炔烃的酸性

烯烃和炔烃最显著的差别在于末端炔烃有相对的酸性。末端炔烃，特别是乙炔，有足够的酸性可与金属钠或者强碱如$NaNH_2$反应，生成乙炔钠。

$$HC{\equiv}CH + NaNH_2 \longrightarrow HC{\equiv}CNa + NH_3$$

因为炔负离子是很强的亲核试剂，它能从卤代烷中置换出卤离子生成碳链更长的炔烃。典型的操作是在液氨中进行（液氨对于氨基钠是良好的溶剂）。

$$HC\equiv CNa + CH_3CH_2Br \longrightarrow HC\equiv C-CH_2CH_3 + NaBr$$

炔烃的烷基化反应并非仅限于乙炔，任何末端炔烃都可以转化为相应的炔负离子，然后与卤代烃进行烷基化反应，最终产生内炔。

$$CH_3CH_2CH_2CH_2C\equiv CH \xrightarrow[2)\ CH_3CH_2CH_2CH_2Br]{1)\ NaNH_2,\ NH_3} CH_3CH_2CH_2CH_2C\equiv CCH_2CH_2CH_2CH_3$$

但是乙炔负离子的烷基化反应采用伯溴代烷和伯碘代烷比较好，原因在于乙炔负离子是很强的碱，在与仲卤代烷和叔卤代烷反应时，容易发生脱卤化氢反应而不是取代反应。例如溴代环己烷与乙炔负离子反应主要是发生消除反应。

溴代环己烷 + $HC\equiv CNa$ ⟶ 环己烯 + $HC\equiv CH$ + $NaBr$；或 ⟶ 乙炔基环己烷（$C\equiv CH$）

末端炔烃也容易与溶于氨水中的硝酸银或者溶于氨水中的氯化亚铜反应：

$$RC\equiv CH + Ag(NH_3)_2NO_3 \longrightarrow \underset{(白色)}{RC\equiv CAg\downarrow} + NH_4NO_3 + NH_3$$

$$RC\equiv CH + Cu(NH_3)_2Cl \longrightarrow \underset{(红色)}{RC\equiv CCu\downarrow} + NH_4Cl + NH_3$$

这个反应十分快速且现象明显，所以常用来鉴定末端炔烃。这些炔基的金属盐化合物能通过酸化而轻松还原成炔烃：

$$RC\equiv CAg + HCl \longrightarrow RC\equiv CH + AgCl$$

$$RC\equiv CCu + HCl \longrightarrow RC\equiv CH + CuCl$$

尽管末端炔烃相对于其他烃类来说具有相对酸性，但其酸性非常弱，比水的酸性弱得多。乙烯的pK_a值约为44，而乙炔的pK_a值约为25（见表6-3）。为什么末端炔烃的酸性要比烯烃和烷烃

表6-3　一些碳氢化合物的pK_a值

化合物	共轭碱	杂化	s轨道	pK_a
H_3C-CH_3	$H_3C-CH_2^-$	sp^3	25%	50
$H_2C=CH_2$	$H_2C=CH^-$	sp^2	33%	44
$:NH_3$	$\ddot{N}H_2^-$	sp^3不等性杂化		35
$H-C\equiv C-H$	$H-C\equiv C^-$	sp	50%	25
R—OH	$R-\ddot{O}:^-$	sp^3不等性杂化		16～18

最弱的酸 ↓ 最强的酸

强？换句话说，为什么乙炔负离子要比乙烯基和烷基负离子稳定？最简单的解释是带负电荷的碳原子的杂化类型。乙炔负离子中带负电荷的是sp杂化碳原子，所以负电荷所处的轨道有50% 的s轨道成分，而乙烯基负离子中碳负离子是sp^2杂化，所以负电荷所处轨道有33%的s轨道的成分，烷基负离子中负电荷所处轨道是25%的s轨道的成分。与p轨道相比，s轨道更加靠近原子核，能量较低。因此炔碳负离子的稳定性要大于烯基碳负离子和烷基碳负离子。

6.5.2 亲电加成

基于烯烃和炔烃的电子相似性，炔烃也容易与亲电试剂发生加成反应，同时也遵循马尔科夫尼科夫规则。但有个问题，炔烃的加成产物是它对应的多取代的烯烃，因此可能会进一步发生加成反应。如前所述，一般来说，烯烃的亲电加成比炔烃的亲电加成活性高，反应速率更快。可以通过反应过程的势能图理解，如图6-3所示。

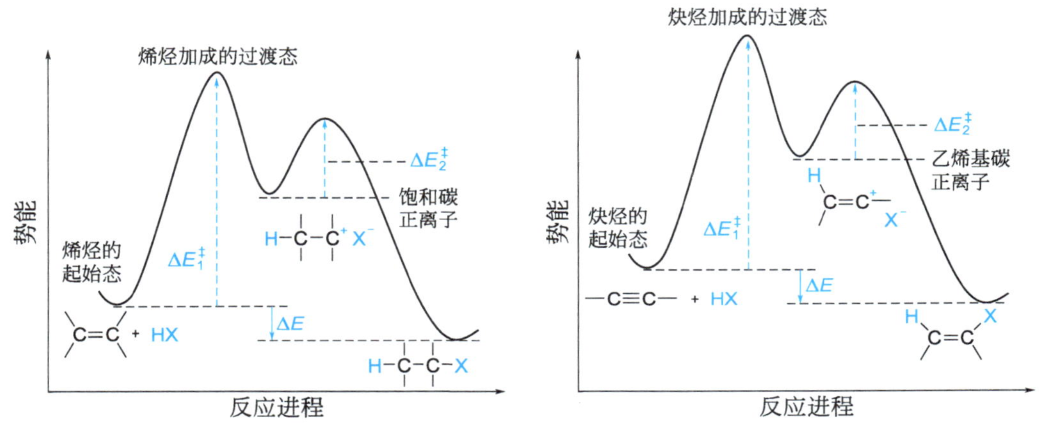

图6-3 炔烃与烯烃亲电加成势能图对比

尽管如此，炔烃的亲电加成在人工合成中也有着特殊的应用。例如HCl、乙酸和氢氰酸与乙炔的加成分别生成了有用的氯乙烯、醋酸乙烯酯和丙烯腈。

（1）炔烃与卤化氢加成

炔烃与HX加成是一个涉及碳正离子的多步过程，碳正离子中间体的形成最初通过一个简单的酸碱平衡实现。在该平衡中，氢卤酸提供了一个质子给炔烃体系，形成路易斯碱。这个质子化的体系寿命很短，可以马上恢复为初始状态，或者通过重排由质子化的sp体系转变为和sp^2碳正离子相连的σ键：

$$H_3C-C\equiv CH + HX \longrightarrow H_3C-\overset{H^+}{C}\equiv CH$$

$$H_3C-\overset{+}{C}=CH_2 \xrightarrow{X^-} \underset{H_3C}{\overset{X}{}}C=C\underset{H}{\overset{H}{}}$$

由于卤素具有较高的电负性，连在双键碳原子上的卤素会降低双键的亲核性，从而降低双键与亲电试剂反应的活性。因此，炔烃与1分子的HX加成通常能停留在一元加成阶段。如果HX过量则可以生成二卤化物。例如，1-己炔与两分子的HBr反应生成2,2-二溴己烷。

$$CH_3CH_2CH_2CH_2C\equiv CH \xrightarrow[CH_3COOH]{HBr} CH_3CH_2CH_2CH_2\overset{Br}{C}=CH_2 \xrightarrow{HBr} CH_3CH_2CH_2CH_2\underset{Br}{\overset{Br}{C}}-CH_3$$

（2）炔烃与卤素的加成

炔烃与卤素的加成是涉及卤素鎓离子中间体的多步反应。与烯烃和卤素的加成反应类似，这个中间体是通过卤素进攻炔烃而形成环状卤素正离子，并且释放出卤素阴离子。该中间体具有高度亲电性，很快与体系中最强的亲核试剂，即之前释放的卤素负离子进行反应，生成卤代烯烃。其能与卤素进行第二步加成，所以反应的最终产物是1,1,2,2-四卤化物。溴和氯经常用来与炔烃加成。

$$\underset{\text{1-丁炔}}{CH_3CH_2C\equiv CH} \xrightarrow[CHCl_3]{Br_2} \underset{\text{1,1,2,2-四溴丁烷}}{CH_3CH_2CBr_2CHBr_2}$$

炔烃与卤素等量加成，生成的是二卤代烯烃，而且加成产物的构型是反式。

$$CH_3CH_2C\equiv CH \xrightarrow[CH_3CH_2OCH_2CH_3]{Br_2} (E)\text{-}1,2\text{-二溴-1-丁烯}$$

(*E*)-1,2-二溴-1-丁烯

（3）炔烃与水的加成

与烯烃不同，炔烃只有在硫酸汞作催化剂的条件下才能比较容易与水加成，反应也遵循马尔可夫尼科夫规则，羟基连在取代基比较多的碳原子上，而氢连在取代基较少的碳原子上。

炔烃与水加成首先形成乙烯基醇，称为“烯醇”。有趣的是，从炔烃水合物中分离出来的产物实际上并不是烯醇而是酮。这是因为烯醇是极不稳定的化合物，它能迅速发生重排转变为酮，该现象称为酮-烯醇互变异构现象。酮和相应的烯醇称为互变异构体。因此，炔烃水合作用的最终产物是形成了醛或酮，机理如图6-4所示。

当不对称的炔烃进行水合反应时，最终产物是两种酮的混合物。因此，该反应主要用于末端炔烃的水合。

$$RC\equiv CR' \xrightarrow[HgSO_4]{H_3O^+} RC(=O)CH_2R' + R'C(=O)CH_2R$$

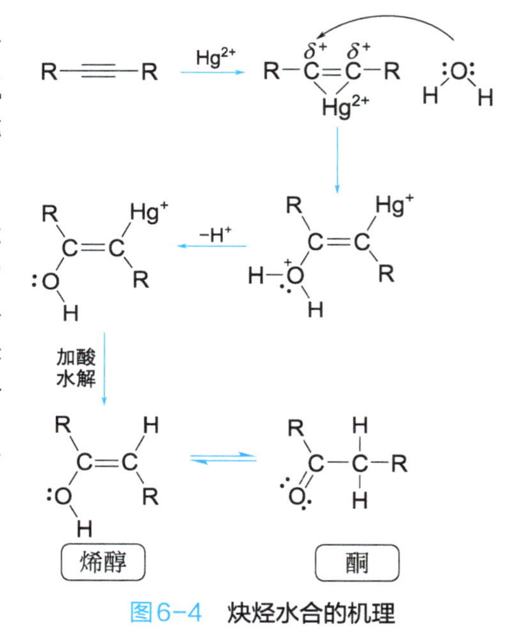

图6-4 炔烃水合的机理

6.5.3 硼氢化/氧化反应

硼烷与炔烃的加成和与烯烃的加成一样迅速。这个反应从硼作为路易斯酸和炔烃的螯合开始，产生的络合物进行重排而产生乙烯基硼烷，乙烯基硼烷被H_2O_2氧化形成烯醇，然后通过互变异构，烯醇转化为醛或酮（取决于叁键的位置）。反应产物主要由空间效应决定，硼连在位阻较小的叁键碳上。

$$\xrightarrow{BH_3} B[\ldots]_3 \xrightarrow[OH^-]{H_2O_2} \xrightarrow{\text{烯醇互变}}$$

炔烃的硼氢化/氧化反应可以作为末端炔烃在二价汞盐存在下水合反应的一个补充。在二价汞盐催化作用下，末端炔烃的直接水合总是生成甲基酮，但是同样炔烃的硼氢化/氧化反应生成的是醛。

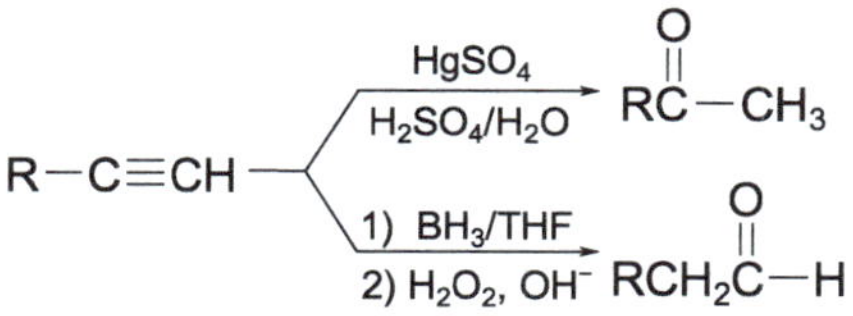

$$R-C\equiv CH \xrightarrow[H_2SO_4/H_2O]{HgSO_4} RC(=O)-CH_3$$

$$R-C\equiv CH \xrightarrow[2)\ H_2O_2,\ OH^-]{1)\ BH_3/THF} RCH_2C(=O)-H$$

6.5.4 炔烃的还原

炔烃在催化剂（铂或钯等）的催化下加氢生成相应的烷烃，该反应经过了烯烃的中间阶段。

$$HC\equiv CH \xrightarrow[\text{Pt,Pd,Ni或Rh}]{H_2} H_2C=CH_2$$

$$H_2C=CH_2 \xrightarrow[\text{Pt,Pd,Ni或Rh}]{H_2} H_3C-CH_3$$

因为炔烃的热力学稳定性要比烯烃差，可以推测第一步的加成反应放出的热量要比同等条件下第二步的加成反应放出的热量多而且更快。在炔烃催化加氢反应中，普通的铂和钯都是高效的催化剂，能同时对叁键与双键进行催化加氢。所以烯烃作为炔烃催化加氢的中间体不能被分离出来。

不过，要实现炔烃部分还原成烯烃，可以通过“催化剂中毒”来实现（图6-5）。例如，林德拉催化剂（Lindlar catalyst，一种传统的钯催化剂，用乙酸铅和喹啉对钯进行预处理失活）就能使炔烃转化为烯烃后，不会进一步被还原为烷烃。催化加氢反应的特征是顺式加成，这种顺式加成的特点可能是由于催化剂表面的几何约束所致。

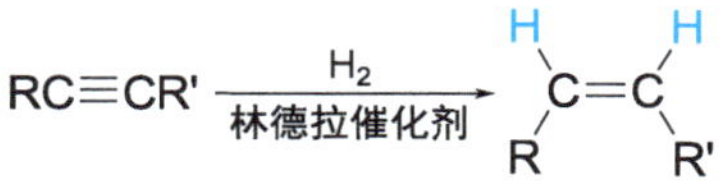

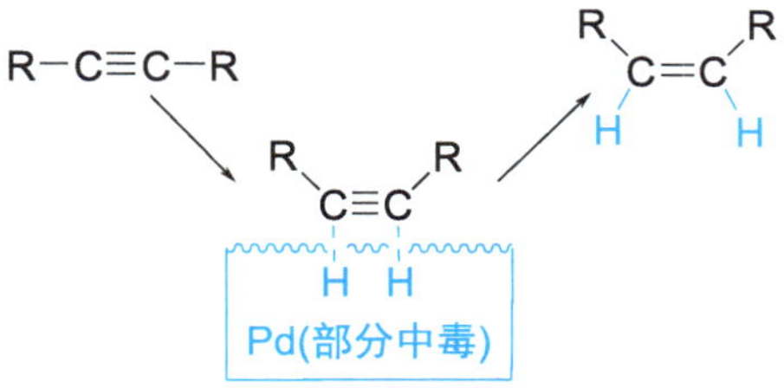

$$RC\equiv CR' \xrightarrow[\text{林德拉催化剂}]{H_2} \text{(H)(R)C=C(H)(R')}$$

R−C≡C−R

R R
C≡C
H H
Pd(部分中毒)

R R
C=C
H H

图6-5　炔烃顺式加氢机理

除此之外，使用溶解金属还原法，炔烃也能被还原为反式烯烃。该还原反应是在溶解于液氨中的锂或钠存在的情况下，通过自由基机理形成的。当然，溶解在液氨中的钠并不同于氨基钠，金属钠溶解于液氨中会形成一个包含大量自由疏松电子和溶剂化钠离子的深蓝色溶液。实际上，这样的溶液可以认为是“自由电子”的供体，自由电子在此过程中是一种强还原剂。

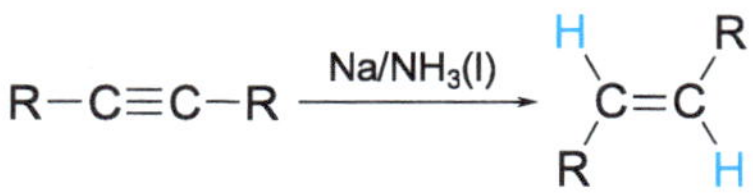

$$R-C\equiv C-R \xrightarrow{Na/NH_3(l)} \text{(H)(R)C=C(R)(H)}$$

由炔烃还原成反式烯烃大概的机理如图6-6所示。碳碳双键不能被液氨中的钠进一步还原，从一个侧面反映了sp和sp^2杂化碳原子电负性的差异。

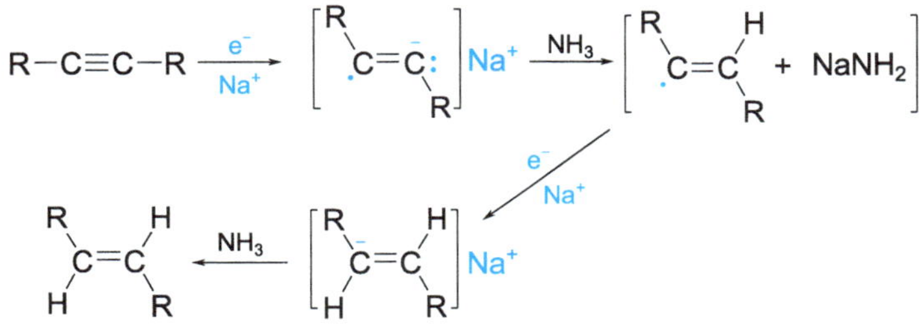

$$R-C\equiv C-R \xrightarrow[Na^+]{e^-} \left[\dot{C}(R)=\bar{C}:(R)\right]Na^+ \xrightarrow{NH_3} \left[R\dot{C}=C(H)R + NaNH_2\right] \xrightarrow[Na^+]{e^-} \left[R(H)\bar{C}=C(H)R\right]Na^+ \xrightarrow{NH_3} RHC=CHR$$

图6-6　炔烃的溶解金属还原机理

6.5.5　炔烃的氧化反应

像烯烃一样，炔烃会和强氧化剂如酸性高锰酸钾反应而使叁键断裂。一般来说，反应要比烯烃缓慢，是一个多步过程。

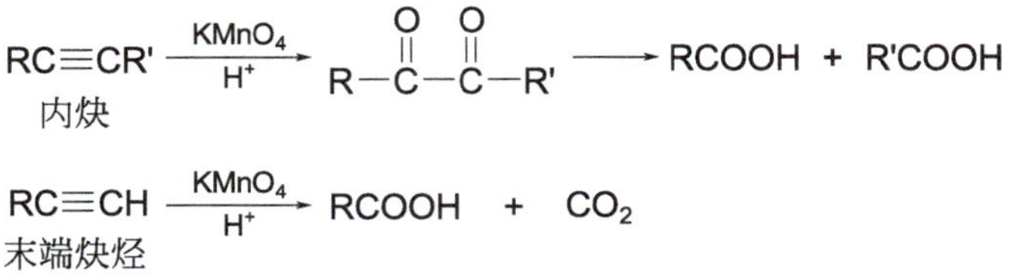

$$\underset{\text{内炔}}{RC\equiv CR'} \xrightarrow[H^+]{KMnO_4} R-\overset{O}{\overset{\|}{C}}-\overset{O}{\overset{\|}{C}}-R' \longrightarrow RCOOH + R'COOH$$

$$\underset{\text{末端炔烃}}{RC\equiv CH} \xrightarrow[H^+]{KMnO_4} RCOOH + CO_2$$

炔烃被臭氧分解时，产物中也会出现羧酸，是因为开环时产生的H_2O_2可将二羰基化合物进一步氧化。臭氧分解也常用于炔烃的结构鉴定。通过鉴别反应后所得到的羧酸结构，可以推测出炔烃的结构。

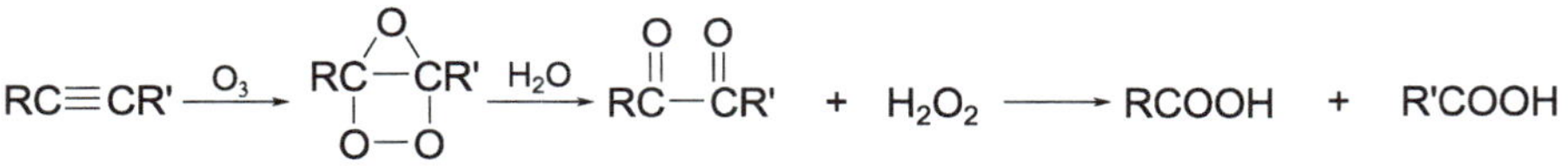

$$RC\equiv CR' \xrightarrow{O_3} \text{(臭氧化物 RC—CR', O—O—O 环)} \xrightarrow{H_2O} R\overset{O}{\overset{\|}{C}}-\overset{O}{\overset{\|}{C}}R' + H_2O_2 \longrightarrow RCOOH + R'COOH$$

6.5.6　亲核加成

由于sp杂化，炔基碳原子比烯基碳原子具有更强的亲电性。因此，炔烃有时会与亲核试剂发生加成反应，如下所示。一般情况下，烯烃不会发生类似的反应，除非双键碳上连有电负性很强的基团，例如，$F_2C=CF_2$。

$$HC\equiv CH + CH_3CH_2OK \xrightarrow[150\ ^\circ C]{CH_3CH_2OH} H_2C=CH-OC_2H_5$$

$$HC\equiv CH + HCN \xrightarrow{NaCN} H_2C=CH-CN$$

6.6　乙炔的发现

乙炔俗名电石气，是化学家们从实验中偶然发现的一种气体。

1836年，爱尔兰港口城市科克（Cork）皇家学院的化学教授戴维·爱德蒙德（Davy Edmund，1785—1857）在加热木炭和碳酸钾以制取金属钾的过程中，将残渣（碳化钾）投进水中，产生了一种气体并发生了爆炸。他分析确定这一气体的化学组成是C_2H（当时碳的原子量采用6计算），并称它为“一种新的氢的二碳化物”。

1867年，德国有机化学家埃伦迈尔（Erlen-Meyer，1825—1909）确定了其分子式，并指出碳碳原子间存在叁键$HC\equiv CH$。

1892年，生活在美国北卡罗来纳州的加拿大炼铝厂主威尔森（Thomas L.Willson，1860—1915）将生石灰和煤焦油混合物放置在电炉中作用，期望利用煤焦油中的碳还原生石灰中的氧化钙，以取得金属钙，结果却得到一种暗黑色的物质。他将这种废料倾倒进水中，产生了大量气体。他点燃这种气体，气体燃烧并发出明亮的火焰，同时产生许多黑烟。威尔森重复几次试验，都得到同样的结果，遂意识到这种气体不是氢气，而是一种含碳的化合物，否则不会产生这么多黑烟。他将样品送请北卡罗来纳州大学化学教授维拉布（Francis P.Venable）进行分析鉴定，结果确定该黑色物质是碳化钙，产生的气体是乙炔。

1895年，威尔森回到加拿大，得到金融银行家莫雷赫德（James T.Morehead）的资助，于1896年在安大略省默里顿建立碳化物工厂。接着他又在英国、德国、美国先后建厂，从事乙炔发生器的生产。很快乙炔成了矿用灯、桌灯、手提灯、标志灯、自行车灯和街道照明灯的燃料。

20世纪50年代以前，乙炔曾有“有机合成工业之母”的称号，可以合成几千种化工产品，在化学工业中占有重要的地位。直到现在，乙炔仍然是重要的化工原料，可以制造乙醛、醋酸、苯、合成橡胶、合成纤维等。

参考资料

凌永乐. 电石和电石气的发现和发展 [J]. 化学教育, 1997(12): 39-41.

习题

6-1 给下列炔烃命名。

（1）$CH_3CH_2C{\equiv}C-CH(CH_3)CH_3$

（2）H_3C, CH_3, $C{\equiv}CH$

（3）环己基—$C{\equiv}CH$

（4）H_2C=, Cl, CH_3, $C{\equiv}CH$

（5）$CH_3C{\equiv}C-CH(CH_3)-CH(CH_3)_2$

（6）H_3C, CH_3, $C{\equiv}CH$

6-2 完成下列反应式。

（1）$HC{\equiv}CNa$ + CH_3, Cl, Br $\xrightarrow{\text{(1 equiv.)}}$

（2）环丁基—CCl_2—CH_3 $\xrightarrow[\triangle]{NaOCH_2CH_3}$

（3）环辛炔 $\xrightarrow[2)\ H_2O]{1)\ O_3}$

（4）$\xrightarrow{HgSO_4/H_2SO_4}$

（5）$H_3C-C{\equiv}C-$ $\xrightarrow[\text{Lindlar催化剂}]{H_2}$

（6）（结构式：庚-1-烯-3-炔）$\xrightarrow{Na/NH_3(l)}$

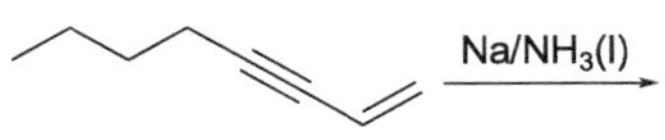

6-3 实现下列转变。

（1）$CH_3CH_2Br \longrightarrow CH_3CH_2COCH_2CH_2CH_3$（$CH_3CH_2\overset{O}{\overset{\|}{C}}CH_2CH_2CH_3$）

（2）$HC{\equiv}CH \longrightarrow CH_3CH_2CH_2CH_2OH$

（3）以乙炔为碳源合成丙酸

（4）以乙炔、丙烯为原料合成（结构式：1-环己基丙-2-酮）

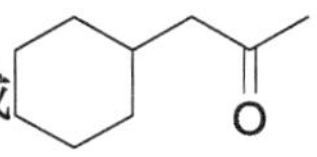

6-4 简答题

（1）就亲电试剂（Br_2、Cl_2、HCl）的加成反应来说，烯烃比炔烃更活泼。然而当炔烃用这些试剂处理时，加成反应却很容易停留在"烯烃阶段"。这种现象是否自相矛盾？请给予解释。

（2）写出下述反应的机理：$H_3CC{\equiv}CH + Br_2 + H_2O \longrightarrow CH_3COCH_2Br$

（3）试写出下述反应的机理：

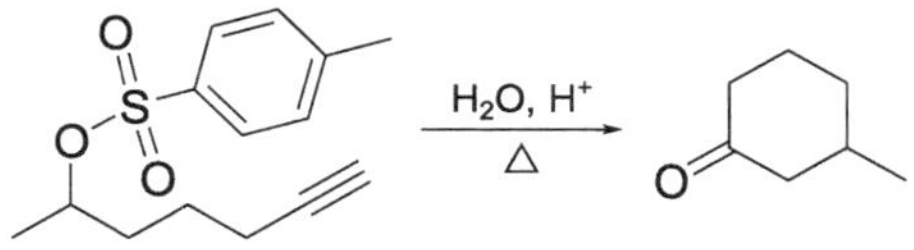

（结构式：庚-6-炔-2-基对甲苯磺酸酯）$\xrightarrow[\triangle]{H_2O,\ H^+}$（结构式：3-甲基环己酮）

6-5 结构推导题

（1）某化合物A，分子式为C_5H_8，能使溴水褪色，与$[Ag(NH_3)_2]^+$溶液作用生成白色沉淀，与Hg^{2+}-H_2SO_4-H_2O溶液作用，生成一含氧化合物。试写出A的构造式。

（2）化合物A、B、C的分子式均为C_5H_8，它们都能使溴的四氯化碳溶液褪色。A与硝酸银氨溶液作用可生成沉淀，B、C不能；当用热的高锰酸钾溶液氧化时，化合物A得到丁酸和二氧化碳，化合物B得到乙酸和丙酸；化合物C得到戊二酸。试写出A、B、C的构造式。

（3）化合物A含C为88.9%、H为11.1%，分子量为108，当以Pd-$BaSO_4$-喹啉催化加氢，能吸收1 mol的H_2得到B。若A完全催化还原，则可吸收3 mol的H_2。已知A的结构有两个甲基；B经臭氧化再还原水解得到HCHO和一个二醛C；A与$[Ag(NH_3)_2]^+$作用有白色沉淀生成；B与马来酸酐作用时没有Diels-Alder加成物生成。推导A、B、C的可能结构。

（4）某化合物A的分子式为C_5H_8，在液氨中与$NaNH_2$作用后，再与1-溴丙烷作用，生成分子式为C_8H_{14}的化合物B；用高锰酸钾氧化B得到分子式为$C_4H_8O_2$的两种不同的酸C和D。A在$HgSO_4$存在下与稀硫酸作用，得到酮E($C_5H_{10}O$)。试推测A~E的构造式，并用反应式表示上述转变过程。

第7章

立体化学

立体化学是三维空间中的化学。1874年，荷兰化学家范特霍夫（Jacobus Henricus van't Hoff）和法国化学家勒贝尔（Joseph Achille Le Bel）分别在论文中提出了分子的三维取向问题，还提出了原子的排列与化合物性质之间的某些关联，这标志着立体化学的诞生。立体化学的诞生是有机化学结构理论的重大突破之一。立体化学主要研究有机化合物分子在三维空间的立体构象与其物理性质、反应性能以及生理活性之间的关系。

通过前面章节的学习，我们已经知道有机化合物的异构主要分为构造异构和立体异构。其中，立体异构是由于原子之间的连接顺序相同，但原子的空间排布不同而引起的。例如我们学习过的几何异构和构象异构。本章我们主要学习立体化学的基本概念和表示方法，在后续章节中，我们还将学习立体化学因素对有机化学反应的影响。

7.1 对映异构体和手性

任何实物都有镜像。1894年，英国物理学家威廉·汤姆逊（William Thomson）将一种物质不能与其镜像重合的特征定义为手性。手性“chirality”一词来源于希腊单词“cheir”，指左手与右手的差异特征。手性是自然界的基本属性之一，宏观世界的物质普遍存在手性。例如，我们的左手和右手互为镜像，但是在三维空间中彼此不能重合，不能指尖对指尖，手掌对手掌，关节对关节。再如，左手的手套难以戴在右手上（不匹配）（图7-1）。如果一个物质能与其镜像重合，则该物质是非手性的。

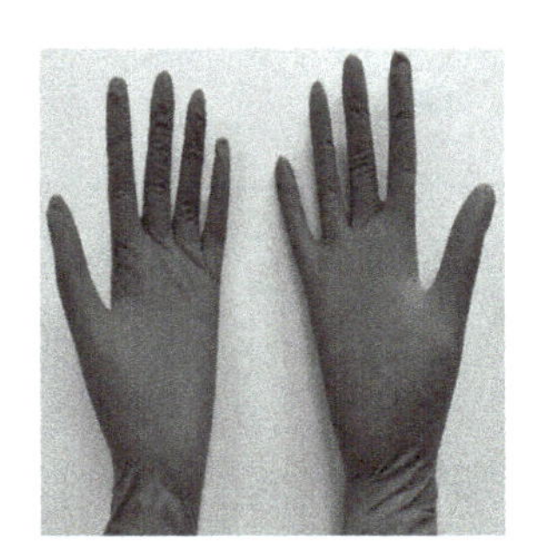 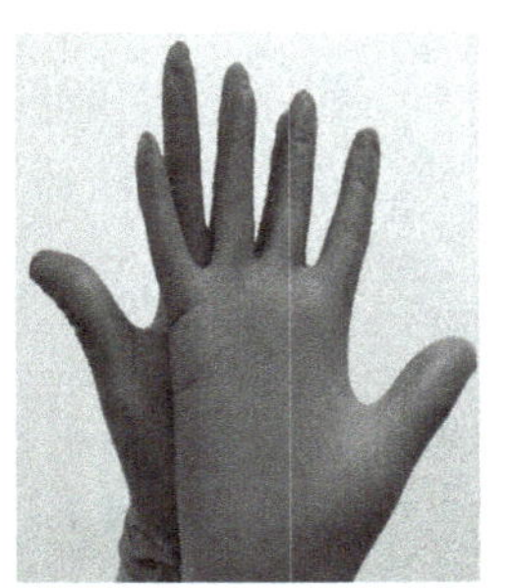

图7-1　手性示例

在微观世界中，很多物质的分子也具有像“左手和右手”一样两种不同的形态。例如，溴氯氟甲烷A和其镜像B不能重合，互为镜像（图7-2），它们各自都是有手性的。如果分子A和B有相同的构造，也就是原子按相同的顺序连接，但它们在空间中的排列不同，则它们属于立体异构体。这样的两种物质互为镜像且不能重叠的关系称为对映异构，将一个物质与它不可重合的镜像定义为对映异构体。一个物体有且只有一个镜像，一个手性分子也只有一个对映异构体。

分子与其镜像能否重叠（分子是否具有手性），取决于分子本身的对称性。可以通过分析分子的一些对称性因素，来判断分子的手性。下面对几种基本对称性因素进行介绍。

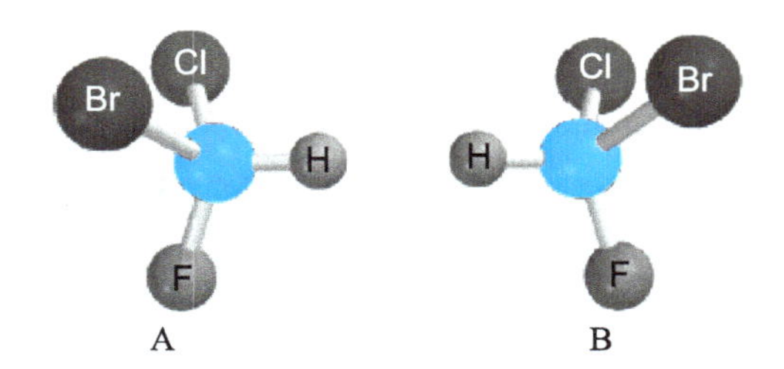

图7-2 溴氯氟甲烷的对映异构体

(1) 对称面

如果存在一个平面能把一个分子切成两部分，其中一部分正好和另一部分互为镜像，那么这个平面就称为对称面（用σ表示）。任何具有对称面的分子都是非手性分子，例如二氟氯甲烷。但没有对称面的分子也不一定具有手性（图7-3）。

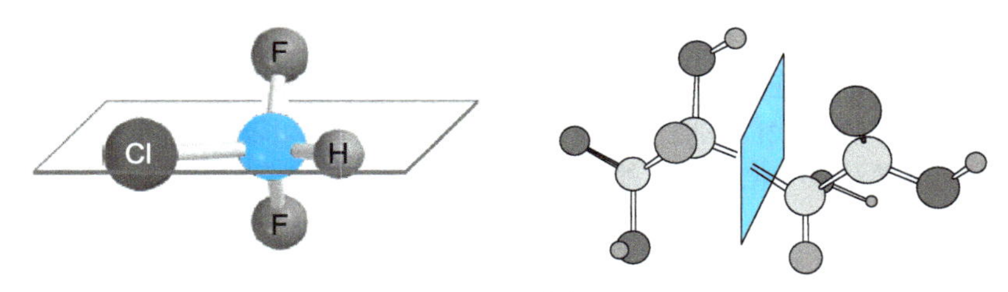

图7-3 对称面

(2) 对称中心

如果分子中存在这样一个点A，从分子中任何一个原子到A点画直线，再做等距离延长线可以找到相同的原子，则A点就称为对称中心（用i表示）。任何具有对称中心的原子也都是非手性分子（图7-4）。

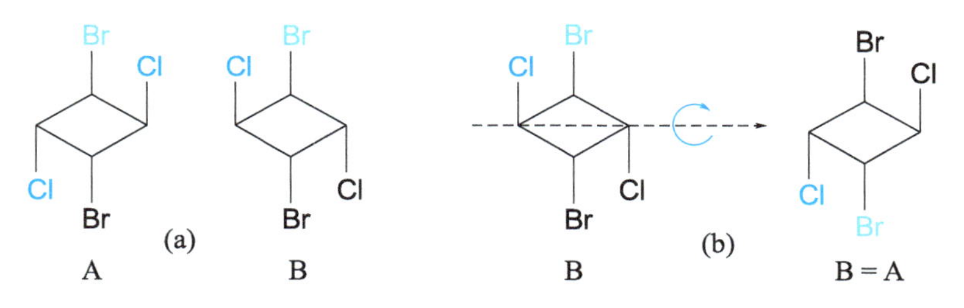

图7-4 对称中心

(3) 交替对称轴

设想分子中有一个轴，当分子围绕此轴旋转360°/n后，再用一个和此轴垂直的镜面对分子进行映射，如果得到的镜像与原来的分子完全相同，则这条轴就叫作交替对称轴（用S_n表示）。任何具有交替对称轴的分子都是非手性分子（图7-5）。

总之，如果一个分子无对称面，无对称中心，也没有交替对称轴，那么可以判定这个分子有手性，也就是有旋光性。因为交替对称轴比较少见，在通常情况下，如果一个分子既没有对称面，也没有对称中心，在基础有机化学中，我们基本可以判定这个分子有手性。

(4) 手性中心

对化合物分子$RC(R^1)(R^2)R^3$，当R、R^1、R^2和R^3是不同取代基时，分子就具有手性。连有不同取代基的碳原子称为碳手性中心、手性碳原子、不对称中心、不对称碳原子或者立体异构中心（图 7-6）。

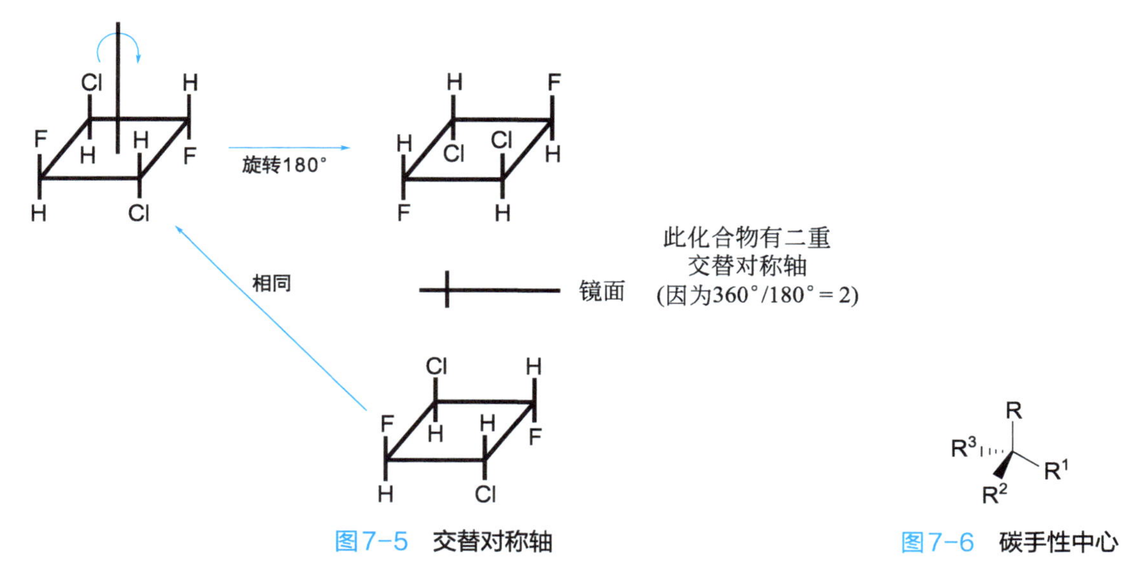

图7-5 交替对称轴

图7-6 碳手性中心

手性中心不是分子具有手性的必要条件，有些化合物虽然没有手性中心，但有手性轴或手性面，也可以使实物与其镜像不能重合，这样的分子也具有手性。

（5）轴手性

丙二烯类化合物中，三个碳原子由两个双键相连，中间碳原子采取sp杂化，剩余的两个p轨道相互垂直。因此，丙二烯化合物存在两个相互垂直的平面。如果分子中A≠B，C≠D，则分子存在手性。例如，2,3-戊二烯分子存在两个对映异构体（图 7-7）。

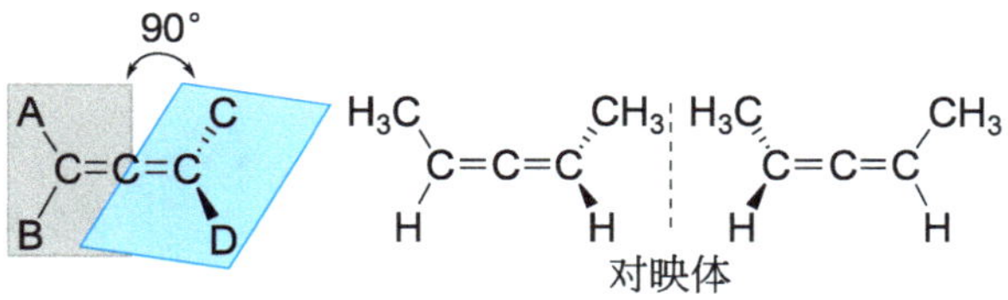

90°
A C B D
H_3C C=C=C CH_3 H H ⁞ H_3C C=C=C CH_3 H H
对映体

图7-7 丙二烯的轴手性

联苯类化合物的两个苯环通过一个单键相连，当苯环两个邻位有较大基团时（A、B、C、D），两个苯环之间的单键旋转会受到阻碍，造成两个苯环不能共处同一平面。这时如果A≠B、C≠D，则分子具有手性，存在对映异构体。如6,6′-二硝基-2,2′-联苯二甲酸（图 7-8）。

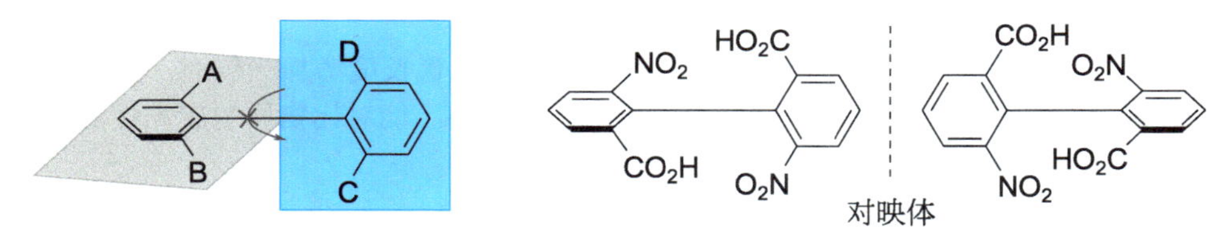

图7-8 联苯类轴手性

此外，环外双键、螺环类化合物同样具有上述轴手性的特征。

需要注意的是，有些分子既没有手性中心，也没有轴手性，但其仍有手性，它们大部分具有面手性。

（6）面手性

当苯环上连有成环的碳链取代基（如同篮子把手状），且碳链足够短，以至于苯环旋转会受其阻碍时，则该类化合物会产生手性。同样，如具有夹心面包结构的二茂铁，当其结构上有取代基而使分子不再具备对称面时，该分子也具有手性（图7-9）。

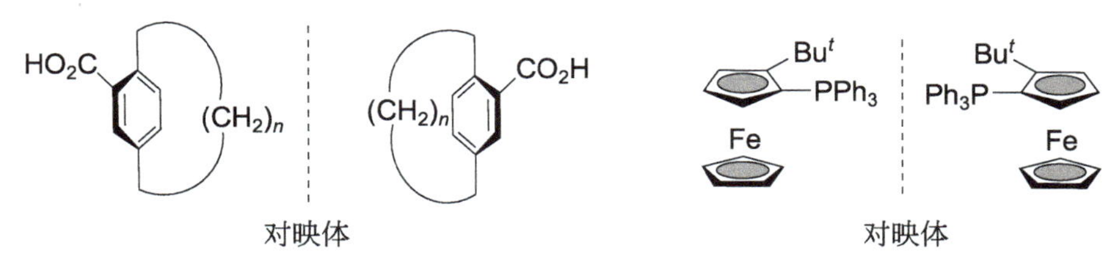

图7-9　面手性化合物

此外，螺旋状化合物（如顺时针螺旋上升/逆时针螺旋上升）也是一类特殊类型的手性分子。

7.2　平面偏振光、光学活性和比旋光度

手性分子对映体之间的性质差别很小，它们具有相同的熔点、沸点、密度、溶解度等性质。在非手性环境中，它们的化学性质也是一样的。因此，很难用一般的化学或物理方法将二者区分。但是它们对平面偏振光的作用不同：一个可以使平面偏振光向左偏转［称为左旋，用符号（−）表示］；反之，它的对映体一定能使平面偏振光向右偏转［称为右旋，用符号（+）表示］。物质使平面偏振光发生偏转的性质，称为旋光性或者光学活性，可用旋光仪进行测量。

可用来测量光学活性的光需要具备两种性质：单一波长和平面偏振。通常应用的是波长为589 nm的光（称为D线，由钠光灯产生）。一束非偏振光可以通过偏振滤光片，除去和电场向量在同一平面以外的所有光波，从而转换成平面偏振光。当平面偏振光通过装有待测物质的样品池时（样品可以是液体，也可以是配成的溶液），如果样品池中的待测物质能使偏振光的振动平面旋转，则这个物质具有光学活性。旋转的方向和角度可通过第二个偏振滤波器（检测器）测量出来，用α表示（图7-10）。

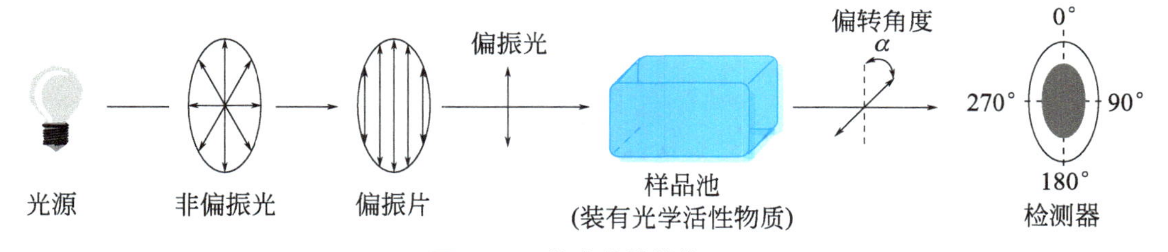

图7-10　旋光仪的结构原理

光学纯物质的旋光度α与照射到的分子数有关，当样品管长度增加一倍时，则旋光度也增加一倍。同样地，样品浓度增加一倍，旋光度也增加一倍。为了能对比物质的旋光性能，规定单位长度和单位浓度下的旋光度为比旋光度$[\alpha]$，按照下式计算：

$$[\alpha]_{\lambda}^{T}=\frac{100\alpha}{cl}$$

式中，c为浓度，g/100mL；l代表旋光管的长度，dm；λ代表波长，一般为钠光灯的D线波长；T代表溶液的温度，℃。

与密度、熔点、沸点和溶解度一样，比旋光度也是物质的一种物理性质。

例如，从牛奶中获得的乳酸是单一的对映体，酒石酸钾在水溶液中$[\alpha]_{D}^{20}=+8.86°$。正号代表

右旋，负号代表左旋。

例如，将分离得到的单一对映体胆固醇0.3 g溶解在15 mL氯仿中，旋光管长10 cm，测得的旋光度为−0.78°，则胆固醇的比旋光度计算如下：

$$[\alpha] = \frac{100\alpha}{cl} = \frac{100\times(-0.78^{\circ})}{(0.3/0.15)\times 1} = -39^{\circ}$$

值得注意的是，同一种化合物，溶液的浓度不同，比旋光度也可能不同，特别是自身能产生氢键的分子。温度也会对比旋光度产生影响。

7.3 费歇尔（Fischer）投影式

立体化学主要研究分子中原子的三维空间排布。我们在烷烃章节，学习了分子的纽曼投影式和楔形式。基于此，虽然可以用透视式或楔形式清晰地表示出分子中原子的立体关系，但是书写不方便（图7-11），比如乳酸分子。

随着分子更加复杂，带有季碳的分子构型的图解就显得很麻烦，所以化学家创造了许多简化表示构型的方法。其中德国化学家费歇尔所提出的方法——费歇尔投影式，至今仍是表达立体构型最常用的一种方法。

图7-11 透视式和楔形式下的乳酸

费歇尔投影式一般通过下述方法投影：手性碳原子在十字交叉点，但不用明确标出；在手性中心上的垂直键应远离我们，水平键指向我们（图7-12）。

为了更形象地表述，可以想象在你面前呈现的用费歇尔投影式表示的分子是一位伟大的科学家向你张开臂膀，等你去拥抱。从你的视角来看，他的双臂和身体构成了一个“十”字，他的胳膊和手臂是向前的，头和脚是在后面的。

如乳酸分子的一对对映体，楔形式转化成费歇尔投影式的方法如下（图7-13）：

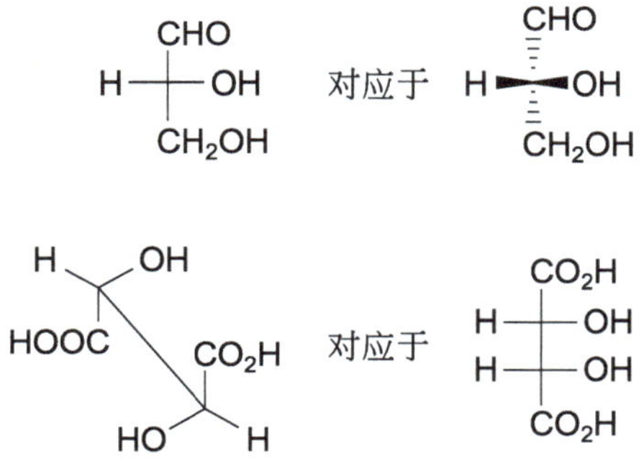

图7-12 费歇尔投影式表示2,3-二羟基丙醛和2,3-二羟基丁二酸

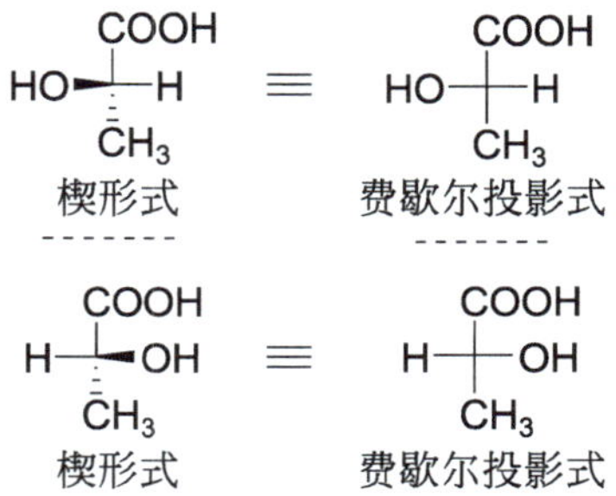

图7-13 楔形式和费歇尔投影式的转化

尤其要注意的是，费歇尔投影式是用平面形式表达立体分子中原子的空间关系，所以不能将费歇尔投影式在纸平面上任意旋转而保持其构型不变。例如：将费歇尔投影式在纸平面上旋转180° 分子构型不变，旋转90° 或270° 则会变成其对映体。请思考为什么？

7.4 构型表示方法

有手性中心的分子必然存在一对对映异构体，如图7-14所示，一个结构是(+)-2-丁醇，另一个是(−)-2-丁醇。但是如果没有特定的规则去标识它们，则很难直观便捷地区分哪一个是(+)-2-丁醇，哪一个是(–)-2-丁醇。

H
CH_3CH_2—C—OH
H_3C

H
HO—C—CH_2CH_3
CH_3

图7-14　2-丁醇的对映异构体

7.4.1　*R*/*S*绝对构型表示法

虽然在1951年之前还不清楚物质的绝对构型，但是有机化学家还是通过化学互变的方法，实验测定了几千种物质之间的相对构型。现在，绝对构型*R*/*S*表示法被广泛采纳和应用，具体如下。

命名绝对构型的方法称为Cahn-Ingold-Prelog规则，是由三位化学家提出并发展的。我们可通过下面的步骤来应用该规则。

第一，将与手性中心相连的四个基团按次序规则（优势基团顺序，按照元素周期表中的原子序数，详见3.2.2节中烯烃的*E*/*Z*判定）由大到小排列。如I＞Br＞Cl＞F。

第二，旋转分子将最小的基团放在离你最远的位置，其他三个基团指向你。

第三，其他三个基团按由大到小的方向旋转，如旋转方向是顺时针的，则绝对构型就是*R*（拉丁文*rectus*，意思为右）；如旋转方向是逆时针的，则绝对构型就是*S*（拉丁文*sinister*，意思为左）（图7-15）。

用一个“打伞”的比喻或许更容易理解。一个手性碳原子连接了四个不一样的原子或者基团，就像一把伞。最“小”的原子（非优势基团）如同伞尖指向天空，我们躲在另外三个较“大”的基团撑起的遮雨布下面。你抬头看不见伞尖，满眼只有三个较“大”的基团，看它们三个由大到小的顺序到底是顺时针还是逆时针，顺时针则标记为*R*，逆时针则标记为*S*。

例如，因为OH＞CH_2CH_3＞CH_3＞H，所以可以根据图7-16判定2-丁醇的构型。

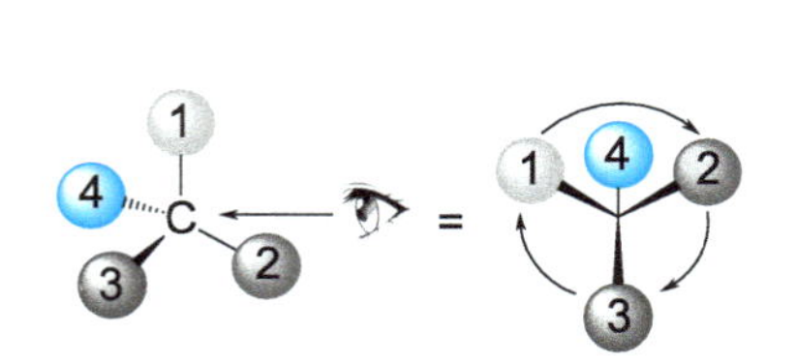

图7-15　*R*/*S*构型标记

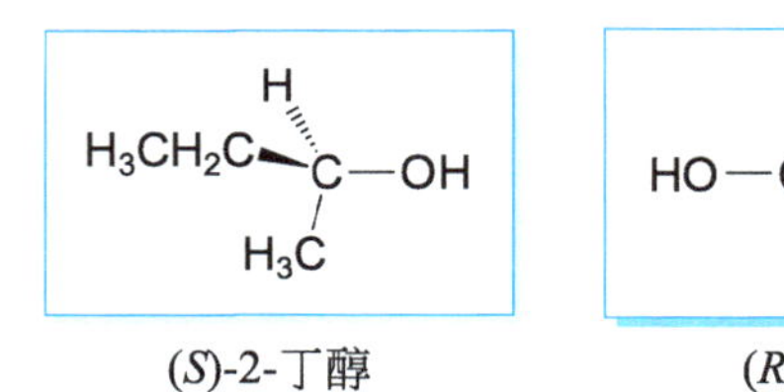

(*S*)-2-丁醇　(*R*)-2-丁醇

图7-16　2-丁醇构型判定

7.4.2　D/L相对构型表示法

由于分子的构型和其旋光方向无关，人们在早期无法确定分子的绝对构型，为解决这一问题，费歇尔建议把甘油醛的两种结构分别定义为D、L型，并把其他化合物与之相关联。由于D、L是人为选择的，是相对于标准物质甘油醛而来的，称为相对构型标记法。

人为规定的甘油醛的D型和L型如下，即将—CHO放在费歇尔投影式上方，—CH_2OH在下方，—OH在右侧者为D型，—OH在左侧者为L型，它们互为对映异构体。D、L构型和旋光方向之间没有关系，D-甘油醛是右旋的，而其他的D-构型化合物则可能是左旋的。

CHO
H—┼—OH
CH_2OH
D-(+)-甘油醛

CHO
HO—┼—H
CH_2OH
L-(–)-甘油醛

D、L构型表示法有其局限性，只适用于有一个手性碳原子的化合物。对于含多个手性碳原子的化合物就难以表达了。但由于习惯的原因，目前在糖和氨基酸类物质中仍普遍采用。

7.5 非对映异构体

2-丁醇和甘油醛这样的分子相对简单，因为它们只有一个手性中心，只有两个互为对映异构体的立体结构。

CHO
H—+—OH
CH_2OH

CHO
HO—+—H
CH_2OH

2-氨基-3-羟基丁酸（苏氨酸）有两个手性中心，因此存在四个立体异构体。如下所示，分别为两组对映体（Ⅰ和Ⅱ，Ⅲ和Ⅳ）：

Ⅰ	Ⅱ	Ⅲ	Ⅳ
CO_2H	CO_2H	CO_2H	CO_2H
H—+—NH_2	H_2N—+—H	H—+—NH_2	H_2N—+—H
H—+—OH	HO—+—H	HO—+—H	H—+—OH
CH_3	CH_3	CH_3	CH_3
(2*R*,3*R*)	(2*S*,3*S*)	(2*R*,3*S*)	(2*S*,3*R*)

Ⅰ和Ⅱ之间，Ⅲ和Ⅳ之间互为对映关系，分别是一对对映体。如果Ⅰ和Ⅱ等物质的量混合，则混合物是外消旋体。Ⅲ和Ⅳ等物质的量混合，也得到外消旋体。

此外，任意两个不互为镜像的分子之间有什么联系（如Ⅰ和Ⅲ或者Ⅳ；Ⅱ和Ⅲ或者Ⅳ）？它们也是立体异构体，但不是对映异构体。这种不对映的立体异构体叫作非对映异构体。苏氨酸的四个立体异构体中，只有（2*S*,3*R*）异构体普遍存在于植物和动物体中，其$[\alpha]_D=-29.3°$。这种现象很普遍，大部分重要的生物分子都是手性的，并且在自然中只存在单一的异构体。

酒石酸分子也有两个手性中心，四个立体异构体。如下所示，互为镜像的Ⅶ和Ⅷ的结构是不一样的，所以是一对对映体。但是Ⅴ和Ⅵ结构是一样的，它们中的每一个只需旋转180°就变成另一个。因此尽管Ⅴ有两个手性中心，它却是非手性的。这种含有手性中心，但不具有手性的化合物叫内消旋化合物。因此，酒石酸有三种立体异构体：两个对映体和一个内消旋体。

Ⅴ		Ⅵ	Ⅶ	Ⅷ
CO_2H		CO_2H	CO_2H	CO_2H
H—+—OH	≡	HO—+—H	H—+—OH	HO—+—H
H—+—OH		HO—+—H	HO—+—H	H—+—OH
CO_2H		CO_2H	CO_2H	CO_2H

7.6 外消旋体的拆分

有机化合物的混合物能通过各种方法进行分离，例如沸点不同的有机混合物可以通过蒸馏进行分离。如果化合物在不同溶剂中有不同的溶解度，可以通过萃取或重结晶来分离。酸性化合物能用稀碱洗涤来除去。色谱技术能将带有不同官能团和不同分子结构的许多化合物加以分离。

对映异构体除能使平面偏振光向不同方向旋转以外，其他物理性质相同，因此它们不能通过常用的重结晶和色谱的方法加以分离。但一对非对映异构体常具有不同的物理性质，能通过普通的方法，如重结晶、蒸馏和色谱的方法来加以分离。

把外消旋体拆分成单一对映体的过程称为拆分。最常用的拆分方法是暂时把外消旋体[E(+)/E(−)]转换成为非对映体的衍生物[E(+)P(+)/E(−)P(+)]，分离该非对映体，再将非对映体解离得到纯的对映体（图 7-17）。

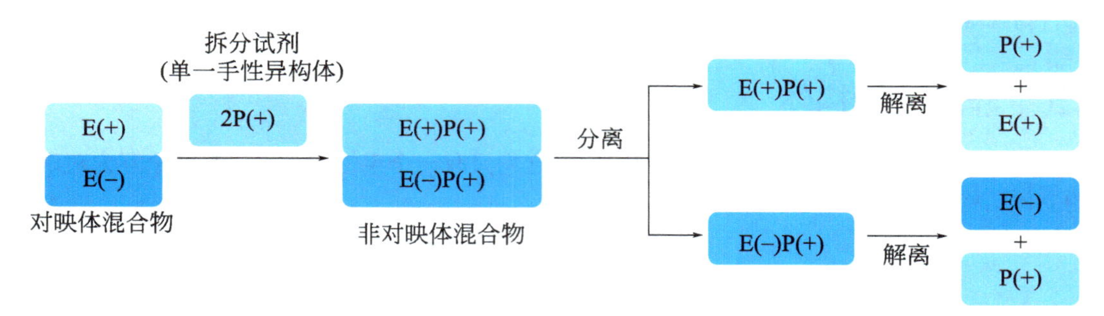

图 7−17　外消旋体的拆分

例如，安非他命对映异构体的拆分（图 7-18）。

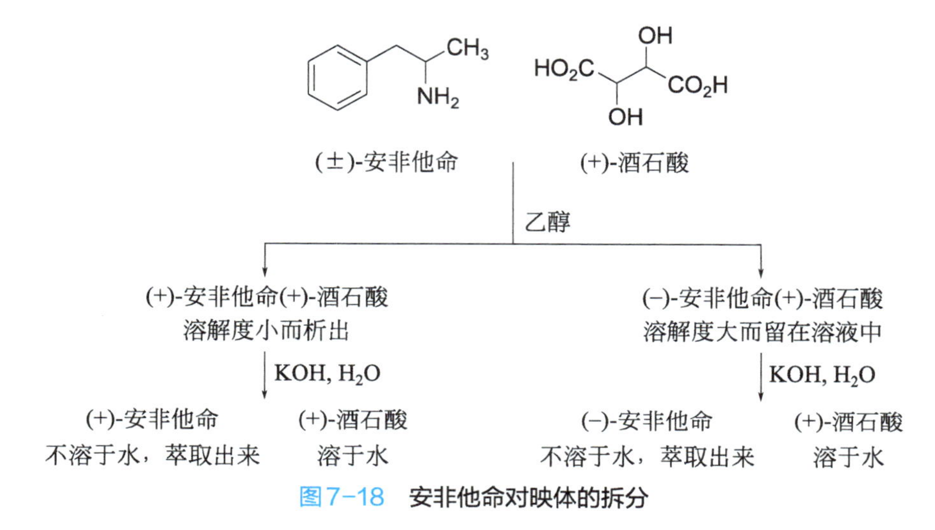

图 7−18　安非他命对映体的拆分

由于医药和农药工业对纯对映体化合物和中间体的需求日益增长，通过外消旋体手性拆分的方法也越来越引起人们的兴趣。

拓展阅读：不对称合成

手性是自然界中化合物的基本属性之一。我们可以在大自然看到左手性的紫藤类化合物、右手性的贝类化合物等。

人体用来识别气味的嗅觉器官，也是手性系统，对左旋和右旋结构的香料，做出的反应不同。例如：(*R*)-(−)-香芹酮，使人感觉留兰香味；而(*S*)-(+)-香芹酮，却使人感觉到葛缕子香味。人体的DNA是手性的，体内大部分氨基酸也是手性的，所以，进入人体的生物活性分子的对映异构体之间通常呈现出不一样的生理活性。例如：*S*构型的天冬氨酸使人感觉到苦味，而*R*构型的天冬氨酸却使人感觉到甜味（图 7-19）。

H_2N　COOH　O　NH_2

(*S*)-天冬氨酸
(苦味)

H_2N　COOH　O　NH_2

(*R*)-天冬氨酸
(甜味)

图 7−19　天冬氨酸对映体（苦味/甜味）

20世纪60年代，西德等多地出生了许多手脚异常的畸形婴儿（“海豹”婴儿）（图7-20）。后来调查发现，畸形原因是婴儿的母亲为治疗妊娠期间的呕吐反应，服用过镇静剂沙利度胺（Thalidomide，“反应停”）。随后，该药被禁用。然而，受其影响的婴儿已多达1.2万名。进一步研究发现，“反应停”是一对对映体。其中，*R*构型具有很好的镇静作用，也未观测到明显的致畸作用。相反，*S*构型的沙利度胺不但没有镇静作用，而且会导致胎儿严重畸形（图7-21）。因此，具有手性中心的药物分子，首先拆分对映异构体，然后再分别研究它们的生物学活性，势在必行。

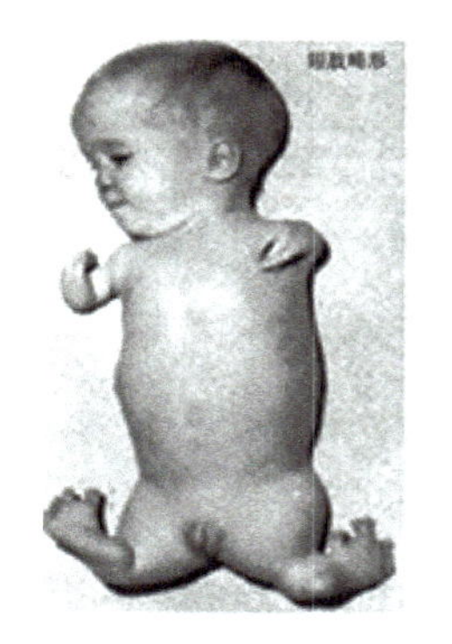

Attending school in the 1960's, this German boy reached the blackboard with a stub arm and gripped the chalk with distorted fingers. Many children that were exposed to thalidomide in utero were born will malformed limbs but normal intelligence. They often learned to adapt to their handicaps.

图7-20 “海豹”婴儿

(*S*)-沙利度胺
(致畸剂)

(*R*)-沙利度胺
(镇静剂)

图7-21 “反应停”的结构

以往研究的许多药物、食物添加剂、增味剂，都是通过合成对映体再拆分的方法来得到的。常用的方法是，目标化合物能通过在合成的最后一步拆分相应的消旋体来得到。由于只有一个光学对映体是有用的，另一半与其呈镜像对称的对映异构体产物就浪费掉了。从合成的角度来说，这是非常不绿色环保的。

虽然得到的对映体也能通过外消旋化作用和拆分转变成希望得到的目标产物，但是拆分需要做大量的工作，过程单调乏味、重复且辛苦。因此，从经济角度考虑，从合成一开始就需要通过不对称合成手段来控制手性中心，得到单一的所预期的光学活性异构体。为了充分利用原料，应在较早的合成步骤中引入手性，并且仔细考虑收敛合成法。不对称有机合成是合成光学活性化合物的一种有效的方法，在现代医药工业中备受关注。

不对称合成是将一个非手性的底物在手性环境下转变成手性产物。这是目前合成手性分子最有力和最常用的方法。迄今，最有效的不对称合成方法是酶催化，不过发展类似酶催化的化学反应体系仍是一个很大的挑战。

在不对称反应中，酶催化剂和反应物结合形成非对映体过渡态。两个反应物肯定有一个手性元素在反应部位来产生手性。通常，在功能点上由三角形碳转变成四面体碳时产生不对称，这些不对称碳原子是有机合成专家一直关注的焦点。

2001年，诺贝尔化学奖授予美国孟山都公司的威廉·S·诺尔斯（Willaim S. Knowles）、日本名古屋大学的野依良治（Ryoji Noyori）、美国斯克利普斯研究所的夏普莱斯（Barry Sharpless），以表彰他们在不对称催化反应研究领域取得的突出贡献。

参考资料

[1] 林国强. 手性合成: 不对称反应及其应用. 第4版[M]. 科学出版社, 2010.

[2] “反应停事件” 百度词条.

习题

7-1 判定下列化合物是否有手性。

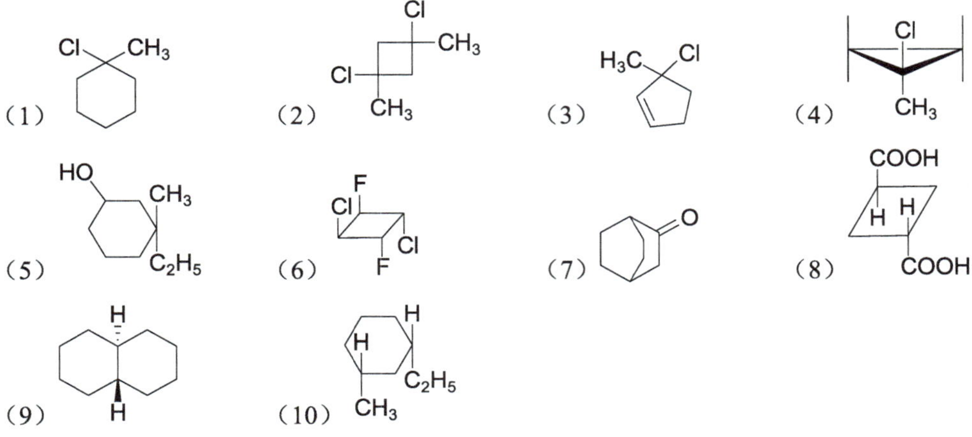

7-2 判定下列化合物的 *R/S* 构型。

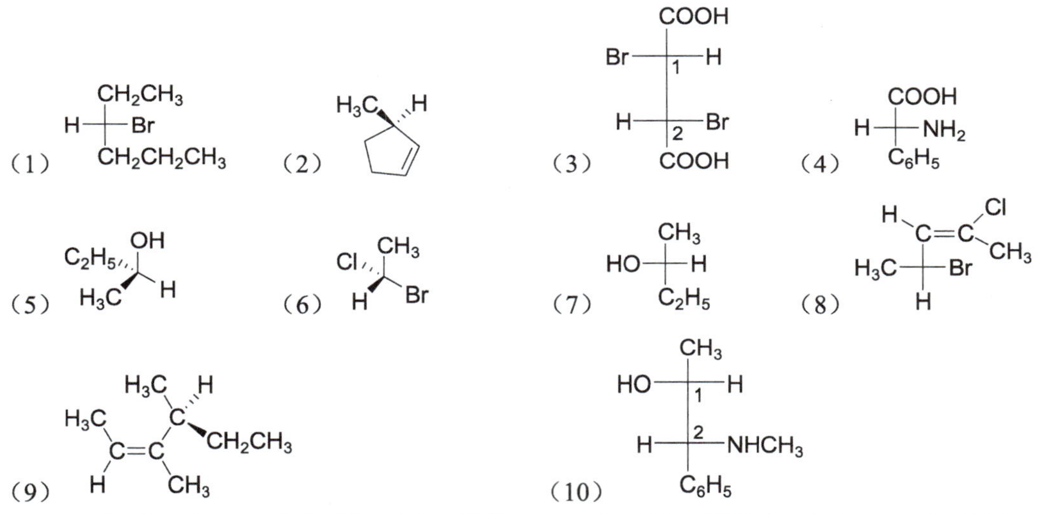

7-3 2-羟基-3-氯丁二酸有四种对映异构体，写出其费歇尔投影式，并用 *R/S* 标记法标明手性中心的构型。

7-4 写出化合物1-甲基-2-亚乙基环戊烷（ ）的所有立体异构体，并用 *R/S* 以及 *Z/E* 标明构型。

7-5 写出去甲二氢愈创木酚（NDGA）的所有立体异构体。

NDGA

7-6 有一旋光性化合物A（C_6H_{10}），能与硝酸银的氨溶液作用生成白色沉淀B（C_6H_9Ag）。将A催化加氢生成C（C_6H_{14}），C没有旋光性。试写出B、C的构造式和A的对映异构体的投影式，并用*R*/*S*命名法命名。

7-7 某化合物A（C_9H_{10}）能使Br_2/CCl_4褪色，但无顺反异构体。A与HBr作用得到B（$C_9H_{11}Br$），B具有对映异构体。B与KOH/C_2H_5OH作用后生成C（C_9H_{10}），C也能使Br_2/CCl_4褪色，并有顺反异构体。写出A的结构式、B的对映异构体及C的顺反异构体并命名。

第8章 卤代烃

8.1 卤代烃的分类和命名

卤代烃，也称烷基卤化物，是指烷烃中的氢原子被卤素原子（氟、氯、溴和碘）取代形成的化合物。

基于卤素直接相连的碳原子的种类，卤代烃可分为伯卤代烃（1°）、仲卤代烃（2°）和叔卤代烃（3°），如下所示：

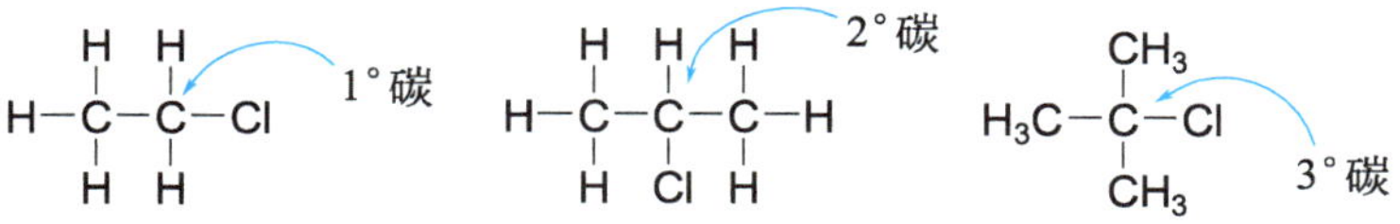

伯卤代烃（1°碳）、仲卤代烃（2°碳）、叔卤代烃（3°碳）

符号1°、2°、3°分别代表伯、仲、叔碳，也可称为一级碳、二级碳、三级碳。

卤代烃可按照IUPAC系统命名法来命名，例如：

CH_3CH_2Cl 氯乙烷　　$CH_3CH_2CH_2F$ 1-氟丙烷　　$CH_3CHBrCH_3$ 2-溴丙烷

当主链上既有卤原子又有烷基取代时，不管是卤原子还是烷基，从靠近取代基一端向另一端编号。如果两个取代基到链的末端距离相等，优先从烷基取代基一侧编号。

$CH_3CH(Cl)CH(CH_3)CH_2CH_3$ 2-氯-3-甲基戊烷　　$CH_3CH(Cl)CH_2CH(CH_3)CH_3$ 2-甲基-4-氯戊烷

然而，很多简单卤代烃的习惯命名仍然在广泛使用。如卤代烃也常被命名为烷基卤化物（下面这些命名也被IUPAC所接受）：

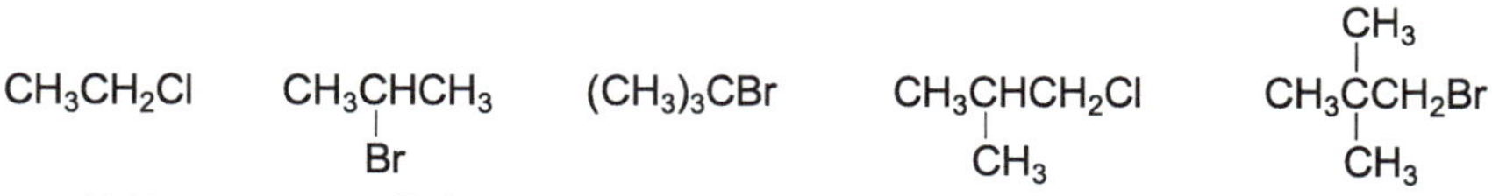

CH_3CH_2Cl 乙基氯　　$CH_3CH(Br)CH_3$ 异丙基溴　　$(CH_3)_3CBr$ 叔丁基溴　　$CH_3CH(CH_3)CH_2Cl$ 异丁基氯　　$CH_3C(CH_3)_2CH_2Br$ 新戊基溴

8.2 卤代烃的结构

卤代烃中卤原子所连碳原子的构型是sp^3杂化，四个基团围绕碳原子呈四面体排列。因为卤原子的电负性强于碳，卤代烃的碳-卤键是极性共价键；碳原子带有部分正电荷，卤素原子带有部分负电荷。

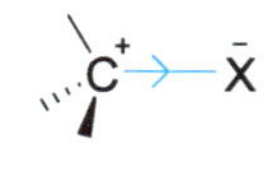

在元素周期表中，自上向下，卤素原子逐渐增大：氟原子最小，碘原子最大。因此，自上向下，碳-卤键键长增加，碳-卤键键能减小（表8-1）。甲基卤化物中，碘甲烷极性最小，C—I键长最长，键能最弱。

表 8-1　碳-卤键的键长和键能

卤代烃	CH_3F	CH_3Cl	CH_3Br	CH_3I
C—X键长/Å	1.39	1.78	1.93	2.14
C—X键能/(kJ/mol)	472	350	293	239

在实验室合成和工业生产中，卤代烃常用作有机溶剂和有机合成的起始原料。卤代烃中的卤素原子很容易被其他基团所取代，为引入其他官能团提供了可能性。

卤素原子若连在sp^2杂化的碳上，该化合物则称为乙烯基卤化物或芳基卤化物。乙烯基卤化物是指卤原子直接与乙烯基相连的化合物。一般称基团CH_2=CH—为乙烯基，化合物CH_2=CH—Cl的普通命名是乙烯基氯化物。芳基卤化物是指卤原子直接与芳基相连的化合物。苯基卤化物是指卤原子直接与苯环相连的化合物，它是芳基卤化物的一个特例。

乙烯基卤化物　　芳基卤化物　　苯基卤化物

乙烯基、芳基和烷基的卤化物共同组成了有机卤化物，其中烷基卤化物的性质与乙烯基、芳基卤化物在性质上有很大的不同。本章将重点介绍烷基卤化物。

8.3　卤代烃的物理性质

大多数卤代烃在水中的溶解度很小，但是它们之间互溶，而且它们与许多非极性溶剂互溶。二氯甲烷（CH_2Cl_2，亚甲基氯）、三氯甲烷（$CHCl_3$，氯仿）、四氯甲烷（CCl_4，四氯化碳）经常作为非极性和弱极性化合物的溶剂。许多氯代烷烃，包括$CHCl_3$和CCl_4，具有累积毒性和致癌性，因此必须在通风橱中小心使用。

一卤甲烷中，仅有碘甲烷（b.p. 42 ℃）在室温和1 atm下是液体。氯乙烷（b.p. 13 ℃）是气体，溴乙烷（b.p. 38 ℃）和碘乙烷（b.p. 72 ℃）都是液体。氯、溴和碘代丙烷都是液体。总的来说，高级的氯、溴和碘代烷烃都是液体，其沸点与分子量相似的烷烃沸点接近。

多氟代烷往往具有不同寻常的低沸点。如六氟乙烷的沸点是−79 ℃，但其分子量（M_r=138）接近癸烷（M_r=144；b.p. 174 ℃）。一些常见有机卤化物的物理性质见表8-2。

表 8-2　一些常见有机卤化物的物理性质

基团	氟化物		氯化物		溴化物		碘化物	
	b.p./℃	密度/(g/mL)	b.p./℃	密度/(g/mL)	b.p./℃	密度/(g/mL)	b.p./℃	密度/(g/mL)
甲基	−78.4	0.84	−23.8	0.92	3.6	1.73	42.5	2.28
乙基	−37.7	0.72	13.1	0.91	38.4	1.46	72	1.95
丙基	−2.5	0.78	46.6	0.89	70.8	1.35	102	1.74
异丙基	−9.4	0.72	34	0.86	59.4	1.31	89.4	1.70

续表

基团	氟化物		氯化物		溴化物		碘化物	
	b.p./℃	密度/(g/mL)	b.p./℃	密度/(g/mL)	b.p./℃	密度/(g/mL)	b.p./℃	密度/(g/mL)
丁基	32	0.78	78.4	0.89	101	1.27	130	1.61
仲丁基	—	—	68	0.87	91.2	1.26	120	1.60
异丁基	—	—	69	0.87	91	1.26	119	1.60
叔丁基	12	0.75	51	0.84	73.3	1.22	100	1.57
戊基	62	0.79	108.2	0.88	129.6	1.22	155	1.52
新戊基	—	—	84.4	0.87	105	1.20	127	1.53
$CH_2{=}CH—$	−72	0.68	−13.9	0.91	16	1.52	56	2.04
$CH_2{=}CHCH_2—$	−3	—	45	0.94	70	1.40	102 ~ 103	1.84
$C_6H_5—$	85	1.02	132	1.10	155	1.52	189	1.82
$C_6H_5CH_2—$	140	1.02	179	1.10	201	1.44	93	1.73

8.4 卤代烃的化学性质

8.4.1 亲核取代反应

卤代烃的亲核取代反应通式为：

$$\underset{\text{亲核试剂}}{Nu:^-} + \underset{\text{卤代烃}}{R-\ddot{\underset{..}{X}}:} \longrightarrow \underset{\text{产物}}{R-Nu} + \underset{\text{卤素离子}}{:\ddot{\underset{..}{X}}:^-}$$

在亲核取代反应中，底物的碳-卤键断裂，亲核试剂的孤对电子与碳原子形成一个新键：

$$\underset{\text{亲核试剂}}{Nu:^-} + R\,\vdots\,\underset{\text{离去基团}}{\ddot{\underset{..}{X}}:} \longrightarrow Nu:R + :\ddot{\underset{..}{X}}:^-$$

如下反应所示：

$$H\ddot{\underset{..}{O}}:^- + CH_3-\ddot{\underset{..}{I}}: \longrightarrow CH_3-\ddot{\underset{..}{O}}H + :\ddot{\underset{..}{I}}:^-$$

$$CH_3\ddot{\underset{..}{O}}:^- + CH_3CH_2-\ddot{\underset{..}{Br}}: \longrightarrow CH_3CH_2-\ddot{\underset{..}{O}}CH_3 + :\ddot{\underset{..}{Br}}:^-$$

$$:\ddot{\underset{..}{I}}:^- + CH_3CH_2CH_2-\ddot{\underset{..}{Cl}}: \longrightarrow CH_3CH_2CH_2-\ddot{\underset{..}{I}}: + :\ddot{\underset{..}{Cl}}:^-$$

在这些反应中，带有孤对电子的亲核试剂与卤代烃（又称为底物）发生反应，取代了卤素。被取代的卤素作为离去基团，以卤负离子的形式离去。因为取代反应是由亲核试剂引发的，故称为亲核取代反应。

那么，在反应中，碳-卤键是什么时候断裂的？碳-卤键的断裂和新键的形成是否是同时进行的？

$$Nu:^- + R:\ddot{\underset{..}{X}}: \longrightarrow [Nu\text{- -}R\text{- -}\ddot{\underset{..}{X}}:]^- \longrightarrow Nu:R + :\ddot{\underset{..}{X}}:^-$$

或者，碳-卤键先断裂？

$$R:\ddot{X}: \longrightarrow R^+ + :\ddot{X}:^-$$

然后 $$Nu:^- + R^+ \longrightarrow Nu:R$$

通过卤代烃的结构可找到答案。

8.4.1.1 亲核试剂

亲核试剂是容易接近正电荷中心的试剂。当亲核试剂与卤代烃反应时，亲核试剂接近的正电荷中心是连有卤原子的碳原子。这个碳原子带有部分正电荷，而电负性大的卤原子则吸引碳-卤键中的电子而带部分负电荷。

正电荷中心　　C−X键中卤素带负电

任何负离子或带有孤对电子的中性分子都可以是亲核试剂。例如，氢氧根离子和水分子都可以作为亲核试剂与卤代烃反应生成醇。

卤代烃和氢氧根离子的亲核取代：

$$\underset{\text{亲核试剂}}{H-\ddot{O}:^-} + \underset{\text{卤代烃}}{R-\ddot{X}:} \longrightarrow \underset{\text{醇}}{H-\ddot{O}-R} + \underset{\text{离去基团}}{:\ddot{X}:^-}$$

卤代烃和水的亲核取代：

$$\underset{\text{亲核试剂}}{H-\ddot{O}(H):} + \underset{\text{卤代烃}}{R-\ddot{X}:} \longrightarrow \underset{\text{烷基氧鎓离子}}{H-\ddot{O}^+(H)-R} + :\ddot{X}:^-$$

$$\xrightleftharpoons{H_2\ddot{O}} H-\ddot{O}-R + H_3\ddot{O}^+ + :\ddot{X}:^-$$

在第二个反应中，初产物是烷基氧鎓离子，它失去一个质子形成醇。

8.4.1.2 离去基团

发生亲核取代反应的底物必须具有良好的离去基团。好的离去基团能以比较稳定的弱碱性分子或阴离子形式离去。卤代烃的卤离子是好的离去基团，因为其一旦离去，就是弱碱性和稳定的阴离子（注意：卤代烃能发生亲核取代反应，其他具有良好离去基团的化合物同样也能发生亲核取代反应）。

在下面的亲核取代反应例子中，采用了带孤对电子的中性分子作为亲核试剂。一般用L代表离去基团。需要注意的是每个反应方程式的所有电荷都要平衡。

$$Nu: + R-L \longrightarrow R-Nu^+ + :L^-$$

具体实例：

$$H_2\ddot{O} + CH_3-\ddot{Cl}: \longrightarrow CH_3-\ddot{O}H + H:\ddot{Cl}:$$

$$H_3N: + CH_3-\ddot{Br}: \longrightarrow CH_3-\overset{+}{N}H_3 + :\ddot{Br}:^-$$

其他底物带有形式负电荷的反应，类似于下面发生的反应：

$$Nu: + R{-}L^+ \longrightarrow R{-}Nu^+ + :L$$

在上述反应式中，离去基团得到一对电子，形式电荷变为0。

例如，醇分子在酸性介质中发生分子间亲核取代反应形成醚类化合物：

$$CH_3{-}\ddot{O}(H){:} + CH_3{-}\ddot{O}^+(H){-}H \longrightarrow CH_3{-}\ddot{O}^+(H){-}CH_3 + {:}\ddot{O}(H){-}H$$

在这些反应中，亲核试剂是如何取代离去基团的？反应的发生是一步还是多步呢？如果反应多于一步，会形成哪种中间体？哪一步反应是决速步骤？为了回答这些问题，需要先讨论化学反应速率。

8.4.1.3 双分子亲核取代反应动力学：S_N2反应

关于化学反应速率，以氯甲烷和氢氧根离子在水溶液中反应为例：

$$CH_3{-}Cl + OH^- \xrightarrow[H_2O]{60\ ^\circ C} CH_3{-}OH + Cl^-$$

尽管氯甲烷在水中的溶解度并不高，但是在含有氢氧化钠的水溶液中足以进行反应动力学研究。由于反应速率与温度有关，因此需在特定的温度下进行该反应。

反应速率可以通过实验来确定，通过氯甲烷或氢氧根离子在溶液中的消耗速率或者甲醇或氯离子在溶液中的产生速率可测定反应速率。可以在反应开始不久后就从反应混合物中取出少量样品，分析CH_3Cl或OH^-、CH_3OH或Cl^-的浓度。这里需知道初始浓度，因为随着时间的推移，反应物和产物的浓度都会改变。知道反应物初始浓度以后（可以在配制溶液时测量），很容易计算出反应物的消耗及产物的生成速率。

在温度相同的情况下，改变反应物的初始浓度进行4组实验，结果见表8-3。

实验显示反应速率取决于CH_3Cl和OH^-的浓度。在实验2中CH_3Cl的浓度加倍时，反应速率也加倍；在实验3中OH^-的浓度加倍后，反应速率也加倍；在实验4中使两者的浓度都加倍，反应速率增加了4倍。

表8-3　60 ℃ CH_3Cl和OH^-的反应速率研究

实验序号	初始浓度$[CH_3Cl]$/(mol/L)	初始浓度$[OH^-]$/(mol/L)	初始速率/[mol/(L·s)]
1	0.0010	1.0	4.9×10^{-7}
2	0.0020	1.0	9.8×10^{-7}
3	0.0010	2.0	9.8×10^{-7}
4	0.0020	2.0	19.6×10^{-7}

这些结果符合正比关系：

$$速率 \propto [CH_3Cl]\,[OH^-]$$

引入一个称为速率常数的比例系数（k），可用下式来表示这一正比关系：

$$速率 = k\,[CH_3Cl]\,[OH^-]$$

对这个温度下的此反应，可得到$k=4.9\times10^{-4}$ L/(mol·s)。

上述实验结果表明，此反应为二级反应。事实上，CH_3Cl和OH^-必须有效碰撞才能发生反应，也可以说这个反应是双分子反应（双分子意味着反应速率与两个反应物的浓度都有关）。因为反应中涉及亲核试剂对卤代烃中卤素的取代，故称这类反应为双分子亲核取代反应（S_N2反应）。

S_N2反应在有机合成中非常有用，它可以将一个官能团转换为另一个官能团——实现官能团转变或官能团互变。如图8-1所示，官能团如甲基、伯或仲卤代烷可以转变成醇、醚、硫醇、硫醚、腈和酯等。由炔基负离子发生炔烃化反应形成碳-碳键也是S_N2反应。

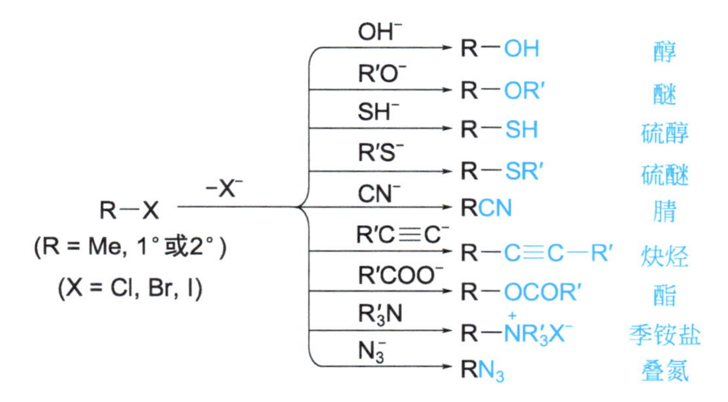

图8-1　利用S_N2反应对甲基、伯、仲卤代烃进行官能团转换

烃基氯化物和溴化物也容易通过亲核取代反应转化为烃基碘化物。

$$\begin{matrix} R-Cl \\ 或 \\ R-Br \end{matrix} \xrightarrow{I^-} R-I + Cl^- 或 Br^-$$

8.4.1.4　单分子亲核取代反应：S_N1反应

当叔丁基氯和氢氧化钠在水和丙酮的混合溶剂中反应时，其动力学结果与氯甲烷和氢氧化物的反应不同，生成叔丁醇的速率取决于叔丁基氯的浓度，与氢氧根离子的浓度无关。叔丁基氯的浓度加倍，反应速率也加倍，但是（适当地）改变氢氧根离子的浓度，几乎不影响反应速率。叔丁基氯在纯水中（OH^-的浓度为10^{-7} mol/L）和在0.05 mol/L氢氧化钠水溶液中发生亲核取代反应的速率是相同的（OH^-的浓度高500000倍）。因此该亲核取代反应的速率是关于叔丁基氯的一级反应：

$$(CH_3)_3C-Cl + OH^- \xrightarrow[H_2O]{丙酮} (CH_3)_3C-OH + Cl^-$$

$$速率 \propto [(CH_3)_3CCl]$$

$$速率 = k\,[(CH_3)_3CCl]$$

可以看出，OH^-不参与过渡态的形成，该反应的速率控制步骤仅与叔丁基氯的浓度有关，因此，该反应是单分子反应（一级），又称单分子亲核取代反应（S_N1反应）。

8.4.2　消去反应

卤代烃的消去反应是与取代反应相竞争的重要反应。在消去反应中，一些消去的小分子碎片是从反应物相邻的原子上移除（消去）的。消去反应能引入多重键。

$$-\underset{Y}{\overset{|}{\underset{|}{C}}}-\underset{Z}{\overset{|}{\underset{|}{C}}}- \xrightarrow[(-YZ)]{消去} \rangle C=C\langle$$

（1）脱卤化氢

一种广泛使用的制备烯烃的方法是从卤代烃相邻原子上脱去HX，加热和强碱条件可使该反应进行，例如：

$$H_3C\underset{Br}{\underset{|}{C}}HCH_3 \xrightarrow[C_2H_5OH,\ 55\ ^\circ C]{C_2H_5ONa} \underset{(79\%)}{H_2C=CH-CH_3} + NaBr + C_2H_5OH$$

$$(CH_3)_3C-Br \xrightarrow[C_2H_5OH,\ 55\ ^\circ C]{C_2H_5ONa} (H_3C)_2C{=}CH_2\ (91\%) + NaBr + C_2H_5OH$$

像这样的反应并不只限于脱溴化氢，氯代烃脱去氯化氢、碘代烃脱去碘化氢也可生成烯烃。卤代烃脱去卤化氢的反应称为脱卤化氢反应。

$$H{-}\overset{|}{C}{-}\overset{|}{C}{-}X + :B^- \ (\text{碱}) \longrightarrow \gt C{=}C\lt + H{:}B + :X^-$$

脱卤化氢

这些消去反应像S_N1和S_N2反应一样，有一个离去基团和一个带孤对电子的路易斯碱的进攻基团。

化学家通常把带有取代基的碳原子称为α-碳原子，其他与α-碳原子相连的碳原子为β-碳原子，与β-碳原子相连的氢原子称为β-氢原子。因此，在脱卤化氢反应中，氢从β-碳原子上脱去，该反应称为β-消去，也常称其为1,2-消去。

下一节将涉及更多关于脱卤化氢的内容，但需要先考察一些重要的条件。

（2）脱卤化氢反应中用到的碱

在脱卤化氢反应中用到了许多强碱。氢氧化钾醇溶液作为试剂经常用到，但是醇的钠盐，例如乙醇钠，显示出明显的优势。

醇钠可以通过在乙醇中加入金属钠的方法制备：

$$2R{-}\ddot{O}H\ (\text{醇}) + 2Na \longrightarrow 2R{-}\ddot{O}{:}^-\ Na^+\ (\text{醇钠}) + H_2$$

醇钠同样可以通过醇与氢化钠反应制备。氢负离子是一个极强的碱（氢气的pK_a为36）。

$$R{-}\ddot{O}{-}H + Na^+H^- \longrightarrow R{-}\ddot{O}{:}^-\ Na^+ + H_2$$

醇钠（钾）经常用过量的醇进行制备，过量的醇在反应中也作为溶剂。乙醇钠经常用这种方法制备。

$$2\ CH_3CH_2\ddot{O}H\ (\text{乙醇(过量)}) + 2Na \longrightarrow 2\ CH_3CH_2\ddot{O}{:}^-\ Na^+\ (\text{醇钠溶于乙醇中}) + H_2$$

叔丁醇钾是另一种高活性的脱卤化氢试剂。

$$2H_3C{-}C(CH_3)_2{-}\ddot{O}H\ (\text{叔丁醇}) + 2K \longrightarrow 2\ H_3C{-}C(CH_3)_2{-}\ddot{O}{:}^-\ K^+\ (\text{叔丁醇钾}) + H_2$$

8.4.3 金属有机化合物及其反应

卤代烃能与某些金属直接化合，生成由金属原子和碳原子直接相连的化合物，称为金属有机化合物。这是一种重要的碳亲核试剂，本章重点介绍金属有机镁化合物（其余内容详见第20章金属有机化合物）。

8.4.3.1 金属有机镁化合物的制备

有机化学中最重要的金属有机化合物是有机镁试剂，也称为格氏试剂，是根据其发现者法国化学家维克多·格利雅（Victor Grignard）的名字而命名的。格氏试剂由第二主族金属镁和卤代烃反应制得。

$$RX + Mg \xrightarrow{Et_2O} RMgX$$

(R = Me，1°、2°、3°烷基，环烷基，烯基或芳香基)

无水乙醚（Et_2O）和四氢呋喃（THF）是制备有机镁化合物常用的溶剂。通常这类反应不容易引发，需要加热或是加入少量碘单质来引发反应。但是反应一旦引发会放热，且反应混合物的温度将保持在乙醚的沸点（35 ℃）。

RMgX在适当的溶剂中（如Et_2O）合成时是很稳定的。它是非常强的碱，甚至和弱酸（如水和醇）都能立即反应。因此，RMgX的制备必须在严格无水的条件下进行（有时甚至需要在惰性气体氛围中进行）。

卤代烃生成格氏试剂的反应活性大小是：R—I＞R—Br＞R—Cl＞R—F。卤代烃的活性比芳基卤化物以及烯基卤化物的活性高。但芳基卤化物和烯基卤化物较难在乙醚中合成格氏试剂，需要使用更加剧烈的反应条件和换用四氢呋喃作反应溶剂。

$$C_6H_5Cl + Mg \xrightarrow{THF,\ 60\ ^\circ C} C_6H_5MgCl$$

格氏试剂是有机合成中应用最为广泛的试剂之一，格利雅因发现格氏试剂的巨大贡献，获得了1912年的诺贝尔化学奖。

8.4.3.2 金属有机镁化合物的反应

（1）作为强碱

金属镁化合物的C—Mg键呈现出碳负离子的性质，碳负离子属于非常强的碱，能和质子供体反应。

$$>\ddot{C}^- + H^+ \rightleftharpoons >C—H$$

碳负离子（强碱）　　质子　　碳氢化合物（弱酸）

该类反应也可以用于合成烷烃，例如：

$$CH_3CH_2MgBr + HBr \longrightarrow CH_3CH_3 + MgBr_2$$

$$CH_3CH_2MgBr + CH_3OH \longrightarrow CH_3CH_3 + CH_3OMgBr$$

$$CH_3CH_2MgBr + H_2O \longrightarrow CH_3CH_3 + Mg(OH)Br$$

（2）作为亲核试剂

格氏试剂（RMgX）具有亲核性，可以进攻羰基形成新的C—C键。格氏试剂在有机合成中的应用极为广泛，其中最典型的用途之一，是与羰基化合物反应合成醇。

$$RMgX + HCHO \xrightarrow{Et_2O} R—CH_2—OMgX \xrightarrow{H_3O^+} RCH_2OH$$

伯醇　比RX多1个碳

$$RMgX + R'CHO \xrightarrow{Et_2O} R—CH(R')—OMgX \xrightarrow{H_3O^+} R—CH(R')—OH$$

仲醇

$$RMgX + R'COR'' \xrightarrow{Et_2O} R-C(R')(R'')-OMgX \xrightarrow{H_3O^+} R-C(R')(R'')-OH$$ 叔醇

$$RMgX + \text{环氧乙烷} \xrightarrow{Et_2O} RCH_2CH_2OMgX \xrightarrow{H_3O^+} RCH_2CH_2OH$$ 伯醇 比RX多2个碳

$$CH_3(CH_2)_3C\equiv CMgBr + HCHO \xrightarrow[2)\ H_3O^+]{1)\ Et_2O} CH_3(CH_2)_3C\equiv CCH_2OH$$

叔醇也能通过格氏试剂与酯反应得到，一摩尔酯需要消耗两摩尔的格氏试剂。在该反应中，一摩尔酯会先与一摩尔格氏试剂发生反应转化为酮，而生成的酮是无法分离出来的，它会很快和另外一摩尔格氏试剂反应，最后加入无机酸后，便形成了叔醇。

$$RMgX + R'COOCH_3 \xrightarrow{Et_2O} R-C(R')(O-MgX)-OCH_3 \longrightarrow RCOR' + CH_3OMgX$$

$$RCOR' + RMgX \xrightarrow[2)\ H_3O^+]{1)\ Et_2O} R-C(OH)(R')-R$$

作为强亲核试剂，格氏试剂能与醛、酮、酸、酯等化合物发生加成反应，该类反应称为格氏反应（Grignard reaction）。格氏反应是由有机小分子合成大分子，即增长碳链的重要方法，可被用来合成多种类型的化合物。

8.5 亲核取代反应的机理及影响因素

8.5.1 S_N2反应机理

基于埃德沃德·休斯（Edward Hughes）和克里斯托夫·英果尔德（Christopher Ingold）在1937年提出的理论，S_N2反应的轨道图示如下：

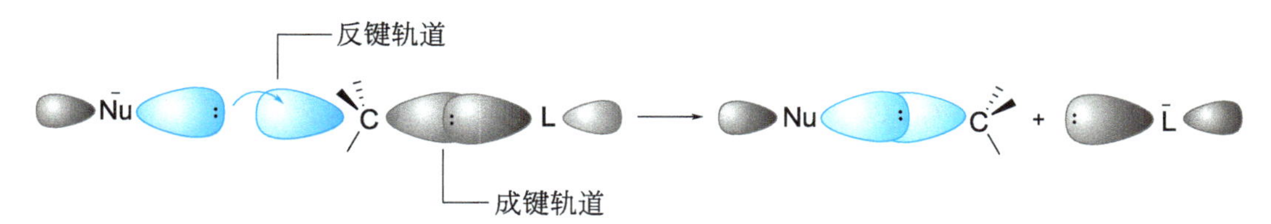

根据这个机理，亲核试剂从离去基团的背面接近带有离去基团的碳。碳原子上带有亲核试剂电子对的轨道（最低未占轨道，简称LUMO轨道）也带有离去基团。随着反应的进行，亲核试剂和碳原子之间的键增强，碳原子和离去基团之间的键减弱。当反应发生时，碳原子的构型翻转，它变成反向的，离去基团离去，亲核试剂和碳原子成键提供的能量使碳和离去基团之间的键断裂。可用CH_3Cl和氢氧根离子的反应来阐述该S_N2反应机理。

反应：$$HO^- + CH_3-Cl \longrightarrow CH_3OH + Cl^-$$

机理：$$HO:^- + H_3C-Cl \longrightarrow \left[\overset{\delta-}{HO}\cdots CH_3 \cdots \overset{\delta-}{Cl} \right]^{\ddagger} \longrightarrow HO-CH_3 + Cl^-$$

S_N2反应为一步反应，没有中间体，反应过程中形成一个过渡态，亲核试剂和离去基团与发生亲核反应的碳原子部分成键。因为过渡态既包含亲核试剂（例如OH^-）又包含底物（例如CH_3Cl），该机理与二级反应动力学的结果完全一致（因为在单过渡态中，键的形成和键的断裂是同时发生的，S_N2反应是协同反应的一个例子）。

过渡态的存在很短暂，它仅仅存在一个分子振动的时间，大约10^{-12} s，其结构和能量对于研究化学反应机理很重要。

前已提及，在S_N2反应中，亲核试剂从离去基团的背面进攻（与离去基团相反的那侧），这种进攻方式（见下面）导致了亲核试剂进攻的碳原子构型的改变。当取代发生时，构型发生翻转，这一现象最早是由德国化学家保罗·瓦尔登（Paul Walden）在1896年发现的，该翻转又称为瓦尔登翻转，类似雨伞遇到强风发生翻转，如上述CH_3Cl和氢氧根离子的反应。

这个反应由于CH_3Cl分子中无手性碳原子，无法证明由于亲核试剂进攻使碳原子的构型发生了翻转。当采用具有手性中心的顺-1-甲基-3-氯环戊烷与OH^-发生S_N2反应时，得到了反式的3-甲基环戊醇，新引入的羟基与原来的甲基处于反式，通过这一立体化学的改变，可以观察到S_N2反应的瓦尔登翻转。

顺-1-甲基-3-氯环戊烷 + $:\ddot{O}H^-$ ⟶ 反-3-甲基环戊醇 + $:\ddot{Cl}:^-$

此反应的过渡态如下所示：

离去基团从顶部离去

亲核试剂从底部进攻

8.5.2 S_N1反应机理

S_N1的反应机理不止包含一个步骤。但是，从一个多步反应中，能得到哪种反应动力学结果？这需要更进一步考察。

（1）多级反应和速率控制步骤

如果一个反应有一连串的步骤，有一步确实慢于其他所有步骤，那么总反应的速率与这个慢步骤的速率是一样的，因此，这个慢步骤称为决速步骤或速率控制步骤。

考虑如下的多步反应：

$$\text{反应物} \xrightarrow[\text{慢}]{k_1} \text{中间体1} \xrightarrow[\text{快}]{k_2} \text{中间体2} \xrightarrow[\text{快}]{k_3} \text{产物}$$

步骤1（决速步骤）　步骤2　步骤3

这个例子的第一步反应是缓慢的，意味着第1步的速率常数比第2步或第3步的速率常数小很多，即$k_1 \ll k_2$或k_3。第2步和第3步是快速的，意味着它们的速率常数比较大，也就是一旦中间体的浓度变大时，第2步和第3步能很快地进行（理论上）。事实上，中间体的浓度一直都很小，因为第1步较缓慢。

叔丁基氯和水的反应机理很可能包含三步，形成两种不同的中间体。第一步是慢步骤，即速率控制步骤，叔丁基氯解离，形成叔丁基阳离子和氯离子，在这步的过渡态中，叔丁基氯的碳氯键几乎完全解离，离子即将形成：

$$\left[CH_3-\overset{CH_3}{\underset{CH_3}{\overset{|}{\underset{|}{C}}}}{}^{+}\cdots Cl^- \right]^{\ddagger}$$

溶剂（水）通过溶剂化作用稳定了这些解离的离子。碳正离子的形成一般比较缓慢，因为这是一个自由能增加和高吸热的过程。

$$(CH_3)_3CCl + 2H_2O \longrightarrow (CH_3)_3COH + H_3O^+ + Cl^-$$

反应机理如下。

第1步：

$$H_3C-C(CH_3)_2-\ddot{Cl}: \underset{H_2O}{\overset{慢}{\rightleftharpoons}} H_3C-\overset{+}{C}(CH_3)_2 + :\ddot{Cl}:^-$$

在极性溶剂的帮助下，氯原子带着一对电子离开所在的碳原子

该缓慢的步骤产生了相对稳定的3°碳正离子和氯离子，虽然此处没有表示出来，但这些离子是因被水分子溶剂化而稳定的

第2步：

$$H_3C-\overset{+}{C}(CH_3)_2 + :\ddot{O}(H)-H \overset{快}{\rightleftharpoons} H_3C-C(CH_3)_2-\overset{+}{\ddot{O}}(H)-H$$

水分子作为一种路易斯碱提供一对电子给碳正离子(路易斯酸)，这使得碳正离子满足8电子要求

该步产物是叔丁氧𬭩正离子，或者是质子化的叔丁醇

第3步：

$$H_3C-C(CH_3)_2-\overset{+}{\ddot{O}}(H)-H + :\ddot{O}(H)-H \overset{快}{\rightleftharpoons} H_3C-C(CH_3)_2-\ddot{O}(H): + H-\overset{+}{\ddot{O}}(H)-H$$

另一水分子作为一种路易斯碱接受叔丁氧𬭩正离子中的质子

该步产物是叔丁醇和水合质子

第2步中叔丁基阳离子（中间体）与水快速反应生成叔丁基氧𬭩离子（另一个中间体），然后在第3步中叔丁基氧𬭩离子失去一个质子形成叔丁醇。

第1步中碳氯键发生异裂。因为这一步没有其他键生成，是高吸热反应，并且需要高的活化能。由于水的溶剂化效应，使得该反应相当彻底。实验表明，在气相中（也就是无溶剂）反应的活化自由能大约是630 kJ/mol，在水溶液中，反应的活化自由能低很多，大约84 kJ/mol，水分子包围着生成的阳离子和阴离子并使它们稳定。

即使溶剂化效应稳定了第1步生成的叔丁基阳离子，但它也是高活性的。阳离子形成以后立即与周围的水分子形成叔丁基氧𬭩离子$(CH_3)_3COH_2^+$（它也可能与OH^-反应，但水分子浓度相对更高）。

因为S_N1反应第一步形成的碳阳离子具有平面三角形结构，亲核试剂会从正面或背面进攻与它反应（如下所示），对叔丁基阳离子而言，两种进攻方式得到的是同一种产物（通过模型可以让人信服）。

$$H_2\overset{+}{O}-C(CH_3)_3 \xleftarrow{\text{背面进攻}} H_2\ddot{O}: \quad (CH_3)_3C^+ \quad :\ddot{O}H_2 \xrightarrow{\text{正面进攻}} (CH_3)_3C-\overset{+}{O}H_2$$

然而，与另外一些阳离子反应，两种不同的进攻方向可能会得到不同的产物，接下来将讨论这一点。

（2）涉及外消旋作用的反应

将光学活性物质转变成外消旋形式的反应称作外消旋化。如果在反应中，底物完全失去其光学性质，就把这个反应称作完全外消旋化；如果仅仅部分失去光学性质，则称作部分外消旋化。

只要手性分子被转变成非手性中间体就会发生外消旋化反应。

S_N1 反应就是这类反应的一个例子，离去基团从立体异构的碳上离去。这一反应几乎总是大部分外消旋化甚至有时完全外消旋化。如在水-丙酮溶液中，加热光学活性的(*S*)-3-溴-3-甲基己烷，则得到外消旋的3-甲基-3-己醇。

$$CH_3CH_2CH_2C(CH_3)(CH_2CH_3)Br \xrightarrow[\text{丙酮}]{H_2O} CH_3CH_2CH_2C(CH_3)(CH_2CH_3)OH + HO-C(CH_3)(CH_2CH_3)CH_2CH_2CH_3 + HBr$$

(*S*)-3-溴-3-甲基己烷（光学活性） (*S*)-3-甲基-3-己醇 (*R*)-3-甲基-3-己醇（无光学活性，外消旋）

原因：S_N1 反应过程中形成了没有手性的碳正离子中间体，因为其构型是平面三角形。和水反应时，以相同速率从平面的任一侧进行反应，生成一对等量的3-甲基-3-己醇对映体。

（3）溶剂化

卤代烷和水的 S_N1 反应是溶剂化反应的一个例子。溶剂化反应是以溶剂分子为亲核试剂的亲核取代反应。因为反应溶剂是水，也可以称之为水解反应。如果反应在醇中进行，则可称作醇解。

溶剂化的例子：

$$(CH_3)_3C-Br + H_2O \longrightarrow (CH_3)_3C-OH + HBr$$

$$(CH_3)_3C-Cl + CH_3OH \longrightarrow (CH_3)_3C-OCH_3 + HCl$$

$$(CH_3)_3C-Cl + HCOOH \longrightarrow (CH_3)_3C-OCHO + HCl$$

最后一个例子所用溶剂为甲酸，反应步骤如下：

第1步：

$$(CH_3)_3C-\ddot{Cl}: \xrightarrow{\text{慢}} (CH_3)_3C^+ + :\ddot{Cl}:^-$$

第2步：

$$(CH_3)_3C^+ + H-\ddot{O}-\overset{\overset{:O:}{\|}}{C}H \xrightarrow{\text{快}} H-\ddot{O}-\overset{\overset{:\overset{+}{O}-C(CH_3)_3}{\|}}{C}H \longleftrightarrow H-\overset{+}{O}=\overset{\overset{:\ddot{O}-C(CH_3)_3}{|}}{C}H$$

$$:\ddot{Cl}:^- \quad H-\overset{+}{O}=\overset{\overset{\ddot{O}-C(CH_3)_3}{|}}{C}H \xrightarrow{\text{快}} \ddot{O}=\overset{\overset{:\ddot{O}-C(CH_3)_3}{|}}{C}H + H-\ddot{Cl}: \equiv H\overset{\overset{:O:}{\|}}{C}-\ddot{O}-C(CH_3)_3$$

第3步：

这些例子都是先形成碳正离子，然后再和溶剂分子反应。因此，溶剂化反应也是 S_N1 反应。

8.5.3 影响S_N1和S_N2反应的因素

前面对 S_N1、S_N2 反应已有介绍，下一步就要解释为什么氯代甲烷遵循 S_N2 反应机理而叔丁基氯化物遵循S_N1反应机理。在此基础上，就可以预测在不同的条件下卤代烷与亲核试剂反应遵循的是S_N1还是S_N2反应机理。

一个反应是S_N1还是S_N2机理，与反应的相对速率有关。如果一种卤代烷和亲核试剂在某给定条件下迅速发生S_N2反应，而发生S_N1反应比较缓慢，则大多数分子将遵循S_N2的反应机理。相反，若另一卤代烷和另一亲核试剂发生S_N2反应缓慢或基本不反应，发生S_N1反应十分迅速，则反应将遵循S_N1反应机理。

实验表明，多种因素影响S_N1和S_N2反应的相对速率，其中最主要的因素是：反应物的结构、亲核试剂的浓度及反应活性（仅在双分子反应中）、溶剂、离去基团的性质等。

8.5.3.1 底物结构的影响

（1）S_N2反应

简单烷基取代的S_N2反应活性顺序如下：

$$\text{甲基} > \text{伯碳} > \text{仲碳} \gg \text{叔碳}$$

S_N2反应中，甲基卤代烃反应最迅速，叔丁基卤代烃反应极其缓慢，几乎不反应。表8-4给出了典型S_N2反应的相对速率。

表8-4 卤代烷S_N2反应的相对速率

取代基	化合物	近似反应速率	取代基	化合物	近似反应速率
甲基	CH_3X	30	新戊基	$(CH_3)_3CCH_2X$	0.00001
1°碳	CH_3CH_2X	1	3°碳	$(CH_3)_3CX$	约0
2°碳	$(CH_3)_2CHX$	0.03			

虽然新戊基卤化物是一级碳卤化物，但是反应非常缓慢。

$CH_3-C(CH_3)_2-CH_2-X$

新戊基卤化物

造成这种反应活性顺序的主要原因是空间效应。空间效应是指反应部位或其附近的空间结构对反应速率的影响。其中一种重要的空间效应是空间位阻效应。也就是说反应部位或其附近的原子或基团的空间排布阻碍或者减缓了反应的进行。

对于参与反应的粒子（分子或离子），它们的反应中心必须在成键距离范围内才能发生反应。虽然大多数分子有一定的柔韧性，但非常庞大的体积仍经常会阻碍必需过渡态的形成。在某些情况下甚至能完全阻止过渡态的形成。

在S_N2反应中，亲核试剂从离去基团的碳原子的背面进攻才能形成过渡态。因此，在反应碳原子上或附近的庞大取代基就会有很大的抑制效应（图8-2）。这样造成达到过渡态的自由能增大，所以，整个反应的活化自由能也增加。在简单的卤代烃中，甲基卤化物发生S_N2反应最迅速，因为三个氢原子的立体位阻很小。新戊基卤化物的反应活性最低，大位阻极大阻碍了亲核试剂的进攻（在实际情况中，三级底物发生亲核取代反应都不遵循S_N2反应机理）。

（2）S_N1反应

在S_N1反应中，决定底物反应活性的最主要因素是碳正离子的相对稳定性。

除了在强酸性条件下发生的反应，只有能生成相对稳定的碳正离子的底物才会遵循S_N1反应机理。在简单烷基卤化物中，只有三级卤化物（从实际目的出发）遵循S_N1反应机理（烯丙型和苄型的有机卤化物，因其能形成相对稳定的碳正离子，它们也遵循S_N1反应机理）。

三级碳正离子相对稳定，因其三个相邻的碳原子上的σ键与碳正离子的p轨道具有σ-p超共轭效应。二级和一级碳正离子的超共轭效应相对较小，因此稳定性较差，甲基碳正离子则不稳定。碳正离子结构的相对稳定性对S_N1反应机理具有重要影响，这意味着反应的慢步骤（如：R—L ⟶ R^++L^-）活化自由能足够低，以致反应能在合理的速率下进行。

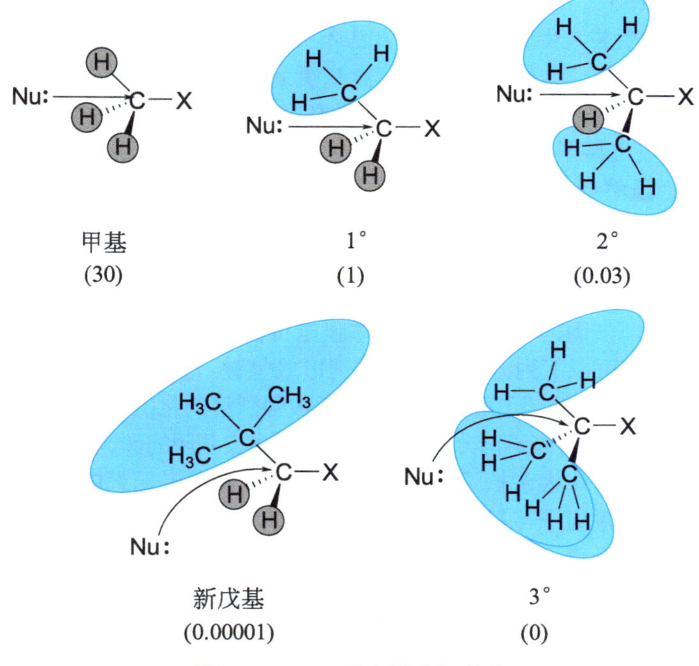

图8-2　S_N2反应的空间效应

8.5.3.2　亲核试剂的浓度及强度的影响

因为亲核试剂不参与S_N1反应中的决速步骤，因此S_N1反应的速率既不受亲核试剂浓度的影响，也不受其强度的影响。然而S_N2反应的速率，既取决于进攻的亲核试剂的浓度，又受其强度的影响，前面已介绍了怎样通过提高亲核试剂的浓度来提高S_N2反应的速率，现在来考察亲核试剂的强度怎样影响S_N2反应的速率。

亲核试剂的相对强度是以给定的某种反应物的S_N2反应的速率快慢来衡量的。一种良好的亲核试剂能够和给定的反应物迅速发生S_N2反应。反之，较差的亲核试剂在相同条件下与同种反应物进行S_N2反应的速率则较慢。当然，不能以S_N1反应活性来比较亲核试剂的亲核性强弱，因其不参与S_N1反应中的决速步。

例如，甲氧基阴离子是碘甲烷取代反应中一种优良的亲核试剂。它能使S_N2反应迅速进行并生成二甲基醚：

$$CH_3O^- + CH_3I \xrightarrow{\text{迅速}} CH_3OCH_3 + I^-$$

而甲醇是碘甲烷反应中活性较差的亲核试剂。在相同的条件下反应缓慢。因为它不是一种足够强的路易斯碱，不能以较快的速率来取代碘代物中的离去基团：

$$CH_3OH + CH_3I \xrightarrow{\text{非常慢}} CH_3\overset{+}{O}(H)CH_3 + I^-$$

亲核试剂的相对强度与两种结构特性有关：带负电的亲核试剂比它的共轭酸的亲核反应活性总是更强些，因此HO^-的亲核性比H_2O强，RO^-的亲核性比ROH强；而在具有相同亲核性原子的亲核试剂中，其亲核性强弱与它的碱性强弱一致。

例如，一些氧化物的亲核反应活性顺序如下：

$$RO^- > HO^- >> RCO_2^- > ROH > H_2O$$

这也是它们碱性强弱的排列顺序。烷氧基负离子（RO^-）比氢氧根负离子（HO^-）的碱性稍强些，而氢氧根负离子（HO^-）的碱性比羧酸负离子（RCO_2^-）强许多，以此类推。

尽管亲核性与碱性相关，但它们的测量方法不同。碱性的强弱用pK_b来表示，是以配位（碱基）电子对、质子、共轭酸、共轭碱的平衡位置来衡量的。亲核性以相对反应速率来衡量，取决于配位电子对与带有离去基团的原子（通常是碳原子）反应的速率快慢。例如，氢氧根负离子（HO^-）的亲核性比氰根负离子（CN^-）强；到达平衡时对质子有更强的亲和力（H_2O的pK_a是16，而HCN的pK_a是10）。虽然如此，氰根负离子仍是一种较强的亲核试剂，它与离去基团的碳原子的反应速率要比氢氧根离子更迅速。

8.5.3.3　S_N2反应的溶剂效应：极性质子溶剂和非质子溶剂

水或醇称为质子溶剂，因为有一个氢原子与强电负性的元素（氧）相连。因此，质子溶剂分子可以下列方式与亲核试剂形成氢键。

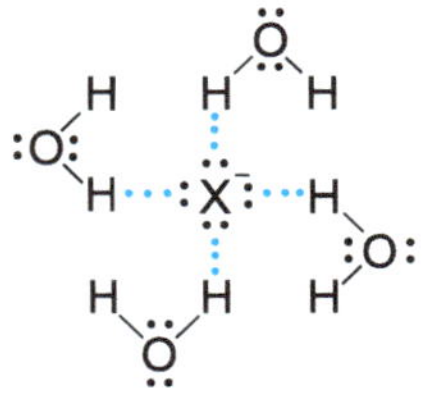

质子性溶剂水通过氢键使卤离子溶剂化

氢键作用降低了亲核性，抑制了取代反应。一个被强烈溶剂化的亲核试剂要参加亲核反应，必须脱去一些溶剂分子才能进攻连有离去基团的碳原子。

小亲核原子的氢键作用比大亲核原子强。在元素周期表同族元素中就呈现了这一趋势。例如，氟离子与其他卤离子相比有较好的溶解性，因为它是离子半径最小且电子云密度最大的卤离子。因此，在质子溶剂中，氟离子的反应活性不如其他卤离子。碘离子是最大的卤离子，它在质子溶剂中的溶解性较小，因此，它的亲核作用最强。在质子溶剂中，卤离子的亲核反应性如下：

$$I^- > Br^- > Cl^- > F^-$$

这一规则同样适用于氧和硫亲核试剂。硫原子比氧原子大，因此在质子溶剂中的溶解性不如氧。所以，硫醇的亲核性强于醇，RS^-的亲核性强于RO^-。

含有大亲核原子的亲核试剂的反应活性并不完全取决于其溶解性。原子半径大的原子有较大的极化能力（电子云容易迁移）。

在质子溶剂中的相对亲核性：

$$SH^- > CN^- > I^- > OH^- > N_3^- > Br^- > CH_3CO_2^- > Cl^- > F^- > H_2O$$

非质子溶剂是指在电负性较强的元素上没有氢原子的溶剂。许多极性非质子溶剂在S_N2反应中被广泛应用。例如：

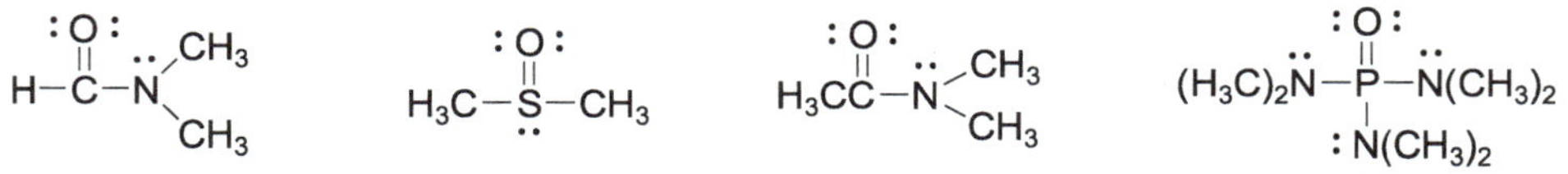

N,N-二甲基甲酰胺 (DMF)　　二甲基亚砜 (DMSO)　　*N,N*-二甲基乙酰胺 (DMA)　　六甲基磷酰胺 (HMPA)

所有这些溶剂（DMF、DMSO、DMA、HMPA）都可以溶解离子型化合物，它们对正离子有很好的溶解性。溶解原理与质子溶剂溶剂化正离子一样：负电荷围绕在阳离子周围，向阳离子的空轨道提供未共用电子对。

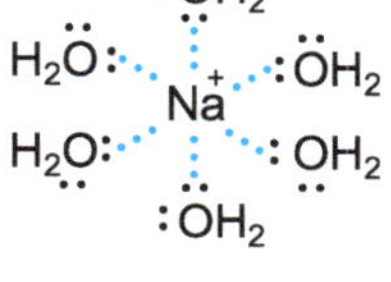

被质子溶剂水溶剂化的钠离子 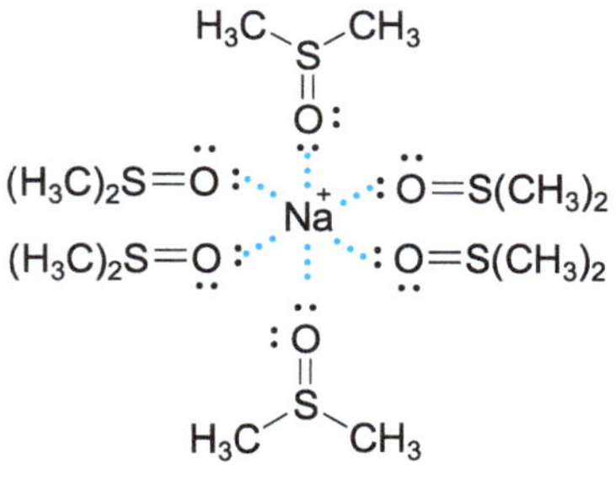　　被非质子溶剂DMSO溶剂化的钠离子

然而，由于它们不能形成氢键以及它们的正电中心由于空间效应被屏蔽不能与阴离子相互作用，非质子溶剂对阴离子的溶解性并不是太好。在这些溶剂中，阴离子不会随着溶剂化而趋于稳定。这些“裸露”的阴离子作为碱或亲核试剂有很高的反应性。例如，在溶剂二甲亚砜中，卤离子的亲核反应活性与在质子溶剂中的正好相反，而与它们的碱性强弱趋势相同：

卤离子在非质子溶剂中的亲核性：$F^- > Cl^- > Br^- > I^-$。

在极性非质子溶剂中，S_N2反应速率会有很大的不同，反应速率可增加百万倍。

8.5.3.4 S_N1反应的溶剂效应：溶剂的离子化能力

在S_N1反应中，极性质子溶剂可以大大增加卤代烷的离子化速率，有效地溶剂化正离子和负离子。这是由于溶剂化作用对过渡态至中间体碳正离子和卤离子的稳定作用比反应物大，因此活化能较低。吸热反应步骤的过渡态处于电荷分离状态，它与最终产生的离子相似：

$$\underset{\text{反应物}}{(CH_3)_3C-Cl} \longrightarrow \underset{\text{过渡态 分离的电荷形成}}{\left[(CH_3)_3C^{+}\cdots Cl^{-}\right]^{\ddagger}} \longrightarrow \underset{\text{产物}}{(CH_3)_3C^{+} + Cl^{-}}$$

溶剂的极性可粗略地用介电常数来表征。介电常数是溶剂隔绝异种电荷能力的量度。在高介电常数的溶剂中，离子之间的静电吸引和排斥力较小。表8-5给出了一些常用溶剂的介电常数。

水是促进离子化的最有效的溶剂，但是大多数的有机化合物在水中不溶解。然而，它们通常可以溶解于醇，水和醇的混合溶剂也经常使用。甲醇-水和乙醇-水是亲核取代反应的常用混合溶剂。

表8-5　常用溶剂的介电常数

	溶剂	分子式	介电常数
↑	水	H_2O	80
	甲酸	HCO_2H	59
	二甲亚砜	CH_3SOCH_3	49
	N,N-二甲基甲酰胺	$HCON(CH_3)_2$	37
溶剂极性增加	乙腈	CH_3CN	36
	甲醇	CH_3OH	33
	六甲基磷酰胺	$[(CH_3)_2N]_3PO$	30
	乙醇	CH_3CH_2OH	24
	丙酮	CH_3COCH_3	21
	乙酸	CH_3CO_2H	6

8.5.3.5 离去基团的性质

离去基团带着用来键合底物的电子对离开。最好的离去基团在离去时能变成一个相对稳定的阴离子或一个中性分子。因为弱碱能有效地稳定负电荷，所以能变成弱碱的基团是较好的离去基团。因此，最好的离去基团是那些在离去后能作为弱碱的基团。

考虑到过渡态的结构，就可以理解为什么负电荷的稳定化作用这么重要，因为不管是S_N1还是S_N2反应，在过渡状态形成时离去基团都要获得一个负电荷。

S_N1反应（速率控制步骤）：

$$C-X \longrightarrow \underset{\text{过渡态}}{\left[C^{\delta+}\cdots X^{\delta-}\right]^{\ddagger}} \longrightarrow C^{+} + X^{-}$$

S_N2 反应：

$$Nu^{:-} + \ C-X \longrightarrow \left[Nu^{-}\cdots C \cdots X^{-} \right]^{\ddagger} \longrightarrow Nu-C + X^{-}$$

过渡态

离去基团上逐渐形成的负电荷能够稳定过渡态（降低了其自由能）；自由能降低使得反应活化能降低，反应速率因此而加快。碘离子是卤素中最好的离去基团，而氟离子是最差的离去基团：

$$I^- > Br^- > Cl^- \gg F^-$$

碱性次序为： $F^- \gg Cl^- > Br^- > I^-$

另外，烷基磺酸阴离子、烷基硫酸阴离子和对甲苯磺酸阴离子等具有弱碱性的离子是好的离去基团。

$^-O-S(=O)_2-R$ 烷基磺酸阴离子　　$^-O-S(=O)_2-O-R$ 烷基硫酸阴离子　　$^-O-S(=O)_2-C_6H_4-CH_3$ 对甲苯磺酸阴离子

这些阴离子是强酸的共轭碱。

三氟甲烷磺酸盐阴离子（$CF_3SO_3^-$，俗称三氟磺酸阴离子）是已知的最好的离去基团，它是超强酸 CF_3SO_3H（pK_a=–6 ～ –5）的阴离子。

强碱性的阴离子很少作为离去基团，例如，氢氧根是一个强碱性的离子，因此如下的反应不会发生：

$$Nu^{:-} + R-OH \not\longrightarrow RNu + OH^-$$

(这个反应不会发生，因为离去基团是强碱性的)

然而，当醇类底物溶解在强酸性溶液中时，它就可以与亲核试剂发生取代反应。因为酸对醇分子中的羟基有质子化作用，离去基团不再是氢氧根离子，而是水分子——比氢氧根弱得多的碱，是一个好的离去基团。

$$Nu^{:-} + R-\overset{+}{O}H_2 \longrightarrow RNu + H_2O$$

(这个反应能发生，因为离去基团是弱碱性的)

像氢负离子和烷基负离子等超强碱，事实上从来不会成为离去基团。因此如下反应也是不现实的：

$$Nu^{:-} + CH_3CH_2-H \not\longrightarrow CH_3CH_2-Nu + H^{:-}$$

$$Nu^{:-} + CH_3-CH_3 \not\longrightarrow CH_3-Nu + CH_3^-$$

这些不是离去基团

8.5.3.6 S_N1 和 S_N2 比较

能形成相对稳定的碳正离子的卤代烃很容易发生 S_N1 反应，碳正离子可通过弱碱或离子化溶剂产生。因此，叔卤化物的溶剂化反应对 S_N1 反应很重要，尤其是溶剂极性大时。发生溶剂化反应时，因为亲核试剂是中性分子（溶剂），而不是阴离子，所以亲核性比较弱。空间位阻相对小的卤代烃、强亲核试剂、极性非质子溶剂和高亲核试剂浓度有利于卤代烃发生 S_N2 反应，按 S_N2 反应的活性顺序是：

$$H_3C-X > R-CH_2-X > R-CH(R)-X$$

叔卤化物一般不按S_N2机理反应。

离去基团效应在S_N1和S_N2反应中是相同的：烷基碘化物反应得最快，氟化物反应得最慢。由于烷基氟化物反应很慢，所以它们很少用作亲核取代反应的底物。

$$R—I > R—Br > R—Cl \quad S_N1或S_N2$$

这些影响因素总结在表8-6中。

表8-6　影响S_N1和S_N2的因素

因素	S_N1	S_N2
底物 亲核试剂 溶剂	3°（要求形成一个相对稳定的碳正离子） 弱路易斯碱，中性分子，亲核试剂可能是溶剂（溶剂解） 极性溶剂（如醇、水）	甲基＞1°＞2°（要求空间位阻小的底物） 强路易斯碱，高浓度的亲核试剂有利 极性非质子溶剂（如DMF、DMSO）
离去基团	对S_N1和S_N2均I＞Br＞Cl＞F 离去基团离去后的碱性越弱，则离去基团越易离去	

8.6　消去反应机理

消去反应有多种机理。对于卤代烃，有两种反应机理尤其重要，它们非常类似前面所学的S_N2和S_N1反应。

8.6.1　双分子消去反应：E2反应

当异丙基溴和乙醇钠在乙醇中加热生成丙烯时，反应速率取决于异丙基溴和乙醇钠的浓度。对每个反应物，属于一级反应，整体属于二级反应。

$$速率 \propto [CH_3CHBrCH_3][C_2H_5O^-]$$

$$速率 = k[CH_3CHBrCH_3][C_2H_5O^-]$$

由此可以推测，决速步骤应包含卤化物和醇盐两个反应物的浓度。这个反应就是双分子反应。大量实验表明，反应按如下步骤进行（E2反应机理）：

$$C_2H_5O^- + CH_3CHBrCH_3 \longrightarrow H_2C{=}CHCH_3 + C_2H_5OH + Br^-$$

首先，碱性乙氧基负离子从β-碳原子上移走一个质子，用它的电子对和质子成键。与此同时，β-位的C—H键上的电子对移动并形成双键，溴原子带着与α-碳上成键的电子对离开。

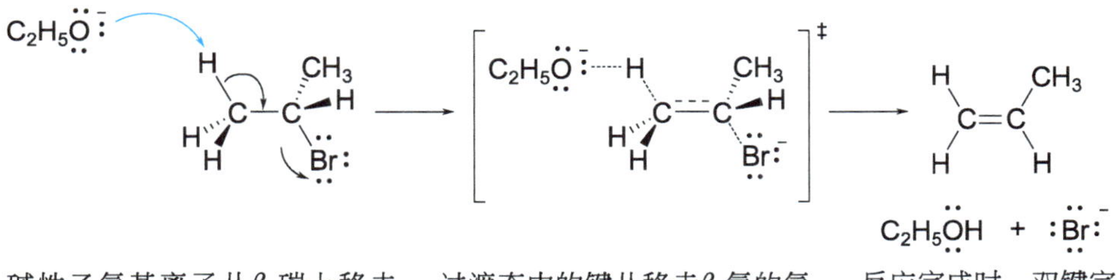

碱性乙氧基离子从β-碳上移去一个质子，用自己的电子对与质子成键。同时，β-位的C—H键上的电子对开始成为双键中的π键，溴开始带着α-碳上的电子离去

过渡态中的键从移走β-氢的氧原子延伸至正在形成的双键的碳架，到离去基团。电子云密度的流动方向是从碱到离去基团，同时，电子对填充了烯烃中的π键

反应完成时，双键完全形成，烯键上的碳原子具有三角形平面结构。其他产物为乙醇和溴离子

8.6.2　单分子消去反应：E1反应

消去反应也可以通过另一种途径进行。例如，叔丁基氯与80%的乙醇水溶液在25 ℃下反应，

取代产物的产率为83%，消去产物（2-甲基丙烯）的产率为17%。

$$(CH_3)_3C-Cl \xrightarrow{EtOH/H_2O} \begin{cases} \xrightarrow{S_N1} (CH_3)_3C-OH \text{（叔丁醇）} + (CH_3)_3C-OCH_2CH_3 \text{（乙基叔丁基醚）} \quad (83\%) \\ \xrightarrow{E2} H_2C=C(CH_3)_2 \text{（2-甲基丙烯）}(17\%) \end{cases}$$

这两个反应，起始步骤都先形成了叔丁基阳离子，也是反应的速率控制步骤。因此，这两个反应都是单分子的。

$$(CH_3)_3C-\ddot{Cl}: \xrightarrow{慢} (CH_3)_3C^+ \text{（溶剂化）} + :\ddot{Cl}:^- \text{（溶剂化）}$$

究竟是取代反应还是消除反应取决于下一个步骤（决速反应步骤）。如果溶剂分子作为亲核试剂进攻叔丁基阳离子的碳正离子，则产物为叔丁基醇或者叔丁基醚，反应为S_N1反应：

$$(CH_3)_3C^+ + Sol-\ddot{O}H \xrightarrow{快} (CH_3)_3C-\overset{+}{O}(H)-Sol \rightleftharpoons (CH_3)_3C-\ddot{O}-Sol + H-\overset{+}{O}(H)-Sol \quad S_N1反应$$

(Sol =H — 或 CH_3CH_2—)

$H-\ddot{O}-Sol$

然而，如果溶剂分子作为碱夺去一个β-氢原子当作一个质子，则产物为2-甲基丙烯，反应为E1反应，E1反应几乎总是伴随着S_N1反应发生的。

$$Sol-\ddot{O}(H): + H-CH_2C^+(CH_3)_2 \xrightarrow{快} Sol-\overset{+}{O}(H)-H + H_2C=C(CH_3)_2 \quad E1反应$$

2-甲基丙烯

E1反应的机理：

$$(CH_3)_3CCl + H_2O \longrightarrow H_2C=C(CH_3)_2 + H_3O^+ + Cl^-$$

第1步：

$$H_3C-C(CH_3)_2-\ddot{Cl}: \longrightarrow H_3C-C^+(CH_3)_2 + :\ddot{Cl}:^-$$

在极性溶剂中，氯带着碳氯之间的共用电子对离开

这个慢步骤产生相对稳定的3°碳正离子和一个氯离子，离子被周围的水分子溶剂化(稳定化)

第2步：

$$H-\ddot{O}: + H-\underset{H}{\overset{H}{C}}-C^{+}(CH_3)_2 \longrightarrow H-\overset{+}{\ddot{O}}(H)-H + H(H)C=C(CH_3)_2$$

水分子从碳正离子的β-碳上移去一个氢原子，由于相邻的正电荷的作用，这个氢原子显酸性，同时，在α-与β-碳间形成双键

这步反应产生烯烃和水合氢离子

8.7 取代反应与消去反应的比较

所有的亲核试剂都可能是碱，所有的碱也都可能是亲核试剂。这是因为亲核试剂和碱的反应部位都是未共用电子对。因此，亲核取代反应和消除反应时常互相竞争。

8.7.1 S_N2和E2的比较

在强亲核试剂或碱的浓度比较高时，S_N2和E2反应容易进行。当高浓度碱进攻β-氢原子时，发生E2反应；当高浓度亲核试剂进攻带有离去基团的碳原子时，则发生S_N2反应：

(a) Nu:⁻ 进攻 H—C—C—X 的β-氢 →（消除 E2）→ $>C=C<$ + Nu—H + X:⁻

(b) Nu:⁻ 进攻带X的碳 →（取代 S_N2）→ H—C—C—Nu + X:⁻

用同一亲核试剂和不同的卤代烃考察下列反应。

① 伯卤代物　当底物为伯卤代烷且碱没有立体位阻时，例如乙醇钠，由于碱能很容易接近带有离去基团的碳原子，取代反应更容易发生。

$$CH_3CH_2O^-Na^+ + CH_3CH_2Br \xrightarrow[55\,^\circ C\ (-NaBr)]{C_2H_5OH} \underset{\substack{S_N2\\(90\%)}}{CH_3CH_2OCH_2CH_3} + \underset{\substack{E2\\(10\%)}}{H_2C=CH_2}$$

② 仲卤代物　对于仲卤化物，强碱更倾向于消去反应，因为位阻因素使取代反应很难进行。

$$CH_3CH_2O^-Na^+ + CH_3\underset{Br}{C}HCH_3 \xrightarrow[55\,^\circ C\ (-NaBr)]{C_2H_5OH} \underset{\substack{S_N2\\(21\%)}}{CH_3\underset{OCH_2CH_3}{C}HCH_3} + \underset{\substack{E2\\(79\%)}}{H_2C=CHCH_3}$$

③ 叔卤代物　由于叔卤化物的空间位阻效应非常大，S_N2反应几乎不能发生。消去反应比较容易发生，尤其是当反应在较高的温度下进行时。取代反应只能通过S_N1反应机理进行：

$$CH_3CH_2O^-Na^+ + CH_3\underset{Br}{\overset{CH_3}{C}}CH_3 \xrightarrow[55\,^\circ C\ (-NaBr)]{C_2H_5OH} \underset{\substack{S_N2\\(9\%)}}{CH_3\underset{OCH_2CH_3}{\overset{CH_3}{C}}CH_3} + \underset{\substack{主要E2\\(91\%)}}{H_2C=\overset{CH_3}{C}-CH_3}$$

$$CH_3CH_2O^-Na^+ + CH_3\underset{Br}{\overset{CH_3}{C}}CH_3 \xrightarrow[\substack{55\ ^\circ C \\ (-NaBr)}]{C_2H_5OH} \underset{\substack{E1+E2 \\ (100\%)}}{H_2C=\overset{CH_3}{C}-CH_3} + C_2H_5OH$$

其他因素对S_N2和E2的影响如下。

① 温度　提高反应温度，消去反应（E1和E2）更容易进行。由于消除反应中有许多键的变化，因此消去反应比取代反应具有较高的活化能。另外，因为温度在Gibbs自由能等式$\Delta G^\ominus=\Delta H^\ominus-T\Delta S^\ominus$中是热力学熵的系数，温度的增加更进一步提高热力学熵效应。

② 碱/亲核试剂的大小　提高反应温度是促使卤代烃发生消去反应的一种有效方法。另一种方法是用有较大空间位阻的碱，例如叔丁氧基阴离子的大位阻会阻止卤代烃发生取代反应，而优先发生消除反应。以下列两个反应为例，没有位阻的甲氧基离子与十八烷基溴主要发生取代反应；叔丁氧基阴离子主要发生消去反应。

小位阻碱/亲核试剂：

$$CH_3O^- + CH_3(CH_2)_{15}CH_2CH_2-Br \xrightarrow[65\ ^\circ C]{C_2H_5OH} \begin{matrix} CH_3(CH_2)_{15}CH=CH_2 & E2\ (1\%) \\ + & \\ CH_3(CH_2)_{15}CH_2CH_2OCH_3 & S_N2\ (99\%) \end{matrix}$$

大位阻碱/亲核试剂：

$$H_3C-\underset{CH_3}{\overset{CH_3}{C}}-O^- + CH_3(CH_2)_{15}CH_2CH_2-Br \xrightarrow[40\ ^\circ C]{(CH_3)_3COH} \begin{matrix} CH_3(CH_2)_{15}CH=CH_2 \\ E2\ (85\%) \\ + \\ CH_3(CH_2)_{15}CH_2CH_2-O-\underset{CH_3}{\overset{CH_3}{C}}-CH_3 \\ S_N2\ (15\%) \end{matrix}$$

③ 碱性和极化率　影响E2和S_N2反应的另一个因素为碱/亲核试剂的碱性和极化率。使用强的、不易极化的碱，如氨离子（NH_2^-）或醇盐离子（尤其是有位阻作用的）容易增加消去反应（E2）的可能性。使用弱碱如氯离子（Cl^-）或醋酸根离子（$CH_3CO_2^-$），或弱碱且极化率高的，如Br^-、I^-或RS^-，可以增加取代反应（S_N2）的可能性。例如，醋酸根离子与异丙基溴的反应几乎完全按S_N2模式发生：

$$CH_3\overset{O}{\overset{\|}{C}}-O^- + CH_3\overset{CH_3}{CH}-Br \xrightarrow[\substack{(约100\%)}]{S_N2} H_3C-\overset{O}{\overset{\|}{C}}-O-\overset{CH_3}{CHCH_3} + Br^-$$

碱性更强的乙氧基离子与异丙基溴反应主要按E2机理进行。

8.7.2　S_N1和E1的比较：叔卤化物

因为E1和S_N1的反应过程涉及相同的中间物，因此反应的影响因素相似。底物能形成稳定碳正离子（叔卤化物）时，E1反应容易发生。弱亲核试剂（弱碱）以及极性溶剂，都会促进消除反应的发生。

S_N1反应和E1反应的产物比例很难控制，因为它们经由碳正离子反应的活化自由能都非常小。

在大多数的单分子反应中，S_N1比E1更容易进行，尤其在较低温度时。然而，叔卤化物的取代反应在合成上应用并不广泛。这些卤化物更加容易发生消去反应。

提高反应的温度有利于E1反应，而对S_N1反应不利。然而，如果想得到消去产物，加入强碱才更有利于发生E2反应。

简单卤代烃发生取代和消去反应的重要反应途径见表8-7。

表8-7　S_N1、S_N2和E1、E2反应总结

CH_3X 甲基	RCH_2X 1°	R′ R—CHX 2°	R′ R—C—X R″ 3°
双分子反应			S_N1/E1或E2
发生S_N2反应	除了在强碱介质[如$(CH_3)_3CO^-$]主要发生S_N2反应，其余以E2为主	离去基团为弱碱（I^-、CN^-、$RCOO^-$）主要发生S_N2，若为强碱则发生E2（RO^-）	不发生S_N2，在极性溶剂中是S_N1/E1，在低温S_N1为主，当用强碱（RO^-）时，几乎都是E2

8.8　卤代烯烃

卤代烯烃分子中的卤原子与碳碳双键的相对位置不同时，它们之间的相互影响不一样，其化学性质上也有很大差别。卤原子直接与双键相连时称为乙烯型卤代烯烃；卤原子连在烯烃的α-碳原子上时，称为烯丙型卤代烯烃；如果卤原子与双键相隔两个以上饱和碳原子时，卤代烯烃中两个官能团有各自独立的化学性质（卤原子的活泼性与卤代烷烃中基本相同）。

$$>C=C<_{X} \qquad >C=C<_{CH_2-X}$$

乙烯型卤代烯烃　　烯丙型卤代烯烃

8.8.1　乙烯型卤代烯烃

一般来说，乙烯基卤化物发生S_N1或S_N2反应的条件苛刻。不易发生S_N1反应，是因为乙烯基碳正离子极不稳定且不易得到；不易发生S_N2反应，是因为乙烯基的碳卤键比烷基上的碳卤键更牢固，且双键的电子排斥亲核试剂从背面进攻。

（1）氯乙烯的亲电加成反应

$$\overset{\delta-}{H_2C}=\overset{\delta+}{CH}-\ddot{Cl} + HBr \longrightarrow H_3C-\underset{Br}{\overset{H}{C}}-Cl$$

该产物符合马尔科夫尼科夫规则，但加成速率比较慢，可能是由于氯的强电负性（诱导效应）使原双键处的电子云密度有所降低，反应时过渡态的活化能比较高。

（2）溴丁烯的消去反应

乙烯基卤化物发生消去卤化氢的反应较困难，要在很强的碱性条件下才能消去HX生成炔烃。如：

$$CH_3CH_2CH=CHBr \xrightarrow[\text{液}NH_3]{NaNH_2} CH_3CH_2C\equiv CH + HBr$$

（3）氯乙烯的聚合反应

氯乙烯在少量过氧化物存在下，能聚合生成白色粉状固体高聚物，称为聚氯乙烯（简称PVC）。

$$n\,CH_2=CHCl \xrightarrow{\text{过氧化物}} \left[CH_2-\underset{Cl}{CH}\right]_n$$

聚氯乙烯具有化学性质稳定、耐酸、耐碱、不易燃烧、不被空气氧化、不溶于一般溶剂等优良性能，常用来制造塑料制品、合成纤维、薄膜、管材及其他类似物，在工业上有着广泛的应用。

8.8.2 烯丙型卤代烯烃

(1) 取代反应

以烯丙基氯为例，其结构中的氯原子非常活泼，易发生取代反应。对于S_N1反应来说，烯丙基氯的这种活泼性，是因为氯解离后可以生成稳定的烯丙基碳正离子。这个碳正离子中带正电荷的碳原子是sp^2杂化的，它的缺电子的空p轨道和相邻的碳碳双键的π键发生交盖，使π电子云离域（形成缺电子共轭体系），因此正电荷得到分散，使整个碳正离子趋于稳定。可用共振结构式表示：

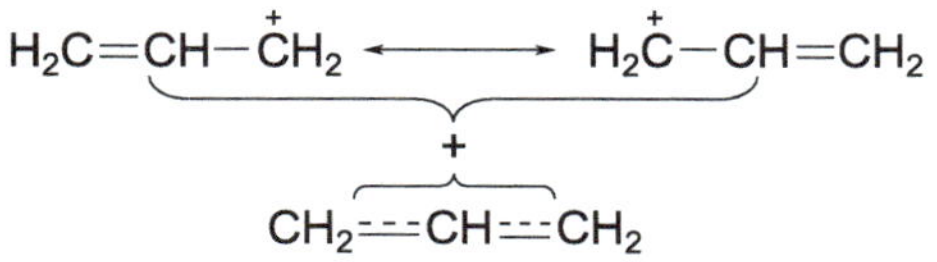

$$H_2C{=}CH{-}\overset{+}{C}H_2 \longleftrightarrow H_2\overset{+}{C}{-}CH{=}CH_2$$

$$\overset{+}{CH_2\cdots CH\cdots CH_2}$$

例如，2-丁基烯氯在水解条件下可以得到两种产物，看似是发生了—OH基团转移位置的分子重排，但实际上发生了以下所示的S_N1反应过程：

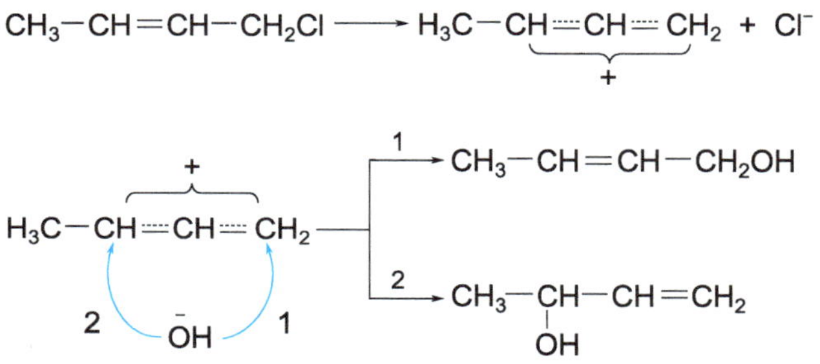

$$CH_3{-}CH{=}CH{-}CH_2Cl \longrightarrow H_3C{-}\overset{+}{CH\cdots CH\cdots CH_2} + Cl^-$$

$$H_3C{-}\overset{+}{CH\cdots CH\cdots CH_2} \xrightarrow{\overset{-}{O}H} \begin{cases} \xrightarrow{1} CH_3{-}CH{=}CH{-}CH_2OH \\ \xrightarrow{2} CH_3{-}\underset{OH}{CH}{-}CH{=}CH_2 \end{cases}$$

(2) 消去反应

烯丙型卤代烯烃消除HX的反应以生成稳定的共轭二烯为主。例如：

$$CH_2{=}CH{-}\underset{Br}{CH}{-}C(CH_3)_3 \xrightarrow[C_2H_5OH,\ 加热]{NaOH} CH_2{=}CH{-}\underset{CH_3}{C}{=}C(CH_3)_2 + HBr$$

反应中生成孤立二烯烃及累积二烯烃的量是很少的，显然这是一个以E1反应为主的、经过重排过程的消去反应。

8.9 常用卤代烃

卤代烃可用作溶剂（如二氯甲烷）、灭火剂（如四氯化碳）、制冷剂（如氟利昂）、清洗剂（衣物干洗剂、机件洗涤剂）、麻醉剂（如三氟溴氯乙烷）、杀虫剂（如六六六，现已禁用）、高分子化工原料（如氯乙烯、四氟乙烯）等。在有机合成中，利用卤代烃中卤原子的化学活性，能有效地完成基团转换，用于合成其他类型的化合物，应用十分广泛。

常用的卤代烃举例如下：

(1) 氯乙烷

氯乙烷是带有甜味的气体，沸点12.2 ℃，低温时即可液化。工业上用作制冷剂，在有机合成上用于进行乙基化反应。小型外科手术时，也用作局部麻醉剂，将其喷洒在要施行手术的部位，因氯乙烷沸点低，很快蒸发，吸收热量，使温度急剧下降，局部暂时失去知觉。

（2）三氯甲烷

三氯甲烷，俗名氯仿，是无色液体，沸点61 ℃，有特殊气味，味甜，折射率高，易挥发。不能燃烧，也不溶于水，工业上常用作溶剂，以及用来生产制冷剂、染料和药物。在医学上也曾用作全身麻醉剂，因毒性较大，现已很少使用。

（3）二氟二氯甲烷

二氟二氯甲烷（CF_2Cl_2），无色气体，加压可液化，沸点–29.8 ℃，不能燃烧，无腐蚀和刺激作用，高浓度时有乙醚气味，但遇火焰或高温金属表面时，放出有毒物质。由于其较强的化学稳定性、热稳定性、表面张力小、气液两相变化容易、无毒、亲油、价廉等，被广泛应用于制冷、发泡、溶剂、喷雾剂、电子元件的清洗等行业中，尤其是作为氟利昂（Freon，常见制冷剂）的典型代表之一，常用于空调制冷。

（4）四氟乙烯

四氟乙烯（$CF_2{=\!=}CF_2$）为无色气体，沸点–76 ℃，可通过聚合得到聚四氟乙烯。聚四氟乙烯耐热、耐寒性优良（可在–180 ～ 260 ℃长期使用），化学性质非常稳定，具有抗酸碱、抗摩擦、抗各种有机溶剂等特点，有“塑料王”之称。

（5）2,2–二(对氯苯基)–1,1,1–三氯乙烷（DDT）

DDT是典型的有机氯类杀虫剂，可用来杀灭苍蝇、虱子、蚊子等害虫。在第二次世界大战期间，美国人将它制成气雾剂在军队中使用，后又作为廉价农药广泛使用。在20世纪上半叶在防止农业病虫害，减轻疟疾、伤寒等蚊蝇传播的疾病危害方面起到了重要作用。但因其稳定性高、降解速率低，极易造成环境污染，在很多国家和地区已经禁用。

 拓展阅读：保罗 · 瓦尔登

学过有机化学的人都知道一种现象——瓦尔登翻转（Walden inversion），指的是一个手性分子在取代反应中构型发生变化的现象。

保罗 · 瓦尔登（Paul Walden）生于1863年7月26日，原是俄国的拉脱维亚人。幼年父母双亡成为孤儿。他在当地的小学里，主要学的是德文。以优异成绩毕业后，被公费送到当时拉脱维亚的大城市里加（Riga），进了一所设备比较完善的中学。他的成绩优异。1882年他19 岁时，进入当时里加很有名的工业大学。在教员之中，以化学教授威廉 · 奥斯特瓦尔德（Wilhelm Ostwald）最负盛名。瓦尔登和这位老师感情很好。1887年，他跟着老师去德国莱比锡大学从事研究工作。他一面做研究，一面做私人教师来维持生活，并于28岁时在这里获得了博士学位。

后来他又回到里加，在母校里加工业大学工作多年，从助教、讲师、教授、教务长，一直到校长。他主要进行有机化学的教学和物理化学的研究。

1897 ～ 1899年这三年间，瓦尔登主要从事有机立体化学的研究工作。就在这期间，他发现了著名的瓦尔登转化现象，引起英国、美国、德国、法国、意大利等国许多化学家的类似研究。从此，他成为国际有名的化学家。瓦尔登在世的时候，这种转化的机理始终没有得到合理的解释。一直到20世纪50年代后期，量子化学理论发展以后，瓦尔登转化的机理才得到合理的说明。瓦尔登从1900年开始研究多种化合物的分子传导率，在物理化学方面又发明了瓦尔登黏度法则。

由于担任里加工业大学的校长。瓦尔登经常要去彼得格勒和俄国教育部联系工作。他在1906年被选为俄罗斯科学院院士。在苏联十月革命时期，他仍然留在里加。当时，拉脱维亚从1917 年起已成为独立的一个小国。从1919年起，瓦尔登被德国北部的罗斯托克（Rostock）大学聘任为

教授。从此以后，瓦尔登成为国际化学界很活跃的一位科学家。1942年后，第二次世界大战期间，他在罗斯托克的整个家庭被炸毁，万卷以上书籍都丧失了。他不得不逃到图宾根（Tubingen），在那里，他成了图宾根大学的客座教授。

瓦尔登在1934年曾经被选为第九届国际应用和纯粹化学联合会的会长，前后担任了四年。他在1912年去美国访问，1929年又受美国康乃尔大学的邀请，担任客座教授，他在那里讲了一学期课。他的讲演集成为康乃尔大学丛书的一个分册，书名是《盐类、酸类和碱类以及立体化学》，至今还是一本有参考价值的书籍。

瓦尔登曾写过一篇简单的自传。根据这篇自传，我们知道他是自学成才的，从一个幼年便丧失父母的贫困孤儿，后来成为一位国际上知名的大科学家。他自己说曾经有好些年，每天只睡三至四小时，把大部分时间用来读书和做实验研究。他之所以能取得惊人的成果，是勤奋努力获得的。

他一生的著作很多，发表论文近二百篇。他写的书大部分是用德文写的，有《瓦尔登转化》（1919年）、《非水溶液》（1924年）、《作为化学家的歌德》（1932年）、《化学简史》（1947年）等。

他所结交的各国化学家很多，成为20世纪初国际上最活跃的一位学者。他一生获得很多荣誉，他既得到过许多国外大学授予的荣誉学位，也得到过很多国外学术机构赠送的奖章。

瓦尔登于1957年1月2日在德国的图宾根因病去世，享年94岁。

参考资料

[1] 袁翰青. 瓦尔登转化的发现人[J]. 化学教育, 1981(05): 45-46.
[2] “瓦尔登转化(1896年发现)” http://blog.sina.com.cn/s/blog_bb125cc30101ohrp. html.

习题

8-1 将下列卤代烃用IUPAC命名法命名。

（1）$CH_3CH_2CHBrCH_2Cl$　　（2）$BrCH_2CH_2C(CH_3)_2CH_2Br$

（3）$H(H_3C)C=C(H)Br$（顺式，两个H在同侧）　　（4）$H_3C-C(CH_3)(Br)-CH_2CH_2CH(Cl)CH_3$　　（5）$(CH_3)_2C(Br)CH_2C(CH_3)_3$

8-2 根据IUPAC命名法，画出下列化合物的结构。

（1）3,3-二甲基-2-氯己烷　　（2）2-甲基-3,3-二氯己烷

（3）3-乙基-3-溴戊烷　　（4）4-异丙基-1,1-二溴环己烷

（5）4-仲丁基-2-氯壬烷　　（6）4-叔丁基-1,1-二溴环己烷

8-3 写出下列反应的主产物：

（1）1-甲基环己醇（H_3C、OH） $\xrightarrow[Et_2O]{HBr}$?　　（2）$CH_3CH_2CH_2CH_2OH \xrightarrow{SOCl_2}$?

（3）八氢萘（双环，桥头双键） $\xrightarrow[CCl_4]{NBS}$?　　（4）环己醇（OH） $\xrightarrow[Et_2O]{PBr_3}$?

（5）$CH_3CH_2CHBrCH_3 \xrightarrow[Et_2O]{Mg} A \xrightarrow{H_2O} B$

（6）$CH_3CH_2CH_2CH_2Br \xrightarrow[\text{戊烷}]{Li} A \xrightarrow{CuI} B$

（7）$CH_3CH_2CH_2CH_2Br + (CH_3)_2CuLi \xrightarrow{Et_2O}$?

(8) 4-Cl-C$_6$H$_4$-CHClCH$_3$ + H_2O $\xrightarrow{NaHCO_3}$?

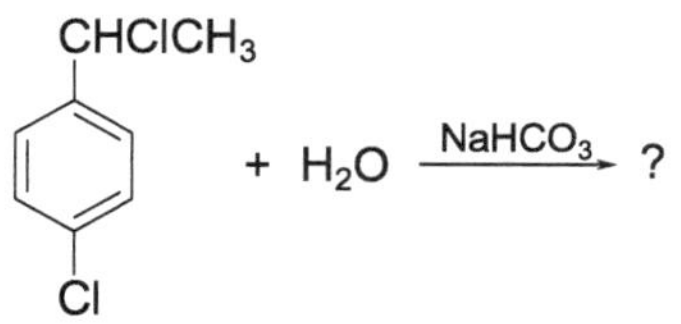

(9) C$_6$H$_5$-CH$_2$CH=CHCH$_3$ $\xrightarrow{NBS}$?

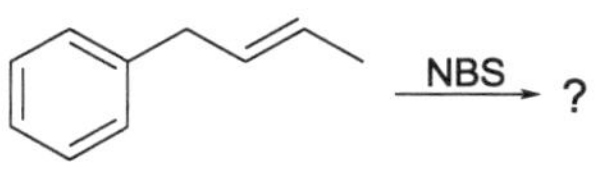

8-4 2-庚烯与NBS反应，得到下列两种产物，请写出下列反应的机理。

$$CH_3CH_2CH_2CH_2CH{=}CHCH_3 \xrightarrow{NBS} CH_3CH_2CH_2CHBrCH{=}CHCH_3 + CH_3CH_2CH_2CH{=}CHCHBrCH_3$$

8-5 卤代烃在光照条件下，可以与$(C_4H_9)_3SnH$发生自由基反应，被还原成相应烷烃：

$$RX + (C_4H_9)_3SnH \xrightarrow{h\nu} RH + (C_4H_9)_3SnX$$

请写出该反应的自由基反应机理。

提示：第一步反应是光照引发Sn—H键的断裂，生成三丁基锡自由基$(C_4H_9)_3Sn\cdot$。

8-6 请以1-丁烯为原料写出下列产物的合成路线。

（1）$CH_3CH_2CH_2CH_2Br$　（2）$CH_3CH_2CH_2CH_2Cl$

（3）$CH_3CH_2CH_2CH_2OH$　（4）$CH_3CH_2CH_2CH_2CH_2CH_3$

（5）$CH_3CH_2CH_2CH_2COCH_2CH_2CH_3$　（6）$CH_3CH_2CH_2CH_2CN$

（7）$CH_3CH_2CH_2CH_2SCH_2CH_2CH_2CH_3$

8-7 将下列化合物按照与KI/丙酮反应活性大小顺序排列：

（1）$CH_3CH_2CH_2CH_2Cl$　$CH_3CH_2CH_2CHClCH_3$　$(CH_3)_3CCl$　$H_3CCH{=}CHCH_2Cl$

（2）$(CH_3)_3CCl$　$(CH_3)_3CCH_2Cl$　$(CH_3)_2CHCH_2Cl$　$CH_3CH_2CH_2CH_2Cl$

8-8 将8-7中的化合物按照与$AgNO_3$/EtOH反应活性大小顺序排列。

第9章

苯及芳香化学

芳香性化合物早期都是从天然材料（肉桂皮、冬青叶、香荚和茴香籽等）中提取得到的，并具有特殊的化学性质。例如，肉桂皮中含有一种令人愉悦的芳香气味化合物，该化合物分子式为C_9H_8O，化学名为肉桂醛。由于在肉桂醛和其他芳香族化合物中氢/碳比例都比较低（烷烃中H/C＞2），化学家们推测它们的结构中应该包含许多双键或叁键。但当把烯烃的反应应用到芳香族化合物时，令人惊奇的是，芳香性化合物中的不饱和键仍然存在，也就是这些不饱和键表现出高度的化学稳定性。例如，肉桂醛在热高锰酸钾溶液作用下生成了一种稳定的结晶性化合物，分子式为$C_7H_6O_2$，即我们现在所熟知的化合物——苯甲酸。苯甲酸中H/C的比率也小于1，仍存在多个不饱和键。苯甲酸脱羧可转变为稳定的烃类化合物——苯，分子式为C_6H_6。从下图所示的苯及其衍生物与环己烯的化学性质对比来看，苯及其衍生物的化学性质要比一般的含双键的化合物稳定。

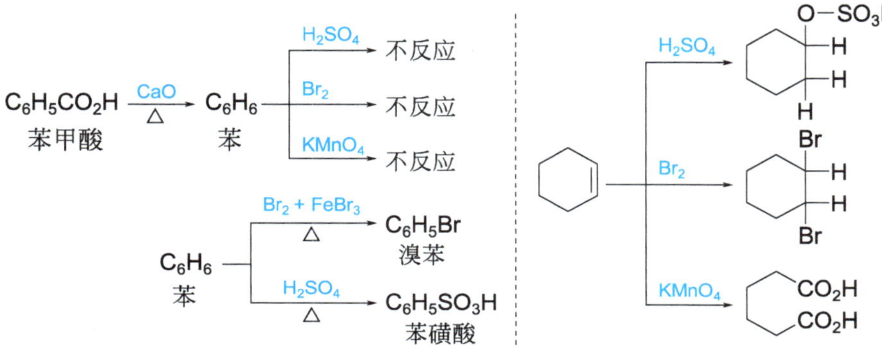

$C_6H_5CO_2H$ 苯甲酸 $\xrightarrow[\triangle]{CaO}$ C_6H_6 苯；C_6H_6 + H_2SO_4 → 不反应；+ Br_2 → 不反应；+ $KMnO_4$ → 不反应

C_6H_6 苯 $\xrightarrow[\triangle]{Br_2 + FeBr_3}$ C_6H_5Br 溴苯

C_6H_6 苯 $\xrightarrow[\triangle]{H_2SO_4}$ $C_6H_5SO_3H$ 苯磺酸

环己烯 + H_2SO_4 → O—SO_3H（加成产物）；+ Br_2 → 二溴化物（Br、Br）；+ $KMnO_4$ → 己二酸（CO_2H、CO_2H）

随着有机化学的不断发展，又发现了一些非苯构造的环状烃，它们与苯及其衍生物的性质相似：成环原子间的键长也趋于平均化，性质上表现为易发生取代反应，不易发生加成反应，不易被氧化，它们的质子与苯的质子相似，在核磁共振谱中显示出相似的化学位移，这些特性统称为芳香性。所以近代有机化学把性质上具有芳香性的化合物称为芳香族化合物。

9.1 苯和芳香族化合物的结构

9.1.1 苯的凯库勒结构式

苯及其衍生物因具有“芳香气味”而被归为“芳香族”化合物。现如今，“芳香性”被赋予了新的化学意义，即具有特殊的稳定性。1865年，化学家凯库勒根据苯的分子式（C_6H_6）判断其为具有高度不饱和性的化合物。因苯的一元取代物只有一种，后经研究提出了苯的六元环状结构，即苯的凯库勒式。

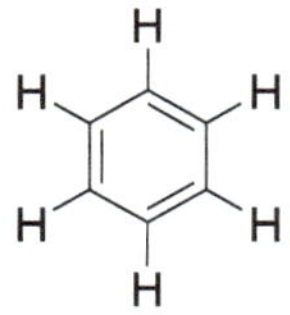

苯的凯库勒式中含有交替的单键和双键（理论上，其碳碳单键的键长为148 pm，碳碳双键的键长为134 pm）。为了解释苯的邻位二取代化合物只有一种，凯库勒假定苯的双键不是固定的，而是不停地迅速来回移动，即以下两种形式的迅速平衡：

苯的凯库勒式

光谱学研究显示，苯所有的键长均相等，处于单键和双键的键长之间（139 pm），并且苯是一个环状平面分子。尽管凯库勒结构式提出的苯环状结构的观点是正确的，但凯库勒结构式不能解释苯具有特殊的稳定性。如果凯库勒结构式含有三个双键，那苯就应该能像乙烯一样发生加成反应，以及断裂双键的氧化反应。而事实上，苯通常只发生取代反应，即氢原子被其他一些原子或基团所取代。

9.1.2　苯的共振杂化理论

（1）共振方法的原则

凯库勒结构式是理解有机化学及化合物结构的基本方法。对于某些化合物和离子，它们的真实结构也不能用单一结构来表示。例如，二氧化硫（SO_2）和硝酸（HNO_3）可以用两种等价的结构式表示：

二氧化硫　$O=S^{+}-O^{-} \longleftrightarrow {}^{-}O-S^{+}=O$　（1）

硝酸　$HO-N^{+}(=O)-O^{-} \longleftrightarrow HO-N^{+}(-O^{-})=O$　（2）

如果上述二氧化硫的结构只用一个结构式来表示，那么氧硫双键的键长就比氧硫单键的键长要短。实验结果表明，二氧化硫分子呈弯曲状（键角为120°），硫氧键的键长相等（143.2 pm），用单一的结构式来表示二氧化硫的真实结构显然是不合适的。实际上，二氧化硫的真实结构可以看作上面两个结构式的叠加。这种把分子的真实结构看作是由多个可能的价键结构式的叠加的概念称为“共振”，用双箭头来表示。同样，硝酸的真实结构也可看作是上面两个共振结构式的叠加。用双箭头来表示共振。

上例二氧化硫和硝酸的共振结构式中，氧原子上的电子发生了离域，从而提高了结构式的稳定性。

共振还能解释许多化合物及官能团的化学性质。例如，甲醛的羰基（含有碳氧双键）很容易反应生成加成产物。甲醛分子的共振结构式如下：

甲醛　$H_2C=O \longleftrightarrow H_2C^{+}-O^{-} \longleftrightarrow H_2C^{-}-O^{+}$　（3）

甲醛的第一个共振结构式中，共价键的数目最多，碳和氧原子都具有八隅体电子构型，因此，能量最低，对共振杂化体的贡献最大。甲醛的第二个和第三个共振结构式中双键发生了异裂，形成了不同电荷分布的共振结构式。其中第二个共振结构中电荷的分布符合元素电负性的要求，即电负性较小的碳原子带正电荷，电负性较大的氧原子带负电荷。因此，第二个共振结构式的稳定性比第三个好。通过这个例子可以看出，上式甲醛的第一个共振结构式能量最低，对杂化体的贡献最大，也最接近甲醛的真实结构。第二个共振结构式对电荷的分布贡献最大，表明甲醛中的碳原子带部分正电荷，容易被亲核试剂进攻而发生反应。

书写共振式的基本原则为：各共振结构式中原子核的相互位置必须相同，各式中成对或不成对的电子数必须相同，只是在电子的分布上可以有所变化。

共振结构式对真实结构的贡献用下列方法判断：共振结构式中共价键的数目越多，共振结构式的稳定性越好，对真实结构的贡献越大。

在具有不同电荷分布的共振结构式中，电荷的分布要符合元素电负性要求：电负性较小的原子带正电荷，电负性较大的原子带负电荷，这样稳定性才好。

在共振结构式中，具有结构上相似和能量上相同的两个或几个参与结构式组成的分子的真实结构一般都较稳定。

一氧化碳　　$:\overset{-}{C}=\overset{+}{O}: \longleftrightarrow :C\equiv O:$　　(4)

叠氮阴离子　　$^{-}\ddot{N}=\overset{+}{N}=\ddot{N}^{-} \longleftrightarrow \begin{cases} ^{-}\ddot{N}=\ddot{N}-\ddot{N} \longleftrightarrow \ddot{N}-\ddot{N}=\ddot{N}^{-} \\ :N\equiv\overset{+}{N}-\ddot{N}:^{2-} \longleftrightarrow {}^{2-}:\ddot{N}-\overset{+}{N}\equiv N: \end{cases}$　　(5)

（2）苯的共振结构

共振结构在解释芳香化合物的结构和化学性质上非常重要。苯的结构通常表示为含三个双键的六碳环。每一个碳原子占据正六边形的一个角，通过共价键与其他原子连接。共振论认为苯的结构是两个或多个经典结构的共振杂化体：

上述各共振结构式之间的差异在于电子分配情况不同，因而各共振结构式的能量是不同的。其中第一和第二个共振结构式的能量最低，其他的共振结构式的能量都较高。能量低的共振结构式对杂化体的贡献最大，因此，苯主要由第一个和第二个共振结构式共振而成。或者说，由第一个和第二个共振结构式共振而得到的共振杂化体最接近苯的真实结构。

经现代物理方法（如X射线法、光谱法等）证明，苯分子是一个平面正六边形构型，键角都是120°，碳碳键的键长都是139.7 pm。

按照轨道杂化理论，苯分子中六个碳原子都以sp^2杂化轨道互相沿对称轴的方向重叠形成六个C—C σ键，组成一个正六边形。每个碳原子各以一个sp^2杂化轨道分别与氢原子1s轨道沿对称轴方向重叠形成六个C—H σ键。由于是sp^2杂化，所以键角都是120°，所有碳原子和氢原子都在同一平面上。每个碳原子还有一个垂直于σ键平面的p轨道，每个p轨道上有一个p电子，六个p轨道上的电子组成了大π键。

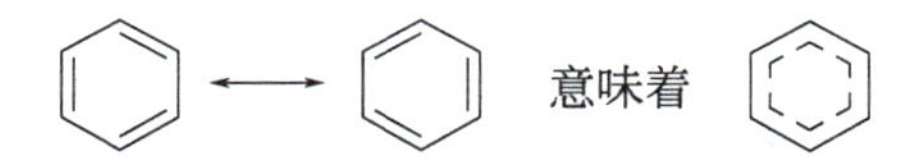

9.1.3　苯的稳定性

氢化热是衡量分子内能大小的尺度，苯的稳定性可以从它具有较低的氢化热值得到证明。氢化热越大，分子内能越高，分子越不稳定；氢化热越小，分子内能越低，分子越稳定。如图9-1所示，环己烯加氢成环己烷放出28.6 kcal/mol的热量，如果按此数据计算，环己二烯加氢成环己烷应该放出57.2 kcal/mol的热量，如果苯的结构式用凯库勒式表示的话，苯的氢化热为环己烯氢化热的三倍，即应该放出85.8 kcal/mol的能量。实际上环己二烯的氢化热为55.4 kcal/mol，比预计的氢化热低1.8 kcal/mol，这是由于1,3-环己二烯中π-π共轭的原因。苯的氢化热是49.8 kcal/mol，比预计的数值低36 kcal/mol。这是苯环中存在共轭体系，π电子高度离域的结果，这部分能量也称为苯的共轭能或离域能。

9.1.4　苯的分子轨道理论

分子轨道理论认为，苯分子形成σ键以后，六个碳原子上的六个p轨道组成六个π分子轨道，其中三个是成键轨道，另外三个是反键轨道。苯分子的大π键可以看作是三个π成键轨道叠加的结果。六个碳原子中每相邻两个碳原子之间的电子云密度都相等，所以苯的碳碳键长完全平均化。在基态时，苯分子的六个p电子成对地填入三个成键轨道，这时所有能量低的成键轨道，全部充满了电子，所以苯分子是稳定的，体系能量较低（图9-2）。

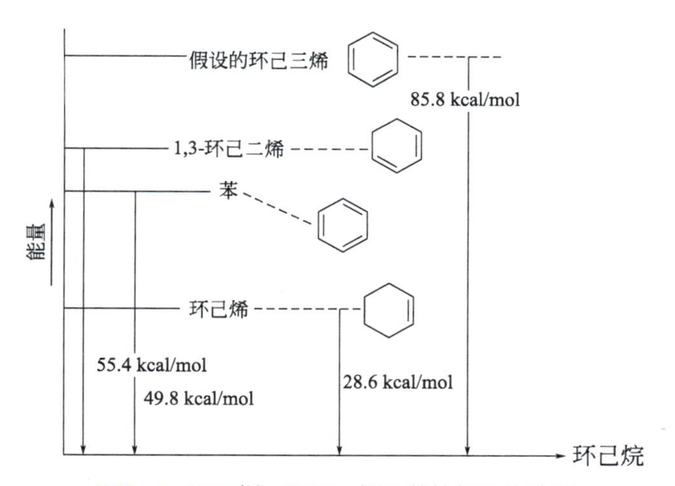

图9-1 环己烯、环己二烯和苯的氢化热数据

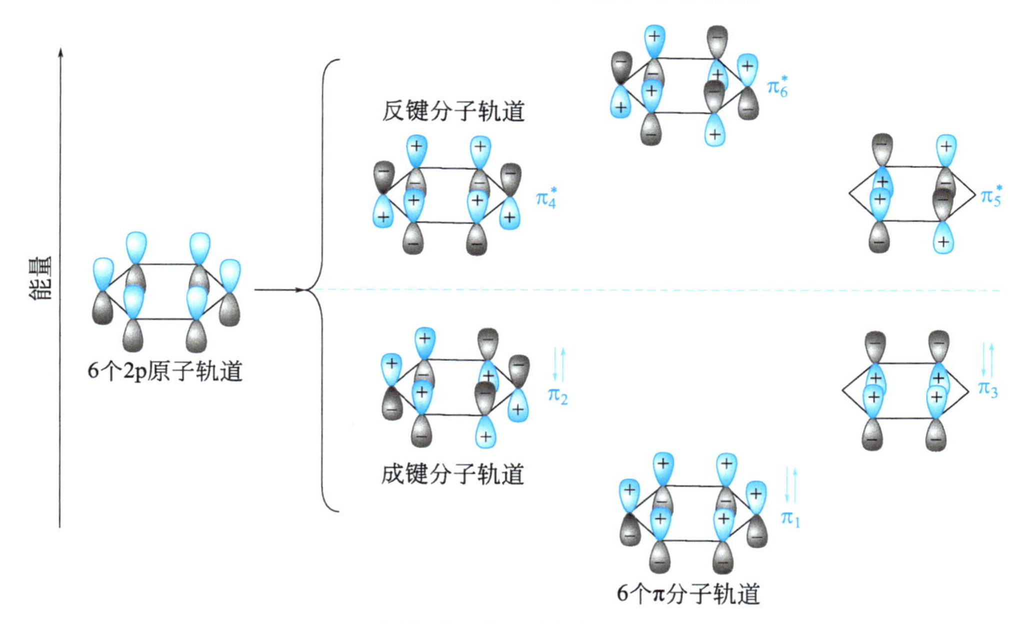

图9-2 苯的分子轨道图

9.2 苯及其衍生物的命名

苯环上的氢被卤素取代的叫卤代苯，如氯苯和溴苯：

Cl　　Br

氯苯　　溴苯

苯环上的氢被烷基取代的叫烷基苯，例如，被甲基、乙基和异丙基取代的苯分别命名为甲苯、乙苯和异丙苯。

CH_3　　C_2H_5　　$CH(CH_3)_2$

甲苯　　乙苯　　异丙苯

硝基苯和苯胺分别是硝基和氨基与苯环直接相连的单取代苯。硝基苯很难进行亲电取代反应，而苯胺的亲电取代反应较易进行，并且苯胺还是一个有机弱碱。

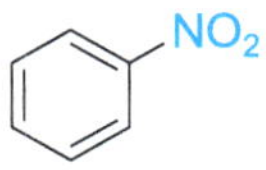

NO_2　　NH_2

硝基苯 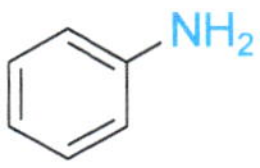　　苯胺

苯甲酸是一个含有羧基的芳香性弱酸，很难进行亲电取代反应；苯甲腈是芳香性腈类化合物，氰基对苯环的亲电取代反应起钝化作用。苯乙酮也可命名为甲基苯基甲酮，其亲电取代反应也较难发生。

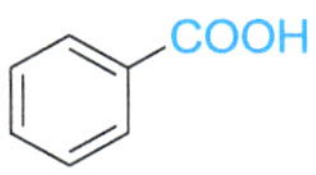

COOH　　$COCH_3$　　CN

苯甲酸 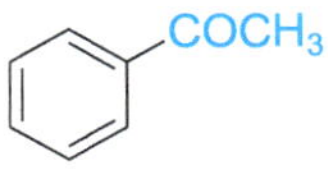　　苯乙酮 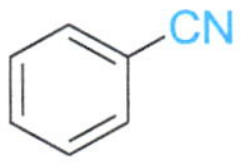　　苯甲腈

苯磺酸是含苯环的磺酸类化合物，磺酸基团中的氢氧键较弱，因此苯磺酸具有酸性。磺酸基也是一个使苯环钝化的基团。羟基和苯环直接相连的化合物叫苯酚，酚羟基中的氢氧键较弱，容易断裂，断裂所形成的苯氧负离子由于共轭效应具有较好的稳定性。苯酚很容易发生亲电取代反应。甲氧基苯也叫茴香醚或者苯甲醚，是芳香性醚类化合物，甲氧基是中等程度的活化基团。

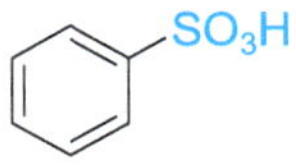

SO_3H　　OH　　OCH_3

苯磺酸 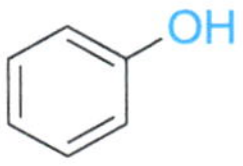　　苯酚 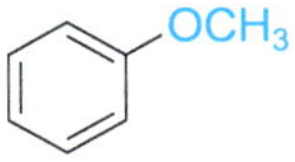　　甲氧基苯(茴香醚、苯甲醚)

对于多元取代的苯衍生物的命名，首先要选择好母体（详见1.4节中官能团优先次序）。常见官能团的次序：$-NO_2 < -F < -Cl < -Br < -R < -OR < -NH_2 < -OH < -COR < -CHO < -CN < -CONH_2 < -COX < -COOR < -SO_3H < -COOH$。

在这个顺序中，排在后面的为母体，排在前面的为取代基。苯环上的取代基必须进行编号，原则是使取代基的位号和最小。在二元取代物中，常用邻（*o*）、间（*m*）、对（*p*）来表示1,2-、1,3-、1,4-取代。一些二元取代的甲苯有它们自己的命名方法，例如二甲苯、甲基苯胺、甲基苯酚等，这些化合物的异构体也常用邻（*o*）、间（*m*）、对（*p*）来表示，例如邻二甲苯、间甲苯胺。对于某些二取代的苯衍生物也可用俗名表示其特定的结构，例如水杨酸、间苯二酚。

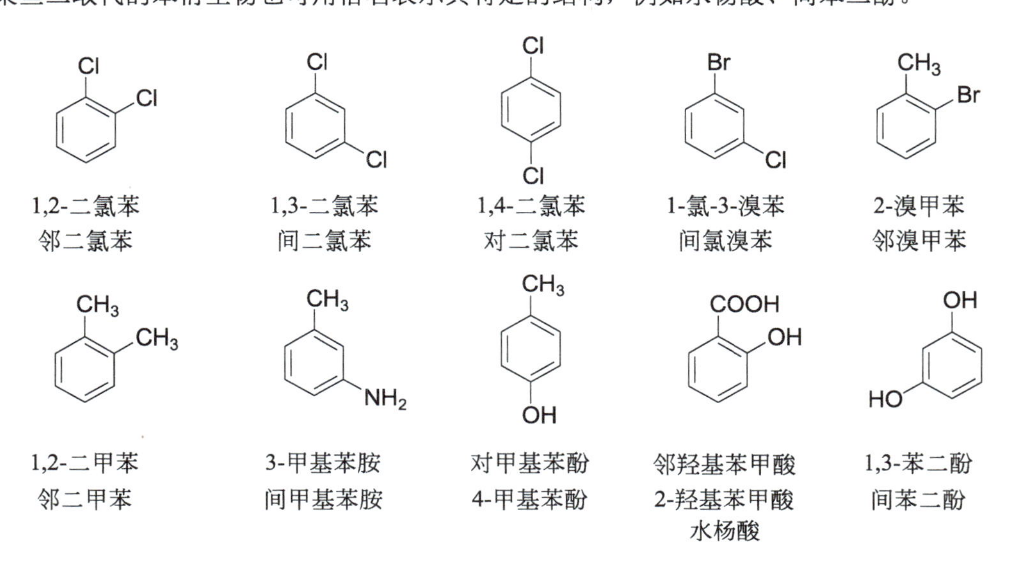

1,2,4,5-四甲基苯　　4-溴-2-硝基-1-甲氧基苯　　3-溴-5-硝基-1-甲氧基苯　　2,4-二氯苯氧基乙酸

4-溴-2-硝基苯甲醚　　3-溴-5-硝基苯甲醚

4-溴-2-硝基茴香醚　　3-溴-5-硝基茴香醚

9.3 苯及其衍生物的物理性质

苯是一个没有极性的分子，分子之间的吸引力主要来自范德华力。苯的沸点为80 ℃，比烷烃中的戊烷和己烷高。甲苯分子量较大，范德华力也较大，因此其沸点相较于苯也较高，达110 ℃。而甲苯的熔点却比苯要低得多，苯的熔点为5.5 ℃，甲苯的熔点为−95 ℃。分子的熔点和其排列有关，苯是一排列紧密的对称分子。因此，苯分子之间的相互作用力较大，熔点较高。甲苯由于甲基的存在，破坏了分子之间的紧密排布方式，分子之间的相互作用减弱，熔点也就降低。另外，甲苯是一种极性很弱的化合物，其极性的来源主要是甲基是一个给电子基团。

总之，芳烃的物理性质和其他烃类似，它们的极性都非常小，不溶于水，相对密度比水小。除了分子中有极性基团的苯衍生物，分子之间的作用主要来自范德华力。苯曾经被广泛作为溶剂使用，自从发现长期暴露在1 mg/dm^{3}苯浓度下的工人癌症发病率较高，苯作为溶剂使用的情况就大大减少了。现在一般用甲苯代替苯作为溶剂使用，因甲苯较便宜，溶解性能和苯类似，但毒性比苯要低得多。

9.4 苯及其衍生物的化学性质

苯及其衍生物的化学性质主要表现在两个方面。

① 苯环作为一个官能团可以发生还原反应和芳环上的亲电取代反应。

② 苯环作为取代基对芳环上所连接的活性基团的影响，这类反应包括侧链烃基的氧化和侧链烃基的自由基卤代反应。

9.4.1 还原反应

碱金属和液氨可以作为强的还原体系而使炔烃还原成反式的烯烃。若在醇作用下，该还原体系可将芳烃还原成非共轭二烯。例如，苯在金属钠-甲醇或乙醇-液氨中可转化为1,4-环己二烯。金属钠-液氨-醇作为还原剂还原芳烃是由澳大利亚化学家伯奇（Birch）在19世纪40年代首次发现的，该反应也叫伯奇（Birch）还原反应。

$$C_6H_6 + 2Na + 2CH_3OH \xrightarrow{NH_3(l)} C_6H_8\text{(1,4-环己二烯)} + 2NaOCH_3$$

在Ni、Pt、Pd等催化剂作用下，且在较高温度或加压下，苯可以加氢生成环己烷。

$$C_6H_6 + 3H_2 \xrightarrow[2.8\ MPa]{Ni, 180\sim210\ ^\circ C} C_6H_{12}$$

9.4.2 氧化反应

苯环很稳定，在一般条件下不易被氧化开环。只有在高温、催化作用下，苯才可被空气氧化而生成顺丁烯二酸酐。

$$\text{苯} \xrightarrow[H_2O,\ H_2SO_4,\ 加热]{Na_2Cr_2O_7} \text{不反应}$$

$$\text{苯} + O_2 \xrightarrow[400\sim450\ ^\circ C]{V_2O_5} \text{顺丁烯二酸酐}$$

顺丁烯二酸酐

烃基苯侧链可被高锰酸钾或重铬酸钾的酸性或碱性溶液或稀硝酸所氧化，并在与苯环直接相连的碳氢键上开始，氧化时，不论烷基的长短，最后都变为羧基。

$$C_6H_5CHR_2 \text{ 或 } C_6H_5CH_2R \xrightarrow[H_2O,\ H_2SO_4,\ 加热]{Na_2Cr_2O_7} C_6H_5COOH$$

当苯环上含两个烃基时，两个都被氧化。

$$RCH_2\text{-}C_6H_4\text{-}CHR_2 \xrightarrow[H_2O,\ H_2SO_4,\ 加热]{Na_2Cr_2O_7} HOOC\text{-}C_6H_4\text{-}COOH$$

$$\text{茚} \xrightarrow[H_3O^+,\ 加热]{KMnO_4} C_6H_4(COOH)_2$$

如果与苯环直接相连的碳上没有氢时，不被氧化。

$$C_6H_5CR_3 \xrightarrow[H_2O,\ H_2SO_4,\ 加热]{Na_2Cr_2O_7} \text{不反应}$$

9.4.3 烷基苯的卤代反应

烷基苯的苄基位和烯烃中的烯丙基类似，其α位C—H键要比烷烃中的C—H键弱，容易形成自由基。苄基自由基可通过p-π共轭发生离域而使体系稳定性增加。

苄基氢原子的活性使得烷基苯类化合物的自由基卤代具有很强的选择性，因此，甲苯的自由基氯代主要发生在α位，该类卤代反应也是工业上制备苄基型卤代烃的重要方法。

$$C_6H_5CH_3 \xrightarrow[加热]{Cl_2} C_6H_5CH_2Cl$$

$$O_2N\text{-}C_6H_4\text{-}CH_2CH_3 \xrightarrow[光照,\ 80\ ^\circ C]{Br_2/CCl_4} O_2N\text{-}C_6H_4\text{-}CHBrCH_3$$

$$C_6H_5CH(CH_3)_2 + Br_2 \xrightarrow[CCl_4,\ 80\ ^\circ C]{过氧化苯甲酰} C_6H_5C(CH_3)_2Br + HBr$$

烷基苯的自由基取代制得的苄基型卤代烃容易解离成较稳定的苄基型碳正离子。以苄基氯为例，它形成的苄基型碳正离子因为共振而得到了稳定：

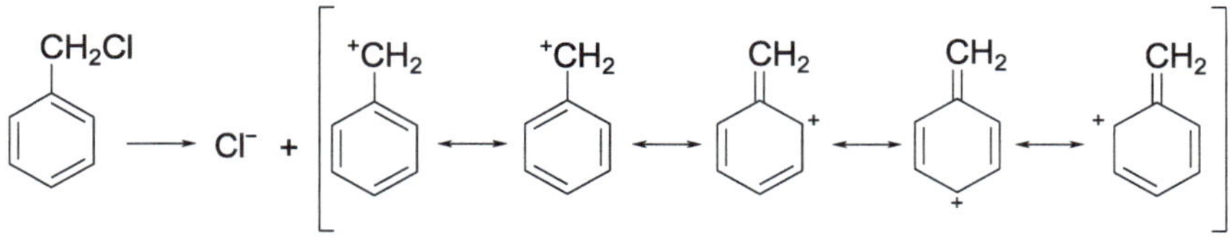

CH_2Cl Cl^- + $^+CH_2$ $^+CH_2$ CH_2 CH_2 CH_2

相应地，苄基型卤代烃容易发生各类反应，是有机合成中的一类重要中间体。如苄基氯可以发生水解、醇解、氨解等反应：

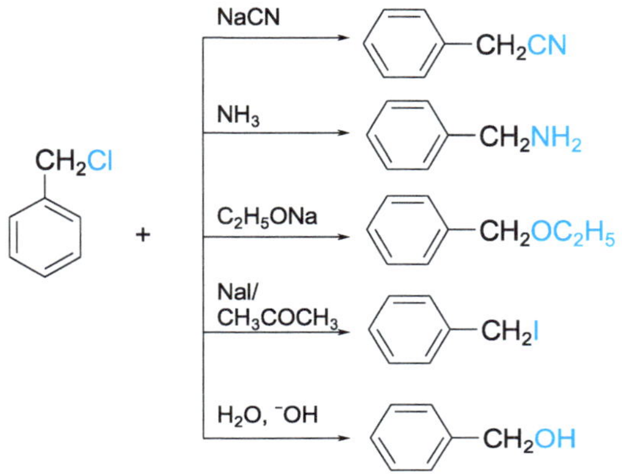

CH_2Cl + NaCN → CH_2CN；NH_3 → CH_2NH_2；C_2H_5ONa → $CH_2OC_2H_5$；NaI/CH_3COCH_3 → CH_2I；H_2O, ^-OH → CH_2OH

9.5 苯的亲电取代反应

苯及其衍生物容易受到亲电试剂的进攻，使苯环上的氢原子被取代，生成相应的取代苯，这种反应称为亲电取代反应。苯环的亲电取代反应历程可表示如下：

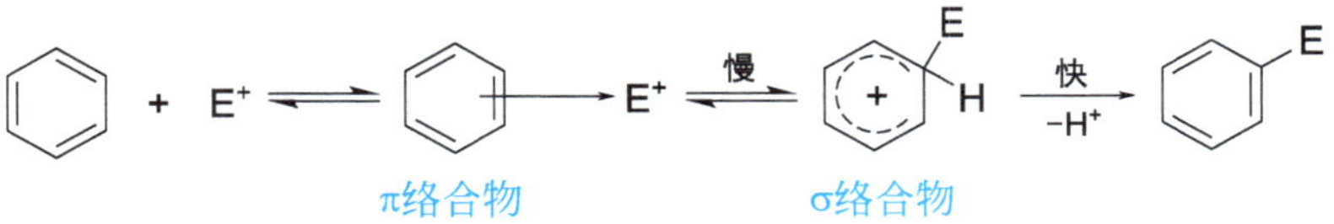

E^+ 慢 快 $-H^+$ E H E

π络合物　σ络合物

在亲电取代反应中，首先是亲电试剂E^+进攻苯环，并与苯环形成π络合物，该π络合物仍保持苯环的结构。然后π络合物中的亲电试剂E^+从苯环上夺取一对π电子与苯环的一个碳原子结合形成σ键，生成σ络合物。此时这个碳原子核的杂化状态也由sp^2杂化转变为sp^3杂化。

由于苯环原有的六个π电子中给出一对π电子，因此只剩下四个π电子，而且这四个π电子只是离域分布在五个碳原子所形成的（缺电子）共轭体系中，因此生成的σ络合物已不再是原来的苯环结构，它是碳正离子中间体，可以用以下三个共振式表示：

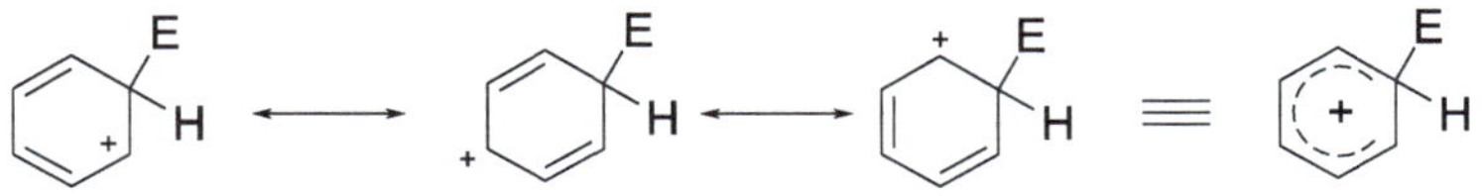

E H　E H　E H　E H

应该指出，σ络合物的三个共振结构式，不仅表示了余下的五个碳原子仍是共轭体系，而且还可表示出在取代基的邻位和对位碳原子上带有较多的正电荷。这符合量子化学处理的结果，也便于说明苯及其衍生物的许多化学事实。

单环芳烃重要的亲电取代反应有卤化、硝化、磺化、傅-克烷基化和傅-克酰基化等。

（1）卤化反应

在三卤化铁或三卤化铝等路易斯酸的催化下，单环芳烃很容易与卤素（Cl_2、Br_2）作用生成卤代芳烃，该反应称为卤化反应（halogenation）。例如：

$$C_6H_6 + X_2 \xrightarrow{AlX_3} C_6H_5X + HX$$

X = Cl或Br

该反应的机理是：

$$AlCl_3 + Cl_2 \longrightarrow Cl^+ + AlCl_4^-$$

$$C_6H_6 + Cl^+ \longrightarrow [C_6H_6Cl]^+$$

$$[C_6H_6Cl]^+ \longrightarrow C_6H_5Cl + H^+$$

$$AlCl_4^- + H^+ \longrightarrow AlCl_3 + HCl$$

卤素在三卤化铁或三卤化铝等路易斯酸的作用下，发生异裂而生成的X^+作为亲电试剂进攻苯环，即得到卤苯。例如，苯的溴代反应：

$$C_6H_6 \xrightarrow[Fe或FeBr_3]{Br_2} C_6H_5Br$$

苯的氯代和溴代较易发生，碘代需要用氯化碘作为碘化试剂，氟的亲电性很强，它与苯的反应难以控制，因此氟苯一般用间接的方法合成。

（2）硝化反应

单环芳烃在浓硝酸和浓硫酸的混合物（常称为混酸）作用下生成硝基苯。

$$C_6H_6 + HNO_3 \xrightarrow{H_2SO_4} C_6H_5NO_2 + H_2O$$

苯硝化反应的机理如下：

$$HO-NO_2 + H_2SO_4 \longrightarrow H_2\overset{+}{O}-NO_2 + HSO_4^-$$

$$H_2\overset{+}{O}-NO_2 \longrightarrow NO_2^+ + H_2O$$

$$C_6H_6 + NO_2^+ \longrightarrow [C_6H_6NO_2]^+$$

$$[C_6H_6NO_2]^+ \longrightarrow C_6H_5NO_2 + H^+$$

$$H^+ + HSO_4^- \longrightarrow H_2SO_4$$

浓硫酸在反应中起催化作用，可使硝酸质子化，最终生成硝基正离子NO_2^+。

（3）磺化反应

苯在浓硫酸作用下可生成苯磺酸，该反应为可逆反应，除去反应中生成的水，有利于反应向正反应方向进行。当反应用三氧化硫的浓硫酸溶液进行磺化时，反应速率和收率都会大大提高。

$$C_6H_6 + H_2SO_4 \rightleftharpoons C_6H_5SO_3H + H_2O$$

$$C_6H_6 + SO_3 \xrightarrow{H_2SO_4} C_6H_5SO_3H$$

三氧化硫在反应中起亲电试剂的作用，苯的磺化机理如下：

1) $HO-SO_3H + H_2SO_4 \longrightarrow SO_3 + H_3O^+ + HSO_4^-$

2) $C_6H_6 + SO_3 \longrightarrow [C_6H_6SO_3^-]^+$（$^-O_3S$、H 连于同一碳的σ络合物，三个正电荷共振式 ⟷ 离域正电荷结构）

3) $[C_6H_6SO_3^-]^+ + HSO_4^- \rightleftharpoons C_6H_5SO_3^- + H_2SO_4$

4) $C_6H_5SO_3^- + H_3O^+ \rightleftharpoons C_6H_5SO_3H + H_2O$

（4）傅-克烷基化反应

1877年，C. Friedel和J. M. Crafts发现芳烃与卤代烷在无水$AlCl_3$催化下，可以生成芳烃的烷基衍生物。反应的结果是在苯环上引入了烷基，因此该反应叫作傅瑞德尔-克拉夫茨（Friedel-Crafts）烷基化反应，简称傅-克烷基化反应。

傅-克烷基化反应中，碳正离子作为亲电试剂，它的产生有以下几种方法：

$$R-Cl + AlCl_3 \longrightarrow R^+ + AlCl_4^-$$

$$R-CH=CH_2 + H^+ \longrightarrow R-\overset{+}{C}H-CH_3$$

碳正离子一旦形成就会对苯环进行亲电取代反应：

$$C_6H_6 + R-Cl \xrightarrow{AlCl_3} C_6H_5R + HCl$$

傅-克烷基化反应的机理为：

1) $CH_3Cl + AlCl_3 \longrightarrow \overset{+}{C}H_3 + AlCl_4^-$

2) $C_6H_6 + CH_3^+ \longrightarrow [C_6H_6CH_3]^+$（$H_3C$、H 连于同一碳的σ络合物，三个正电荷共振式 ⟷ 离域正电荷结构）

3) (σ-complex: ring bearing H_3C and H) + $AlCl_4^-$ ⟶ (toluene, CH_3) + $AlCl_3$ + HCl

由于苯环上引入烷基后，生成的烷基苯比苯更容易进行亲电取代反应，因此烷基化反应中常有多烷基化产物生成。特别是位阻效应较小的烷基，如甲基、乙基等基团更是如此。

$$C_6H_5CH_3 \xrightarrow[H_2SO_4]{CH_2=CHCH_3} CH_3C_6H_2[CH(CH_3)_2]_3$$

此外，由于烷基化反应的亲电试剂是烷基碳正离子R^+，而碳正离子更容易向稳定的碳正离子发生重排。碳正离子的稳定性次序为：苄基型及烯丙基型碳正离子>叔碳正离子>仲碳正离子>伯碳正离子>甲基碳正离子。因此，当所用的卤代烷烃具有三个碳以上的直链烷基时，就可得到由于碳正离子重排而生成的异构化产物，例如：

$$C_6H_6 \xrightarrow[AlCl_3]{CH_3CH_2CH_2Br} C_6H_5CH(CH_3)_2$$

卤苯或者乙烯基型卤代烃不能作为烷基化试剂，这是因为它们不能产生碳正离子。芳环上如有吸电子基团（$—NO_2$等），烷基化反应不发生。如硝基苯就不能发生傅-克烷基化反应，故可以用硝基苯作烷基化反应的溶剂。

（5）傅-克酰基化反应

芳烃与酰卤在无水$AlCl_3$催化作用下，生成芳酮的反应叫作傅瑞德尔-克拉夫茨酰基化反应，简称傅-克酰基化反应。这是制备芳酮的重要方法之一，常用的酰化试剂为酰卤、酸酐等。

$$C_6H_6 + CH_3CH_2COCl \xrightarrow{AlCl_3} C_6H_5\overset{O}{\overset{\|}{C}}-CH_2CH_3 + HCl$$

傅-克酰基化的亲电试剂为酰基碳正离子，酰基碳正离子的稳定性可以用共振结构式表示。

$$CH_3CH_2\overset{+}{C}=O \longleftrightarrow CH_3CH_2C\equiv O^+$$

酰氯在$AlCl_3$作用下，C—Cl键发生断裂而产生酰基碳正离子。

$$CH_3CH_2\overset{O}{\overset{\|}{C}}-Cl + AlCl_3 \longrightarrow CH_3CH_2\overset{O}{\overset{\|}{C}}-\overset{+}{Cl}-\overset{-}{A}lCl_3 \longrightarrow CH_3CH_2C\equiv\overset{+}{O} + \overset{-}{A}lCl_4$$

丙酰氯　　三氯化铝　　路易斯酸-路易斯碱的络合物　　丙酰基正离子　　四氯化铝负离子

酰基碳正离子作为亲电试剂进攻苯环而发生酰基化反应，反应机理如下：

$$RCOCl + AlCl_3 \longrightarrow R\overset{+}{C}=O + AlCl_4^-$$

$$C_6H_6 + R\overset{+}{C}=O \longrightarrow [C_6H_6(COR)]^+ \text{（σ-络合物，共振结构：正电荷位于邻、对位）}$$

$$[C_6H_6(COR)]^+ + AlCl_4^- \longrightarrow C_6H_5COR + HCl + AlCl_3$$

酸酐也可在$AlCl_3$作用下，和苯进行酰基化反应而形成芳酮和羧酸。

$$C_6H_6 + (CH_3CO)_2O \xrightarrow{AlCl_3} C_6H_5COCH_3 + CH_3COOH$$

傅-克酰基化反应一般可以停留在一元取代阶段，因为酰基为钝化基团，并且傅-克酰基化反应没有重排现象。因此，在合成直链烷基苯时，常常先进行傅-克酰基化反应，然后在锌-汞齐作用下还原羰基成亚甲基，而得直链烷基苯。

$$C_6H_5COCH_2CH_3 \xrightarrow[HCl]{Zn\text{-}Hg} C_6H_5CH_2CH_2CH_3$$

在锌-汞齐作用下还原羰基成亚甲基的反应也叫作克莱门森还原法。

(6) 布兰克氯甲基化反应与加特曼-科赫反应

布兰克（Blanc）氯甲基化是一类在无水氯化锌作用下芳香族化合物与甲醛和氯化氢作用生成氯甲基芳香化合物的反应。

甲醛会先与氯化氢作用，形成如下中间体：

$$H_2C{=}\ddot{O} \xrightarrow{H^+} H_2C{=}\overset{+}{O}H \longrightarrow H_2\overset{+}{C}{-}OH$$

随后中间体会与苯发生亲电取代，生成苯甲醇；苯甲醇与氯化氢作用生成氯化苄。

$$C_6H_6 + H_2\overset{+}{C}{-}OH \longrightarrow [C_6H_6CH_2OH]^+ \longrightarrow C_6H_5CH_2OH \xrightarrow{HCl} C_6H_5CH_2Cl$$

在路易斯酸和加压情况下，芳香化合物还可与等物质的量的一氧化碳和氯化氢混合气体发生作用，生成芳香醛，该反应称为加特曼-科赫（Gattermann-Koch）反应。

$$H^+ + :C{\equiv}O \longrightarrow \left[H{-}C{\equiv}O^+ \longleftrightarrow H{-}\overset{+}{C}{=}O\right] \xrightarrow[C_6H_6]{CuCl} [C_6H_6CHO]^+ \longrightarrow C_6H_5CHO$$

9.5.1 邻、对位定位基团

当苯环上已有一个取代基，再引入第二个取代基时，第二个取代基进入的位置和难易程度，主要由苯环上原有取代基的性质所决定。因此，在苯进行亲电取代反应时，必须考虑取代基对苯环电子云密度的影响，即活化和钝化作用；以及原有基团支配第二个取代基进入芳环位置的能力，即定位效应。

(1) 活化与钝化基团

实验表明，苯环上的取代基对引入第二个基团的反应速率有很大的影响。例如，羟基和甲氧基可以大大提高引入第二个基团的反应速率，该类基团称为活化基团；而硝基对引入第二个基团的反应速率起强烈的抑制作用，这类基团称为钝化基团。活化和钝化基团是通过影响苯环上的电子云密度，从下面的偶极矩可以看出，通过给电子而增加苯环电子云密度的基团，起到活化作用；

通过吸电子作用而降低苯环电子云密度的基团，起钝化作用。

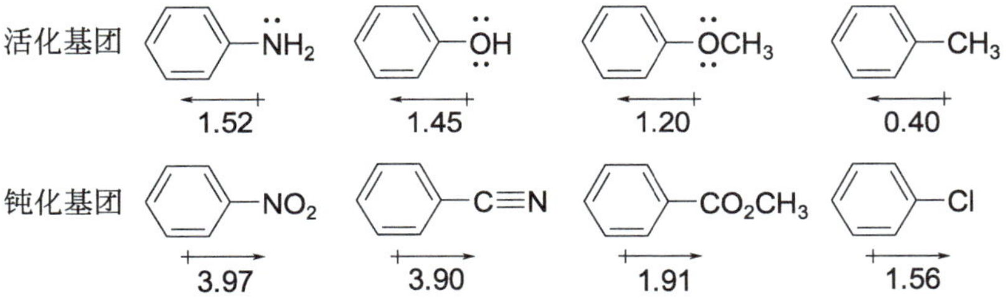

活化基团 $C_6H_5-\ddot{N}H_2$（1.52） $C_6H_5-\ddot{O}H$（1.45） $C_6H_5-\ddot{O}CH_3$（1.20） $C_6H_5-CH_3$（0.40）

钝化基团 $C_6H_5-NO_2$（3.97） $C_6H_5-C\equiv N$（3.90） $C_6H_5-CO_2CH_3$（1.91） C_6H_5-Cl（1.56）

取代基对苯环电子云的影响，主要是通过诱导作用和共轭效应的共同作用。

例如，N、O、Cl等原子有较大的电负性，一方面，它们通过单键和苯环相连，通过诱导效应降低苯环的电子云密度；另一方面，N、O、Cl等原子都有孤对电子，它们通过p-π共轭向苯环给电子，而增加苯环的电子云密度。而含N和O原子的活化基团，p-π共轭给电子效应要远远大于它们的吸电子诱导效应，因此可以增加苯环的电子云密度，有利于亲电取代反应的进行。

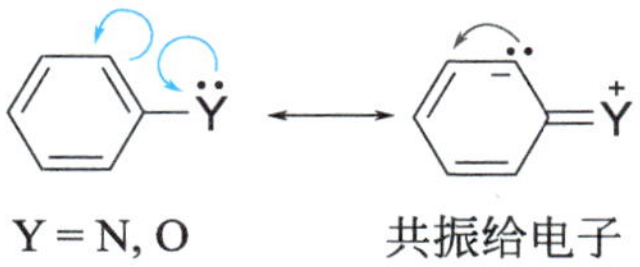

Y = N, O　　共振给电子

而卤素作为取代基，它们的吸电子的诱导效应要远远大于它们的p-π共轭给电子效应，因此，卤素是个钝化基团。

若取代基中含有和苯环共轭的极性双键或叁键，它们都可以降低苯环的电子云密度，而起钝化作用。

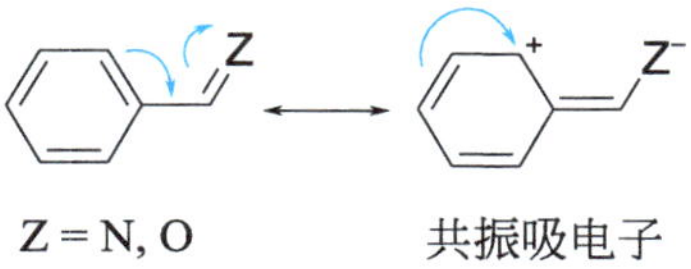

Z = N, O　　共振吸电子

注意上述两个系列共振结构中没有将所有的共振结构式都表示出来，所有情况均表明电荷主要分布于取代基的邻、对位。

含氮和氧活化基团的给电子共轭效应超过了诱导效应，这些化合物的亲电取代活性特别高。虽然卤素也含有孤对电子可以参与p-π共轭，但它们还是以吸电子的诱导效应为主，像氯苯这一类化合物的亲电取代反应活性比苯小。

（2）定位效应

当苯环上已有一个取代基，再引入第二个取代基时，第二个取代基在苯环上位置可以有三种，即邻位、对位和间位；其中邻位和间位各有两个位置，而对位只有一个位置。按反应的概率，二取代化合物应该是邻、对和间位的混合物，并且分别为40%的邻位产物、40%的间位产物、20%的对位产物。

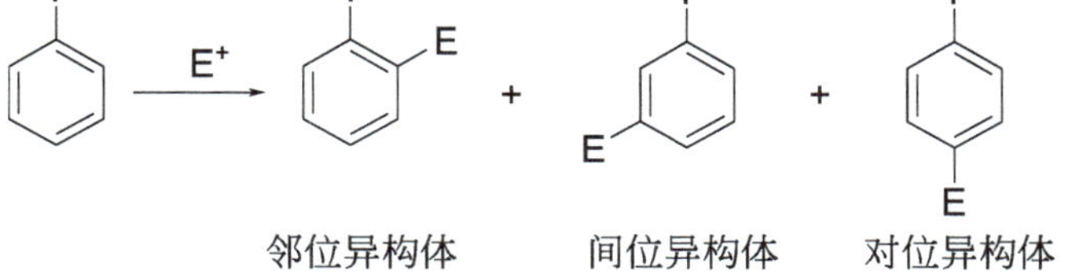

E^+

邻位异构体　　间位异构体　　对位异构体

而实际上却不是这样，例如，茴香醚的溴化，反应速率很快并且主要产物为对位，邻位只有10%，几乎没有间位产物。又例如，硝基苯的溴化反应，反应很难发生，产物主要为间位产物。

表9-1给出了一些取代基的活化、钝化以及它们的定位效应。

表 9-1　取代基的活化和钝化及定位效应

活化的邻、对位定位基团		钝化的间位定位基团		钝化的邻、对位定位基团
$—O^-$	$—NH_2$	$—NO_2$	$—CO_2H$	—F
—OH	$—NR_2$	$—NR_3^+$	$—CO_2R$	—Cl
—OR	$—NHCOCH_3$	$—PR_3^+$	$—CONH_2$	—Br
$—OC_6H_5$	—R	$—SR_2^+$	—CHO	—I
$—OCOCH_3$	$—C_6H_5$	$—SO_3H$	—COR	$—CH_2Cl$
		$—SO_2R$	—CN	$—CH{=}CHNO_2$

大量的实验结果表明，不同的一元取代苯在进行同一取代反应时（表9-2），按所得产物的比例不同，可以分为两类。一类为取代产物中邻、对位异构体占优势，且其反应速率比苯快；另一类为间位产物占优势，且反应速率比苯慢。可以看出，烷基活化苯环，而氯原子和酯基则钝化苯环。

表 9-2　苯环不同位置硝化反应的速率

苯及取代苯	1.0, 1.0, 1.0, 1.0, 1.0, 1.0	CH_3: 43, 3, 55	$C(CH_3)_3$: 8, 4, 75	Cl: 0.03, 0.0, 0.14	$CO_2CH_2CH_3$: 0.0025, 0.008, 0.001
总速率	6.0	147	99	0.20	0.022
相对速率	1.0	24.5	16.5	0.033	0.004

例如，以苯的硝化为基准，分别考察甲苯、叔丁苯、氯苯及苯甲酸乙酯进行硝化的反应速率和异构体的比例。结果发现：甲苯的反应比苯容易，且邻位异构体占58.5%，对位占37%，间位占4.5%；叔丁苯的硝化也比苯容易，且邻位异构体占16%、对位占75%、间位占8%，邻位异构体的减少主要是由于叔丁基体积较大，阻碍亲电试剂进攻邻位；氯苯的硝化比苯慢，产物中邻位异构体占30%、对位占70%；苯甲酸乙酯的硝化比苯困难得多，且邻位异构体占22%、对位占5%、间位占73%。在取代苯进行其他类型的二取代时，也有类似上述硝化反应的现象。例如，甲苯的氯代，反应速率比苯快得多，产物中邻位占60%、对位占39%、间位占1%。

CH_3 —(Cl_2, $FeCl_3$)→ CH_3, Cl + CH_3, Cl + CH_3, Cl

60%　邻位异构体　　39%　对位异构体　　1%　间位异构体

（3）活化的邻、对位定位基团

活化基团一般是通过增加苯环的电子云密度，使苯衍生物的亲电取代反应容易进行，该类基团都具有邻、对位定位效应。例如：$—O^-$，—OH，—OR，$—OC_6H_5$，$—OCOCH_3$，$—NH_2$，$—NR_2$，$—NHCOCH_3$，—R，$—C_6H_5$。对于某些活化能力强的基团，例如，羟基、烷氧基、酰氧基等，即使在没有催化剂存在下，也能发生亲电取代反应。

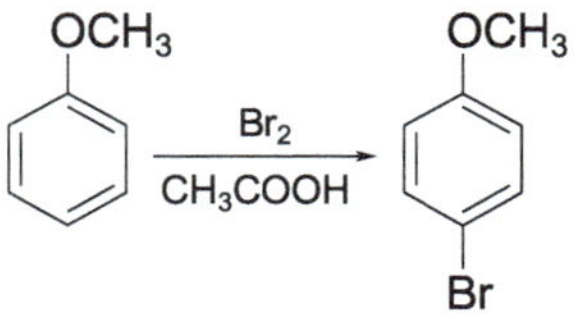

$$\text{C}_6\text{H}_5\text{OCH}_3 \xrightarrow[CH_3COOH]{Br_2} p\text{-BrC}_6\text{H}_4\text{OCH}_3$$

下面以甲苯、苯胺和苯酚为例，其定位基分别为甲基、氨基和羟基，当亲电试剂进攻定位基团的不同位置时，分别写出σ络合物碳正离子的共振结构式。

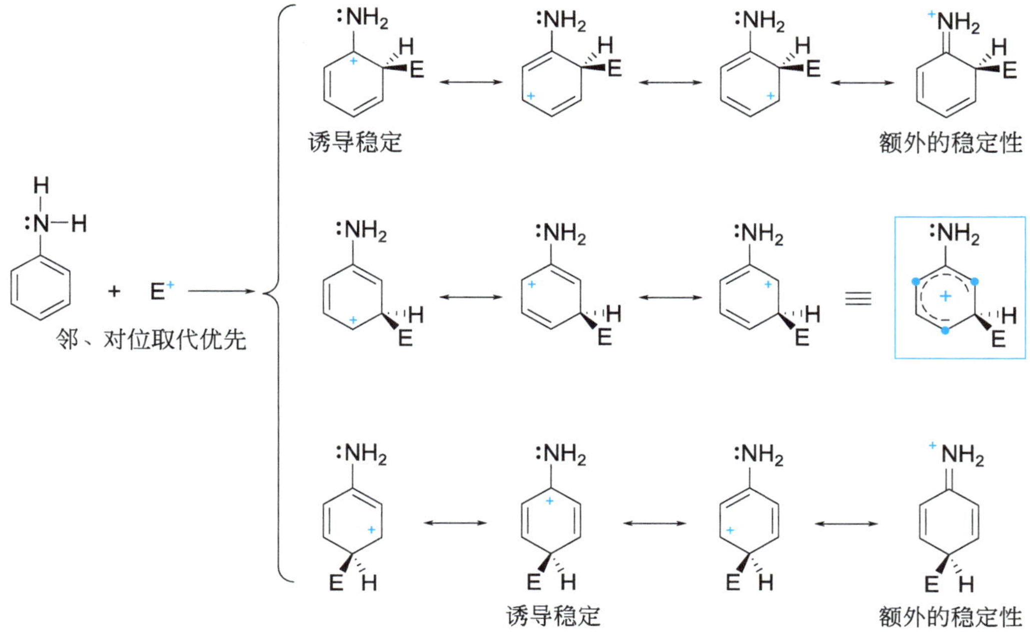

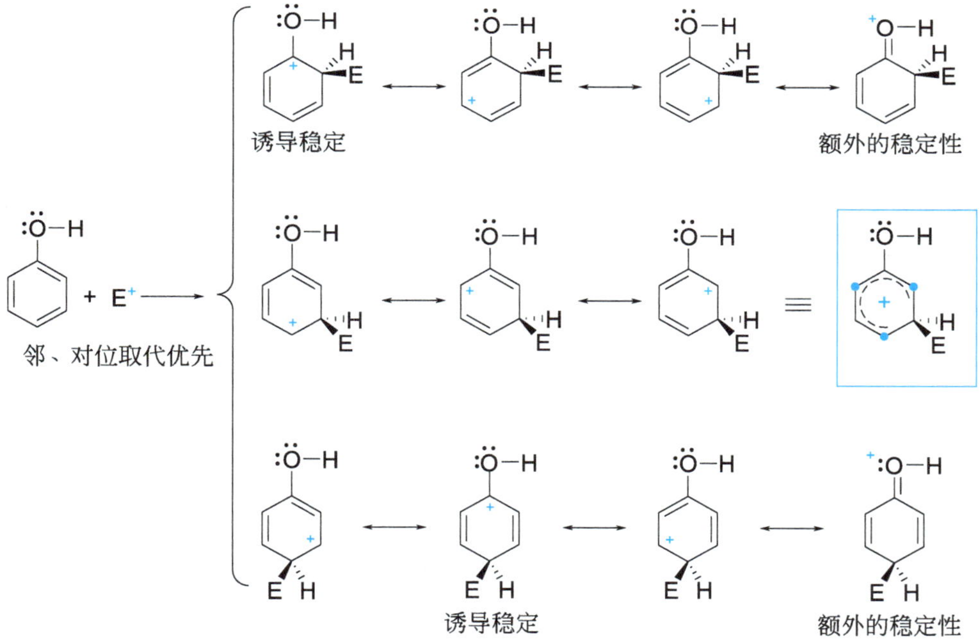

诱导稳定

额外的稳定性

邻、对位取代优先

诱导稳定

额外的稳定性

诱导稳定

额外的稳定性

邻、对位取代优先

诱导稳定

额外的稳定性

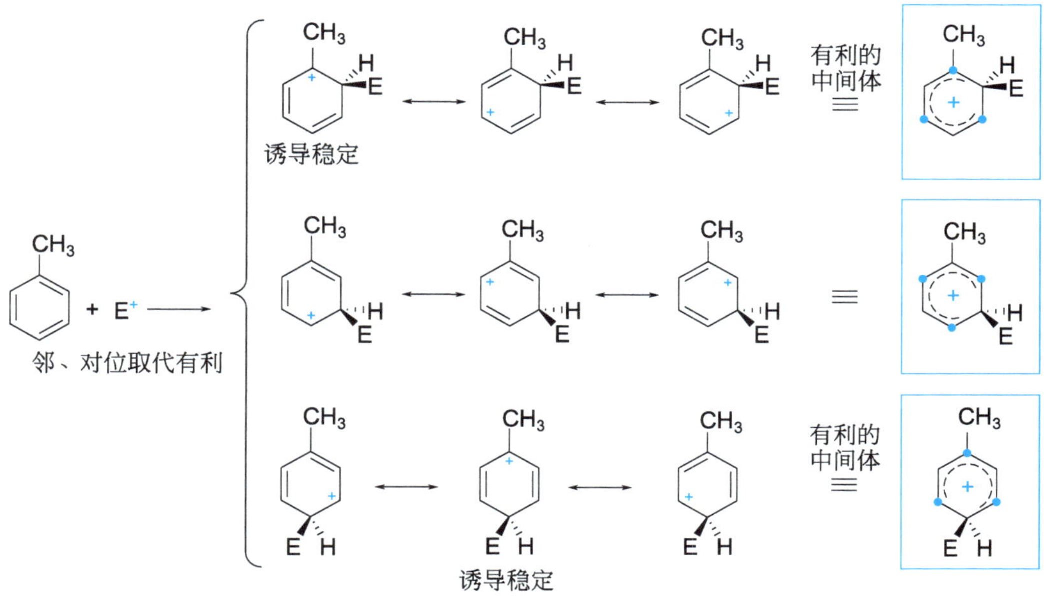

CH_3 + E^+ →

邻、对位取代有利

诱导稳定

有利的中间体

有利的中间体

诱导稳定

从以上共振结构式可以看出，带正电荷的碳原子与具有供电性的甲基、氨基及羟基直接相连，正电荷分散较好，能量较低，较稳定，是主要参与结构式，由此形成的共振杂化体碳正离子也较稳定，所以邻、对位取代产物较易形成。

（4）钝化的邻、对位定位基团

卤素作为取代基时，第二个基团的引入主要在邻、对位，而反应速率却比苯慢。例如，氯苯的硝化，产物以邻、对位为主，但反应速率却只有苯硝化反应的1/30。这主要是由于直接与苯环相连的氯原子的电负性比碳原子大，表现为吸电子诱导效应。同时氯原子p轨道上有孤对电子，可与苯环的π键形成p-π共轭而给电子。电子效应的总结果是吸电子诱导效应大于供电子共轭效应，使苯环的电子云密度降低。因此，氯苯的亲电取代反应活性比苯低。但是，由于共轭效应的结果是使苯环上氯原子的邻位和对位上的电子云密度降低的程度比间位要少，所以氯原子是一个邻、对位定位基。另外，也可以从共振论的角度比较氯苯在亲电取代反应中生成邻、对位和间位碳正离子（即σ络合物）的共振杂化体的稳定性，来解释氯原子属于邻、对位定位基。

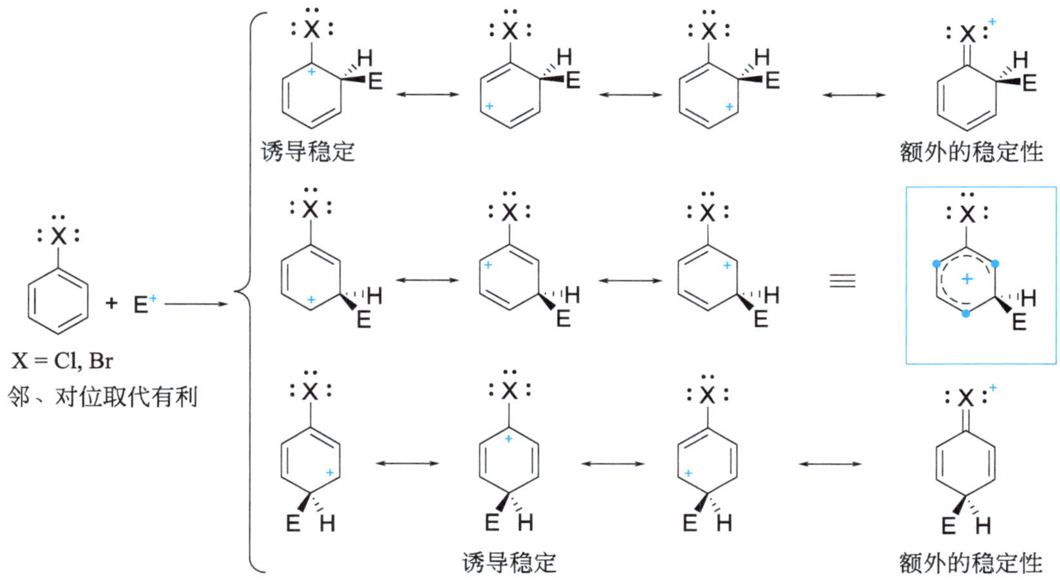

+ E^+ →

X = Cl, Br

邻、对位取代有利

诱导稳定

额外的稳定性

诱导稳定

额外的稳定性

比较中间体的稳定性可见间位取代是不可能的。虽然卤素孤对电子导致亲电试剂有些进攻邻、对位，但是由于卤素的吸电子诱导效应，其反应活性均较弱。实验结果也证明氯苯硝化的反应速率系数与上述诱导效应和共轭效应一致。

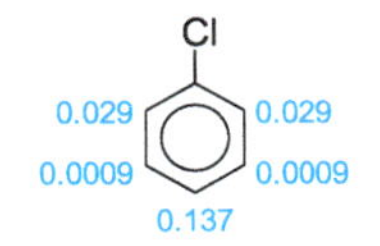

不同的卤素之间诱导效应和共轭效应的程度也不完全相同，但最终结果是氟、氯、溴和碘均为弱的钝化基及邻位和对位定位基。

9.5.2 间位定位基团

（1）钝化的间位定位基团

取代基和苯环直接相连的原子上，如果具有极性重键或带正电荷，以及取代基是—CF_3和—CCl_3等强吸电子基团，都能通过共轭效应（取代基和苯环直接相连的原子上，具有极性重键）或者吸电子的诱导效应（例如—CCl_3、CF_3及—NR_3^+基团）而降低苯环的电子云密度，从而使苯环钝化。除了卤素等弱的钝化基团以外，其他钝化基团都具有间位定位效应。这是因为这类钝化基团对邻、对位的钝化能力要远远大于间位。钝化的间位定位基团有：—NR_3^+，—PR_3^+，—SR_2^+，—NO_2，—SO_3H，—SO_2R，—CO_2H，—CO_2R，—$CONH_2$，—CHO，—COR，—CN等。

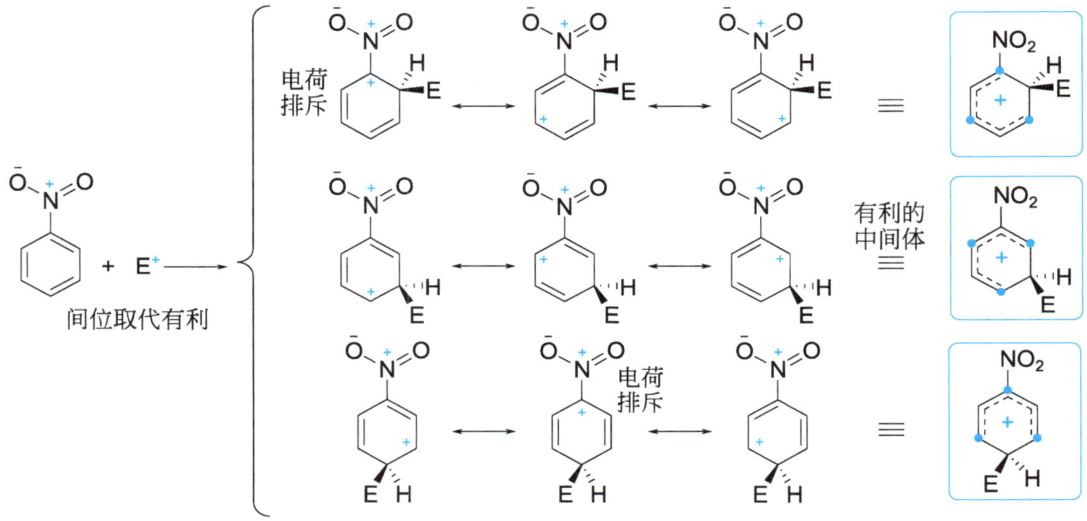

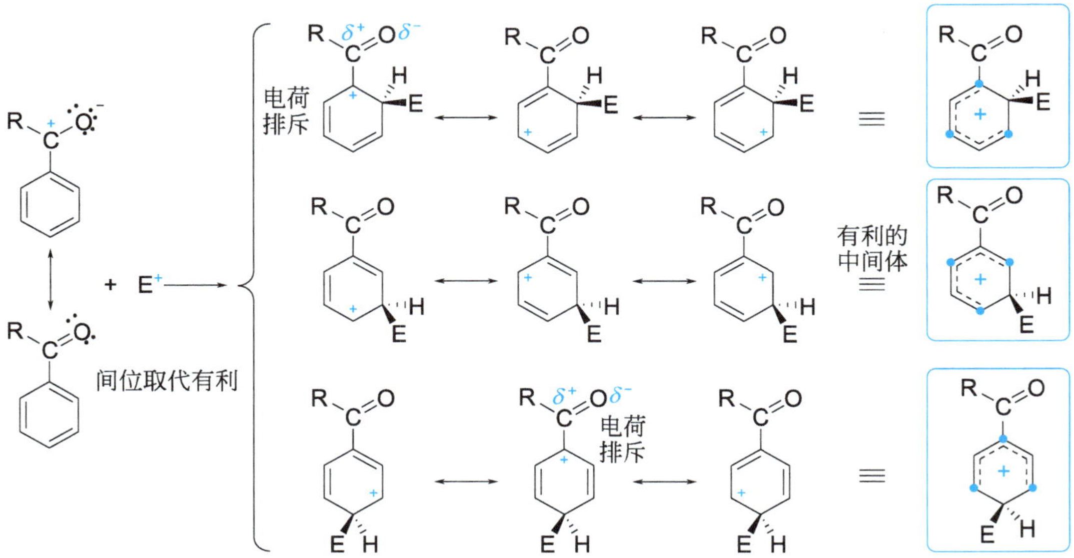

电荷排斥

有利的中间体

电荷排斥

间位取代有利

电荷排斥

有利的中间体

电荷排斥

间位取代有利

对带电离子而言，电荷越分散越稳定。从上面共振结构式中碳正离子的稳定性看，硝基及酰基的邻、对位被亲电试剂进攻而形成的碳正离子，都与带正电荷的碳相连，正电荷更集中，导致σ络合物稳定性下降，相对而言，间位取代的中间体碳正离子比较稳定，比较容易形成，故产物以间位为主。

（2）苯的多元取代产物的定位规律

苯环上已有两个或两个以上取代基时，第三个取代基进入苯环的位置由苯环上原有的定位基共同决定。最简单的是所有位置地位平等，则取代可在其中的任何一个位置，得到一种产物。

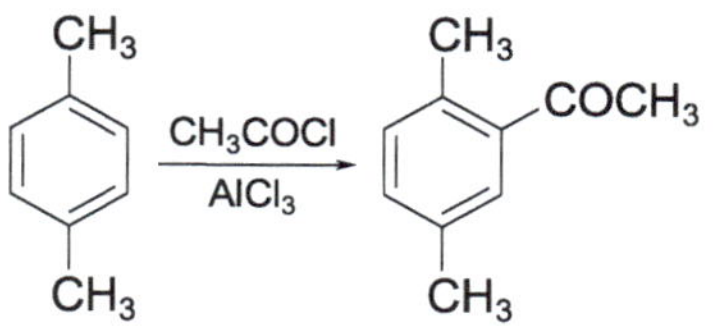

若两个取代基的定位效应一致时，则由定位规律共同作用来决定。例如：对硝基甲苯的溴代反应，发生在甲基的邻位即硝基的间位，该位置满足两个官能团共同的定位要求。

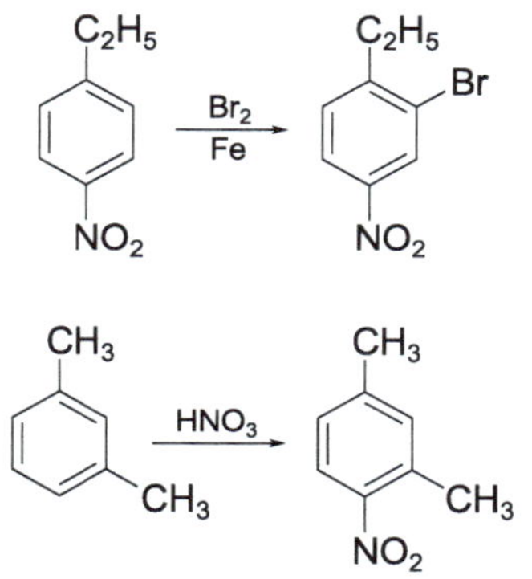

大多数情况下，各取代基的定位是相互矛盾的，则此时第三个取代基进入苯环的位置由更活化的那个取代基来决定。由于*N*-甲基氨基与氯相比较，前者是更活化的取代基，4-氯-*N*-甲基苯胺溴代则在发生在*N*-甲基氨基的邻位。

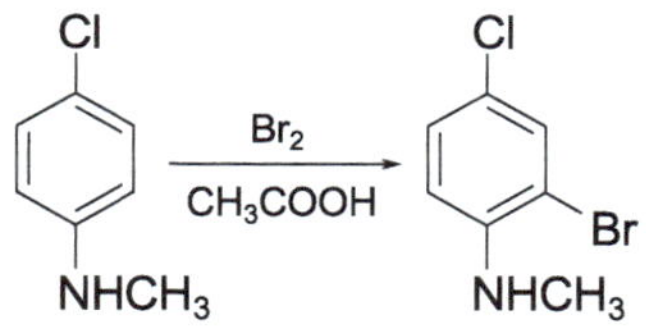

当定位基都为烷基时，定位效应由空间位阻小的决定。对叔丁基甲苯硝化时发生在甲基的邻位，而不是叔丁基的邻位，这是空间立体效应的典型例子。

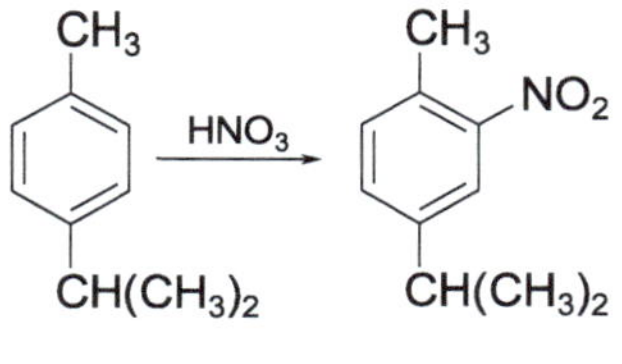

间二甲苯硝化反应发生在一个甲基的邻位、另外一个甲基的对位。另外一个位置虽然是两个甲基的邻位，由于空间位阻的原因，该位置不能反应。

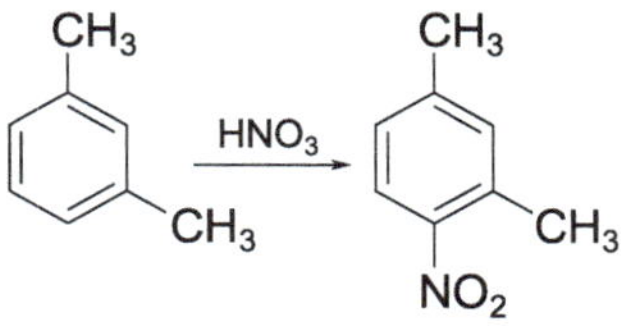

9.6 多环芳香化合物

多环芳香化合物是指含两个或两个以上苯环的芳烃。它们主要有两种组合方式，一种是非稠环型，其中包括联苯及联多苯和多苯代脂肪烃；另一种是稠环型，即两个碳原子为两个苯环所共有。

9.6.1 非稠环芳烃

多苯代烷烃如二苯甲烷、三苯甲烷、四苯甲烷以及1,2-二苯乙烷等都保持了苯环的结构特性，受苯环影响，与苯相连的甲基、亚甲基和次甲基都表现出很好的反应活性，比普通烷烃更容易参与各类反应。

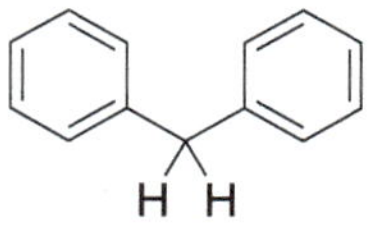

二苯甲烷 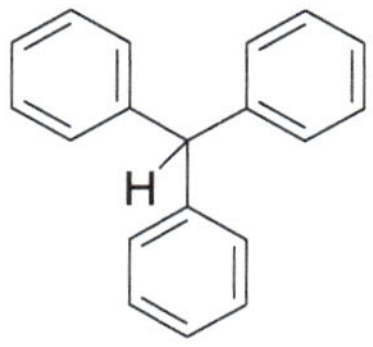　三苯甲烷 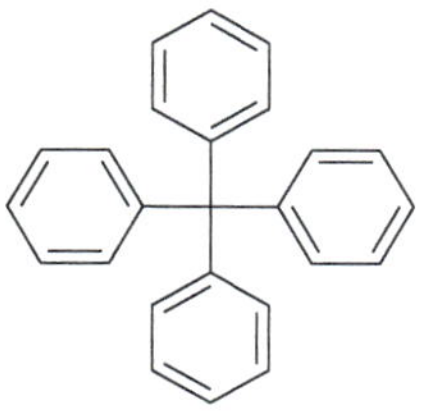　四苯甲烷 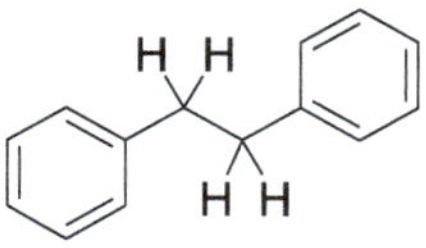　1,2-二苯乙烷

当两个苯环直接相连时，则称为联苯。二联苯（1,1′-联苯，苯基苯）是简单的联苯。在二联苯中，每个苯环都保持了苯的结构特性；但是由于邻位两个氢原子的相互作用，两个苯环实际上不在同一平面上。二联苯中连接两个苯环之间的单键可以自由旋转。

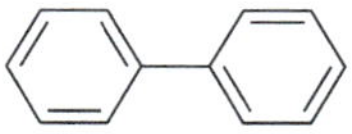

二联苯

9.6.2 稠环芳烃

稠环芳烃类是指芳烃在分子结构中具有两个或两个以上的稠合苯环。例如，在煤焦油中，萘、蒽、菲是最简单的三种化合物，其中，萘有两个苯环共用一侧，蒽、菲有三个苯环，分别以线形和角形稠合。它们的结构和编号如下：

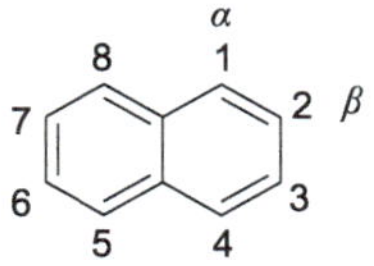

萘 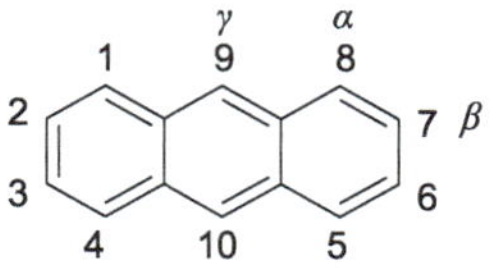　蒽 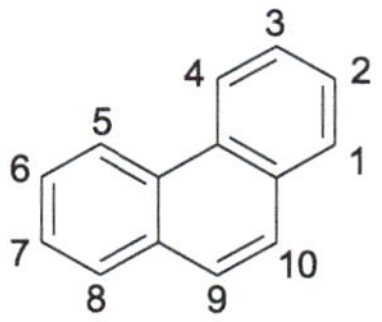　菲

（1）萘

萘是无色晶体，熔点80.55 ℃，易升华。在它的分子结构中，所有碳原子和氢原子很好地排列在同一平面，各C—C键的键长并不完全相等，但接近于苯环中C—C键的键长。

在萘的结构中，有3个主要的稳定共振构象，如下图，C1、C4、C5、C8位置是等同的，C2、C3、C6和C7位置也是等同的，因此，萘的一元取代物有两种异构体，两个取代基相同的二元取代物可有10种，两个取代基不同时则有14种。

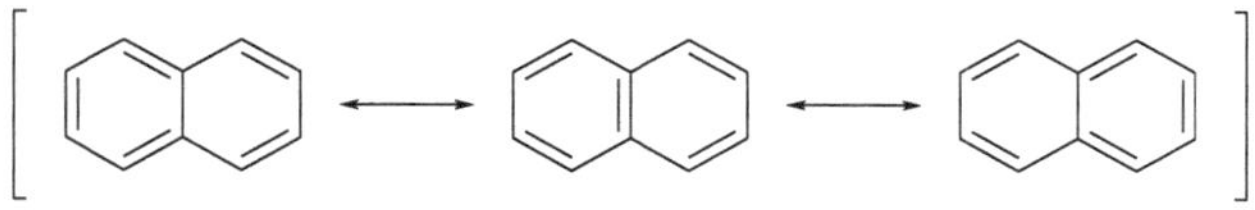

与苯相比，萘具有较高的反应活性和亲电性，所以在苯存在的情况下，它的氯化反应能进行。它的溴化反应在不加任何催化剂的情况下就可以进行，以较高的收率得到α-溴萘。萘的硝化在混酸的条件下进行，可以高收率地得到α-硝基萘。

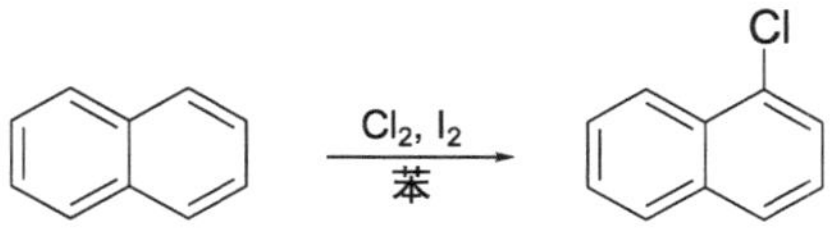

Cl_2, I_2；苯

α-氯萘, 92%

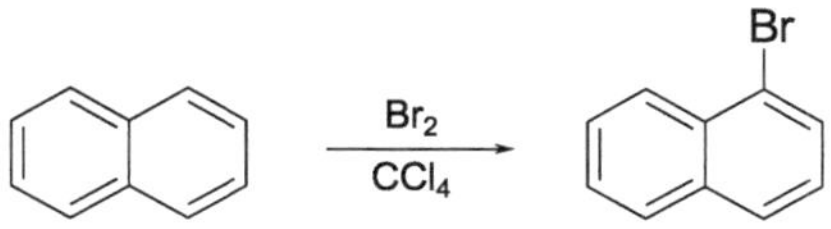

Br_2；CCl_4

α-溴萘, 72%～74%

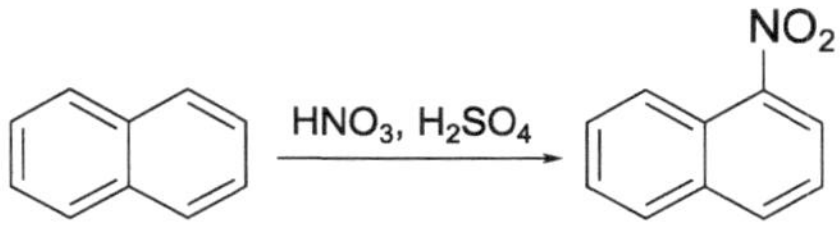

HNO_3, H_2SO_4

α-硝基萘, 92%～94%

萘与浓硫酸在低温下磺化，可获得主产物α-萘磺酸，然而随着温度的升高，β-萘磺酸的量也增加。

由于萘的磺化反应是可逆过程，α位比β位具有更高的活性，在低温下α-萘磺酸的形成和动力学控制机理一致。然而，由于1位磺酸基和C8位H的空间干扰，α-萘磺酸没有β-萘磺酸稳定，在高温下，热力学机制优于动力学机制，β-异构体逐渐变成主要产物。

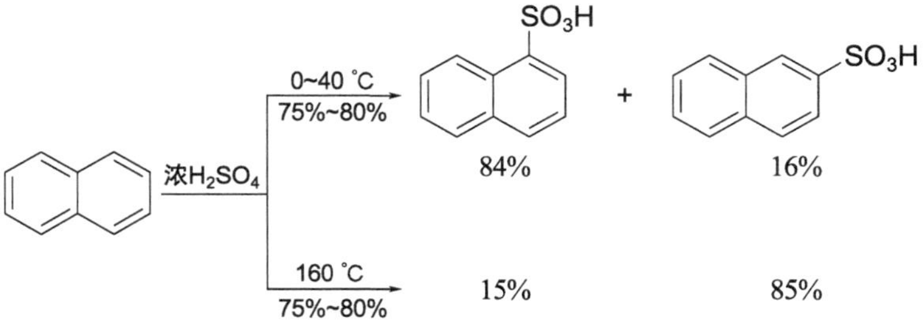

浓H_2SO_4

0~40 ℃；75%~80%：84%　+　16%

160 ℃；75%~80%：15%　　85%

萘的傅-克酰基化反应常常生成α-和β-异构体的混合物，但是用硝基甲烷作溶剂主要得到β-异构体。

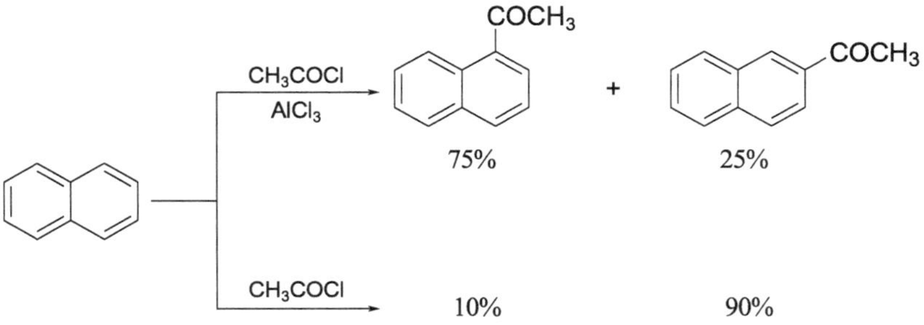

CH_3COCl；$AlCl_3$：75%　+　25%

CH_3COCl：10%　　90%

在苯环的亲电取代反应中，对于取代基的直接效果的合理解释是，过渡态的共振稳定性导致最稳定的阳离子中间体，这也用来解释亲电进攻多环芳烃的区域选择性。

通过进攻α位形成的两种最重要的共振极限式是苯环型的，然而在进攻β位的情况下，仅仅形成一个苯环型的极限式。因此α位的亲电取代比β位的反应活性高。

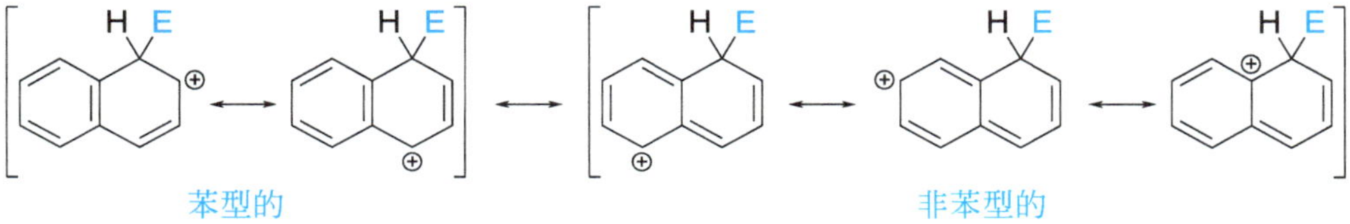

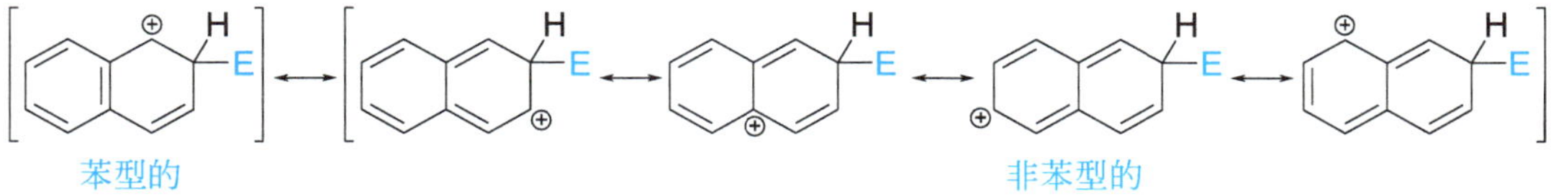

苯型的　　非苯型的

苯型的　　非苯型的

在不同的氢化条件下，萘能转化成四氢化萘或者十氢化萘。有时候也常常用高沸点溶剂。萘的Birch还原是用钠在液氨中进行的，得到1,4-二氢化萘。

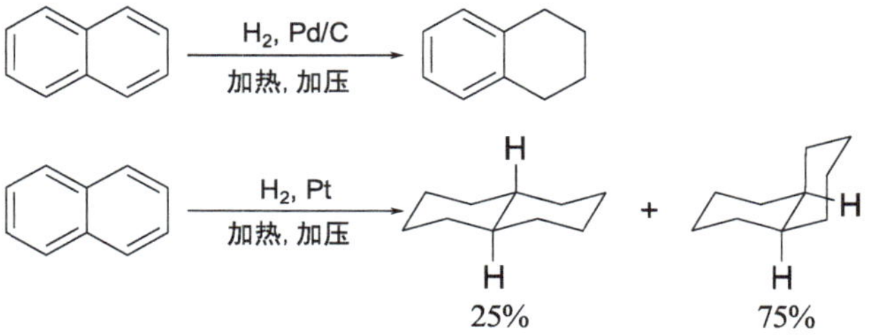

H_2, Pd/C 加热, 加压

H_2, Pt 加热, 加压　25%　75%

用CrO_3在温和条件下，萘氧化可得到1, 4-萘醌。然而在强烈的条件下，可得到苯酐。

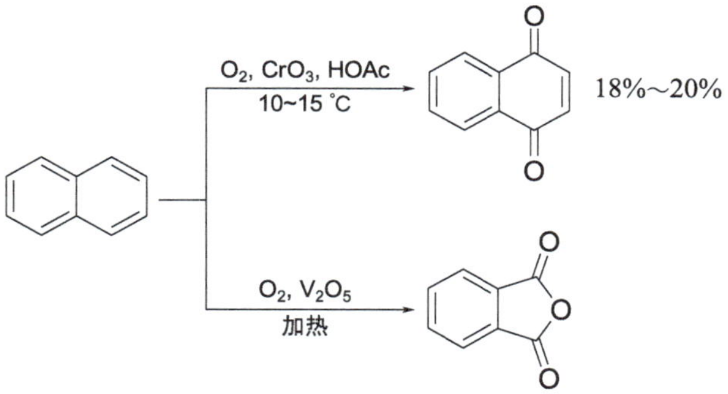

O_2, CrO_3, HOAc 10~15 ℃　18%~20%

O_2, V_2O_5 加热

（2）蒽和菲

蒽是一种无色晶体，熔点216.2～216.4 ℃，在紫外线照射下显示荧光。菲是一种无色片状晶体，熔点101 ℃，易溶于苯和醚中，溶液呈蓝色荧光。

蒽和菲最重要的共振极限结构式之间，仅仅只有4具有两个萘单元的环系。蒽和菲的共振能分别是352 kJ/mol和381 kJ/mol，所以菲更稳定，比蒽的反应活性低。

1　蒽　2

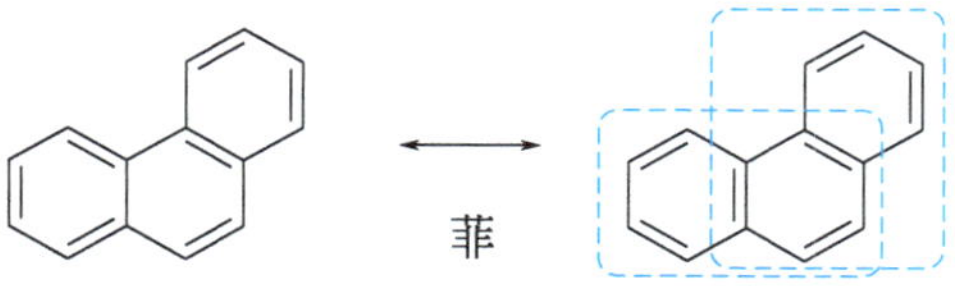

菲

3　　　　4(两个萘型结构)

对于加成、卤化、氧化和Diels-Alder反应，在蒽和菲的C9和C10位，显示出较其他位置高的反应活性。

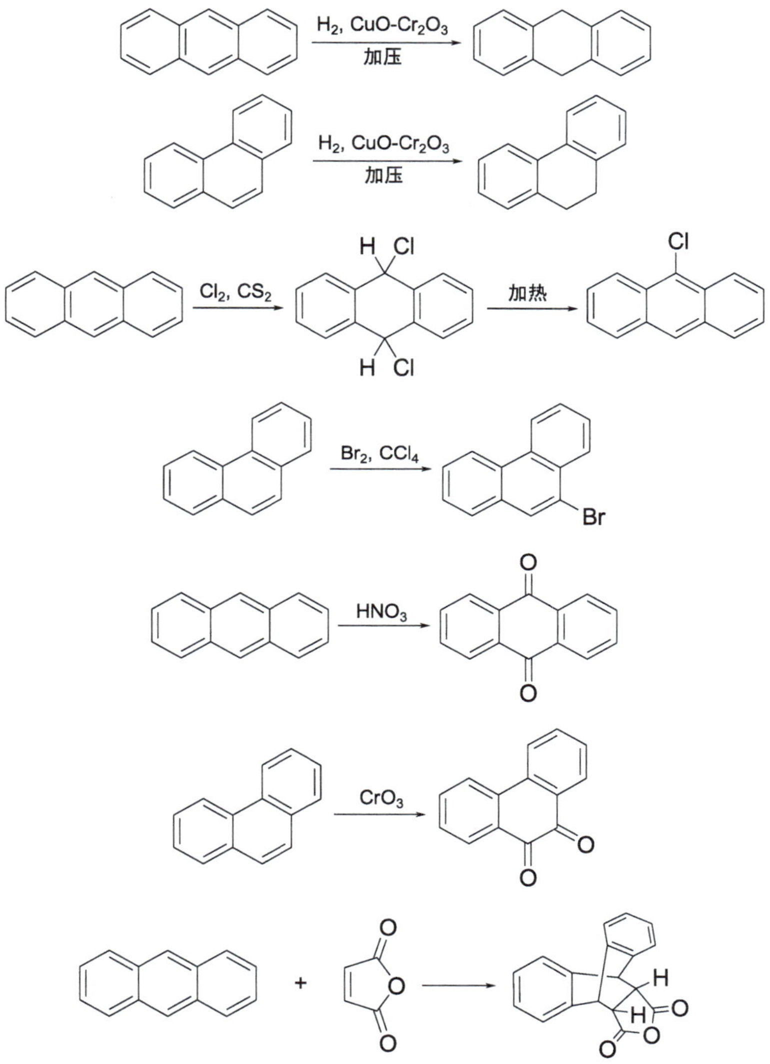

H_2, CuO-Cr_2O_3
加压
H_2, CuO-Cr_2O_3
加压
H Cl
Cl_2, CS_2
H Cl
加热
Cl
Br_2, CCl_4
Br
HNO_3
O
O
CrO_3
O
O
+
O
O
O
H
H
O
O
O

其他一些稠环芳烃类化合物，如芘、苯并芘等，都显示出相似的化学稳定性。像单环芳烃一样，稠环芳烃有一些重要的共振极限式，并且每种化合物都至少有1个共振极限结构式。19世纪，在木材部分燃烧后的炭烟中发现了苯并芘，它是被第一个确认的致癌剂。

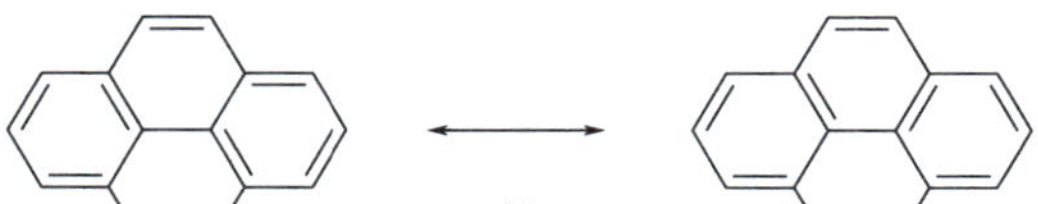

芘

苯并芘

9.7 非苯芳烃

9.7.1 休克尔规则

早在1931年，德国化学家休克尔曾计算出通式为C_nH_n环多烯的分子轨道：这些轨道可描述为被半径为2β的圆所包围的正多边形；这些多边形的任一角都代表一个分子轨道。圆的中心水平线代表非键轨道，中心水平线的上面代表反键轨道，下面代表成键轨道。

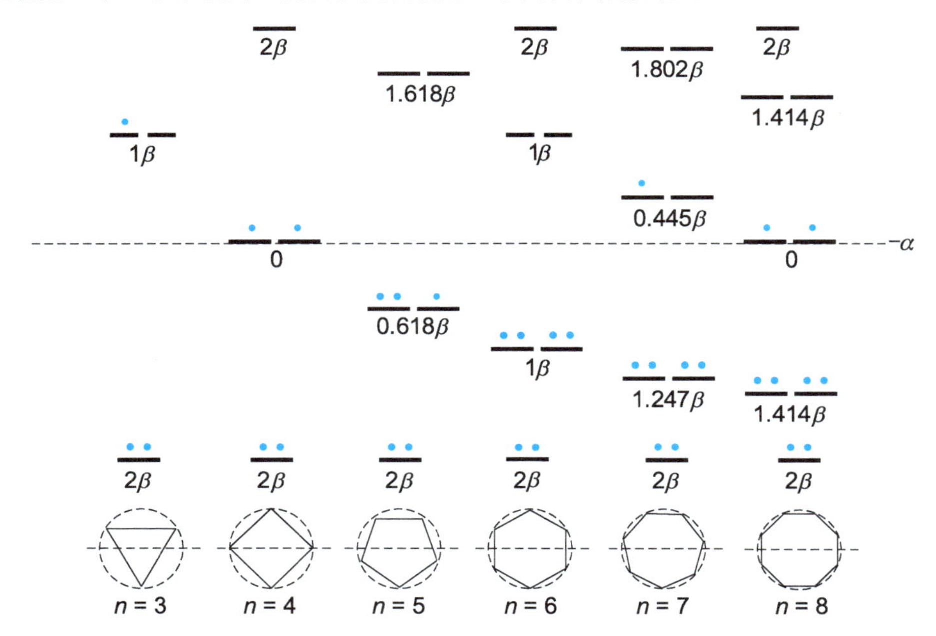

当π电子数为$4n+2$（n=0, 1, 2, 3…）时，电子正好填满成键轨道，这些环多烯的能量比相应的直链共轭多烯的能量要低。

然而，当π电子数为$4n$（n=0, 1, 2, 3…）时，电子正好占据成键轨道和两个非键轨道（每个非键轨道有一个电子），这些环多烯的能量比相应的直链共轭多烯的能量要高得多。

当π电子数为3, 5, 7…时，这些环多烯是自由基。

1938年，休克尔归纳出：除了苯环之外，任何平面的、环状的、共轭的包含（$4n+2$）π电子的化合物也都具有芳香性，然而那些含有$4n$π电子的化合物却不具有芳香性。这个结论被称为著名的休克尔规则。

以环戊二烯为例，普通的环戊二烯分子不符合休克尔$4n+2$规则，也不具有芳香性。当环戊二烯在强碱（如叔丁醇钾）作用下，亚甲基上的氢原子被取代，成为钾盐，原来的环戊二烯变成了环戊二烯负离子。环戊二烯负离子有6个π电子，离域分布在五个碳原子上，基态下三个成键轨道正好被6个电子填满。因此，环戊二烯负离子具有芳香性，且和苯环相似，可发生亲电取代反应。

H H + $(CH_3)_3COK$ ⟶ K^+ (−) + $(CH_3)_3COH$

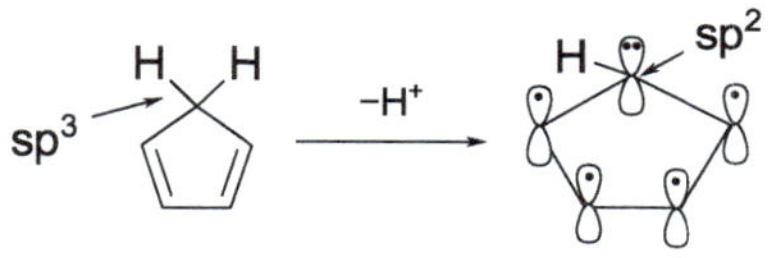

9.7.2 环丁二烯和环辛四烯

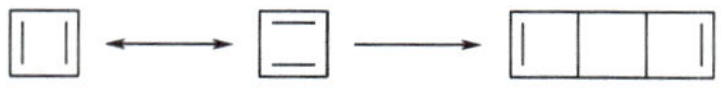

环丁二烯

环丁二烯很不稳定，很容易形成二聚体。

低温下的结构研究表明，环丁二烯及其衍生物都是平面的正方形结构，例如，下列化合物的C—C和C═C的键长分别为150.6 pm和137.6 pm。

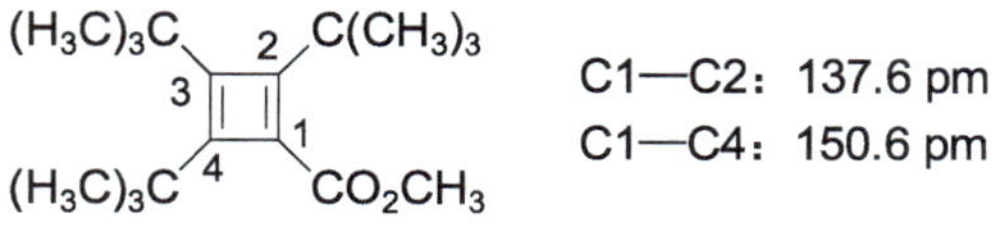

C1—C2：137.6 pm

C1—C4：150.6 pm

2,3,4-三叔丁基环丁二烯-1-羧酸甲酯

环辛四烯是黄色液体，沸点152 ℃，倾向于聚合并且和典型的烯烃一样可以和亲电试剂如酸和卤素反应。它不是平面结构而是船式构象。当在THF中用钾处理后，环辛四烯便形成二价的阴离子，它是一个平面结构，其键长为140 pm，和苯的键长一样。

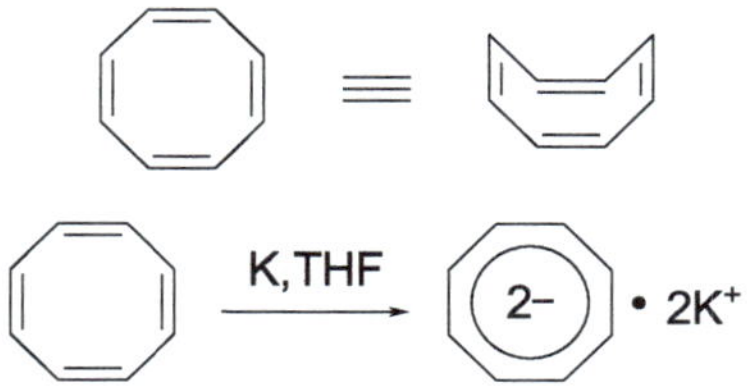

9.7.3 轮烯

[4*n*]-轮烯不是平面结构，而且依照休克尔规则其不显芳香性。对于全顺式-[10]-轮烯，这与几何要求和sp^2杂化对角度的要求产生了矛盾。因此由于角张力的原因，全顺式-[10]-轮烯不是很稳定而且活性很高。

对于顺,反,顺,顺,反-[10]-轮烯和[14]-轮烯，它们都不稳定，这是由于它们中间的环内氢存在彼此干扰。因此，[14]-轮烯没有芳香性，但温度在−60 ℃以下时除外。

[18]-轮烯的环足够大，可形成平面结构，其中间环内氢之间没有立体斥力，因此[18]-轮烯显示出相对强的芳香性，其所有的碳碳键长都在137 ～ 143 pm范围内，与苯环的键长相接近。

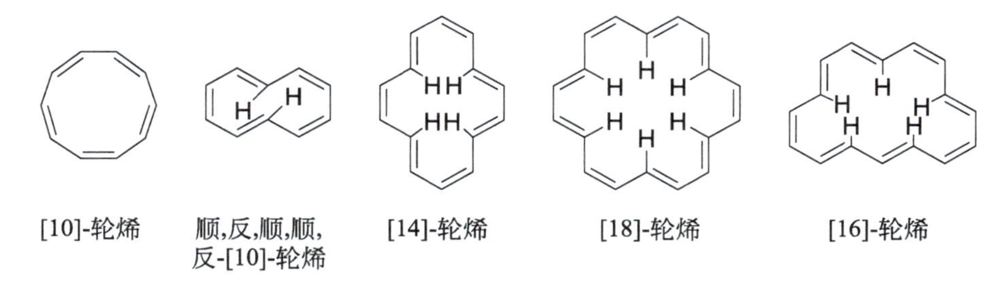

[10]-轮烯　顺,反,顺,顺,反-[10]-轮烯　[14]-轮烯　[18]-轮烯　[16]-轮烯

9.7.4 环戊二烯负离子和环庚三烯正离子

依据休克尔规则，环戊二烯负离子和环庚三烯正离子（䓬正离子）是平面形结构，并且具有

芳香性。环戊二烯易离子化形成环戊二烯负离子，且它的酸性与水或醇相当。而环庚三烯易形成一价阳离子。

$pK_a = 16$

1891年，实验发现环庚三烯和溴通过加成反应然后脱去溴化氢生成溴化䓬。但是直到1954年，Doering依据休克尔规则才解释了这个结构。溴化䓬难溶于乙醚，当用硝酸银处理时立即生成溴化银。

Br_2 ；Br H H Br ；$-HBr$ ；Br^-

拓展阅读：苯的发现和苯分子结构学说

苯是在1825年由英国科学家法拉第（Michael Faraday，1791—1867年）首先发现的。19世纪初，英国和其他欧洲国家一样，城市的照明已普遍使用煤气。从生产煤气的原料中制备出煤气之后，剩下的一种油状液体却长期无人问津。法拉第是第一位对这种油状液体感兴趣的科学家。他用蒸馏的方法将这种油状液体进行分离，得到另一种液体，实际上就是苯。当时法拉第将这种液体称为“氢的重碳化合物”。

1834年，德国科学家米希尔里希（E. E. Mitscherlich，1794—1863年）通过蒸馏苯甲酸和石灰的混合物，得到了与法拉第所做实验相同的一种液体，并命名为苯。待有机化学中正确的分子概念和原子价概念建立之后，法国化学家日拉尔（C. F. Gerhardt，1815—1856年）等人又确定了苯的分子量为78，分子式为C_6H_6。苯分子中碳的相对含量如此之高，使化学家们感到惊讶。如何确定它的结构式呢？化学家们为难了：苯的碳、氢比值如此之大，表明苯是高度不饱和的化合物。但它又不具有典型的不饱和化合物应具有的易发生加成反应的性质。

德国化学家凯库勒曾提出了碳四价和碳原子之间可以连接成链这一重要学说。他在分析了大量的实验事实之后认为：苯的结构是一个很稳定的“核”，6个碳原子之间的结合非常牢固，而且排列十分紧凑，它可以与其他碳原子相连形成芳香族化合物。于是，凯库勒集中精力研究这6个碳原子的“核”。他提出多种开链式结构但又因其与实验结果不符而一一否定。1865年他终于悟出闭合链的形式是解决苯分子结构的关键，也就是现在所说的凯库勒式。

化学史曾记录过凯库勒创建了由6个碳原子构成的苯环结构的传奇故事。凯库勒早年受过建筑师的训练，具有一定的形象思维能力，他善于运用模型方法，把化合物的性能与结构联系起来。1864年冬天，他的科学想象让他获得了重大的突破。他是这样记载这一伟大的创造过程的：“晚上，我坐下来写教科书，但工作没有任何进展，我一直无法集中精力。我把椅子转向炉火，打起瞌睡来了。原子又在我眼前跳跃起来，这时较小的基团谦逊地退到后面。我的思维因这类幻觉的不断出现变得更敏锐了，逐渐能分辨出多种形状的大结构，也能分辨出紧密地靠在一起的长形分子，它盘绕、旋转，像蛇一样动着。看！那是什么？有一条蛇咬住了它自己的尾巴，这个形状虚幻地在我的眼前旋转不停，我触电般地猛然醒来，花了这一夜的剩余时间，做出了这个关于苯环结构的假想！”于是，凯库勒首次满意地写出了苯的结构式，指出芳香族化合物的结构含有封闭的碳原子环，并且它不同于具有开链结构的脂肪族化合物。

苯环结构的诞生，不仅是化学发展史上的一块里程碑，还是想象创造历史的典型。对其所取得的成就，凯库勒认为：“让我们学会做梦、学会想象吧！那么，我们就可以发现真理。”

应该指出的是，凯库勒能够从梦中得到启发，成功地提出重要的结构学说，并不是偶然的。这是由于他善于独立思考，平时总是冥思苦想有关的原子、分子、结构等问题，才会梦其所思；

更重要的是，他懂得化合价的真正意义，善于捕捉直觉形象；加之以事实为依据，以严肃的科学态度进行多方面的分析和探讨，这一切都为他取得成功奠定了基础。

参考资料

江玉安. 苯的发现和苯分子结构学说简介[J]. 化学教学, 2009(09): 59-61.

习题

9-1 根据名称画出下列分子的结构式。

（1）间溴苯乙烯　　（2）3-硝基-5-溴苯甲酸

（3）4,4′-二苯基联苯　　（4）3,4′-二甲基-4-硝基联苯

9-2 根据结构式写出下列分子的名称。

（1）NH_2　Br　Cl　　（2）SO_3H　NO_2　CH_3

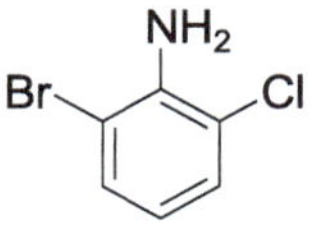

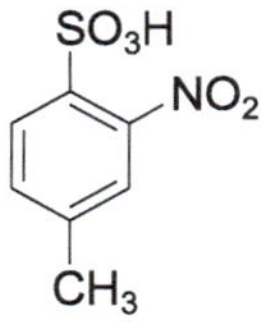

（3）NH_2　COOH　　（4）Br　O_2N　CH_3

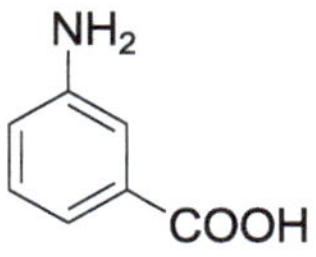

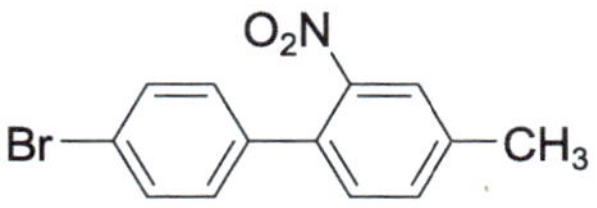

9-3 完成下列反应。

（1）+ 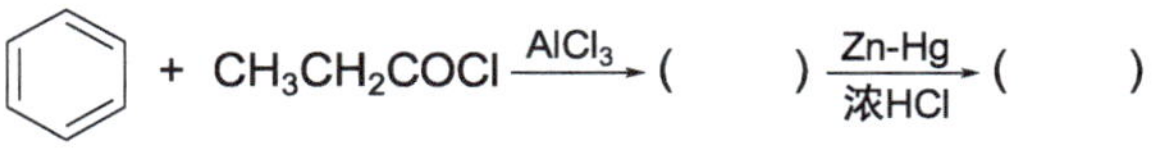 CH_3CH_2COCl $\xrightarrow{AlCl_3}$ (　　) $\xrightarrow[浓HCl]{Zn-Hg}$ (　　)

（2）O_2N—　—CH_2—　$\xrightarrow[H_2SO_4]{HNO_3}$ (　　)

（3）+　$\xrightarrow[HCl]{AlCl_3}$ (　　) $\xrightarrow[2)\ HNO_3/H_2SO_4]{1)\ KMnO_4/\triangle}$ (　　)

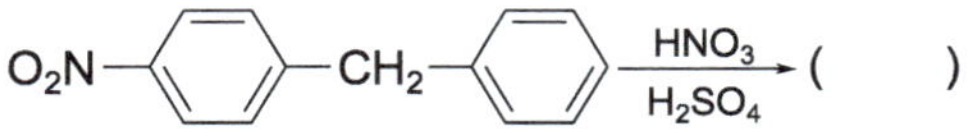

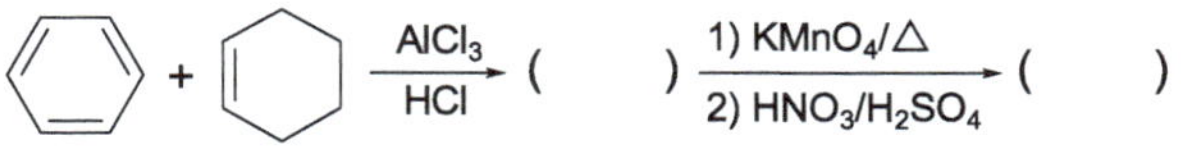

（4）CH_2　CHO $\xrightarrow{浓NaOH}$ (　　) + (　　)

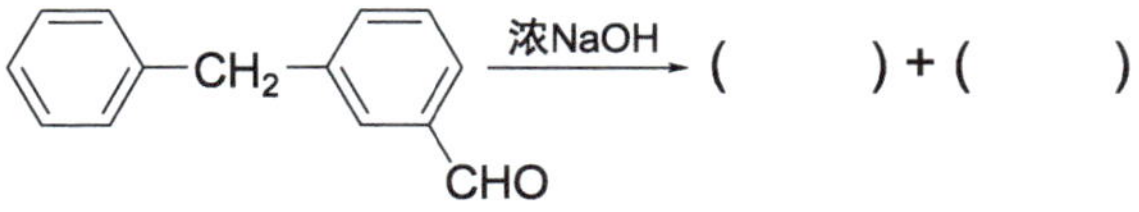

9-4 芳烃 C_8H_{10} 的构造异构体有几个？试写出其异构体的构造式。

9-5 比较下列化合物进行硝化反应时，反应速率的相对大小，并解释之。

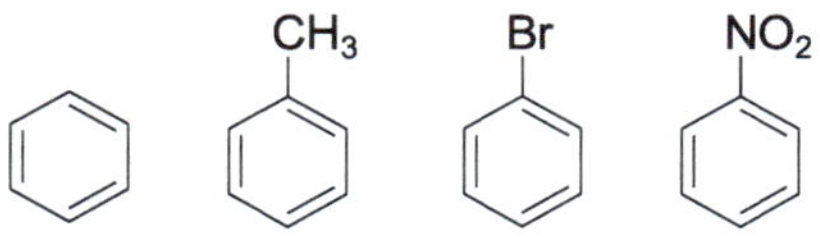

CH_3　Br　NO_2

1　2　3　4

9-6 用化学反应区分下列化合物。

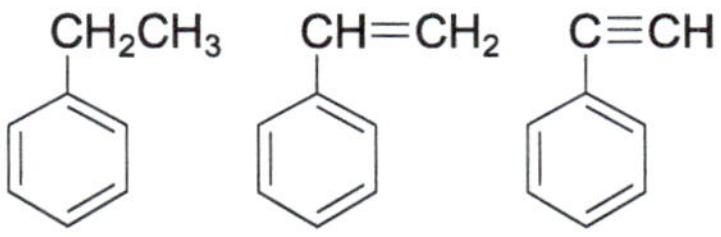

CH_2CH_3　$CH{=}CH_2$　$C{\equiv}CH$

9-7 画出十氢化萘的两种稳定构象，并指出哪种构象更稳定。

9-8 比较下列化合物发生硝化反应时的相对反应速率大小，并解释之。

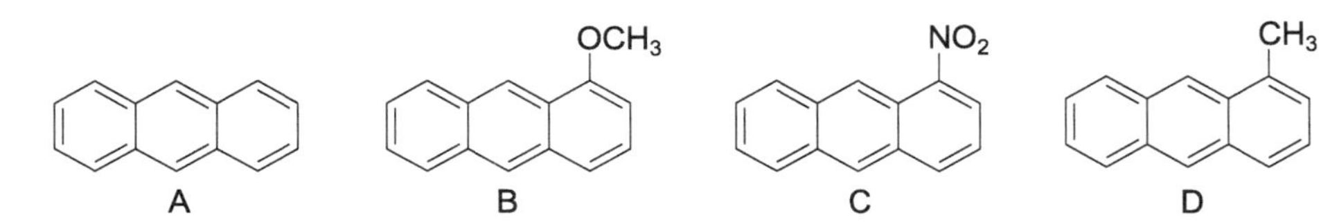

9-9 1,3,5,7-环辛四烯能使冷的高锰酸钾溶液迅速褪色，并能和溴的四氯化碳溶液作用，得到$C_8H_8Br_8$，该化合物应具有什么样的结构，写出其结构式并说明为什么它能使高锰酸钾和溴溶液褪色？

9-10 苯甲酸硝化的主要产物是什么？写出硝化反应过程中产生的中间体碳正离子的极限式，并比较其稳定性大小。

9-11 某芳烃A分子式为$C_{10}H_{14}$，在铁催化下溴代得一溴代物B和C，将A在剧烈条件下氧化生成一种酸D（$C_8H_6O_4$），D硝化只能有一种一硝基产物E（$C_8H_5O_4NO_2$），试推测出A、B、C、D、E的构造式。

9-12 化合物A、B、C、D的分子式都是$C_{10}H_{14}$，它们都具有芳香性，A不能氧化为苯甲酸，B可被氧化为苯甲酸，且B有手性。C也可被氧化为苯甲酸，但C无手性，C的一溴代物具有两个手性碳；D可被氧化为对苯二甲酸，D的一溴代物也具有手性。试推测化合物A、B、C、D的结构。

9-13 写出下列反应的机理。

$COCH_2CH_2CH_2Cl$ $\xrightarrow{AlCl_3}$

9-14 写出下列反应的机理。

$\xrightarrow[浓硝酸]{浓H_2SO_4}$ NO_2

9-15 用苯为起始原料合成 OH, C—CH_2CH_3, CH_3

9-16 由 CH_3, CH_3 合成 O O O O O O

9-17 以甲苯及其他必要试剂合成3,4,5-三氯苯酚。

9-18 由联苯合成 Cl Cl

9-19 由 4-甲基联苯（结构式，末端为 CH_3）合成 3,5-二溴联苯-4'-甲酸（结构式，Br、Br、COOH）

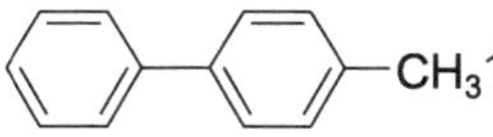

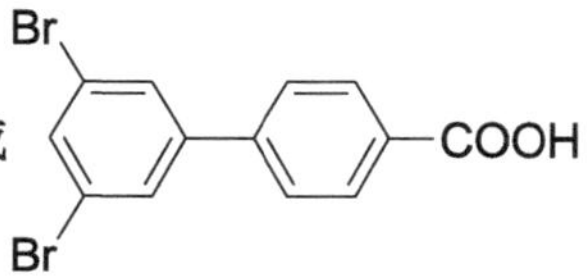

9-20 由萘经重氮化反应合成 1-萘甲酰氯（结构式，COCl）

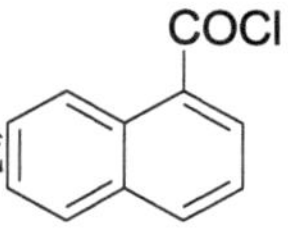

第10章 醇、酚、醚

本章将学习三种含氧化合物——醇、酚、醚的物理性质和化学性质。在周期表中，硫位于氧的正下方，所以硫是与氧最为类似的元素，许多含氧有机化合物都有硫的类似物，因此，本章我们还将学习硫醇、硫醚、二硫醚三种含硫化合物。

10.1 醇、酚、醚的结构

10.1.1 醇的结构

醇的官能团是羟基，与其直接相连的碳原子为sp^3杂化，醇中氧原子也是sp^3杂化，氧原子的两个sp^3杂化轨道分别与碳原子及氢原子形成C—O σ键和O—H σ键，另外两个sp^3杂化轨道分别带有一对未共用电子。碳和氧的电负性不同，碳氧键是极性键，所以醇是一个极性分子。图10-1所示为最简单的醇——甲醇的路易斯结构和球棍模型，测得甲醇中C—O键及O—H键之间的夹角为108.9°，非常接近预期的四面体角度109.5°。

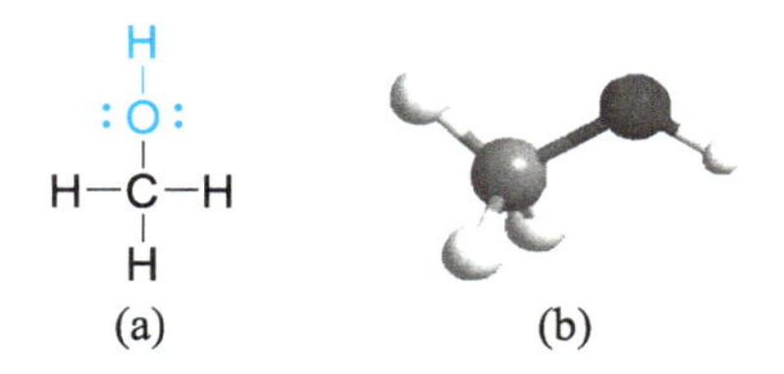

图10-1 甲醇的路易斯结构（a）和球棍模型（b）

10.1.2 酚的结构

羟基与苯环直接相连的化合物叫酚，一元酚的通式为ArOH。最简单的酚是苯酚（phenol），苯酚是平面分子，C—O键与O—H键间的夹角为109°，与四面体夹角几乎相同，略不同于甲醇C—O—H间的夹角108.9°。在脂肪族化合物中，烯醇通常是不稳定的，容易互变异构形成相应的酮或醛（因为碳氧双键更稳定）。酚羟基与烯醇的结构基本一致，因此酚也存在酮式异构体。

在大多数情况下，与sp^2杂化碳原子相连的键长略短于与sp^3杂化碳相连的键长，苯酚也不例外，苯酚中C—O键的键长略短于甲醇中的C—O键。

136 pm　109°　苯酚　　　H_3C—O—H　142 pm　108.9°　甲醇

从共振论来看，由于氧上未共用电子对与芳环之间的共轭导致C—O键带有部分双键的性质，因此形成的C—O键较短。相较于进攻苯环，亲电试剂进攻苯酚的芳环要快得多，下图显示出苯酚的芳环，特别是酚羟基的邻对位是相对“富电子”的。

苯酚最稳定的Lewis结构　　　极性共振式

10.1.3 醚的结构

醚可视为水的衍生物，以一个烷基取代水中一个氢原子形成醇，而以烷基、芳基取代两个氢原子则形成醚。

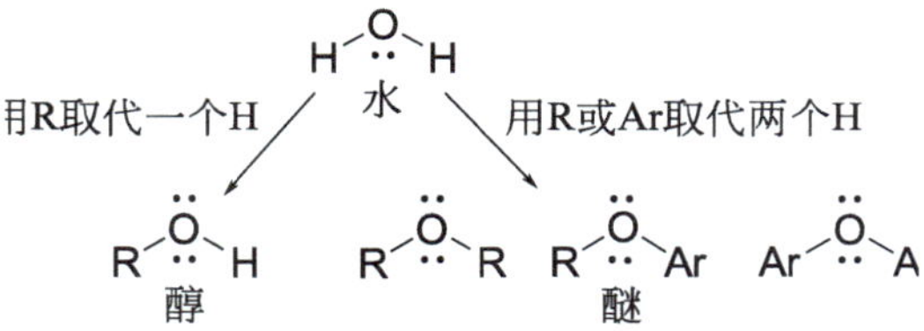

$$H-\ddot{O}-H \text{（水）} \xrightarrow{\text{用R取代一个H}} R-\ddot{O}-H \text{（醇，R = 烷基）}$$

$$H-\ddot{O}-H \text{（水）} \xrightarrow{\text{用R或Ar取代两个H}} R-\ddot{O}-R \quad R-\ddot{O}-Ar \quad Ar-\ddot{O}-Ar \text{（醚，R = 烷基；Ar = 芳基）}$$

在二甲醚中，氧原子的两个sp^3杂化轨道和两个碳原子形成两个C—O σ键，另外两个sp^3杂化轨道分别带有一对未共用电子，二甲醚中C—O—C之间的夹角为112°，非常近似于预期的四面体间的夹角109.5°。

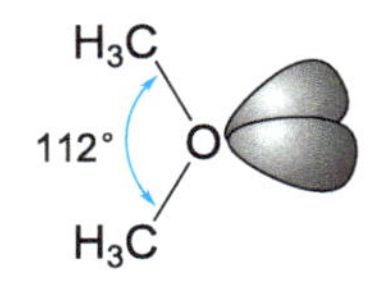

10.2 醇、酚、醚的命名

10.2.1 醇的命名

（1）普通命名法

醇的俗名包括两部分，第一部分为烷基名称，第二部分为“醇”字。烃基用一级（或伯）、二级（或仲）、三级（或叔）、四级（或季）、正、异、新等习惯名称来区别结构。例如：

CH_3CH_2OH 乙醇　　$CH_3CH(OH)CH_3$ 异丙醇　　环己醇（环己基—OH）　　$CH_3CH_2CH_2CH_2OH$ 正丁醇

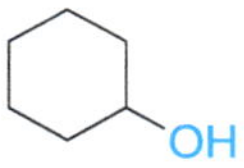

（2）系统命名法

结构复杂的醇最好按IUPAC规则来命名，方法如下：

① 选择连有—OH碳原子在内的最长碳链作为母体。

② 按照相应的烷基把母体化合物命名为某醇，如果化合物含有不止一个羟基，二个羟基则为二醇，三个羟基则为三醇，以此类推。

③ 从端基开始给母链编号，确保连有羟基的碳原子具有较低的编号，如果这个化合物还含有其他基团，基团的优先次序如下：

高度优先　　—OH

$>C=C<$

低优先　　—R　—X　(X = F, Cl, Br, I)

④ 取代基按照大小次序由小到大排列（英文名称则按取代基的首字母顺序列出）。如：

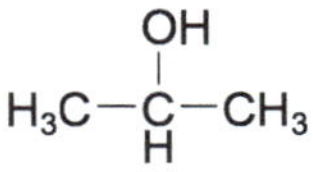

$H_3C-CH(OH)-CH_3$ 2-丙醇　　$(CH_3)_3CCH_2OH$ 2,2-二甲基丙醇

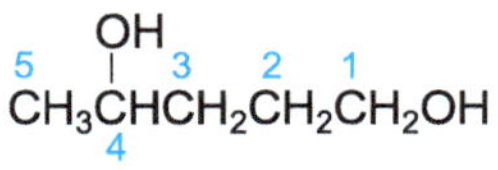

$CH_3CH(OH)CH_2CH_2CH_2OH$

1,4-戊二醇

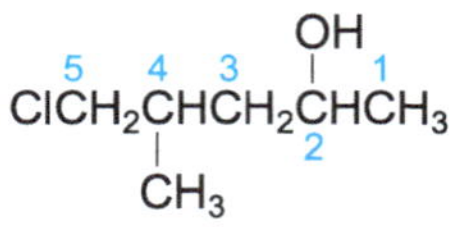

$ClCH_2CH(CH_3)CH_2CH(OH)CH_3$

4-甲基-5-氯-2-戊醇

$HOH_2C-CH=CH-CH_2CH_2CH_3$

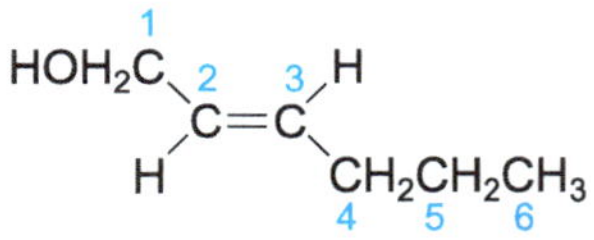

反-2-己烯-1-醇

10.2.2 酚的命名

酚是羟基苯的特定名称，甲基酚通常称为甲酚。多取代化合物以酚的衍生物来命名，从羟基取代的碳原子开始编号，按照一定的方向旋转，给下一个取代的碳原子较低的编号。如：

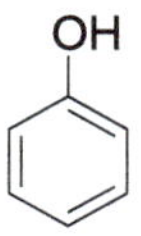

苯酚 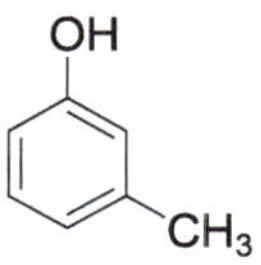　间甲酚 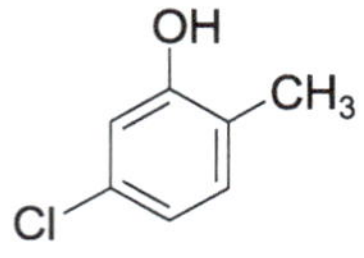　2-甲基-5-氯苯酚 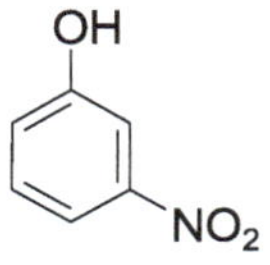　3-硝基苯酚

如果化合物含有羰基或羧基，因其优先次序均高于酚羟基，酚不能作为母体名称，羟基则被视为取代基。

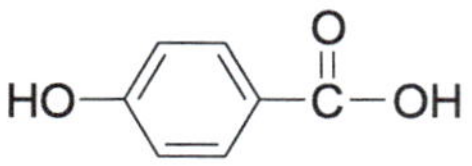

对羟基苯甲酸 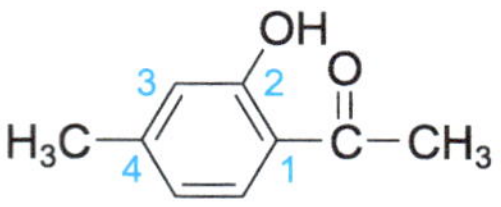　4-甲基-2-羟基苯乙酮

10.2.3 醚的命名

两个烃基相同的醚称为对称醚，也叫简单醚。两个烃基不相同的醚称为不对称醚，也叫混合醚。简单醚通常都有俗名，是在相同的烃基名称前写上“二”字，最后加以“醚”字，习惯上“二”字也可以省略不写。混合醚的普通命名法是按顺序规则由小到大将两个烃基分别列出，然后写上“醚”字（英文名称中，连于氧原子的两个基团按字母顺序列出后加“ether”）。

较为复杂的醚则采用IUPAC命名。更复杂的基团选作母体，而RO—基团则视为取代基。

$CH_3OCH_2CH_3$

甲乙醚

$CH_3CH_2OCH_2Cl$

氯甲基乙醚

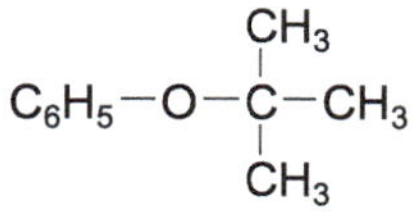

$C_6H_5-O-C(CH_3)_3$

叔丁基苯醚

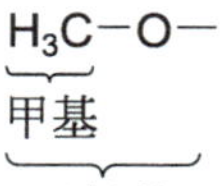

H_3C-O-（甲基）

甲氧基

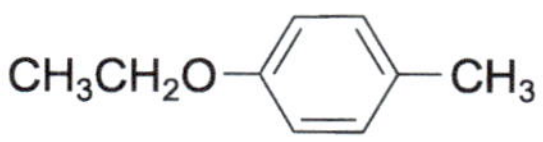

$CH_3CH_2O-C_6H_4-CH_3$

4-乙氧基甲苯

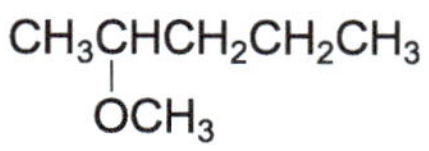

$CH_3CH(OCH_3)CH_2CH_2CH_3$

2-甲氧基戊烷

$H_3C-CH(OCH_2CH_3)-CH_2CH_2CH(CH_3)_2$

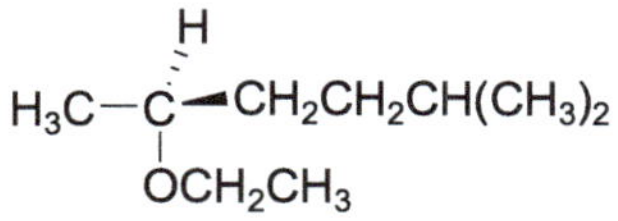

(*S*)-2-乙氧基-5-甲基己烷

$CH_3CH_2OCH_2CH_2CH_2Cl$

3-乙氧基-1-氯丙烷

环醚是杂环化合物，氧原子是环的一部分，常见的氧杂环有特定的IUPAC名称。通常，由氧原子开始给环编号，IUPAC规则允许环氧乙烷（无取代基）叫作乙烯氧化物，四氢呋喃和四氢吡喃也分别是氧杂环戊烷和氧杂环己烷可接受的同义词。

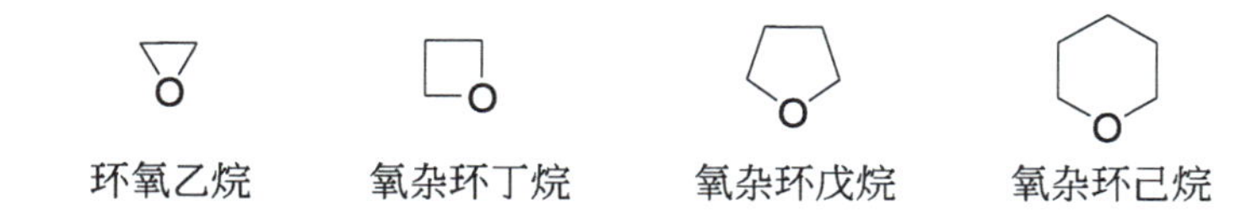

10.3 醇、酚、醚的物理性质

10.3.1 醇的物理性质

由于羟基的存在，醇是极性化合物，无论与碳原子或是氢原子相比，氧都是电负性较大的，因此在醇中，碳原子和氢原子上带部分正电荷，而氧原子上带部分负电荷。

在带正电荷的氢原子和带负电荷的氧原子之间存在的吸引力叫氢键，由于需要额外的能量克服极性—OH之间的氢键吸引力，因此醇比分子量相近的非极性的烷烃具有更高的沸点（表10-1）。

表10-1 5组具有相近分子量的醇和烷烃的沸点和在水中的溶解度

结构式	名称	分子量	沸点/℃	水中溶解度
CH_3OH	甲醇	32	65	无限
CH_3CH_3	乙烷	30	89	不溶
CH_3CH_2OH	乙醇	46	78	无限
$CH_3CH_2CH_3$	丙烷	44	–42	不溶
$CH_3CH_2CH_2OH$	1-丙醇	60	97	无限
$CH_3CH_2CH_2CH_3$	丁烷	58	0	不溶
$CH_3CH_2CH_2CH_2OH$	1-丁醇	74	117	8 g/100 g
$CH_3CH_2CH_2CH_2CH_3$	戊烷	72	36	不溶
$CH_3CH_2CH_2CH_2CH_2OH$	1-戊醇	88	138	2.3 g/100 g
$HOCH_2CH_2CH_2CH_2OH$	1, 4-丁二醇	90	230	无限
$CH_3CH_2CH_2CH_2CH_2CH_3$	己烷	86	69	不溶

如同许多其他化合物，由于色散力的增加，醇的沸点随着分子量的增加而增加，鉴于此，通过比较乙醇（78 ℃）、1-丙醇（97 ℃）、1-丁醇（117 ℃）、1-戊醇（138 ℃）的沸点，以及己烷（69 ℃）、1-戊醇（138 ℃）、1, 4-丁二醇（230 ℃）的沸点，可以看出，羟基增加时，氢键的作用进一步加强。

醇可以与水形成氢键，它们在水中比分子量相近的烷烃更易溶，甲醇、乙醇、1-丙醇在水中可以任意比互溶。随着分子量的增加，醇的物理性质更近于分子量相近的烷烃，随着分子中C—H键（烷基）比例的增加，高分子量的醇在水中的溶解度降低。

10.3.2 酚的物理性质

酚中羟基的存在意味着酚像醇一样能够形成较强的分子间氢键。氢键使得酚比相同分子量的碳氢化合物具有更高的沸点。例如，苯酚的沸点182 ℃，比甲苯的沸点110.6 ℃要高71.4 ℃，尽管这两个化合物几乎具有相同的分子量。酚和水分子能够形成较强的氢键，这与酚在水中具有适度的溶解性是一致的，表10-2列出了许多常见酚的物理性质。

表 10-2　一些酚的物理性质

强酸 ↑ 弱酸

酚	熔点/℃	沸点/℃	pK_a
乙酸	16.5	118	4.75
2, 4, 6-三硝基苯酚	122	—	0.60
对硝基苯酚	115	—	7.16
邻硝基苯酚	97	—	7.21
间硝基苯酚	45	216	8.36
对碘苯酚	94	—	9.30
对溴苯酚	66	238	9.35
对氯苯酚	43	220	9.38
苯酚	43	182	10.00
对甲氧基苯酚	57	243	10.21
对甲基苯酚	35	202	10.26
对氨基苯酚	186	—	10.46
乙醇	−114.6	78.4	16.00

10.3.3　醚的物理性质

多数醚是易挥发、易燃的液体。与醇不同，醚分子间不能形成氢键，所以，沸点比同组分醇的沸点低得多。多数醚不溶于水，乙醚稍溶于水，因此乙醚的主要用途是作溶剂和萃取剂。

	$CH_3CH_2OCH_2CH_3$	$CH_3CH_2CH_2CH_2CH_3$	$CH_3CH_2CH_2CH_2OH$
沸点/℃	35	36	117
水中溶解度/(g/100 mL)	7.5	不溶	9.0

总体来说，醇具有较高的沸点是由于生成了氢键。而液态醚和液态烷烃由于缺乏 —OH，不能形成分子间氢键，相互间的吸引力较弱，因而沸点较低。醚和醇之间沸点的差异随分子量的增加而减小。然而，由于氧原子的存在，醚可和水分子形成氢键，这种分子间的引力造成醚在水中的溶解度近似于分子量相当的醇，而烷烃则不能和水形成氢键。例如，四氢呋喃和1, 4-二氧六环能和水完全互溶。

10.4　醇的制备和用途

10.4.1　烯烃水合

在酸催化剂存在的情况下，烯烃加水生成醇。这个加成反应遵循马氏规则，因此，除了乙烯的水合，这类反应生成仲醇或叔醇，反应是可逆的，烯烃水合的机理仅是醇脱水的逆向过程。

$$\mathrm{>C{=}C<} + \mathrm{HA} \rightleftharpoons \mathrm{-\overset{|}{\underset{H}{C}}-\overset{+}{C}<} + \mathrm{A^-} \underset{-\,\mathrm{H_2O}}{\overset{+\,\mathrm{H_2O}}{\rightleftharpoons}} \mathrm{-\overset{|}{\underset{H}{C}}-\overset{|}{\underset{\overset{+}{O}H_2}{C}}-} + \mathrm{A^-} \rightleftharpoons \mathrm{-\overset{|}{\underset{H}{C}}-\overset{|}{\underset{OH}{C}}-} + \mathrm{HA}$$

由于经常会发生重排反应，酸催化的烯烃水合反应在实验室中的应用受到了一定的限制。

一种有用的合成醇的方法是个两步反应，叫作“汞化-脱汞反应”。在四氢呋喃和水的混合溶液中，烯烃可以和醋酸汞反应生成羟烷基汞化合物，汞化合物可进一步用 $NaBH_4$ 还原成醇。

第1步，汞化反应，水和醋酸汞加成到双键上；第2步，脱汞反应，$NaBH_4$还原乙酰氧基汞成为氢原子。

第1步　汞化反应

$$\mathrm{>C=C<} + H_2O + Hg(OCOCH_3)_2 \xrightarrow{THF} -\underset{OH}{\overset{|}{C}}-\underset{HgOCOCH_3}{\overset{|}{C}H} + CH_3COOH$$

第2步　脱汞反应

$$-\underset{OH}{\overset{|}{C}}-\underset{HgOCOCH_3}{\overset{|}{C}H} + OH^- + NaBH_4 \longrightarrow -\underset{OH}{\overset{|}{C}}-\underset{H}{\overset{|}{C}}-H + Hg + CH_3COO^-$$

汞化-脱汞反应具有高度的区域选择性，水中氢和羟基加成的方向与马氏规则一致，氢原子加在含氢较多的双键碳上。

以上两种方法均能产生仲醇和叔醇。若想从1-取代烯烃制得伯醇，必须采用烯烃的间接水合法。1-取代烯烃如1-丙烯，用含BH_3·THF的溶液处理，硼氢化加成相继发生在三分子烯烃的双键上形成三烷基硼。

多取代　少取代

$$CH_3CH=CH_2 \longrightarrow CH_3\underset{H}{\underset{|}{C}}HCH_2-BH_2 \xrightarrow{CH_3CH=CH_2} (CH_3CH_2CH_2)_2BH \xrightarrow{CH_3CH=CH_2} (CH_3CH_2CH_2)_3B \xrightarrow{H_2O_2,\ OH^-} 3\ CH_3CH_2CH_2OH$$

在每一步加成反应中，硼原子加到少取代的双键碳原子上，氢原子从硼原子上转移到另一个双键碳上。因此，硼氢化反应是区域选择性的且是反马氏规则的，最后，有机硼中间体经历氧化和碱水解生成三分子醇。

因此，硼氢化-氧化提供了一种制备醇的方法，可以制得不易通过酸催化的烯烃水合或是汞化-脱汞反应制得的伯醇，例如，酸催化1-己烯的水合生成2-己醇。

$$CH_3CH_2CH_2CH_2CH=CH_2 \xrightarrow{H_3O^+,\ H_2O} CH_3CH_2CH_2CH_2\overset{OH}{\overset{|}{C}}HCH_3$$

而硼氢化-氧化则生成1-己醇。

$$CH_3CH_2CH_2CH_2CH=CH_2 \xrightarrow[2)\ H_2O_2,\ OH^-]{1)\ THF,\ BH_3} CH_3CH_2CH_2CH_2CH_2\overset{OH}{\overset{|}{C}}H_2$$

10.4.2　羰基的加成

在羰基中，氧比碳的电负性强，因此羰基氧是富电子的，而羰基碳是缺电子的。

金属有机化合物，诸如格氏试剂和有机锂试剂，通常含有碳-金属键，因为金属元素比碳的电负性弱，所以碳原子是负电中心，而金属原子则是正电中心。

格氏试剂和有机锂试剂中亲核性的碳原子可以与羰基中正电性的碳原子反应，因而形成新的碳碳单键，利用这种方法可连接几个小分子形成多种比较复杂的醇。

反应分两步进行，第1步是格氏试剂加成到羰基碳原子上形成镁盐（醇的共轭碱）；第2步中镁盐用酸处理得到醇。

通过改变羰基化合物以及格氏试剂、锂试剂的结构，可以制备伯、仲、叔醇。

$$R—MgX + \rangle C{=}\ddot{O}: \xrightarrow{\text{无水乙醚}} R—\overset{|}{C}—\ddot{O}:^{-}\ \overset{+}{M}gX$$

格氏试剂　　羰基化合物　　烷氧基镁（新的C—C单键）

$$R—\overset{|}{C}—\ddot{O}:^{-}\ \overset{+}{M}gX + H—\overset{+}{\ddot{O}}H_2 \longrightarrow R—\overset{|}{C}—\ddot{O}H + \overset{+}{M}g(OH_2)X$$

醇

例如，甲醛和格氏试剂、锂试剂的反应生成伯醇：

$$CH_3CH_2CH_2CH_2MgBr + HCHO \longrightarrow CH_3CH_2CH_2CH_2—CH_2\overset{-}{O}\overset{+}{M}gBr$$

$$CH_3CH_2CH_2CH_2CH_2\overset{-}{O}\overset{+}{M}gBr + H_3O^+ \longrightarrow CH_3CH_2CH_2CH_2—CH_2OH$$

格氏试剂、锂试剂和醛（不包括甲醛）反应生成仲醇：

$$(CH_3)_2CHCH_2MgBr + H_3C—\overset{O}{\overset{\|}{C}}—H \longrightarrow (CH_3)_2CHCH_2—\underset{H}{\overset{CH_3}{C}}—\overset{-}{O}\overset{+}{M}gBr$$

$$(CH_3)_2CHCH_2—\underset{H}{\overset{CH_3}{C}}—\overset{-}{O}\overset{+}{M}gBr + H_3O^+ \longrightarrow (CH_3)_2CHCH_2—\underset{H}{\overset{CH_3}{C}}—OH$$

酮和格氏试剂、锂试剂反应制得叔醇：

$$CH_3CH_2CH_2MgBr + H_3C—\overset{O}{\overset{\|}{C}}—CH_3 \longrightarrow CH_3CH_2CH_2—\underset{CH_3}{\overset{CH_3}{C}}—\overset{-}{O}\overset{+}{M}gBr$$

$$CH_3CH_2CH_2—\underset{CH_3}{\overset{CH_3}{C}}—\overset{-}{O}\overset{+}{M}gBr + H_3O^+ \longrightarrow CH_3CH_2CH_2—\underset{CH_3}{\overset{CH_3}{C}}—OH$$

10.4.3 含羰基化合物的还原

醛或酮的还原可制得醇，醛的还原生成伯醇，仲醇则由酮的还原生成。

$$R—\overset{O}{\overset{\|}{C}}—H \xrightarrow{\text{还原}} R—\underset{H}{\overset{OH}{C}}—H \qquad R—\overset{O}{\overset{\|}{C}}—R' \xrightarrow{\text{还原}} R—\underset{H}{\overset{OH}{C}}—R'$$

还原醛、酮可以采用许多不同的还原试剂，细微分散的金属铂、钯、镍、钌等都是醛、酮加氢的有效催化剂。

$$R—\overset{O}{\overset{\|}{C}}—H \xrightarrow[\text{Pt, Pd, Ni或Ru}]{H_2} RCH_2OH$$

$$H_3CO—C_6H_4—\overset{O}{\overset{\|}{C}}H \xrightarrow[\text{乙醇}]{H_2,\ Pt} H_3CO—C_6H_4—CH_2OH$$

对大多数实验室规模的醛、酮还原反应来说，催化氢化已被金属氢化物还原的方法所取代，最常见的两种试剂是$NaBH_4$和$LiAlH_4$，$LiAlH_4$和水及醇剧烈反应，因此必须在无水溶剂中使用。$NaBH_4$比$LiAlH_4$温和，仅需将其加入醛或酮的水溶液或醇溶液中。

无论$NaBH_4$还是$LiAlH_4$都不能还原独立的碳碳双键，这使得在既有C=C又有C=O的分子中，可以选择性地还原羰基。

羧酸非常难以还原，把羧酸还原成伯醇需要非常强的还原剂$LiAlH_4$，$NaBH_4$不能还原羧酸。

$$(CH_3)_2C{=}CHCH_2CH_2\overset{O}{\overset{\|}{C}}CH_3 \xrightarrow[2)\ H_2O]{1)\ LiAlH_4,\ 乙醚} (CH_3)_2C{=}CHCH_2CH_2\overset{OH}{\overset{|}{C}}HCH_3$$

$$R-\overset{O}{\overset{\|}{C}}-OH \xrightarrow[2)\ H_2O]{1)\ LiAlH_4,\ 乙醚} RCH_2OH$$

$$\triangleright\!-CO_2H \xrightarrow[2)\ H_2O]{1)\ LiAlH_4,\ 乙醚} \triangleright\!-CH_2OH$$

酯的还原相较于羧酸的还原要容易得多，$LiAlH_4$可将酯还原成醇，一分子的酯还原成两分子的醇，酯中酰基断开，得到伯醇。

$$C_6H_5-\overset{O}{\overset{\|}{C}}OCH_2CH_3 \xrightarrow[2)\ H_2O]{1)\ LiAlH_4,\ 乙醚} C_6H_5-CH_2OH + CH_3CH_2OH$$

10.5 醇的化学性质

醇分子中，氧原子使得C—O键和O—H键发生极化。O—H键的极化使得氢原子带部分正电荷，因此醇是弱酸。C—O键的极化使得碳原子带部分正电荷，因此，碳原子可以接受亲核试剂的进攻。

10.5.1 醇的酸性

在醇羟基中，氧的电负性比氢大，氧和氢共用的电子对偏向氧，氢表现出一定的活性，所以醇具有酸性，但醇是弱酸，醋酸的酸性比醇强10^{10}倍（表10-3）。

表10-3 部分醇在水溶液中的pK_a值

化合物	分子式	pK_a	酸性
氯化氢	HCl	–7	强酸
乙酸	CH_3CO_2H	4.8	↑
甲醇	CH_3OH	15.5	
水	H_2O	15.7	
乙醇	CH_3CH_2OH	15.9	
2-丙醇	$(CH_3)_2CHOH$	17	
2-甲基-2-丙醇	$(CH_3)_3COH$	18	弱酸

醇的酸性与它的共轭碱的稳定性有关，凡是能稳定醇的共轭碱的因素均能增强它的酸性。醇失去质子后，形成烷氧负离子，烷氧负离子依靠溶剂化作用来稳定。叔丁醇的酸性弱于乙醇、2-丙醇，由于叔丁基体积庞大，烷氧负离子的溶剂化作用受阻。

$$R-\ddot{O}-H + :\ddot{O}(H)-H \rightleftharpoons R-\ddot{O}:^- + H-\ddot{O}^+(H)-H$$

醇　　　　烷氧负离子（依靠溶剂化作用稳定）

和水相似，醇可和Li、Na、K、Mg及其他活泼金属反应放出氢气和形成烷氧负离子的金属盐。烷氧负离子是比醇稍强的碱，而水是比醇稍强的酸，因此烷氧负离子可以和水反应成醇，烷氧负离子必须在无水溶剂中使用。例如，乙醇钠须在乙醇中使用。

$$2\,CH_3OH + 2\,Na \longrightarrow 2\,CH_3O^-Na^+ + H_2$$

$$RO^- + H_2O \longrightarrow ROH + OH^-$$

10.5.2 生成卤代烃

醇转化为卤代烃即卤素置换饱和碳上的羟基，这个转化最常使用的试剂为氢卤酸、二氯亚砜以及三卤化磷，是亲核取代反应。

（1）与HCl、HBr、HI的反应

当醇和氢卤酸相遇时，发生取代反应，产生卤代烃和水。氢卤酸的反应活性次序为HI＞HBr＞HCl，醇的反应活性次序为叔醇＞仲醇＞伯醇。

这三种醇可以用卢卡斯（Lucas）试剂——无水$ZnCl_2$/浓HCl溶液来区分。使用此试剂，叔醇立刻转化为卤代烃，生成的油状卤代烃不溶于酸中，溶液呈浑浊状，反应放热。仲醇过几分钟或是略微加热后形成仲卤代烃，放热不明显，溶液呈浑浊。而伯醇则是溶解于卢卡斯试剂中不反应（至少是在室温下不反应），当加热至回流，方能由伯醇转化为卤代烃。

R_3C-OH + 卢卡斯试剂 ⟶ 立刻反应

R_2CH-OH + 卢卡斯试剂 ⟶ 稍温热即反应

RCH_2-OH + 卢卡斯试剂 ⟶ 回流反应

科学家们认为，叔醇以及大多数的仲醇和氢卤酸的反应以S_N1机理进行，其中涉及碳正离子的形成并伴随重排，叔丁醇和盐酸的反应证实了这个机理。

$$(H_3C)_3C-\ddot{O}-H + H-\ddot{O}^+(H)-H \xrightleftharpoons{快} (H_3C)_3C-\overset{+}{O}H_2 + :\ddot{O}(H)-H$$

$$(H_3C)_3C-\overset{+}{O}H_2 \xrightarrow{慢} (H_3C)_3C^+ + :\ddot{O}(H)-H$$

$$(H_3C)_3C^+ + :\ddot{Cl}:^- \xrightleftharpoons{快} (H_3C)_3C-\ddot{Cl}:$$

而伯醇和甲醇显然是通过S_N2类型的机理进行的。在反应中，酸的作用是产生质子化的醇，由此形成的水是比OH^-更好的离去基团。

$$:\ddot{X}:^- + R-\underset{H}{\overset{H}{C}}-\overset{+}{\underset{..}{O}}(H)-H \longrightarrow :\ddot{X}-\underset{H}{\overset{H}{C}}-R + :\ddot{O}(H)-H$$

$$:\ddot{Br}:^- + H-\underset{H}{\overset{H}{C}}-\ddot{O}H \not\longrightarrow Br-\underset{H}{\overset{H}{C}}-H + :\ddot{O}H^-$$

（2）和PBr_3或$SOCl_2$的反应

伯醇、仲醇可以和PBr_3反应生成溴代烷。

$$3\,R-OH + PBr_3 \longrightarrow 3\,R-Br + H_3PO_3$$

不同于醇和HBr的反应，醇和PBr_3的反应不涉及碳正离子的形成，通常也不发生碳架的重排。因此，把醇转化为相应的溴代烷，PBr_3是较受青睐的试剂。反应机理如下：

$$R-CH_2\ddot{O}H + Br-\underset{Br}{P}-Br \longrightarrow R-CH_2-\underset{H}{\overset{+}{O}}-PBr_2 + :\ddot{Br}:^-$$

$$:\ddot{Br}:^- + RCH_2-\underset{H}{\overset{+}{O}}PBr_2 \longrightarrow RCH_2Br + HOPBr_2$$

好的离去基团

$HOPBr_2$能够和过量的醇反应，因此反应的净结果是1 mol的PBr_3把3 mol的醇转化为3 mol的溴代烷烃。

$SOCl_2$能够把伯醇和仲醇转化为卤代烷（通常不发生重排），反应的副产物是HCl和SO_2，均以气体的形式释放出。

$$\underset{(1°或2°)}{R-OH} + SOCl_2 \xrightarrow[R_3N]{回流} R-Cl + SO_2 + HCl$$

反应混合物中通常加入叔胺，它可以和HCl反应以促进反应向右进行。

$$R_3N + HCl \longrightarrow R_3\overset{+}{N}H + Cl^-$$

10.5.3 醇的脱水

醇可以脱水形成烯烃，伯醇还能够脱水成醚。相比于脱水成烯烃，脱水成醚通常发生在较低的温度，例如乙醇的脱水，140 ℃时乙醚是主产物，而180 ℃时乙烯则是主产物。

$$CH_3CH_2OH \xrightarrow{浓H_2SO_4} \begin{cases} \xrightarrow{180\ ℃} H_2C=CH_2 & 乙烯 \\ \xrightarrow{140\ ℃} CH_3CH_2OCH_2CH_3 & 二乙醚 \end{cases}$$

含有2种或2种以上β-H的醇在酸催化下脱水，双键上含有较多取代基的烯烃为主要产物，也就是说，脱水成烯遵循扎依采夫规则。例如，酸催化下2-丁醇脱水生成80%的2-丁烯和20%的1-丁烯。

$$\underset{2-丁醇}{CH_3CH_2\overset{OH}{C}HCH_3} \xrightarrow[加热]{85\%\ H_3PO_4} \underset{\substack{2-丁烯 \\ 80\%}}{CH_3CH=CHCH_3} + \underset{\substack{1-丁烯 \\ 20\%}}{CH_3CH_2CH=CH_2}$$

醇的酸催化脱水成烯的机理包括三步，其中第2步，碳正离子中间体的形成是限速步骤。

第 1 步　质子从H_3O^+转移到羟基上形成氧𬭩离子。

$$CH_3CH(\ddot{O}H)CH_2CH_3 + H-\overset{+}{\ddot{O}}(H)-H \xrightleftharpoons{\text{快且可逆}} CH_3CH(\overset{+}{\ddot{O}}H_2)CH_2CH_3 + :\ddot{O}(H)-H$$

氧𬭩离子

第 2 步　C—O键断裂生成仲碳正离子和H_2O。

$$CH_3CH(\overset{+}{\ddot{O}}H_2)CH_2CH_3 \xrightarrow{\text{限速步骤}} CH_3\overset{+}{C}HCH_2CH_3 + H_2\ddot{O}$$

2°碳中间体

第 3 步　仲碳正离子中间体的相邻碳上的氢转移给H_2O。C—H键σ电子变成C═C的π电子。

$$CH_3\overset{+}{C}H-CH(H)CH_3 + :\ddot{O}(H)-H \xrightarrow{\text{快}} CH_3CH{=}CHCH_3 + H-\overset{+}{\ddot{O}}(H)-H$$

由于限速步骤涉及碳正离子中间体的形成，脱水的相对难易程度与正离子的稳定性一致，$R_3C^+ > R_2CH^+ > RCH_2^+$，所以醇脱水的难易顺序为：3°＞2°＞1°（叔醇＞仲醇＞伯醇）。伯醇在酸催化剂（通常是H_2SO_4）存在下加热可转化成醚。

$$2\ RCH_2OH \longrightarrow RCH_2OCH_2R + H_2O$$

这种反应称作缩合反应。若应用于醚的合成，仅有伯醇的反应是有效的，而仲醇和叔醇主要是消去成烯。当能够形成五元或六元环时，二醇发生分子内反应生成环醚。

$$HOCH_2CH_2CH_2CH_2CH_2OH \xrightarrow[\text{加热}]{H_2SO_4} \text{(四氢吡喃)} + H_2O$$

10.5.4 醇的酯化

酸催化下，醇和羧酸缩合反应生成酯和水，这个反应称为费歇尔（Fischer）酯化。

$$ROH + R-\underset{\|}{\overset{}{C}}(=O)-OH \xrightleftharpoons{H^+} R-C(=O)-OR + H_2O$$

酯化反应是可逆的，当反应物是简单醇和羧酸时，平衡的位置趋向于产物的生成。当费歇尔酯化用于制备时，采用过量醇或过量酸，对平衡的位置则更有利。下例中，使用过量的醇，产率则按不足的羧酸计算。

$$CH_3OH + C_6H_5-C(=O)-OH \xrightarrow[\text{加热}]{H_2SO_4} C_6H_5-C(=O)-OCH_3 + H_2O$$

甲醇 (0.6 mol)　　苯甲酸 (0.1 mol)　　苯甲酸甲酯 (70%)　　水

移动平衡促进酯的生成的另一个方法是从已形成的反应混合物中除去一种产物（水），这可以通过加入苯作为共沸剂，并且蒸除苯及水的混合物来实现。

$$CH_3\underset{OH}{CH}CH_2CH_3 + CH_3\overset{O}{\overset{\|}{C}}OH \xrightarrow[\text{苯, 加热}]{H^+} CH_3\overset{O}{\overset{\|}{C}}O\underset{CH_3}{CH}CH_2CH_3 + H_2O$$

2-丁醇 (0.2 mol)　　乙酸 (0.25 mol)　　乙酸仲丁酯　　水

从立体因素来看，费歇尔酯化中醇的活性次序为甲醇>伯醇>仲醇>叔醇。酯也可由醇和酰氯的反应形成，反应通常在弱碱（如吡啶）存在下进行，弱碱可捕获形成的HCl。

$$(CH_3)_2CHCH_2OH + 3,5\text{-}(O_2N)_2C_6H_3\overset{O}{\overset{\|}{C}}Cl \xrightarrow{\text{吡啶}} 3,5\text{-}(O_2N)_2C_6H_3\overset{O}{\overset{\|}{C}}OCH_2CH(CH_3)_2$$

异丁醇　　3,5-二硝基苯甲酰氯　　3,5-二硝基苯甲酸异丁酯

羧酸酐的反应类似于酰氯。

$$ROH + R'\overset{O}{\overset{\|}{C}}-O-\overset{O}{\overset{\|}{C}}R' \longrightarrow R'-\overset{O}{\overset{\|}{C}}OR + R'-\overset{O}{\overset{\|}{C}}OH$$

$$C_6H_5CH_2CH_2OH + CF_3\overset{O}{\overset{\|}{C}}O\overset{O}{\overset{\|}{C}}CF_3 \xrightarrow{\text{吡啶}} C_6H_5CH_2CH_2O\overset{O}{\overset{\|}{C}}CF_3 + CF_3\overset{O}{\overset{\|}{C}}OH$$

机理将在后面的章节中讨论，目前仅需知道在大部分反应中，醇的C—O键未被断裂。在手性醇的酯化中，这个事实非常清楚，由于在这个过程中连于立体中心的任何键均无断裂，因而可以观察到构型保持的结果。

$$C_6H_5-\overset{CH_2CH_3}{\underset{CH_3}{C}}-OH + O_2N-C_6H_4-\overset{O}{\overset{\|}{C}}Cl \xrightarrow{\text{吡啶}} C_6H_5-\overset{CH_2CH_3}{\underset{CH_3}{C}}-O\underset{O}{\underset{\|}{C}}-C_6H_4-NO_2$$

10.5.5 醇的氧化

醇的氧化产生羰基化合物，而生成的羰基化合物究竟是醛、酮还是羧酸，则依赖于醇及氧化剂。伯醇可以被氧化成醛或是羧酸，剧烈氧化往往会导致羧酸的形成，但仍有许多方法可使反应停留在氧化生成中间体醛的阶段，醇氧化最常用的试剂是高氧化态的过渡金属。

$$RCH_2OH \xrightarrow{\text{氧化}} R\overset{O}{\overset{\|}{C}}H \xrightarrow{\text{氧化}} R\overset{O}{\overset{\|}{C}}OH$$

伯醇　　醛　　羧酸

大多数情况下，用$K_2Cr_2O_7$处理伯醇，羧酸是主要产物。$KMnO_4$也可将伯醇氧化生成羧酸。

$$FCH_2CH_2CH_2OH \xrightarrow[H_2SO_4,\ H_2O]{K_2Cr_2O_7} FCH_2CH_2\overset{O}{\overset{\|}{C}}OH$$

如果要把伯醇的氧化控制在醛的阶段，通常是在无水介质中采用不同的Cr(Ⅵ)氧化剂（PCC和PDC）。通过这类氧化剂，伯醇能够以良好的产率、较容易地分离出醛，而且这两者均可在二氯甲烷中使用。

$$CH_3(CH_2)_5CH_2OH \xrightarrow[CH_2Cl_2]{PDC} CH_3(CH_2)_5\overset{O}{\overset{\|}{C}}H$$

1-庚醇　　庚醛(78%)

$$(CH_3)_3C-C_6H_4-CH_2OH \xrightarrow[CH_2Cl_2]{PCC} (CH_3)_3C-C_6H_4-CHO$$

对叔丁基苯甲醇　　对叔丁基苯甲醛(94%)

仲醇采用PCC或者PDC试剂时，则被氧化成酮。

$$\text{环己醇} \xrightarrow[H_2SO_4,\ H_2O]{Na_2Cr_2O_7} \text{环己酮}$$

$$R-CH(OH)-R' \xrightarrow{\text{氧化}} R-CO-R'$$

$$H_2C{=}CHCH(OH)CH_2CH_2CH_2CH_3 \xrightarrow[CH_2Cl_2]{PDC} H_2C{=}CHCOCH_2CH_2CH_2CH_3$$

由于叔醇连有—OH的碳上没有氢原子，因此不易被氧化。

$$R-C(OH)(R')-R'' \xrightarrow{\text{氧化}} \text{不反应，除非在强制条件下}$$

在强氧化剂存在的条件下，如果升高反应温度，叔醇的氧化会导致在连有—OH的碳原子上发生C—C键的断裂，产生一系列复杂的混合物。

10.6　酚的制备和用途

10.6.1　实验室合成

合成酚应用最为广泛的方法是重氮盐的水解，又称重氮盐法。该反应能够在温和的反应条件下进行，因此大部分取代基不受影响，可以合成多种取代酚。采用此方法合成酚的产率也较为理想。

$$m\text{-}O_2N-C_6H_4-NH_2 \xrightarrow[H_2SO_4/H_2O]{NaNO_2} m\text{-}O_2N-C_6H_4-\overset{+}{N}{\equiv}NHSO_4^- \xrightarrow[\text{加热}]{H_3O^+} m\text{-}O_2N-C_6H_4-OH$$

间硝基苯胺　　间硝基苯酚(74%～80%)

$$\text{4-}CH_3\text{-2-}Br-C_6H_3-NH_2 \xrightarrow[H_2SO_4/H_2O]{NaNO_2} \text{4-}CH_3\text{-2-}Br-C_6H_3-\overset{+}{N}{\equiv}NHSO_4^- \xrightarrow[\text{加热}]{H_3O^+} \text{4-}CH_3\text{-2-}Br-C_6H_3-OH$$

4-甲基-2-溴苯胺　　4-甲基-2-溴苯酚

10.6.2　工业合成

（1）苯炔中间体法

在高压下加热氯苯和NaOH的浓溶液，经酸解后可以得到苯酚。

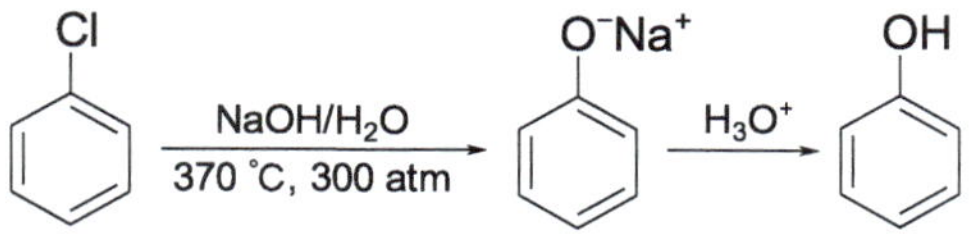

$$C_6H_5Cl \xrightarrow[370\ ^\circ C,\ 300\ atm]{NaOH/H_2O} C_6H_5O^-Na^+ \xrightarrow{H_3O^+} C_6H_5OH$$

这个方法叫作Dow过程，这是一个芳香族的亲核取代反应，通过先消去再加成的机理进行，其中涉及苯炔中间体的生成，这将在以后章节中讨论。

（2）异丙苯法

目前，世界上生产的大部分酚是以苯酚和丙烯开始，经过一系列反应，最终生成苯酚和丙酮。

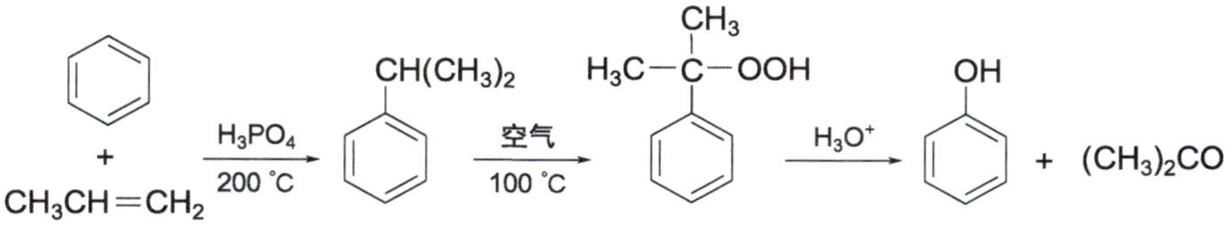

$$C_6H_6 + CH_3CH{=}CH_2 \xrightarrow[200\ ^\circ C]{H_3PO_4} C_6H_5CH(CH_3)_2 \xrightarrow[100\ ^\circ C]{\text{空气}} C_6H_5C(CH_3)_2OOH \xrightarrow{H_3O^+} C_6H_5OH + (CH_3)_2CO$$

丙烯　　异丙苯　　过氧化氢异丙苯　　苯酚　　丙酮

该反应第一步为苯的Friedel-Crafts烷基化反应生成异丙苯，而后异丙苯在碱的作用下与自由基反应生成异丙苯自由基；异丙苯自由基与氧气结合成为过氧化异丙苯自由基，该自由基从另一分子异丙苯中取得氢原子而转化为过氧化氢异丙苯和异丙苯自由基，继续后续的反应。过氧化氢异丙苯用烯H_2SO_4处理后，形成苯酚和丙酮的混合物。该反应的优点在于：从两个相对便宜的原料转化为两个高附加值的化学品——苯酚和丙酮。

10.7 酚的化学性质

从结构上可以了解酚含有羟基和苯环，它既可以进行苯环上的一些反应，也可以发生和醇类似的反应。此外，酚的衍生物还能发生一些特殊的反应。

10.7.1 酚的酸性

酚最显著的性质是它的酸性，酚比醇的酸性强但比羧酸的酸性弱，大多数酚的K_a值为10^{10}。为什么酚的酸性比醇强呢？可以通过比较酚和醇的电离平衡，特别是比较$C_2H_5O^-$及$C_6H_5O^-$电荷分散度的不同来理解。$C_2H_5O^-$中负电荷集中在氧原子上，仅依靠溶剂化作用来获得稳定。$C_6H_5O^-$中的负电荷同时依靠溶剂化作用以及电子分散到苯环的双重作用来稳定。

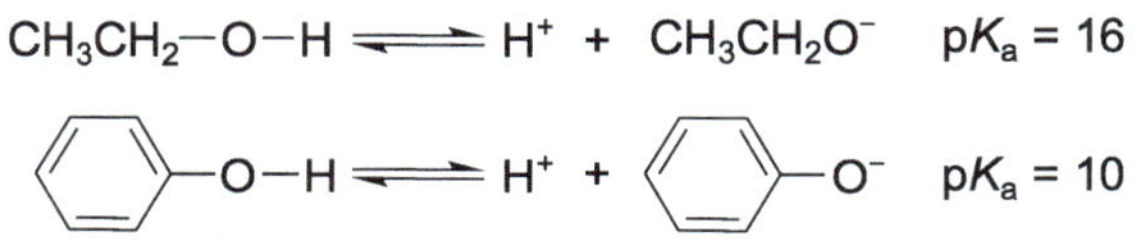

$$CH_3CH_2{-}O{-}H \rightleftharpoons H^+ + CH_3CH_2O^- \quad pK_a = 16$$

$$C_6H_5{-}O{-}H \rightleftharpoons H^+ + C_6H_5{-}O^- \quad pK_a = 10$$

$C_6H_5O^-$中电子的分散可用共振式结构来表示。$C_6H_5O^-$中的负电荷分散到氧原子及其邻对位的碳原子上，负电荷的分散更加稳定了$C_6H_5O^-$。

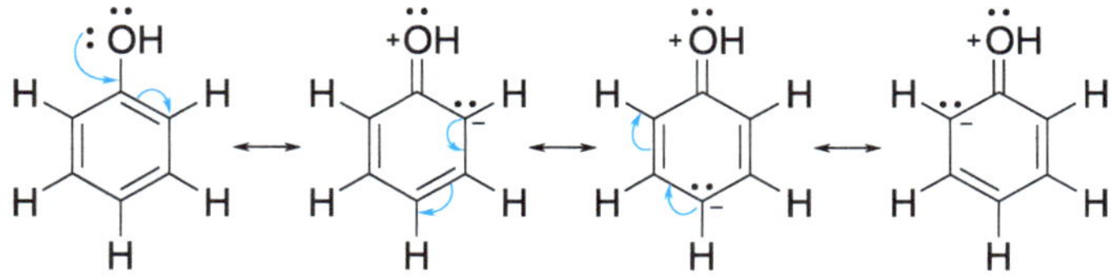

因此，苯酚凭借更强的酸性可以和醇分离，同时又由于它的酸性较羧酸弱可以和羧酸分离，摇动含有醇、酚及稀NaOH的醚溶液，酚转化成钠盐而萃取入水相，而醇依然留在醚层中。

$$\left\{\begin{array}{l} C_6H_5OH \\ R-OH \end{array}\right. + NaOH \begin{array}{l} \longrightarrow C_6H_5ONa + H_2O \\ \not\longrightarrow \end{array}$$

摇动酚、羧酸以及$NaHCO_3$的醚溶液，羧酸转化成相应的钠盐进入水相，酚则依然留在醚层中。

$$\left\{\begin{array}{l} C_6H_5OH \\ R-COOH \end{array}\right. + NaHCO_3 \begin{array}{l} \not\longrightarrow \\ \longrightarrow R-COONa + H_2CO_3 \end{array}$$

大多数取代酚的电离常数与酚类似，总的来说，取代基效应较小。仅当取代基是强吸电子基团时，比如—NO_2，酸性可产生显著的改变。例如邻位或对位硝基酚的电离常数比酚大几百倍，邻位或对位硝基通过将一部分负电荷分散到自身氧原子上，极大地稳定了酚氧负离子。间位硝基不能够直接和酚氧负离子形成共轭，仅是较小程度地稳定了酚氧负离子，因此间硝基苯酚的酸性强于苯酚而弱于邻位或对位取代的硝基酚。

10.7.2 酚羟基的其他反应

10.7.2.1 酚的酰化

酰氯或酸酐通常作为酰化剂，它们可以和酚反应，如果反应发生在芳环上称为*C*-酰化，如果发生在羟基上，称作*O*-酰化。

$$C_6H_5OH \xrightarrow[RCOCR\ (\text{酸酐})]{RCCl\ (\text{酰氯})} RC(=O)-C_6H_4-OH \ (C\text{-酰化}) \quad \text{或} \quad C_6H_5-OC(=O)R \ (O\text{-酰化})$$

在Friedel-Crafts反应的常规条件下，可以观察到酚的*C*-酰化反应，若是无$AlCl_3$存在的情况下，则会发生*O*-酰化反应。

$$C_6H_5OH + CH_3(CH_2)_6CCl \longrightarrow C_6H_5-OC(CH_2)_6CH_3 + HCl$$

然而，若是用$AlCl_3$处理*O*-酰化反应，则可将*O*-酰化产物转化为*C*-酰化产物，这种异构化称为Fries重排。

$$C_6H_5-OCC_6H_5 \xrightarrow{AlCl_3} o\text{-}(CC_6H_5)C_6H_4OH + C_6H_5C-C_6H_4-OH$$

苯甲酸苯酯　　邻羟基苯酰苯　　对羟基苯酰苯

10.7.2.2 芳醚的制备

芳醚最好用Williamson方法来制备。用酚氧负离子和卤代烃反应，酚羟基的烷基化反应很容易发生，生成芳醚：

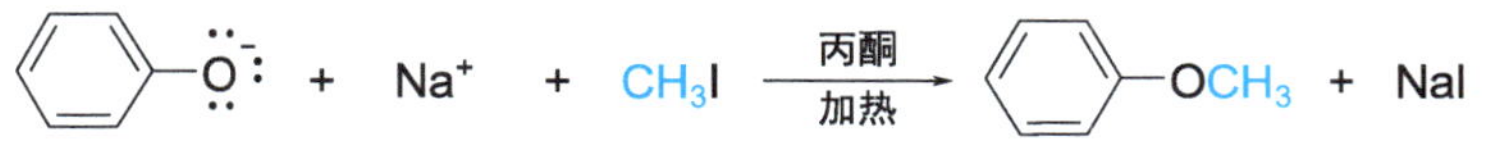

$$C_6H_5O^- + Na^+ + CH_3I \xrightarrow[\text{加热}]{\text{丙酮}} C_6H_5OCH_3 + NaI$$

酚氧负离子　　碘化甲烷　　苯甲醚(95%)　　碘化钠

$$C_6H_5OH + H_2C{=}CHCH_2Br \xrightarrow[\text{丙酮, 加热}]{K_2CO_3} C_6H_5OCH_2CH{=}CH_2$$

苯酚　　烯丙基溴　　烯丙基苯基醚(86%)

烯丙基苯基醚在加热时会发生一个有趣的反应，烯丙基会从氧原子迁移至其邻位的环碳原子上，这种迁移称为Claisen重排。

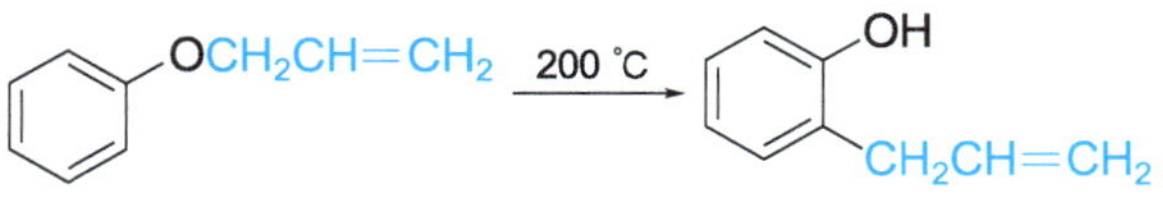

$$C_6H_5OCH_2CH{=}CH_2 \xrightarrow{200\ ^\circ C} o\text{-}HOC_6H_4CH_2CH{=}CH_2$$

烯丙基苯基醚　　邻烯丙基苯酚

[14]C标记实验表明，Claisen重排是烯丙基的末端碳原子连接在芳环上，反应机理为：第一步反应涉及协同电子重排，接着，生成的环己二烯酮经酮-烯醇异构化后再生成芳环。

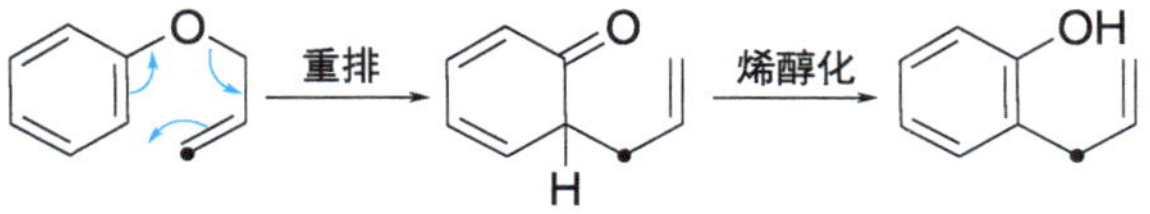

重排　　烯醇化

Claisen重排中第一步的过渡态涉及协同六电子重排：

通过

若醚键的邻位被占据，烯丙基则会经历二次Claisen重排迁移至对位碳原子上，这样会导致烯丙基头上的碳原子与芳环相连。

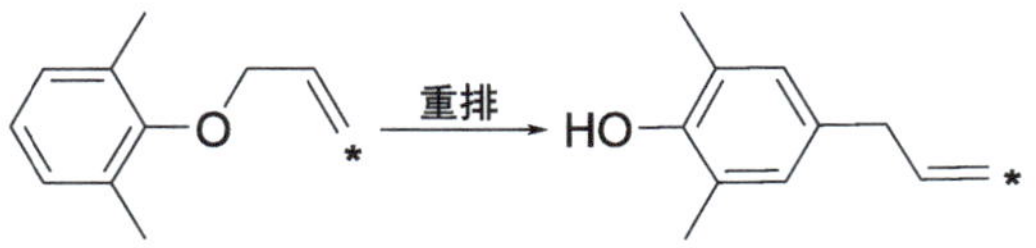

重排

10.7.3 酚苯环上的取代反应

(1) 溴代

羟基是强致活基团，因此在亲电取代反应中是邻、对位定位基。酚的卤化反应不需要任何催化剂，并常常会发生多卤代反应。酚可和溴在水溶液中反应，几乎是定量地生成2, 4, 6-三溴苯酚。

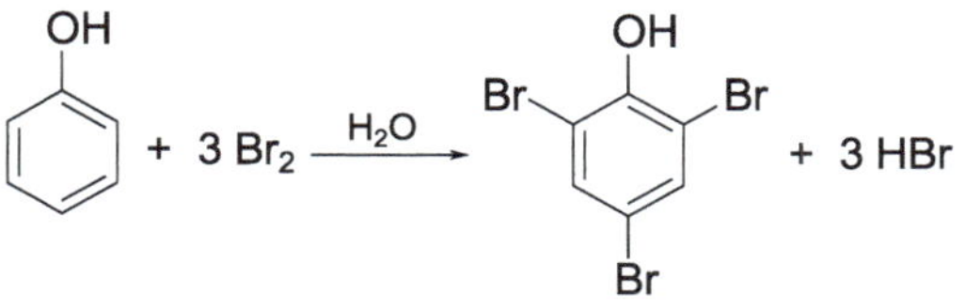

$$C_6H_5OH + 3\,Br_2 \xrightarrow{H_2O} 2,4,6\text{-}Br_3C_6H_2OH + 3\,HBr$$

为了得到单溴化物，可通过降低温度。使用极性较小的溶剂（CS_2）来获得酚的单溴代产物，此反应条件降低了溴的亲电反应活性，主产物为对位异构体。

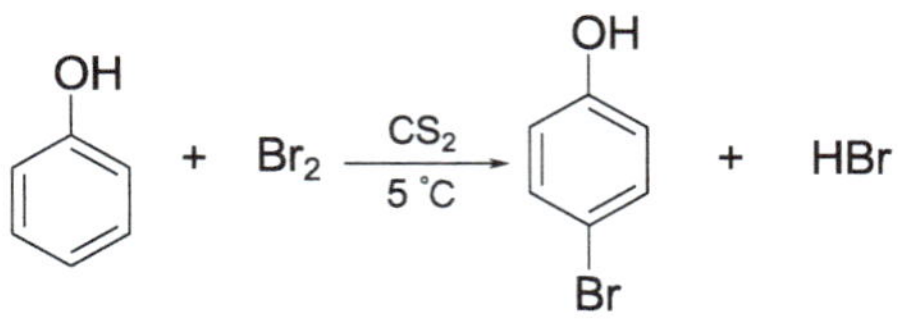

（2）硝化

酚可以和稀硝酸反应得到邻位和对位硝基酚的混合物。尽管产率较低（由于环的氧化），但邻位和对位异构体可通过水蒸气蒸馏的方法来分离。

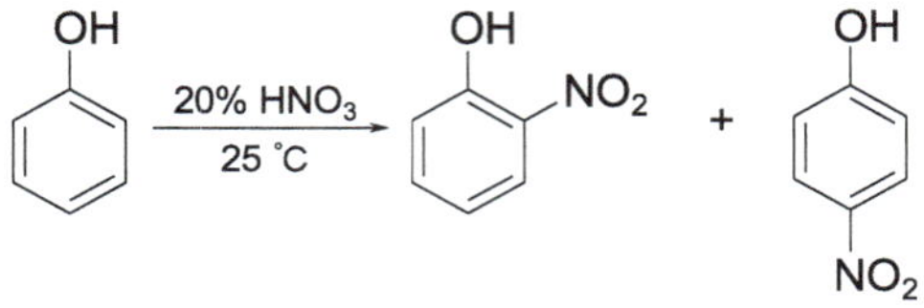

由于邻硝基苯酚可形成分子内氢键，而对硝基苯酚则形成分子间氢键，因而导致邻硝基苯酚的挥发性较大，对硝基苯酚挥发性较小。这样邻硝基苯酚易于随着水蒸气蒸出，而对硝基苯酚则留在蒸馏瓶中，从而实现这两种化合物的分离。

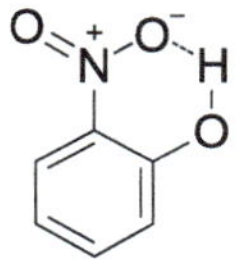

邻硝基苯酚
(分子内氢键的形成，挥发性大)

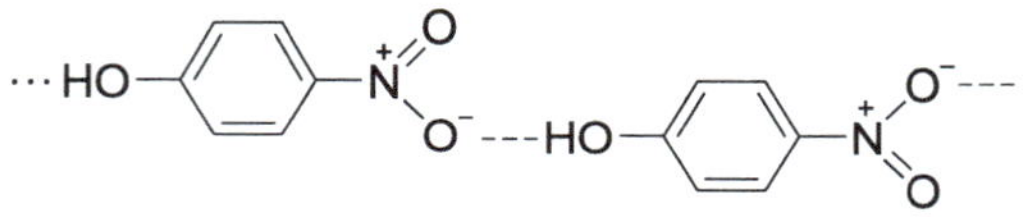

对硝基苯酚
(分子间氢键的形成，挥发性小)

（3）磺化

苯酚和浓硫酸反应，若反应在25 ℃下进行主要得到邻位磺化产物，若在100 ℃下进行，主要得到对位磺化产物，这是热力学控制对动力学控制的反应实例。

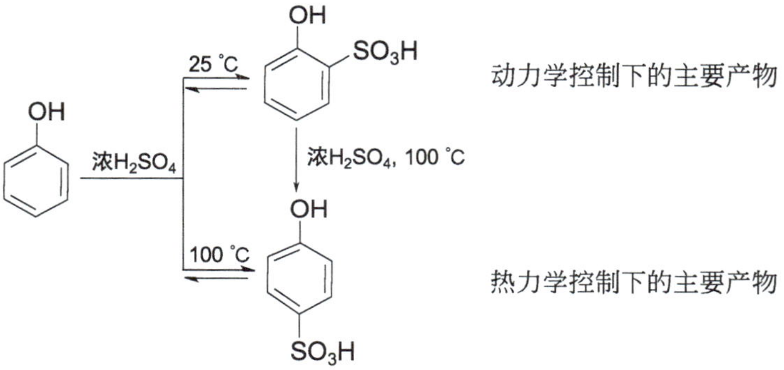

动力学控制下的主要产物

热力学控制下的主要产物

（4）Kolbe-Schmitt反应

科尔柏-施密特（Kolbe-Schmitt）反应通常在125 ℃、100 atm下进行，用苯酚钠来吸收CO_2，反应混合物酸化得到水杨酸，水杨酸是阿司匹林的重要中间体。

$$\text{PhONa} \xrightarrow[125\ ^\circ C,100\ atm]{CO_2} \text{o-HOC}_6\text{H}_4\text{CO}_2\text{Na} \xrightarrow{H^+} \text{o-HOC}_6\text{H}_4\text{CO}_2\text{H}$$

由于—OH能够较强地活化苯环接受亲电进攻，则O^-取代基是更强的致活基，酚氧负离子中（PhO^-）电子的分散导致O原子的邻对位电子密度的增加。

科尔柏-施密特反应是由热力学控制的平衡过程，平衡的位置有利于消耗强碱形成弱碱，反应更倾向于生成邻位取代而不是对位取代产物，这与热力学控制有关。水杨酸负离子是比对羟基苯甲酸更弱的碱，因此它在平衡中占主导地位。

$$\text{PhO}^- + CO_2 \rightleftharpoons \text{o-HOC}_6\text{H}_4\text{CO}_2^- \quad 强于 \quad \text{p-HOC}_6\text{H}_4\text{CO}_2^-$$

酚负离子（强碱，共轭酸的$K_a = 10^{-10}$）　水杨酸负离子（弱碱，共轭酸的$K_a = 1.06\times10^{-3}$）　对羟基苯甲酸负离子（共轭酸的$K_a = 3.3\times10^{-5}$）

水杨酸负离子的碱性之所以较对羟基苯甲酸负离子弱是因为它能够形成分子内氢键。

科尔柏-施密特反应可用于其他邻羟基苯甲酸的制备，苯酚的烷基化衍生物同酚的反应性质相似。

水杨酸负离子的分子内氢键

10.8 醚的制备

由于醚广泛用作溶剂，因此许多简单的二烷基醚已经商业化。

10.8.1 酸催化缩合

在浓硫酸作用下，由醇经分子间失水可制得醚。例如二乙基醚和二丁基醚通过相应醇的酸催化缩合制得。

$$2\ CH_3CH_2CH_2CH_2OH \xrightarrow[130\ ^\circ C]{H_2SO_4} CH_3CH_2CH_2CH_2OCH_2CH_2CH_2CH_3 + H_2O$$

总而言之，这种方法局限于对称醚的制备，且与O相连的两烷基均为伯烷基，也就是说，反应仅适用于伯醇制备醚。如果选用仲醇和叔醇，往往会发生消除反应生成相应的烯。

控制反应温度，可以选择性地合成醚。例如二乙醚的工业制备是在140 ℃条件下加热乙醇和H_2SO_4获得，如果反应在更高的温度下进行，消除反应则占主导地位，主要产物为乙烯化合物。

10.8.2 Williamson醚合成法

威廉森（Williamson）醚合成法是RO^-对卤代烷的亲核取代反应，形成醚的C—O键。如果卤代烷是甲基卤代物以及伯卤代烷，Williamson合成法是目前合成醚最好的方法。

$$RO^- + R'-X \longrightarrow ROR' + X^-$$

醇负离子　卤代烷　醚　卤离子

仲卤代烷和叔卤代烷不是合适的底物，因为它们与烷氧负离子反应更倾向于发生E1或E2消去反应而不是S_N2取代，与卤代烷的性质相比，烷氧负离子无论是伯、仲或是叔基，对反应的影响不大。

下面用Williamson合成法设计下列醚的合成。

$$CH_3CH_2CH_2—O—CH(CH_3)_2$$

此醚为非对称性的醚，可被分成两部分，即烷氧负离子和卤代烷，有两种可能。

$$CH_3CH_2CH_2O^- + CH_3CH(X)CH_3$$

$$CH_3CH_2CH_2X + CH_3CH(O^-)CH_3$$

相较于烷氧负离子与仲烷基卤化物的反应，烷氧负离子与伯烷基卤化物反应更容易形成取代产物。因此，$(CH_3)_2CHO^-$与$CH_3CH_2CH_2X$的反应会以较高产率生成醚，这使得它成为优选的合成方法。

$$(CH_3)_2CHO^- + CH_3CH_2CH_2Br \longrightarrow CH_3CH_2CH_2OCH(CH_3)_2$$

如果醚的一个烷基是高度支链化的，它的最佳来源是烷氧负离子，Williamson醚合成法特别适用于制备芳醚。这个方法的局限性是芳环必须是酚氧负离子，而不是含卤芳香化合物。

$$C_6H_5O^-Na^+ + CH_3CH_2CH_2Br \longrightarrow C_6H_5OCH_2CH_2CH_3$$

$$C_6H_5Cl + CH_3CH_2CH_2O^-Na^+ \longrightarrow \text{不反应}$$

10.9 醚的化学性质

醚（R—OR）类似于烃类化合物不易发生化学反应，它们不与氧化剂反应，常温下也不受大部分酸、碱影响。由于它们具备良好的溶解性以及对化学反应的惰性，因此醚是许多有机化学反应的优良溶剂。醚化合物中唯一有活性的部位是连于氧原子的C—H键以及氧原子自身。

10.9.1 氧鎓盐的形成

由于氧原子上带有孤对电子，使得醚显碱性，醚可和质子给体（H_2SO_4、HBr）或路易斯酸（如三氟化硼）形成氧鎓盐。

$$CH_3CH_2\ddot{O}CH_2CH_3 + HBr \rightleftharpoons CH_3CH_2—\overset{+}{O}(H)—CH_2CH_3Br^-$$

$$CH_3CH_2\ddot{O}CH_2CH_3 + BF_3 \rightleftharpoons CH_3CH_2—\ddot{O}(BF_3)—CH_2CH_3$$

10.9.2 酸催化醚键断裂

加热醚和强酸（HI、HBr、H_2SO_4），可使醚中C—O键断裂。

$$ROR' + HX \longrightarrow RX + R'OH$$

若用过量氢卤酸处理，反应产生的醇也转变成卤代烷。该反应会生成两分子的卤代烷。

$$ROR' + 2\,HX \longrightarrow RX + R'X + H_2O$$

$$CH_3\underset{\displaystyle OCH_3}{\underset{|}{C}}HCH_2CH_3 \xrightarrow[\text{加热}]{HBr} CH_3\underset{\displaystyle Br}{\underset{|}{C}}HCH_2CH_3 + CH_3Br + H_2O$$

氢卤酸的反应活性次序为HI＞HBr＞HCl，HF不起反应。以下表明HBr使二乙醚断键的机理，首先，酸和醚形成氧𬭩盐，然后发生S_N2反应。该反应的关键步骤是Br^-对二烷盐的S_N2型进攻。

第1步 $$CH_3CH_2\ddot{O}CH_2CH_3 + H-\ddot{Br}: \rightleftharpoons CH_3CH_2\overset{+}{\underset{H}{O}}-CH_2CH_3 + :\ddot{Br}:^- \longrightarrow CH_3CH_2\underset{H}{\ddot{O}}: + CH_3CH_2Br$$

第2步 $$CH_3CH_2\ddot{O}H + H-\ddot{Br}: \rightleftharpoons :\ddot{Br}:^- + CH_3CH_2-\overset{+}{\underset{H}{O}}-H \longrightarrow CH_3CH_2\ddot{Br}: + :\underset{H}{\ddot{O}}-H$$

对于混合醚，碳氧键断裂的顺序是：三级烷基＞二级烷基＞一级烷基＞芳基。如：

$$H_3C-O-C(CH_3)_2-CH_3 + HI \longrightarrow CH_3OH + (CH_3)_3CI$$

10.9.3 自动氧化

由于醚的高挥发性，大多数醚是危险物品，一旦与空气混合，它们可形成爆炸性的混合物，明火和火花均可引起爆炸。醚的第二个危险特性是它可以缓慢地和氧气反应生成氢过氧化物和过氧化物。

$$CH_3CH_2OCH_2CH_3 + O_2 \longrightarrow H_3C-\underset{\displaystyle OOH}{\underset{|}{C}}HOCH_2CH_3$$

反应经历自由基过程，氧化发生在连接醚氧原子的碳上形成氢过氧化物。氢过氧化物不稳定且对震动敏感，放置之后，它们可形成相应的过氧化物衍生物，易于产生剧烈分解，因此，使用醚时要注意安全。

10.10 硫醇、硫醚和二硫醚

醇的含硫类似物叫硫醇，根据IUPAC规则，硫醇的命名是选择含有连接—SH的碳原子在内的最长碳链作为母体，为了显示化合物是硫醇，母体烷烃名称中的后缀“醇”保留，并加上硫，用数字标记—SH在母链上的位置。

CH_3CH_2SH	$CH_3CH_2CH_2CH_2SH$	$CH_3\underset{\displaystyle CH_3}{\underset{|}{C}}HCH_2SH$	$HSCH_2CH_2SH$
乙硫醇	丁硫醇	2-甲基-1-丙硫醇	1,2-乙二硫醇

命名醚的含硫类似物时，简单化合物用硫醚来显示—S—的存在，较复杂的化合物，用烷硫基表明—S—的存在。

CH_3SCH_3	$CH_3CH_2S\overset{\displaystyle CH_3}{\overset{|}{C}}HCH_3$	$H_3CSCH_2CH_2\overset{H}{C}=CH_2$
二甲基硫醚	乙基异丙基硫醚	4-甲硫基-1-丁烯

硫醇最显著的特性是它的臭味，在天然气中加入乙硫醇，这样不需任何仪器就可以检测出泄漏，人的鼻子可检出空气中百亿分之一的乙硫醇！随着碳原子数的增加，硫醇挥发度和硫含量均降低，硫醇的气味减弱。

S—H键的极性比O—H键弱，硫醇中的氢键比醇中弱得多，因此室温下甲硫醇是气体，沸点6 ℃，而甲醇是液体（65 ℃）。硫醇的酸性比醇强得多，其K_a值约为10^{-10}，和苯酚的酸性相当。因此，硫醇可以溶于pH＞10的水相中。

硫醇和醇的另一个不同之处在于它们的氧化。醇的氧化制得含羰基的化合物，而硫醇则是硫原子被氧化成几种高氧化态，生物系统中最常见的硫化合物的氧化还原反应是硫醇和二硫醚间的相互转化，二硫醚的官能团是—S—S—基团。

$$2\,R-SH \underset{还原}{\overset{氧化}{\rightleftharpoons}} R-S-S-R$$

转化非常容易进行，以致空气中的氧就可以使硫醇缓慢转化成二硫醚。

二硫醚的俗名通常是列出连接于硫原子的基团名称，而后加上“二硫醚”。例如：

$$H_3C-S-S-CH_3$$

二甲基二硫醚

二硫醇可以通过形成分子内硫硫键得到环状二硫醚。

$$HSCH_2CH_2\underset{}{\overset{SH}{CH}}(CH_2)_4\overset{O}{\overset{\|}{C}}OH \xrightarrow[FeCl_3]{O_2} \text{(1,2-二硫戊环)}-(CH_2)_4\overset{O}{\overset{\|}{C}}OH$$

同样，用氧化剂处理，硫醚和醚表现出不同的化学行为。醚氧化成氢过氧化物，而硫醚则是硫原子发生氧化生成亚砜。如果氧化剂较强且过量，则可进一步氧化生成砜。

$$R-\ddot{\underset{\cdot\cdot}{S}}-R' \xrightarrow{氧化} R-\overset{O}{\overset{\|}{S}}-R' \xrightarrow{氧化} R-\underset{O}{\underset{\|}{\overset{O}{\overset{\|}{S}}}}-R'$$

当预期产物是亚砜时，$NaIO_4$是一种理想的氧化试剂。

$$C_6H_5-\ddot{S}CH_3 + NaIO_4 \xrightarrow{水} C_6H_5-\overset{O}{\overset{\|}{S}}CH_3 + NaIO_3$$

甲基苯硫醚　　偏高碘酸钠　　甲基苯基亚砜(91%)　　碘酸钠

通常以二氯甲烷作为溶剂，过氧酸氧化剂也可以把硫醚转化成亚砜。1分子的过氧酸或氢过氧化物可以把硫醚转化成亚砜，而2分子的过氧酸则得到相应的砜。

$$C_6H_5-\ddot{S}-\underset{H}{C}=CH_2 + 2\,H_2O_2 \xrightarrow{醋酸} C_6H_5-\underset{O}{\underset{\|}{\overset{O}{\overset{\|}{S}}}}-\underset{H}{C}=CH_2$$

拓展阅读：维克多·格利雅

维克多·格利雅（1871年5月6日—1935年12月13日），法国化学家，出生在法国工业城市瑟堡，他的父亲是富有的造船商，他是典型的“富二代”。年轻时格利雅仗着父母溺爱和家境富裕，整天游手好闲，不思进取，梦想要成为王公大臣。

格利雅21岁那年，一个刺激彻底改变了他的一生。他参加了一个宴会，邀请一位刚从巴黎来瑟堡的波多丽女伯爵跳舞，这位美丽的姑娘竟然不客气地对他说："请站远一点，我最讨厌被你这样的花花公子挡住了视线！"从来没有人这样当面斥责他，真是"一言惊醒梦中人"，他幡然醒悟，悔恨碌碌无为的过去，决心改过自新。有道是，知耻近乎勇，他离开了家庭，留下的信中写道："请不要探询我的下落，容我刻苦努力地学习，我相信自己将来会创造出一些成就来的。"

格利雅想进里昂大学读书，但是由于上中小学时学业荒废得太多，根本不够入学的资格。正在他为难之时，波韦尔教授收留了他，帮助他补习功课，经过两年的发愤苦读，格利雅终于补完了被耽误的课程，作为插班生进入里昂大学学习。他用两年时间就补完了多年耽误的课程，可见格利雅是极具天分的。

在里昂大学，他有幸得到了有机化学家巴比埃的器重。巴比埃是金属有机方面的专家，他早就注意到，金属锌可增加碘代甲烷的反应活性，后用镁代替锌，制成了烷基碘化镁。他于1899年1月向法国科学院报告了他的发现。但在后来的试验中，结果并不总令人满意。所以他认为这些反应不可靠，不足以建立一个行之有效的合成通法，因此没有再进行进一步的工作。

格利雅当时正在巴比埃指导下攻读博士学位，正好需要一个课题，巴比埃就建议他继续研究这类反应。他改变了思路，将注意力从产物转到分离活性中间产物——有机镁化合物。他将镁与异丁基碘一起加热，开始反应后立即加入无水乙醚，观察到反应继续激烈进行，镁不断溶解，反应很好。如果用溴代烷代替碘代烷可得到同样的结果。用这些有机镁化合物与醛、酮反应，以满意的产率得到醇类化合物。如果将镁直接置于无水乙醚中再滴加卤代烷，反应可在室温下自然发生，加热是不必要的。制备这种"万能"合成试剂并不复杂，利用它可以合成许多有机化学基本原料，如醇、醛、酮、酸和烃类，尤其是各种醇类。这些反应最初被称为巴比埃——格利雅反应。

$$\mathrm{RX + Mg \xrightarrow{无水乙醚} RMgX}$$

巴比埃是一位情操高尚的科学家，他不掠人之美，坚持认为这种试剂的研究与推广归功于格利雅的艰苦工作，后来RMgX被称为格氏试剂。1901年，格利雅出色地完成了关于格氏试剂研究的博士论文，获得了里昂大学博士学位。当时，距离格利雅独自从家乡出走已经整整八年，这个消息传到瑟堡，给家乡人民很大震动，昔日纨绔子弟，今朝杰出科学家，瑟堡为此举行了庆祝大会。

1912年11月13日，格利雅因格氏反应对有机化学发展的巨大贡献而获得诺贝尔化学奖。格利雅深知滴水之恩当涌泉以报，他认为要与老师分享诺贝尔奖，而老师则坚持将荣誉归于学生，两人一直保持纯洁的师生情谊。同年度的诺贝尔化学奖还授予了研究有机脱氢催化反应的萨巴蒂埃，他的合作者桑德林却因为未能分享诺贝尔奖而与之交恶，失去了宝贵的友谊。

格利雅获奖后，不久收到了波多丽女伯爵的贺信，信中只有寥寥一句："我永远敬爱你！"如果没有当年女伯爵的逆耳忠言，格利雅也不会有今天的辉煌。

格利雅也是一位化学教育家，以他教授有机化学的讲稿而整理成的《有机化学论》，后来出版成书，他还亲自参与了23卷的巨著《有机化学手册》的部分编写工作。中国的周发歧教授（新中国炸药制造工艺学科的奠基人）等，曾经在格利雅的指导下做过几年的研究工作。

参考资料

[1] 文远，王新民. 从纨绔子弟到诺贝尔奖获得者——维克多·格林尼亚[J]. 少儿科技，2013(07): 25-26.

[2]"格氏试剂与它的发明人格林尼亚"http://blog.sina.com.cn/s/blog_425ecf820101fp2y.html.

习题

10-1 命名下列化合物。

(1) $\mathrm{H_3C(H)C{=}C(H)CH_2CHOHCH_3}$（顺式：$H_3C$ 与 H 在双键同侧）　　(2) 3-甲基丁醇骨架式（末端 OH）

（3） OH（Cl）

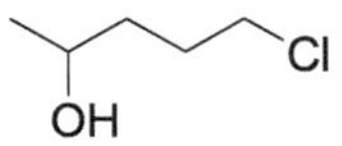

（4） Cl—⟨苯环⟩—CH_2CH_2OH

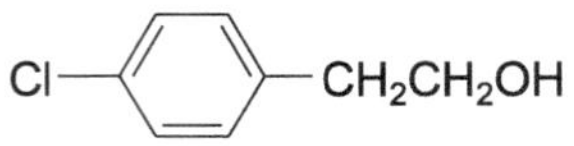

10-2 完成反应方程式。

（1） $CH_3CH_2CH_2OH \xrightarrow{PCl_3}$

（2） 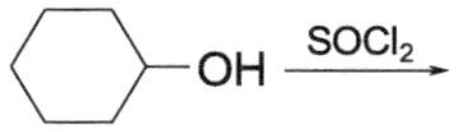 ⟨环己基⟩—OH $\xrightarrow{SOCl_2}$

（3） ⟩—OH $\xrightarrow[<140\ ^\circ C]{浓H_2SO_4}$

（4） （OH） $\xrightarrow{H_2SO_4}$

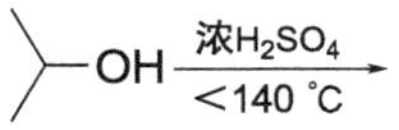

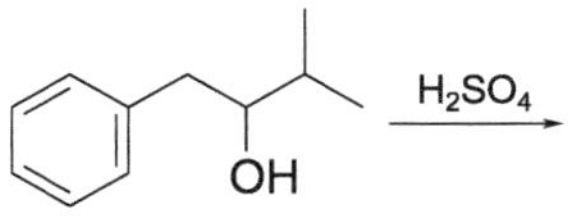

（5） $CH_3CH=CHCH_2CH_2OH \xrightarrow{CrO_3,\ 吡啶}$

（6） 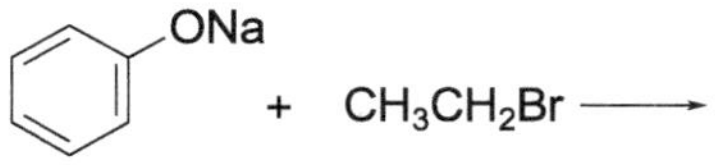 ⟨苯环⟩—ONa + $CH_3CH_2Br \longrightarrow$

10-3 简答题。

（1）写出$C_5H_{12}O$所有醇的同分异构体。

（2）用简便的方法鉴别下列化合物：苯甲醚、环己烷、苯酚、环己醇

（3）1-溴丁烷中少量丁醚怎么除去？

10-4 反应机理题。

写出2-甲基-丙醇同HCl按S_N1机理反应的步骤。指出哪一步反应和哪一种物质的浓度决定反应速率？

10-5 结构推导题。

（1）某醇依次与下列试剂相继反应（a）HBr、（b）KOH（醇溶液）、（c）H_2O（H_2SO_4催化）、（d）$K_2Cr_2O_7$+H_2SO_4，最后得到2-丁酮，试推测原来醇可能的结构，并写出各步反应式。

（2）化合物A，分子式$C_6H_{10}O$，能与Lucas试剂立即反应，亦可被$KMnO_4$氧化，能使溴水褪色。A经催化加氢得B，分子式为$C_6H_{12}O$，将A在加热下与浓硫酸作用生成C，分子式为C_6H_8，C可与顺丁烯二酸酐反应生成白色沉淀。将B与高锰酸钾反应得D，分子式为$C_6H_{10}O$，将C催化氢化得E，分子式为C_6H_{12}。试写出A～E的可能结构。

10-6 合成题。

（1）由1-丁醇合成1-丁炔。

（2）以2-甲基环己醇为起始原料，合成1-甲基-1-溴环己烷。

（3）由环己烷合成环己甲醇。

第11章 核磁共振波谱

11.1 核磁共振的原理

11.1.1 核磁共振现象的发现

1945年12月，美国物理学家费利克斯·布洛赫（Felix Bloch）在石蜡样品中观察到质子的核磁共振吸收信号。1946年1月，美国物理学家爱德华·米尔斯·珀塞耳（Edward Mills Purcell）在水样中也观察到质子的核磁感应信号。虽然两人的实验方法不一样，但都发现了凝聚态物质中的核磁共振现象。两人因发现核磁共振现象和发展核磁精密测量新方法，共同获得了1952年的诺贝尔物理学奖。经过几十年的发展，核磁共振（nuclear magnetic resonance, NMR）已成为一种应用广泛的分析测试技术，常用来探测物质的微观结构及其各种相互作用，也是人体成像、诊断疾病、材料检测、石油勘探和水资源探测的有力工具。

11.1.2 原子核的自旋现象

原子核是由质子和中子组成的，是带有正电荷的粒子。有些原子核会围绕它们自己的轴做自旋运动，会伴随有循环的电流，进而产生磁场，形成磁矩（μ）。只有存在自旋运动的原子核才具有磁矩，但并非所有的原子核都能发生自旋运动。原子核的自旋运动与自旋量子数I有关。质子数与中子数均为偶数的原子核，其自旋量子数$I=0$（如^{12}C、^{16}O、^{32}S…），没有自旋现象。质子数与中子数其中之一为奇数的原子核，其自旋量子数$I \neq 0$（例如有些I=1、2、3…的原子核，有些I=1/2、3/2、5/2…的原子核），具有自旋现象。其中自旋量子数I=1/2的原子核最适宜于核磁共振检测，是主要的研究对象，如^{1}H、^{13}C、^{19}F、^{31}P等。

11.1.3 核磁共振产生的原因

由上所述，$I>0$的原子核在自旋时会产生磁场，所以这样的原子核可以看成微小的磁铁。如果在无外加磁场的状态下，原子核的自旋运动是无序的［图11-1（a）］。根据量子力学理论，原子核自旋运动的取向是量子化的，如果把这种带有磁性的自旋原子核放到外磁场（B_0）中，自旋量子数为I的原子核在外加磁场下会有$2I+1$种取向。对于$I=1/2$的原子核，其自旋运动只有两种取向——与外磁场同向和与外磁场反向［图11-1（b）］，前者能量低，后者能量高。据统计，能量较低的磁核比能量较高的磁核在数量上略多一些（一百万个磁核中，低能量的比高能量的只多约10个）。

原子核在外加磁场中的每一种取向都代表了一种能量状态。$I=1/2$的原子核在外加磁场作用下只有两种可能的取向，可用磁量子数m表示，分别为$m=+1/2$（α态）和$m=-1/2$（β态）。在无外磁场作用时，这些取向是等能量的。但在外加磁场作用下，能级出现裂分，其能级与磁量子数m相对应，如图11-2所示。

相邻两能级间的能量差ΔE为：

$$\Delta E = \frac{\gamma h B_0}{2\pi} \tag{11-1}$$

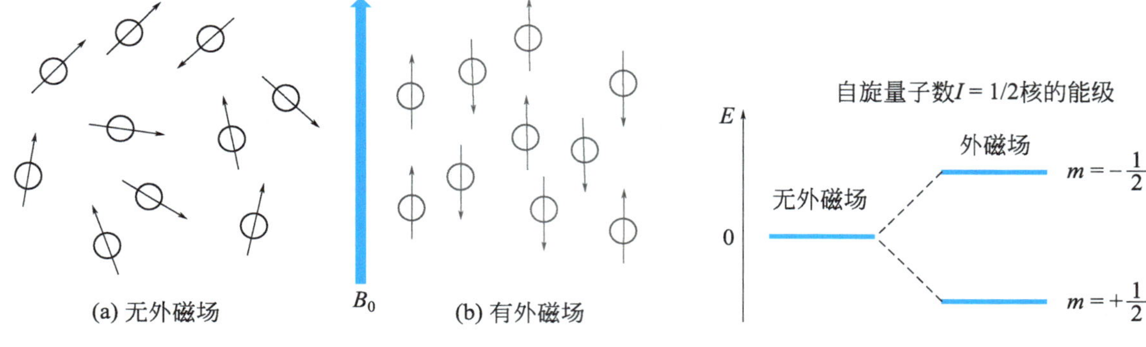

图11-1 核的两种取向

图11-2 外磁场作用下I=1/2原子核的能级裂分示意

式中，B_0是外加磁场的强度；γ是磁旋比（magnetogyric ratio），为磁核的特征常数；h是普朗克常数。

式（11-1）表明，ΔE与外加磁场B_0的强度有关，随B_0场强的增大而增大。同样ΔE与磁旋比γ也成正比。例如，将氢核置于14100 G（高斯，1 G=10^{-4} T）的磁场中，需60 MHz的辐射使其共振。更强的磁场通常要使用超导磁铁，需要更高的辐射才能使原子核共振。

简单来说，在磁场中旋转的原子核有一个特点，即可以吸收频率与其旋转频率相同的电磁波，使原子核的能量增加，当原子核恢复原状时，就会把多余的能量以电磁波的形式释放出来。这一现象如同拉小提琴时琴弓与琴弦的共振一样，因而被称为核磁共振。以^{1}H核质子为例，若质子受到一定频率的电磁波辐射，辐射所提供的能量又恰好等于质子两种取向对应能级之间的能量差时，质子吸收电磁辐射的能量，从低能态（α态）跃迁至高能态（β态），产生核磁共振现象，如图11-3所示。注意，所需电磁辐射的能量与外磁场强度及所测定的磁核有关。

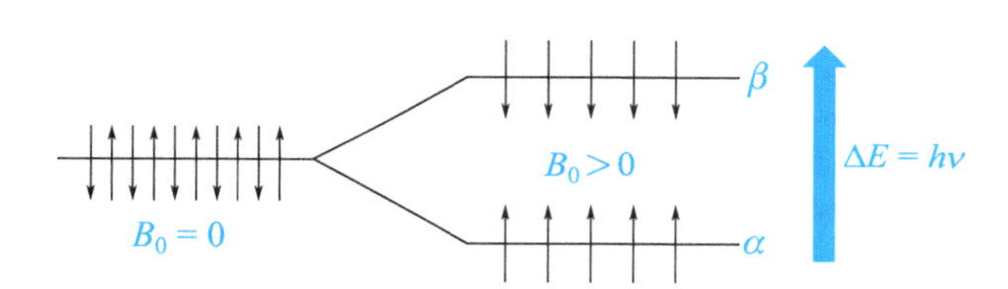

图11-3 外磁场作用下的质子能级跃迁示意

综上所述，产生核磁共振现象必须具备以下3个条件：①原子核具有自旋及磁矩；②系统处于强磁场中；③施加合适的电磁辐射。其中原子核具有自旋是最根本的因素，施加磁场和电磁辐射是产生核磁共振现象的外在条件。

目前，^{1}H的核磁共振（^{1}H-NMR）和^{13}C的核磁共振（^{13}C-NMR）研究和使用得最多，本章主要讨论核磁共振氢谱。

11.2 化学位移

11.2.1 化学位移的定义

根据上述介绍，氢质子在某一辐射频率下，只能在某一个特定磁感应强度下发生能级跃迁，即发生核磁共振。但实际情况并非如此。因为有机化合物分子中，质子周围还有电子，而不同类型的氢质子周围电子云密度并不一样。外加磁场会引起电子环流，环流会产生另一个磁场，即感应磁场。电子围绕质子所产生的感应磁场，其方向与外加磁场方向相反，也就是说使质子产生对抗磁场（图11-4）。因此，氢质子在处于不同的化学环境时（氢质子的核外电子以及与氢质子邻近的其他原子核的核外电子运动情况不同），即使在相同的辐射频率下，也将在不同的共振磁场下显示吸收峰。在有机化合物中，处在不同结构和位置上的各种氢核周围的电子云密度不同，导致其共振频率有差异，即产生共振吸收峰的位移，称为化学位移。

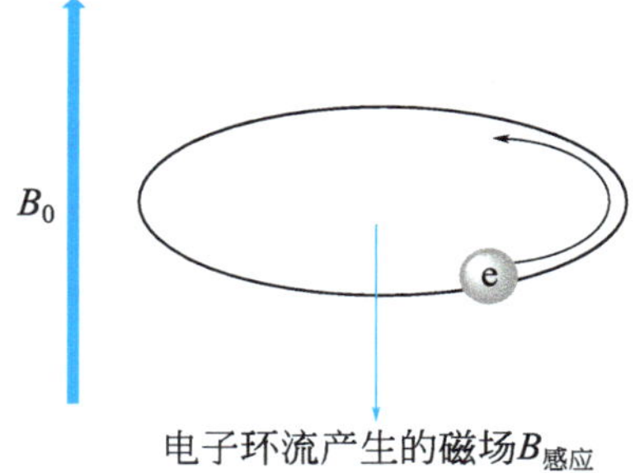

图11-4　电子环流产生的感应磁场示意图

11.2.2　屏蔽效应

质子核外的电子会在外加磁场的作用下产生电子环流，产生一个感应的磁场$B_{感应}$，其方向与外加磁场方向相反（楞次定律）。因此，质子所感应到的外界磁场强度被减弱了。换言之，实际作用于质子的磁场强度$B_{有效}$比B_0要低一点（百万分之几）。即：

$$B_{有效}=B_0-B_{感应}$$

由于其他电子对某一电子的排斥作用而抵消了一部分核电荷对该电子的吸引力，从而引起有效核电荷的降低，削弱了核电荷对该电子的吸引，这种作用称为屏蔽效应。与屏蔽较少的质子比较，屏蔽较多的质子对外加磁场的感应较弱，只有在较高的外磁场B_0作用下才能发生核磁共振吸收。

此外，由于磁力线是闭合的，因此感应磁场在某些区域与外磁场的方向一致。处于这些区域的质子实际上感应到的是外磁场B_0加上感应磁场$B_{感应}$，这种与屏蔽效应相反的效应，称为去屏蔽效应。受去屏蔽效应影响的质子能够在较低的外磁场B_0作用下就发生核磁共振吸收。

因此，质子发生核磁共振实际上应满足：

$$\nu_{射}=\frac{\gamma B_{有效}}{2\pi} \tag{11-2}$$

在相同频率电磁辐射照射下，不同化学环境中的质子受到的实际屏蔽效应各不相同，它们在发生核磁共振时所需的外加磁场B_0的强度也就各不相同，因此表现出不同的化学位移。

11.2.3　化学位移的表示

在核磁共振测试中，通常以核磁共振谱线来反映原子核在不同磁感应强度下发生共振吸收的实际情况，具体表现为各谱线的数量及各谱线出现的位置。各谱线的位置对物质结构解析很有意义，它能反映同种原子核在分子结构中所处的实际化学环境，进而揭示有机化合物的具体结构特征。

不同化学位移之间的实际差别很小，约为千万分之一，因此要精确测定其数值非常困难。目前，衡量化学位移的大小通常采用相对数值表示法，即采用一个标准化合物的共振吸收峰作为原点，再测出其他峰与原点的距离，即为峰的化学位移。最常用的标准化合物是四甲基硅烷$(CH_3)_4Si$（tetramethylsilicon，简称TMS），它的12个氢是等价的，相对于绝大多数有机分子而言，这12个氢受到的屏蔽作用很强，从而远离通常的波谱区域。化学位移普遍采用无量纲的δ值表示，把四甲基硅烷共振吸收峰的化学位移δ定为零，在其右边的化学位移为负值，在其左边的化学位移为正值。

由于感应磁场$B_{感应}$与外加磁场B_0成正比，受到屏蔽效应作用的原子核的化学位移也会与外加磁场B_0成正比，所以不同核磁共振仪的磁场强度不一致，会导致相同原子核的化学位移发生变化，从而造成测试结果不一致。因此，在核磁共振测试中，δ一般都以相对数值表示，其定义为：

$$\delta=\frac{\nu_{样品}-\nu_{TMS}}{\nu_{仪器}}\times10^6$$

标准化合物TMS的δ值为0，用相对数值表示的化学位移δ与外磁场强度无关。因此同一样品的某一磁核在不同磁场强度的核磁共振仪上进行测试，所得到的δ值都相同。

大多数有机化合物质子的化学位移为0～10，用化学位移描述各种不同磁核的相互位置关系很方便。例如，某质子的化学位移为10，意味着相对于化学位移为5的质子，其处于低场或去屏蔽区。相反，化学位移为5的质子较化学位移为10的质子来说，其处于高场或屏蔽区（图11-5）。

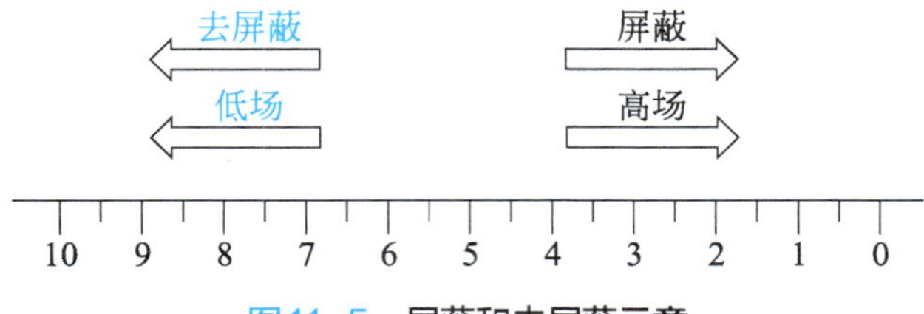

图11-5　屏蔽和去屏蔽示意

以乙醇分子为例，对其核磁共振谱图进行分析：磁场强度由低至高，首先出现—OH中质子的信号，其次是CH_2中质子的信号，最后是CH_3中质子的信号，即出现了三种不同的质子信号，在图谱上表现为三个吸收峰，如图11-6所示。

在乙醇分子CH_3CH_2OH中，氧是吸电子的，因此降低了—OH中质子的电子云密度。相应地，—CH_2—中的质子与碳原子相连，离氧相对较远且碳原子的电负性比氧小，因此其电子云密度比—OH上的质子大，也就是说—CH_2—的屏蔽效应比—OH要强，导致—OH上的质子在磁场强度较低处发生能级跃迁，而—CH_2—上的质子原子在高场处出现共振吸收。

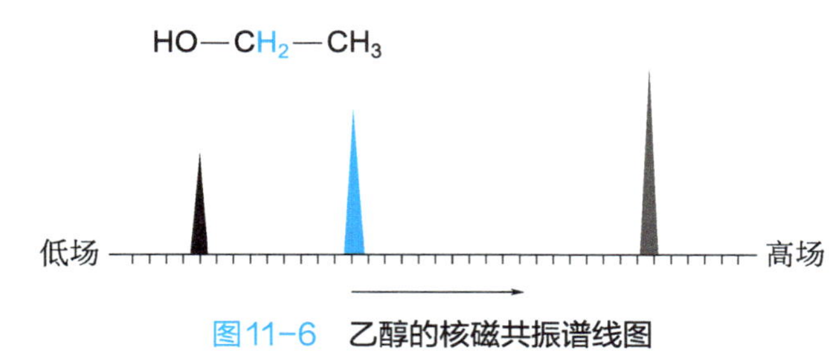

图11-6　乙醇的核磁共振谱线图

11.2.4　影响化学位移的因素

影响化学位移的因素很多，其中电负性（电负性取代基降低了氢核外围电子云的密度）和各向异性效应（成键电子的电子云分布不均匀而导致在外磁场中所产生的感应磁场也不均匀）的影响最大。

（1）电负性

屏蔽效应的大小与质子周围的电子云密度成正比。也就是说质子周围的电子云密度越高，屏蔽效应越强（即受屏蔽），化学位移δ值越小；电子云密度越低，则δ值越大。如果与质子连接的原子电负性较强，即吸电子能力较强，致使质子周围的电子云密度降低，则屏蔽效应减弱（即去屏蔽），化学位移δ值增大。表11-1列出了CH_3X中取代基对化学位移的影响。

表11-1　CH_3X中X对化学位移的影响

化合物CH_3X	CH_3F	CH_3OH	CH_3Cl	CH_3Br	CH_3I	CH_4	$(CH_3)_4Si$
X	F	O	Cl	Br	I	H	Si
X的电负性	4.0	3.5	3.1	2.8	2.5	2.1	1.8
化学位移	4.26	3.40	3.05	2.68	2.16	0.23	0.00

这种效应具有累加性，即所连接的吸电子基团越多，产生的去屏效应越强，化学位移δ值越大。例如，甲烷被不同程度的氯代后甲烷的质子δ值最小，而三氯甲烷的质子δ值最大，如下所示：

化合物	CH_4	CH_3Cl	CH_2Cl_2	$CHCl_3$
化学位移	0.23	3.05	5.30	7.27

值得注意的是，诱导效应通过成键电子传递，随着与电负性取代基间的距离增大，诱导效应的影响逐渐减弱。例如，溴代烷不同位置质子的化学位移为：

	$—CH_2$	$—CH_2$	$—CH_2Br$
化学位移	1.25	1.69	3.30

（2）各向异性效应

质子外围的电子云密度是决定其化学位移的主要因素。但化学键的各向异性效应也会对质子的化学位移产生影响。在分子中，处于某一化学键（单、双、叁和大π键）的不同空间位置上的质子（^1H）会受到不同的屏蔽作用，这种现象称为各向异性效应。这是因为由电子构成的化学键在外磁场作用下，会产生一个各向异构的附加磁场，使得某些位置上的核受到屏蔽（δ值小），而另一些位置上的核则去屏蔽（δ值大）。

① 芳环的各向异性效应　芳环的电子云可以看作为上下两个面包圈形的π电子环流。环流半径与环半径相同，在苯环平面上下位置产生抗磁性磁场，这种现象叫作环电流效应。受此效应影响，芳香环平面内的质子会去屏蔽。因此芳环质子发生共振的位置较低，其δ值一般为7～8（图11-7）。

② 双键的各向异性效应　双键的电子云垂直于双键平面，所以双键上、下方的H就处于其电子云的屏蔽区，而双键平面内的H处于去屏蔽区。羰基同碳碳双键类似，但由于羰基吸电子，导致其化学位移δ值较碳碳双键大。例如：乙烯，5.25；醛氢，9～10（图11-8）。

③ 叁键的各向异性效应　叁键的电子云是以叁键为轴心的圆柱体，炔键质子位于这一轴线上，受到屏蔽作用。因此，它的核磁共振信号在较高磁场出现，其化学位移δ值低于烯键氢，一般在2～3。

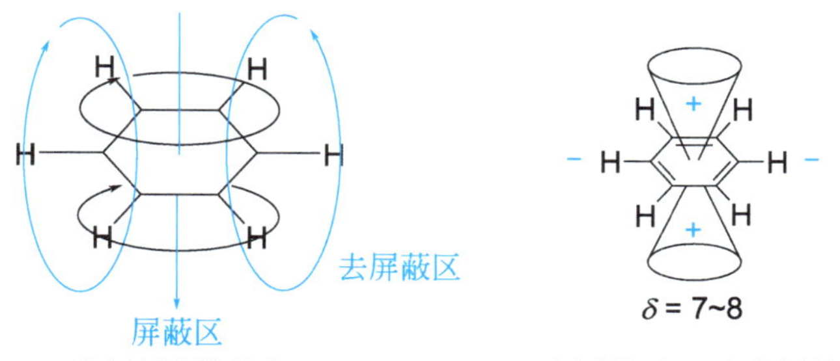

图11-7　芳环各向异性效应示意

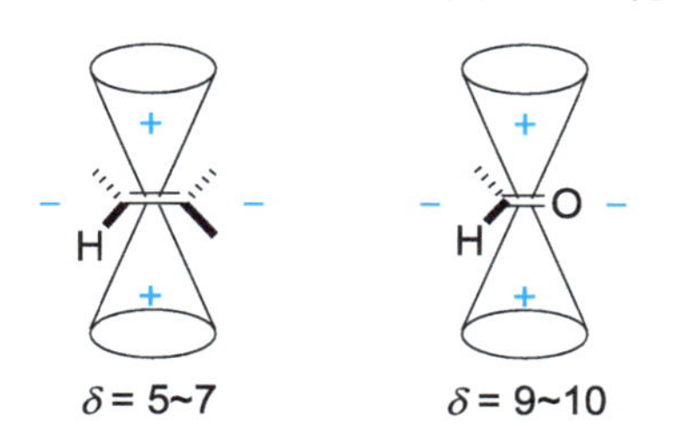

图11-8　双键各向异性效应示意

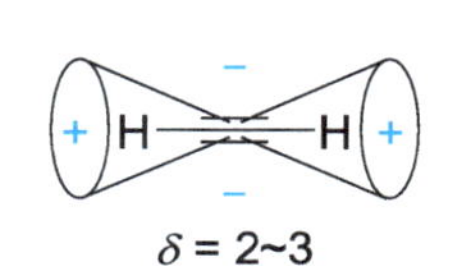

图11-9　叁键各向异性效应示意

11.3 典型质子的¹H-NMR化学位移

由于不同类型的质子对应的化学位移不同，因此测定化学位移值可以区分不同类型的质子，从而为确定有机化合物结构提供强有力的证据。图11-10及表11-2给出了不同化学环境下典型质子的化学位移值δ，其中蓝色标出了特征的质子。

图11-11～图11-13是一些化合物的¹H-NMR谱图示例，通过对实际化学位移的分析，可以更好地掌握核磁共振谱图在化合物结构表征与鉴定等方面所起到的重要作用。

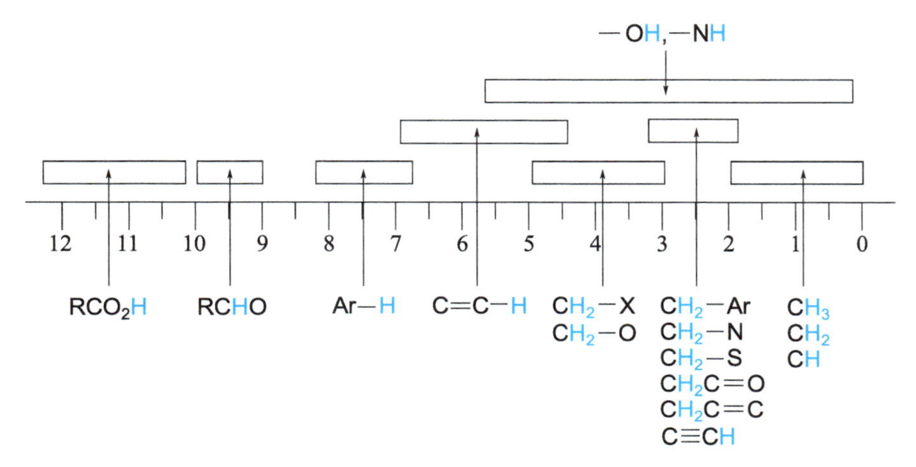

图11-10 典型质子的化学位移

表11-2 典型质子的化学位移

质子类型	结构	化学位移	质子类型	结构	化学位移
环丙烷	C_3H_6	0.2	醇类	H—C—OH	3.4～4.0
伯氢	RCH_3	0.9	醚类	H—C—OR	3.3～4.0
仲氢	R_2CH_2	1.3	酯类	RCOO—C—H	3.7～4.1
叔氢	R_3C—H	1.5	酯类	H—C—COOR	2.0～2.2
烯氢	C═C—H	4.6～5.9	酸类	H—C—COOH	2.0～2.6
炔氢	C≡C—H	2.0～3.0	羰基化合物	H—C—C═O	2.0～2.7
芳氢	Ar—H	6.0～8.5	醛氢	R—(H—)C═O	9.0～10
苄氢	Ar—C—H	2.2～3.0	醇羟基氢	R—C—OH	1.0～5.5
烯丙基氢	C═C—CH_3	1.7	酚羟基氢	Ar—OH	4.0～12
氟化物	H—C—F	4.0～4.5	烯醇羟基氢	C═C—OH	15.0～17.0
氯化物	H—C—Cl	3.0～4.0	羧基羟基氢	RCOOH	10.5～12.0
溴化物	H—C—Br	2.5～4.0	氨基氢	RNH_2	0.4～3.5
碘化物	H—C—I	2.0～4.0			

溴甲烷只含有一种类型的氢，所以在2.7处只出现一个单峰。因为溴原子的存在，故存在轻微的去屏蔽作用。没有积分线，因为积分给出的是不同类氢之间的相对比例，而这里只有一个氢。

丙酮只含有一种类型的氢，因此只在2.2处存在一个单峰。因其邻近羰基，故存在轻微的去屏蔽作用。

乙酸甲酯有两种类型的氢，因此在2.1和3.7处有两个峰。其中3.7处的峰归属于—OCH_3，由于O的吸电子去屏蔽作用，故化学位移较大。由于两种类型的氢都有3个，故积分比为1∶1。

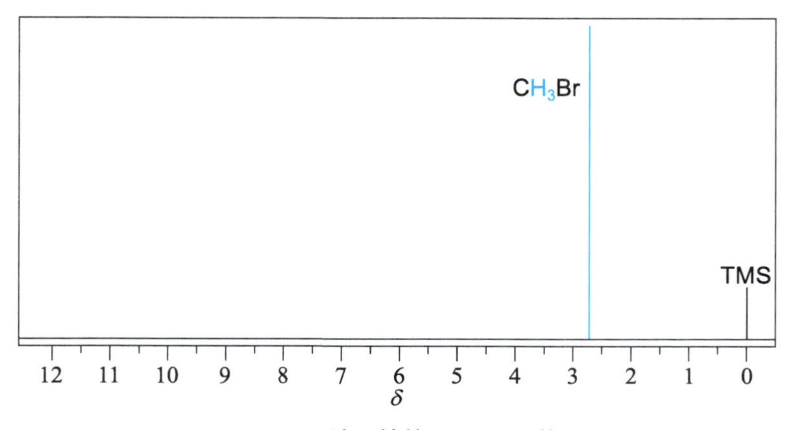

图11-11 溴甲烷的¹H-NMR谱图

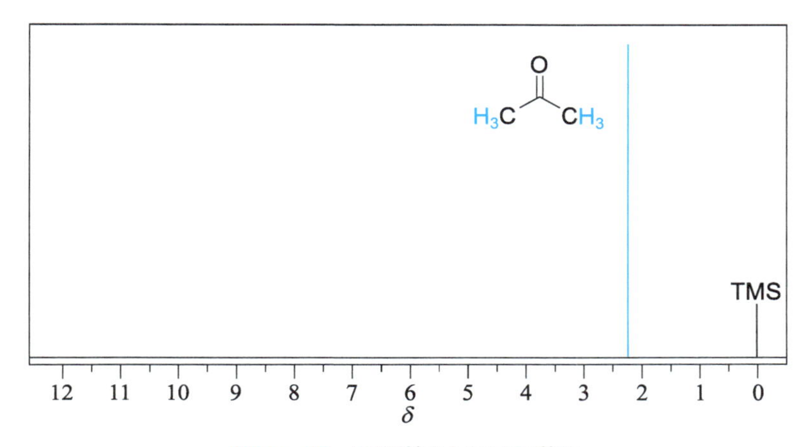

图11-12 丙酮的¹H-NMR谱图

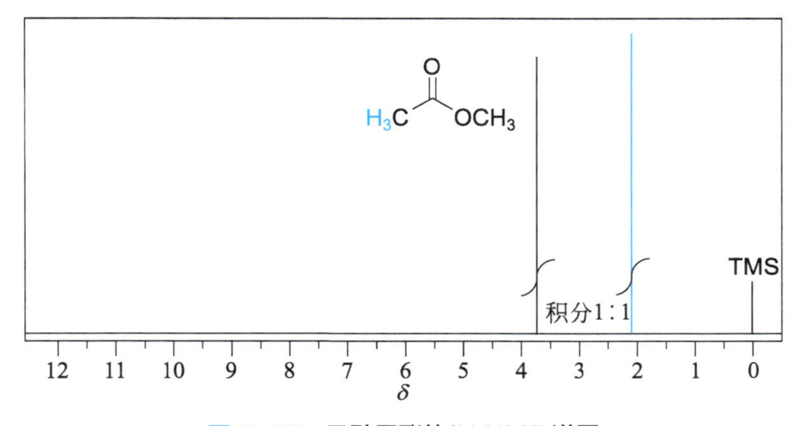

图11-13 乙酸甲酯的¹H-NMR谱图

11.4 积分曲线和峰面积

核磁共振谱中，共振信号峰的面积与产生峰的质子数成正比。因此核磁共振谱不仅能够揭示各种不同质子的化学位移，还能表示各种不同质子的数目。若我们已经知道某个分子中的质子总数，那么就可以根据核磁共振谱中峰面积的比例关系，计算出各种质子的具体数目。目前通常采用积分曲线高度法，使用核磁共振仪上的自动积分仪对各个峰的面积进行自动积分，得到的数值再用阶梯式积分曲线高度表示出来。每一阶梯的高度表示引起该共振峰的氢原子数之比，如溴乙烷的^{1}H-NMR谱图（图11-14）。

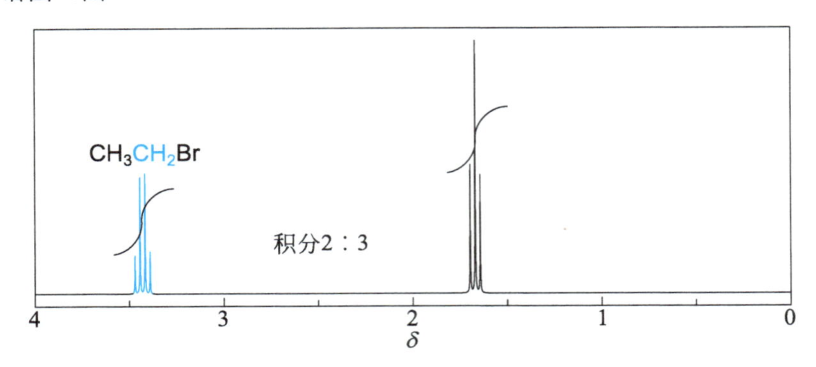

图11-14　溴乙烷的^{1}H-NMR谱图

图11-14中，由于相邻溴原子的去屏蔽作用，δ为3.4～3.5的峰归属于溴乙烷的亚甲基氢，δ为1.6～1.7的峰归属于溴乙烷的甲基氢。由该核磁共振谱的积分可知，两组峰的峰面积是不同的，而且面积之比是2∶3。溴乙烷分子中亚甲基氢和甲基氢的个数分别为2和3，因此，峰面积比2∶3恰好反映了分子中CH_2和CH_3的氢原子个数。

11.5　自旋耦合

11.5.1　自旋耦合产生的原因

应用高分辨核磁共振仪，所得1,1-二氯乙烷的核磁共振谱图如图11-15所示。其中两个峰各裂分成一组四重峰和一组二重峰，这种情况称为峰的裂分。各个峰的归属为：δ=5.9，积分面积为1个H，去屏蔽，归属于—$CHCl_2$基团；δ=2.1，积分面积为3个H，归属于—CH_3基团。

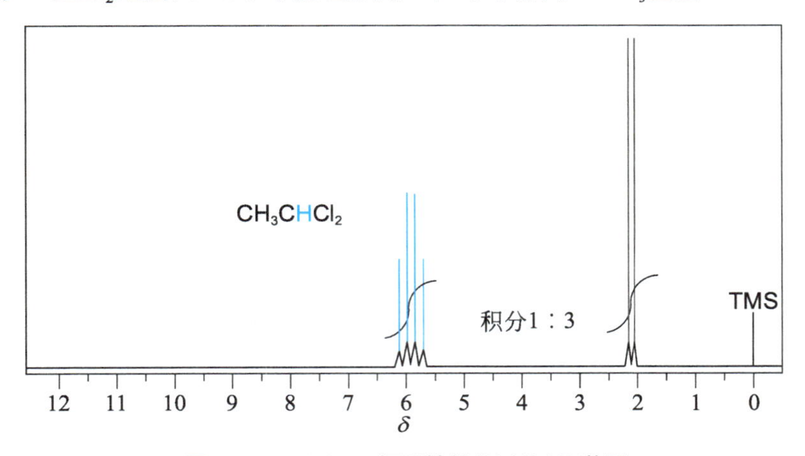

图11-15　1,1-二氯乙烷的^{1}H-NMR谱图

图中的核磁共振吸收峰为什么会发生裂分？在外加磁场作用下，质子会发生自旋。自旋的质子会产生一个很小的磁矩，并产生感应磁场B'，B'再通过成键价电子的传递，对邻近的质子产生影响。质子的自旋有两种取向：在外加磁场B_0中，自旋时与外加磁场取顺向排列的质子，使邻近质子感受到的总磁感应强度增强（B_0+B'）；自旋时与外加磁场取逆向排列的质子，使邻近质子感受到的总磁感应强度减弱（B_0-B'）。因此在有邻近质子存在的情况下，质子发生的核磁共振的吸

收信号就裂分为两个，这种现象就是自旋耦合。也就是说，在磁场作用下，邻近质子之间也会产生相互作用，从而影响对方的核磁共振吸收，这种相互作用称为自旋耦合。

在实际情况中，如果一个质子与相邻另一个质子不发生自旋耦合，则表现为一个单峰。若与相邻一个质子（+1/2，−1/2）发生自旋耦合，则裂分为一组二重峰，且二重峰的强度相等，其总面积正好和未裂分的单峰的面积相等，出峰位置则对称分布在未裂分的单峰两侧——一个在强度较低的磁场区，一个在强度较高的磁场区。例如，1,1-二氯乙烷分子中的—CH_3在—CH的影响下，其信号裂分为二重峰，面积比为1∶1。

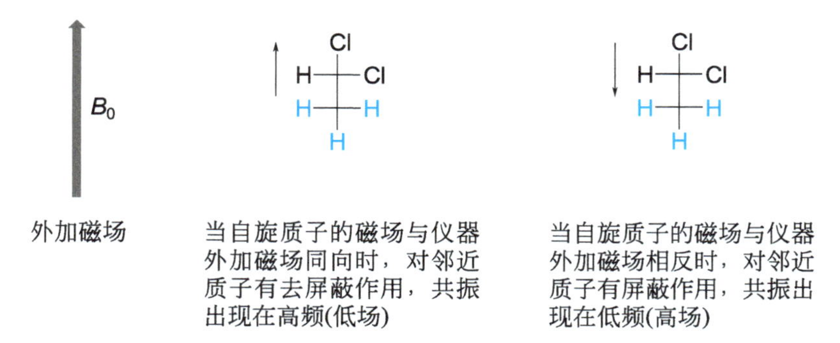

同理，—CH上的质子在—CH_3中三个质子的影响下，其信号裂分为四重峰，面积比为1∶3∶3∶1。

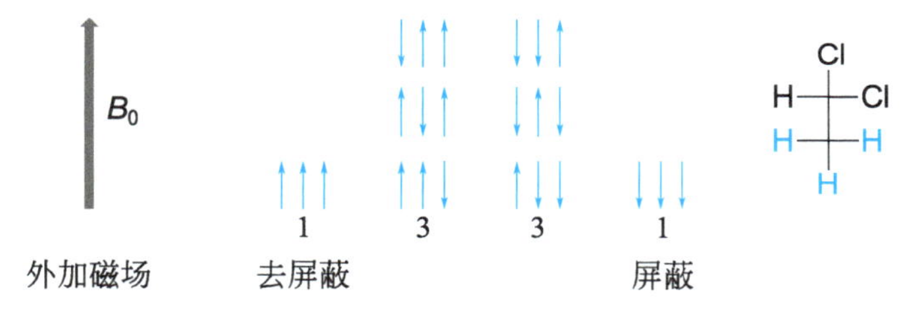

11.5.2 耦合常数

当自旋体系存在自旋-自旋耦合时，核磁共振谱线发生裂分。裂分所产生的裂距反映了相互耦合作用的强弱，称为耦合常数J，单位为Hz。耦合常数表示两个质子间相互干扰的强度，或每组吸收峰内各峰之间的距离，以J_{ab}表示，下标ab表示相互耦合的磁不等性氢核的种类。其影响因素主要有三个方面：①耦合核的间隔距离；②角度；③电子云密度。

J_{ab}的大小与磁场B_0的强度无关，它的大小只由核之间的耦合及分子本身结构决定。在一般的相邻体系（H_a—C—C—H_b）中，相互干扰的两个质子，其耦合常数必然相等，即$J_{ab}=J_{ba}$。如图11-16所示，1,1-二氯乙烷的^{1}H-NMR谱中两组峰对应的耦合常数是相等的。因此，根据耦合常数是否相等，可以判断哪些质子之间发生了相互耦合。此外，耦合常数的大小与两个作用核之间的相对位置有关，随着核之间价键数目的增加会很快减弱。通常两个质子相隔少于或等于三个单键时，可以发生耦合裂分；相隔三个以上单键时，耦合常数趋于零。

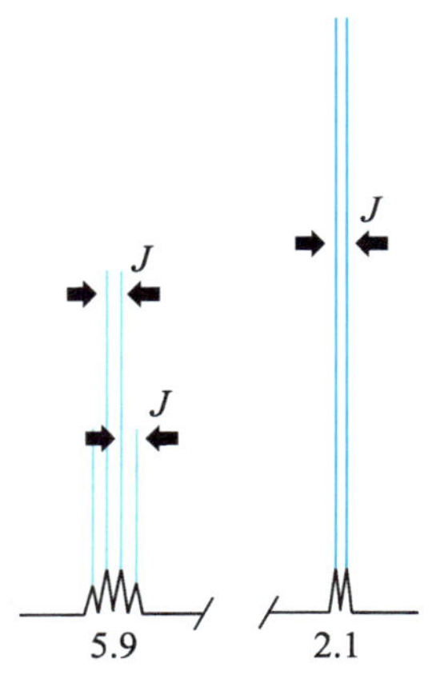

图11-16 1,1-二氯乙烷的^{1}H-NMR谱图

11.5.3 耦合裂分的规律

根据自旋耦合产生的信号裂分情况可以做出规律总结：邻近碳原子上的n个等价氢，导致信号裂分成“n+1”条谱线。即等价质子共振吸收峰的裂分个数，由其邻近质子的数目来决定。若它只有一组数目为n的邻近质子，那么它的吸收峰会裂分为n+1个。如果它有两组数目分别为n和n'

的邻近质子，那么它的吸收峰会裂分为（n+1）（n'+1）个。更复杂的情况，依次类推。此外，等价质子（或具有相同化学位移的质子）彼此之间不相互耦合。

符合（n+1）规则的谱图称为一级图谱，只有自旋耦合的邻近氢原子都相同时，才适用（n+1）规则。在一级图谱中，自旋裂分峰的信号强度关系可以用帕斯卡三角规律来预测，即一组裂分峰的各峰高度比近似为二项式$(a+b)^n$展开式的各项系数之比。比如：n=0，其为单峰，不存在裂分；n=1，其为二重峰，比例为1∶1，因为$(a+b)^1=a+b$，即展开式的系数比为1∶1；n=2，其为三重峰，比例为1∶2∶1，因为$(a+b)^2=a^2+2ab+b^2$，即展开式的系数比为1∶2∶1；n=3，其为四重峰，比例为1∶3∶3∶1，因为$(a+b)^3=a^3+3a^2b+3ab^2+3b$，即展开式的系数比为1∶3∶3∶1。更多的裂分情况如图11-17所示。

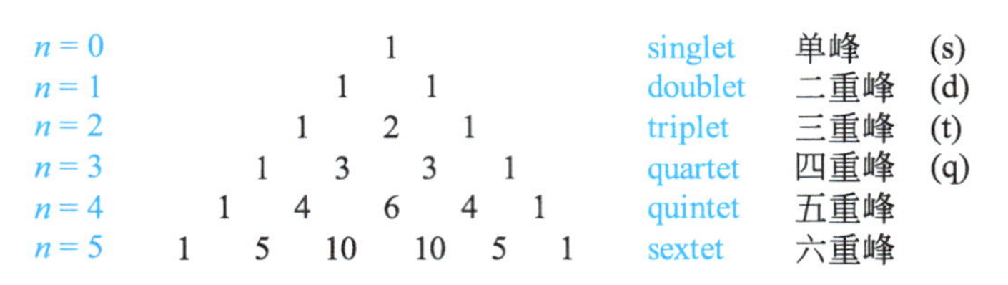

图11-17　帕斯卡三角规律

图11-18可以进一步形象地说明裂分规律。

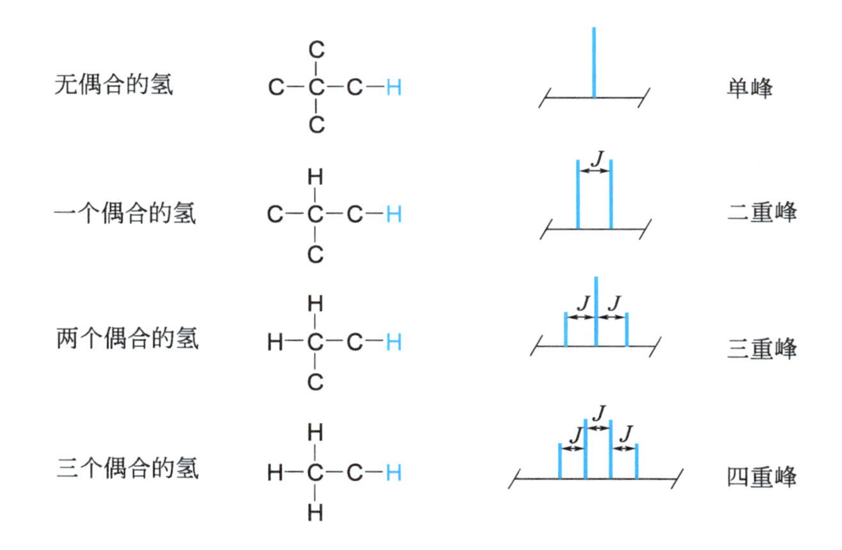

图11-18　不同类型质子的裂分示意

11.5.4　图谱分析

下面通过两个实例来对核磁图谱进行分析（图11-19和图11-20）。

溴乙烷结构中有两类氢，核磁谱图中有两组峰（图11-19）。低场处化学位移为3.5的吸收峰归属于—CH_2基团上的质子，受到溴产生的去屏蔽作用，其化学位移较大；由于受相邻甲基的影响，该峰裂分为四重峰（n=3）。在高场化学位移为1.7的峰归属于—CH_3基团，受相邻亚甲基的影响，该峰裂分为三重峰（n=2）。

异丙醇结构中有三类氢，—CH基团受氧的去屏蔽作用，吸收峰在低场出现，并受相邻两个等同甲基上6个质子的影响，裂分为七重峰（n=6）。—OH基团没有耦合影响，为单峰。甲基—CH_3受相邻—CH基团的影响，裂分为二重峰（n=1）。

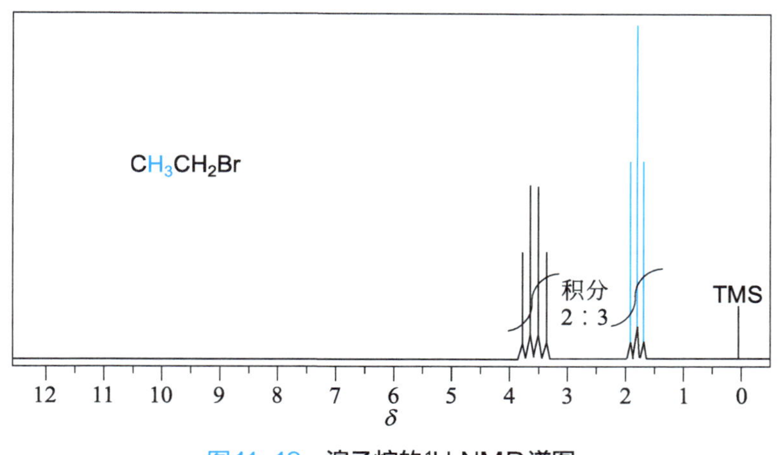

图11-19 溴乙烷的¹H-NMR谱图

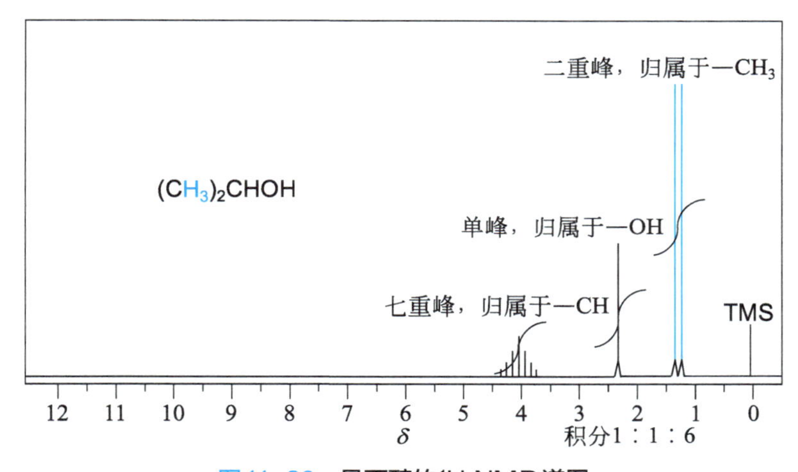

图11-20 异丙醇的¹H-NMR谱图

综上所述，从核磁共振氢谱（¹H-NMR）可以获取如下重要信息（表11-3）。

表11-3 ¹H-NMR谱图可提供信息

信息	来源
多少种类型的氢	由谱图中信号峰的数目来显示
什么类型的氢	由每个信号峰的化学位移值来显示
每种类型氢的数目为多少	由每个信号峰的积分面积比来显示
相邻质子的情况	看耦合裂分情况，得知哪些质子互为相邻质子

图11-21是一个核磁共振氢谱实例，可进行详细分析。

化合物结构中有5种类型的氢，其比例为5：2：2：2：3，谱图中也有5组峰。谱图中有5个H的单峰（芳氢质子ArH产生），2组2H的三重峰，1组2H的四重峰和一组3H的三重峰。每组三重峰表示有含2个H的碳与此质子邻近，一组四重峰表示有含3个H的碳与此质子邻近［即（n+1）裂分规律］。据此可知，化学位移为4.4和2.8的三重吸收峰，必然为—CH_2CH_2—结构单元所产生。化学位移为2.1和0.9的四重吸收峰，为—CH_2CH_3结构单元所产生。运用化学位移数据（表11-2），即可将各峰进行归属。

7.2（5H）= Ar**H**

4.4（2H）= $\mathbf{CH_2}$O

2.8（2H）= Ar-$\mathbf{CH_2}$

2.1（2H）= O═CC$\mathbf{H_2}$$CH_3$

0.9（3H）= CH_2C$\mathbf{H_3}$

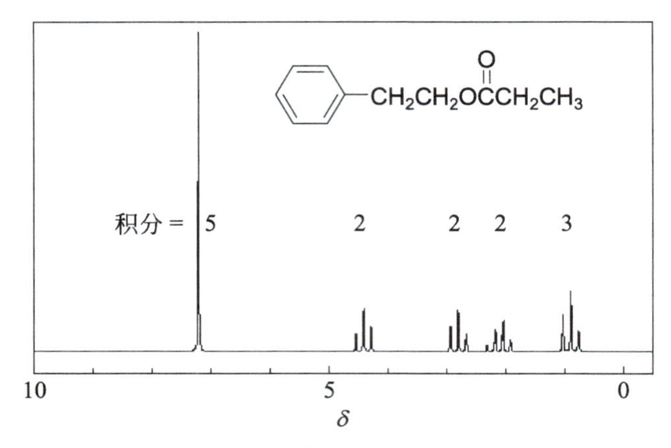

图11-21 2-苯乙基丙酸酯的¹H-NMR谱图

11.6 核磁共振仪

利用核磁共振仪可研究原子核对射频辐射的吸收，它是一个对各种有机物和无机物的成分、结构进行定性分析的有力工具。观察核磁共振吸收信号有两种方法：一种是磁场B_0固定，让射频场B_1的频率连续变化通过共振区域，实现共振吸收，称为扫频法；另一种是把射频场B_1频率固定，而让磁场B_0连续变化通过共振区域，实现共振吸收，称为扫场法。

目前仪器大多采用扫场法。典型的扫场法核磁共振仪如图11-22所示。测试样品一般为溶液，放在磁铁两极之间的玻璃管内（统一直径为5 mm），同时利用一个气动轮转子使样品在磁场内旋转，从而使磁场的不均匀性平均化。由天线式线圈（蓝色线圈）产生的具有适当能量的无线电磁

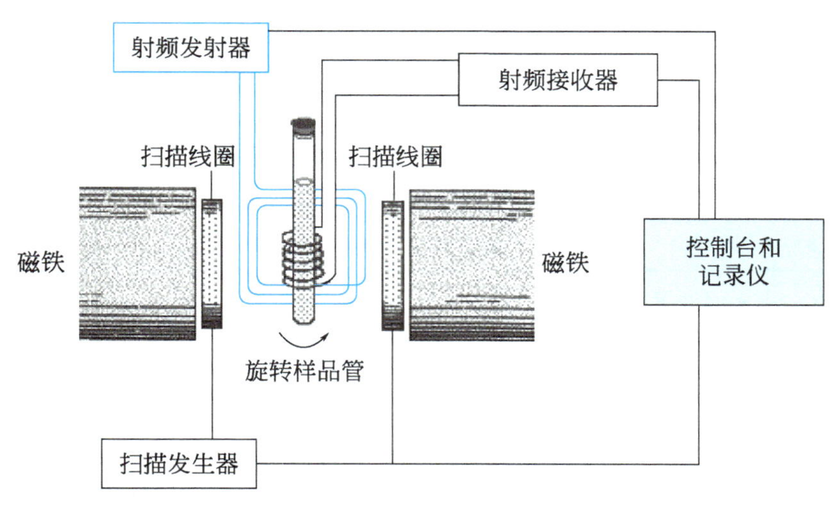

图11-22 核磁共振仪结构示意

波射频照射样品，再由一个接收线圈围绕样品管，通过精密电子仪器和计算机监测射频能量的发射。通过在一定范围内改变或扫描磁场，同时观察来自样品的射频信号，从而得到一张核磁共振谱图。

核磁共振为非破坏性仪器，所需样品的量较少，一般仅需要几毫克样品即可进行测试。

11.7 核磁共振碳谱（^{13}C-NMR）

^{12}C核的I值为零，没有核磁共振信号。^{13}C的I值为1/2，有核磁共振信号，因此碳谱实际是指^{13}C的核磁共振谱，与^{1}H-NMR相比，^{13}C-NMR具有以下特征：

- ^{13}C仅有1.1%的自然丰度，故^{13}C核对核磁共振现象的灵敏度不到^{1}H核的四百分之一；
- 由于很低的自然丰度，通常观察不到^{13}C-^{13}C的耦合；
- ^{13}C的化学位移值范围一般为0～220；
- 影响^{1}H-NMR化学位移的因素同样影响^{13}C-NMR；
- 长的弛豫时间（激发态回到基态）意味着没有积分曲线；
- ^{13}C谱图一般为线状（由于质子的宽带和完全去耦合作用）；
- ^{13}C谱图中峰的数目对应于碳的类型数目。

^{13}C的化学位移同样以TMS为标准物，规定TMS中碳的化学位移为0，其左侧化学位移值大于0，右侧化学位移值小于0。与^{1}H相比，影响^{13}C化学位移的因素更多，影响碳核周围电子云密度的任何因素，都会影响碳核的化学位移，但自旋核周围的电子屏蔽是最为重要的因素。

碳与其相连的质子间耦合常数很大，大约在100～200 Hz。碳与氢的耦合使得碳谱很复杂，不易辨认。因此在实验中往往采用各种去耦方法，对某些或全部耦合作用加以屏蔽，使谱图简单化。目前所见的碳谱一般都是质子去耦谱。一般采用三种去耦法：氢宽带去耦、偏共振去耦和选择性质子去耦，本书不做进一步介绍。

碳核的化学位移计算较为复杂，根据大量的实验数据总结，可归纳出一些常见有机化合物特征官能团的^{13}C-NMR化学位移和强度，如图11-23所示。

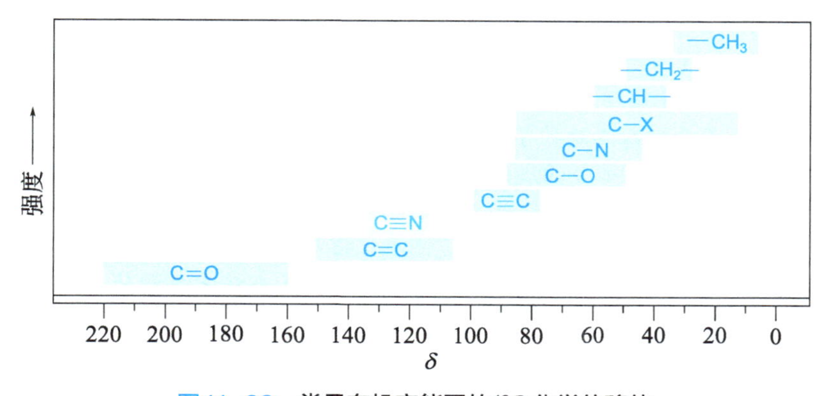

图11-23 常见有机官能团的^{13}C化学位移值

图11-24和图11-25分别是2-丁酮和对溴乙酰苯的宽带去耦^{13}C-NMR谱。

通过对^{13}C-NMR谱的解析，可以获取两条重要信息：第一是有多少种类型的C？由谱图中信号峰的数目来显示。第二是有什么类型的C？由每个信号的化学位移来显示。

综上所述，核磁共振碳谱的横坐标是化学位移，纵坐标是谱峰的强度，其高度近似反映碳原子的数目，同样是有机化学中了解化合物结构的重要工具。

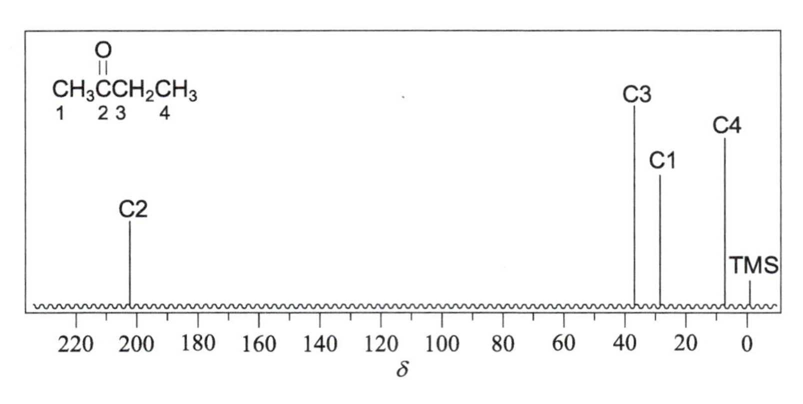

图11-24　2-丁酮宽带去耦^{13}C-NMR谱

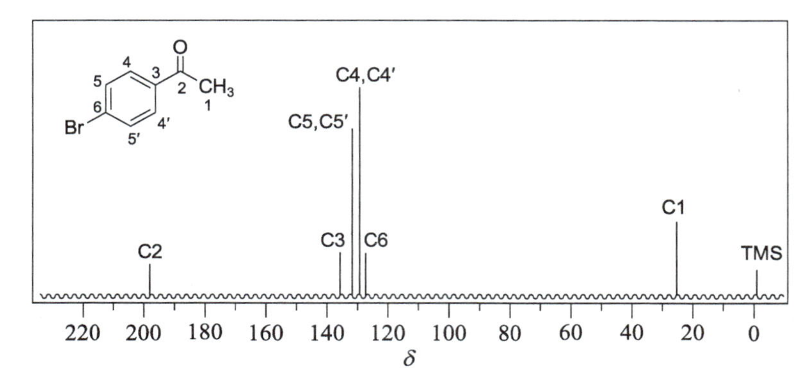

图11-25　对溴乙酰苯的宽带去耦^{13}C-NMR谱

拓展阅读1：保罗·劳特布尔

保罗·劳特布尔（Paul Lauterbur），美国科学家。1929年生于俄亥俄州小镇悉尼。悉尼镇的人们在劳特布尔小时候就看好他，认为他以后肯定会有大出息，特别是他的中学同学。在他们眼中，劳特布尔内向又勤奋，但他并非“书呆子”，而是个讨人喜欢的学生。劳特布尔的高中同学乔治·斯诺顿说：“我一点也不惊讶保罗如今的成绩，他上学时物理、化学和数学的成绩就遥遥领先。他不怎么爱说话，但是又非常容易接近，让你觉得他就是你多年的老邻居一样。而且他兴趣非常广泛，我记得那时候他还做过火箭模型呢。”他的另一位同学安德鲁·孔兹则表示：“保罗是个非常好学的家伙。他是走读生，因为住校生经常在上学前和放学后结伴去玩，但是保罗却不愿意浪费这些时间”。劳特布尔于1951年获凯斯理工学院理学学士，1962年获费城匹兹堡大学化学博士。他一生致力于核磁共振光谱学及其应用的研究。劳特布尔还把核磁共振成像技术推广应用到生物化学和生物物理学领域。

从1963年到1985年，他在纽约州立大学石溪分校担任副教授，他在石溪大学开展了MRI的研究。劳特布尔在石溪大学进行他的研究工作时，当时校园内最好的核磁共振仪器属于化学系，所以他不得不在晚上用它进行实验，并小心地改变设置，以便在他离开时让化学系正常使用。

20世纪70年代初，劳特布尔在主磁场内附加一个不均匀的磁场，即引进梯度磁场，并逐点诱发核磁共振无线电波，最终获得一幅二维的核磁共振图像。

1985年始，他担任美国伊利诺伊大学生物医学核磁共振实验室主任。因在核磁共振成像技术领域的突破性成就，和英国科学家彼得·曼斯菲尔德共同获得2003年诺贝尔生理学或医学奖，虽然伊利诺伊大学很多人一直认为劳特布尔极有希望获得诺贝尔奖，但劳特布尔本人对获奖还是有点惊讶，他对媒体说："我听到过各种猜测，但现实仍令我惊讶。"

保罗·劳特布尔于2007年3月27日在美国伊利诺伊州乌尔班纳市逝世，享年77岁。

2007年5月24日《福布斯》文章指出有许多成就是显赫的、是划时代的，甚至过了几十年我们仍然会感到它们的影响，并在此基础上挑选了一些关于这种革命精神的例子，选出了1950年以来改变世界的15个人。其中劳特布尔因发明的核磁共振成像进入了15人的名单，因为"它几乎已经改变了外科科学的各个领域，医生们得以在不切开病人身体的情况下看见病人体内的情况"。

拓展阅读2：彼得·曼斯菲尔德

彼得·曼斯菲尔德，英国物理学家，1933年出生于伦敦贫民区的一个普通家庭，他的父亲是煤气工，母亲是服务员。少年时，曼斯菲尔德的老师并不看好他的科学天赋，甚至认为他的一生就是做一名普普通通的技工。由于战争的影响，15岁的他不得不中断学校学习，在伦敦的一家印刷公司工作，他只能在夜校继续学习，随后又在白金汉郡韦斯科特的战时供给部的火箭推进部门找到了一份工作。经过一段时间的军队生涯后，24岁的曼斯菲尔德在伦敦大学玛丽女王学院的业余课程上学习，并于1959年获伦敦大学玛丽女王学院理学学士。在这里，他与核磁共振物理学家杰克·波尔斯建立了深厚的友谊。

1959年，在伦敦大学攻读物理学博士学位的曼斯菲尔德在研究一组核磁共振无线电脉冲激发的部分固体时，发现了一个意想不到的"固体回波"。这一发现需要用较为复杂的量子力学进行解释，并引起了核磁共振先驱查尔斯·斯利特的注意，他邀请曼斯菲尔德前往厄巴纳的伊利诺伊大学从事博士后研究。1964年，由于他的博士后导师雷蒙德·安德鲁的关系，他前往英国诺丁汉大学物理系担任讲师，后来成为该大学物理系的教授。在诺丁汉大学他继续着他的研究生涯。除物理学研究之外，曼斯菲尔德还对语言学、阅读和飞行感兴趣，并拥有飞机和直升机两用的飞行员执照。他进一步发展了有关在稳定磁场中使用附加的梯度磁场的理论，为核磁共振成像技术从理论到应用奠定了基础。

1972年，曼斯菲尔德提出了可以利用核磁共振在K空间形成自旋物理来绘制自旋的空间分布图像来研究晶体结构。在一次关键实验中，曼斯菲尔德将磁场梯度应用到毫米厚的樟脑层上，并测量了其核磁共振谱。磁场梯度可以将核磁共振信号扩散到樟脑层的衍射图中，随后利用著名的傅里叶变换可以将这些信息转换为相关图像。这一发现推动了磁共振成像技术的发展，曼斯菲尔德并由此制造出MRI影像检测设备，造福了数以百万计的人。

因在核磁共振成像技术领域的突破性成就，曼斯菲尔德和劳特布尔共享2003年诺贝尔生理学或医学奖。

曼斯菲尔德于2017年2月8日逝世，享年83岁。

参考资料

[1] 刘东华，李显耀，孙朝晖. 核磁共振成像[J]. 大学物理，1997,16(10):36-39.
[2] "彼得·曼斯菲尔德(1933—2017)" http://www.worldscience.cn/qk/2017/6y/kxrw/584653.shtml.
[3] "美英科学家分享：2003年诺贝尔生理学或医学奖" http://news.sohu.com/93/33/news214143393.shtml.

习题

11-1 以氢核为例，说明外加磁场中 ^1H 核的取向情况及核磁共振是如何产生的？

11-2 以CH_3CH_2Br为例，说明哪个氢核化学位移值较小？哪个氢核的化学位移值较大？简述原因。

11-3 在2-甲氧基丙烷的^1H-NMR图谱中，三种质子中处于最低场和最高场的分别为哪个？并说明理由。

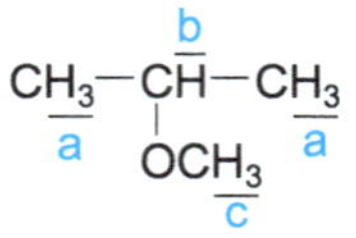

$$\underset{a}{CH_3}-\overset{b}{\underset{|}{CH}}-\underset{a}{CH_3}$$
$$O\underset{c}{CH_3}$$

11-4 在2-甲基-2-溴丁烷的^1H-NMR图谱中，请写出各类质子的化学位移值从大到小的排列顺序及各类质子积分面积比。

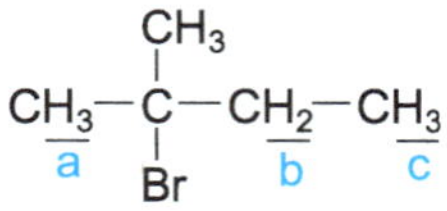

$$\underset{a}{CH_3}-\overset{CH_3}{\underset{Br}{C}}-\underset{b}{CH_2}-\underset{c}{CH_3}$$

11-5 在2-丁醇的^{13}C-NMR（质子宽带去耦）图谱中，请写出各碳原子的化学位移值从大到小的排列顺序，并说明理由。

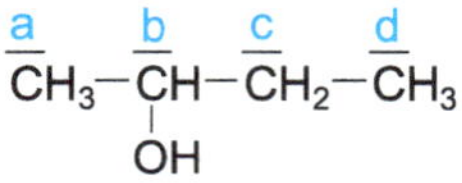

$$\overset{a}{CH_3}-\overset{b}{\underset{OH}{CH}}-\overset{c}{CH_2}-\overset{d}{CH_3}$$

11-6 指出下列化合物在^1H-NMR图谱中化学位移值最大的质子以及化学位移值最大的甲基（—CH_3）质子。

(1) 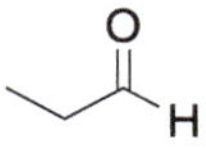 O H　　(2) 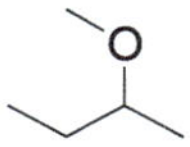 O　　(3) 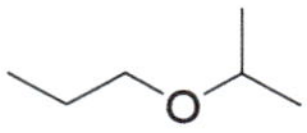 O　　(4) 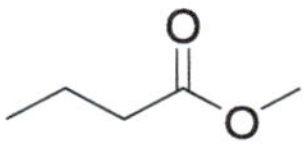 O O

11-7 比较下列化合物中H_a、H_b和H_c的化学位移大小，并说明理由。

(1) 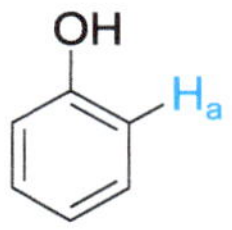 OH H_a　　(2) 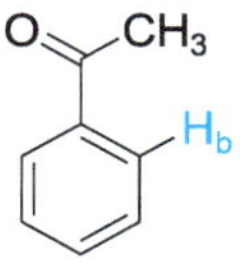 O CH_3 H_b　　(3) H_c

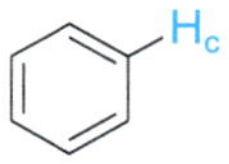

11-8 环己酮在^{13}C-NMR（宽带去耦）谱图中出现几个峰？化学位移值在210的峰可归属为哪种碳？

11-9 3-戊酮在^1H-NMR谱图中会出现几组峰，在^{13}C-NMR（宽带去耦）谱图中会出现几个峰，其中羰基碳的化学位移值出现在哪个范围？

11-10 对二甲苯的^1H-NMR谱图（$CDCl_3$）中会出现几组峰，峰形是什么？在它的^{13}C-NMR（宽带去耦）谱图中会出现几个峰？

11-11 对硝基苯酚在^{13}C-NMR（宽带去耦）谱图中会出现几个峰？它的芳氢质子在^1H-NMR（DMSO-d_6）图谱中会出现几组峰，峰形是什么？

11-12 化合物$C_4H_{10}O_2$的质子在^1H-NMR图谱中呈现峰面积比为2：3的两个单峰，推测该化合物的结构。

11-13 化合物C_3H_7Br在^{13}C-NMR（质子宽带去耦）谱图中出现48.8和28.5两个峰，推测该化合物的结构。

11-14 化合物C_4H_9Br的^1H-NMR图谱在4.10（1H，多重峰）、1.82（2H，多重峰）、1.70（3H，双峰）和1.02（3H，三重峰）出现四组峰，推测该化合物的结构。

11-15 化合物C_4H_9Br的^1H-NMR图谱在3.30（2H，双峰）、2.11（1H，多重峰）和1.06（6H，双峰）出现三组峰，推测该化合物的结构，并指出该化合物在^{13}C-NMR（质子宽带去耦）谱图中出现几个峰。

11-16 未知化合物$C_3H_7NO_2$的^1H-NMR谱如下，试推测其结构，并对相应质子进行归属。

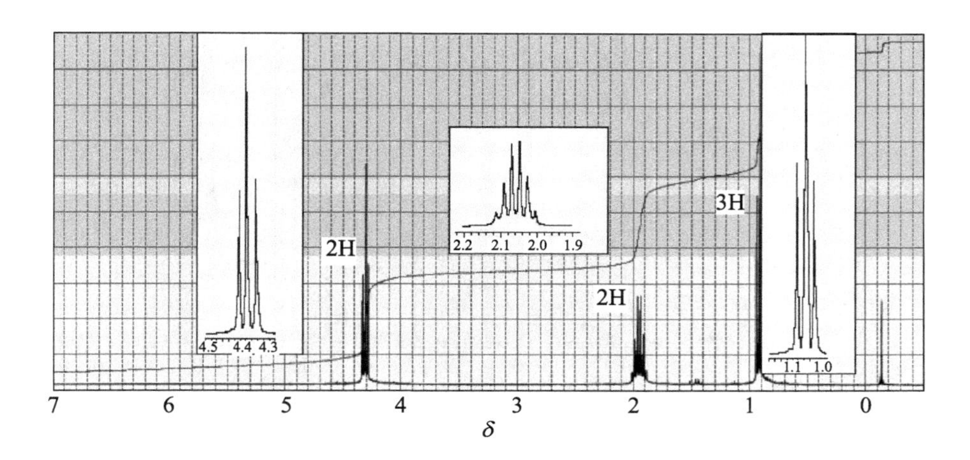

11-17 化合物$C_6H_{14}O$的^1H-NMR谱如下，推测它的结构，并对相应质子进行归属。

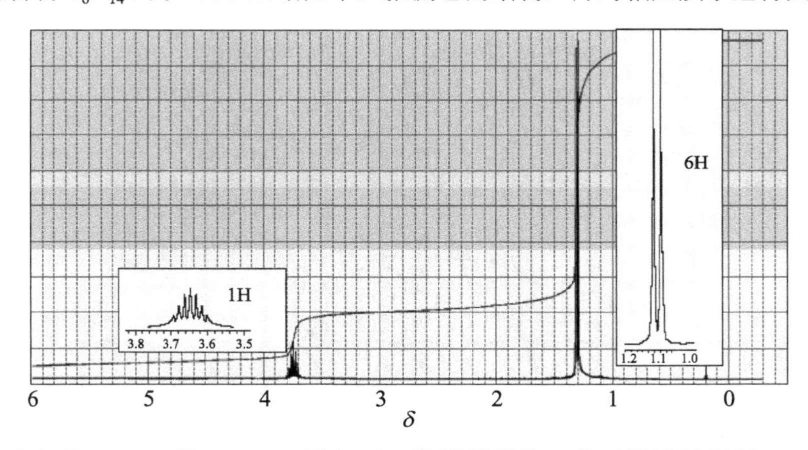

11-18 某未知物$C_6H_{12}O$的^1H-NMR谱如下，推测其结构，并对峰进行归属。

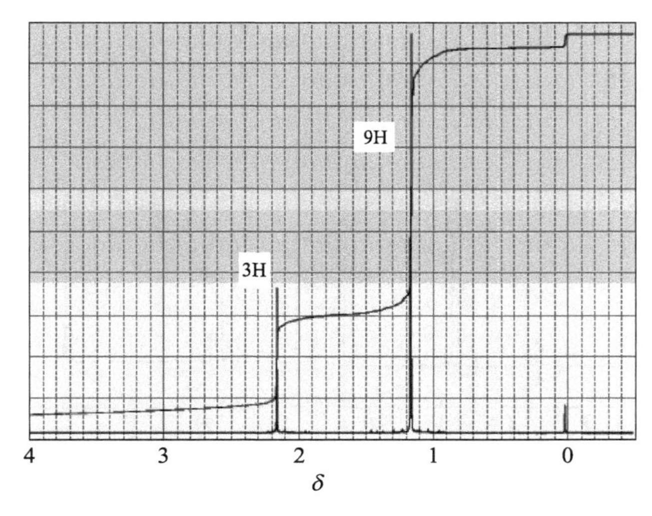

11-19 有两种同分异构体，分子式均为$C_6H_{12}O_2$，^{1}H-NMR谱如下，推测它们的结构，并对相应质子进行归属。

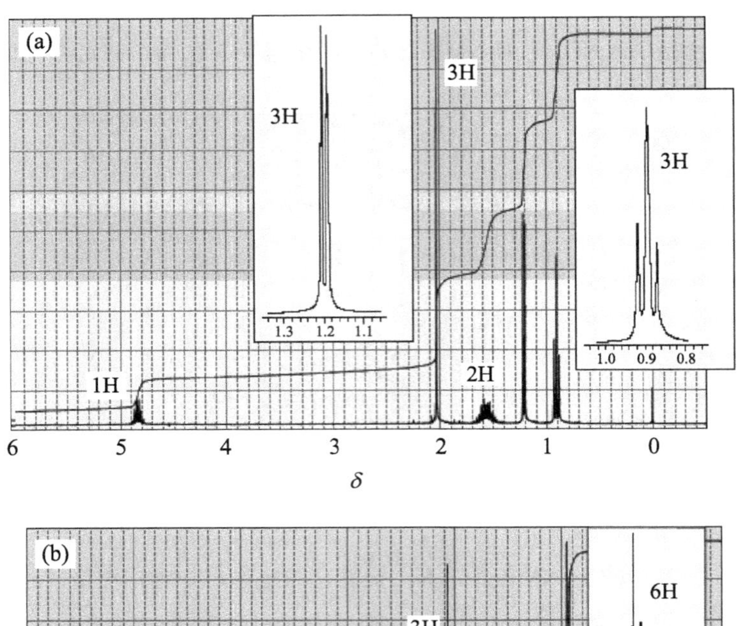

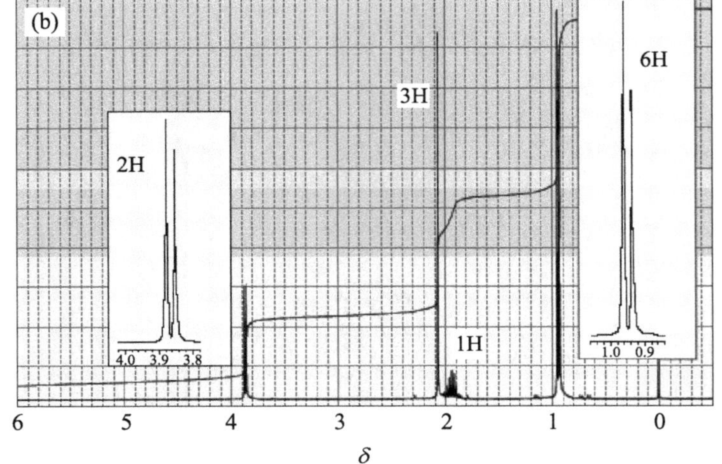

11-20 有两种同分异构体，分子式为$C_4H_8O_2$，^{1}H-NMR谱如下，推测它们的结构，并对相应质子进行归属。

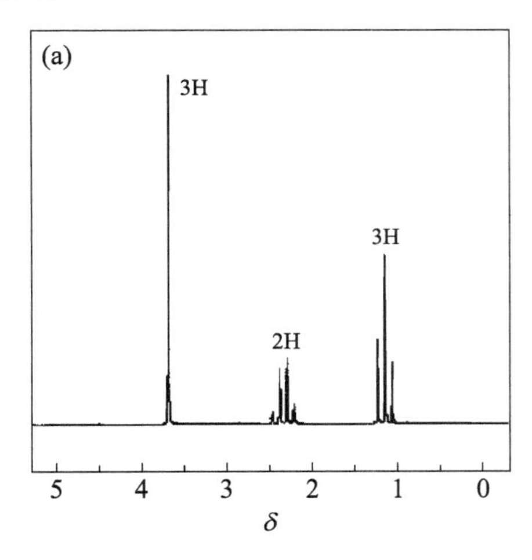

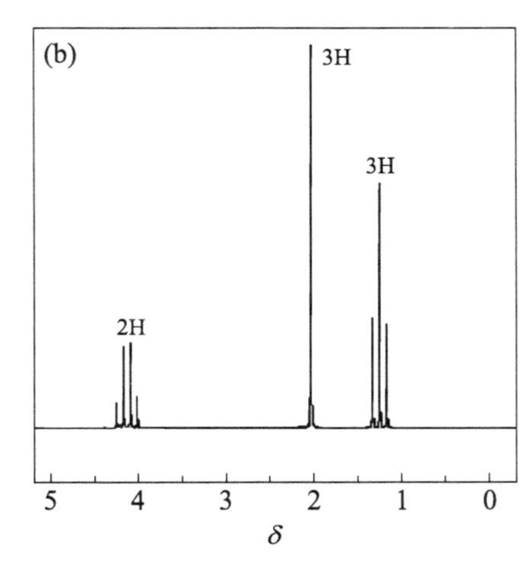

第12章 红外光谱

12.1 理论背景

12.1.1 红外光谱概述

波谱学是研究具有特定波长或频率的电磁波与物质相互作用关系的学科。电磁波是指同相振荡且互相垂直的电场与磁场，在空间以波的形式传递能量和动量，其传播方向垂直于电场与磁场的振荡方向。电磁波不需要依靠介质进行传播，在真空中其传播速度为光速，电磁辐射就是能量通过电磁波形式向空间的传播。电磁波可按照波长或频率分类，从低频率到高频率，主要包括无线电波、微波、红外光、可见光、紫外光、X射线和γ射线等（图12-1）。红外光介于可见区和微波区之间。本章主要介绍电磁辐射中红外光与物质的相互作用。

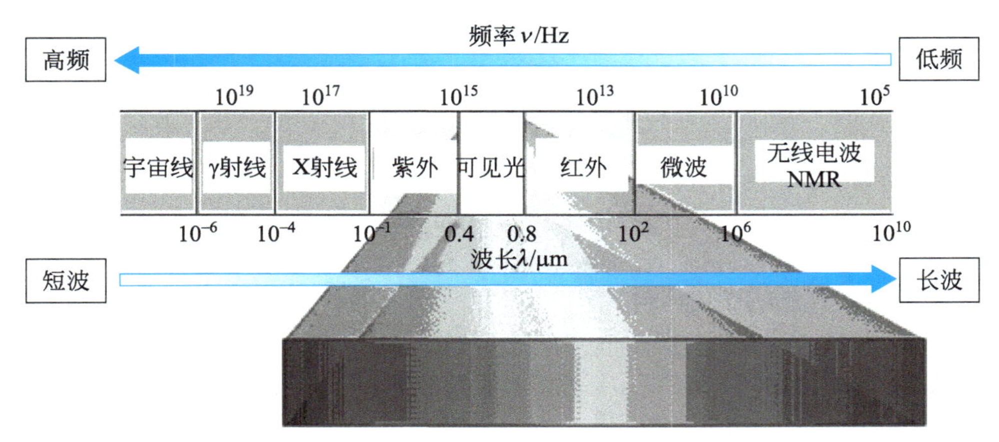

图12-1 电磁波谱

不同波长电磁波的辐射能量各不相同；其能量（energy, E）与频率（frequency, ν）或波长（wavelength, λ）的关系式为：

$$E = h\nu = \frac{hc}{\lambda} \tag{12-1}$$

式中，h为普朗克常数，6.626×10^{-27} J·s。

波数（wavenumber, σ）是指每厘米所含波的数目，它是频率的另一种描述方法，同时也是红外光谱中最为常用的单位。与波长不同，波数与光波的能量成正比。波数（cm^{-1}）与波长（μm）的关系如下：

$$\sigma(\mathrm{cm}^{-1}) = \frac{10^4}{\lambda(\mu\mathrm{m})}(1\ \mu\mathrm{m} = 10^{-4}\ \mathrm{cm})$$

因此，电磁波波长（λ）越短，频率（ν）越高，波数（σ或$\bar{\nu}$）越大，具有的能量（E）也越高。

红外光通常可划分为以下三个区域（表12-1），其中应用范围最广的是波数为4000～400

cm^{-1}的中红外光区（相应波长为2.5 ～ 25 μm）。

表 12-1　红外光的划分及跃迁类型

名称	波长/μm	波数/cm^{-1}	能级跃迁类型
近红外（泛频区）	0.78 ～ 2.5	12820 ～ 4000	O—H、N—H及C—H键的倍频吸收
中红外（基本振动区）	2.5 ～ 50	4000 ～ 200	分子中原子的振动及分子转动
远红外（转动区）	50 ～ 300	200 ～ 33	分子转动，晶格振动

物质分子能选择性吸收某些波长的红外光，从而引起分子中振动能级和转动能级的跃迁。检测红外光被吸收的情况，即可得到该物质的红外光谱。红外光谱以波长（或波数）为横坐标，表示吸收带的位置。以透射率（或透光度）（Transmittance，符号T）为纵坐标，表示吸收强度，如图12-2所示。100%透射，表明没有红外吸收。透射率越低，表明红外光被吸收得越多。谱图中出现的低谷称为吸收带，波数越大，则具有的能量越高。因此，谱图左边（高频区）对应于高能区，右边则为低频区。

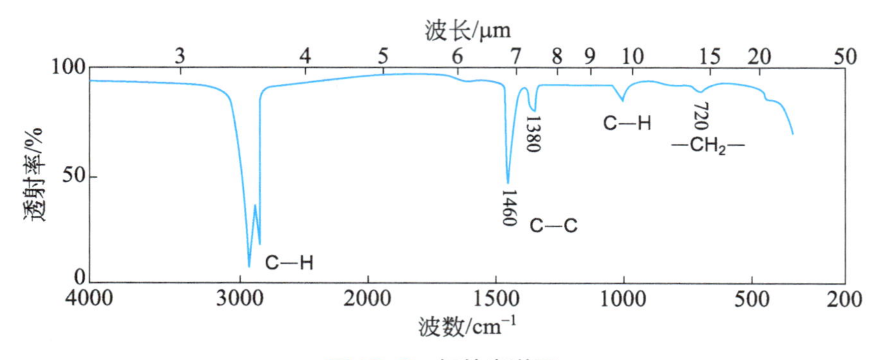

图12-2　红外光谱图

12.1.2　红外吸收光谱的产生条件

当分子吸收红外辐射从低的振动能级向高的振动能级跃迁时，就可以产生红外吸收光谱。而分子吸收电磁辐射需满足两个条件：①红外辐射能量正好等于分子的振动能级差时，辐射能才会被吸收；②辐射与分子之间产生偶合作用。

当一定频率（一定能量）的红外光照射分子时，如果分子中某个基团的振动频率和外界红外辐射的频率一致，就满足了上述第一个条件。为了满足第二个条件，分子必须有偶极矩的改变。由于分子内原子在其平衡位置处不断振动，在振动过程中分子的偶极矩也会发生相应改变。只有分子偶极矩发生变化的振动，才能产生可观测到的红外吸收谱带，才具有红外活性。反之则不具有红外活性（非红外活性）。

总之，当一定频率的红外光照射分子时，如果分子中某个基团的振动频率和红外光频率一样，二者就会产生共振，此时光的能量会通过分子偶极矩的变化传递给分子，这个基团就吸收该频率的红外光，产生振动跃迁；如果红外光频率和分子中各基团的振动频率不相符，该频率的红外光就不会被吸收。因此，若用连续的不同频率的红外光照射某物质试样，由于该试样对不同频率的红外光的吸收情况不同，从而通过试样后的红外光在一些波长范围内变弱（被吸收），在另一些范围内则较强（不被吸收）。使用仪器检测并记录这些吸收的情况，即得到该试样的红外光谱。

12.1.3　分子振动

分子中的原子以平衡点为中心，以非常小的振幅做周期性振动，也称为简谐振动。为了便于理解，可以用经典力学来阐述这种分子振动的模型：用不同质量的小球代表原子，用不同硬度的弹簧代表各种化学键。

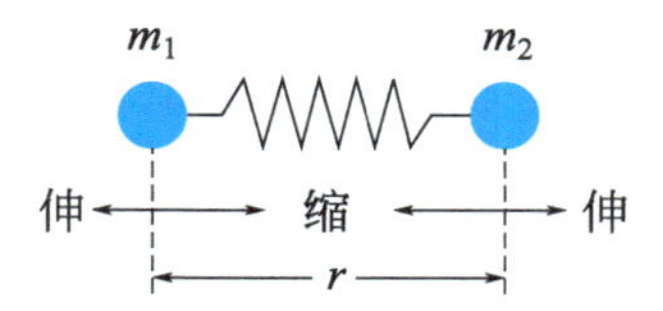

根据胡克（Hooke）定律，两个原子的伸缩振动可视为一种简谐振动，其频率可依照式（12-2）近似估算：

$$\sigma = \frac{1}{2\pi c}\sqrt{\frac{K}{\mu}} \tag{12-2}$$

式中，σ为伸缩振动的波数；μ为折合质量，$\mu = \frac{m_1 m_2}{m_1 + m_2}$，$m_1$和$m_2$分别为两个振动质点的质量；$c$为光速，cm/s；$K$为力常数，dyn/cm。

式（12-1）即分子振动方程。π和c是常数，影响振动频率的直接因素是原子量和化学键的力常数。吸收频率随键强度的提高而增加，随键连原子的质量减小而增加。以含碳原子的化学键为例，键连原子和键强度对频率的影响如下：

键连原子的质量影响（键连原子的质量越小，吸收频率越高）

C—H	C—D	C—O	C—Cl
3000 cm^{-1}	2200 cm^{-1}	1100 cm^{-1}	700 cm^{-1}

化学键的强度影响（化学键的强度越大，吸收频率越高）

C≡N	C=N	C—N
2210 ～ 2260 cm^{-1}	1640 ～ 1690 cm^{-1}	1030 ～ 1230 cm^{-1}

可见，化学键力常数越大，原子质量越小，则基本振动频率越高，吸收峰将出现在高波数区（即短波区），反之则出现在低波数区。同时，键级影响键的力常数，因此键级也将影响吸收峰的位置。例如C≡N键较C=N键强，C≡N键的伸缩振动吸收出现在约2250 cm^{-1}处，C=N键在约1670 cm^{-1}处，C—N键在约1100 cm^{-1}处。同理，C=C双键的伸缩振动在约1650 cm^{-1}处，C—C单键则较低，在1200 ～ 800 cm^{-1}处，而C≡C叁键最高约为2100 cm^{-1}。由于C—C键吸收较弱，在红外光谱分析中通常没有实用价值。

基于上述分析，由于各个有机化合物结构不同，它们的原子量和化学键的力常数各不相同，就会出现不同的吸收频率，因此各物质都有其特征的红外吸收光谱。同一基团基本上总是相对稳定地在特定范围内出现吸收峰。

在红外光谱中，典型有机分子伸缩振动的范围如下。

3700 ～ 2500 cm^{-1}：氢键的伸缩振动（X=C, N, O, S）。

2300 ～ 2000 cm^{-1}：C≡X叁键的伸缩振动（X=C, N）。

1900 ～ 1500 cm^{-1}：C=X双键的伸缩振动（X=C, N, O）。

1300 ～ 800 cm^{-1}：C—X单键的伸缩振动（X=C, N, O）。

12.1.4 分子的振动形式

双原子分子的振动最为简单，它的振动只能发生在连接两个原子的直线方向，并且只有一种振动形式——两个原子的相对伸缩振动。但大部分有机化合物为多原子分子，振动情况更为复杂，可以把它的振动分解为许多简单的基本振动。

分子的振动可分为伸缩振动和弯曲振动两大类。

伸缩振动（ν）：原子沿着键轴伸长和缩短，振动时键长有变化，键角不变。

伸缩振动分为对称伸缩振动（ν_s）和不对称伸缩振动（ν_{as}）两种。

弯曲振动（δ）：振动时，键长不变，但键角有变化。

弯曲振动分为面内弯曲振动和面外弯曲振动两种。前者又可分为剪式振动和面内摇摆振动，后者又可分为扭曲振动和面外摇摆振动。

有机官能团—CH_2（亚甲基）的伸缩振动和弯曲振动如图12-3所示。

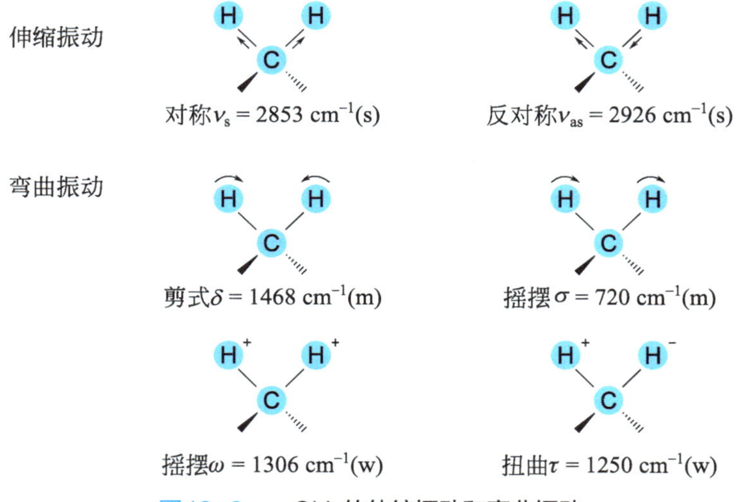

图12-3　—CH_2的伸缩振动和弯曲振动

通常情况下多原子分子的振动方式为$3n-6$种（n为分子中原子的个数）。因为振动方式对应于红外吸收，振动方式越多，红外吸收峰越多。因此一般有机化合物的红外光谱较为复杂。如苯的红外光谱就有30多个吸收峰，很难对每一个吸收峰都进行详细解析。为此，分析的注意力应放在那些较强的特征吸收峰上，研究官能团与这些特征吸收的关系，以达到谱图解析的目的。

12.2　红外光谱仪

用于测定红外光谱的仪器叫红外光谱仪，主要有色散型红外光谱仪和傅里叶变换红外光谱仪两种。

色散型红外光谱仪主要由光源、单色器和记录仪三部分组成，结构如图12-4所示。当样品受到连续波长的红外光照射时，样品分子将吸收某些波长光的能量，发生振动能级跃迁，同时到达记录仪的光强度将减小。把某个有机化合物对不同波长光（或波数）的吸收情况（以透射率表示）记录

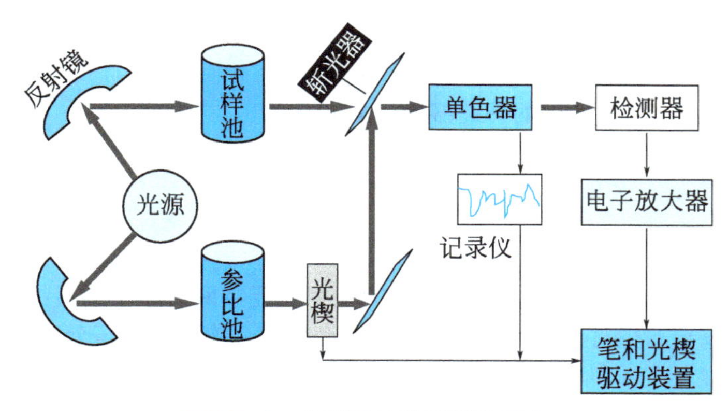

图12-4　色散型红外光谱仪示意

下来，就成为此化合物的红外吸收光谱图。多数红外光谱图的横坐标为波数。

傅里叶变换红外光谱仪（Fourier Transform IR，简称FT-IR）具有速度快、灵敏度高和测定光谱范围宽等优点，应用更为广泛，仪器主要结构如图12-5所示。其工作原理是红外光通过试样后得到含试样信号的干涉图，由电子计算机采集，并经快速傅里叶变换后，得到吸收强度或透光度随频率或波数变化的谱图。

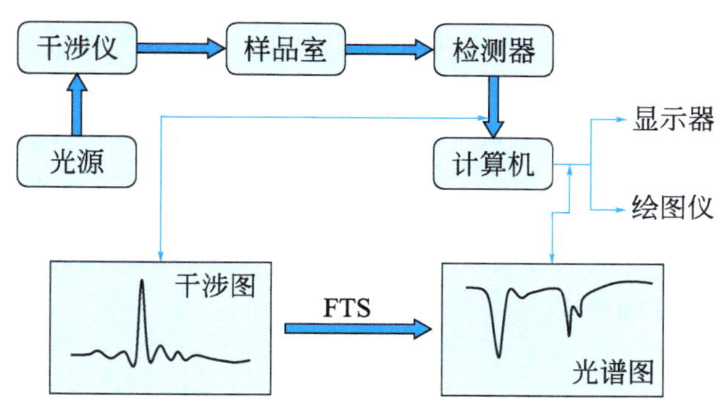

图12-5　傅里叶变换红外光谱仪示意

由于傅里叶变换红外吸收光谱仪可以在任何测量时间内获得辐射源所有频率的所有信息，同时也消除了色散型光栅仪器的狭缝对光谱通带的限制，使光能的利用率大大提高。两者性能差异总结于表12-2。

用于测定红外光谱的样品可以是气体、液体和固体。气体样品装在气体池中测定；固体样品最常用的测定方法是KBr压片法；液体样品常用的方法是将样品直接滴在两块NaCl盐片之间。

表12-2　色散型与FT-IR光谱仪比较

色散型	FT-IR
1. 光学部件复杂，带有多种易磨损的活动部件，有机械公差； 2. 测量波段窄，扩宽波段设计复杂，制作困难； 3. 测量精度低，需用外部标准校正； 4. 为了获得高分辨光谱图需用光栅限制光束，使光通量降低，检测灵敏度下降； 5. 使用色散法，在某时间间隔内只能测量很窄的波段范围； 6. 扫描速度慢，不宜测量快速变化的过程，与GC、LC联机检测困难； 7. 杂散光易造成虚假读数； 8. 样品受红外光束聚焦加热，易产生热效应； 9. 样品自身的红外辐射会被检测器接收	1. 光学部件简单，只有一个可动镜在实验过程中运动； 2. 测量波段宽，只需换用不同的分束器、光源和探测器，就能测45000 ～ 6 cm^{-1}整个光谱波段； 3. 利用He-Ne激光器可提供0.01 cm^{-1}的测量精度； 4. 光束全部通过，光通量大，检测灵敏度高； 5. 具有多路通过特点，所有频率同时测量； 6. 扫描速度最快可达60次/秒，可作快速反应动力学研究，并可与GC、LC联机检测； 7. 使用调制音频测量，杂散光不影响检测； 8. 样品放于分束器后测量，大量辐射由分束器阻挡，样品再接收调制波，故热效应极小； 9. 检测器仅对调制的音频信号有反应

12.3　基团频率

12.3.1　官能团区和指纹区

一般来说，红外光谱图可分为官能团区和指纹区两部分。4000 ～ 1500 cm^{-1}部分是官能团特征吸收峰出现较多的部分，叫官能团区。可以根据这一区域内吸收峰的情况，推测出化合物中可能存在的官能团。即从官能团区可找出化合物结构中的官能团，反之如该区域内没有吸收，则说明该官能团不存在。1500 ～ 400 cm^{-1}部分反映分子的整体特征，称为指纹区。它对鉴定各个有机化合物很有用处，可通过指纹区的吸收带与标准谱图（或已知物谱图）比较，得出未知物与已知物结构相同与否的结论。

相同的化合物必然有完全相同的红外吸收光谱，物质分子结构或构型的微小差异都可以通过红外光谱鉴别出来。

例如，邻、间、对二甲苯的红外光谱（图12-6）。邻、间、对二甲苯均有相同的取代基，因此可观察到3030 cm^{-1}附近苯环的C—H伸缩振动$\sigma_{C—H}$（不饱和）以及1600 ～ 1500 cm^{-1}处C═C的伸缩振动$\sigma_{C=C}$。而在指纹区，900 ～ 650 cm^{-1}区域中能观察到芳环上C—H的面外变形振动（以$\sigma_{\Phi—H}$表示），可鉴别芳基上的取代类型（对于二甲苯，邻位$\sigma_{\Phi—H}$ = 743 cm^{-1}，间位$\sigma_{\Phi—H}$ = 767cm^{-1}、692 cm^{-1}；对位$\sigma_{\Phi—H}$ = 792 cm^{-1}），最后还可在2000 ～ 1650 cm^{-1}区域中，按其泛频吸收的形状来鉴别其取代位置。每个化合物的指纹区都独一无二，这对于指认结构类似的化合物很有帮助，而且可以作为化合物存在某种基团的旁证。

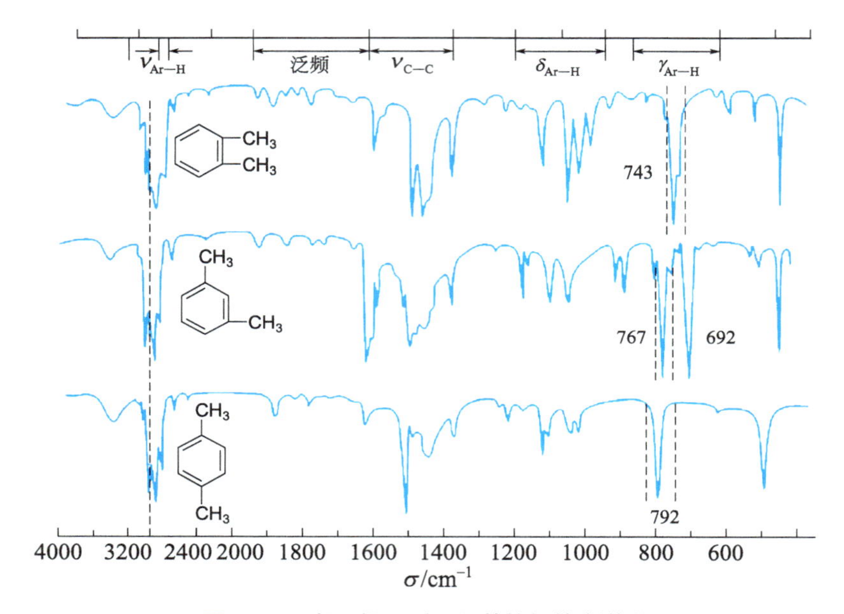

图12-6 邻、间、对二甲苯的红外光谱图

12.3.2 红外特征吸收带

分子中每一个键的伸缩振动和弯曲振动都可能产生吸收带，所以红外光谱相当复杂。与弯曲振动相比，键的伸缩振动需要更多的能量，伸缩振动一般位于官能团特征吸收区，而弯曲振动一般位于指纹区。因此伸缩振动对于推测化合物中可能存在的官能团是非常有用的。有机化合物重要特征官能团的伸缩振动吸收频率和强度见表12-3，C—H键的红外吸收见表12-4。

12.3.3 吸收带的强度

吸收带的强度与振动时偶极矩变化的大小有关。一般来说，偶极矩变化较大的振动产生的红外吸收较强。例如，O—H键比N—H键吸收强度大，而N—H键比C—H键吸收强度大，其原因是键的相对极性强度为：O—H > N—H > C—H。

同理，由于偶极矩变化较大，O—H和C═O等极性基团都显示出较强的吸收峰。

表 12-3　重要特征官能团的伸缩振动吸收频率和强度

键的类型	波数/cm^{-1}	强度	键的类型	波数/cm^{-1}	强度
C≡N	2260 ～ 2220	中等	C—O	1250 ～ 1050	强
C≡C	2260 ～ 2100	中等到弱	C—N	1230 ～ 1020	中等
C=C	1680 ～ 1600	中等	O—H（醇）	3650 ～ 3200	强，宽
C=N	1650 ～ 1550	中等	O—H（羧酸）	3300 ～ 2500	强，很宽
苯环	约1600和 1500 ～ 1430	强到弱	N—H	3500 ～ 3300	中等，宽
			C—H	3300 ～ 2700	中等
C=O	1780 ～ 1650	强			

表 12-4　C—H键的红外吸收峰

碳氢伸缩振动	波数/cm^{-1}	碳氢伸缩振动	波数/cm^{-1}
C≡C−H	约3300	R^1(H)C=C(H)R^2（顺式）	730 ～ 675
C=C−H	3100 ～ 3020		
C−C−H	2690 ～ 2850	R^1(R^2)C=C(H)R^3（三取代）	840 ～ 800
R−C(=O)−H	2820 ～ 2720		
CH_3−　−CH_2−　−CH−	1450 ～ 1420	R^1(R^2)C=CH_2（末端烯烃）	890
CH_3−	1385 ～ 1365		
H(R^1)C=C(R^2)H（反式）	980 ～ 960	R(H)C=CH_2（末端烯烃）	990和910

此外，红外吸收强度还与键的数目有关。例如：辛基碘和碘甲烷相比，由于辛基碘分子中有17个C—H键，而碘甲烷只有3个C—H键，因此辛基碘的C—H伸缩振动比碘甲烷要强得多。

总之，红外吸收谱带与分子的特定结构密切相关。在化学文献中，吸收带的强度还常用s（强）、m（中等）、w（弱）等符号来表示。谱图的形状根据覆盖范围，可用宽峰或窄峰来描述。

12.3.4 烷、卤代烷、烯、苯和醇的红外光谱

烷烃的红外光谱以正己烷为例，如下所示，其主要的吸收峰为2850 ～ 3000 cm^{-1}区域内较强的C—H伸缩振动，以及1500 cm^{-1}以下两个中等强度的C—H弯曲振动。其中—CH_2—的弯曲振动位于约1460 cm^{-1}处，—CH_3的弯曲振动位于约1380 cm^{-1}处。

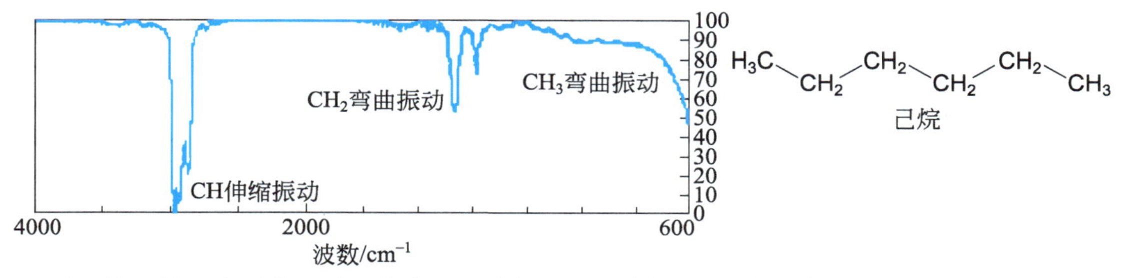

对1-溴丁烷，由于分子中只存在C—H键和C—Br键，因此谱图中主要出现了3000 cm^{-1}处较强的饱和C—H伸缩振动和1400 cm^{-1}处的C—H弯曲振动峰。同时还可以看到700 cm^{-1}处的C—Br伸

缩振动。

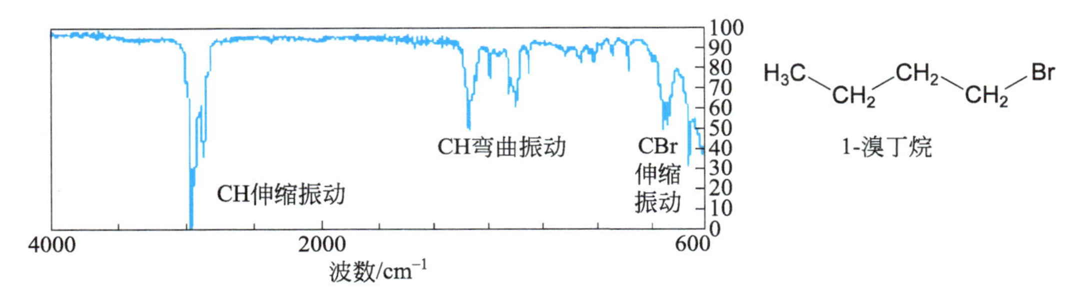

环己烯的红外光谱中强吸收带不多，如下所示，主要是3000 cm^{-1}处较强的CH_2中的C—H伸缩振动，1450 cm^{-1}处同样存在CH_2的C—H弯曲振动。与双键有关的几个吸收峰分别为：3000 cm^{-1}处左边烯氢（═C—H）的伸缩振动，1000 ～ 650 cm^{-1}处的C—H面外摇摆振动，以及1650 cm^{-1}处较弱的C═C双键伸缩振动。

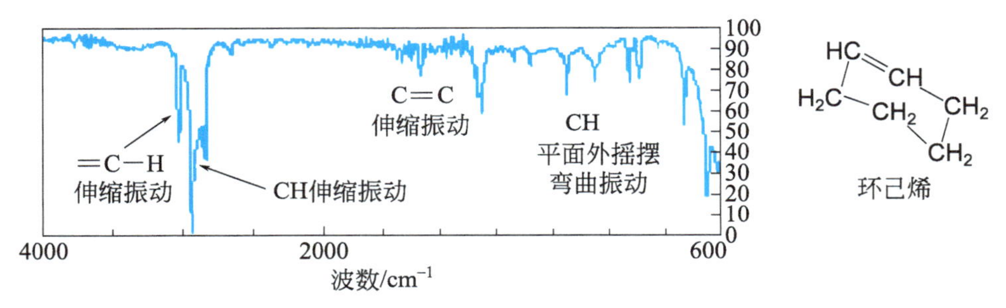

由于苯分子具有高度对称性，苯的红外光谱中只出现了4个特征峰，分别是3100 ～ 3000 cm^{-1}区间内芳环的C—H伸缩振动、1500 cm^{-1}处芳环C═C（芳环的骨架）的伸缩振动；C—H键的两个弯曲振动：1000 cm^{-1}处的面内弯曲振动，675 cm^{-1}处的面外弯曲振动。

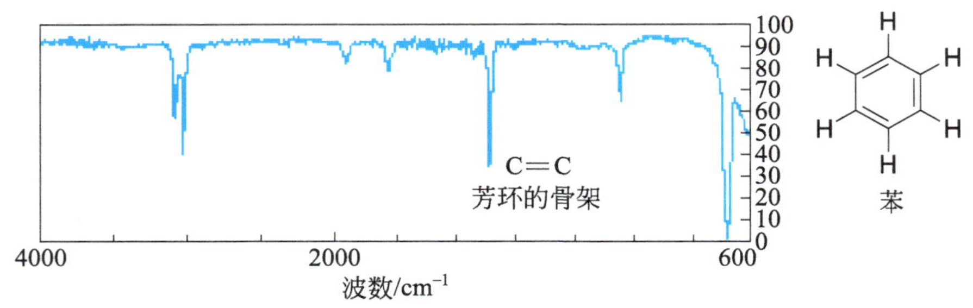

醇的红外光谱以乙醇为例。由下图可知，醇有C—H伸缩振动、O—H伸缩振动、C—O伸缩振动和各种弯曲振动，谱图较为复杂。需要强调的是，无论什么醇，在高波数3300 ～ 3500 cm^{-1}处都会出现O—H的宽带吸收。同样在3000 cm^{-1}处存在饱和C—H键的伸缩振动。

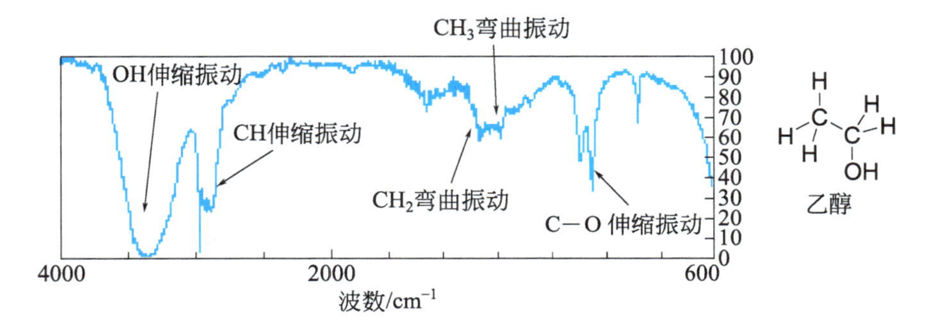

12.4 红外光谱图解析

红外光谱图解析的方法并非固定不变，最常用的方法是，先从各个区域的特征频率入手，发现某特定基团后，再根据指纹区进一步确证该基团及其与其他基团的结合形式。解析时应注意把各基团联系起来，以准确判定基团的存在。然后再根据其他表征数据（如元素分析等）确定化合物的结构，最后再和标准谱图进行比对验证。

下面通过解析一些典型的红外谱图，来学习如何推断化合物的结构。

（1）化合物1（C_6H_{12}）

图12-7中3000 cm^{-1}处的吸收可归属为C—H伸缩振动，3075 cm^{-1}处为$C(sp^2)$与H相连的═C—H伸缩振动（>3000 cm^{-1}），2950 cm^{-1}处为$C(sp^3)$与H相连的饱和C—H伸缩振动（<3000 cm^{-1}）。然而$C(sp^2)$属于烯烃还是苯环，从分子式判断属于烯烃。从1650 cm^{-1}和890 cm^{-1}处的吸收峰可断定，该化合物是连有两个基团的端位烯烃（表12-2），即双键2-位上连有两个基团。由于化合物在720 cm^{-1}附近无吸收（如果分子中存在4个和4个以上的—CH_2成直链时，在720 cm^{-1}处会出现面内摇摆振动吸收），说明分子中相连的—CH_2少于4个。因此，可以推测该化合物为2-甲基-1-戊烯。

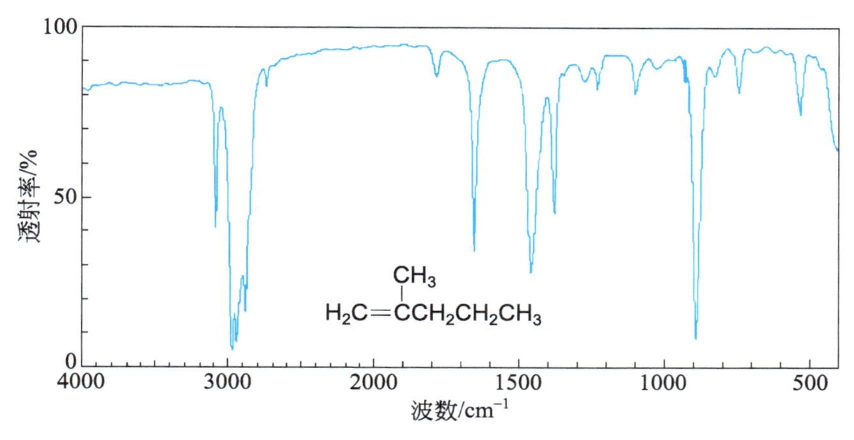

图12-7 化合物1的红外光谱图

（2）化合物2（C_3H_4O）

图12-8中3000 cm^{-1}处的吸收可归属为$C(sp^3)$与H相连的饱和C—H伸缩振动，而不是$C(sp^2)$与H相连的═C—H伸缩振动。3300 cm^{-1}处强而宽的吸收带是O—H的伸缩振动特征吸收峰，2100 cm^{-1}附近的吸收峰（C≡C的伸缩振动）表明该化合物含有叁键，3300 cm^{-1}处的尖峰表明该化合物为

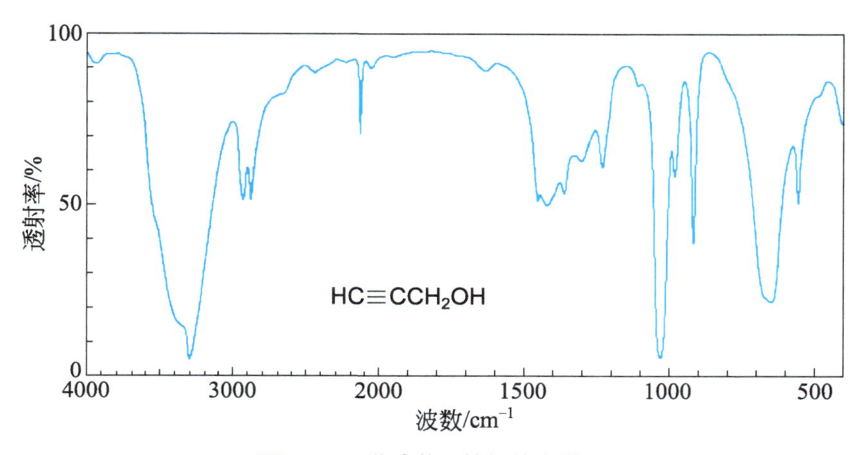

图12-8 化合物2的红外光谱图

末端炔烃。因此，可以推测该化合物为2-丙炔-1-醇。

（3）化合物3（$C_{10}H_{12}O$）

图12-9中3000 cm^{-1}处的吸收可归属为$C(sp^2)$与H相连的═C—H伸缩振动（＞3000 cm^{-1}），$C(sp^3)$与H相连的饱和C—H伸缩振动（＜3000 cm^{-1}）；1650 cm^{-1}和1500 cm^{-1}处的吸收峰为苯的骨架振动（正常情况下苯环的骨架振动有四条谱带：约位于1600 cm^{-1}、1585 cm^{-1}、1500 cm^{-1}、1450 cm^{-1}，源自C═C的面内振动），据此可推断化合物含有苯环。1720 cm^{-1}处的吸收可归属为C═O的伸缩振动峰，表明化合物为酮，且羰基不与苯环相连（否则由于共轭，C═O吸收峰会移至较低波数）。1380 cm^{-1}处的吸收为甲基的弯曲振动峰，表明化合物结构中含有甲基。因此，可以推测该化合物为1-苯基-2-丁酮。

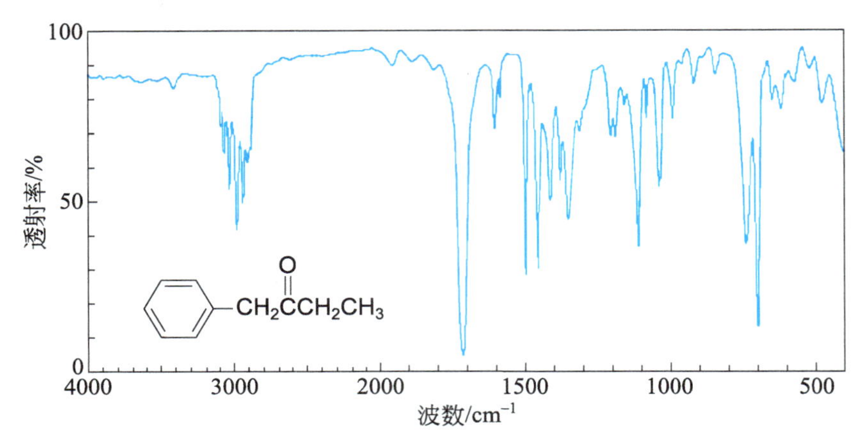

图12-9 化合物3的红外光谱图

从上述谱图分析可知，解析红外谱图时只需分析一些特征吸收谱带、部分键和官能团的特征峰，即可达到谱图解析的目的，无需对整个红外图谱的所有吸收峰都进行逐一分析。

拓展阅读：“科学家的神奇眼睛”光谱仪的发明者——本生和基希霍夫

本生（Robert Wilhelm Bunsen，1811—1899年），德国化学家和物理学家。他17岁大学毕业，19岁就获得博士学位。1830～1833年期间在欧洲一些国家的著名实验室和工厂里工作，1838～1851年任马尔堡大学化学教授，1852～1889年任海德堡大学教授，创建了一个著名的化学学派。

基希霍夫（Gustav Rober Kirehhoff，1824—1887年），德国物理学家。早年就读于柯尼斯堡大学，1847年毕业后至柏林大学任教，1854年经本生推荐任海德堡大学教授，1875年到柏林大学任物理学教授。

在长期的教学生涯中，本生讲授《普通实验化学》课程，为学生做了
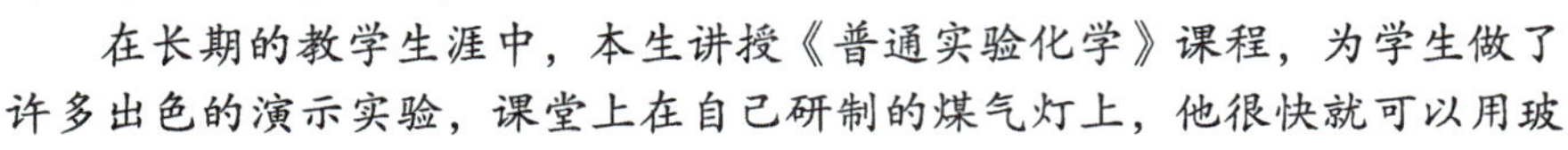
许多出色的演示实验，课堂上在自己研制的煤气灯上，他很快就可以用玻
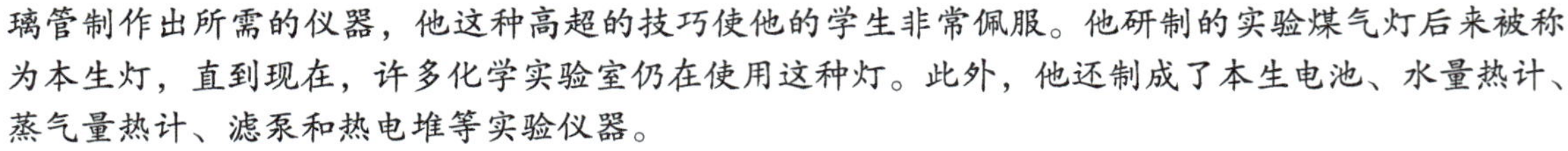
璃管制作出所需的仪器，他这种高超的技巧使他的学生非常佩服。他研制的实验煤气灯后来被称为本生灯，直到现在，许多化学实验室仍在使用这种灯。此外，他还制成了本生电池、水量热计、蒸气量热计、滤泵和热电堆等实验仪器。

著名的本生灯发明于1853年，此灯的外焰温度可达2300 ℃，且没有颜色，正因为这一点使他发现了各种化学物质的颜色反应。不同成分的化学物质，在本生灯上灼烧时，显现不同的焰色，这引起了他极大的关注，成为他后来创立光谱分析的机缘。本生发现，钾盐灼烧时为紫色，钠盐黄色，锂盐洋红色，钡盐黄绿色，铜盐蓝绿色。起初，他认为，他的发现会使化学分析极为简单，只要辨别一下它们的焰色，就可以定性地知道其化学成分。但后来的研究发现，事情绝不是那样简单，因

为在复杂物质中，各种颜色互相掩盖，使人无法辨别，特别是钠的黄色，几乎把所有物质的焰色都掩盖了。本生又试着用滤光镜把各种颜色分开，效果比单纯用肉眼观察好一些，但仍不理想。

1859年，本生和基希霍夫开始共同探索通过辨别焰色进行化学分析的方法。他们决定制造一架能辨别光谱的仪器。他们把两架直筒望远镜和一个三棱镜连在一起，设法让光线通过狭缝进入三棱镜分光，这就是第一台光谱分析仪。“光谱仪”安装好以后，他们就合作系统地分析各种物质，本生在接物镜一边灼烧各种化学物质，基希霍夫在接目镜一边进行观察、鉴别和记录，他们发现用这种方法可以准确地鉴别出各种物质的成分。

1860年5月10日，本生和基希霍夫用他们创立的光谱分析方法，在狄克海姆矿泉水中，发现了新元素铯；1861年2月23日，他们在分析云母矿时，又发现了新元素铷。此后，光谱分析法被广泛采用。1861年，英国化学家克鲁克斯用光谱法发现了铊；1863年，德国化学家赖希和李希特也用光谱法发现了新元素铟，以后又发现了镓、钪、锗等。最令人惊奇的是，本生和基希霍夫创立的方法，可以研究太阳及其他恒星的化学成分，为以后天体化学的研究打下坚实的基础。

1899年8月16日，本生与世长辞，享年88岁。本生是在化学史上具有划时代意义的少数化学家之一，他一生淡泊名利，谦逊平和，勤奋刻苦，他和基希霍夫发明的光谱分析法，被誉为“科学家的神奇眼睛”。光谱分析法是他科学发现中较辉煌的成就之一，同时也是科学史上化学家与物理学家思维碰撞所结出的硕果之一。

参考资料

[1] [美]K. N. Liou著. 大气辐射导论. 郭彩丽，周诗健译. 第2版[M]. 北京：气象出版社, 2004. 10.
[2] “本生故事|本生——发明光谱分析法的科学家” https://www.oubohk.cn/huaxue/36798/.

习题

12-1 利用红外光谱区分下列各组物质。

（1）（环己烷）（2,3-二甲基丁烷）　（2）（苯）（环己烷）　（3）（丁醛）（丁酮）

（4）$C_6H_5CH_2NH_2$　$C_6H_5CH_2OH$　$C_6H_5CH_2COOH$　（5）$CH_3COOCH{=}CH_2$　$CH_3OCOCH{=}CH_2$

（6）$CH_3CH_2NH_2$　CH_3CN　（7）（苯乙酮）　（对甲基苯甲酸，COOH）

12-2 归属下列各物质的红外光谱特征吸收峰。

（1）下图是2-甲基-2戊烯红外光谱图，请对其特征吸收峰进行归属。

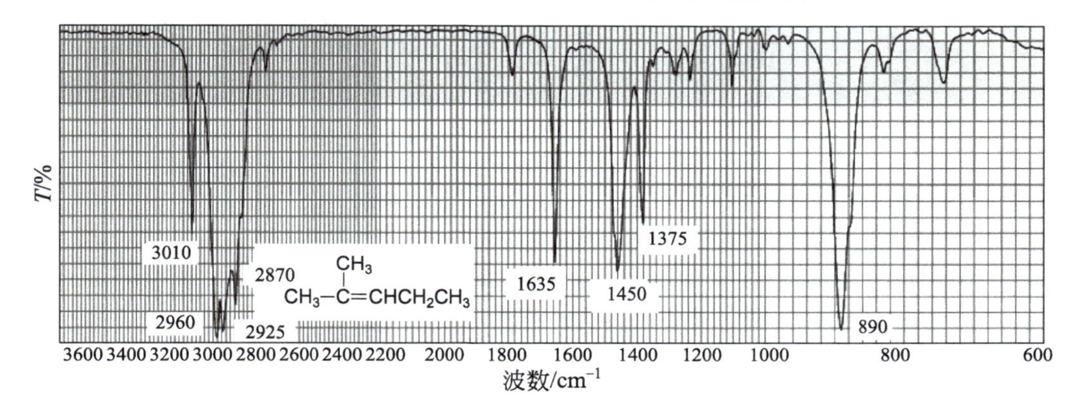

（2）下图是1-己醇的红外光谱图，图中3334 cm^{-1}、1058 cm^{-1}和720 cm^{-1}分别可归属为哪种振动吸收？

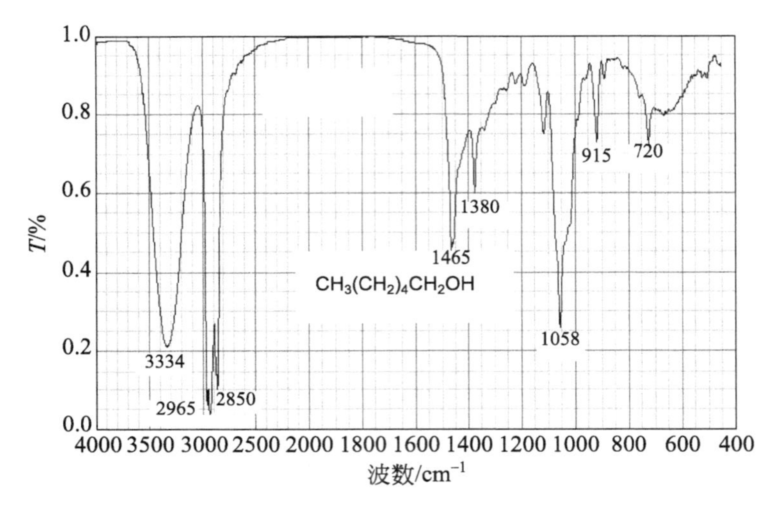

（3）下图是1-己烯的红外光谱图，图中3080 cm^{-1}、993 cm^{-1}分别可归属为哪种振动吸收？

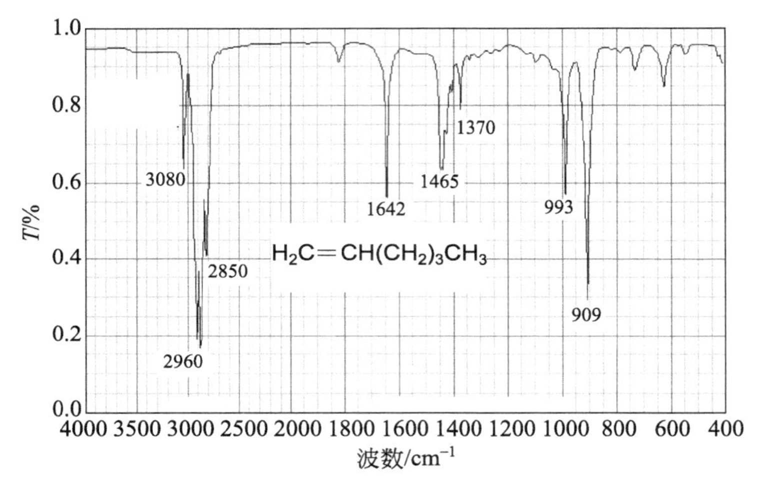

（4）下图是*N*-苯基丙炔酰胺的红外光谱，图中3270 cm^{-1}、2111 cm^{-1}和1640 cm^{-1}分别可归属为哪种振动吸收？

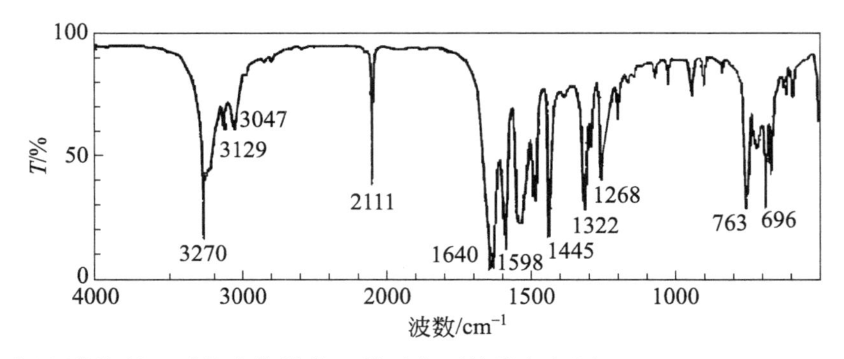

12-3 根据光谱推断下列化合物结构，并对主要峰进行归属。

（1）分子式C_8H_6

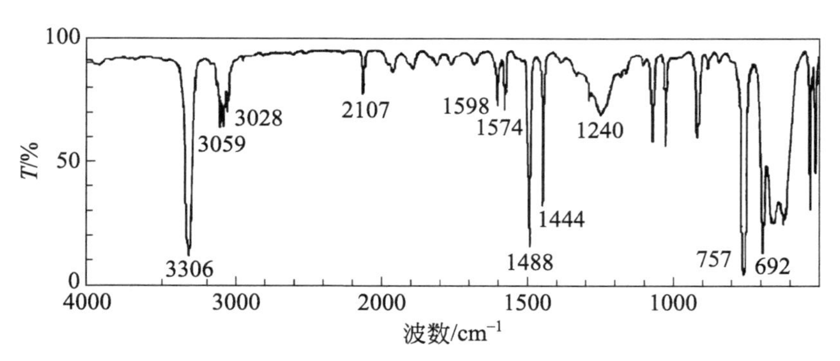

（2）分子式C_8H_{16}

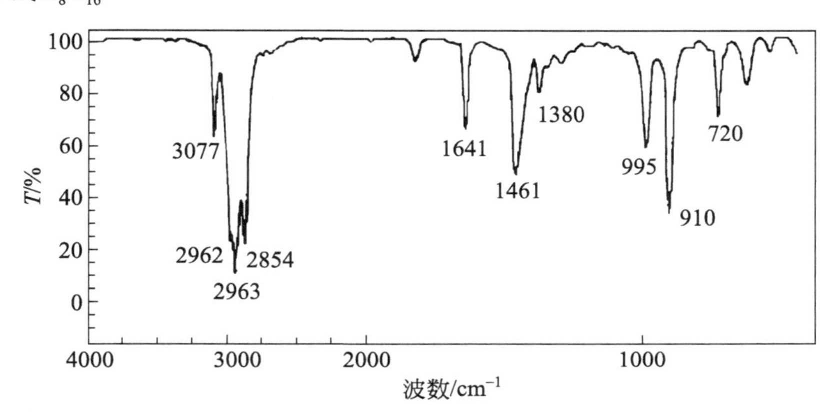

（3）分子式C_4H_8O

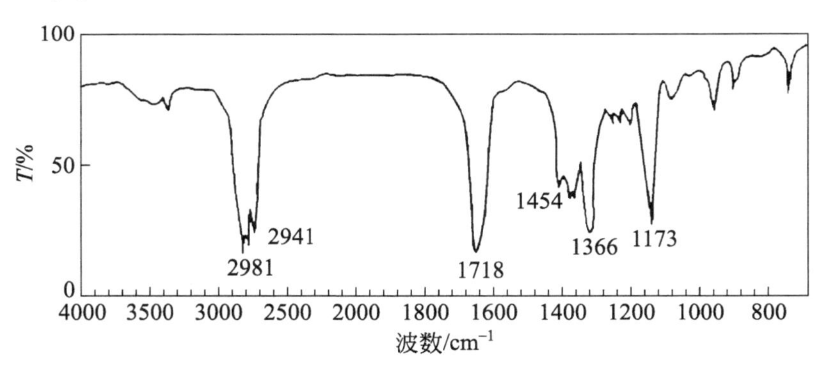

（4）分子式C_7H_8O

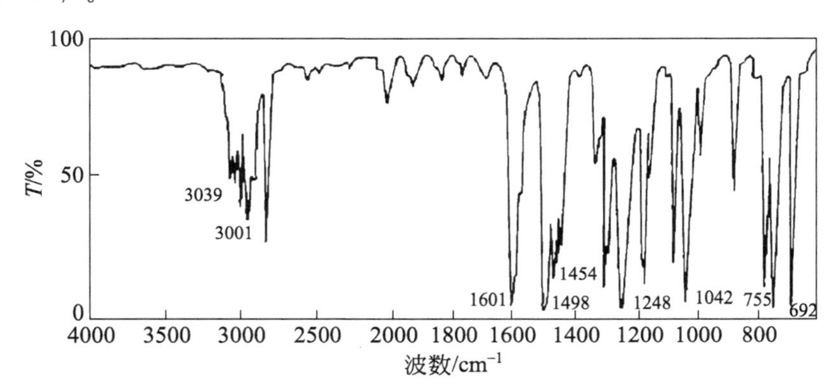

（5）分子式C_9H_{10}

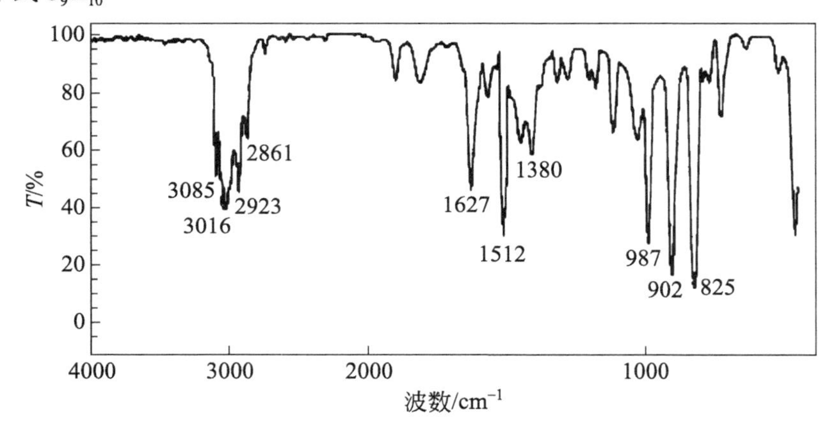

（6）分子式C_9H_{12}

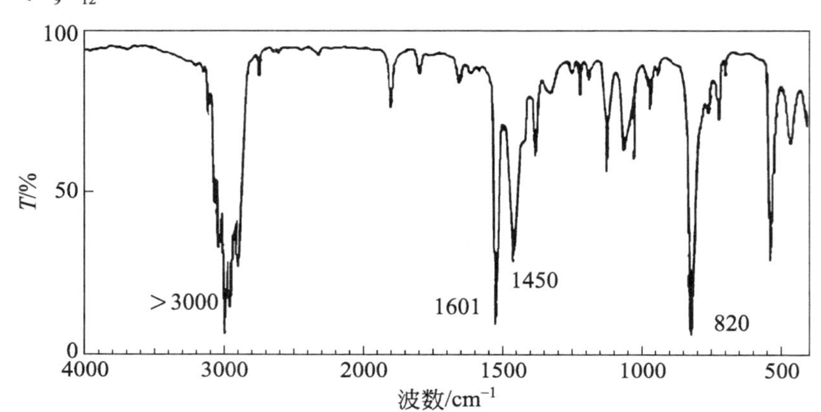

（7）分子式$C_5H_8O_2$

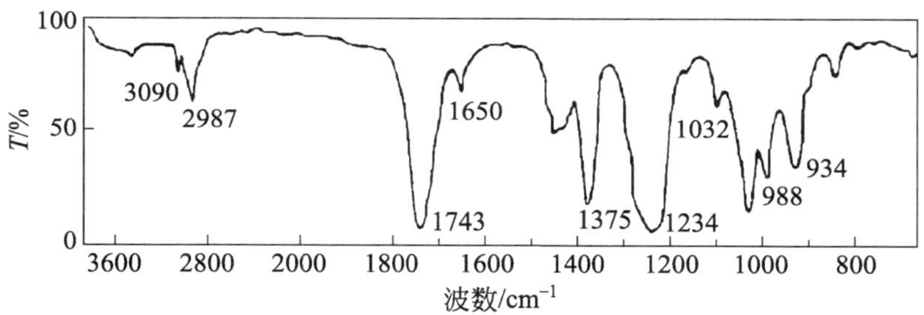

（8）分子式C_8H_7N

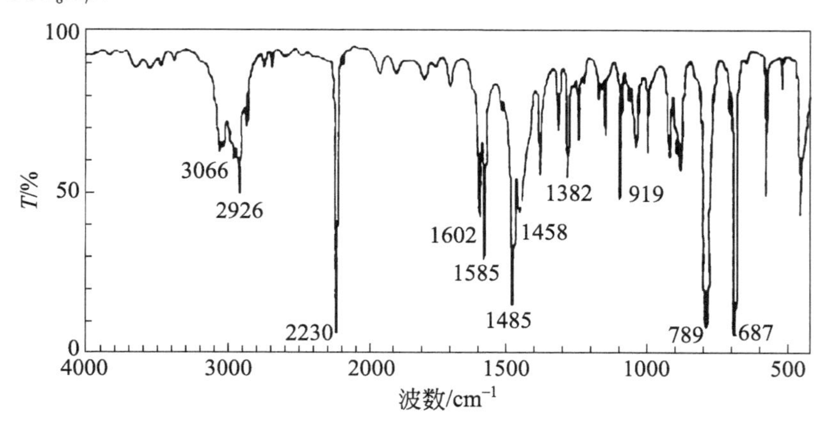

（9）分子式C_7H_9N

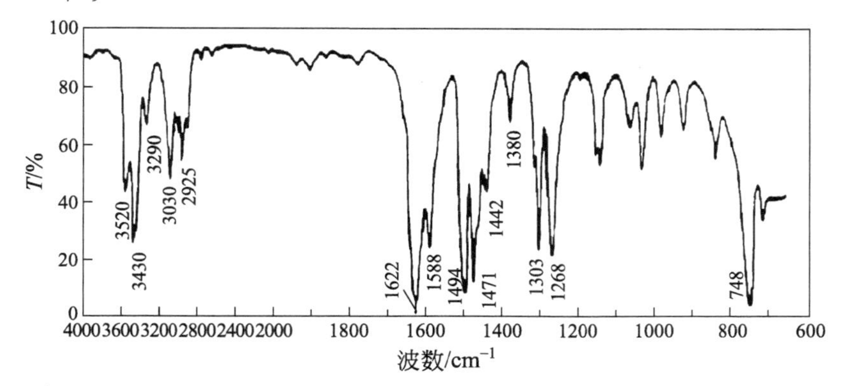

（10）分子式$C_4H_6O_2$

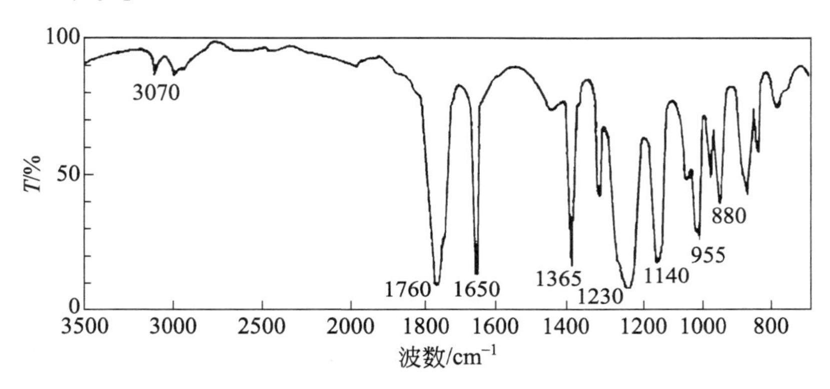

第13章 醛和酮

醛和酮的分子结构中都含有羰基（碳氧双键，C═O），是自然界中分布十分广泛的两类化合物。由于羰基是典型的亲电官能团，醛和酮可作为重要的有机中间体参与很多反应，从而合成大量复杂的有机化合物。此外，许多醛和酮都具有芳香性气味，常被用来制作香水和香料。

13.1 醛、酮的结构和命名

13.1.1 结构和成键

羰基具有两个显著的特点：平面结构和极性。首先，羰基的碳原子以sp^2杂化轨道和其他原子形成三个σ键，因此这三个σ键处在一个平面内，其键角接近120°。羰基碳原子上剩余的一个p轨道和氧原子的一个p轨道重叠形成π键，因此，羰基碳原子和氧原子通过双键相连。这也解释了为什么醛和酮的碳氧双键键长（120 pm）明显短于醇和醚中的碳氧单键键长（140 pm），其原因就在于羰基的双键键能更大。

121.7° 121.7° 116.5° 123.9° 118.6° 117.5° 121.4° 121.4° 117.2°

碳氧两种原子具有不同的电负性，导致羰基上的电荷分布不平均，因此羰基是一个极性官能团。由于氧原子的电负性比碳原子大，碳氧双键上的电子云更偏向氧原子，因此羰基氧原子带有部分负电荷，而羰基碳原子带有部分正电荷，后者也因此容易受到亲核试剂的进攻。

$$\overset{\delta^+}{C}=\overset{\delta^-}{O} \quad 或 \quad C \overset{+\!\!\longrightarrow}{=} O$$

一般来说，羰基的极性特点使得醛和酮比类似的有机化合物具有更大的极性。比如，羰基碳氧双键与碳碳双键相比，具有更大的分子偶极矩。

	$CH_3CH_2CH{=}CH_2$ 1-丁烯	CH_3CH_2CHO 丙醛
分子偶极矩	0.3 D	2.5 D

13.1.2 醛、酮的命名

（1）醛的命名

醛的普通命名采用衍生物命名法，即把相应酸的名称从后缀“酸”改成“醛”。

醛的系统命名同样遵循IUPAC命名规则。以含醛基的最长连续碳链作为主链，相对应的烷烃名称后缀“烷”改成“醛”。取代基的位置用数字标出，羰基经常默认为C1。在羧酸中，系统命名中的C2对应普通命名法中的α位碳原子。如化合物含有两个醛基，要在其词尾加上“二醛”。如下所示：

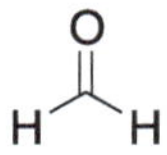

甲醛 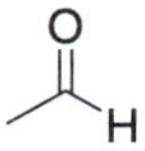　乙醛 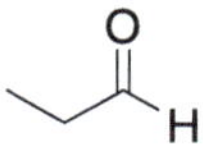　丙醛 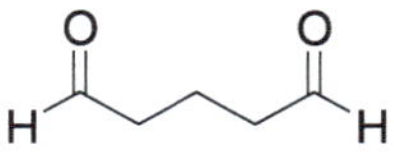　戊二醛

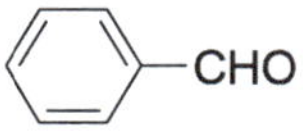

苯甲醛 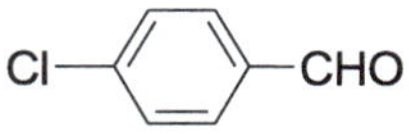　对氯苯甲醛 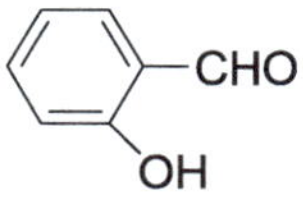　水杨醛(邻羟基苯甲醛) 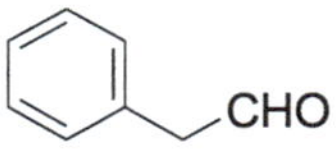　苯乙醛

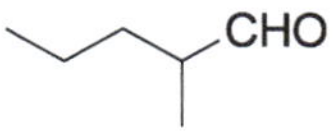

α-甲基戊醛 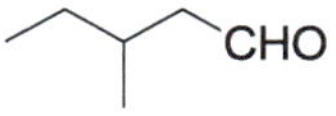　β-甲基戊醛 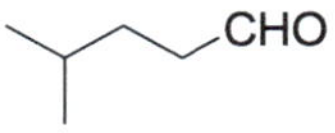　γ-甲基戊醛

当甲酰基（—CH═O）和脂肪环或芳香环相连时，环烃名称后缀由“烷”改成“甲醛”，芳香化合物的名称后加上后缀“甲醛”，如下所示：

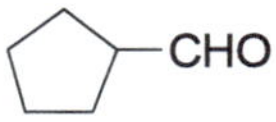

环戊甲醛 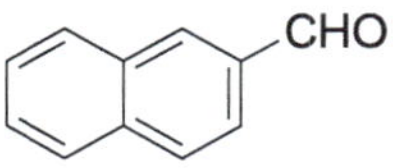　2-萘甲醛

（2）酮的命名

酮的系统命名通常以含羰基的最长连续碳链作为主链，相对应的烷烃名称后缀“烷”改成“酮”。从靠近羰基的一段开始编号，羰基的位置用数字标出，且编号为最小。除此之外，酮的普通命名法也经常使用，即羰基两边相连的基团分别命名，再加上后缀“酮”，且不同基团按基团优先顺序排序。简单的脂肪酮一般采用普通命名法，如下所示：

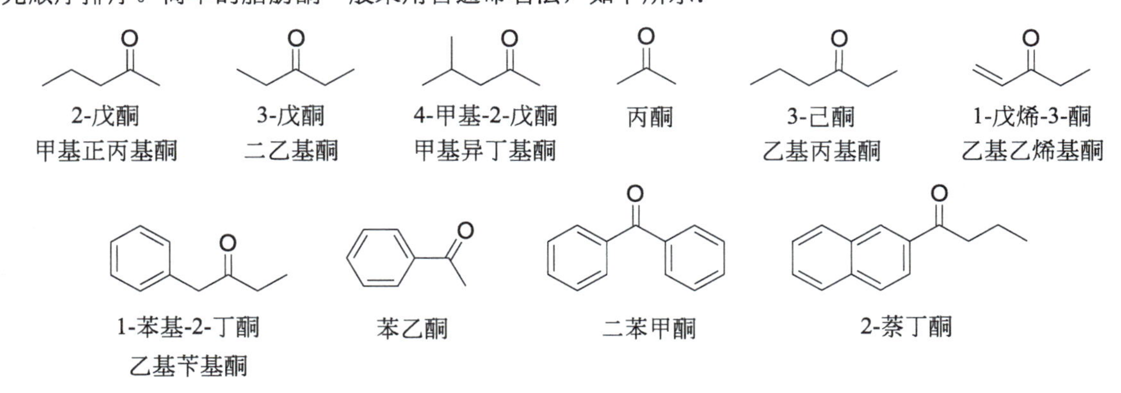

13.1.3　物理性质

一般来说，醛和酮比相应烯烃的沸点高。因为它们的极性较烯烃大，而且偶极的静电引力较强。但醛、酮的沸点比相应的醇和羧酸低。与醇和羧酸不同，醛、酮分子之间不能形成氢键。例如，正丁醛沸点76 ℃，甲基乙基酮沸点80 ℃，正戊烷沸点36 ℃，乙醚沸点35 ℃，但丁醇沸点118 ℃，丁酸沸点162 ℃。

低级醛、酮（小于等于5个碳原子）在水中通常有较高的溶解度，这可能是因为溶质和溶剂（水）之间较易形成氢键。醛、酮一般都能溶于有机溶剂。

13.2　醛、酮的制备

在有机合成中，醛、酮常作为活泼的有机中间体参与很多有机反应，是一种很重要的反应原料。那么如何制备醛和酮这类有机化合物呢？许多醛和酮广泛存在于天然产物中，可以通过分离得到。还有许多醛和酮可通过实验室小规模或工业化大规模制备，通常以烯烃、炔烃、芳烃和醇等为原料。具体介绍如下。

13.2.1 醇的氧化（脱氢）

醛"Aldehyde"是一个复合词，表明它们是一类醇脱氢反应的产物（alcohol + dehydrogenation）。伯醇和仲醇脱氢是工业上制备醛、酮的方法。在超高温下，醇蒸气在铜或银催化下完成脱氢反应生成醛、酮。

$$R-CH_2-OH \xrightarrow[300\sim600\ ^\circ C]{Cu} R-CH=O$$

$$R_2CH-OH \xrightarrow[300\sim600\ ^\circ C]{Cu} R_2C=O$$

伯醇的氧化是一种直接制备低级醛的方法。甲醛和乙醛分别由甲醇和乙醇在催化剂存在下经空气氧化制得。

$$\underset{\text{甲醇}}{H-CH_2-OH} \xrightarrow[250\ ^\circ C]{O_2,\ Cu} \underset{\text{甲醛}}{H-CH=O}$$

由于醛具有较强的还原性，在很多氧化条件下较易被进一步氧化成酸。除非移走生成的醛或者使用特别的氧化剂，否则从醇氧化得到的产物很难停留在生成醛这一步。

$$R-CH_2-OH \xrightarrow{[O]} R-CH=O \xrightarrow{[O]} R-C(=O)-OH$$

由于不能形成氢键，醛的沸点比原料醇低，也比继续氧化生成的酸低。利用产物醛与原料醇和相应的酸在物理性质上的差异，通过蒸馏收集反应体系中产生的低级的挥发性较大的醛，可避免过度氧化成酸。对不易挥发的醛，可使用特殊的氧化剂来进行选择性氧化。比如，用三氧化铬和吡啶在二氯甲烷中氧化1-辛醇制备1-辛醛。

$$\underset{\text{乙醇(b.p.78 ℃)}}{CH_3CH_2OH} \xrightarrow[H_2SO_4]{K_2Cr_2O_7} \underset{\text{乙醛(b.p.20.8 ℃)}}{CH_3CHO} \xrightarrow[H_2SO_4]{K_2Cr_2O_7} \underset{\text{乙酸(b.p.118 ℃)}}{CH_3COOH}$$

$$\underset{\text{1-辛醇}}{CH_3(CH_2)_6CH_2OH} \xrightarrow[CH_2Cl_2]{CrO_3\cdot(C_5H_5N)_2} \underset{\text{1-辛醛(产率95\%)}}{CH_3(CH_2)_6CHO}$$

仲醇也可以氧化成酮。但与醛不同，酮不易被氧化（如果被氧化，碳碳键必须断裂）。可用重铬酸吡啶鎓盐、氯铬酸吡啶盐、重铬酸钾/硫酸和碱性高锰酸钾等强氧化剂，氧化仲醇来制备酮，收率较高。例如：

$$\underset{\text{2-辛醇}}{CH_3(CH_2)_5CH(OH)CH_3} \xrightarrow{K_2Cr_2O_7/H_2SO_4} \underset{\text{2-辛酮}}{CH_3(CH_2)_5C(=O)CH_3}$$

另外，如果醇分子中含有C═C键或C≡C键，这些不饱和键也可以被重铬酸钾和硫酸氧化。因此，不饱和醇就需要特殊的氧化剂，如三氧化铬吡啶、异丙醇铝［欧芬脑尔（Oppenauer）氧化法］来选择性氧化羟基。

$$\text{(不饱和仲醇)-OH} + CH_3COCH_3 \xrightarrow{Al[OCH(CH_3)_2]_3} \text{(不饱和酮)=O} + (CH_3)_2CHOH$$

欧芬脑尔氧化（丙酮-异丙醇铝）特别适用于含不饱和碳碳键的仲醇的氧化。虽然伯醇也可以被氧化成醛，但是在碱（异丙醇铝）存在下，生成的醛会发生羟醛缩合，因此不适合用此反应制备醛。

13.2.2 烯烃的氧化（臭氧分解）

作为一种制备羰基化合物的重要方法，烯烃的氧化在前面章节已做详细介绍，详见3.5.5节。

13.2.3 同碳二卤化物水解

同碳二卤化物（两个卤原子连到同一个碳上）可以水解成羰基化合物，该方法更适合于芳香醛、酮的制备。

$$C_6H_5CHCl_2 \xrightarrow{NaOH,\ H_2O} C_6H_5CHO$$

$$C_6H_5CCl_2CH_3 \xrightarrow{NaOH,\ H_2O} C_6H_5COCH_3$$

13.2.4 炔烃水合

乙醛和特定的酮可通过炔烃水合制得，该类反应在前面章节也已做详细介绍，详见6.5.2节。

13.2.5 傅瑞德尔-克拉夫茨酰基化反应

傅瑞德尔-克拉夫茨反应（简称傅-克反应）的一个重要改进是用酰氯或酸酐代替卤代烃。酰基（RCO—）与芳环相连形成酮，这个过程称为酰化作用。在傅-克反应中，芳烃至少具有和卤代苯一样的活性，才能进行取代反应，并需要催化剂如三氯化铝或其他路易斯酸的协同作用。

$$ArH + RCOCl \xrightarrow{AlCl_3} ArCOR$$

傅-克酰基化的机理类似于傅-克烷基化碳正离子机理，包括以下几步：

$$RCOCl + AlCl_3 \longrightarrow R-C\equiv O^+ + AlCl_4^-$$

$$ArH + R-C\equiv O^+ \longrightarrow Ar^+(H)(COR)$$

$$Ar^+(H)(COR) + AlCl_4^- \longrightarrow ArC(=O\cdots AlCl_3)R + HCl$$

$$ArC(=O\cdots AlCl_3)R \xrightarrow{H^+} ArC(=O)R$$

此机理为芳环的亲电取代反应，亲电试剂是酰基正离子：$RC\equiv O^+$。酰基正离子比一般的碳正电离子稳定，因为它的每个原子都符合八隅体规则。芳香化合物的傅-克酰基化和烷基化的不同之处在于生成的酮与三氯化铝形成络合物，因此傅-克酰基化必须使用过量的三氯化铝。在傅-克酰基化中，酰基正离子不会发生碳正离子重排。由于酰基的钝化作用，单酰基化产物通常不会进一步发生傅-克酰基化，即很难在苯环上引入第二个酰基。

傅-克酰基化可以将羰基引入到芳环上，是制备芳香酮的重要方法。生成的酮可以通过还原反应转化为仲醇，或与格氏试剂反应生成叔醇，还可以生成其他重要的化合物。

通过改进傅-克酰基化，可以通过甲酰化在芳环上直接引入醛基，制备某些芳香醛。由于甲酰氯（HCOCl）不稳定，可以分解成CO和HCl，因此不能直接用于该反应。但这两种气体在三氯化铝和氯化亚铜存在下，可以达到和甲酰氯一样的效果。这个反应叫加特曼-科赫反应（Gattermann-Koch反应）（详见9.5节）。

$$C_6H_5CH_3 \xrightarrow[AlCl_3,\ CuCl]{CO,\ HCl} p\text{-}H_3C\text{-}C_6H_4\text{-}CHO$$

对甲基苯甲醛

13.2.6 直链α-烯烃的羰基合成

直链α-烯烃作为起始原料和CO反应可制备不同的醛，这个过程叫羰基合成。

$$RCH{=}CH_2 + CO + H_2 \xrightarrow{Co_2(CO)_8} RCH_2CH_2CHO + RCH(CH_3)CHO$$

由于过量的氢气会进一步将醛加氢生成伯醇，因此这个方法也可以用来制备伯醇。羰基合成的产物中，直链的产物要比支链的产物多（两者的比例大约4∶1）。

13.2.7 芳烃侧链的氧化

芳烃侧链的α-碳由于受到芳环的影响，容易被氧化成芳醛或芳酮。如果芳环侧链是甲基，可以氧化成醛，但醛又容易被进一步氧化。因此，带有甲基的芳烃，除非在特定的条件下或用特殊的氧化剂，一般直接被氧化成酸。

$$C_6H_5CH_3 \xrightarrow[(CH_3CO)_2O]{CrO_3} C_6H_5CH(OCOCH_3)_2 \xrightarrow{H_2O} C_6H_5CHO$$

$$p\text{-}O_2N\text{-}C_6H_4\text{-}CH_2CH_3 \xrightarrow[Co]{O_2} p\text{-}O_2N\text{-}C_6H_4\text{-}COCH_3$$

13.3 醛、酮的反应

13.3.1 亲核加成反应

羰基（C═O）对醛、酮化学性质的影响，主要表现在两个方面：一是提供亲核加成的活性位点；二是和α-碳相连的氢具有酸性。羰基的这两个效应是由羰基的结构决定的。事实上，这些都是因为羰基氧原子具有容纳负电荷的能力而导致的。

由于羰基含有C═O双键，其π电子较多偏向氧，因此羰基碳缺电子，而羰基氧富电子。因为羰基是平面的结构，其容易被试剂从平面上方或下方选择性进攻，所以极性的羰基具有较高的反应活性。这个反应最重要的一步，是富电子的亲核试剂进攻缺电子的羰基碳形成新键，这一典型反应称为亲核加成反应。

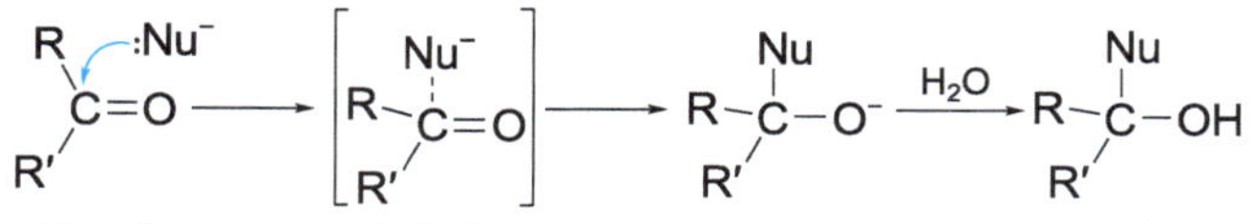

反应物　过渡态　产物

通过研究亲核进攻的过渡态，能更准确地了解羰基的反应活性。在反应物中，羰基碳是平面三角形的（sp^2杂化）；而在过渡态时，碳原子开始呈现产物所具有的四面体构型（sp^3杂化），相连的基团就会靠得更近。因此这个反应存在空间位阻效应，大的基团（R和R′）比小的基团具有更大的位阻，使过渡态中各基团之间更加拥挤。

醛比酮更易发生亲核加成反应。这种反应活性的差别和过渡态的稳定性相关，由电子效应和空间效应共同作用决定。酮含有第二个烷基或芳基，而醛含有一个氢原子，后者显然位阻更小。酮的第二个取代基使过渡态更加拥挤而不稳定。烷基取代基是给电子基团，给电子效应增强了过渡态中由氧产生的负电荷，降低了过渡态的稳定性。虽然芳基的吸电子诱导效应能够增强过渡态的稳定性，但是芳基的大位阻使得芳香醛、酮总体上比脂肪醛、酮反应活性低。

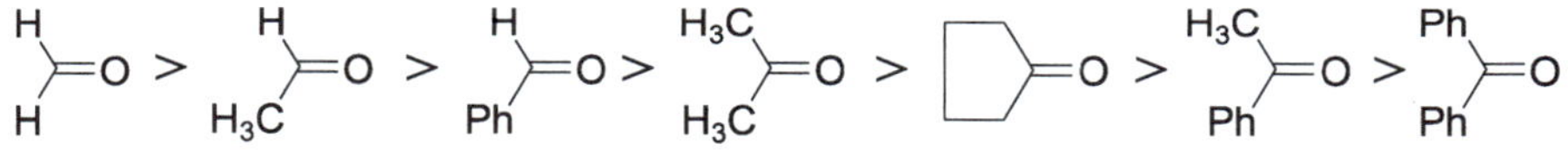

（1）与氰化氢加成

在醛或酮与氰化氢加成的产物中，一个羟基和一个氰基同时连在同一个碳上，这类化合物称为氰醇。

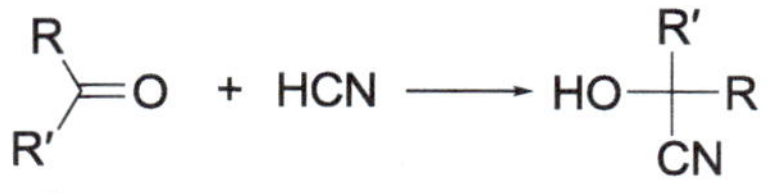

醛或酮　氰化氢　氰醇

虽然与氰化氢的加成反应能被氰根离子催化，但HCN是个弱酸，不能解离足够的氰根离子来促使反应转化充分。因此，需要先使氰化钠或氰化钾与羰基化合物在溶液中充分反应后，再酸化制备氰醇。这个过程能够保证有足够的氰根离子来加快反应速率。此反应是可逆的，反应平衡取决于羰基亲核加成的空间和电子效应。醛和小位阻的酮能够高收率地生成氰醇。

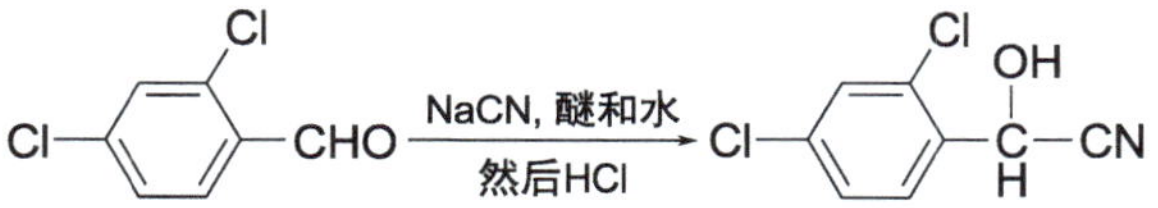

2,4-二氯苯甲醛　2,4-二氯苯甲醛氰醇(100%)

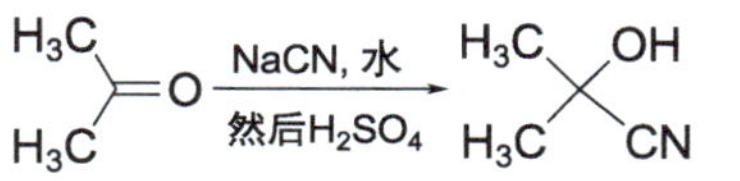

丙酮　丙酮氰醇(78%)

将醛和酮转化为氰醇，有很高的合成价值：①形成新的C—C键；②产物中的氰基可以水解成酸（COOH），也能还原成胺（CH_2NH_2），而羟基可以脱水生成C═C双键。

$$\text{2-戊酮} \xrightarrow[\text{HCl}]{\text{NaCN, }H_2O} \text{2-戊酮氰醇} \xrightarrow[\triangle]{H_2O\text{, HCl}} \text{2-甲基-2-羟基戊酸} \xrightarrow{\triangle} \text{2-甲基-2-戊烯酸}$$

（2）与亚硫酸氢钠的加成

亚硫酸氢钠能与大部分醛和少数酮（主要是脂肪族甲基酮）反应，得到亚硫酸氢钠加成产物。

$$>C=O + HO-SO(=O)-ONa \rightleftharpoons >C(O^-Na^+)(SO_3H) \rightleftharpoons >C(OH)(SO_3Na)$$

将醛、酮与饱和的亚硫酸氢钠溶液混合，产物就会析出结晶。因为空间位阻的原因，含有大基团的酮通常不能和亚硫酸氢钠反应。由于这个反应和其他羰基加成一样，是可逆的，因此加入酸或碱都会破坏平衡态的亚硫酸氢根离子，推动反应平衡向左移动，使加成产物分解再生成羰基化合物。

$$>C(OH)(SO_3Na) \rightleftharpoons >C=O + HSO_3^- \begin{cases} \xrightarrow{H^+} SO_2 + H_2O \\ \xrightarrow{OH^-} SO_3^{2-} + H_2O \end{cases}$$

这个可逆反应的特性通常可以用来分离羰基化合物和非羰基化合物。羰基化合物可以通过生成亚硫酸氢钠加成产物，从含有非羰基化合物的混合物中结晶析出，然后再分解生成羰基化合物，从而实现羰基化合物的分离提纯。

（3）与醇加成

在无水酸或HCl 作用下，醛和醇反应得到产物半缩醛，其可以看作醚和醇的混合体。除了一些特殊情况外，半缩醛不稳定，很难分离。半缩醛也有醇的性质，在无水酸中能和另一分子醇生成缩醛。

$$RCHO \xrightarrow[\text{HCl(气)}]{R'OH} RCH(OH)(OR')$$

$$RCH(OH)(OR') \xrightarrow[\text{HCl(气)}]{R'OH} RCH(OR')(OR')$$

整个酸催化的反应分为两步。第一步，醇和羰基亲核加成生成半缩醛，反应机理包含：①羰基中的氧质子化，使羰基碳更缺电子，更易发生亲核加成；②质子化的羰基被亲核基团进攻；③去质子化。

$$RCH=O \underset{}{\overset{+H^+}{\rightleftharpoons}} RCH=\overset{+}{O}H \underset{}{\overset{R'OH}{\rightleftharpoons}} RCH(OH)-\overset{+}{O}HR' \underset{}{\overset{-H^+}{\rightleftharpoons}} RCH(OH)OR'$$

第二步，在酸性条件下，半缩醛由碳正离子过渡转化成缩醛，反应机理包含：①半缩醛上羟基质子化并脱水生成碳正离子；②由于烷基氧原子上孤对电子的离域效应，碳正离子变得更稳定；③生成的碳正离子和另一分子醇反应生成质子化的缩醛，后者进一步脱去质子生成缩醛。

$$RCH(OH)OR' \underset{}{\overset{+H^+}{\rightleftharpoons}} RCH(\overset{+}{O}H_2)OR' \underset{}{\overset{-H_2O}{\rightleftharpoons}} \left[R\overset{+}{C}H-OR' \longleftrightarrow RCH=\overset{+}{O}R' \right]$$

$$\xrightleftharpoons{R'OH} \ce{H(R)C(OR')(\overset{+}{O}HR')} \xrightleftharpoons{-H^+} \ce{H(R)C(OR')2}$$

缩醛有醚的结构，与醚一样能被酸分解，但它对碱和氧化剂却很稳定。另外，它对氢还原剂和金属有机化合物也都是稳定的。由于氢还原剂和金属有机化合物都极易跟羰基反应，因此在有机合成中，常以形成缩醛的形式来保护羰基。因为缩醛的生成和去保护都比较容易。

$$\ce{RCH(OR')2} \xrightarrow[\text{快}]{H^+,\ H_2O} \ce{RCHO} + 2\,R'OH$$

酸催化生成缩醛的反应是可逆的。羰基化合物、醇与产物缩醛之间建立了平衡体系。对于大多数醛来说，此平衡体系有利于缩醛的形成，特别是反应液中有过量醇存在的情况下。但平衡体系对大多数酮是不利的，必须使用其他方法制备缩酮。

1,2-或1,3-二醇有两个羟基，都能和醛或酮生成环状缩醛（酮）。从乙二醇衍生得到的五元缩醛（酮）是最常见的。利用苯或甲苯与水的共沸原理，常压蒸馏回流分水法持续除去反应中不断生成的水，有利于反应的进行。

$$\underset{\text{庚醛}}{\ce{CH3(CH2)5CHO}} + \underset{\text{乙二醇}}{\ce{HOCH2CH2OH}} \xrightarrow[\text{苯}]{\text{对甲苯磺酸}} \text{2-己基-1, 3-二氧戊烷}$$

$$\underset{\text{甲基苄基酮}}{\ce{C6H5CH2COCH3}} + \underset{\text{乙二醇}}{\ce{HOCH2CH2OH}} \xrightarrow[\text{苯}]{\text{对甲苯磺酸}} \text{2-甲基-2-苄基-1, 3-二氧戊烷}$$

（4）与格氏试剂加成

在格氏试剂的结构中，碳原子带部分负电荷，镁原子带部分正电荷，所以格氏试剂是很强的亲核试剂。

$$\ce{>C^{\delta+}=O^{\delta-}} + \overset{\delta-}{R}-\overset{\delta+}{MgX} \xrightarrow{\text{绝对无水乙醚}} \ce{R-\overset{|}{\underset{|}{C}}-OMgX}$$

醛或酮与格氏试剂发生亲核加成反应后，其中间体可进一步水解生成较复杂的醇。因此，该反应被广泛用于醇的合成中。

$$\ce{C6H11Cl} \xrightarrow[\text{绝对无水乙醚}]{Mg} \ce{C6H11MgCl} \xrightarrow[2)\ H^+,\ H_2O]{1)\ HCHO} \ce{C6H11CH2OH}$$

$$\ce{CH3CH2CHBrCH3} \xrightarrow[\text{绝对无水乙醚}]{Mg} \ce{CH3CH2CH(MgBr)CH3} \xrightarrow[2)\ H^+,\ H_2O]{1)\ \text{丙酮}} \ce{(CH3)2C(OH)CH(CH3)CH2CH3}$$

（5）与氨衍生物的加成

氨和氨衍生物（羟胺，肼，苯肼，2,4-二硝基苯肼，氨基脲）与醛、酮的羰基发生加成反应，然后脱水分别生成肟、腙和缩氨基脲。这些反应对醛和酮的分离和鉴定很有意义。从结果看是初始产物消除了一分子水，生成的产物中都含有C═N双键。一些反应物和产物如下：

$$\ce{>C=O} + \underset{\text{羟胺}}{:\ce{NH2OH}} \xrightarrow{H^+} \ce{-\overset{|}{\underset{OH}{C}}-NHOH} \xrightarrow{-H_2O} \underset{\text{肟}}{\ce{>C=NOH}}$$

$$>C=O + :NH_2NHC_6H_5 \xrightarrow{H^+} -\underset{OH}{\overset{|}{C}}-NHNHC_6H_5 \xrightarrow{-H_2O} >C=NNHC_6H_5$$

苯肼　　　　　　　　　　　　　　　　苯腙

$$>C=O + :NH_2NHCONH_2 \xrightarrow{H^+} -\underset{OH}{\overset{|}{C}}-NHNHCONH_2 \xrightarrow{-H_2O} >C=NNHCONH_2$$

氨基脲　　　　　　　　　　　　　　　　缩氨基脲

$$C_6H_5COCH_3 \xrightarrow{NH_2NHC_6H_5} C_6H_5C(CH_3)=NNHC_6H_5$$

苯乙酮　　　　　　苯乙酮苯腙

$$C_6H_5CHO \xrightarrow{NH_2NHCONH_2} C_6H_5CH=NNHCONH_2$$

苯甲醛　　　　　　苯甲醛缩氨基脲

与氨一样，氨的衍生物也都显碱性，因此可以与酸反应生成盐：盐酸羟胺、盐酸苯肼和盐酸氨基脲。这些盐与对应的碱相比不易被空气氧化，其易于保存和操作。一旦需要，就可以将这些盐用碱中和并游离出氨衍生物，再与羰基化合物反应得到加成产物。

此反应需要调节反应液至合适的酸性。一方面，氨的衍生物作为亲核试剂对羰基加成，羰基上氧的质子化作用使得羰基化合物更容易被亲核试剂所进攻，所以对于羰基化合物，加成反应更容易在强酸性条件下进行。但另一方面，氨的衍生物（$NH_2—Z$），也可以发生质子化作用生成离子（$^+NH_3—Z$）。这一离子形式使氮原子缺少孤对电子，也就失去了亲核性。所以对于氨衍生物，加成反应更容易在弱酸环境下进行。具体情况取决于试剂的碱性及羰基化合物的反应活性。

$$>C=O \underset{}{\overset{+H^+}{\rightleftharpoons}} >C=\overset{+}{O}H \longrightarrow >C(OH)-\overset{+}{N}H_2Z \longrightarrow >C=N-Z + H_2O + H^+$$

$$H_2\ddot{N}-Z \overset{H^+}{\rightleftharpoons} H_3\overset{+}{N}-Z$$

醛或酮与氨的反应生成亚胺，亚胺非常不稳定。芳香醛、酮或环酮与伯胺或仲胺反应得到亚胺（也叫席夫碱，Schiff碱）或烯胺。

$$C_6H_5CHO \xrightarrow{CH_3NH_2} C_6H_5CH=NCH_3$$

苯甲醛　　　　*N*-苄亚基甲酰胺(亚胺)

$$\text{环己酮} + (CH_3)_2CHCH_2NH_2 \longrightarrow \text{环己基}=NCH_2CH(CH_3)_2$$

环己酮　　　　异丁胺　　　　*N*-环己亚基异丁胺

$$\text{环戊酮} + \text{HN(四氢吡咯)} \longrightarrow \text{1-环戊烯基-N-四氢吡咯}$$

环戊酮　　　四氢吡咯　　*N*-(1-环戊烯基)四氢吡咯(烯胺)

（6）维蒂希反应

磷叶立德由三苯基膦与烷基卤代烃通过 S_N2 反应制备。它很容易与醛或酮反应，得到烯烃，而且取代基被精准地引入到碳碳双键上，这一反应称为维蒂希（Wittig）反应。该反应是一个非常有用的合成烯烃的方法。其过程如下所示：

$$(C_6H_5)_3P: + RR'CH{-}X \longrightarrow RR'CH{-}\overset{+}{P}(C_6H_5)_3X^-$$

三苯基膦　　　　烷基三苯基鏻

$$\ddot{B}^- + R{-}\underset{R'}{\overset{H}{C}}{-}\overset{+}{P}(C_6H_5)_3X^- \longrightarrow RR'\overset{-}{C}{-}\overset{+}{P}(C_6H_5)_3 \longleftrightarrow RR'C{=}P(C_6H_5)_3 + B{-}H + X^-$$

强碱　　　　烷基亚甲基三苯基鏻(叶立德)

$$RR'\overset{-}{C}{-}\overset{+}{P}(C_6H_5)_3 + \overset{\delta^-}{O}{=}\overset{\delta^+}{C}AB \longrightarrow \left[\begin{array}{c} RR'C{-}CAB \\ (C_6H_5)_3P{-}O \end{array}\right] \longrightarrow RR'C{=}CAB + (C_6H_5)_3PO$$

不稳定的氧磷烷　　烯烃　　三苯氧膦

绝大多数的醛或酮都适用于Wittig反应。

$$\text{环己酮}{=}O + H_2\overset{-}{C}{-}\overset{+}{P}(C_6H_5)_3 \longrightarrow \text{环己烷}{=}CH_2$$

环己酮　　亚甲基三苯基鏻　　亚甲基环己烷

$$C_6H_5{-}CHO + (C_6H_5)_3\overset{+}{P}{-}\overset{-}{C}_5H_8 \longrightarrow C_6H_5{-}CH{=}C_5H_8$$

苯甲醛　　环亚戊基三苯基鏻　　苯亚甲基环戊烷

13.3.2 醛和酮α-H的活性

（1）酮-烯醇互变异构

醛和酮的羰基是吸电子基团，增加了相邻碳原子上氢（α-H）的酸性。炔烃的末端氢有一定酸性，然而丙酮的酸性是乙炔酸性的10^6倍（基于各自的电离常数）。这主要是由于烯醇式对电离产物的强烈稳定作用。由于α-H的活性，在溶液中，酮和醛可能存在着两种异构体的平衡，即酮-烯醇式平衡。

$$RR''CH{-}C({=}O)R' \rightleftharpoons RR''C{=}C(OH)R'$$

酮式　　烯醇式

这种异构现象称为互变异构，这对同分异构体称作互变异构体。因此，烯醇化既可以被酸催化，也可以被碱催化。下面的平衡式简要地展示了这两类催化过程。

碱催化：

$$B^- + H{-}CRR''{-}C({=}O)R' \rightleftharpoons \left[RR''\overset{-}{C}{-}C({=}O)R' \longleftrightarrow RR''C{=}C(O^-)R'\right] + BH$$

烯醇阴离子

$$\left[RR''\overset{-}{C}{-}C({=}O)R' \longleftrightarrow RR''C{=}C(O^-)R'\right] + H{-}B \rightleftharpoons RR''C{=}C(OH)R' + B^-$$

酸催化：

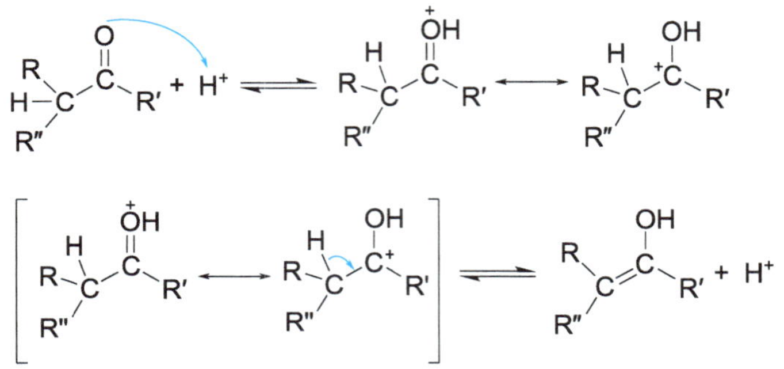

$$R(R'')CH-C(=O)R' + H^+ \rightleftharpoons R(R'')CH-C(=\overset{+}{O}H)R' \longleftrightarrow R(R'')CH-\overset{+}{C}(OH)R'$$

$$\left[R(R'')CH-C(=\overset{+}{O}H)R' \longleftrightarrow R(R'')CH-\overset{+}{C}(OH)R' \right] \rightleftharpoons R(R'')C=C(OH)R' + H^+$$

只含有一个羰基的醛、酮，其烯醇式在互变平衡混合物中的含量相当少，如丙酮与环己酮；但β-二羰基化合物的烯醇式含量高得多，因为在此烯醇式中，相邻的碳碳双键与碳氧双键之间存在共轭效应。

丙酮(酮式) ⇌ 丙烯-2-醇(烯醇式) $(1.5\times10^{-5}\%)$

环己酮(酮式) ⇌ 环己烯-1-醇(烯醇式) (1.2%)

2, 4-戊二酮(酮式) (24%) ⇌ 4-羟基-3-戊烯-2-酮(烯醇式) (76%)

（2）羟醛缩合

醛或酮在氢氧根离子或烷氧负离子存在下，能部分转化为烯醇阴离子。

$$RCH_2CHO + OH^- \rightleftharpoons RCH=CH-O^- + H_2O$$

在含有醛和它的烯醇式结构的溶液中，烯醇负离子将和羰基发生亲核加成。这和其他的亲核试剂与醛、酮的加成反应类似。

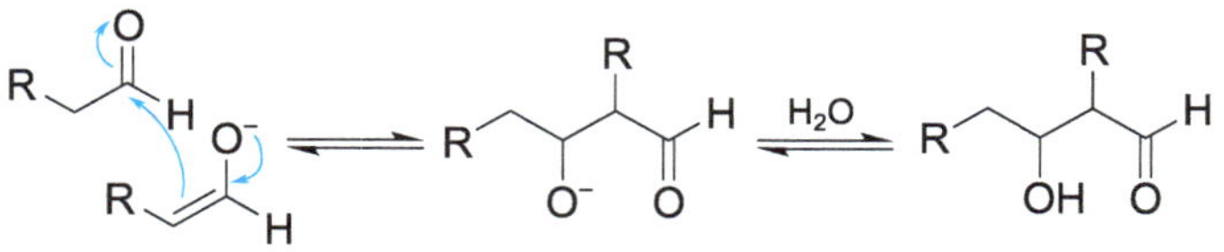

$$RCH_2CHO + RCH=CHO^- \rightleftharpoons RCH_2CH(O^-)CH(R)CHO \overset{H_2O}{\rightleftharpoons} RCH_2CH(OH)CH(R)CHO$$

亲核加成中生成的醇盐从溶剂（通常是水和乙醇）中夺取一个质子生成羟醛。这一产物叫作羟醛，是因为它既有醛的官能团，又有羟基基团。

羟醛加成的一个重要特征是一个醛的α-碳原子和另一个醛的羰基之间生成了碳碳键。这是因为烯醇负离子只能是从α-碳原子去质子得到。

醛很容易发生羟醛加成反应：

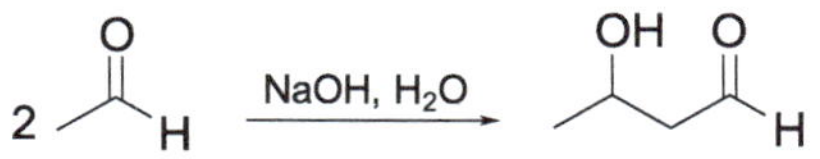

$$2\ CH_3CHO \xrightarrow{NaOH,\ H_2O} CH_3CH(OH)CH_2CHO$$

乙醛 → 3-羟基丁醛

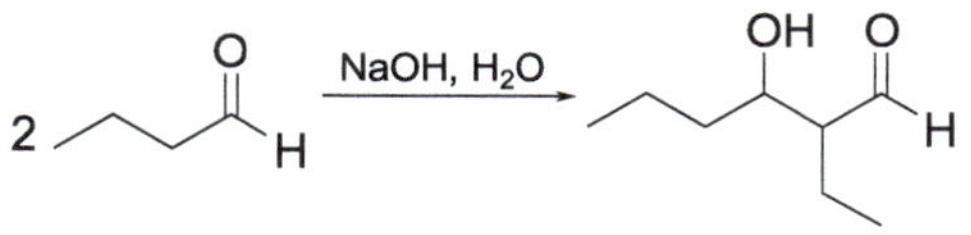

丁醛　　　　2-乙基-3-羟基己醛

羟醛加成产生的β-羟基醛加热后容易脱水，得到α,β-不饱和醛：

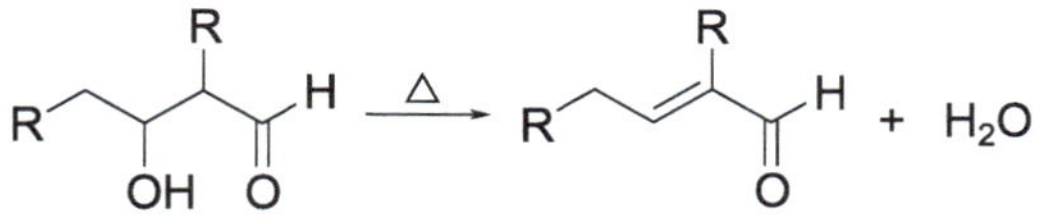

碳碳双键和羰基的共轭效应使得α,β-不饱和醛更加稳定，所以使羟醛加成产物倾向于进一步脱水，并控制它的区域选择性。脱水反应通常在酸或碱催化下进行。一般情况下，如果α,β-不饱和醛是目标产物，就将碱催化的羟醛加成反应持续加热。这样，一旦得到了羟醛加成产物，该产物马上脱水得到α,β-不饱和醛。

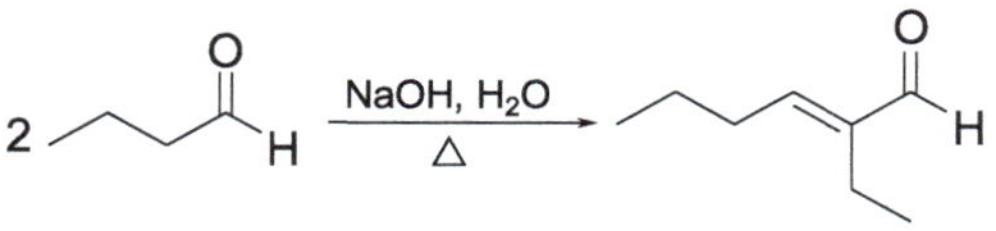

丁醛　　　　2-乙基-2-己烯醛

总之，该反应的特征为两分子醛反应生成一分子不饱和醛及一分子水，所以该反应就称为羟醛缩合反应（Aldol 反应）。

羟醛缩合反应作为一个可逆的亲核加成反应，醛分子进行醛醇缩合要比酮分子间的缩合反应容易得多。例如，丙酮的羟醛缩合反应只有2%的产率。

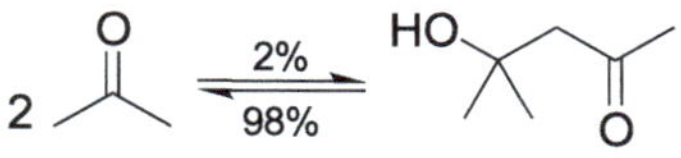

丙酮　　4-甲基-4-羟基-2-戊酮

当二羰基化合物缩合形成五元环或六元环时，二羰基化合物——尤其是二酮，将发生分子内羟醛缩合。

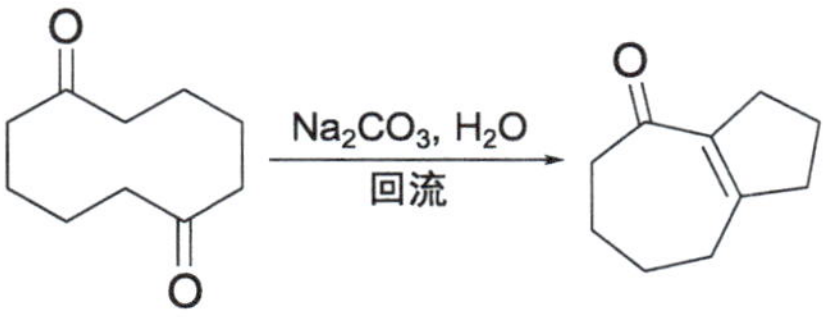

在有机合成中，羟醛缩合反应广泛用于碳碳键的构建。另外，由于羟醛缩合反应的产物包含有能进一步反应的官能团，因此产物可以继续进行修饰得到多种衍生化物。

不同醛之间的交叉羟醛缩合反应，在有机合成中是没有意义的。比如，在乙醛和丙醛溶液中加入碱，生成四种羟醛缩合产物，其中两种产物来自它们的自身缩合，另外的是交叉缩合。通过控制原料的种类，交叉羟醛缩合反应在合成中才有意义。调控方法为：

① 仅有一种反应物能生成烯醇式；

② 一种反应物要远比其他反应物更容易发生亲核加成反应。

例如，甲醛不能生成烯醇式，但能和其他能够生成烯醇式的醛或酮发生缩合反应。另外，甲醛由于其小的空间位阻，亲核反应活性非常高，以至于它能有效抑制另一个醛的烯醇负离子对自身醛的亲核进攻。

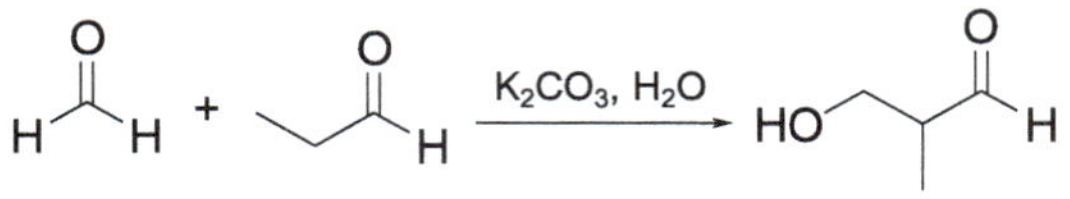

甲醛　　丙醛　　2-甲基-3-羟基丙醛

芳香醛没有α-H，不能生成烯醇式，因此芳香醛可以与含有α-H的醛发生有效的交叉羟醛缩合反应。酮不容易发生自身缩合。然而丙酮的烯醇负离子优先与芳香醛发生交叉羟醛反应，并且有很高的产率。芳香醛进行交叉羟醛缩合时，加成产物经脱水形成与芳环和羰基共轭的双键。

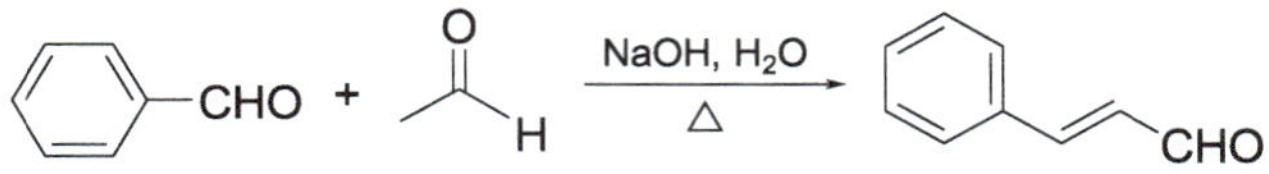

苯甲醛　　乙醛　　肉桂醛

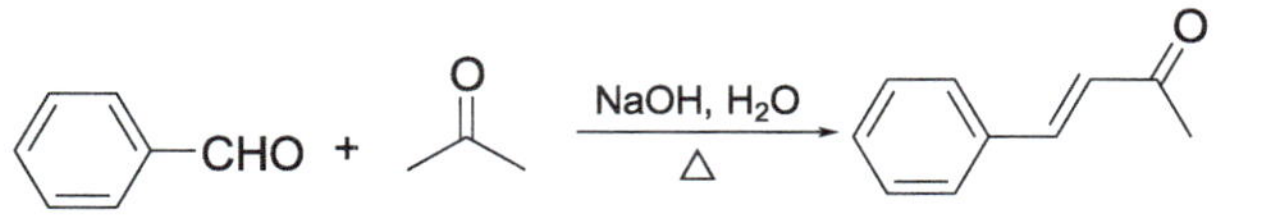

苯甲醛　　丙酮　　4-苯基-3-丁烯-2-酮

（3）α-卤代反应及卤仿反应

醛和酮比烷烃更容易发生卤代反应。这一反应实际是离子型的而不是自由基型的：α-氢被取代，得到α-卤代的醛或酮，并且酸和碱都能催化该反应。酸催化的卤代反应在引入一个卤素原子后反应停止，只生成单一取代的卤化物。

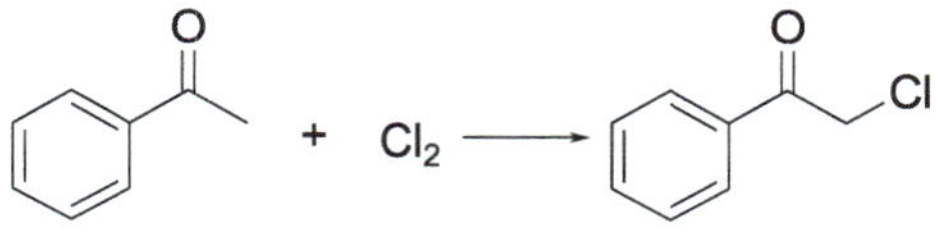

苯乙酮　　α-氯苯乙酮

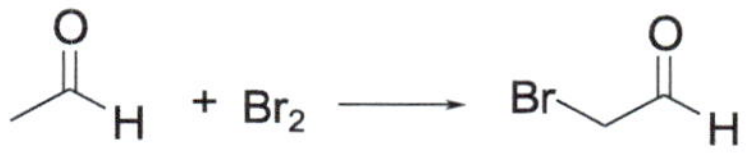

乙醛　　α-溴乙醛

酸催化的卤代反应经由醛或酮的烯醇式，其机理如下：

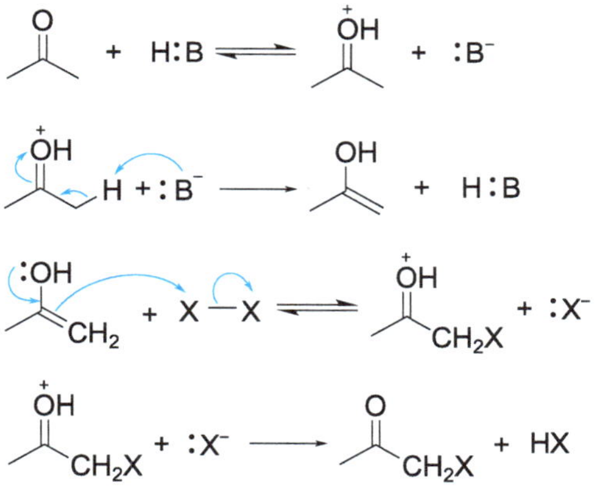

碱催化的卤代反应产生烯醇负离子，并容易得到多卤代产物。所以，当乙醛、甲基酮或能够氧化为甲基酮的化合物，与氯、溴或碘单质的强碱溶液加热，将相应地得到氯仿、溴仿和碘仿，这一反应称为卤仿反应。卤仿反应可分为两步：第一步，碳原子上的三个氢原子相继被卤素原子

所取代，当一个氢被卤素取代后，由于卤素原子的强诱导效应使得剩余的α-氢呈现更强的酸性。第二步，三取代的产物通过加成-消除机理被强碱断开，生成羧酸与卤仿。

$$CH_3COCH_3 + OH^- \longrightarrow CH_3C(O^-){=}CH_2 + H_2O$$

$$CH_3C(O^-){=}CH_2 + X{-}X \longrightarrow CH_3COCH_2X + :X^-$$

$$CH_3COCH_2X + 2\,X_2 + 2\,OH^- \rightleftharpoons CH_3COCX_3$$

$$H_3C{-}CO{-}CX_3 \xrightarrow{OH^-} H_3C{-}C(O^-)(OH){-}CX_3 \longrightarrow H_3C{-}COOH + {}^-CX_3 \longrightarrow H_3C{-}COO^- + CHX_3$$

该反应中，含有乙酰基的化合物（R—CO—CH_3，R可为氢、烃基或芳基）在碱性条件下卤化，并生成卤仿。卤仿反应不仅可用于制备羧酸和卤仿，也可以作为一种确定特定官能团的鉴定方法。例如，将碘单质加入一未知化合物的碱溶液中，如果碘仿反应能够发生，就会得到明亮的黄色固体——碘仿（CHI_3）（氯仿和溴仿均为液体），生成的碘仿也可以通过其强烈的刺激性气味和熔点得到确认。

13.3.3 氧化反应

（1）托伦试剂、费林试剂和班尼特试剂氧化

醛非常容易被氧化，比较温和的氧化剂也能将醛转化为酸。而酮则不容易被氧化，需要更强的反应条件。酮在加热的情况下被强氧化剂氧化，碳碳键断裂而生成酸。

$$RCH_2{-}CO{-}CH_2R' \xrightarrow[\triangle]{KMnO_4,\ H^+} \begin{cases} \xrightarrow{A} RCOOH + R'CH_2COOH \\ \xrightarrow{B} RCH_2COOH + R'COOH \end{cases}$$

由氧化的难易程度可鉴别醛和酮，温和的氧化剂即可用于这类简单的鉴别实验。托伦试剂——硝酸银的氨水溶液$Ag(NH_3)_2OH$，费林试剂——氢氧化铜酒石酸钾钠溶液，班尼特试剂——氢氧化铜柠檬酸钠溶液，是三种常用的醛检测试剂。托伦试剂中含有银氨配离子，醛被氧化的同时，银离子被还原成金属银（在适当的反应条件下，反应中银离子被还原成细小的银，可附着在光滑的器壁上形成银镜，因此称为银镜反应）。

$$RCHO + 2\,Ag(NH_3)_2OH \longrightarrow RCOONH_4 + 2\,Ag\downarrow + H_2O + 3\,NH_3$$

当费林试剂和班尼特试剂用于氧化醛时，二价的铜离子（深蓝色）将被还原为氧化亚铜（红色），反应液会呈现明显的颜色变化。

$$RCHO + 2\,Cu(OH)_2 + NaOH \longrightarrow RCOONa + Cu_2O\downarrow + 3\,H_2O$$

芳香醛可以与托伦试剂反应，但和费林试剂及班尼特试剂都不反应，因此可用托伦试剂来鉴

别脂肪醛和芳香醛。

（2）坎尼扎罗反应（自动氧化和还原反应）

不含α-氢的醛与浓的氢氧化钾或氢氧化钠一起加热时，将发生分子间的氧化还原反应。其中一分子的醛被还原为醇，而另一分子醛被氧化为酸，这一歧化反应称为坎尼扎罗（Cannizzaro）反应。

下面以甲醛为例来说明坎尼扎罗反应的机理：

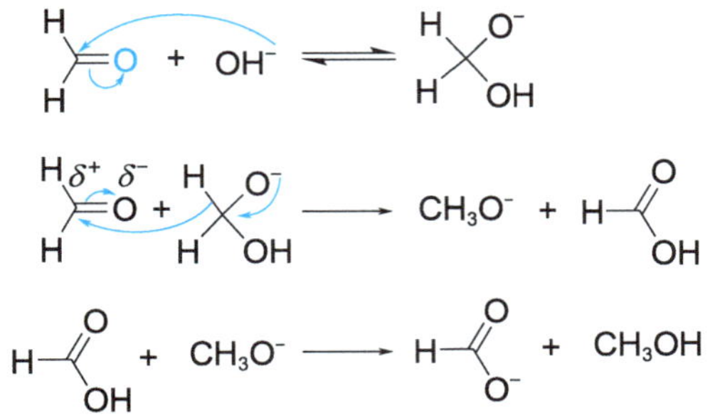

当两个都不含α-氢的不同醛与强碱溶液一起加热时，将发生交叉坎尼扎罗反应。交叉坎尼扎罗反应可用于制备季戊四醇。甲醛被氧化成羧酸，另外的醛被还原成醇。

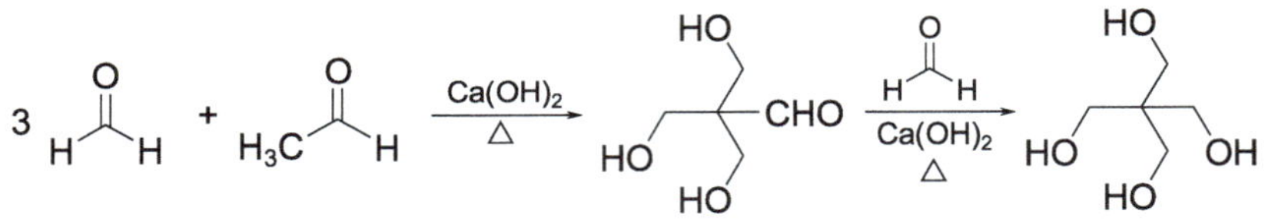

13.3.4 还原反应

醛被还原为伯醇，酮被还原为仲醇。该还原反应既可以是催化氢化还原，也可以用其他还原剂还原，如氢化铝锂（$LiAlH_4$）和硼氢化钠（$NaBH_4$）。这类反应对于制备特定的醇是非常有用的。通常这些醇相较于对应的醛不易得到，尤其适合通过羟醛缩合得到的α,β-不饱和羰基化合物。

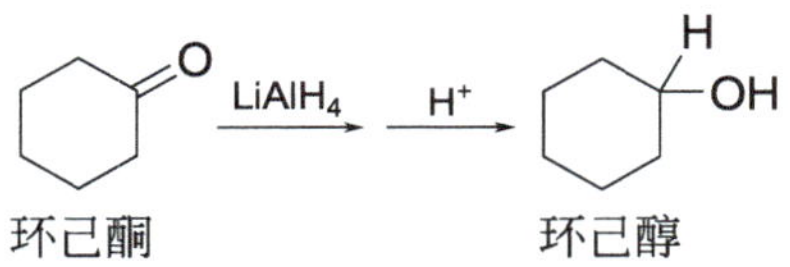

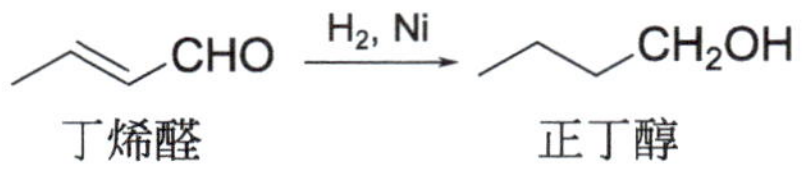

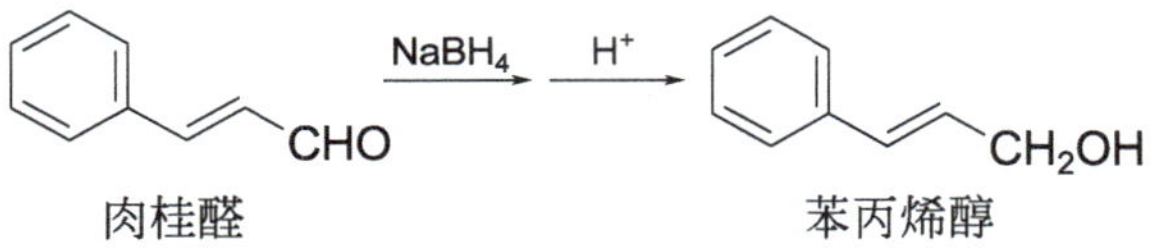

环己酮　　环己醇

丁烯醛　　正丁醇

肉桂醛　　苯丙烯醇

硼氢化钠（$NaBH_4$）不能还原碳碳双键、碳碳叁键、氰基、硝基，甚至是与羰基共轭的碳碳双键。因此硼氢化钠可以将不饱和的羰基化合物还原为不饱和的醇。

醛和酮可以被锌-汞齐的浓盐酸溶液还原为碳氢化合物，这一反应称为克莱门森（Clemmensen）还原；或被肼（NH_2NH_2）的强碱溶液，如NaOH或KOH溶液，和高沸点溶剂如二甘醇或三甘醇所还原，这一反应称为沃尔夫-凯惜纳-黄鸣龙（Wolff-Kishner-Huang）还原。这些还原反应对于由傅-克酰基化反应制备的芳香酮的还原尤为重要，可以将直链烷基引入到芳环上。

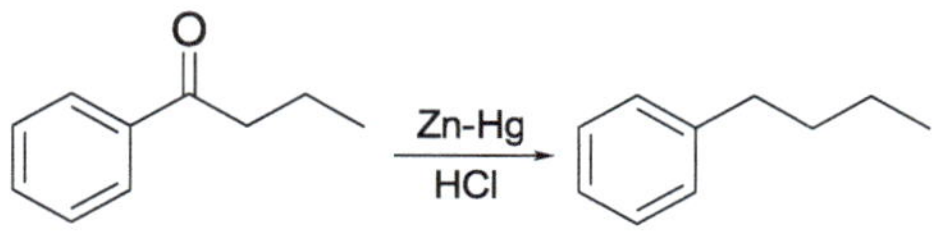

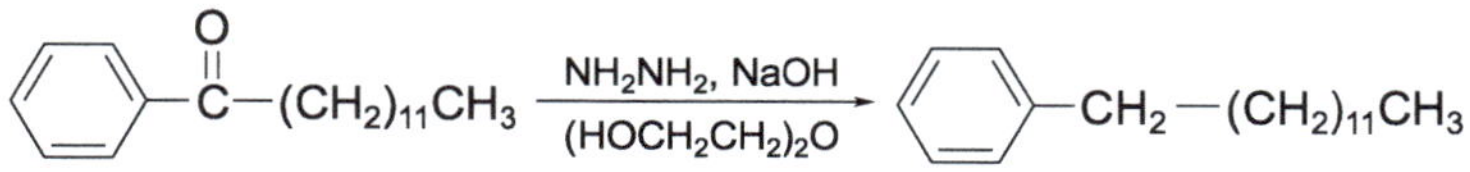

13.4 α, β-不饱和羰基化合物

在α,β-不饱和醛或酮中，羰基与双键形成共轭体系，此共轭体系可以发生1,2-加成或1, 4-共轭加成反应。例如，甲基乙烯基酮与溴化氢以1,4-加成的方式进行反应。

对于共轭体系来说，有两点需要注意：①1, 2-和1, 4-并不是指碳链上的命名数字，而是指对于像甲基乙烯基酮这样的共轭体系，编号从杂原子开始，如甲基乙烯基酮中的羰基氧原子。②虽然溴化氢在α,β-不饱和羰基化合物上的加成是发生在1,4-位的，但因为中间产物烯醇式不稳定，又重排为酮，所以最终产物就显示出反Markovnikov规则的3,4-位加成。因此，所说的1, 2-和1, 4-加成都从反应机理定义的，而不是讲的最终产物的结构。1, 2-加成只牵涉相邻的两个原子，而1, 4-加成涉及共轭的四个原子。

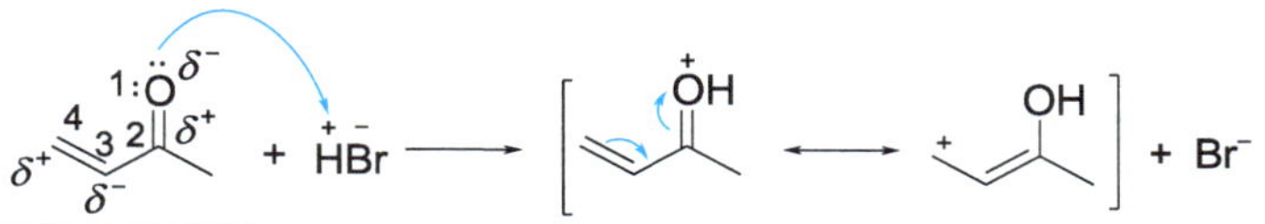

甲基乙烯基酮

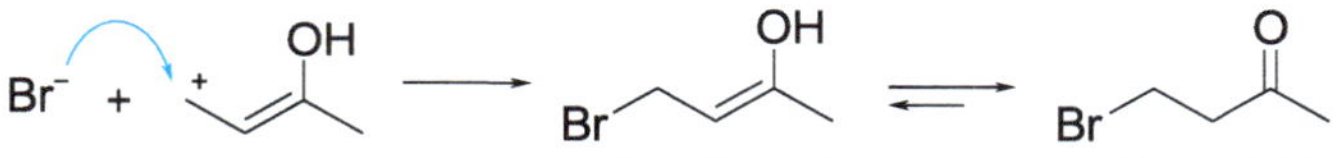

不稳定的烯醇式　　4-溴-2-丁酮

1,4-加成通常是在亲核试剂呈现弱碱性时发生。例如，Br^-、CN^-和$C_6H_5CH_2S^-$这三个弱碱性的亲核试剂选择性进行1,4-加成。

1, 3-二苯基-2-丙烯-1-酮　　4-羰基-2, 4-二苯基丁腈

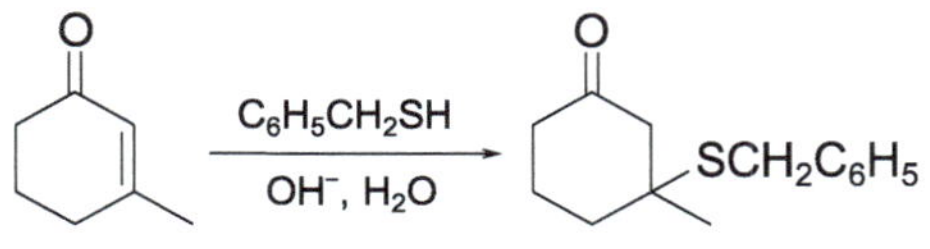

3-甲基-2-环己烯酮　　3-甲基-3-苯甲硫基环己酮

亲核试剂，如有机金属试剂或其他碳负离子，与α, β-不饱和羰基化合物发生的加成反应，主要取决于共轭体系和亲核试剂的性质。格氏试剂在α, β-不饱和羰基化合物的加成反应中可以得到不同的加成产物。所以，为了取得单一的产物，通常用烷基锂试剂来实现1, 2-加成，用二烷基铜锂试剂来实现1, 4-加成。

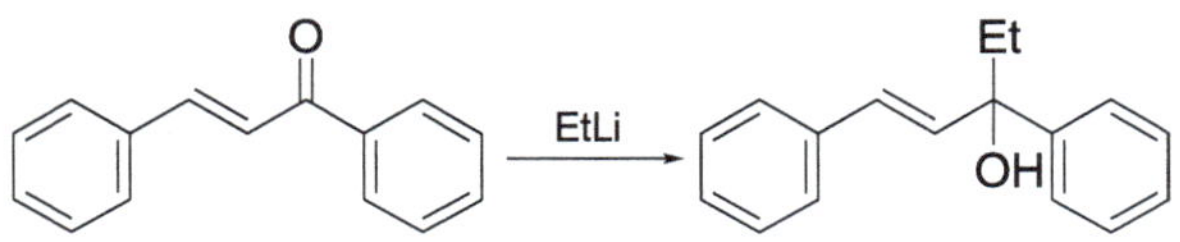

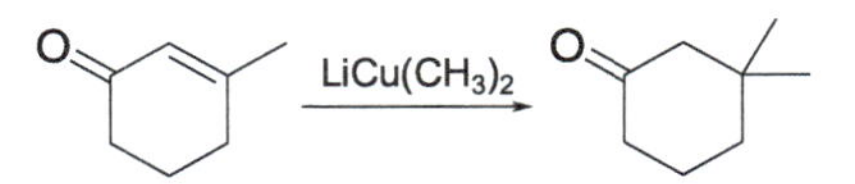

拓展阅读：黄鸣龙

黄鸣龙（1898年7月3日—1979年7月1日），有机化学家，是我国甾族激素药物工业的奠基人，生于江苏省扬州市。1924年毕业于德国柏林大学，获哲学博士学位。1955年被选聘为中国科学院学部委员（院士）。曾任中国科学院上海有机化学研究所研究员，中国药学会副理事长。1982年获国家自然科学奖二等奖。Wolff-Kishner-黄鸣龙还原反应是第一个以华人命名的有机化学反应，已编入各国有机化学教科书中。

黄鸣龙毕生致力于有机化学的研究，特别是甾体化合物的合成研究，为我国有机化学的发展和甾体药物工业的建立以及科技人才的培养做出了突出贡献。黄鸣龙利用薯蓣皂素为原料，七步合成了可的松（肾上腺皮质激素类药），并很快投入生产。它不但填补了我国甾体工业的空白，而且使我国合成可的松的方法跨进了世界先进行列，促使我国的甾体激素药物从进口变成了出口。

1949年中华人民共和国诞生，紧接着1950年抗美援朝战争爆发。一大批留学科学家如钱学森、邓稼先等，放弃国外优越的生活待遇和科研环境，准备积极投身建设新中国，却经受重重阻挠。黄鸣龙冲破美国政府的重重阻挠，以应邀去德国讲学和做研究工作为借口，绕道欧洲辗转于1952年返回祖国。他在一封给海外友人的信中写道：“我庆幸这次回到祖国获得了新生，我觉得自己年轻多了。我以一个儿子对母亲那样的忠诚、热情，竭尽我的努力……如果你也能和我一起在祖国的原野上一同耕耘多么快乐！我尊敬的教授，回来吧！我举起双手迎接你的归来！”在他的鼓励下，当时一些医学家、化学家先后从国外回国。他的儿子、女儿完成学业以后，也相继归国，投入到祖国建设中。

参考资料

[1] 何林等. 浅谈有机合成中的中国人人名反应[J]. 广东化工, 2010, 37(12): 84.

[2] “一生献给科学——黄鸣龙” https://www.sohu.com/a/239245759_699506.

习题

13-1 命名下列化合物。

（1） 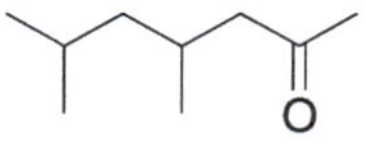 O （2） H O （3） =O

（4） O （5） CHO （6） H_3CH_2C CHO C=C H H

（7） O H H CH_3 CH_3

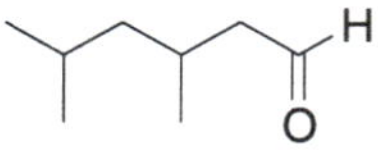

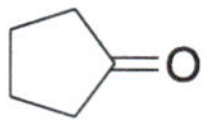

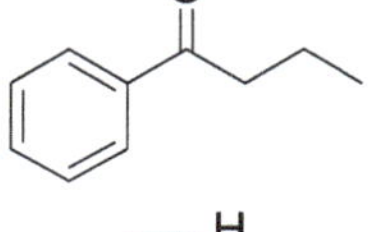

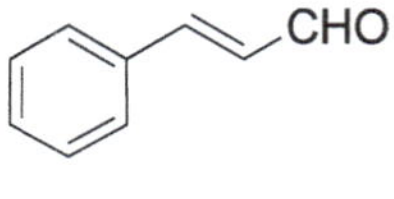

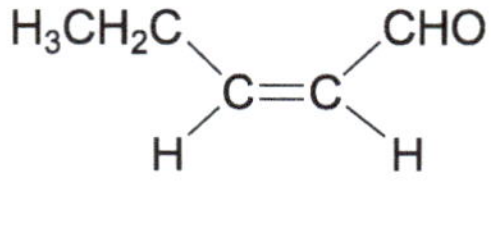

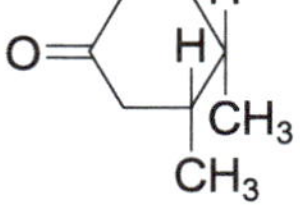

13-2 请写出下列结构式。

（1）3-羟基苯甲醛　　（2）2, 5-己二酮

（3）3-甲基丁醛　　（4）2, 4-戊二酮

（5）3-硝基苯乙酮　　　　（6）1, 3-环戊二酮

13-3　结构推断题。

（1）化合物分子式为$C_6H_{12}O$，能与羟胺作用生成肟，但不起银镜反应，在铂的催化下进行加氢，则得到一种醇，此醇经过脱水、臭氧化、水解等反应后，得到两种液体，其中之一能起银镜反应，但不起碘仿反应，另一种能起碘仿反应，而不能使费林试剂还原，试写出该化合物的构造式及各步反应方程式。

（2）化合物$C_{10}H_{12}O_2$（A）不溶于NaOH溶液，能与2, 4-二硝基苯肼反应，但不与托伦试剂作用。A经$LiAlH_4$还原得$C_{10}H_{14}O_2$（B）。A和B都进行碘仿反应。A与HI作用生成$C_9H_{10}O_2$（C），C能溶于NaOH溶液，但不溶于Na_2CO_3溶液。C经克莱门森还原生成$C_9H_{12}O$（D）；D经$KMnO_4$氧化得对羟基苯甲酸。试写出A～D可能的结构式及各步反应方程式。

13-4　请写出下列反应产物。

（1）$CH_3CH_2CHO \xrightarrow{NaHSO_3}$

（2）环己-2-烯酮 + HCN ⟶

（3）$CH_3CH{=}CHCH_2CHO \xrightarrow{Ni/H_2}$

（4）$CH_3CH{=}CHCHO \xrightarrow{LiAlH_4}$

（5）$(CH_3)_2C{=}CHCHO \xrightarrow{CH_2{=}PPh_3}$

（6）1,4-二氧杂螺[4.4]壬-7-酮 $\xrightarrow{Zn\text{-}Hg/HCl}$

（7）环己酮 $\xrightarrow{2,4\text{-}(O_2N)_2C_6H_3NHNH_2}$

13-5　请补充下列反应并写出反应机理。

（1）CH_3COCH_3 + HCN $\xrightarrow{OH^-}$

（2）$CH_3CHO \xrightarrow{NaHSO_3(饱和)}$

（3）$2\ CH_3CHO \xrightarrow{5\%\ NaOH}$

（4）$H_3C{-}CO{-}CH_3 \xrightarrow[H_2O/H^+]{Cl_2}$

（5）2-甲基环戊酮 + 丁-3-烯-2-酮 $\xrightarrow{OH^-}$ （双环烯酮产物）

（6）环癸-1,6-二酮 $\xrightarrow{EtONa}$ （双环烯酮产物）

（7）

13-6 请从指定原料或试剂合成下列产物。

（1）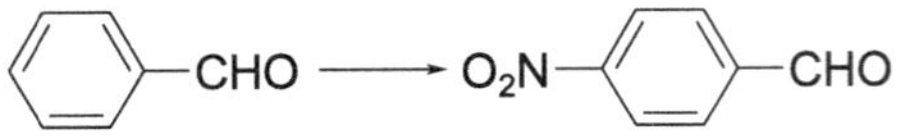

（2）$CH_3\overset{\overset{\large O}{\|}}{C}CH_2CH_2Br \longrightarrow CH_3\overset{\overset{\large O}{\|}}{C}CH_2CH_2\overset{\overset{\large OH}{|}}{C}HCH_3$

（3）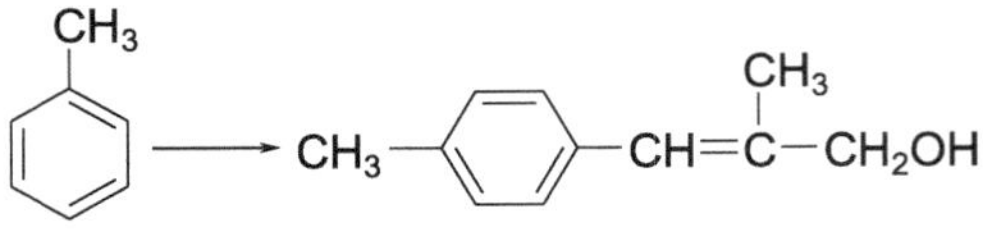

（4）$CH_3CH{=}CH_2 \longrightarrow CH_3CH_2CH_2CHO$

（5）以甲醛、乙醛和1, 3-丁二烯为原料合成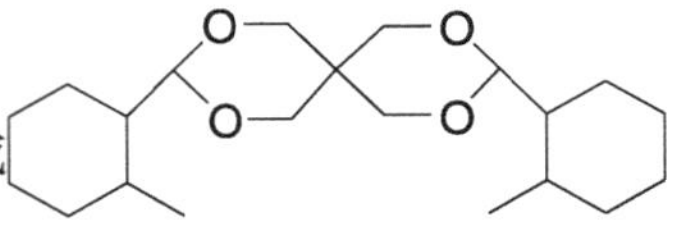

（6）以醛、酮和卤代烃为原料，通过Wittig反应，合成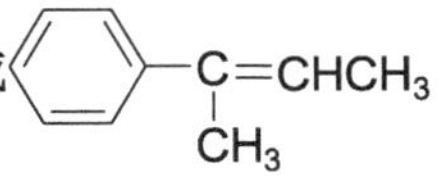

（7）由乙醛合成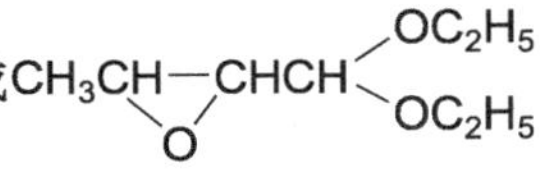

第14章 羧酸及其衍生物

羧酸及其衍生物和醛、酮一样，不仅在自然界中分布广泛，而且在有机合成中也具有重要的作用。本章主要讨论它们的结构、性质及有关羰基的化学反应。羧酸及其衍生物这类化合物结构中和羰基碳原子直接相连的原子上至少含有一对孤对电子，具有以下通式：RCOX，其中，RCO—称为酰基，是羧酸及其衍生物的官能团；R可以是芳香基和脂肪基；X分别为羟基、卤素、氨基、烷氧基和酰氧基时，对应的化合物是羧酸、酰卤、酰胺、酯和酸酐，其中酯、酰卤、酸酐、酰胺即为羧酸衍生物。

例如，丙酸及其衍生物如下面的结构所示：

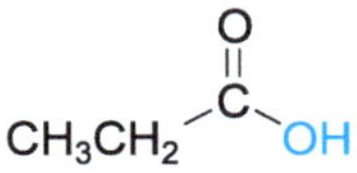

CH_3CH_2COOH 丙酸　　$ClCOCH_2CH_3$ 丙酰氯　　$CH_3OCOCH_2CH_3$ 丙酸甲酯

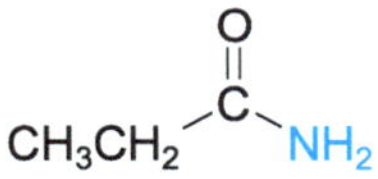

$CH_3CH_2CONH_2$ 丙酰胺　　$CH_3CH_2COOCOCH_2CH_3$ 丙酸酐　　CH_3CH_2CN 丙腈

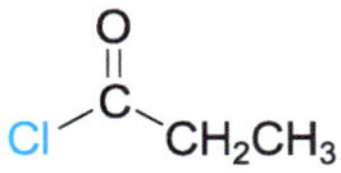

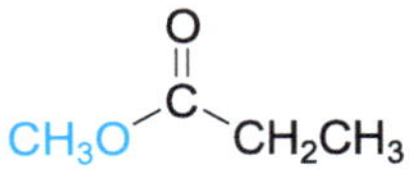

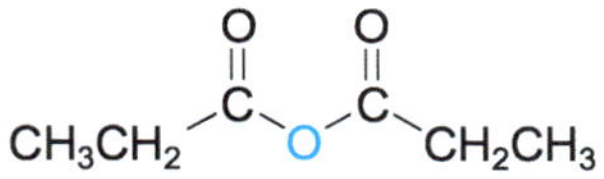

腈因为氰基（—CN）的化学性质和羧酸中的羰基相似被认为是羧酸衍生物，而且它也可以水解为相应的羧酸。

14.1 羧酸及其衍生物的命名

14.1.1 羧酸的命名

（1）普通命名法

有些羧酸是根据它的天然来源来命名的，例如：甲酸又称蚁酸，最初来自一种红色蚂蚁的毒素；乙酸又称醋酸，是食醋中的酸性成分；丁酸又称酪酸，是腐臭黄油中的臭味组分。许多情况下，羧酸的普通命名法（俗名）比系统命名法应用更广泛。例如：

$HCOOH$ 甲酸（蚁酸）　　H_3CCOOH 乙酸（醋酸）　　n-C_3H_7COOH 丁酸（酪酸）

含有取代基的脂肪族羧酸通常用阿拉伯数字来命名其取代基的相对位次，普通命名法中，有时也用希腊字母α、β、γ、δ等来标明取代基的相对位次，也就是和羧基位置关系，特别是在生物化学中尤为常用。例如：

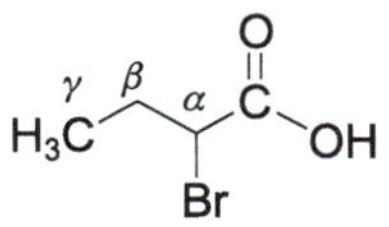

$H_3C\overset{\gamma}{}CH_2\overset{\beta}{}CH(Br)\overset{\alpha}{}COOH$ α-溴丁酸　　$(CH_3)_2CHCH(CH_3)COOH$ α,β-二甲基丁酸　　$C_6H_5CH_2CH_2COOH$ β-苯基丙酸

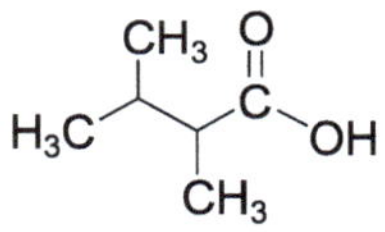

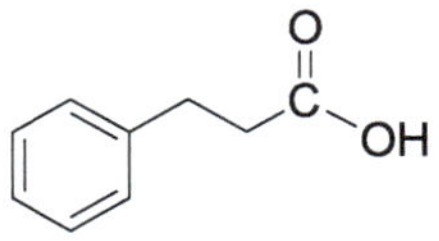

羧基直接连在苯环上的芳香族羧酸，通常作为苯甲酸（C_6H_5COOH，也称安息香酸）的衍生

物来命名，例如：

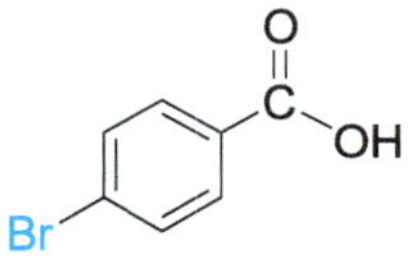

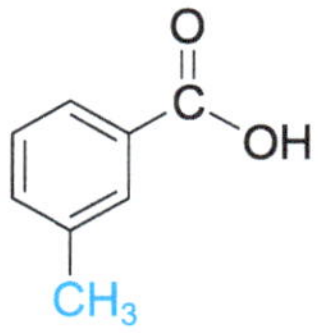

对溴苯甲酸　　间甲基苯甲酸

含有两个羧基的羧酸叫作二元羧酸，不含有支链的二元羧酸，一般以普通命名法命名。例如：

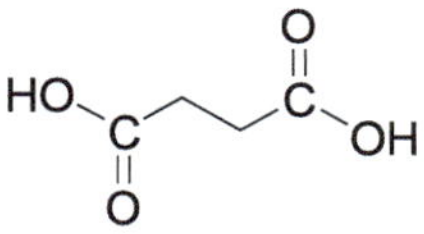

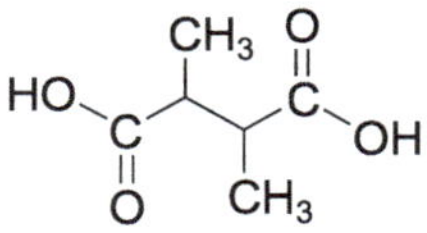

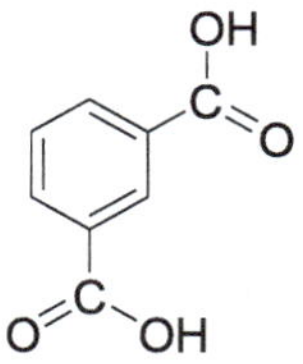

丁二酸　　对称二甲基丁二酸　　间苯二甲酸

H_2CO_3 是碳酸，它是个特殊的羧酸，结构中两个羟基连接在同一个羰基上。

（2）系统命名法

羧酸的系统命名法，通常把羧酸作为烃的衍生物，命名时在相应的烃后面加后缀“酸或羧酸”，例如：

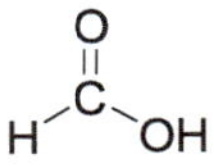

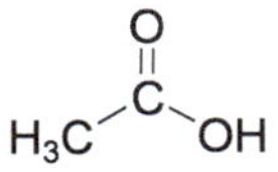

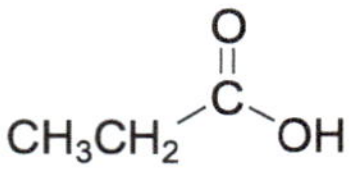

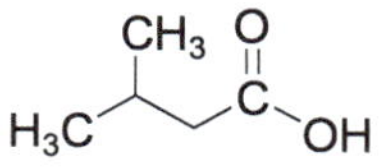

甲酸　　乙酸　　丙酸　　3-甲基丁酸

二元羧酸的命名是在相应的烃后面加后缀“二酸或羧二酸”，例如：

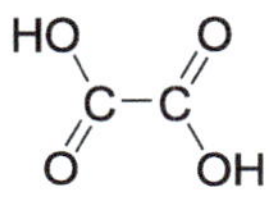

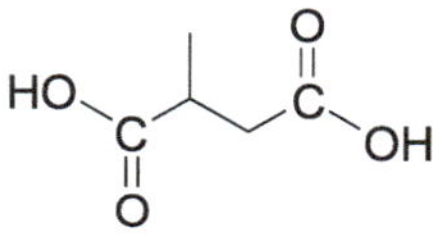

乙二酸　　2-甲基丁二酸

当羧基直接与环烷烃相连时以（羧）甲酸为母体，环烷基为取代基，例如：

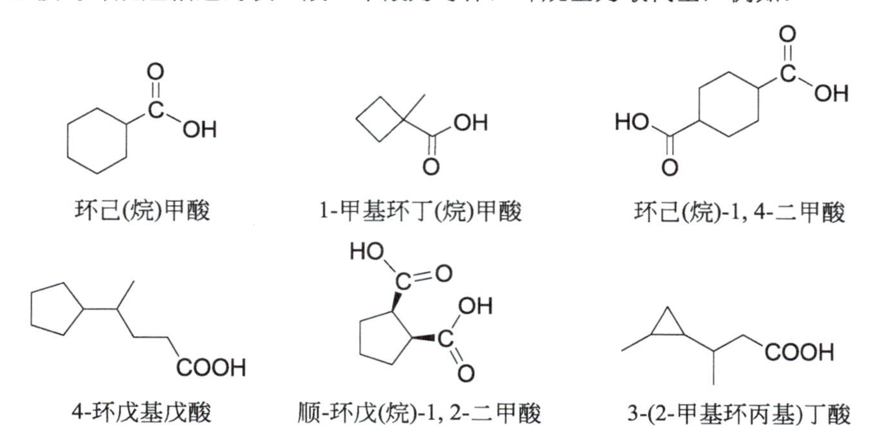

环己(烷)甲酸　　1-甲基环丁(烷)甲酸　　环己(烷)-1, 4-二甲酸

4-环戊基戊酸　　顺-环戊(烷)-1, 2-二甲酸　　3-(2-甲基环丙基)丁酸

如果结构中含有多个官能团，根据IUPAC 基团的优先次序来选择母体，其他的官能团就作为取代基，不同取代基的优先次序如下：

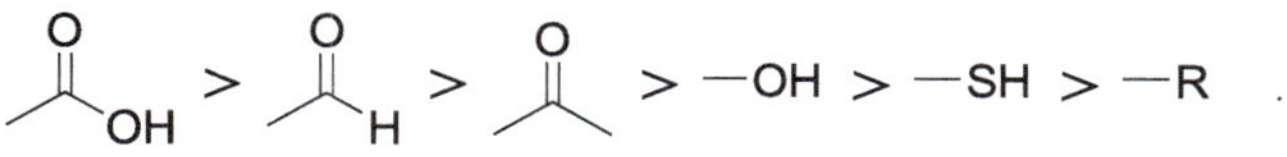

$-COOH > -CHO > C{=}O > -OH > -SH > -R$

例如：

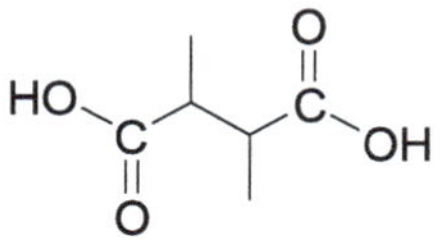

2,3-二甲基丁二酸(羧基优于烷基) 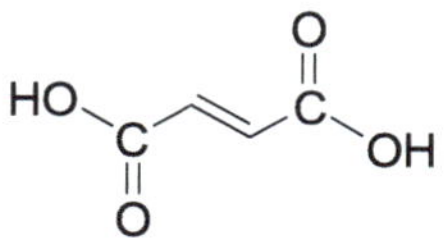　　　　反-2-丁烯二酸

结构中有醛基，或在主链或母体环中包含酮羰基的羧酸，它们的命名则是在相应羧酸名称的前面加上前缀“氧亚基”“二氧亚基”以表示取代基═O，或以“甲酰基”以表示取代基—CHO。例如：

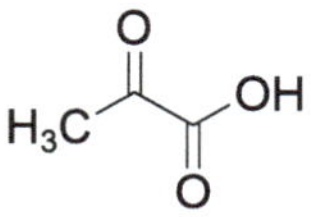

2-氧亚基丙酸
(羧基优于醛基/酮基)

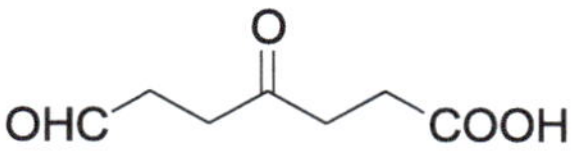

6-甲酰基-4-氧亚基己酸
(或4, 7-二氧亚基庚酸)

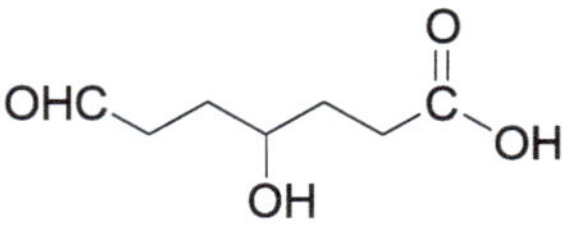

6-甲酰基-4-羟基己酸

通常羧基是最优先的官能团，编号为1，但有时羧基也作为取代基来命名。例如：

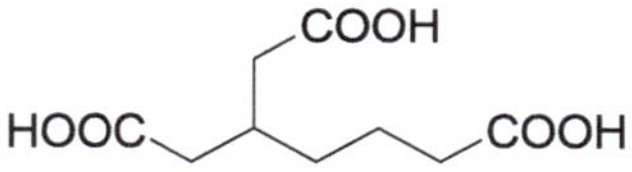

3-(羧甲基)庚二酸

羧酸盐的命名是根据形成羧酸盐的羧酸和碱来命名，例如：

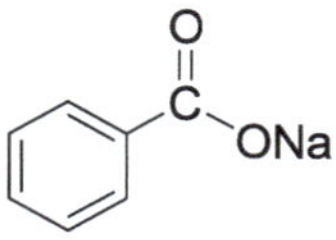

苯甲酸钠 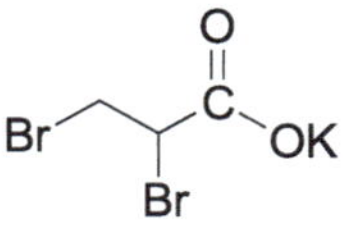　　　　2, 3-二溴丙酸钾

$(CH_3COO)_2Ca$　　　　$HCOONH_4$

醋酸钙(乙酸钙)　　　　甲酸铵

一些羧酸的结构和名称见表14-1。

表 14-1　一些羧酸的结构和名称

结构式	俗名	系统命名	来源	结构式	俗名	系统命名	来源
HCOOH	蚁酸	甲酸	蚂蚁	$HO_2CCH_2CO_2H$	胡萝卜酸	丙二酸	
CH_3COOH	醋酸	乙酸	食醋	$HO_2C(CH_2)_2CO_2H$	琥珀酸	丁二酸	
C_2H_5COOH	初油酸	丙酸	奶酪	$HO_2C(CH_2)_3CO_2H$	胶酸	戊二酸	
n-C_3H_7COOH	酪酸	丁酸	黄油	$HO_2C(CH_2)_4CO_2H$	凝脂酸	己二酸	
$(CH_3)_2CHCOOH$	异丁酸	2-甲基丙酸		C_6H_5CH=$CHCOOH$	肉桂酸	反-3-苯基丙酸	
$CH_3CH(OH)COOH$	乳酸	2-羟基丙酸		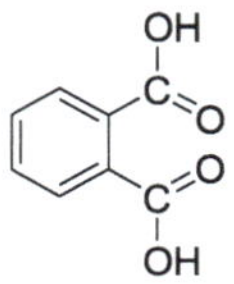	酞酸	邻苯二甲酸	
$CH_3(CH_2)_4COOH$	羊油酸	己酸	羊油				
$CH_3(CH_2)_{14}COOH$	棕榈酸	十六酸	棕榈油				
$CH_3(CH_2)_{16}COOH$	硬脂酸	十八酸	牛油				
CH_2=$CHCO_2H$	败脂酸	丙烯酸		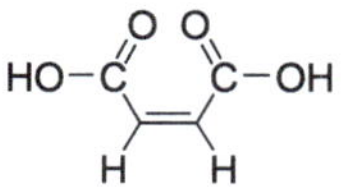	马来酸	顺丁烯二酸	
CH_3CH=$CHCO_2H$	巴豆酸	2-丁烯酸	巴豆				
HOOCCOOH	草酸	乙二酸					

14.1.2 羧酸衍生物的命名

无论是系统命名法还是普通命名法，羧酸衍生物的名称都可由原来的羧酸得到。

（1）酯和内酯的命名

酯是羧酸和醇或酚的脱水产物，因此可根据相应的酸、醇或酚来命名。由酸和一元醇形成的酯，称为某酸某（醇）酯。由酸和多元醇形成的酯，一般把酸放后面，称为某醇某酸酯。

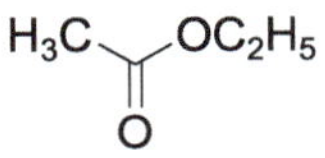

乙酸乙酯 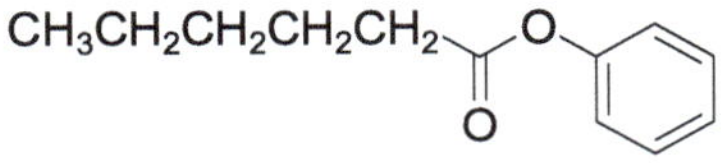　　己酸苯酚酯

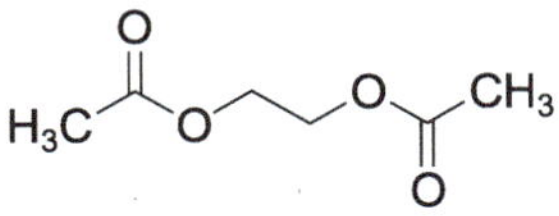

乙二醇二乙酸酯 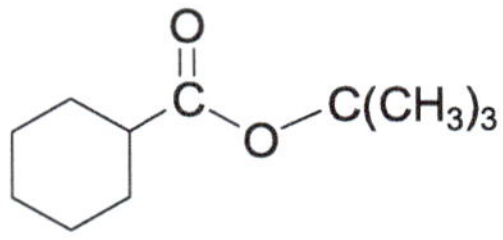　　环己基甲酸叔丁酯 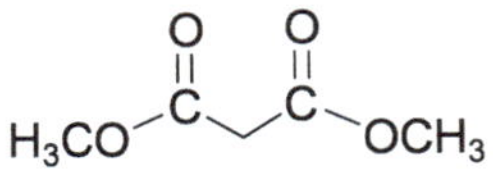　　丙二酸二甲酯

环状的酯是由同一个分子内的羧基和羟基脱水形成的酯，也称内酯，一些简单的内酯的普通命名法由形成内酯的酸主链上碳原子的数目来决定，用希腊字母来表示与酸成酯的相应醇羟基在主链上的位次。例如：

β-丁内酯 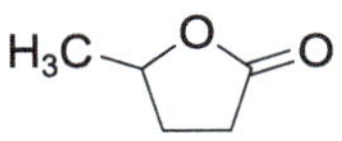　　γ-戊内酯 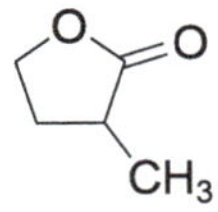　　α-甲基-γ-丁内酯 (2-甲基-4-丁内酯)

β-内酯必然是四元环，γ-内酯必然是五元环。

（2）酰基、酰卤、酸酐的命名

酰基是羧酸官能团的羧基去掉羟基后的基团，命名时把相应的羧酸去掉“酸”字加上“酰基”即可，此方法不仅适用于羧酸的普通命名法，也适用于羧酸的系统命名法。例如：

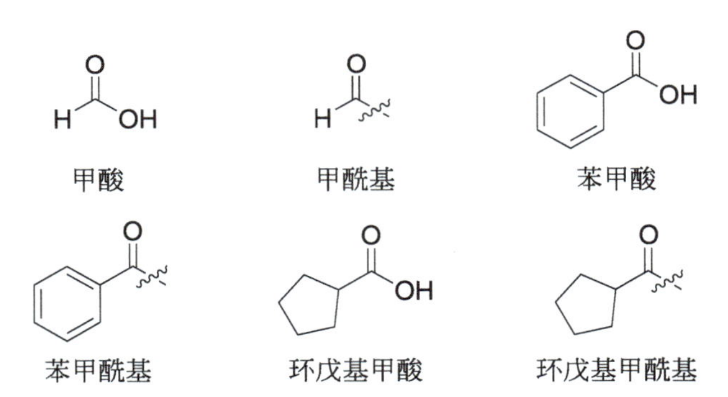

甲酸　　甲酰基　　苯甲酸

苯甲酰基　　环戊基甲酸　　环戊基甲酰基

酰卤一般包括酰氯、酰氟、酰溴、酰碘，但常用的是酰氯，命名时去掉相应羧酸的酸换成卤素即可。例如：

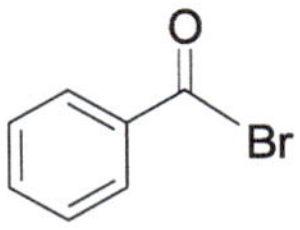

苯甲酰溴 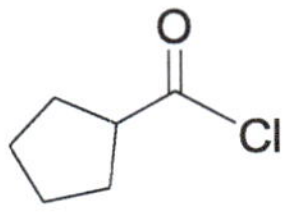　　环戊基甲酰氯 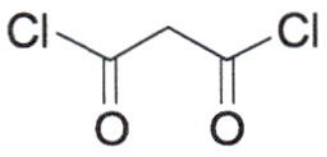　　丙二酸二酰氯 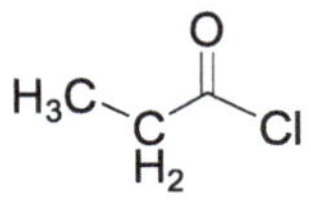　　丙酰氯

酸酐是根据形成酸酐的羧酸来命名，比较重要的酸酐如乙酸酐和由二元羧酸形成的环状酸酐，

由于五、六元环比较稳定，易形成环状酸酐。混酐是由不同的羧酸形成的酸酐，命名时先命名简单的羧酸，再命名复杂的羧酸，最后加“酐”字（对于英文命名法是按字母顺序）。例如：

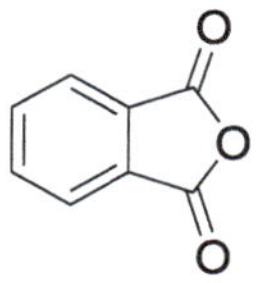

邻苯二甲酸酐 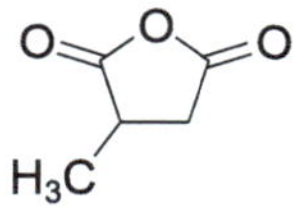　　2-甲基丁二酸酐 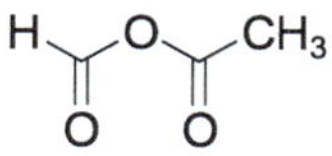　　甲酸乙酸酐(甲乙酐) 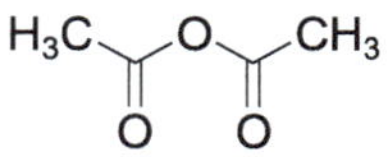　　乙酸酐(乙酐)

（3）酰胺、酰亚胺、内酰胺和腈的命名

酰胺是通过水解得到的羧酸来命名的，把相应的羧酸去掉酸字后，再加上“酰胺”即可。例如：

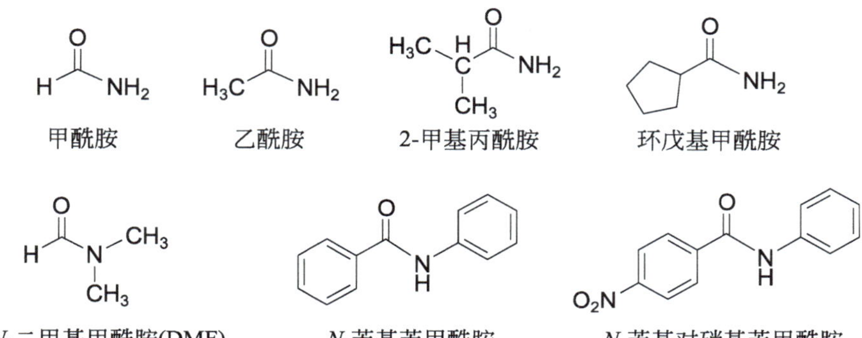

甲酰胺　　乙酰胺　　2-甲基丙酰胺　　环戊基甲酰胺

N, *N*-二甲基甲酰胺(DMF)　　*N*-苯基苯甲酰胺　　*N*-苯基对硝基苯甲酰胺

酰亚胺是两个酰基连接在一个氮原子上的化合物，以五、六元环的酰亚胺比较多，它们的命名可由形成酰亚胺的羧酸来命名。例如：

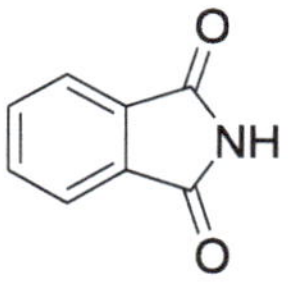

邻苯二甲酰亚胺 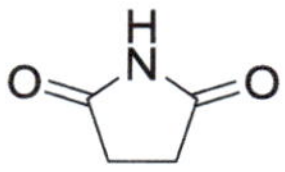　　丁二酰亚胺 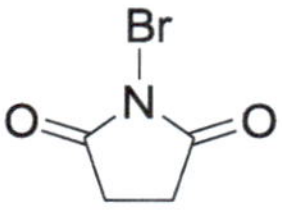　　*N*-溴代丁二酰亚胺(NBS)

环状的酰胺也叫内酰胺，简单内酰胺的命名可以参照内酯的命名。例如：

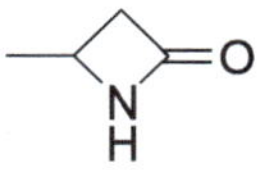

β-丁内酰胺　　*γ*-丁内酰胺

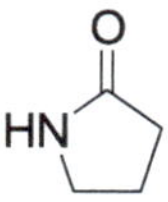

含有—C≡N的化合物叫作腈，—C≡N为官能团，其化学性质与羧基相似。腈可看作是羧酸的衍生物，根据相应的羧酸来命名。例如：

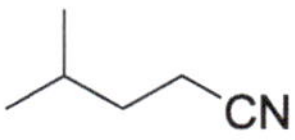

4-甲基戊腈　　乙腈　　苯甲腈 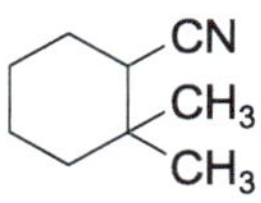　　2, 2-二甲基环己基甲腈 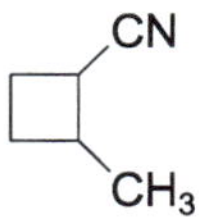　　2-甲基环丁基甲腈

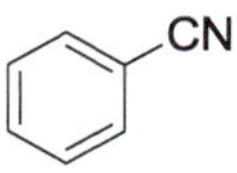

（4）取代基的命名

羧酸衍生物结构中去掉不同部位的基团形成的取代基，根据不同的羧酸衍生物命名也不同。例如：

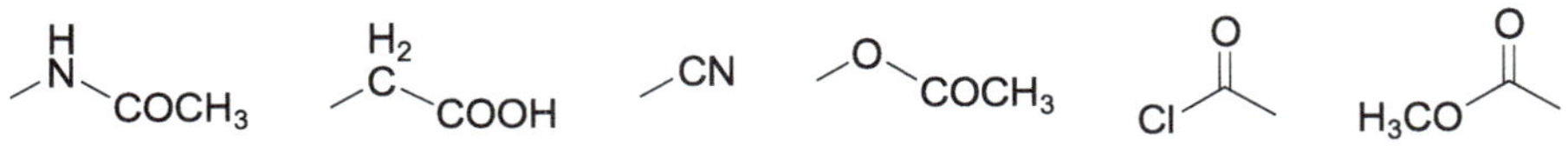

乙酰氨基　羧甲基　氰基　乙酰氧基　氯甲酰基　甲氧羰基

在羧酸衍生物中，不同官能团的优先次序如下：羧酸＞酸酐＞酯＞酰卤＞酰胺＞腈，所有这些基团优先次序都在醛、酮之上，也比前面学过的官能团优先。例如：

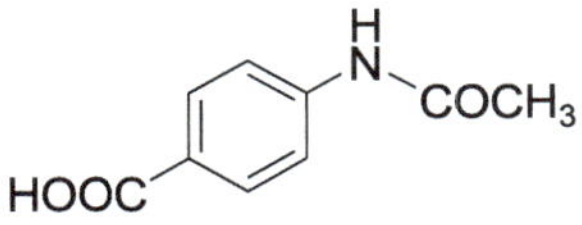

对乙酰氨基苯甲酸 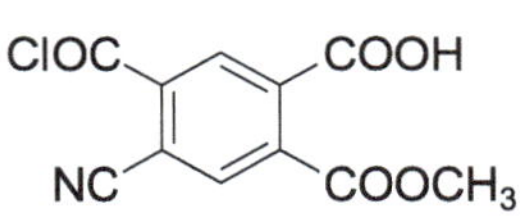　5-氯甲酰基-4-氰基-2-甲氧羰基苯甲酸

14.2 羧酸及其衍生物的结构和物理性质

14.2.1 羧酸及其衍生物的结构

具有酸性的有机化合物中，羧酸是最重要的物质之一，羧基是它们的官能团，含有如下结构：

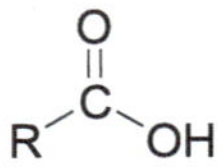

$$R-\overset{O}{\overset{\|}{C}}-OH$$

其中R可以是芳香族或脂肪族，因此可以分为芳香族羧酸或脂肪族羧酸。

如果羧基（—COOH）中羟基被卤素、酰氧基、氨基、烷氧基所取代，则形成相应的羧酸衍生物酰卤、酸酐、酰胺、酯，因为它们都含有酰基C═O，统称为酰基化合物。

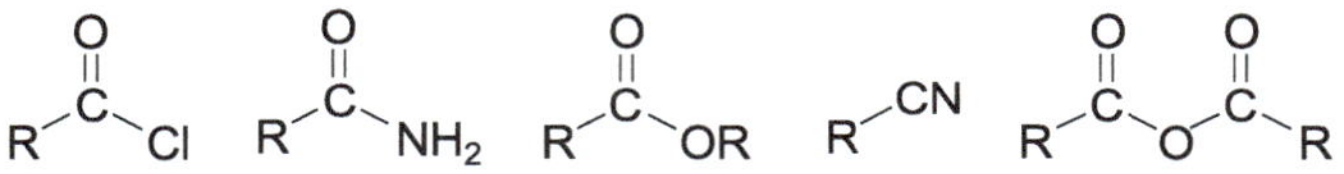

$R-\overset{O}{\overset{\|}{C}}-Cl$　$R-\overset{O}{\overset{\|}{C}}-NH_2$　$R-\overset{O}{\overset{\|}{C}}-OR$　$R-CN$　$R-\overset{O}{\overset{\|}{C}}-O-\overset{O}{\overset{\|}{C}}-R$

酰卤　酰胺　酯　腈　酸酐

与羧酸一样，羧酸衍生物也分为脂肪族或芳香族的，可以含有取代基，也可以不含有取代基，但是它们的分子结构、官能团的化学性质等都是一样的（表14-2）。

表14-2　羧酸衍生物的结构

结构	简写	酸取代	取代基	例子
$R-\overset{O}{\overset{\|}{C}}-OR'$	RCOOR′	H—	R′—	$H_3C-\overset{O}{\overset{\|}{C}}-OC_2H_5$
$R-\overset{O}{\overset{\|}{C}}-O-\overset{O}{\overset{\|}{C}}-R$	$(R-\overset{O}{\overset{\|}{C}})_2O$	H—	$(R-\overset{O}{\overset{\|}{C}})-$	$H_3C-\overset{O}{\overset{\|}{C}}-O-\overset{O}{\overset{\|}{C}}-CH_3$
$R-\overset{O}{\overset{\|}{C}}-X$	RCOX	HO—	X—	$H_3C-\overset{O}{\overset{\|}{C}}-Cl$
$R-\overset{O}{\overset{\|}{C}}-NR'R''$	$R-\overset{O}{\overset{\|}{C}}-NR'R''$	HO—	$R'R''N-$	$H_3C-\overset{O}{\overset{\|}{C}}-N(CH_3)C_2H_5$
N≡C—R	NC—R	HOOC—	NC—	$NC-CH_3$

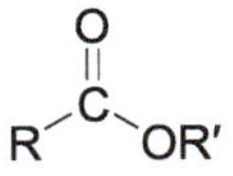

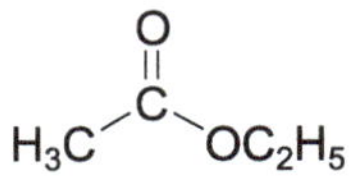

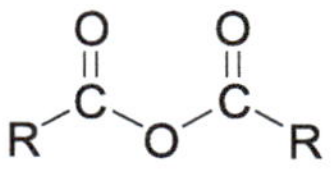

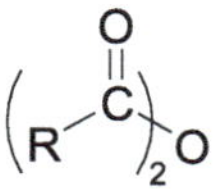

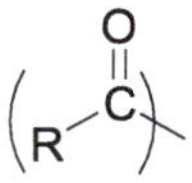

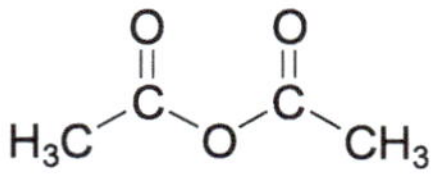

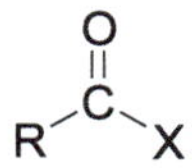

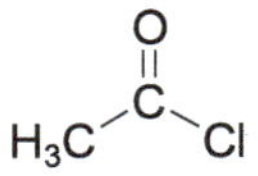

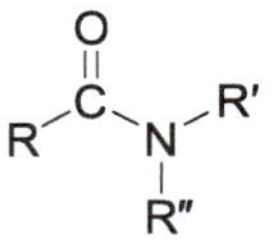

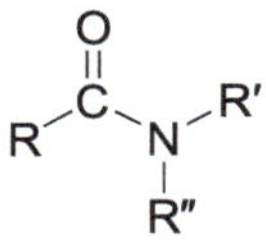

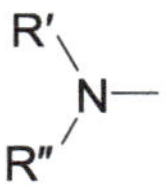

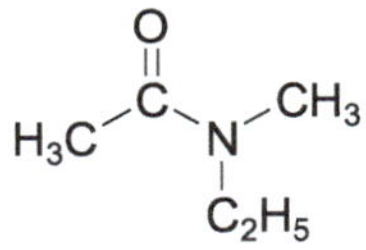

从图14-1可以看出羧酸中酰基C═O的键长和醛、酮中C═O的键长一样，而羧酸中C—O的键长比醇、醚中相应的C—O稍短。

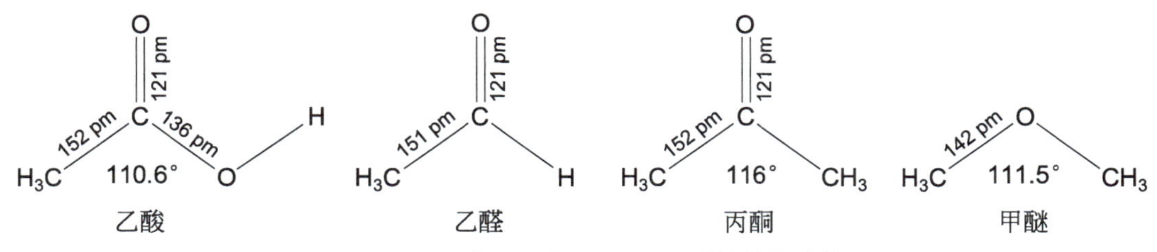

图14-1　乙酸、乙醛、丙酮和甲醚的结构比较

其中一个原因是羧酸中C—O单键是sp^2-sp^3形成的，但是在醇、醚中，C—O单键是sp^3-sp^3形成的。杂化轨道成键中s成分越多，就越靠近原子核，键长越短。p成分越多越远离原子核，键长越长。另外一个原因是羧酸具有以下共振结构，使其C—O单键具有部分C═O双键的特征，键长比普通的C—O单键的键长要短。

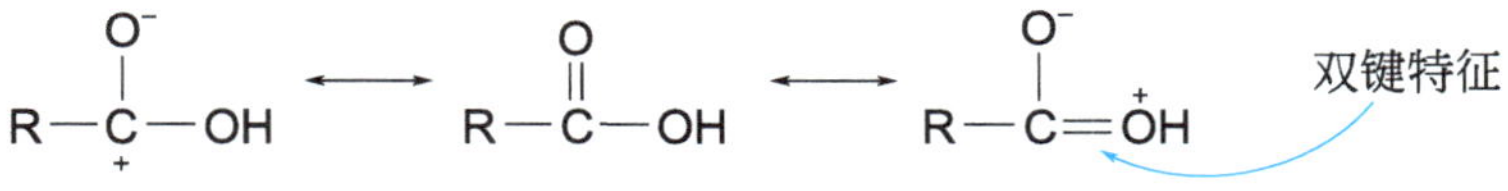

$$R-\overset{O^-}{\underset{+}{C}}-OH \longleftrightarrow R-\overset{O}{\overset{\|}{C}}-OH \longleftrightarrow R-\overset{O^-}{C}=\overset{+}{O}H$$

双键特征

羧基的共振结构

羧酸及其衍生物都具有这个性质，因为它们和酰基直接相连的原子上都含有至少一对孤对电子，都可以形成这种共振结构。事实上不仅羧酸及其衍生物具有这种结构，醛、酮也具有这种性质，这也是它们能和亲核试剂反应的原因。

羧酸中的羟基和醇中的羟基不同，因为羰基的吸电子效应增加了羟基中氢原子的正电性，也使羧酸根负离子更加稳定，这样羧酸中的羟基比醇中的羟基更加容易失去质子，这也导致羧酸的酸性比醇的酸性要强很多。

羧酸及其衍生物中的羰基和醛、酮中的羰基一样，也存在如图14-2这样的共振结构，因为孤对电子的影响使它比醛、酮中的共振结构更加稳定，也就比醛、酮更容易和亲核试剂（如醇、胺、有机金属化合物等）反应。在这个共振结构中，有一个C—O偶极离子，碳带部分正电荷，氧带部分负电荷。羧酸及其衍生物发生亲核取代反应的活性次序如下：

$$\overset{O}{\overset{\|}{C}}{=}O \longleftrightarrow \overset{O^-}{C^+}$$

图14-2　醛、酮羰基的共振结构

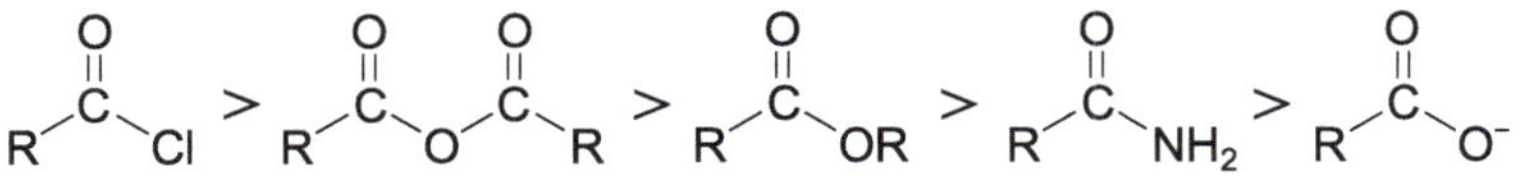

$$RCOCl > RCOOCOR > RCOOR > RCONH_2 > RCOO^-$$

例如，乙酰氯可以和冷水很快发生水解反应，生成乙酸和盐酸，而乙酰胺和乙酸乙酯则需要加热才能发生水解反应，有时还需要加入酸或碱作为催化剂。它们的反应活性次序和它们形成共振结构的稳定性次序相反，共振结构越稳定，反应活性越低，越不容易反应。

酰卤形成的共振结构是最不稳定的，也就是说它是最容易发生亲核取代反应的。卤原子与氧原子或氮原子不同，它比碳原子大得多，在形成共振结构时，分子轨道的相互重叠不好，导致共振结构不稳定。因为这个原因形成偶极离子时，正电荷更多地集中在碳原子上，偶极离子的极性最大，这样酰卤的稳定性就不如其他的羧酸衍生物。在所有的羧酸衍生物中，羧酸根负离子最稳定，因为它的负电荷分散在两个氧原子上面，同时因为它带有负电荷就不容易和亲核试剂反应。

此外，发生亲核取代反应时，羰基由三角形结构先转化成四面体结构，破坏了羰基共振结构的稳定性，这个转变能量叫作活化能，酰卤本身的能量高，转化需要的活化能就比其他的羧酸衍生物要低，所以酰卤反应活性最高，也就是说酰卤是最不稳定的。

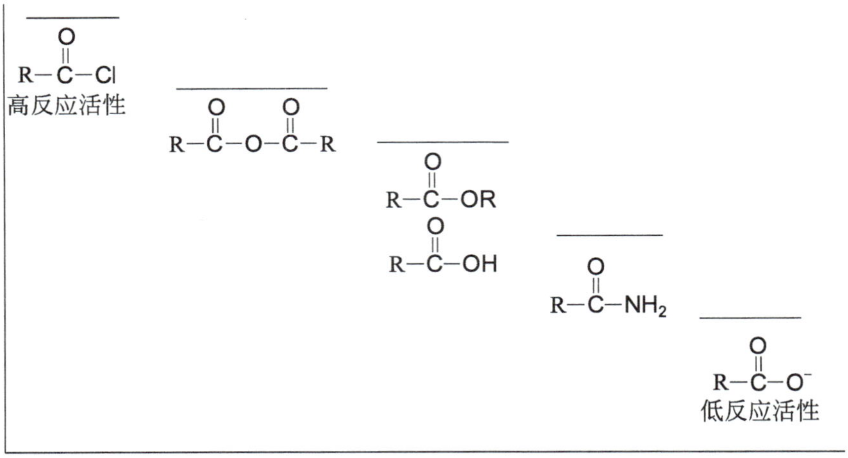

高反应活性

R—CO—Cl

R—CO—O—CO—R

R—CO—OR

R—CO—OH

R—CO—NH_2

R—CO—O^-

低反应活性

上表中越靠近左边的化合物就越容易通过亲核取代反应转化为靠近右边的化合物。因此，酰卤很容易转化成其他羧酸衍生物如酸酐、酯、酰胺、羧酸等，而酰胺能水解成羧酸和羧酸根离子，但不容易转化为酯、酸酐、酰卤。

14.2.2 羧酸及其衍生物的物理性质

（1）羧酸的物理性质

低级脂肪酸是液体，可溶于水，一般具有辛辣、刺鼻的味道；中级脂肪酸也是液体，部分溶于水，具有难闻的气味；高级脂肪酸是蜡状固体，无味也不溶于水；芳香酸是结晶固体，在水中溶解度不大。事实上，它们的沸点比多数分子量相近的烃、卤代烃都要高，甚至比分子量相当的醇、醛、酮的沸点还要高，这不仅因为它们分子极性大，还因为羧基的氧电负性较强，使电子偏向氧，形成分子间氢键。

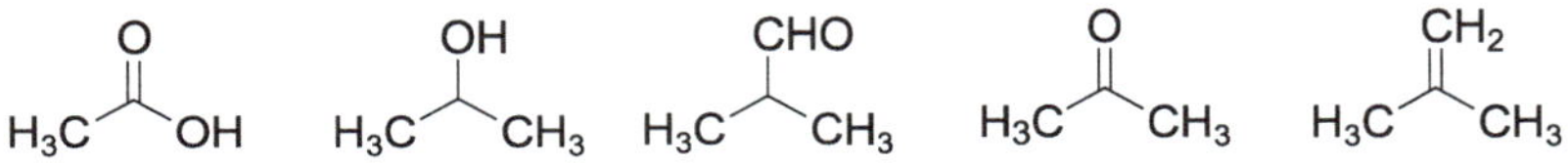

	CH_3COOH	$(CH_3)_2CHOH$	$CH_3CH(CHO)CH_3$	CH_3COCH_3	$CH_2=C(CH_3)_2$
沸点/℃	117.9	82.3	64.5	56.5	–6.9

在固体及液体状态时，羧酸大多以二聚体形式存在，甚至在气态时，分子量较小的羧酸如甲酸、乙酸等也以二聚体形式存在，这些结构均已被冰点降低法测定分子量和X射线衍射方法所证明。

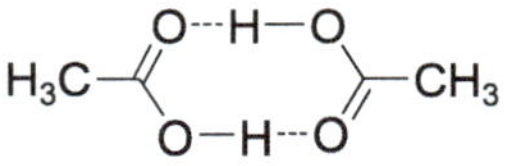

二聚乙酸

许多芳香族羧酸和所有的二元羧酸都是固体，低分子量的溶于水，随分子量的增加，水中的溶解度减小，含有支链的羧酸在水中溶解度比相应的不含支链的羧酸小。直链饱和一元羧酸的熔点随碳原子数目的增加而成锯齿状升高。含有偶数碳原子的羧酸熔点大于相邻的两个含奇数碳原子的羧酸，每个羧酸的熔点和含有两倍碳原子的直链烷烃相近。脂肪族的二元羧酸中还有这样的规律：单数碳原子的二元羧酸比少一个碳的双数碳原子的二元羧酸溶解度大，熔点低。

（2）羧酸衍生物的物理性质

羰基使羧酸衍生物具有极性，酰卤、酸酐和酯的沸点和分子量相当的醛、酮相近，而酰胺的沸点要高得多，因为酰胺可以形成比较强的分子间氢键。

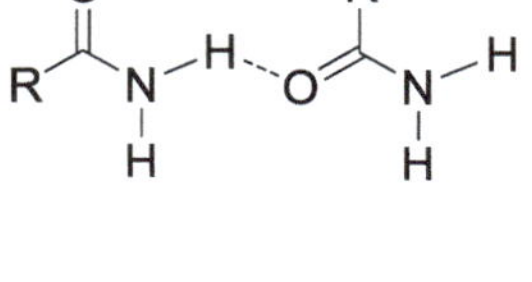

酰卤、酸酐不溶于水，低级的遇水分解；低级的酰胺可溶于水；酯一般不溶于水，遇水也不容易分解。这些羧酸衍生物都可溶于一般的有机溶剂，而乙酸乙酯和*N*, *N*-二甲基甲酰胺等都是很好的有机溶剂。

低级的酯具有芳香气味，存在于水果中，可用作香料。低级的酰胺具有刺鼻的气味，这是因为它们很容易水解生成羧酸和相应的胺，而低级的羧酸和胺都具有刺鼻难闻的气味。

腈是极性比较大的有机化合物，例如乙腈的偶极矩为3.4 D。腈的极性大，使它们的沸点比相应分子量的其他有机化合物要高得多。

	CH_3CN	C_2H_5CN	$H_3C-C\equiv C-H$	$H_2C=C=O$
沸点/℃	81.6	97.4	−23.3	−56

虽然腈与水不能形成氢键，但是乙腈可以任意比例溶于水，丙腈在水中也有一定的溶解度，高级的腈不溶于水。乙腈因其中等程度的沸点和比较高的介电常数（38），成为一种非常重要的非质子溶剂。

14.3 羧酸的制备

14.3.1 由氧化反应制备

烷烃、烯烃、炔烃、烷基苯和苯等烃类都可以通过氧化反应来制备羧酸，常用的氧化剂为$KMnO_4$、$K_2Cr_2O_7$、HNO_3和O_3。长链的烷烃发生剧烈氧化时，可以在碳链的任意位置断裂，产物比较复杂，一般没有工业应用价值。比较有价值的是丙烷、丁烷等低分子量的烷烃氧化，产物种类比较少，它们可以通过精馏的方法分开。例如：

$$R^1CH_2CH_2R^2 \xrightarrow[400\ ^\circ C]{HNO_3} R^1COOH + R^2COOH$$

$$CH_3CH_2CH_3 \xrightarrow{[O]} CH_3COOH + CO_2$$

$$CH_3CH_2CH_2CH_3 \xrightarrow{[O]} CH_3CH_2COOH + CO_2$$

当烯烃和炔烃的不饱和碳上含有氢原子时，可以通过氧化反应得到羧酸。

$$CH_3(CH_2)_{10}CH=CH_2 \xrightarrow{O_3} CH_3(CH_2)_{10}HC\overset{O-O}{\underset{O}{\quad}}CH_2 \xrightarrow[NaOH]{Ag_2O}$$

$$CH_3(CH_2)_{10}\overset{O}{\overset{\|}{C}}-ONa + H-\overset{O}{\overset{\|}{C}}-ONa \xrightarrow{H_3O^+} CH_3(CH_2)_{10}\overset{O}{\overset{\|}{C}}-OH + H-\overset{O}{\overset{\|}{C}}-OH$$

$$CH_3CH_2CH_2C\equiv CH \xrightarrow[2)\ H_2O]{1)\ O_3} CH_3CH_2CH_2COOH + HCOOH$$

$$CH_3(CH_2)_7C\equiv C(CH_2)_7COOH \xrightarrow[2)\ H_3O^+]{1)\ KMnO_4,\ OH^-} CH_3(CH_2)_7COOH + HOOC(CH_2)_7COOH$$

由烷基苯或取代的烷基苯氧化制羧酸，常用的氧化剂可以是$KMnO_4$、$Na_2Cr_2O_7$或HNO_3，一级和二级烷基可以氧化生成羧酸，三级烷基不能氧化生成羧酸，发生剧烈氧化时苯环发生断裂。例如：

$$O_2N-C_6H_4-CH_3 \xrightarrow[H_2O,\ 95\ ^\circ C]{KMnO_4} O_2N-C_6H_4-COOH$$

对硝基甲苯　　　　对硝基苯甲酸

由伯醇氧化制羧酸，与烷基苯比较，伯醇更容易氧化，氧化剂很容易进攻醇中羟基相连的碳原子而不是其他位置的原子，一般来说，部分氧化的原子更容易发生进一步氧化。尽管伯醇氧化为酸，常用的氧化剂是$KMnO_4$、$K_2Cr_2O_7$、HNO_3，但是乙醇氧化生成乙酸的反应，最经济最常用的方法是在某种酶的催化下，用空气氧化。

$$CH_3CH_2CH_2CH_2CH(C_2H_5)CH_2OH \xrightarrow[NaOH,\ H_2O]{KMnO_4} CH_3CH_2CH_2CH_2CH(C_2H_5)COOH$$

2-乙基己醇　　　　2-乙基己酸

由醛氧化制羧酸，醛非常容易氧化，在空气中无需催化剂就可以被氧化生成羧酸。工业上醋酸和庚酸就是通过氧化相应的醛得到。例如：

$$CH_3CHO \xrightarrow{O_2(空气)} CH_3COOH$$

$$C_6H_{13}CHO \xrightarrow{KMnO_4,\ H_2SO_4} C_6H_{13}COOH$$

当醇的碳链中存在双键或叁键时，为了使不饱和的叁键或双键不被氧化，经常使用酸性CrO_3或碱性氧化银作为氧化剂，有时也使用碱性氧化铜。例如：

$$CH_3(CH_2)_4C{\equiv}CCH_2C{\equiv}C(CH_2)_7CHO \xrightarrow[2)\ H_3O^+]{1)\ Ag_2O,\ NaOH} CH_3(CH_2)_4C{\equiv}CCH_2C{\equiv}C(CH_2)_7COOH$$

由苯环或者芳香烃氧化，含α-H烷基苯在臭氧作用下，再用过氧化氢处理，可以转化为羧基。例如：

$$R-C_6H_5 \xrightarrow[2)\ H_2O_2]{1)\ O_3,\ CH_3COOH} HOOC-C_6H_5$$

由甲基酮氧化，开链的酮发生氧化时，可以在羰基的两侧断裂生成羧酸，产物较复杂，一般不作为制备羧酸的方法，但是甲基酮能够发生卤仿反应生成羧酸。例如：

$$RCOCH_3 \xrightarrow[2)\ H_3O^+]{1)\ X_2/NaOH} RCOOH$$

14.3.2 由羧酸衍生物水解制备

醛、酮与腈可以通过加成反应生成氰醇，它可以水解生成α-羟基酸。在这里氰基水解生成羧基，因此，腈可以直接水解生成羧酸。

腈可由卤代烷与氰化钠发生亲核取代得到，通过水解得到比原来卤代烷多一个碳原子的羧酸。例如：

$$RCH_2X \xrightarrow{NaCN} RCH_2CN \xrightarrow{H_3O^+} RCH_2COOH$$

这种方法仅限于伯卤代烷，因为氰化钠是强碱，仲卤代烷和叔卤代烷在强碱作用下，很容易发生消除反应生成烯烃而不是腈。卤代芳烃特别是邻、对位含有硝基的卤代芳烃不能和氰化钠发生取代反应。

在适当的条件下，羧酸的其他衍生物如酰卤、酸酐、酯、酰胺和腈也可以通过水解反应生成相应的羧酸。但是这种水解反应是平衡反应，要提高收率就必须加大原料量或移除反应产物。在碱性条件下的水解反应也叫作皂化，将在羧酸衍生物的水解反应中详细叙述。

三个氯原子位于同一个碳原子上的多氯代烃水解，也生成羧酸。例如：

$$\text{3,5-}Cl_2C_6H_3CH_3 \xrightarrow[180\sim190\ ^\circ C]{Cl_2,\ h\nu} \text{3,5-}Cl_2C_6H_3CCl_3 \xrightarrow[H_2O]{H_2SO_4} \text{3,5-}Cl_2C_6H_3COOH$$

14.3.3 由有机金属化合物与二氧化碳反应制备

格氏试剂制备羧酸的方法是将格氏试剂与二氧化碳反应得到羧酸盐，然后加酸质子化。这种制备方法可以通过以下两种方式进行：将格氏试剂倒在干冰上或向格氏试剂溶液中通入二氧化碳气体。由格氏试剂制备羧酸一般产率较高，但是由烷基卤素制备格氏试剂时有一定的限制，有的卤素不活泼，不容易制备格氏试剂。

$$RX \xrightarrow[\text{乙醚}]{Mg} RMgX \xrightarrow{CO_2} RCO_2MgX \xrightarrow{H_3O^+} RCOOH$$

$$\text{2,4,6-}(CH_3)_3C_6H_2Br \xrightarrow[\text{乙醚}]{Mg} \text{2,4,6-}(CH_3)_3C_6H_2MgBr \xrightarrow[2)\ H_3O^+]{1)\ CO_2,\ \text{乙醚}} \text{2,4,6-}(CH_3)_3C_6H_2COOH$$

格氏试剂制备羧酸的反应机理和格氏试剂的其他反应机理一样，烷基负离子作为亲核试剂加在碳原子上，其余部分加到氧原子上，形成羧酸盐，然后用盐酸质子化形成羧酸：

$$\overset{-}{R}\overset{+}{M}gX + O{=}C{=}O \xrightarrow{\text{乙醚}} RC(=O)OMgX \xrightarrow{H_3O^+} RC(=O)OH$$

有机锂试剂与等物质的量的二氧化碳反应生成羧酸锂盐，再水解也生成羧酸。但是由于羧酸锂盐也能与有机锂试剂反应，生成物水解得到酮。因此有机锂试剂与二氧化碳的投料比对生成哪种产物起控制作用。

$$RBr \xrightarrow{Li} RLi \xrightarrow{CO_2} RCOOLi \xrightarrow{H_3O^+} RCOOH$$

$$RCOOLi \xrightarrow{RLi} R{-}C(OLi)_2{-}R \xrightarrow{H_3O^+} RCOR$$

14.3.4 其他方法

其他一些制备羧酸的重要方法如下。

甲醇和一氧化碳加成形成甲酸，例如：

$$CH_3OH + CO \longrightarrow CH_3COOH$$

乙烯、一氧化碳和水加成生成丙酸，例如：

$$H_2C{=}CH_2 + CO + H_2O \longrightarrow CH_3CH_2COOH$$

醇钠与一氧化碳加成形成羧酸钠，例如：

$$RONa + CO \longrightarrow RCOONa \xrightarrow{H_3O^+} RCOOH$$

14.4 羧酸的酸性

羧酸一个重要的特性是它的酸性。它们在水中可以电离出氢离子，其酸性比前面学过的化合物都要强，在水溶液中存在以下电离平衡。

$$RCOOH + H_2O \rightleftharpoons RCOO^- + H_3O^+$$

同其他的平衡反应一样，可以用平衡常数来衡量，酸的解离平衡常数为K_a，对于大多数羧酸，K_a在10^{-5}左右。

$$K_a = \frac{[RCOO^-][H_3O^+]}{[RCOOH][H_2O]}$$

每种羧酸都有自己的K_a值，它表示化合物酸性的强弱，也是表示已解离的羧酸与未解离羧酸浓度的比值，因此K_a越大表示离子化的羧酸越多，酸性越强，可用K_a来比较不同羧酸的酸性强弱。另外一种是用pK_a来比较羧酸的酸性强弱，$pK_a = -\lg K_a$。对于大多数羧酸而言，它的pK_a值在4～5之间。羧酸的酸性与它的结构有关，pK_a越小在平衡中解离的羧酸就越少，羧酸的酸性也就越强，非常强的羧酸的pK_a是负值。羧酸的水溶液可以使石蕊试纸变红，它可以用氨来中和，也可与碳酸钠反应放出二氧化碳，并且能与一些活泼金属反应放出氢气。

羧酸的酸性比醇和酚强，因为羧酸根负离子比酚氧负离子稳定，在羧酸根负离子中负电荷是分散在两个氧原子上的，两个氧原子完全相同，而酚氧负离子中负电荷主要集中在氧原子上，碳原子上很少。

酸性：$RCOOH > H_2O > ROH > HC{\equiv}CH > NH_3 > RH$

碱性：$RCOO^- < HO^- < RO^- < HC{\equiv}C^- < NH_2^- < R^-$

根据共振理论，羧酸根负离子由以下两种共振结构组成，两个碳氧键完全相同，键的各项参数介于碳碳单键和碳碳双键之间，具有部分单键的性质也具有部分双键的性质，负电荷均匀分布在两个氧原子上。

例如，甲酸根据经典价键理论应含有一个碳氧单键和一个碳氧双键，具有不同的键长，而甲酸钠，根据共振结构理论两个碳氧键键长应该相同，并且介于碳氧双键和碳氧单键之间，通过X射线衍射可证明这一点。甲酸的碳氧单键键长为136 pm，碳氧双键的键长为123 pm，甲酸钠中两个碳氧键键长相同，均为127 pm。

甲酸　　甲酸钠

羧酸的酸性是因为羧酸根负离子共振结构的稳定性，而其稳定性可以归结为碳氧双键即羰基的存在。吸电子基团可以降低羧酸根负离子的负电荷，稳定羧酸根负离子，增强羧酸的酸性。而给电子基团则相反，使羧酸根负离子负电荷增加，稳定性下降，羧酸的酸性减弱。而且取代基的影响可以归结为诱导效应，随取代基离羧基的位置变远而逐渐减弱。苯甲酸的酸性稍强于乙酸，这是由于在苯甲酸中，羧基与sp^2杂化的碳原子相连，而在乙酸中则与sp^3杂化的碳原子相连，s成分大的碳原子吸引电子的能力较强。

例如，F是吸电子比较强的基团，F取代基越多，离羧基越近，羧酸的酸性就越强，所得的羧酸根负离子就越稳定，卤素、羟基、硝基都具有这种效应。

CH_3COOH（pK_a=4.75）　　FCH_2COOH（pK_a=2.66）

$F_2CHCOOH$（pK_a=1.24）　　F_3CCOOH（pK_a=0.23）

$CH_3CH_2CH_2COOH$（pK_a=4.82）　　$ClCH_2CH_2CH_2COOH$（pK_a=4.52）

$CH_3CHClCH_2COOH$（pK_a=4.06）　　$CH_3CH_2CHClCOOH$（pK_a=2.84）

CH_3CH_2COOH（pK_a=4.87）　　$(CH_3)_3CCOOH$（pK_a=5.03）

给电子基团例如烷基则相反，它增加羧酸根负离子的负电荷，降低其稳定性，所以使羧酸的酸性减弱。

取代基对苯甲酸的影响和乙酸相似，吸电子基使酸性增强，推电子基使酸性减弱，和乙酸不同的是取代基对苯甲酸的影响还和取代基与羧基的相对位置有关（见表14-3）。

表14-3　不同取代苯甲酸的pK_a

取代基Y	COOH, Y 邻位	COOH, Y 间位	Y—C₆H₄—COOH 对位
H	4.20	4.20	4.20
OH	2.97	4.08	4.48
OCH_3	4.09	4.09	4.47
NO_2	2.17	3.49	3.42
F	3.27	3.86	4.14
Cl	2.92	3.82	3.98
Br	2.85	3.81	3.97
CH_3	3.91	4.27	4.37

邻位的取代基有助于与羧基形成共轭效应，增强羧酸的酸性，而且邻位取代基也易于与羧基形成分子内氢键。

观察特殊例子，会发现取代基对苯甲酸酸性影响很明显。例如：苯环邻位有强吸电子基团时，酸性增强。由于吸电子基团硝基的影响，邻硝基苯甲酸的酸性大于间硝基苯甲酸。如果按取代基位置远近来推测，我们会认为对硝基苯甲酸的酸性是最弱的，但是实际上它的酸性比间硝基苯甲酸略强，这是因为对硝基苯甲酸和间硝基苯甲酸形成不同的共振结构，但对硝基苯甲酸的共振结构更加稳定，所以它的酸性也更强。

对硝基苯甲酸根　　间硝基苯甲酸根

另外一个例子是羟基苯甲酸，羟基具有吸电子诱导效应和给电子共轭效应。间羟基苯甲酸

（pK_a = 4.08）的酸性比苯甲酸（pK_a = 4.20）略强，主要归功于羟基对羧酸根离子的吸电子诱导效应。相反对羟基苯甲酸（pK_a = 4.48）的酸性比苯甲酸略弱，这是因为羟基有个共振结构式降低了羟基的吸电子诱导效应，这种电子效应对苯甲酸比对其他芳香酸要明显得多。

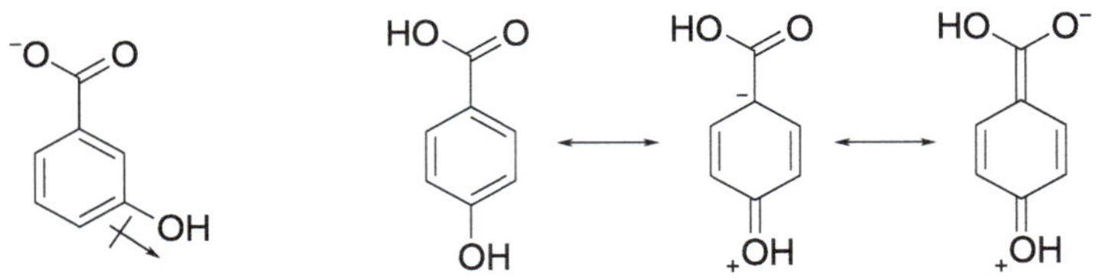

如果羟基在邻位，诱导效应使酸性增强，而共轭效应则使酸性减弱，实际上在邻羟基苯甲酸中，这两种效应都存在，但都不是主要影响因素。邻羟基苯甲酸的负离子结构中羟基与羧酸根氧负离子形成氢键，使羧酸根负离子更加稳定，其酸性在三种异构体中最强。

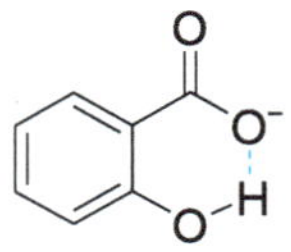

通过分析这些取代基可以得出结论，对于取代的苯甲酸来说，其酸性不仅和取代基的种类有关，还和取代基在苯环上的相对位置有关。但是不管在哪个位置，吸电子取代基有助于稳定羧酸根离子，从而使羧酸的酸性增强，羧酸根的碱性减弱，给电子则相反。

因此，在苯甲酸、对溴苯甲酸和对甲基苯甲酸这三种酸中，Br的吸电子效应使对溴苯甲酸酸性最强，苯甲酸中等，甲基的给电子效应使对甲基苯甲酸的酸性最弱。

从表14-3可以看出，所有的邻位取代基都可以增强苯甲酸的酸性，但是大的邻位取代基空间位阻大，会使羰基离开苯环的共平面，羰基的 π 电子云和苯环的 π 电子不再有重叠，从而使羧酸根共振杂化体的稳定性降低，羧酸的酸性增强，这种作用称为空间位阻作用。

尽管许多的取代基效应能够从逻辑上和理论上解释，但是精确测量得到的数据表明有时需要用其他的方式来解释羧酸的酸性次序。因为各种因素之间的相互作用导致很难给羧酸的酸性一个正确的排序，这些因素通常包括空间位阻、共振效应和诱导效应等。如不考虑这些因素的相互影响，化学家所发现的取代基效应适合于不同的基团，也就是说，通过知道某个取代基对苯甲酸的酸性影响就能够知道其对其他羧酸的酸性影响。

羧酸中的羰基和醛、酮中一样，也具有弱碱性：

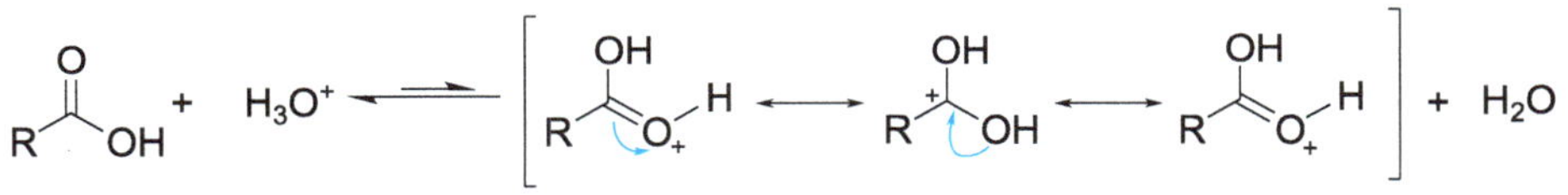

羧酸的碱性在化学反应中有着重要作用。羰基氧原子质子化的羧酸（如下图所示）比羟基质子化的羧酸要稳定，因为前者可以形成稳定的共振结构，所以说羧酸质子化时一般在羰基氧原子上发生质子化。

(稳定)

14.5 生成酰卤和酸酐

14.5.1 生成酰卤

羧酸比较难发生亲核取代反应，需对羧酸中的酰基进行活化才可发生反应，常用的方法是将羧酸转化为酰氯，氯原子是个较好的离去基团，容易转化为其他原子和原子团，如羟基、烷氧基、酰氧基、氨基等。因此，酰氯可以转化为其他的羧酸衍生物如酸酐、酯、酰胺等。

用氯取代羧酸中的羟基就得到酰氯，常用的试剂有三种：氯化亚砜 $SOCl_2$、三氯化磷 PCl_3 和五氯化磷 PCl_5。

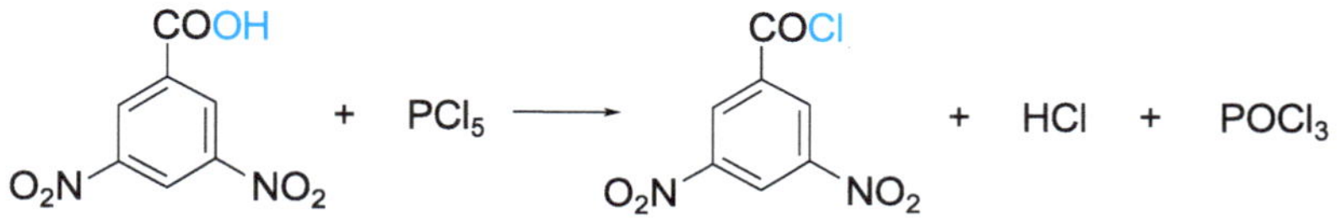

3,5-二硝基苯甲酸 + PCl_5 ⟶ 3, 5-二硝基苯甲酰氯 + HCl + $POCl_3$

$$3\ CH_3CH_2CH_2COOH + PBr_3 \longrightarrow 3\ CH_3CH_2CH_2COBr + P(OH)_3$$

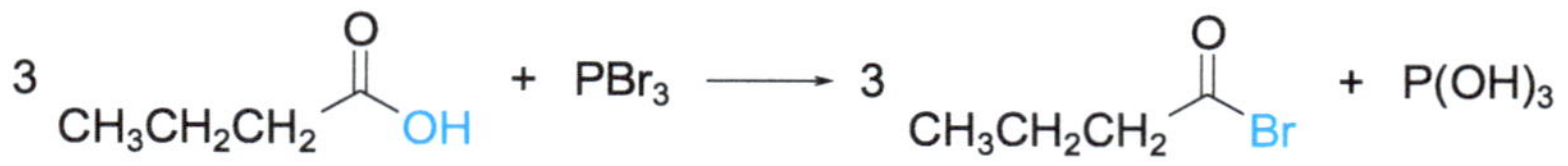

正丁酸 正丁酰溴

氯化亚砜因为沸点低（79 ℃），副产物为氯化氢和二氧化硫都是气体容易去除，所以一般制备酰氯时常用氯化亚砜。如苯甲酰氯的制备，分子量较大的苯甲酰氯沸点高，容易通过蒸馏的方法提纯，并去除过量的氯化亚砜和反应的副产物气体氯化氢及二氧化硫。

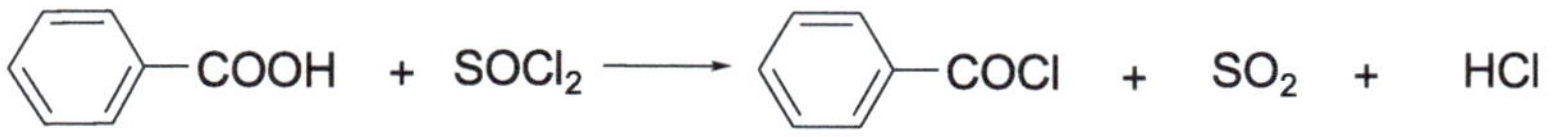

$$C_6H_5COOH + SOCl_2 \longrightarrow C_6H_5COCl + SO_2 + HCl$$

苯甲酸 熔点 122 ℃；氯化亚砜 沸点 79 ℃；苯甲酰氯 沸点 198 ℃

其反应机理如下：首先羟基氧原子作为亲核试剂进攻氯化亚砜的硫原子，然后脱去一个氯离子形成中间体，氯离子再作为亲核试剂进攻酰基碳原子，断裂碳氧单键形成酰氯和亚硫酸单酰氯，亚硫酸单酰氯再分解为二氧化硫和氯化氢。

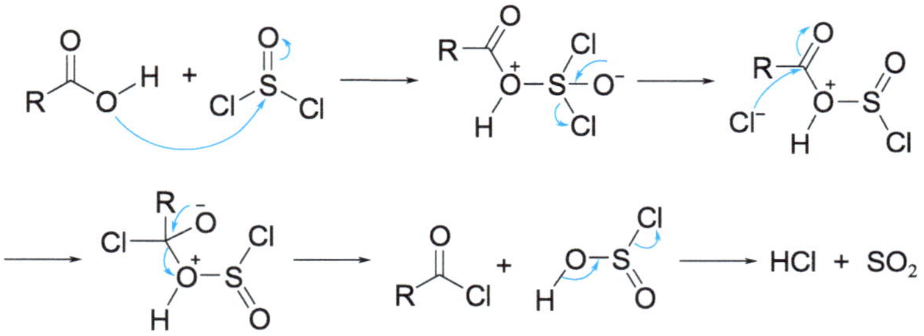

$$\longrightarrow HCl + SO_2$$

14.5.2 生成酸酐

酸酐是由两分子羧酸脱去一分子水形成的，有两种方法脱水：加热或加入脱水剂如五氧化二磷、乙酸酐、甲苯等。因为脱水剂可以和水反应生成低沸点化合物或与水共沸，去除反应中生成的水。

乙酸酐，在工业上有广泛应用，其工业制法就是加热乙酸到 800 ℃脱水。

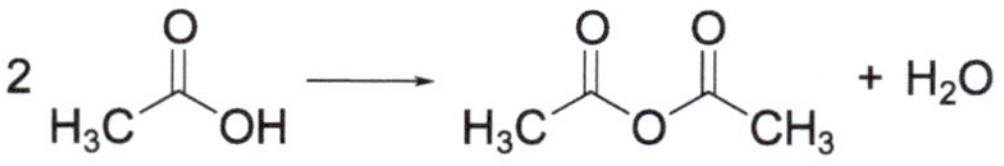

$$2\ H_3CCOOH \longrightarrow H_3CCOOCOCH_3 + H_2O$$

乙酸 乙酸酐

十二酸酐是通过加热十二酸和乙酸酐的混合物来制备的，乙酸酐起脱水剂的作用。

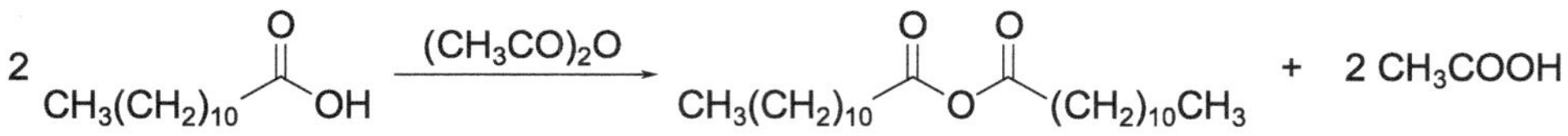

$$2\ CH_3(CH_2)_{10}COOH \xrightarrow{(CH_3CO)_2O} CH_3(CH_2)_{10}C(=O)OC(=O)(CH_2)_{10}CH_3 + 2\ CH_3COOH$$

十二酸 熔点 44 ℃ 十二酸酐 熔点 42 ℃

乙酸酐也可以由乙酸和乙烯酮反应来制备，而乙烯酮（$CH_2=C=O$）可以由乙酸高温脱水得到。

$$CH_3COOH \xrightarrow[700\ ^\circ C]{(EtO)_3PO} H_2O + O=C=CH_2 \xrightarrow{CH_3COOH} (CH_3CO)_2O$$

乙烯酮 乙酸酐

乙烯酮化学性质非常活泼，可作为甲基化试剂使用，在实验室通常由丙酮高温分解得到。

$$CH_3COCH_3 \xrightarrow{700\sim750\ ^\circ C} CH_2=C=O + CH_4$$

乙烯酮

对于一些环状的酸酐特别是能形成五元、六元环的酸酐，一般由相应的二元羧酸加热脱水得到。例如：

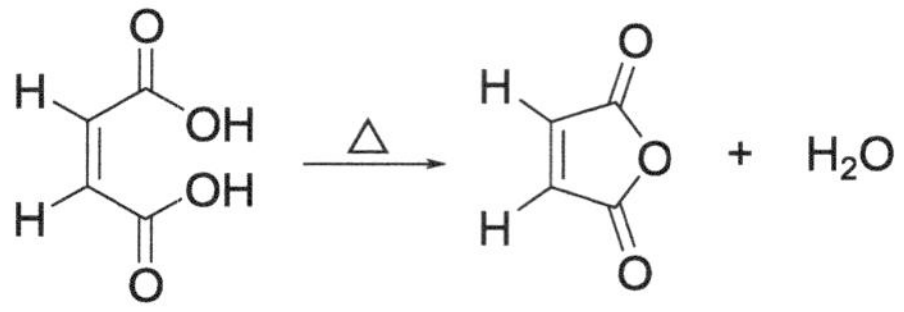

$$顺丁烯二酸 \xrightarrow{\triangle} 顺丁烯二酸酐 + H_2O$$

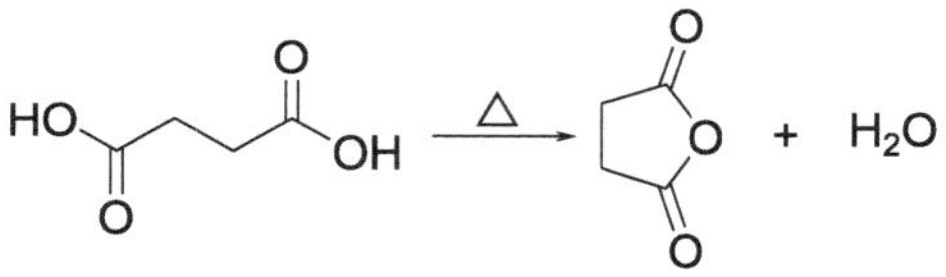

$$HOOCCH_2CH_2COOH \xrightarrow{\triangle} 丁二酸酐 + H_2O$$

$$邻苯二甲酸 \xrightarrow{200\ ^\circ C} 邻苯二甲酸酐 + H_2O$$

另外一种制备酸酐的方法是由酰卤与羧酸盐发生亲核取代反应得到，例如，制备2-甲基丙酸酐就可以用这种方法。

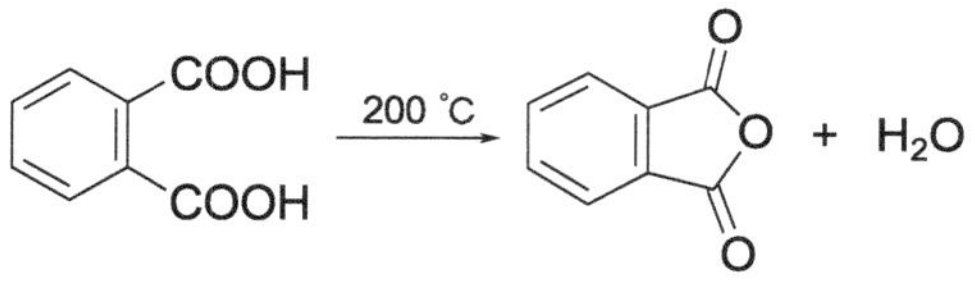

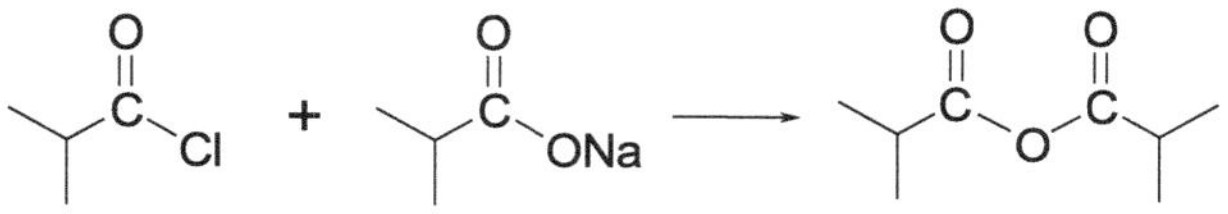

$$(CH_3)_2CHCOCl + (CH_3)_2CHCOONa \longrightarrow (CH_3)_2CHC(=O)OC(=O)CH(CH_3)_2$$

2-甲基丙酰氯 2-甲基丙酸钠 2-甲基丙酸酐

一些混酐也可由这种方法来制备：

$$CH_3CH_2COCl + CH_3COONa \longrightarrow CH_3CH_2-C(=O)-O-C(=O)CH_3$$

丙酰氯 乙酸钠 乙酸丙酸酐

14.6 羧酸衍生物与水的亲核取代反应

14.6.1 水解

羧酸衍生物可以和水反应生成羧酸，低级的酸酐或酰卤，如乙酰氯、乙酸酐和水反应很快，生成乙酸。酰卤和酸酐都有一个较好的离去基团，卤素负离子和羧酸根离子，水在反应中作为亲核试剂进攻羰基碳原子，先加成后消除。

$$CH_3COCl + H_2O \longrightarrow CH_3COOH + HCl$$

$$(CH_3CO)_2O + H_2O \longrightarrow 2\,CH_3COOH$$

酯和水发生亲核取代反应，活性远不如酰卤和酸酐，酯发生水解为羧酸必须在酸或碱作催化剂的情况下，而且是可逆反应，同样条件下也可由羧酸和醇反应得到酯，采用大大过量的水有利于酯的水解。有时为使水解反应进行完全，一般采用碱作为催化剂，可以作为反应物和产物中的羧酸反应生成水和羧酸盐，降低反应体系中羧酸的浓度，使平衡向正方向移动。

$$CH_3COOC_2H_5 + H_2O \underset{}{\overset{H_2SO_4}{\rightleftharpoons}} CH_3COOH + C_2H_5OH$$

腈也可以水解生成羧酸，反应中首先水解得到酰胺，然后酰胺再水解得到羧酸，在一定条件下可以分离出中间体酰胺。

$$C_6H_5CH_2CN \xrightarrow[40\ ^\circ C,\ 1\ h]{HCl/H_2O} C_6H_5CH_2CONH_2$$

苯乙腈　　　苯乙酰胺

$$C_6H_5CH_2CN \xrightarrow[100\ ^\circ C,\ 3\ h]{H_2SO_4/H_2O} C_6H_5CH_2COOH + NH_4HSO_4$$

苯乙腈　　　苯乙酸　　　硫酸氢铵

酰胺在羧酸衍生物中活性最低，但同腈一样也可以在碱或酸催化下水解得到羧酸。

$$C_6H_5CH_2CONH_2 \xrightarrow[\triangle]{NaOH/H_2O} C_6H_5CH_2COONa + NH_3$$

苯乙酰胺　　　苯乙酸钠

14.6.2 水解反应机理

以酯的水解为例，其他的羧酸衍生物，如酰卤、酸酐、酰胺、腈的水解机理和酯的水解机理是一样的，有两种方法可以用来研究酯的水解反应机理。

（1）酯的碱催化水解机理

碱性条件下，碱的氢氧根离子作为亲核试剂，其亲核性比水要强得多；酯的碱性水解是不可逆反应，因为羧酸根离子不容易和醇反应。酯的碱性水解是通过亲核加成-消除机理完成的，其具体过程如下：

$$RCOOR' + OH^- \longrightarrow HO-C(O^-)(R)(OR') \longrightarrow RCOO^- + R'OH$$

首先，氢氧根离子进攻酯中的羰基，发生亲核加成反应，形成四面体结构的中间体，然后消除烷氧基负离子，这两步均是可逆反应，四面体结构的中间体消除氢氧根离子得到原来的酯，由于反应在碱性条件下进行，生成的羧酸和碱反应，使平衡向正方向移动。这个与动力学测定是一致的。动力学测定表明这是个二级反应，反应速率和氢氧根离子浓度及酯的浓度都有关系。也可由旋光性酯的水解产物的旋光性得到证明。

仲醇和苯甲酰氯生成酯，反应包括氢氧键的断裂和碳氧键的形成，不会改变手性碳原子的构型。如其水解是断裂仲丁基和氧原子之间的化学键，则得到构型改变的醇（S_N2机理）。

$$C_6H_5COCl + H-O-CH(C_2H_5)(CH_3) \longrightarrow C_6H_5C(=O)-O-CH(C_2H_5)(CH_3) \xrightarrow{^-OH} H-C(C_2H_5)(OH)(H_3C)$$

如果是另外一种情况，氢氧根离子进攻羰基碳原子，在水解反应过程中仲丁基和氧原子之间化学键没有断裂，则保持仲丁醇的构型。

$$C_6H_5COCl + H-O-CH(C_2H_5)(CH_3) \longrightarrow C_6H_5C(=O)-O-CH(C_2H_5)(CH_3) \xrightarrow{HO^-} HO-CH(C_2H_5)(CH_3)$$

反应前后溶液的旋光度测量说明本反应是按第二种机理进行，即氢氧根负离子是进攻羰基碳原子而不是烷氧基碳原子，得到构型不变的醇。

例如，乙酸正戊酯的碱性水解，氢氧根离子作为亲核试剂进攻羰基碳原子，先形成四面体中间体，然后分解为酸和醇氧负离子。对于S_N2反应，烷氧基负离子不是一个好的离去基团。因为，烷氧基负离子是个比羧酸根负离子更强的碱，导致其和羧酸交换实际形成的是羧酸根负离子和醇，从而推动反应的进行。

$$CH_3C(=O)-O(CH_2)_4CH_3 \underset{}{\overset{OH^-}{\rightleftharpoons}} CH_3C(O^-)(OH)-O(CH_2)_4CH_3 \rightleftharpoons CH_3C(=O)-OH + {}^-O(CH_2)_4CH_3$$

$$\longrightarrow CH_3C(=O)-O^- + HO(CH_2)_4CH_3$$

同位素标记实验表明酯的碱性水解是两步反应，羰基^{18}O标记的苯甲酸乙酯在含^{16}O的水中发生酸性或碱性水解反应，反应中检测到羰基是^{18}O和^{16}O的标记的两种苯甲酸乙酯，同时发现乙醇中含有^{18}O，而在未反应的酯中检测到^{16}O羰基氧原子。

$$C_6H_5C(={}^{18}O)-OC_2H_5 \xrightarrow{H_2{}^{16}O} C_6H_5C(={}^{18}O)-OC_2H_5 + C_6H_5C(={}^{16}O)-OC_2H_5$$

这个现象可以用四面体中间体解释如下：

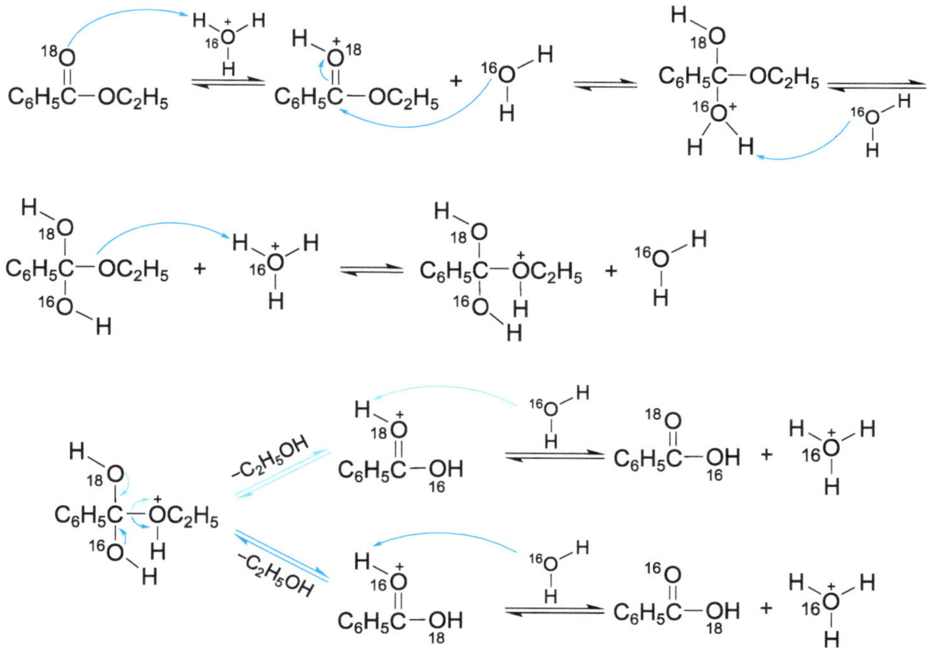

（2）酯的酸催化水解机理

酯的水解也可以在酸的催化下进行，经同位素方法证明，酸催化反应也是酰氧键的断裂，如上所示，但是酯的酸性水解还有另外一种机理。例如正己酸叔丁酯在氯化氢的二氯甲烷中水解，断裂烷氧键得到正己酸和叔丁醇，反应甚至可以在没有水的情况下发生。

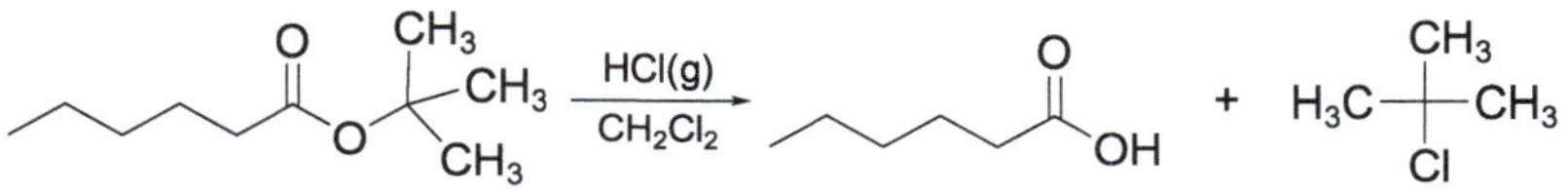

反应的第一步和酸催化酯的水解一样，得到羰基质子化的酯，随后发生 S_N1 反应得到羧酸负离子和相对稳定的叔碳正离子，碳正离子容易受到亲核试剂的进攻得到另一个反应产物。

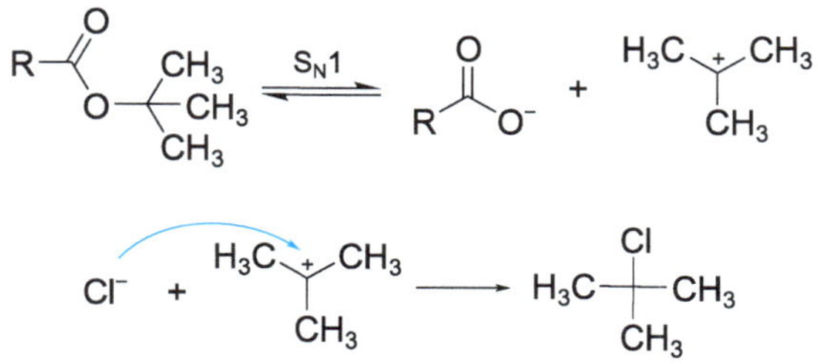

注意这里断裂的是烷氧键，而一般的酸催化或碱催化断裂的是酰氧键，这个机理也不能推广到其他的叔丁酯，伯醇和仲醇的正己酸酯也不能按这个机理水解，因为反应中得到的伯碳正离子和仲碳正离子没有叔碳正离子稳定。

14.7 羧酸衍生物的醇解反应

14.7.1 酰基化反应

酰卤、酸酐和醇发生亲核取代反应生成酯，是一个亲核加成-消除反应历程，总反应相当于取代反应。

例如，环己醇与3, 5-二硝基苯甲酰氯反应可以生成3, 5-二硝基苯甲酸环己醇酯。

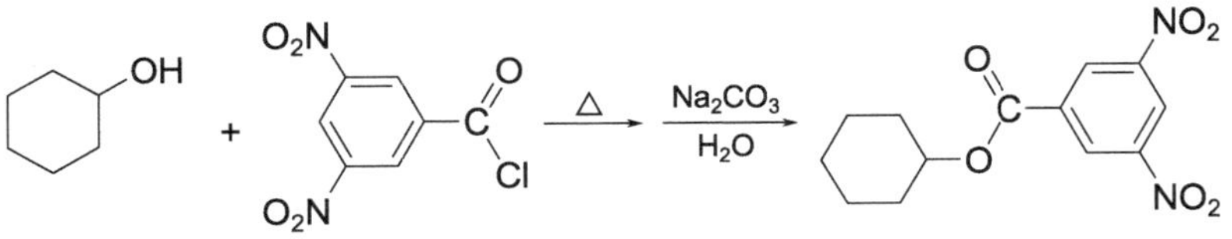

环己醇　　3,5-二硝基苯甲酰氯　　3,5-二硝基苯甲酸环己醇酯

空间位阻对这个反应影响很大，较大的取代基使反应进行很慢，或不能进行。在这个反应中，醇的活性为：伯醇＞仲醇＞叔醇，因此，酯化反应中可以利用空间位阻的不同控制反应中不同醇的选择性。

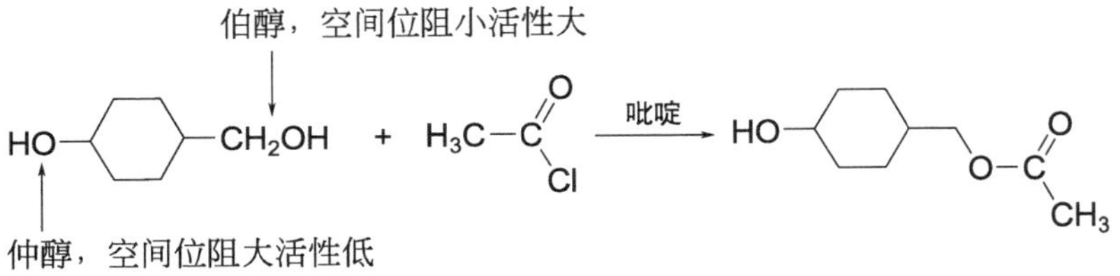

伯醇，空间位阻小活性大

仲醇，空间位阻大活性低

酸酐的活性比酰卤要小得多，但是还可以和醇反应生成酯的。生物醇的酯化常使用酸酐，例如，胆固醇的乙酰化。

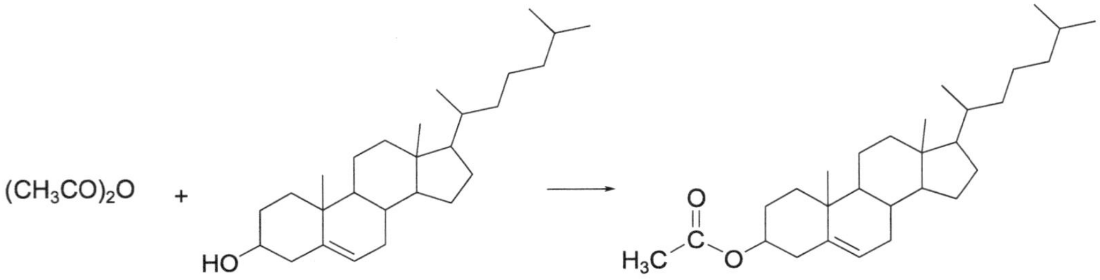

乙酸酐　　胆固醇　　乙酰胆固醇酯

胺的亲核取代反应活性要比醇强得多，在氨基和羟基同时存在时可选择性地进行酰基化。

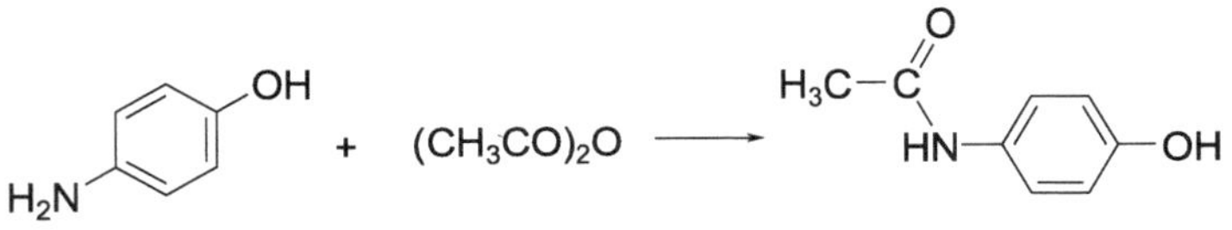

对羟基苯胺　　乙酸酐　　对羟基乙酰苯胺

羧酸和醇的酯化反应是可逆反应，需要使用强酸如氯化氢、硫酸、对甲苯磺酸等作为催化剂。例如：1 mol乙酸和1 mol乙醇在硫酸的催化下发生酯化反应，达到平衡时只能生成0.667 mol的酯和水，还有0.333 mol的醇和酸没有参加反应。

$$CH_3COOH + CH_3CH_2OH \xrightleftharpoons{H_2SO_4} CH_3COOC_2H_5 + H_2O$$

在平衡反应中，增加反应物的浓度或是减少生成物的浓度都可以使平衡向正方向移动。实际上，一般是将反应中生成的水除去，或者加入过量的醇，尤其是当反应物醇是价格比较便宜的乙醇、甲醇时。在一些比较特殊的情况下，这两种方法都采用。例如在4-苯基丁酸和乙醇的酯化反应中，为增加价格昂贵的原料4-苯基丁酸的利用率，比较价廉的乙醇的用量是其8倍。

4-苯基丁酸 + C_2H_5OH $\xrightleftharpoons[\text{回流}]{H_2SO_4}$ 4-苯基丁酸乙酯 85%～88%

4-苯基丁酸　　乙醇　　4-苯基丁酸乙酯 85%～88%

14.7.2 酯交换反应

酸的酯化反应中，醇作为亲核试剂，而在酯的水解反应中，醇被亲核试剂所取代。酯和醇（或酸）反应生成新的酯和醇（或酸）的反应叫作酯交换反应。

$$RCOOR' + R''OH \xrightleftharpoons[\triangle]{H^+或OH^-} RCOOR'' + R'OH$$

酯交换反应是个可逆反应，也是平衡反应，酸（硫酸、氯化氢）或碱（醇金属）都可以作为这个反应的催化剂。为使反应平衡向正方向移动，常加入过量的酸、醇或将反应中生成的酸、醇、酯从反应体系中移走。这种方法可以用来制备一些难以制备的酸、醇和酯。

例如：2-氯-2-苯乙酸就可以由它的酯通过和乙酸的酯交换反应来得到。

2-氯-2-苯乙酸乙酯 + CH_3COOH $\xrightarrow[\triangle]{HCl}$ 2-氯-2-苯乙酸 + $CH_3COOC_2H_5$

2-氯-2-苯乙酸乙酯　　乙酸　　2-氯-2-苯乙酸　　乙酸乙酯

由于卤素在碱溶液中长时间加热容易发生水解，所以含有卤素的酯在发生酯交换反应时不宜长时间加热回流，甚至在酸溶液中长时间加热也可以导致卤素发生亲核取代反应。浓盐酸常用作这个反应的催化剂，在这个酯交换反应中乙氧基从2-氯-2-苯基丁酸转移到乙酸上，生成乙酸乙酯和2-氯-2-苯基丁酸，乙酸乙酯和过量的乙酸很容易通过过滤的方法与产物2-氯-2-苯基丁酸分开。

另一个例子是在对甲苯磺酸催化下，丙烯酸甲酯可以和正丁醇发生酯交换反应生成丙烯酸正丁酯，利用甲醇的沸点比较低，将甲醇移走使反应向正方向移动。

丙烯酸甲酯 + 正丁醇 $\xrightarrow[\triangle]{TsOH}$ 丙烯酸正丁酯 + CH_3OH

	丙烯酸甲酯	正丁醇	丙烯酸正丁酯	甲醇
沸点	81 ℃	117 ℃	145 ℃	65 ℃

14.7.3 酯化反应机理

酸和醇反应生成酯的过程可以看作是酯在酸性条件下水解反应的逆反应，必须在更强酸的催化下才能进行。酯化反应的机理有四种。

（1）加成－消除机理

首先，酸质子化生成正离子，增加了羰基碳原子的正电性，使其易与醇反应（醇是比较弱的亲核试剂）。其次，亲核试剂进攻羰基碳原子形成四面体结构的中间体，然后脱去一分子水后再去质子化重新形成羰基。因为反应是在强酸中进行的，所以酯化反应是以羰基的质子化开始，最后以羰基去质子化结束。

$RCOOH \xrightleftharpoons{+H^+} RC(=\overset{+}{O}H)OH \xrightleftharpoons{R'OH} RC(OH)_2\overset{+}{O}(H)R' \rightleftharpoons H_2\overset{+}{O}-C(OH)(R)-OR' \xrightleftharpoons{-H_2O} RC(=\overset{+}{O}H)OR' \xrightleftharpoons{-H^+} RCOOR'$

碱也可以作为这个反应的催化剂，碱催化的反应机理如下：

$$R'OH \xrightleftharpoons{OH^-} R'O^- + R-COOH \rightleftharpoons R-C(O^-)(OH)(OR') \xrightleftharpoons{-OH^-} RCOOR'$$

首先，醇和碱反应生成烷氧基负离子；其次，烷氧基负离子作为比碱更强的亲核试剂进攻羰基碳原子，形成四面体结构的中间体；最后，四面体结构的中间体脱去氢氧根形成酯。羧酸和一级、二级醇酯化时，绝大多数属于这个机理。且反应速率如下：

$$CH_3OH>RCH_2OH>R_2CHOH$$
$$HCOOH>CH_3COOH>RCH_2COOH>R_2CHCOOH>R_3CCOOH$$

（2）碳正离子机理

羧酸和叔醇酯化时，由于叔醇体积较大，不易形成四面体结构的中间体，而三级醇碳正离子又容易形成，因此这类反应是经碳正离子中间体机理完成的。具体过程如下：

$$(CH_3)_3COH \xrightleftharpoons{+H^+} (CH_3)_3C\overset{+}{O}H_2 \xrightleftharpoons{-H_2O} (CH_3)_3C^+ \xrightleftharpoons{RCOOH} R-C(=\overset{+}{O}H)OC(CH_3)_3 \xrightleftharpoons{-H^+} RCOOC(CH_3)_3$$

这一机理已被同位素标记实验所证明。

$$(CH_3)_3COH + H_3C-C(=O)^{18}OH \rightleftharpoons H_3C-C(=^{18}O)OC(CH_3)_3$$

酯化是个可逆反应，由于中间体三级碳正离子在反应中易与碱性较强的水结合，不易与羧酸羰基氧结合，因此三级醇酯化反应产率都是很低的。

（3）酰基正离子机理

2, 4, 6-三甲基苯甲酸的酯化因为空间位阻，醇分子难以接近羧酸羰基的碳原子，不能形成四面体按上述机理进行。如果将羧酸先溶于浓硫酸中，形成酰基正离子，然后将其倒入要酯化的醇中，可以顺利得到酯。该反应是按酰基正离子机理进行的，只有少数的酯化反应属于这种机理。

$$2,4,6\text{-}(CH_3)_3C_6H_2COOH \xrightleftharpoons{+H^+} 2,4,6\text{-}(CH_3)_3C_6H_2C(=O)\overset{+}{O}H_2 \xrightleftharpoons{-H_2O} \left[2,4,6\text{-}(CH_3)_3C_6H_2\overset{+}{C}=O \longleftrightarrow 2,4,6\text{-}(CH_3)_3C_6H_2C\equiv O^+\right] \xrightarrow[-H^+]{CH_3OH} 2,4,6\text{-}(CH_3)_3C_6H_2COOCH_3$$

酰基碳正离子是sp杂化的，为直线形结构，并与苯环共平面。醇分子可以从平面的上方或下方进攻羰基碳原子，能顺利得到2, 4, 6-三甲基苯甲酸甲酯，产率很好，这是空间位阻效应反应的又一例证。这类酯的水解也可将酯溶于硫酸，然后再用水稀释，也能得到产率很高的羧酸。

（4）酯交换反应机理

酸催化下的酯交换反应机理如下：

$$\mathrm{RC(=O)OR'} \underset{}{\overset{+H^+}{\rightleftharpoons}} \mathrm{RC(=\overset{+}{O}H)OR'} \overset{R''OH}{\rightleftharpoons} \mathrm{H\overset{+}{O}(R'')\!-\!C(R)(OR')(OH)} \rightleftharpoons \mathrm{H\overset{+}{O}(R')\!-\!C(R)(OR'')(OH)}$$

$$\overset{-R'OH}{\rightleftharpoons} \mathrm{RC(=\overset{+}{O}H)OR''} \overset{-H^+}{\rightleftharpoons} \mathrm{RC(=O)OR''}$$

碱也可以作为这个反应的催化剂，反应机理如下：

$$\mathrm{R''OH} \overset{OH^-}{\rightleftharpoons} \mathrm{R''O^-} + \mathrm{R\!-\!C(=O)OR'} \rightleftharpoons \mathrm{R\!-\!C(O^-)(OR'')\!-\!OR'} \rightleftharpoons \mathrm{RC(=O)OR''} + \mathrm{R'O^-}$$

可以看出酯交换反应的机理和酯化反应的加成-消除机理是类似的。

14.8 羧酸衍生物的氨解反应

14.8.1 羧酸衍生物与胺反应

酰卤和酸酐能与氨或胺反应生成酰胺。例如：

$$\underset{\text{对甲基苯胺}}{\mathrm{H_3C\!-\!C_6H_4\!-\!NH_2}} + \underset{\text{乙酸酐}}{\mathrm{(CH_3CO)_2O}} \longrightarrow \underset{N\text{-乙酰基对甲苯胺}}{\mathrm{H_3C\!-\!C_6H_4\!-\!NH\!-\!C(=O)CH_3}} + \underset{\text{乙酸}}{\mathrm{CH_3COOH}}$$

$$\underset{\text{苯甲酰氯}}{\mathrm{C_6H_5\!-\!C(=O)Cl}} + 2\,\mathrm{NH(CH_3)_2} \longrightarrow \underset{N,N\text{-二甲基苯甲酰胺}}{\mathrm{C_6H_5\!-\!C(=O)N(CH_3)_2}} + \mathrm{NH(CH_3)_2\cdot HCl}$$

因为反应中有氯化氢生成，所以胺必须是过量的，一分子和酰卤反应生成酰胺，另外一分子用来中和反应中生成的氯化氢得到铵盐。如果胺的价格比较昂贵，也可以加入NaOH作为缚酸剂来中和生成的氯化氢。例如：止痛药trimetozine（曲美托嗪）的合成就是由3,4,5-三甲氧基苯甲酰氯和吗啉反应，反应需要加入一分子的NaOH作为缚酸剂。

$$\underset{\text{3,4,5-三甲氧基苯甲酰氯}}{\mathrm{(H_3CO)_3C_6H_2\!-\!C(=O)Cl}} + \underset{\text{吗啉}}{\mathrm{HN(CH_2CH_2)_2O}} \xrightarrow[H_2O]{NaOH} \underset{\text{曲美托嗪}}{\mathrm{(H_3CO)_3C_6H_2\!-\!C(=O)\!-\!N(CH_2CH_2)_2O}} + \mathrm{NaCl}$$

羧酸或酯也可以和胺或氨反应，但是这个反应和酯交换反应一样是可逆反应，为使反应向正方向进行，可以在反应中加入过量的胺或是将反应产物从体系中移走。

如果反应是在水溶液中进行，首先是羧酸和胺发生快速的质子交换反应生成盐，而不会生成酰胺，但是如果在无溶剂的条件下或是将反应物加热到200 ℃除去反应中生成的水，可以正向进行得到较高收率的酰胺。

$$RCOOH + R'_2NH \xrightarrow[\text{非常快}]{H_2O,\ 25\ ^\circ C} RCOO^- R'_2NH_2^+$$

$$\text{Ph—COOH} + \text{Ph—NH}_2 \xrightarrow{\text{无溶剂}} \text{Ph}\overset{+}{N}H_3\overset{-}{O}_2C\text{Ph} \xrightarrow[-H_2O]{190\sim225\ ^\circ C} \text{PhC(=O)NHPh}$$

(Ph = 苯基)　　　　*N*-苯基苯甲酰胺

当酯和氨、伯胺、仲胺反应时，在羰基碳原子上发生亲核加成-消除反应生成酰胺。

$$RC(=O)OR' + HNR''R''' \longrightarrow RC(=O)NR''R''' + R'OH$$

酰胺也可以和胺反应，这个反应和酯交换反应一样也是可逆反应。为使反应向右进行，可加入过量的胺或将产物氨从反应体系中移除。

$$RC(=O)NH_2 + R''NHR' \longrightarrow RC(=O)NR'R'' + NH_3$$

14.8.2 胺的亲核取代反应机理

前面学过羧酸及其衍生物和水或醇反应生成羧酸和酯，这里介绍胺作为亲核试剂与羧酸及其衍生物的反应机理。

$$RC(=O)L + R'NH_2 \rightleftharpoons R\text{—}C(O^-)(L)\text{—}\overset{+}{N}H_2R' \underset{}{\overset{-L^-}{\rightleftharpoons}} RC(=O)\overset{+}{N}H_2R' \xrightarrow{R'NH_2} RC(=O)NHR' + R'\overset{+}{N}H_3$$

首先，胺作为亲核试剂进攻羧酸及其衍生物的羰基碳原子，形成四面体结构的中间体，然后L基团离去形成带正电的酰胺，另外一分子的胺与正离子结合后得到产物，这里胺既作为反应试剂也作为缚酸剂参与反应。当然，也可以用NaOH代替过量的胺作为缚酸剂。

14.9 羧酸衍生物与金属试剂反应

14.9.1 和金属镁试剂反应

羧酸衍生物和金属镁试剂反应，生成羰基化合物，如能采用某种方法保护羰基，则能形成醛或酮，否则生成的醛、酮会继续和金属镁试剂反应，最后得到醇。

酯和格氏试剂反应，先形成四面体结构的中间体，再失去甲氧基得到酮，酮可继续和格氏试剂反应得到醇。

$$RC(=O)OCH_3 + R'\text{—}MgBr \longrightarrow R\text{—}C(OMgBr)(R')\text{—}OCH_3 \longrightarrow RC(=O)R' \xrightarrow{R'\text{—}MgBr} R\text{—}C(OMgBr)R'_2 \xrightarrow{H_2O} R\text{—}C(OH)R'_2$$

因为酰氯的活性比酮高，酰氯和格氏试剂反应有可能停留在酮的阶段。

$$RCOCl + R'-MgBr \longrightarrow RCOR'$$

然而，因为格氏试剂的活性也比较高，反应很难控制在生成酮的阶段，所以酮也很容易和格氏试剂反应得到醇。

$$RCOR' \xrightarrow{R'-MgBr} R-C(OH)(R')-R'$$

N-甲氧基-*N*-甲基酰胺很容易和格氏试剂反应得到酮而不是醇。例如：

$$C_6H_5CON(CH_3)OCH_3 + CH_3MgBr \xrightarrow{THF} \text{五元环状镁络合物} \xrightarrow[H_2O]{5\%\ HCl} C_6H_5COCH_3 + H_2N^+(CH_3)OCH_3\ Cl^-$$

与其他未取代的酰胺（pK_a≈15）不同，*N*-甲氧基-*N*-甲基酰胺的N上没有活泼的H，不能破坏格氏试剂反应，反应中可以和镁原子络合形成五元环状化合物，从而阻止格氏试剂进攻羰基碳原子。该络合物比较稳定，不容易分解为酮，也就阻止了其进一步和格氏试剂反应，使反应停留在酮的阶段，用稀酸来分解该络合物就得到酮。酰胺也可以发生类似反应。

$$RC(=O)NR'_2 \xrightarrow{R''MgX} R'_2N-C(R'')(OMgX)-R \xrightarrow{H_2O} RC(=O)R''$$

腈也可以与格氏试剂反应得到酮，例如：

$$RC\equiv N \xrightarrow{R'MgX} R-C(=NMgX)-R' \xrightarrow{H_2O} RC(=O)R'$$

14.9.2 和金属锂试剂反应

金属锂试剂可以和酰卤、酸酐、酯反应得到醇，但是对于空间位阻比较大的酯，如2-甲基-2-苯基丙酸乙酯，反应也可以停留在酮的阶段。

$$C_6H_5C(CH_3)_2COOC_2H_5 \xrightarrow{CH_3Li} \left[C_6H_5C(CH_3)_2C(OLi)(CH_3)OC_2H_5\right] \longrightarrow C_6H_5C(CH_3)_2COCH_3$$

N-甲氧基-*N*-甲基酰胺与金属锂试剂的反应与金属镁试剂一样，可以得到酮。例如，*N*-甲氧基-*N*-甲基环己基甲酰胺和正丁基锂反应得到正丁基环己基甲酮。

$$C_6H_{11}CON(CH_3)OCH_3 \xrightarrow[THF]{n\text{-}BuLi} \text{五元环状锂络合物} \xrightarrow[-LiCl]{5\%HCl,\ H_2O} C_6H_{11}CO(n\text{-}Bu) + H_3CO-N^+H_2-CH_3\ Cl^-$$

14.9.3 和金属铜锂试剂反应

另外一个金属有机试剂是二烷基铜锂，它和金属锂试剂、金属镁试剂一样，可以和羧酸衍生物反应得到酮。二烷基铜锂可由两份有机锂试剂和一份卤化亚铜反应得到。

$$2R-Li + CuX \longrightarrow R_2CuLi + LiX$$

二烷基铜锂和格氏试剂或有机铜试剂一样，但是因为烷基负离子是和铜结合的，而铜的正电性比锂要大，所以二烷基铜锂的反应活性不如有机锂试剂，它一般与酰卤和酸酐反应，和酮的反应很慢而和酯及酰胺低温下均不反应。二烷基铜锂和酰卤反应得到酮，收率很好。甲基铜和氯化锂可以用水分解。

$$CH_3CH_2CH_2CH_2COCl + (CH_3)_2CuLi \xrightarrow[15\ min]{-78\ ^{\circ}C/THF} \xrightarrow{H_2O} CH_3CH_2CH_2CH_2COCH_3 + H_3C-Cu + LiCl$$

因为对二烷基铜锂来说，酮的反应活性比酰卤要低得多，基本不反应。在这个反应中，只有酰氯与二烷基铜锂反应，而酯部分不发生反应。

$$ClCOCH_2COOCH_3 \xrightarrow{[CH_3(CH_2)_3]_2CuLi} CH_3(CH_2)_3COCH_2COOCH_3$$

14.9.4 和金属镉试剂反应

金属镉试剂和金属镁试剂、金属锂试剂一样，只是它的反应活性更低，它只和酰卤反应，与酮的反应很慢，而与酯根本不反应。

$$ClCO(CH_2)_4COOC_2H_5 + (CH_3CH_2)_2Cd \longrightarrow CH_3CH_2CO(CH_2)_4COOC_2H_5$$

14.10 羧酸及其衍生物的还原

羧酸及其衍生物中的羰基比较稳定，加氢还原时需要较高的温度和压力，而在实验室中一般采用金属氢化物来还原，常用的金属氢化物有 $LiAlH_4$、B_2H_6、$NaBH_4$ 和 $LiHAl[OC(CH_3)_3]_3$ 等。

14.10.1 羧酸的还原

羧酸及其衍生物中，最难还原的就是羧酸，只有用 $LiAlH_4$ 而不是 $NaBH_4$ 才能将其还原为伯醇，反应在四氢呋喃溶剂中进行，需要加热才能反应完全，只能还原为醇，羧基不能被还原为烷烃。

$$CH_3(CH_2)_7CH{=}CH(CH_2)_7COOH \xrightarrow[2)\ H_3O^+]{1)\ LiAlH_4/THF} CH_3(CH_2)_7CH{=}CH(CH_2)_7CH_2OH$$

另外，甲硼烷也可以将羧酸还原为伯醇，反应也以四氢呋喃为溶剂，在室温下就可以快速进行，反应比用氢化铝锂还原要容易、安全、快捷，且选择性也比较好。甲硼烷和羧酸反应要比与其他基团反应快，可以选择性地还原羧基。例如，对硝基苯乙酸的还原，用甲硼烷还原可以生成对硝基苯乙醇，而用氢化铝锂还原，则硝基和羧基都会被还原，从而得到对氨基苯乙醇。

$$O_2N-C_6H_4-CH_2COOH \xrightarrow[2)\ H_3O^+]{1)\ BH_3/THF} O_2N-C_6H_4-CH_2CH_2OH$$

对硝基苯乙酸　　2-对硝基苯乙醇 94%

14.10.2 酰卤的还原

酰氯可以通过两种方法还原为醛，第一种称为罗森蒙德（Rosemmund）还原法：在加氢还原中用胺如喹啶或硫使催化剂部分失活或中毒，催化剂中毒能阻止醛进一步还原为醇，使还原反应停留在醛的阶段。

$$4\text{-}CH_3OC_6H_4COCl + H_2 \xrightarrow[\text{喹啶/硫}]{Pd/C} 4\text{-}CH_3OC_6H_4CHO + HCl$$

另外一种将酰氯还原为醛的方法是在低温下用三叔丁氧基氢化铝锂作为还原剂。

$$(CH_3)_3CCOCl + LiHAl[OC(CH_3)_3]_3 \xrightarrow[-78\ ^\circ C]{\text{二甘醇二甲醚}} \xrightarrow{H_2O} (CH_3)_3CCHO + HOC(CH_3)_3$$

反应中使用的氢化试剂是用三个叔丁氧基取代的氢化铝锂，它和氢化铝锂一样，用叔丁氧基取代氢后降低了氢化试剂的还原活性，剩下的一个氢是四个基团中反应活性最高的基团，因为和亲核试剂发生反应时，酰氯的反应活性比醛要高得多，所以氢化试剂可以和酰氯反应而不是和产物醛反应，相反，氢化铝锂因为反应活性太高，它和醛、酰氯都能反应，所以还原的时候得到的产物是伯醇。三叔丁氧基氢化铝锂的制备方法如下：

$$LiAlH_4 + 3(CH_3)_3COH \longrightarrow LiHAl[OC(CH_3)_3]_3 + 3H_2$$

酰氯用氢化铝锂还原为伯醇，收率较好，然而这个反应没有太大的使用价值，因为酰氯的前体羧酸也可以用氢化铝锂还原为伯醇，且收率很好。

$$C_6H_5COCl \xrightarrow[2)\ H_3O^+]{1)\ LiAlH_4,\ \text{醚}} C_6H_5CH_2OH$$

苯甲酰氯　　　　苯甲醇 96%

此反应是典型的亲核取代反应机理，先加成再消除。首先，氢负离子作为亲核试剂进攻羰基，得到四面体结构的中间体。然后，中间体脱去氯负离子得到醛，总的反应结果相当于氢取代了氯，酰氯可以很快被氢化铝锂还原为伯醇。

$$RCOCl \xrightarrow[Et_2O]{LiAlH_4} \left[Cl-C(O^-)(H)-R \longrightarrow RCHO \right] \xrightarrow[2)\ H_3O^+]{1)\ LiAlH_4} RCH_2OH$$

14.10.3 酯的还原

酯被氢化铝锂还原为两分子的醇，而且还原时不影响碳碳双键，因此它可以用来还原不饱和的酯。例如：

$$CH_3CH{=}CHCH_2COOCH_3 \xrightarrow[2)\ H_3O^+]{1)\ LiAlH_4,\ \text{醚}} CH_3CH{=}CHCH_2CH_2OH + CH_3OH$$

3-戊烯酸甲酯　　　　3-戊烯-1-醇 75%

用氢同位素标记的氢化铝锂还原实验表明，加在羰基上的氢来源于还原剂氢化铝锂，而用氢同位素标记的水解实验也表明，醇羟基中的氢来自水。

$$C_6H_5COOCH_3 \xrightarrow[2)\ H_3O^+]{1)\ LiAlH_4,\ \text{醚}} C_6H_5CH_2OH + CH_3OH$$

$$C_6H_5COOCH_3 \xrightarrow[2)\ D_3O^+]{1)\ LiAlH_4,\ 醚} C_6H_5CH_2OD + CH_3OD$$

这个反应的机理和酰氯的反应机理类似，例如：

$$R-C(=O)-OR' \xrightarrow[醚]{LiAlH_4} \left[R-C(O^-)(H)-OR' \longrightarrow R-C(=O)-H \right] + R'OAlH_3^-$$

$$R-C(=O)-H + R'OAlH_3^- \longrightarrow R-CH(O^-)-H \xrightarrow{H_3O^+} RCH_2OH + R'OH$$

从反应机理可以看出，羟基中的氢来自水，而加在羰基碳原子上的氢来自还原剂。

酯也可以被二异丁基氢化铝（DIBAL-H）还原，使用过量的还原剂得到的产物和氢化铝锂还原相同。例如，己酸丁酯在两倍还原剂作用下可以被还原为等量的己醇和丁醇。

$$CH_3(CH_2)_4COO(CH_2)_3CH_3 \xrightarrow{2\ DIBAL\text{-}H} CH_3(CH_2)_3OH + CH_3(CH_2)_5OH$$

但是如果采用等量的还原剂，控制反应温度在−70 ℃左右，可以被还原为醛，收率较好。

$$\underset{十二酸乙酯}{H_3C(H_2C)_{10}COOC_2H_5} \xrightarrow[2)\ H_3O^+]{1)\ DIBAL\text{-}H/甲苯,\ -70\ ℃} \underset{十二醛\ 88\%}{H_3C(H_2C)_{10}CHO} + C_2H_5OH$$

14.10.4 酰胺的还原

同其他羧酸衍生物一样，酰胺也可以被氢化铝锂还原，不过产物是胺而不是醇。酰胺还原的净结果相当于将羰基变为亚甲基，这是其他羧酸衍生物还原所没有的。

$$C_6H_5C(=O)NH_2 \xrightarrow[2)\ H_3O^+]{1)\ LiAlH_4} C_6H_5CH_2NH_2$$

不管是伯酰胺还是仲酰胺都可以被还原为胺，反应中首先是氢负离子作为亲核试剂进攻羰基碳原子，然后脱去氧铝阴离子得到亚胺正离子中间体，亚胺正离子中间体再被氢化铝锂还原为伯胺，可以看出酰胺的还原和其他羧酸衍生物的还原有所不同。

$$R-C(=O)-NH_2 \xrightarrow[醚]{LiAlH_4} R-C(OAlH_3)(H)-\ddot{N}H_2 \longrightarrow R-CH=\overset{+}{N}H_2 \xrightarrow[醚]{LiAlH_4} RCH_2NH_2$$

不管是环状酰胺还是非环状酰胺，或是内酰胺，氢化铝锂都可以作为还原剂，特别是内酰胺的还原，是制备环胺的好方法。

$$3,3\text{-二甲基-2-吡咯烷酮} \xrightarrow[醚]{LiAlH_4} 3,3\text{-二甲基吡咯烷}$$

14.10.5 腈的还原

腈可以被氢化铝锂还原为伯胺，反应机理是典型的氢负离子还原。

$$\text{(cyclohexenyl)}-CH_2-C\equiv N \xrightarrow[2)\ H_3O^+]{1)\ LiAlH_4} \text{(cyclohexenyl)}-CH_2-CH_2NH_2 \quad (74\%)$$

反应机理和酰胺的还原一样，分两步，都是典型的亲核加成反应。

$$R-C\equiv N \xrightarrow[\text{醚}]{LiAlH_4} \underset{\text{亚胺盐}}{R-HC=N-Li} + AlH_3$$

在第二步加成中，中间体亚胺盐以同样的方式再和氢化铝锂负离子反应。

$$R-\overset{H}{C}=N-Li + H-AlH_2 \longrightarrow \left[R-H_2C-N(AlH_2)(Li) \longleftrightarrow R-H_2C-\overset{+}{N}(=\overset{-}{A}lH_2)(Li) \right]$$

在反应混合物中，N—Li键和N—Al键都是极性很强的键，N原子带有很大的负电荷，都是不稳定结构，加水时容易分解为胺。

$$R-CH_2-N(Li)-AlH_2 \xrightarrow{\text{水}} R-CH_2-NH_2$$

腈也可以被加氢还原为伯胺，常用的加氢催化剂是Ni、Pt，反应的中间体是亚胺，中间体不需分离即可被还原为伯胺。

$$R-C\equiv N \xrightarrow[\text{催化剂}]{H_2} R-CH=NH \xrightarrow[\text{催化剂}]{H_2} RCH_2NH_2$$

14.11 羧酸及其衍生物的其他反应

14.11.1 脱羧反应

羧酸脱去羧基生成二氧化碳和烷烃的反应叫作脱羧反应。

$$RCOOH \xrightarrow[\text{加热}]{CaO\text{-}NaOH} RH + CO_2$$

尽管脱羧反应对一般的羧酸来说不一定是很重要的反应，但是有一些羧酸容易发生脱羧反应。一些α位含有吸电子取代基的羧酸，如α位含有羰基、硝基、卤素、氰基的羧酸，特别容易发生脱羧反应，脱羧反应的机理主要有三种。

（1）环状过渡态理论

当羧酸的α-碳和不饱和键相连时，一般都通过六元环过渡态机理发生脱羧反应。如：

β位含有羰基的羧酸，在酸性条件下室温就可以发生脱羧反应。

$$H_3C-CO-CH_2-COOH \xrightarrow{H^+,\ 25\ ^\circ C} CH_3COCH_3 + CO_2$$

β-羰基酸的脱羧反应是通过烯醇中间体（六元环过渡态）进行的，首先是羧酸的羟基氢和羰基形成分子内氢键，然后脱去二氧化碳得到烯醇，烯醇发生重排反应得到酮。

$$H_3C-C(=O)-CH_2-C(=O)-O-H \text{（六元环过渡态）} \xrightarrow{-CO_2} H_3C-C(OH)=CH_2 \longleftrightarrow H_3C-C(=O)-CH_3$$

β-二元羧酸比其羧酸盐更容易发生脱羧反应，因为后者没有酸性的质子，不能和β-羰基上的氧原子形成氢键，所以实际上是羰基自身催化发生脱羧反应。这个反应在碱性条件下不能发生，和β-酮酸的脱羧反应类似，它们都在羧基的β位含有羰基。丙二酸及其衍生物很容易发生脱羧反应，在酸性条件下加热即可进行，得到游离的羧酸。

$$HOOC-CH(CH_3)-COOH \xrightarrow{\text{加热}} HOOC-CH_2-CH_3 + CO_2$$

α,β-不饱和酸通过互变异构形成β,γ-不饱和羧酸后进行脱羧反应也是这种反应机理。

$$R-CH_2-CH=CH-COOH \rightleftharpoons R-CH=CH-CH_2-COOH \longrightarrow R-CH=CH-CH_3$$

（2）负离子机理

当羧基和一个强吸电子基团相连时，按负离子机理脱羧。例如，三氯乙酸的脱羧反应：

$$Cl_3C-C(=O)-OH \xrightarrow[H_2O]{-H^+} Cl_3C-C(=O)-O^- \longrightarrow Cl_3C^- + CO_2 \xrightarrow{H^+} CHCl_3$$

三氯乙酸在水中完全解离为三氯乙酸根负离子，由于三个氯的强吸电子效应，使碳碳之间的电子云偏向于有氯取代的碳原子一边，碳碳键断裂形成二氧化碳和较稳定的三氯碳负离子，后者和水中的质子结合得到氯仿。α-羰基酸的脱羧反应及邻、对位有给电子基团的芳香酸，在强酸如硫酸作用下的脱羧反应都是按负离子机理进行的。

$$R-C(=O)-C(=O)-OH \xrightarrow[H_2O]{-H^+} R-C(=O)-C(=O)-O^- \longrightarrow R-C^-(=O) + CO_2 \xrightarrow{H^+} RCHO$$

（3）自由基机理

科尔伯电解羧酸盐得到烷烃是自由基反应机理。

$$CH_3COONa + H_2O \xrightarrow{\text{电解}} \underbrace{C_2H_6 + CO_2}_{\text{阳极}} + \underbrace{NaOH + H_2}_{\text{阴极}}$$

整个电解反应是通过自由基进行的，即羧酸根负离子移向阳极，失去一个电子，生成自由基，自由基随后失去二氧化碳，形成新的自由基，两个烷基自由基彼此结合得到烷烃：

$$H_3C-C(=O)-O^- \longrightarrow \left[H_3C-C(=O)-O\cdot\right] \longrightarrow CO_2 + \dot{C}H_3$$

$$2\,\dot{C}H_3 \longrightarrow C_2H_6$$

随反应条件的不同还会生成其他的副产物：

$$\dot{C}H_3 + \begin{cases} CH_3COOH \longrightarrow CH_4 + \dot{C}H_2COOH \\ CH_3COO\cdot \longrightarrow CH_3COOCH_3 \\ H_2O \longrightarrow CH_3OH + \cdot H \end{cases}$$

交叉的科尔伯反应在合成上具有重要作用，因为它们的产物是其他方法无法替代的。其他的一些羧酸也容易发生脱羧反应。例如：

$$RCOOH + AgO \longrightarrow RCOOAg \xrightarrow[CCl_4]{Br_2} RBr + CO_2 + AgBr$$

羧酸首先和氧化银反应，生成羧酸银，然后和溴或碘在无水的四氯化碳溶液中反应，脱去二氧化碳和卤化银，得到少一个碳原子的卤代烃，这个反应叫作汉斯狄克（Hunsdiecker）反应。这个反应广泛用于制备脂肪族卤代烃，特别是从天然的含有双数碳原子的羧酸来制备单数碳原子的卤代烃，产率以一级卤代烷最好，二级次之，三级最低。卤素中以溴反应最好，反应是按自由基机理进行的。

$$RCOOAg \xrightarrow{Br_2} RCOOBr \longrightarrow RCOO\cdot + Br\cdot$$

$$RCOO\cdot \longrightarrow R\cdot + CO_2$$

$$R\cdot + Br\cdot \longrightarrow RBr$$

另外一个脱羧反应叫作科齐反应，反应如下：用四乙酸铅、金属卤化物（锂、钾、钙的卤化物）和羧酸反应，脱羧卤化而得到卤代烷。此法价廉且对一级、二级、三级卤代烷产率都较好，反应按自由基机理进行。

$$\text{(cyclobutyl)}-COOH + Pb(OCOCH_3)_4 + LiCl \longrightarrow$$

$$\text{(cyclobutyl)}-Cl + CH_3COOLi + Pb(OCOCH_3)_2 + CH_3COOH + CO_2$$

14.11.2 α-取代羧酸及其衍生物

在少量磷的存在下，脂肪族羧酸可以和氯或溴缓慢发生反应，得到α-氢被取代的羧酸，反应进行得很顺利，通过控制卤素用量，可分别得到一元或多元卤代酸。这个反应叫作赫尔-乌尔哈-泽林斯基（Hell-Volhard-Zelinsky）反应。因为在反应中只有α-氢才能发生取代，所以该反应在有机合成中有较大的应用价值。

$$CH_3COOH \xrightarrow{Cl_2,\ P} ClCH_2COOH \xrightarrow{Cl_2,\ P} Cl_2CHCOOH \xrightarrow{Cl_2,\ P} Cl_3CCOOH$$

$$CH_3CH_2COOH \xrightarrow{Br_2,\ P} CH_3CHBrCOOH \xrightarrow{Br_2,\ P} CH_3CBr_2COOH$$

反应机理如下：

$$P + X_2 \longrightarrow PX_3$$

$$RCH_2COOH + PX_3 \longrightarrow RCH_2COX$$

$$RCH_2COX + X_2 \longrightarrow RCH(X)COX + HX$$

$$RCH(X)COX + RCH_2COOH \rightleftharpoons RCH(X)COOH + RCH_2COX$$

因为酰卤含有吸电子取代基如卤素等，所以酰卤更容易发生α-氢取代。

$$RCH_2COBr \rightleftharpoons R-CH=C(OH)-Br \xrightarrow{Br_2} RCH(Br)-C(=\overset{+}{O}H)Br + Br^- \xrightleftharpoons{-HBr} RCH(Br)-COBr$$

强碱作用下，酯中的α-H也可以和酰卤、烷基卤素、酸酐、酮反应，更详细的解释在其他章节有。

$$H_3CCOOC(CH_3)_3 \xrightarrow[THF/-78\ ^\circ C]{\text{环己基}-N(Li)CH(CH_3)_2} LiH_2CCOOC(CH_3)_3 \longleftrightarrow LiO(C=CH_2)OC(CH_3)_3$$

$$\xrightarrow[2)\ H_3O^+]{1)\ \text{环戊酮}} \text{1-羟基环戊基}-CH_2COOC(CH_3)_3$$

$$H_3CCOOC_2H_5 \xrightarrow[THF/-78\ ^\circ C]{\text{环己基}-N(Li)CH(CH_3)_2} \left[LiH_2CCOOC_2H_5 \updownarrow LiO(C=CH_2)OC_2H_5\right] \xrightarrow[2)\ H_3^+O]{1)\ C_2H_5COCl} C_2H_5COCH_2COOC_2H_5$$

$$H_3CCH_2COOC_2H_5 \xrightarrow[THF/-78\ ^\circ C]{\text{环己基}-N(Li)CH(CH_3)_2} H_3C-CH(Li)-COOC_2H_5 \longleftrightarrow CH_3CH=C(OLi)OC_2H_5$$

$$\xrightarrow[2)\ H_3O^+]{1)\ C_2H_5I} H_3C-CH(C_2H_5)-COOC_2H_5$$

14.11.3 酯的消除反应

酯在高温下发生消除反应可以得到羧酸和烯烃，并且烯烃没有异构体，是制备烯烃和羧酸的一种好方法。

$$H_3CCOOCH_2CH_2CH_2CH_3 \xrightarrow{500\ ^\circ C} CH_3COOH + H_2C=CHCH_2CH_3$$

反应机理如下：

$$\text{酯（六元环状构象）} \longrightarrow [\text{环状过渡态}] \longrightarrow O=C(CH_3)-OH + C=C$$

这是一个分子内通过环状过渡态的消除反应，分子的反应构象处于重叠式，被消除的酰氧基和β-H原子是同时离开的，并处于同一侧，所以也叫顺式消除。如果酯中含有两种不同的β-H，那么在发生消除反应时，空间位阻小的、酸性大的氢容易发生消除，如被消除的β位有两个氢以E

型产物为主要产物。因为反应是过渡态机理，不会发生重排，一般用来制备结构上不稳定的烯烃，如末端烯烃和环外双键的烯烃。

$$H_3C-CH(OCOCH_3)-CH_2CH_3 \xrightarrow{500\ ^\circ C} \underset{57\%}{CH_3CH_2CH=CH_2} + \underset{43\%}{CH_3CH=CHCH_3}$$

$$C_6H_5-CH(OCOCH_3)-CH_2C_6H_5 \xrightarrow{500\ ^\circ C} C_6H_5CH=CHC_6H_5$$

14.11.4 酰胺的霍夫曼降级反应

因为氮上的氢化学性质比较活泼，在高温或催化剂如P_2O_5、$POCl_3$或$SOCl_2$存在条件下，酰胺很容易发生脱水反应得到腈。

$$R-C(=O)NH_2 \xrightarrow[\triangle]{P_2O_5} R-CN + H_2O$$

伯酰胺和卤素的碱溶液反应得到伯胺，这个反应叫作霍夫曼（Hofmann）降级反应。

$$R-C(=O)NH_2 \xrightarrow[\text{或}NaXO]{X_2,\ NaOH} R-NH_2$$

反应机理如下：

$$R-C(=O)-NH-H \xrightarrow{^-OH} R-C(O^-)=NH \xrightarrow{Br-Br} R-C(=O)-N(Br)-H \xrightarrow{^-OH} R-C(O^-)=N-Br$$

$$\longrightarrow R-N=C=O \xrightarrow{^-OH} R-NH-C(=O)-O-H \xrightarrow{^-OH} R-NH_2 + CO_2\uparrow$$

14.12 内酯

内酯可以看作是分子内的羧基和羟基发生脱水反应得到的酯，由于五、六元环比较稳定，当分子内的羧基和羟基间隔3或4个碳原子时，内酯几乎是其唯一分子内脱水产物。例如，用硼氢化钠还原4-戊酮酸，硼氢化钠还原的是羰基而不是羧基，羰基被还原为醇，得到产物4-羟基戊酸钠，因为4-羟基戊酸钠很容易发生脱水得到内酯，所以产物是内酯而不是盐或醇。

$$H_3C-C(=O)-CH_2CH_2-C(=O)OH \xrightarrow[H_2O]{NaBH_4} H_3C-CH(OH)-CH_2CH_2-C(=O)ONa \xrightarrow{-NaOH} \text{H}_3\text{C}-\text{(}\gamma\text{-戊内酯)}$$

其他例子如：

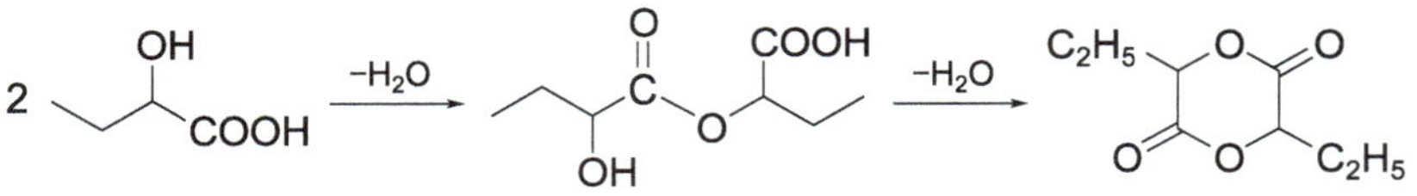

酸可以作为这个反应的催化剂。

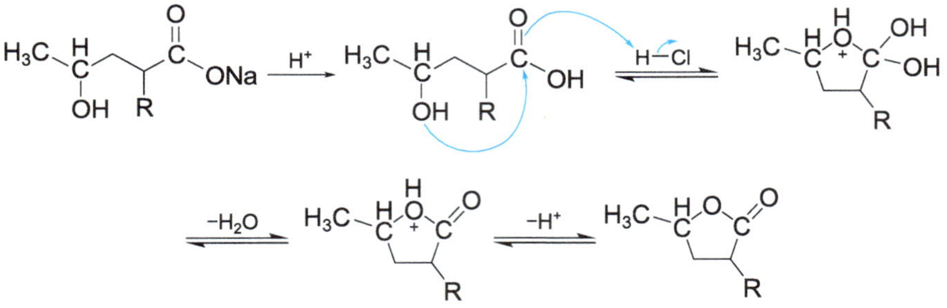

内酯和其他的酯一样，可以在酸或碱催化下发生水解反应。

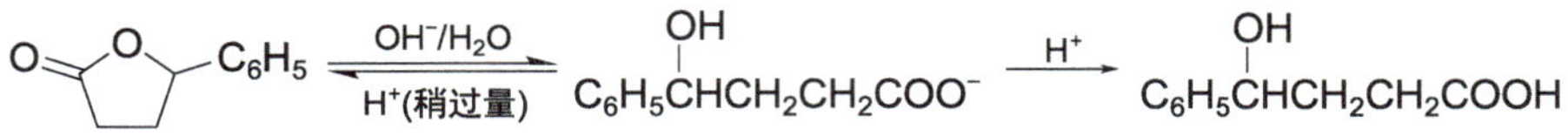

γ-内酯

在自然界发现许多大环内酯，例如维生素C，就是一个γ-内酯，另外一些大分子的内酯也从一些动植物中提取出来，极大地促进了香料制造工业。它们的结构如下：

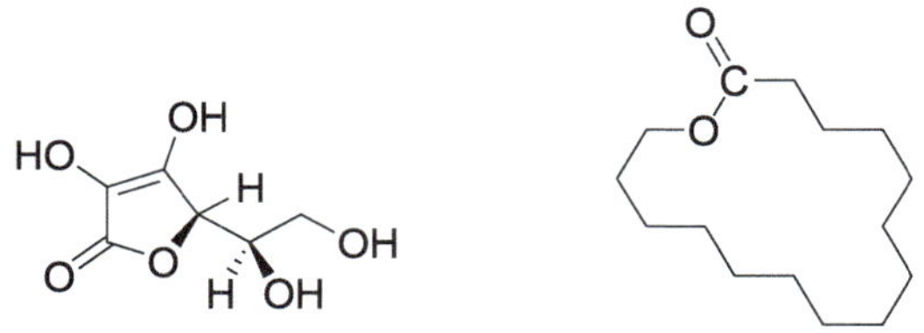

还有一些大环内酯，因为具有抗癌和抗病毒作用而受到人们的广泛关注。以下是两种具有抗癌作用大环内酯的结构：

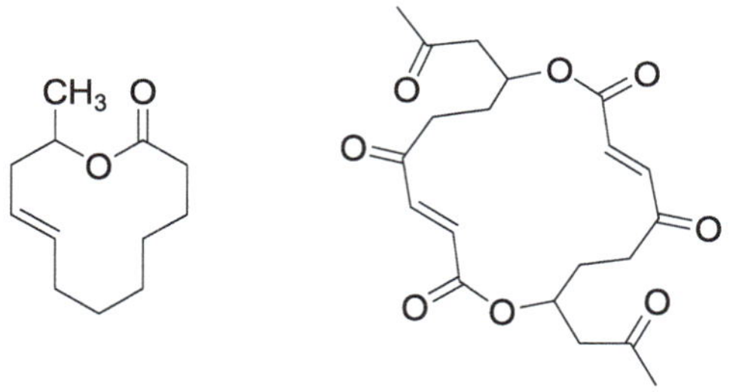

14.13 油脂、蜡

油脂是在有机体中发现的，它不溶于水而可溶于有机溶剂。油脂在结构上含有一个长链的脂肪酸，也可含有其他官能团。它们是高级脂肪酸的甘油酯，一般室温下是液体的称为油，是固体或半固体的称为脂。一些脂溶性的维生素，如维生素A、维生素D、维生素E和维生素K就是经典的油脂，其他的如身体组织和血液中的更多是脂。从植物中分离出来多数为油，如葵花籽油、花生油等，来自动物的大多是脂肪，所有这些物质都是酯类。油脂中的脂肪酸大多含有12个以上的碳原子，结构可以饱和也可以是不饱和的脂肪酸。

蜡是由高级脂肪酸和高级脂肪醇形成的酯，其中高级脂肪酸一般是16个碳以上的偶数碳原子的羧酸，高级脂肪醇是长碳链的一元醇，此外尚存在一些分子量较高的游离酸、醇以及高级的碳氢化合物和酮。

天然油脂水解后的脂肪酸是各种酸的混合物，一般都是十个碳以上的双数碳原子的羧酸。例如，棕榈油是从巴西的棕榈树的树叶中提取出来的，营养价值高，价格昂贵，经分析发现里面含有80%的酯，酯是由C_{24}、C_{26}和C_{28}的脂肪酸和C_{30}、C_{32}和C_{34}醇形成的。一些重要的脂肪酸如下：

n-$C_{15}H_{31}COOH$ 棕榈酸　　n-$C_{17}H_{35}COOH$ 硬脂酸　　n-$C_8H_{17}CH{=}CH(CH_2)_7COOH$（顺式）油酸

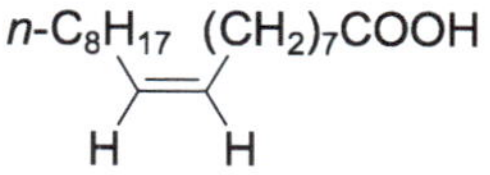

下面的结构是典型的棕榈油成分，从棕榈中提取出来的。

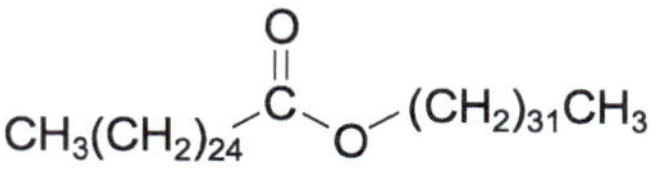

$$CH_3(CH_2)_{24}C(=O)O(CH_2)_{31}CH_3$$

脂肪是由三分子的脂肪酸和甘油形成的三酰甘油酯。例如：

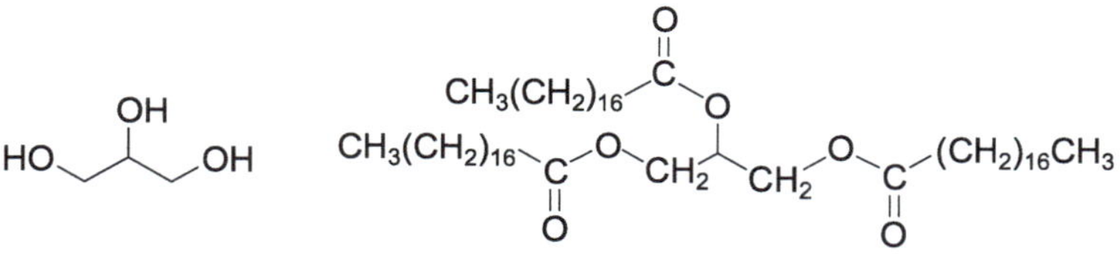

$$HOCH_2CH(OH)CH_2OH \qquad CH_3(CH_2)_{16}C(=O)OCH_2CH[OC(=O)(CH_2)_{16}CH_3]CH_2OC(=O)(CH_2)_{16}CH_3$$

脂肪的三个酰基可以相同也可以不同，用NaOH水解脂肪可以得到丙三醇和脂肪酸的钠盐，因为脂肪酸的钠盐可以作为肥皂，所以这个反应也叫皂化反应。

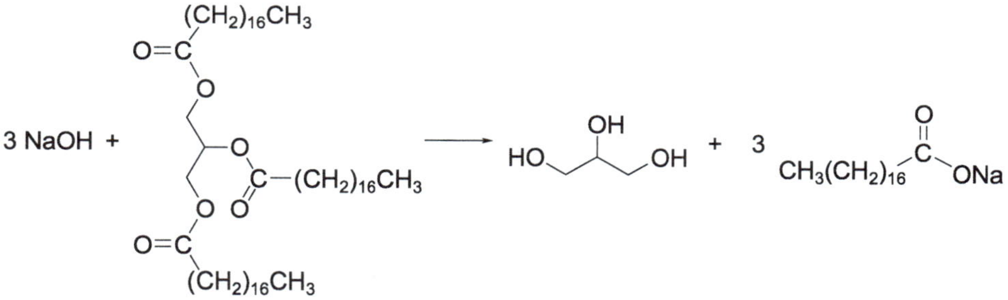

$$3\ NaOH + CH_3(CH_2)_{16}C(=O)OCH_2CH[OC(=O)(CH_2)_{16}CH_3]CH_2OC(=O)(CH_2)_{16}CH_3 \longrightarrow HOCH_2CH(OH)CH_2OH + 3\ CH_3(CH_2)_{16}C(=O)ONa$$

脂肪在体内以高度浓缩的方式集中存储，作为能量的储备以备需要时使用。

14.14 碳酸衍生物

从结构上讲碳酸是个双羟基化合物，是两个羟基连接在一个羰基上的酸，它的水合物称为原碳酸$C(OH)_4$，将二氧化碳通入水中即可形成碳酸水溶液：

$$CO_2 + H_2O \longrightarrow H_2CO_3$$

碳酸是个不稳定的羧酸，在常温下很容易分解为二氧化碳和水，并且很难得到游离的碳酸，保留一个羟基的碳酸衍生物是不稳定的，很容易分解放出CO_2。但是碳酸的二元衍生物如酰卤、酯、酰胺是比较稳定的，很容易得到。

碳酸的二酰氯也叫光气，可由一氧化碳和氯气反应得到。光气毒性非常大，曾经用作军用毒气，主要用于制备酯和酰胺，它的二酰胺也叫尿素，是一种重要的氮肥。尿素是无色弱碱性晶体，熔点是132 ℃，最早在1773年由人尿中获得，Wohler在1828年通过加热氰酸铵得到，现在它由氨和二氧化碳高温高压合成得到，已大量生产，可用于肥料，也用于炸药的稳定剂，还可用作塑料和药物的中间体。

$$CO + Cl_2 \longrightarrow COCl_2$$

$$Cl-C(=O)-Cl + 2\,ROH \longrightarrow RO-C(=O)-OR$$

$$Cl-C(=O)-Cl + 4\,NH_3 \longrightarrow H_2N-C(=O)-NH_2 + 2\,NH_4Cl$$

烷基甲酰氯和胺或氨反应得到氨基甲酸酯：

$$RO-C(=O)-Cl + R'NH_2 \xrightarrow{OH^-} RO-C(=O)-NHR'$$

氨基甲酸酯还可以由异氰酸酯（RNCO）和醇反应来制备，这个反应是羰基的亲核加成反应。例如：

$$ROH + C_6H_5-N=C=O \longrightarrow RO-C(=O)-NH-C_6H_5$$

氰酸可以看作是碳酸的腈，氰酸可以氰酸盐和酸反应得到，氰酸不稳定很容易发生重排得到异氰酸。氰酸和异氰酸之间存在动态平衡。

$$KOCN + H_2SO_4 \longrightarrow KHSO_4 + \underset{\text{氰酸}}{N\equiv C-OH} \rightleftharpoons \underset{\text{异氰酸}}{HN=C=O}$$

烷基甲酰氯、碳酸二烷基酯、*N*-烷基甲酰胺都是比较稳定的化合物。而碳酸单酰氯、碳酸单烷基酯和碳酸单酰胺都是不稳定的，但是它们都能够分解为二氧化碳：

$$HO-C(=O)-Cl \longrightarrow HCl + CO_2 \qquad HO-C(=O)-OR \longrightarrow ROH + CO_2$$

$$HO-C(=O)-NH_2 \longrightarrow NH_3 + CO_2 \qquad HO-C(=O)-OH \longrightarrow H_2O + CO_2$$

14.15 表面活性剂和肥皂

表面活性剂是这样一种化学物质，当它们溶于水或其他溶剂中时，在两相（固-液、气-液、气-固等）的表面聚集，降低表面的活性，这种活性降低一般伴随着起泡、消泡、乳化、破乳等现象。表面活性剂分子由极性端和非极性端组成，极性端极性比较大易溶于水，非极性端极性比较小，易溶于油。在水溶液中这些非极性端由于范德华力相互作用聚成一团，似球状，而球状物的表面为极性端所占据，这种球状物叫胶束，如

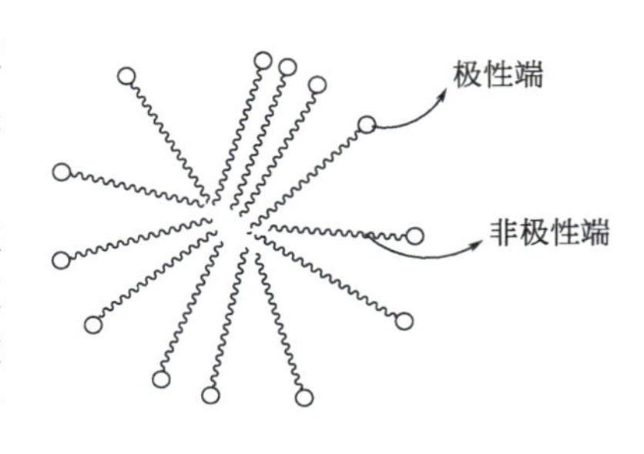

下图所示。遇到一滴油后，胶束的非极性端没入油中，极性端伸在油滴外面没入水中，这样油被表面活性剂包围，因振动而分散为小的油滴悬浮在水中，表面活性剂使其不能相互结合。

这种定义比较学术化，事实上，肥皂最古老的表面活性剂的制造就是化学工业的分支。进一步调查发现，表面活性剂是化工产品中应用最广泛的化合物，不仅在洗涤剂行业（肥皂、洗衣粉），而且在乳化稳定行业（化妆品、农药）也有广泛的应用，同时在塑料、石油加工行业也有很重要的应用。

表面活性剂一般分为阴离子型、阳离子型及非离子型表面活性剂，可以降低或增加物质的表面张力。谈到表面活性剂时必然会谈到肥皂，肥皂是阴离子表面活性剂，也是最早的人工合成的表面活性剂。

阴离子表面活性剂一般是含有疏水基的阴离子，常用的疏水基是长链的烷基，阳离子表面活性剂则是阳离子。实际上所有工业上的阳离子表面活性剂都是含有长链烷基的季铵盐。

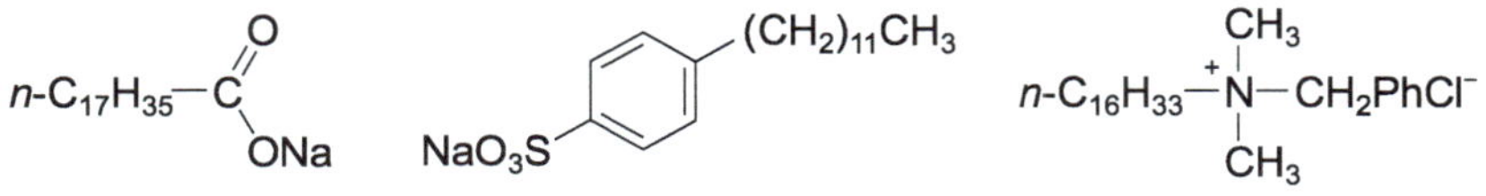

$n\text{-}C_{17}H_{35}COONa$　　$NaO_3S\text{-}C_6H_4\text{-}(CH_2)_{11}CH_3$　　$n\text{-}C_{16}H_{33}\overset{+}{N}(CH_3)_2CH_2PhCl^-$

阳离子表面活性剂很少用于清洁，是因为一般物体的表面容易吸附阴离子，用阳离子表面活性剂清洁时，它和阴离子反应而不是使污物溶解。它的这个性质导致它的其他用途，如季铵盐具有杀菌和灭藻作用，它可以在细胞膜和水的表面形成定向排列，阻止生物体的呼吸作用致其死亡，达到杀菌灭藻作用。也可以作防腐剂，还可用作止咳药。

肥皂是含有$C_{12}\sim C_{18}$的脂肪酸的钠盐或钾盐，由天然的油脂水解来制备，也是长链脂肪酸的重要来源。它含有两个部分，亲水性的羧酸根离子，可以溶于水中，还含有疏水性的长链烷基，是不溶于水的易进攻其他脂溶性物质。

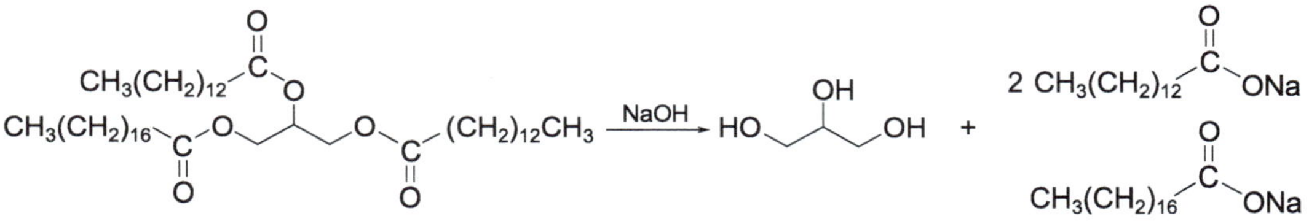

$$\text{甘油三酯}[CH_3(CH_2)_{16}COO,\ CH_3(CH_2)_{12}COO,\ CH_3(CH_2)_{12}COO] \xrightarrow{NaOH} HOCH_2CH(OH)CH_2OH + 2\,CH_3(CH_2)_{12}COONa + CH_3(CH_2)_{16}COONa$$

不能食用的牛油或椰子油是制备肥皂的好材料。用氢氧化钾水解得到脂肪酸的钾盐叫作软皂，大规模水解油脂常用水蒸气，然后再用氢氧化钠中和。普通的肥皂在硬水中效果不好是因为硬水中含有钙离子和镁离子，容易和肥皂中的脂肪酸形成沉淀，这些沉淀容易形成泡沫。另外一些含有钙和镁的可溶性表面活性剂也被制造出来。常见的十二烷基苯磺酸的钠盐，由苯进行长链烷基化反应得到。这是另外两种合成洗涤剂：

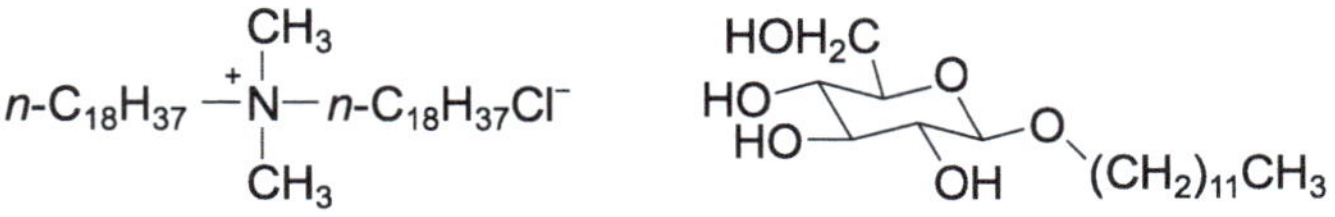

$n\text{-}C_{18}H_{37}\overset{+}{N}(CH_3)_2\text{-}n\text{-}C_{18}H_{37}Cl^-$　　（HOH_2C、HO、HO、OH 取代的吡喃糖基 $\text{-}O(CH_2)_{11}CH_3$）

在发达国家，肥皂早从洗衣店和家庭清洁用品市场淡出，但是在个人卫生用品方面还有很大市场，部分原因是新的效果好的洗涤剂难以合成。在不发达国家和地区，去污粉和液体肥皂在家庭还是大量使用，如洗衣服常使用的传统的黄色肥皂。

拓展阅读1：奥格斯特·威廉·冯·霍夫曼

奥格斯特·威廉·冯·霍夫曼（August Wilhelm von Hofmann，1818年4月8日—1892年5月2日），德国化学家，生于吉森，1836年进入吉森大学学习法律，后受到化学家J. Von李比希的影响，

改学化学，1841年获博士学位，即留校担任李比希的助手。1845年任伦敦皇家化学学院首任院长和化学教授。1865年回国，任柏林大学教授。1851年当选为英国皇家学会会员。1868年创建德国化学学会并任会长多年。

霍夫曼的工作涉及有机化学的广泛领域，他对苯胺的研究为苯胺染料工业奠定了基础，对煤焦油的研究为他的学生查尔斯·曼斯菲尔德（Charles Mansfield）提取苯和甲苯并将其转化为硝基化合物和胺的实际方法奠定了基础。霍夫曼的发现包括甲醛、联苯、异腈和烯丙醇。制备了三种乙胺和四乙胺化合物，并建立了它们与氨的结构关系。在化学领域中获得了几个重要的奖项，包括皇家奖章（1854年）、科普利奖章（1875年）和阿尔伯特奖章（1881年）。他在七十寿辰时被授予爵位，他的名字与霍夫曼伏特计、霍夫曼降级、霍夫曼-马氏重排、霍夫曼消除和Hofmann-Löffler反应联系在一起。

霍夫曼是有机合成技术的主要贡献者，他同John Blyth是第一个使用“合成”这个术语的人，比Kolbe使用这个术语早了几个月。他使用有机合成作为一种研究方法，以增加对反应产物及其形成过程的化学认识。霍夫曼的重要研究之一是从煤焦油、石脑油及其衍生物中获得单一的含氮碱——苯胺。在此基础之上，将苯胺和氨之间做了类比。他希望让化学家相信有机碱可以用氨的衍生物来描述。因此，霍夫曼成功地将氨转化为乙胺以及化合物二乙胺、三乙胺和四乙胺。而且他是第一个合成季铵盐的化学家。他将酰胺转化为胺的方法称为霍夫曼降级法（又称霍夫曼重排法）。

此外，霍夫曼是第一个将分子模型引入有机化学的人。1865年4月7日，在英国皇家学会的一个演讲会上，他展示了简单有机物质的分子模型，如甲烷、乙烷和氯甲烷，这些物质是用不同颜色的槌球和细钢管连接在一起制成的，霍夫曼最初的配色方案是（碳=黑，氢=白，氮=蓝，氧=红，氯=绿，硫=黄）并沿用至今，1874年以后，当范特霍夫和勒贝尔各自提出有机分子可以是三维的时候，分子模型开始呈现出现代的面貌。

拓展阅读2：阿司匹林（乙酰水杨酸）

阿司匹林（Aspirin，2-乙酰氧基苯甲酸，又名乙酰水杨酸）是一种白色结晶或结晶性粉末，无臭或微带醋酸臭，微溶于水，易溶于乙醇，可溶于乙醚、氯仿，水溶液呈酸性。本品为水杨酸的衍生物，经近百年的临床应用，证明对缓解轻度或中度疼痛，如牙痛、头痛、神经痛、肌肉酸痛及痛经效果较好，亦用于感冒、流感等发热疾病的退热，治疗风湿痛等。近年来发现阿司匹林对血小板聚集有抑制作用，能阻止血栓形成，临床上用于预防短暂脑缺血发作、心肌梗死、人工心脏瓣膜和静脉瘘或其他手术后血栓的形成。

阿司匹林的历史最早记载在古代苏美尔的泥板和古埃及的埃伯斯纸莎草中，表述为用柳树和其他富含水杨酸盐的植物制成的药物。公元前400年左右，希波克拉底提到了使用水杨酸茶来退烧，而且在古代和中世纪时，柳树皮制剂是西医药典的一部分。18世纪中期，柳树皮提取物因其对发热、疼痛和炎症的特殊作用而被人们所认识。到了19世纪，药剂师开始用柳树皮提取物的有效成分——水杨酸进行实验并开出处方。

1853年，法国化学家Charles Frédéric Gerhardt（查理斯·弗雷德里克·格哈特）首次用乙酰氯处理水杨酸钠，产生乙酰水杨酸；19世纪下半叶，其他化学家构建了化合物的化学结构，并设计了更有效的合成方法。1897年，制药和染料公司拜耳（Bayer）的科学家开始研究乙酰水杨酸，作为标准的普通水杨酸类药物的一种刺激性较小的替代品，并发现了一种合成乙酰水杨酸的新方法。1899年，拜耳将这种药物命名为阿司匹林，并在全世界销售。“阿司匹林”一词是拜耳公司的品牌名称，而不是该药物的通用名称；然而，拜耳的商标权在许多国家丧失或被出售。在20世纪上半叶，阿司匹林的普及导致了与阿司匹林品牌和产品扩散的激烈竞争。

1956年扑热息痛和1962年布洛芬问世后，阿司匹林的流行度开始下降。在20世纪60 ~ 70年代，John Vane（约翰·万）和其他人发现了阿司匹林作用的基本机制，然而从20世纪60 ~ 80年代的临床试验和其他研究证实了阿司匹林作为一种抗凝血剂的功效，可以降低凝血疾病的风险。阿司匹林的销售在20世纪的最后几十年大幅复苏，并在21世纪保持强劲，被广泛用于心脏病发作和中风的预防治疗。

参考资料

[1] 曾少潜. 科技名人词典[M]. 中国青年出版社，1988.
[2] “阿司匹林——一种百年神药的不朽传奇！” https://baijiahao.baidu.com/s?id=1603659707338393221&wfr=spider&for=pc.

习题

14-1 用系统命名法命名下列化合物。

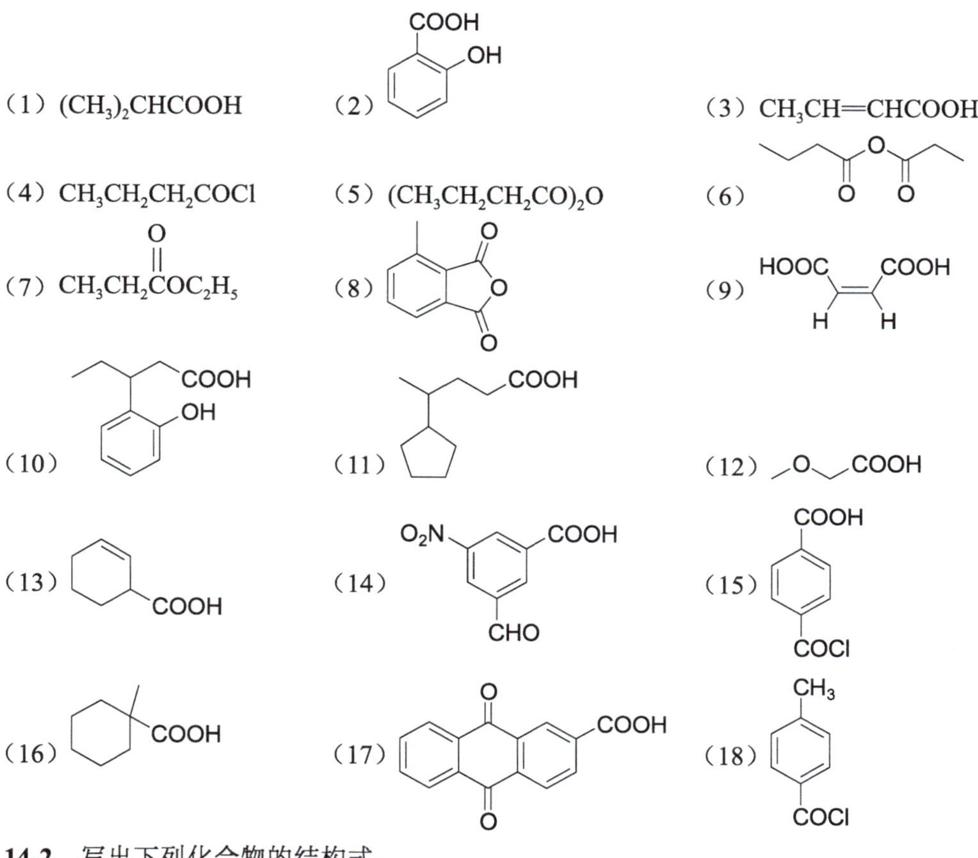

14-2 写出下列化合物的结构式。

（1）邻苯二甲酸二甲酯　　（2）甲酸异丙酯
（3）*N*-甲基丙酰胺　　（4）邻苯二甲酸单甲酯
（5）丙酸酐　　（6）甲基丙二酸单酰氯
（7）顺丁烯二酰亚胺　　（8）乙酸丙酯
（9）3-丁炔酸　　（10）2,2-二甲基丁酸

14-3 写出分子式为$C_5H_6O_4$的不饱和二元羧酸的各种异构体。

14-4 完成下列反应。

（1）溴苯（Br） $\xrightarrow[Et_2O]{Mg}$? $\xrightarrow[2)\ H_2O,\ H^+]{1)\ CO_2}$?

（2）$H_3C-C_6H_4-NH_2 \xrightarrow{Ac_2O} ? \xrightarrow{KMnO_4} ? \xrightarrow[\triangle]{HCl} ?$

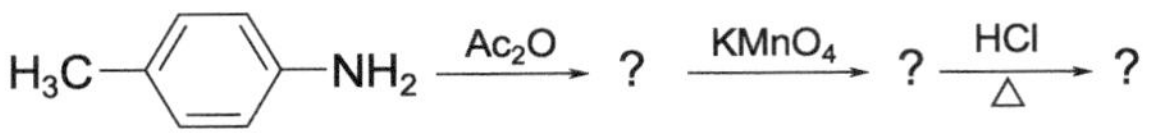

（3）Cl, Cl $\xrightarrow{NaCN} ? \xrightarrow[\triangle]{H_3O^+} ? \xrightarrow[H_2SO_4]{CH_3OH} ?$

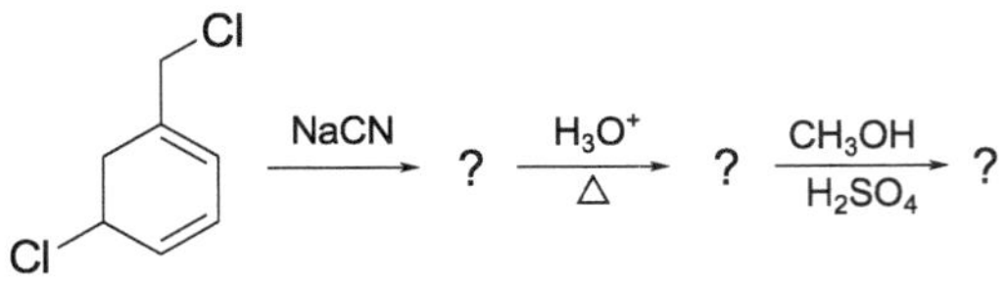

（4）$CH_3COOH \xrightarrow[P]{Cl_2} ? \xrightarrow[H^+]{CH_3CH_2OH} ?$

（5）O $\xrightarrow{HNO_3} ? \xrightarrow[\text{加热}]{Ba(OH)_2} ?$

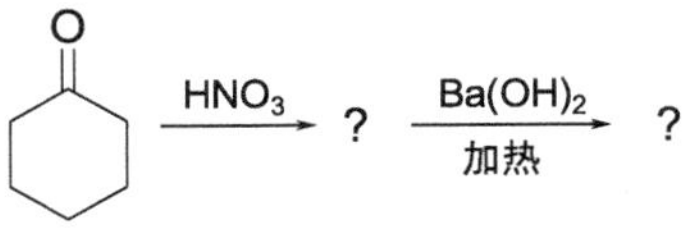

（6）O, O, O $\xrightarrow{\text{N—H}} ? \xrightarrow[2)\ H_2O]{1)\ LiAlH_4} ?$

（7）$H_2C=C(CH_3)-COOH \xrightarrow{PCl_3} ? \xrightarrow[\text{N}]{CF_3CH_2OH} ?$

（8）O, $CH_2CH_2CH_3$, COOH $\xrightarrow{\text{加热}} ?$

（9）$HOOCCH_2COC(CH_3)_2COOH \xrightarrow{\text{加热}} ?$

（10）COOH, COOH, COOH $\xrightarrow{\text{加热}} ?$

（11）$OH-C_6H_4-CH_2OH \xrightarrow[\text{浓硫酸}]{CH_3COOH} ?$

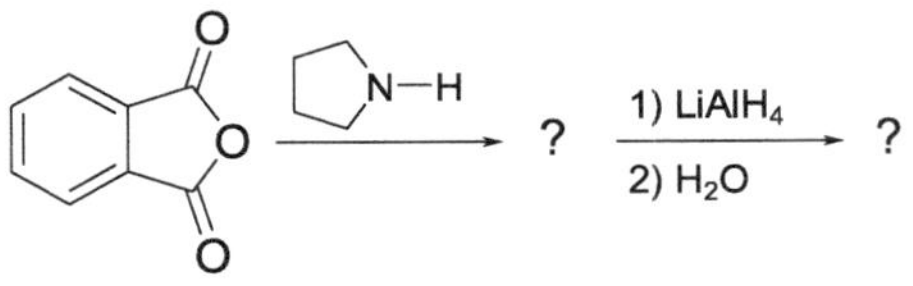

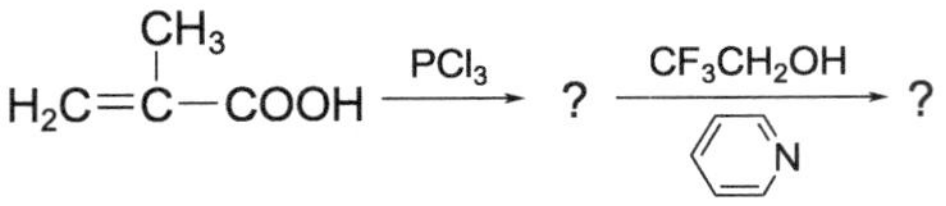

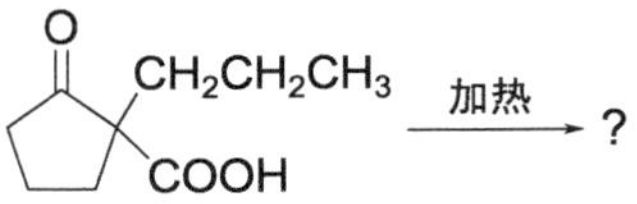

（12）$C_6H_5-C\equiv CH \xrightarrow[H^+,\ Hg^{2+}]{H_2O} ? \xrightarrow{I_2\text{-}NaOH} ? \xrightarrow[H^+,\ \text{加热}]{CH_3CH_2OH} ?$

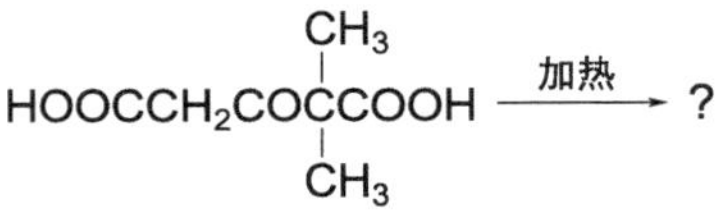

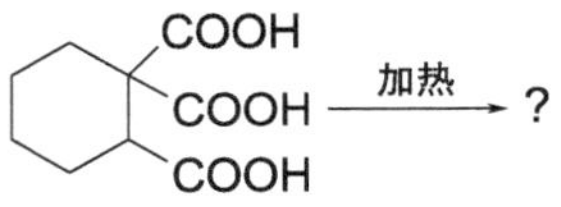

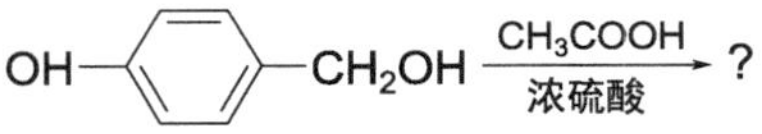

（13）$? \xleftarrow{(CH_3CO)_2O}$ COOH, OH $\xrightarrow[\text{浓}H_2SO_4]{MeOH} ?$

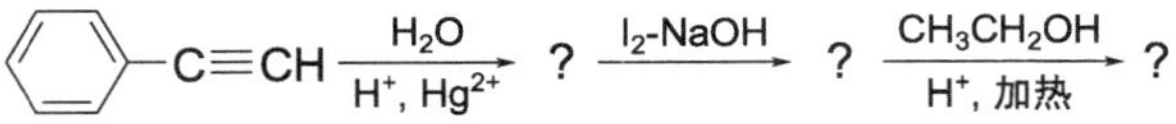

（14）O, OH $\xrightarrow{PCl_5} ? \xrightarrow{CH_3COONa} ?$

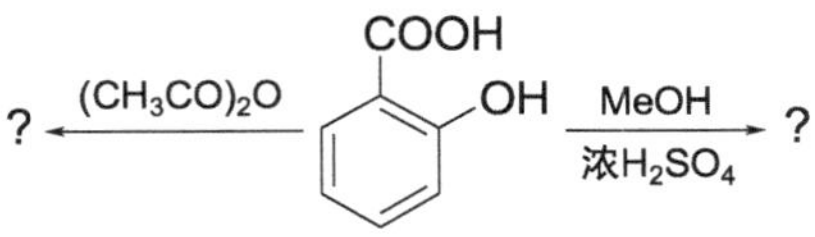

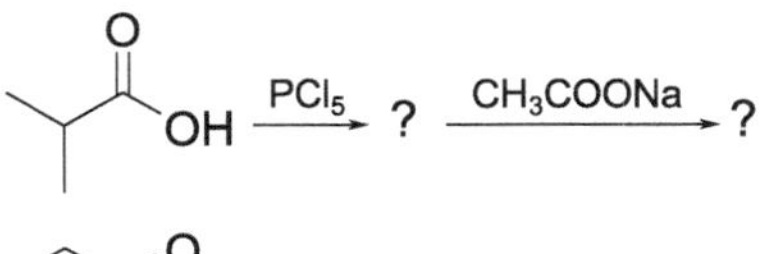

（15）O, O $\xrightarrow[CH_3I]{CH_3ONa} ?$

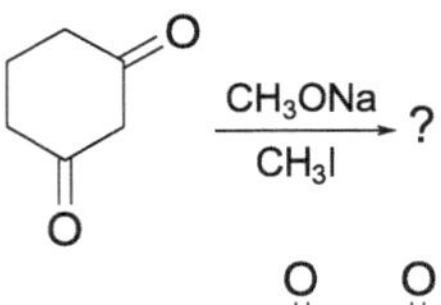

（16）CN + O, O, O $\xrightarrow{(C_2H_5)_3N} ?$

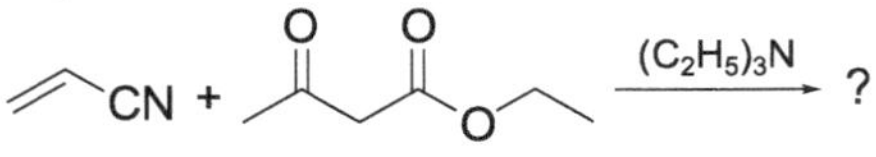

(17) O O OH + → ?

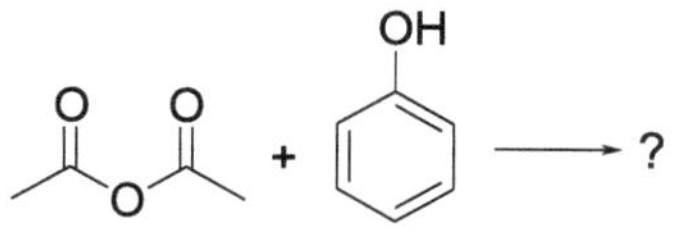

(18) $2CH_3CH_2COOC_2H_5 \xrightarrow{NaOC_2H_5}$? + ?

(19) 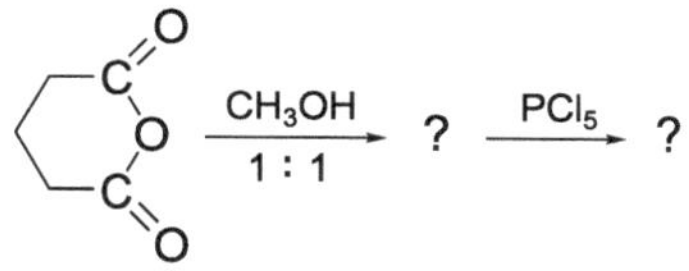 O C O C O $\xrightarrow[1:1]{CH_3OH}$? $\xrightarrow{PCl_5}$?

(20) $HCOOC_2H_5 \xrightarrow[Et_2O]{2CH_3CH_2MgBr}$? $\xrightarrow{H_3O^+}$?

14-5 用化学方法区分下列各组化合物。

(1) 乙醇　乙醛　乙酸

(2) 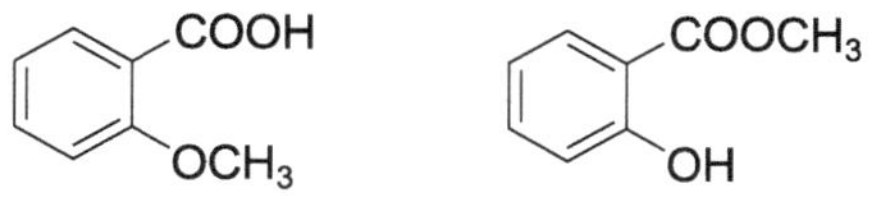 COOH OCH_3　　$COOCH_3$ OH

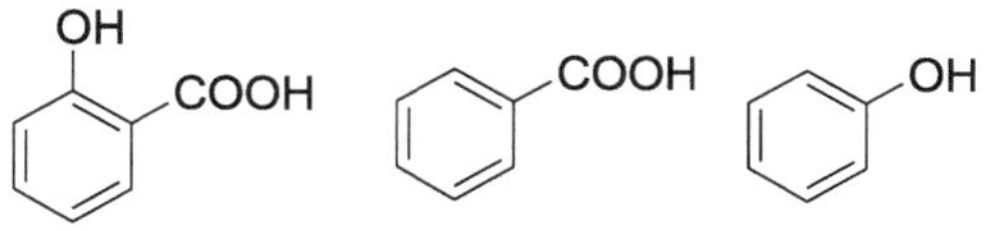

(3) OH COOH　　COOH　　OH

(4) COOH CH_3　　OH $COCH_3$　　OH CH═CH_2 OH

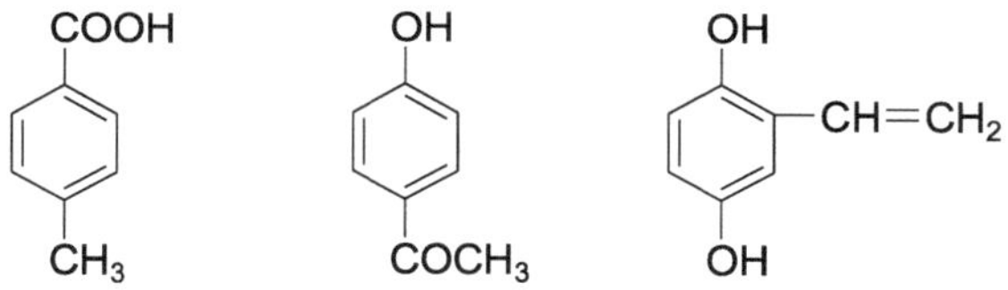

14-6 用化学方法分离下列各组化合物。

(1) 己醇　己酸　对甲苯酚

(2) 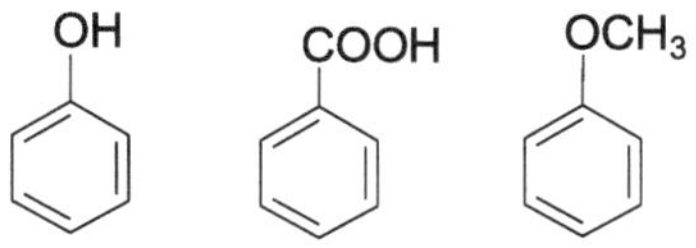 OH　　COOH　　OCH_3

(3) COOH　　CH_2OH　　CHO

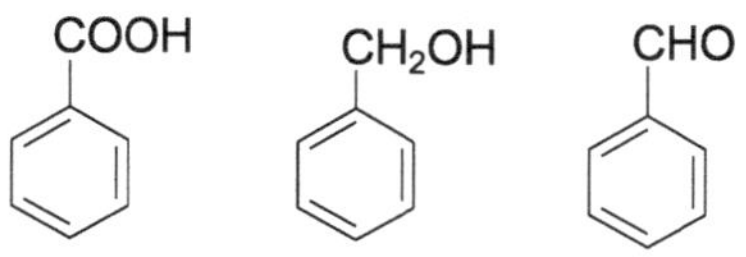

14-7 比较下列化合物的酸性大小。

(1) ICH_2COOH　$BrCH_2COOH$　$ClCH_2COOH$　FCH_2COOH

(2) 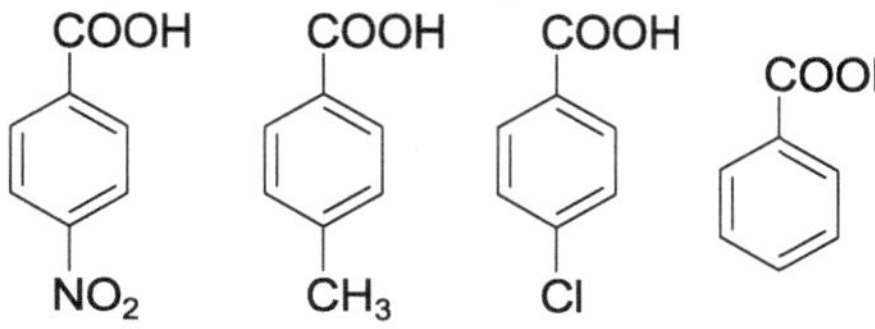 COOH NO_2　　COOH CH_3　　COOH Cl　　COOH

(3) CH_3COOH　CF_3COOH　$CH_2ClCOOH$　C_2H_5OH　C_6H_5OH

(4) $CH_3CH_2CHBrCO_2H$　$CH_3CHBrCH_2CO_2H$　$CH_3CH_2CH_2CO_2H$

$CH_3CH_2CH_2CH_2OH$　C_6H_5OH　H_2CO_3　Br_3CCO_2H

14-8 比较下列化合物的碱性大小。

（1）$CH_3CH_2O^-$　　CH_3COO^-

（2）$ClCH_2CH_2COO^-$　　$CH_3CH_2CH_2COO^-$

（3）$ClCH_2CH_2CH_2COO^-$　　$CH_3CH_2CHClCOO^-$

（4）FCH_2COO^-　　F_2CHCOO^-

14-9　排列以下化合物的酯化反应速率并解释。

$(CH_3)_2CHCOOCH_3$　CH_3COOCH_3　$HCOOCH_3$　$CH_3CH_2COOCH_3$　$(CH_3)_3CCOOCH_3$

14-10　酰胺、酯、酸酐和酰氯的水解反应活性顺序是什么？请从离去基团和电子效应两个方面加以解释。

14-11　油脂是长链酸的甘油酯，请根据酯的碱性水解机理解释为什么在清洗餐具时加入纯碱洗涤效果好？请解释其原因。

14-12　解释为什么不能用饮料瓶盛装NaOH溶液（饮料瓶材质是对苯二甲酸聚乙二醇酯）？

14-13　实验室采购了一瓶左旋乳酸甲酯，但学生在实验过程中发现试剂可能存在问题。请给出鉴别是否为正确试剂的方法，要求采用可信的仪器检测，以便存有证据，要求赔偿。

14-14　生物柴油的化学组成是长碳链的酯，动物脂肪则是长链羧酸的甘油酯。请说明使用动物脂肪在乙醇中加热溶解以制备生物柴油的反应原理。

14-15　写出下列反应的机理。

（1）HO　COOH $\xrightarrow[加热]{H^+}$ O　O

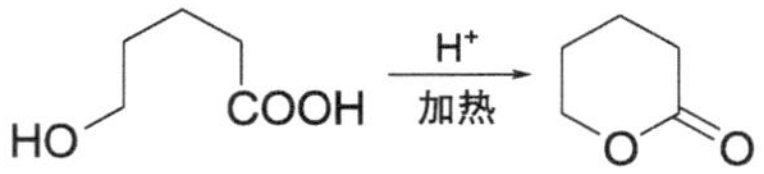

（2）R　O　O　R′ $\xrightarrow[2)\ H_3O^+]{1)\ Na,\ 乙醚}$ R　O　R　OH

（3）COCH$_3$　OCOC$_6$H$_5$ $\xrightarrow[50\ ^\circ C]{KOH,\ 吡啶}$ O　O　C$_6$H$_5$

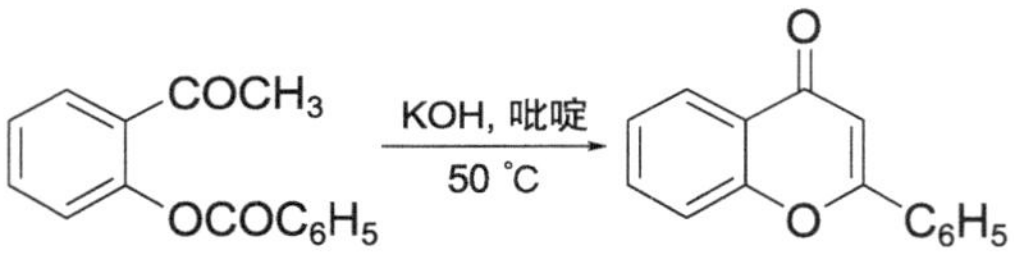

（4）2 R　O　O　R′ $\xrightarrow[2)\ H^+]{1)\ NaOC_2H_5}$ R　R　O　O　O　R′

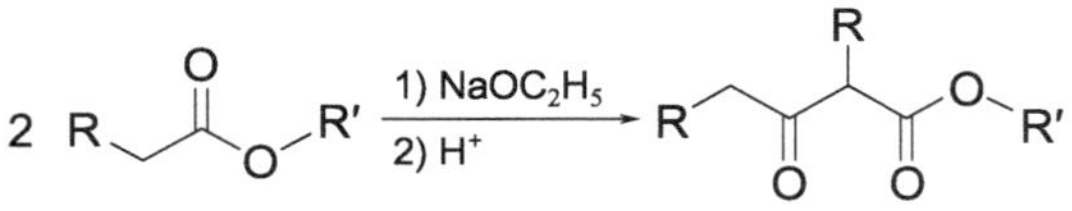

14-16　完成下列转化。

（1）$HC\equiv CH \longrightarrow CH_3COOC_2H_5$

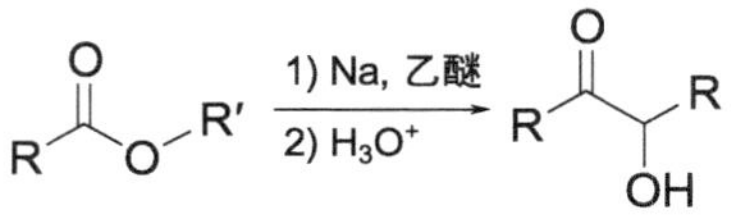

（2）$\longrightarrow$ 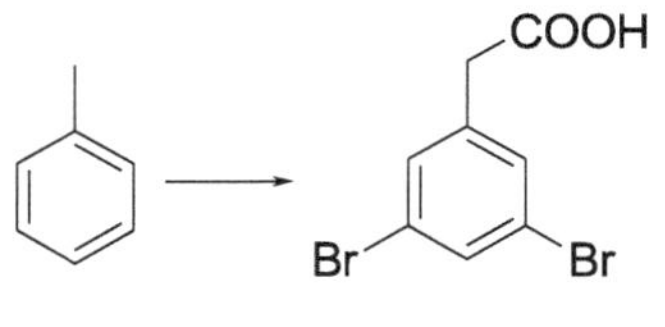 COOH　Br　Br

（3）$\longrightarrow$ 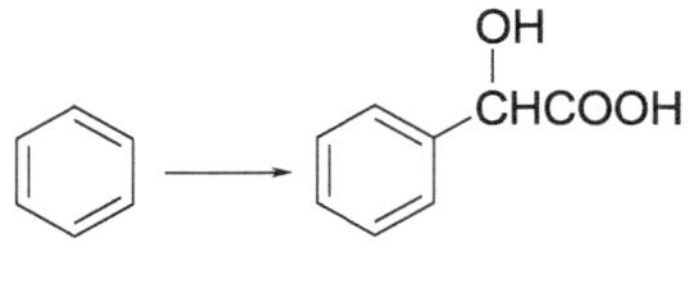 OH　CHCOOH

（4）O　O $\longrightarrow$ COOH　COOH

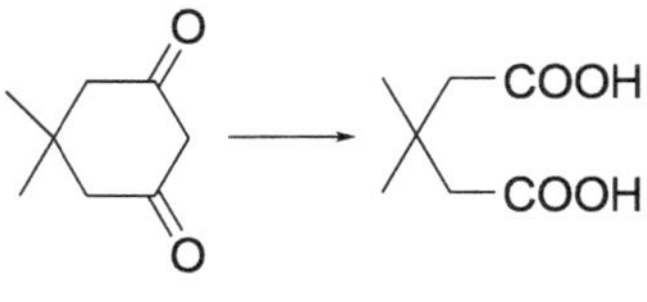

(5) OH (苯酚) $\longrightarrow$ HO, COOH, OH (2,5-二羟基苯甲酸)

(6) $CH_3COOH \longrightarrow CH_2(COOC_2H_5)_2$

(7) OH (苯酚) $\longrightarrow$ OH, $NHCCH_3$ (C=O)

(8) (甲苯) $\longrightarrow$ O=C (二苯甲酮)

(9) (苯) + $CH_3COCl \longrightarrow$ OMe

(10) CH_3 (甲苯) $\longrightarrow$ $NHCOCH_3$, O_2N, CH_3

14-17 写出下列Hofmann降解反应的反应机理。

$$RCONH_2 + Br_2 + 4\,NaOH \longrightarrow R{-}NH_2 + 2\,NaBr + Na_2CO_3 + 2\,H_2O$$

14-18 试根据下列反应推测化合物A、B、C、D的结构。

$$(A)C_8H_{16}O_2 \xrightarrow[EtOH]{Na} (B) \xrightarrow{HCl} (C) \xrightarrow[EtOH]{OH^-} (D) \xrightarrow[2)\ Zn,H_2O]{1)\ O_3} HCHO + CH_3COCH_3$$

14-19 化合物A，分子式为$C_4H_6O_4$，加热后得到分子式为$C_4H_4O_3$的B，将A与过量甲醇及少量硫酸一起加热得分子式为$C_6H_{10}O_4$的C。B与过量甲醇作用也得到C。A与$LiAlH_4$作用后得分子式为$C_4H_{10}O_2$的D。写出A～D的结构式以及生成B、C、D的反应式。

14-20 化合物A（$C_3H_6Br_2$），与氰化钠反应生成B（$C_5H_6N_2$），B酸性水解生成C，C与乙酸酐共热生成D和乙酸。化合物D的图谱：IR 1755 cm^{-1}、1820 cm^{-1}，^1H-NMR δ 2.0（五重峰，2H）、2.8（三重峰，4H）。请写出A～D的结构及D的图谱的归属。

14-21 化合物A的分子式为$C_{10}H_{22}O_2$，与碱不起作用，但可被稀酸水解成B和C。C的分子式为C_3H_8O，与金属钠作用有气体逸出，能与NaIO反应，B的分子式为C_4H_8O，能进行银镜反应，与重铬酸钾和硫酸作用生成D。D与Cl_2/P作用后，再水解可以得到E。E与稀硫酸共沸得F，F的分子式为C_3H_6O，F的同分异构体可由C氧化得到。写出A～F的构造式。

第15章 双官能团化合物

双官能团化合物的化学性质常常与双官能团的相对位置有很大关系，它们和单官能团化合物相比，也有着不同的化学性质。例如二烯烃既可以进行1,2-加成反应，也可以进行1,4-加成反应，但是1,4-加成反应需要一个共轭的二烯体系。再如当两个卤素官能团在邻位时，相邻取代的卤素可以进行消除反应。在化学分子中，双键与羰基共轭，对双键的化学性质会产生重要的影响，由于最简单的烯烃和亲核试剂反应时，最低占据轨道能量太高，所以简单烯烃很少能发生亲核加成反应。然而，当羰基与双键共轭时，双键很容易发生亲核加成，而且共轭羰基化合物的1,4-加成也是有机化学中重要的合成方法。同样，当两个羰基在同一个分子中，并且互为β位时，二羰基化合物的酸性将增强。介于两个羰基的亚甲基氢在很温和的条件下就可被碱基取代。如果其中一个羰基是羧基，那么这个酸在温和的条件下就很容易脱羧。本章主要研究含有羰基的双官能团化合物的化学反应。

根据系统命名法，并且参照其他章节，一些双官能团化合物见表15-1。

表15-1 一些双官能团化合物的结构式、通用命名及实例

结构式	通用命名	实例	命名
$RCOCH_2COR'$	β-二酮	$CH_3COCH_2COCH_3$	2,4-戊二酮
$RCOCH_2COOR'$	β-酮酯	$CH_3COCH_2COOCH_3$	3-氧代丁酸甲酯
$ROOCCH_2COOR'$	β-二酯	$CH_3OOCCH_2COOCH_3$	丙二酸二甲酯
$RCOCH_2CHO$	β-酮醛	CH_3COCH_2CHO	3-氧代丁醛
$RCOCH_2CN$	β-酮腈	CH_3COCH_2CN	3-氧代丁腈
$NCCH_2CN$	马来腈	—	—
$HOOC(CH_2)_nCOOH$	二酸	HOOCCOOH	乙二酸
RCH(OH)COOH	α-羟基酸	$CH_3CH(OH)COOH$	2-羟基丙酸
—	α-羟基二羧酸	$HOOCCH_2CH(OH)COOH$	2-羟基-1,4-丁二酸
—	α,β-二羟基二羧酸	HOOCH(OH)CH(OH)COOH	2,3-二羟基-1,4-丁二酸
RCH(OH)COR′	α-羟基酮	$CH_3CH(OH)COCH_3$	3-羟基丁酮
RCH(OH)CHO	α-羟基醛	$CH_3CH(OH)CHO$	2-羟基丙醛

15.1 羟基醛和羟基酮

15.1.1 结构与性质

羟基醛和羟基酮有着类似的结构：

RCH(OH)CHO　　RCH(OH)COR′

糖是一类多羟基醛、酮化合物，从醛衍生出来的多羟基醛叫醛糖；从酮衍生出来的多羟基酮叫酮糖。

通过烯二醇使D-葡萄糖异构化成D-果糖，在糖酵解中是很重要的一步，在这个复杂的过程中，有机体借助烯二醇将葡萄糖转化为化学能，酶作用的底物并不是葡萄糖而是6-磷酸酯，催化异构化的酶叫磷酸葡萄糖异构酶。

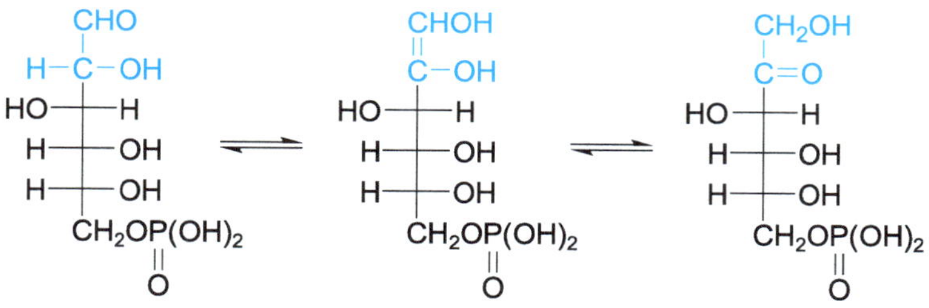

开链的D-葡萄糖-6-磷酸酯 ⇌ 烯二醇 ⇌ 闭链的D-果糖-6-磷酸酯

15.1.2 制备

一种制备β-羟基酮的方法如下：

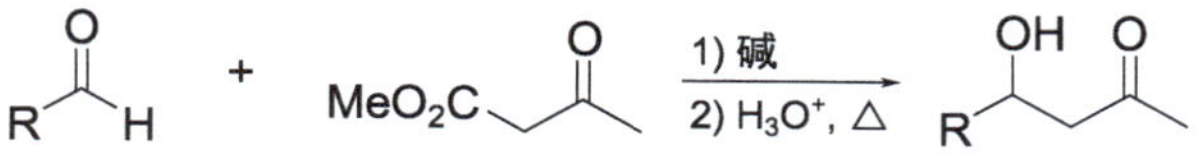

$$RCHO + MeO_2CCH_2COCH_3 \xrightarrow[2)\ H_3O^+,\ \triangle]{1)\ 碱} RCH(OH)CH_2COCH_3$$

β-羟基酮也可以通过羟醛缩合反应得到：

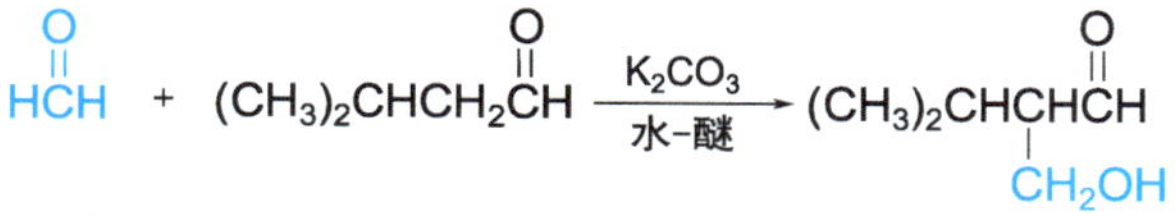

$$HCHO + (CH_3)_2CHCH_2CHO \xrightarrow[水-醚]{K_2CO_3} (CH_3)_2CHCH(CH_2OH)CHO$$

甲醛　3-甲基丁醛　2-羟甲基-3-甲基丁醛

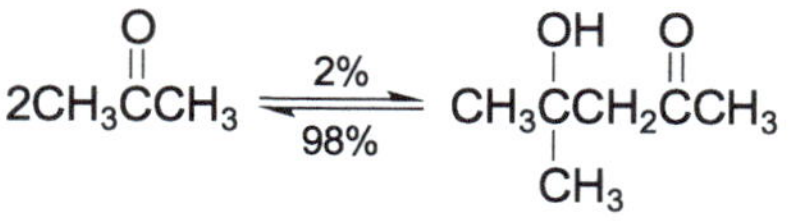

$$2CH_3COCH_3 \underset{98\%}{\overset{2\%}{\rightleftharpoons}} CH_3C(OH)(CH_3)CH_2COCH_3$$

丙酮　4-羟基-4-甲基-2-戊酮

15.1.3 反应

羟醛缩合反应中β-羟基醛在加热条件下脱去一分子水得到α,β-不饱和醛。

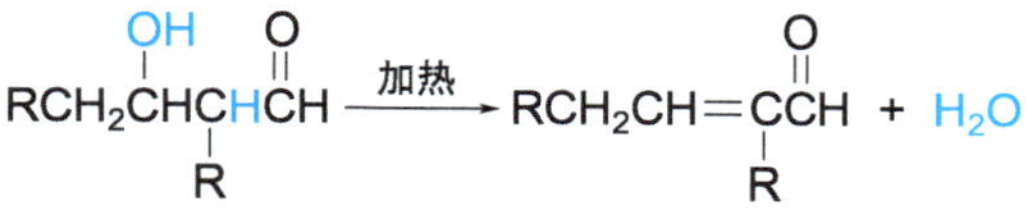

$$RCH_2CH(OH)CH(R)CHO \xrightarrow{加热} RCH_2CH{=}C(R)CHO + H_2O$$

β-羟基醛　α,β-不饱和醛　水

15.2 羟基酸

15.2.1 羟基酸的性质

α-羟基酸（AHAs）是一类在羧基邻位含有羟基的化合物，它们可以是天然产物或合成物。AHAs在化妆品中应用广泛，研究发现，AHAs可以减少皱纹和减缓衰老迹象，改善外观和皮肤的

感觉。

几种常见羟基酸：羟基乙酸，多由食糖制得，应用最为广泛，已成为最有用的羟基酸；乳酸，最初是从牛奶中提取出来的，温和且比乙醇酸刺激性更小，对于敏感肤质的人来说是一种理想的制品；柠檬酸，从柑橘类水果中提取；苹果酸，从苹果和梨子中提取；酒石酸，从葡萄中提取。

15.2.2 羟基酸的制备

（1）从羟基腈水解

α-羟基腈水解生成α-羟基酸

$$\mathrm{RCH(OH)CN \longrightarrow RCH(OH)COOH}$$

β-羟基腈水解生成β-羟基酸

$$\mathrm{RCH(OH)CH_2CN \longrightarrow RCH(OH)CH_2COOH}$$

（2）α-卤代酸的水解

$$\mathrm{RCH(X)COOH + H_2O \longrightarrow RCH(OH)COOH}$$

（3）瑞弗尔马斯基（Reformatsky）反应

醛、酮与α-溴代乙酸乙酯的锌试剂作用，经过水解，生成β-羟基酸。

$$\mathrm{Zn + RCH(Br)COOC_2H_5 \longrightarrow RCH(ZnBr)COOC_2H_5 \xrightarrow{R'R''C=O} R'R''C(OZnBr)-CH(R)-COOC_2H_5 \xrightarrow{H^+} R'R''C(OH)-CH(R)-COOH}$$

羧酸的α位溴化叫Hell-Volhard-Zelinsky卤化反应。这个反应有时用少量的磷代替三卤化磷，此反应中磷与溴生成的三卤化磷作为活性催化剂。

Hell-Volhard-Zelinsky反应中的α位卤素被亲核取代的反应有很好的应用价值。

$$\underset{\text{丁酸}}{\mathrm{CH_3CH_2CH_2CO_2H}} \xrightarrow[\mathrm{P}]{\mathrm{Br_2}} \underset{\text{2-溴丁酸(77\%)}}{\mathrm{CH_3CH_2CH(Br)CO_2H}} \xrightarrow[\mathrm{H_2O,\ \triangle}]{\mathrm{K_2CO_3}} \underset{\text{2-羟基丁酸(69\%)}}{\mathrm{CH_3CH_2CH(OH)CO_2H}}$$

15.2.3 羟基酸的脱水反应

α-羟基酸受热时，两分子间的羧酸和羟基相互酯化脱水生成交酯。

$$\mathrm{2RCH(OH)COOH \xrightarrow{\triangle} \underbrace{R-CH-C(=O)-O-CH(R)-C(=O)-O}_{}}$$

β-羟基酸受热时，发生分子内脱水而生成α,β-不饱和酸。

$$\mathrm{RCH(OH)CH_2COOH \xrightarrow{\triangle} RCH{=}CHCOOH}$$

γ-或δ-羟基酸可以发生分子内脱水反应形成一个环状的酯，即内酯，当形成的内酯为五元或六元环时，这种分子内的酯化作用很容易发生。五元环内酯称为γ-内酯，其六元类似物称为δ-内酯。

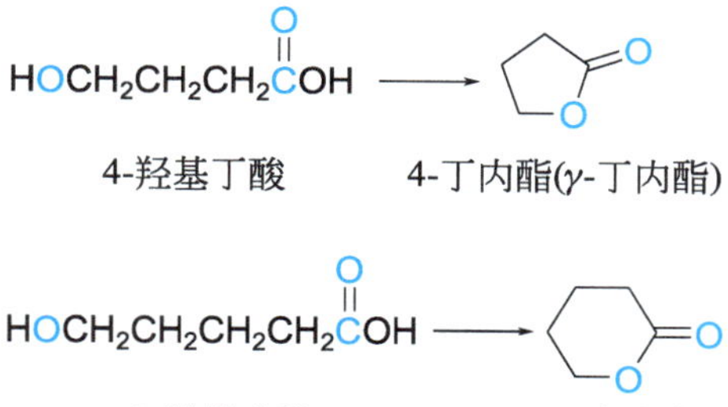

HOCH$_2$CH$_2$CH$_2$COOH ⟶ (环状内酯)

4-羟基丁酸　　4-丁内酯(γ-丁内酯)

HOCH$_2$CH$_2$CH$_2$CH$_2$COOH ⟶ (环状内酯)

5-羟基戊酸　　5-戊内酯

15.3 二羧酸

15.3.1 性质与反应

大多数羧酸具有良好的热稳定性，脱羧反应条件相当苛刻。然而，β-酮酸由于羰基的存在，可以在200 ℃发生脱羧反应。该反应的可能机理如下所示：

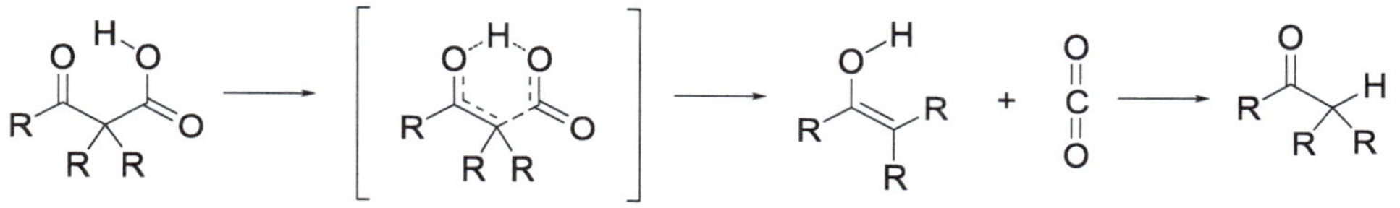

如上所示，β-酮酸和β-二酸的脱羧机理含有一个六元环过渡态的形成过程。

该机理表明，起始原料的脱羧反应是由羰基化合物的烯醇互变异构引发的（烯醇中间体的形成已被不同的研究证明）。因此，能产生烯醇中间体的β-酮酸非常容易发生脱羧反应，而不能产生烯醇中间体的β-酮酸则不能发生脱羧反应。当形成的烯醇结构取代基越多时，脱羧反应越容易发生。当β-二羰基化合物的α-碳有一个或多个取代基时，可以在100 ℃左右发生脱羧反应，因此β-酮酸或β-二羧酸的脱羧反应可以在煮沸的水溶液中进行。

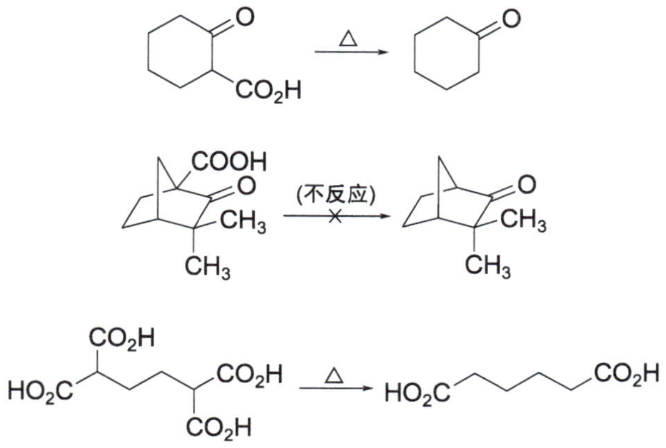

CO_2H △

COOH　(不反应)　CH_3　CH_3

HO_2C　CO_2H　CO_2H　CO_2H　△　HO_2C　CO_2H

β-酮酸和丙二酸的脱羧反应在生物学中具有特别重要的应用。例如，为了将体内的糖转化为脂肪，人体实际上发生了一系列的克莱森缩合和还原反应。然而，为了避免克莱森缩合所需的强碱条件，体内细胞利用丙二酸衍生物的脱羧反应来产生烯醇（或烯醇式盐），这种烯醇式类似于羧酸衍生物（一种硫酯），在反应中它作为亲电基团参与反应。

$$\mathrm{RS{-}C(=O){-}CH_2{-}CO_2^-} \longrightarrow \mathrm{RS{-}C(O^-){=}CH_2} \xrightarrow{\mathrm{RS{-}C(=O){-}R'}} \mathrm{RS{-}C(=O){-}CH_2{-}C(=O){-}R'}$$

15.3.2 二羧酸的酸性

二羧酸连续两步解离的解离常数分别为K_{a1}和K_{a2}。

$$\underset{\text{草酸}}{\mathrm{HOC(=O){-}C(=O)OH}} \underset{}{\overset{K_{a1}}{\rightleftharpoons}} \mathrm{H^+} + \underset{\text{草酸氢根（单阴离子）}}{\mathrm{HOC(=O){-}C(=O)O^-}} \qquad K_{a1}=6.5\times10^{-2},\ \mathrm{p}K_{a1}=1.2$$

$$\underset{\text{草酸氢根（单阴离子）}}{\mathrm{HOC(=O){-}C(=O)O^-}} \overset{K_{a2}}{\rightleftharpoons} \mathrm{H^+} + \underset{\text{草酸根（双阴离子）}}{\mathrm{^-OC(=O){-}C(=O)O^-}} \qquad K_{a2}=5.3\times10^{-5},\ \mathrm{p}K_{a2}=4.3$$

二羧酸的第一步解离常数大于一元羧酸的解离常数。其中一个原因是，有两个电位点发生解离使羧基的有效浓度增加两倍。此外，一个羧基作为吸电子基团使另一个羧基更容易解离，当两个羧基仅间隔少数几个键时，这种现象会比较明显。例如，草酸和丙二酸的酸性比乙酸的简单烷基衍生物强几个数量级。庚二酸的两个羧基离得较远，其酸性只比乙酸稍强。

HO_2CCO_2H	$HO_2CCH_2CO_2H$	$HO_2C(CH_2)_5CO_2H$
草酸	丙二酸	庚二酸
$K_{a1}=6.5\times10^{-2}$	$K_{a1}=1.4\times10^{-3}$	$K_{a1}=3.1\times10^{-5}$
($\mathrm{p}K_{a1}=1.2$)	($\mathrm{p}K_{a1}=2.8$)	($\mathrm{p}K_{a1}=4.3$)

15.4 二羰基化合物

凡两个羰基被一个碳原子隔开的化合物称为*β*-二羰基化合物。*α*-碳原子上的氢受两个羰基的吸电子作用影响而显得特别活泼，因此*β*-二羰基化合物也常叫作含有活性亚甲基的化合物。*β*-二羰基化合物具有独特的性质，因而在有机合成中有着多方面的应用。

$$\underset{\beta\text{-二酮}}{\mathrm{R{-}C(=O){-}CH_2{-}C(=O){-}R'}} \qquad \underset{\beta\text{-酮酸酯}}{\mathrm{R{-}C(=O){-}CH_2{-}C(=O){-}OR'}} \qquad \underset{\text{丙二酸二酯}}{\mathrm{RO{-}C(=O){-}CH_2{-}C(=O){-}OR'}}$$

15.4.1 *β*-二羰基化合物的酸性和烯醇负离子的稳定性

由于*α*-碳原子上的氢受两个羰基的吸电子作用，*α*-氢具有较强的酸性。简单的羰基化合物如丙酮的$\mathrm{p}K_a$为20，而*β*-二羰基化合物的$\mathrm{p}K_a$在10到13之间，远比醇、水的酸性强。*β*-二羰基化合物的酸性比一般的羰基化合物强得多，这是由于与碱作用后生成的负离子发生了离域而变得稳定。

$$\mathrm{R^1{-}C(O^-){=}CH{-}C(=O){-}R^2} \longleftrightarrow \mathrm{R^1{-}C(=O){-}\overset{-}{C}H{-}C(=O){-}R^2} \longleftrightarrow \mathrm{R^1{-}C(=O){-}CH{=}C(O^-){-}R^2}$$

一些化合物中的烯醇式含量见表15-2。

表 15-2　一些化合物中的烯醇式含量

酮式	烯醇式	烯醇式含量/%	酮式	烯醇式	烯醇式含量/%
$CH_3COOC_2H_5$	$CH_2{=}C(OH)OC_2H_5$	0	$CH_3COCH_2COOC_2H_5$	$CH_3C(OH){=}CHCOOC_2H_5$	7.5
CH_3CHO	$CH_2{=}CH(OH)$	0	$CH_3COCH_2COCH_3$	$CH_3C(OH){=}CHCOCH_3$	76.0
CH_3COCH_3	$CH_2{=}C(OH)CH_3$	0.0015	$C_6H_5COCH_2COCH_3$	$C_6H_5C(OH){=}CHCOCH_3$	90.0
$C_2H_5OOCCH_2COOC_2H_5$	$C_2H_5OCOCH{=}C(OH)OC_2H_5$	0.1			

15.4.2　丙二酸二乙酯

丙二酸二乙酯可由氯代乙酸经氰基取代然后醇解制备

$$ClCH_2COOH \xrightarrow[NaOH]{NaCN} CNCH_2COONa \xrightarrow[H_2SO_4]{2CH_3CH_2OH} CH_2(COOC_2H_5)_2$$

由于丙二酸二乙酯的α-氢具有较强的酸性，它能与醇钠作用形成钠盐，生成的碳负离子化合物是一个强亲核试剂，与卤代烃发生亲核取代反应生成一烃基丙二酸二乙酯，它可再与醇钠作用生成一烃基丙二酸二乙酯的钠盐，然后再与卤代烃发生亲核取代而生成二烃基丙二酸二乙酯。烃基丙二酸二乙酯经过水解、脱羧，生成一烃基乙酸和二烃基乙酸。

$$CH_2(COOC_2H_5)_2 \xrightarrow{CH_3CH_2ONa} [CH(COOC_2H_5)_2]^-Na^+$$

$$\xrightarrow{R-X} R-CH(COOC_2H_5)_2 \xrightarrow[H_2O]{H^+} R-CH(COOH)_2 \xrightarrow[\triangle]{-CO_2} RCH_2COOH$$

$$R-CH(COOC_2H_5)_2 \xrightarrow{CH_3CH_2ONa} [RC(COOC_2H_5)_2]^-Na^+ \xrightarrow{R'-X} RR'C(COOC_2H_5)_2 \xrightarrow{H^+,\ H_2O} RR'C(COOH)_2 \xrightarrow[\triangle]{-CO_2} RR'CHCOOH$$

丙二酸二乙酯也可用来合成二元酸。例如：

$$2\,[R-C(COOC_2H_5)_2]^-Na^+ \xrightarrow{I_2} \begin{matrix} R-C(COOC_2H_5)_2 \\ | \\ R-C(COOC_2H_5)_2 \end{matrix} \xrightarrow[H_2O]{H^+} \xrightarrow[\triangle]{-CO_2} \begin{matrix} R-CHCOOH \\ | \\ R-CHCOOH \end{matrix}$$

$$2\,[R-C(COOC_2H_5)_2]^-Na^+ \xrightarrow{X-(CH_2)_n-X} \begin{matrix} R-C(COOC_2H_5)_2 \\ | \\ (CH_2)_n \\ | \\ R-C(COOC_2H_5)_2 \end{matrix} \xrightarrow[H_2O]{H^+} \xrightarrow[\triangle]{-CO_2} \begin{matrix} R-CHCOOH \\ | \\ (CH_2)_n \\ | \\ R-CHCOOH \end{matrix}$$

15.4.3 乙酰乙酸乙酯

乙酰乙酸乙酯是一种β-酮酸酯，可由Claisen酯缩合反应制备。也就是说，含α-氢的酯在乙醇钠存在下，发生自身缩合反应可生成β-酮酸酯：

$$2\ R-CH_2COOC_2H_5 \xrightarrow[2)\ H^+]{1)\ C_2H_5ONa} R-CH_2COCH(R)COOC_2H_5$$

反应历程：

$$R-CH_2COOC_2H_5 \underset{}{\overset{C_2H_5O^-}{\rightleftharpoons}} R-\bar{C}HCOOC_2H_5$$

$$R-\bar{C}HCOOC_2H_5 + R-CH_2COOC_2H_5 \rightleftharpoons R-CH_2C(O^-)(OC_2H_5)-CH(R)COOC_2H_5$$

$$R-CH_2C(O^-)(OC_2H_5)-CH(R)COOC_2H_5 \rightleftharpoons R-CH_2C(=O)-CH(R)COOC_2H_5 + C_2H_5O^-$$

$$R-CH_2C(=O)-CH(R)COOC_2H_5 \xrightarrow{C_2H_5O^-} R-CH_2C(O^-)=C(R)COOC_2H_5$$

Claisen酯缩合反应的本质是利用羰基使α-H的酸性增大，在强碱（碱性大于^-OH）作用下，发生亲核加成-消除反应，最终得到β-二羰基化合物。β-二羰基化合物中的α-H酸性增强，所以在乙醇钠的作用下，产物为烯醇式。

含不同α-H的酯之间也可以发生缩合，但最终会形成四种产物，在合成中没有意义。但是如果其中之一不含氢（如甲酸酯、草酸二酯、苯甲酸酯），则产物只有两种，这在合成中具有一定意义。如在醇钠的作用下，含α-H的酯形成负离子进攻不含α-H的酯的羰基而发生缩合形成β-二羰基化合物。

$$C_6H_5CH_2COOC_2H_5 + (COOC_2H_5)_2 \xrightarrow[2)\ H_3O^+]{1)\ C_2H_5ONa} C_6H_5CH(COOC_2H_5)C(=O)COOC_2H_5$$

此外，含α-H的酯与甲酸酯发生酯缩合反应，可在α-碳原子上引入一个甲酰基。

$$CH_3CH_2COOC_2H_5 + HCOOC_2H_5 \xrightarrow[2)\ H_3O^+]{1)\ C_2H_5ONa} OHC-CH(CH_3)COOC_2H_5$$

由于乙酰乙酸乙酯的α-氢具有较强的酸性，能与醇钠作用形成钠盐。生成的碳负离子化合物是个强亲核试剂，与卤代烃亲核取代反应生成一烃基乙酰乙酸乙酯，它可再与醇钠作用生成一烃基乙酰乙酸乙酯的钠盐，然后再与卤代烃发生亲核取代而生成二烃基乙酰乙酸乙酯。一烃基乙酰乙酸乙酯在5%的氢氧化钠中加热，发生酮式分解生成一烃基丙酮；在40%的氢氧化钠中加热，发生酸式分解生成一烃基乙酸。二烃基乙酰乙酸乙酯在5%的氢氧化钠中加热，发生酮式分解生成二烃基丙酮；在40%的氢氧化钠中加热，发生酸式分解生成二烃基乙酸。

$$CH_3COCH_2COOC_2H_5 \xrightarrow{C_2H_5O^-} CH_3CO\overset{-}{C}HCOOC_2H_5 \xrightarrow{R-X} CH_3COCH(R)COOC_2H_5 \xrightarrow{C_2H_5O^-} CH_3CO\overset{-}{C}(R)COOC_2H_5$$

$$CH_3COCH(R)COOC_2H_5 \xrightarrow{5\%\ NaOH} CH_3COCH_2-R \qquad CH_3COCH(R)COOC_2H_5 \xrightarrow{40\%\ NaOH} R-CH_2COOH$$

$$CH_3CO\overset{-}{C}(R)COOC_2H_5 \xrightarrow{R'-X} \xrightarrow{5\%\ NaOH} CH_3COCH(R')(R) \qquad \xrightarrow{40\%\ NaOH} (R')(R)CHCOOH$$

例如：

$$CH_3COCH_2COOC_2H_5 \xrightarrow[2)\ CH_3CH_2Br]{1)\ C_2H_5ONa} CH_3COCH(C_2H_5)COOC_2H_5 \xrightarrow[2)\ CH_2{=}CHCH_2Cl]{1)\ C_2H_5ONa} CH_3COC(C_2H_5)(CH_2CH{=}CH_2)COOC_2H_5$$

$$\xrightarrow[2)\ H_3O^+,\ 加热]{1)\ 5\%\ NaOH} CH_3COCH(C_2H_5)CH_2CH{=}CH_2$$

$$\xrightarrow[2)\ H_3O^+,\ 加热]{1)\ 40\%\ NaOH} HOOCCH(C_2H_5)CH_2CH{=}CH_2$$

15.4.4 Michael加成反应

含有活泼亚甲基的化合物，在碱性条件下，与α,β-不饱和羰基化合物（腈）发生1,4-加成，称为迈克尔（Michael）加成反应。

$$C_6H_5CH{=}CHCO_2Et + \overset{+}{Na}\overset{-}{C}H(CO_2Et)_2 \longrightarrow C_6H_5CH(CH(CO_2Et)_2)CH_2CO_2Et \xrightarrow[-CO_2]{H_3O^+} C_6H_5CH(CH_2COOH)CH_2CO_2Et$$

该反应适合制备1,5-二羰基化合物。

$$环己-2-烯酮 + CH_2(COOC_2H_5)_2 \xrightarrow{C_2H_5ONa} 3-[CH(COOC_2H_5)_2]环己酮$$

$$CH_2{=}CHCOCH_3 + CH_3COCH_2COOC_2H_5 \xrightarrow{C_2H_5ONa} CH_3COCH(CH_2CH_2COCH_3)COOC_2H_5$$

该反应的机理为：

$$\overset{-}{Y} + >C{=}C<-C{=}O \longrightarrow \left[Y-\overset{|}{C}-C{=}C-O^- \longleftrightarrow Y-\overset{|}{C}-\overset{-}{C}-C{=}O \right]$$

$$\overset{HY}{\rightleftharpoons} Y-\overset{|}{C}-C{=}C-OH \rightleftharpoons Y-\overset{|}{C}-CH-C{=}O$$

加成步骤产生一个新的碳负离子，它可从原料中夺取质子，促使生成新的亲核试剂，因此该反应只需要催化量的碱就可引发反应。如果用化学计量的催化剂，可以生成一个新的稳定的碳负离子，可以继续进行一次共轭加成。生成的多官能团化合物可以继续发生羟醛缩合、Claisen缩合等反应，生成多种碳环化合物。

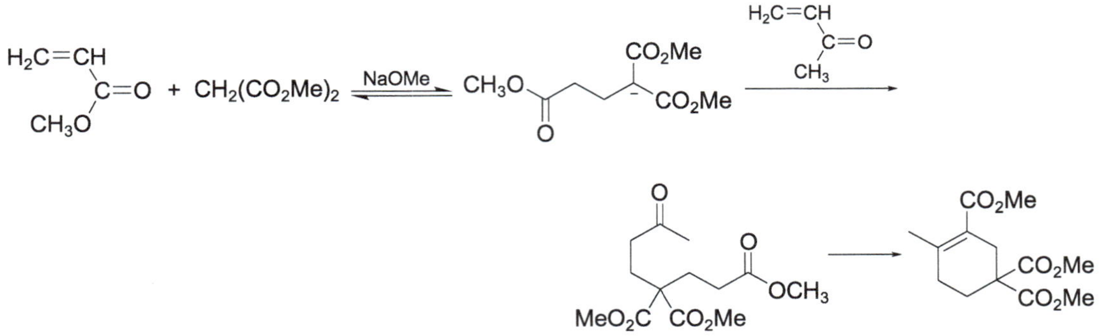

除了α,β-不饱和羰基化合物，碳碳双键连有其他强吸电子基团时，如—CN、—NO_2、—SOR、—SO_2R和—CF_3等，也可发生类似反应。

Robinson发展了一种合成碳环化合物的成环反应，称为罗宾逊（Robinson）环化。如：

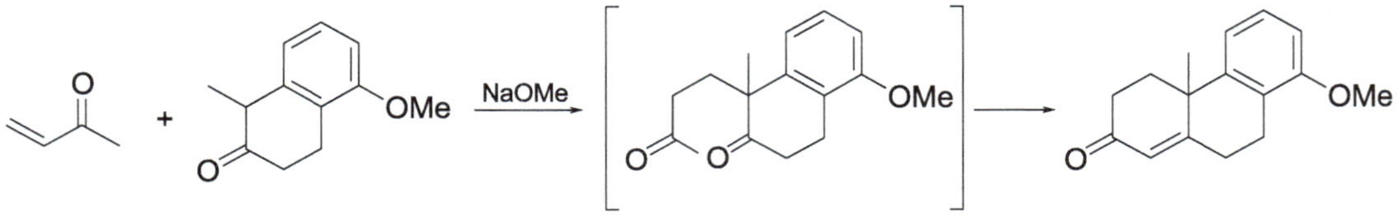

15.5 小结

综上所述，空间位置邻近的两个官能团会相互影响各自的化学性质。α-氯代酮与碱反应时得到的是其中一个α-碳重排到另外一个α-碳上的羧酸衍生物，碱基是氢氧根离子时，产物是羧酸阴离子；碱基是醇负离子时，产物是酯。α-氯代酮与亲核碱基的一个典型反应就是甲基酮的卤仿反应，得到的产物是少一个碳原子的羧酸和卤仿。

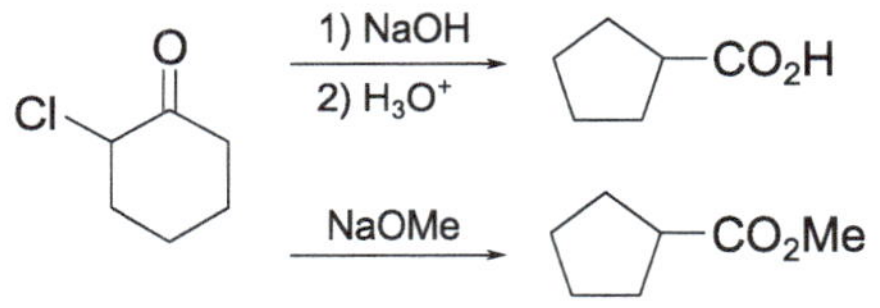

该反应的机理如下所示：

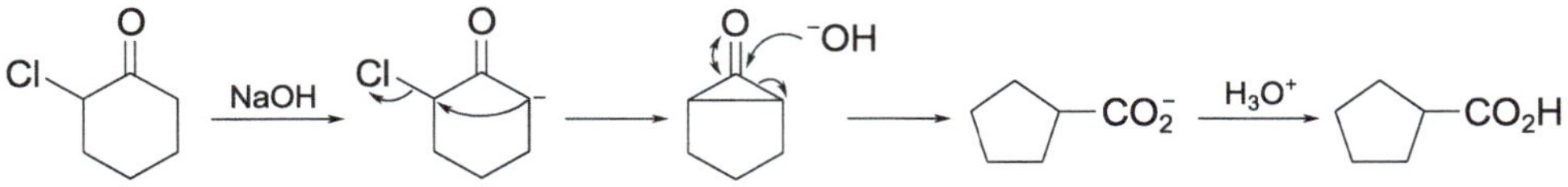

共轭羰基化合物的亲核加成方式为1,2-加成或者1,4-加成，共轭醛类化合物通常为1,2-加成；共轭酯类和腈类化合物通常为1,4-加成，除非碱基的亲核性极强时（例如，有机金属锂试剂）仍为1,2-加成。共轭酮与亲核物质的可逆性加成可以形成饱和酮，在碱性条件下主要是1,4-加成产物，在酸性条件下主要是1,2-加成。其中有机铜试剂是此类反应中构造1,4-碳键的一种重要的亲核试剂，此类反应是构建碳-碳键的一种重要方法。

$$\text{环己烯酮}\xrightarrow{CH_3MgBr}\xrightarrow{H_3O^+}\text{(HO, }CH_3\text{)}$$

$$\xrightarrow{(CH_3)_2CuLi}\xrightarrow{H_3O^+}\text{(O, }CH_3\text{)}$$

迈克尔加成和分子内的羟醛缩合可以在羰基或者烯胺类化合物的基础上形成新的六元环，得到环己烯酮类化合物，这个反应称为罗宾逊（Robinson）扩环反应。

β-二羰基类化合物的α-质子具有比较强的酸性，这是由于两个羰基的吸电子作用和共轭碱具有强的共振稳定性，这类化合物也可通过相对弱的碱，例如醇盐，得到烯醇负离子。在100 ℃以上，β-酮酸和β-二羧酸都可以进行脱羧反应；从乙酰乙酸乙酯经过一系列的烷基化，还原脱羧得到的β-酮酸类化合物可以利用脱羧反应来制备带支链的α-酮；同样地，也可以丙烯酸酯为起始化合物制备带支链的α-羧酸。

拓展阅读：白色污染的替代品——乳酸聚合物

随着城市化进程的推进，人们的生活节奏日益加快，“白色污染”已成为影响环境的一大问题，生活中广泛应用的塑料袋，其自然降解时间在200年以上，“白色污染”成为城市的重要污染源，地球已不堪重负！白色污染主要指用聚苯乙烯、聚丙烯、聚氯乙烯等高分子化合物制成的包装袋、农用地膜、一次性餐具、塑料瓶等塑料制品使用后被弃置成为固体废物。这些白色污染不易降解，影响环境的美观，所含成分有潜在危害，容易形成环境危害，造成极大的环境问题。

近年来，世界各国在为消除塑料制品“白色污染”的研究中，发现用L-乳酸聚合物制成的塑料薄膜，可100%生物降解。早在1780年，瑞典化学家Sheele从废乳中发现了乳酸，它是一种典型的双官能团化合物。世界卫生组织鉴于D-乳酸对人体有危害作用，提倡在食品、医药领域使用L-乳酸，不使用D-乳酸，因而L-乳酸生产有了突破性发展。荷兰、巴西、西班牙、美国、日本都相继扩建和新建了具有相当规模的L-乳酸厂，其中尤以美国为甚。目前世界的乳酸产量达10万吨/年，而美国的生产能力约4.5万吨/年。

目前常见的聚乳酸塑料是以玉米、甘蔗等作物为原料，经过一系列复杂工艺生产而成，能够通过微生物、光等降解为CO_2和H_2O。其降解产物无毒无害，不会对环境造成污染。此外，生产聚乳酸的原料具有可再生性。聚乳酸作为一种新兴的生物降解材料，其应用极其广泛。

参考资料

“乳酸”https://www.chemicalbook.com/ProductChemicalPropertiesCB8193447. Htm.

习题

15-1 命名下列化合物。

（1）

（2）$CH_3\overset{\overset{O}{\|}}{C}CH_2CO_2CH_2CH_3$

（3）$CH_3\underset{\underset{O}{\|}}{C}CH_2\overset{\overset{O}{\|}}{C}OC_2H_5$

（4）

15-2 完成下列反应。

（1）γ-丁内酯 + $CH_3COC_6H_5$ $\xrightarrow[2)\ H_3O^+]{1)\ NaOC_2H_5}$

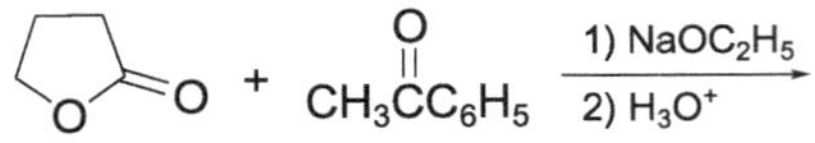

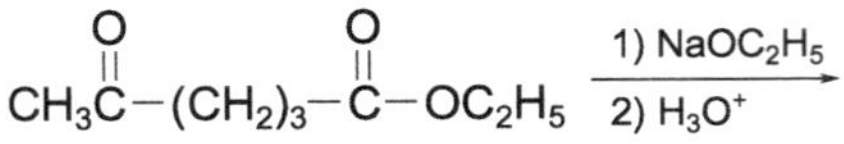

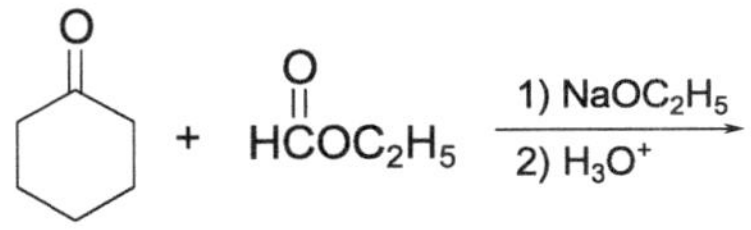

（2）$CH_3CO-(CH_2)_3-CO-OC_2H_5$ $\xrightarrow[2)\ H_3O^+]{1)\ NaOC_2H_5}$

（3）环己酮 + $HCOOC_2H_5$ $\xrightarrow[2)\ H_3O^+]{1)\ NaOC_2H_5}$

（4）4-($COOC_2H_5$)-1-($CH_2COOC_2H_5$)哌啶 $\xrightarrow{C_2H_5ONa}$

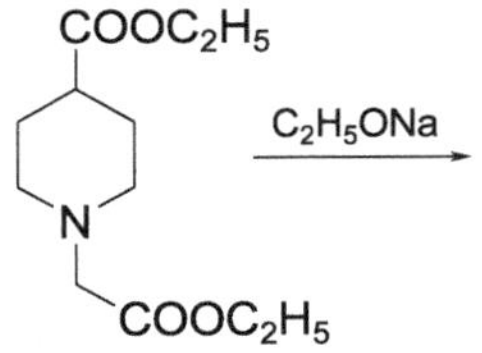

15-3 下列五个羧酸酯中，哪些能进行酯缩合反应？对能发生反应的酯请写出自身缩合的产物。

（1）甲酸乙酯　　（2）乙酸正丁酯　　（3）丙酸乙酯

（4）2,2-二甲基丙酸乙酯　　（5）苯乙酸乙酯

15-4 试用化学方法区别下列化合物并说明原因。

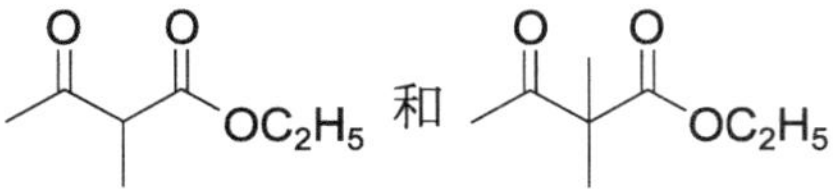

$CH_3COCH(CH_3)COOC_2H_5$ 和 $CH_3COC(CH_3)_2COOC_2H_5$

15-5 下列两组化合物，哪个是互变异构体，哪个是共振异构体？请解释。

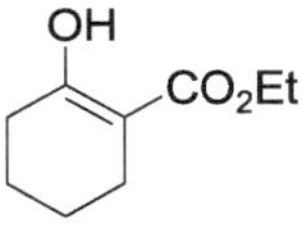

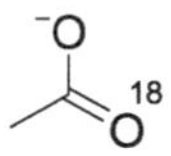

（1）2-氧代环己烷甲酸乙酯（CO_2Et） 和 2-羟基环己-1-烯甲酸乙酯（OH，CO_2Et）

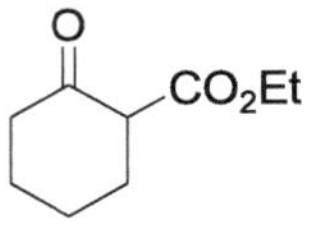

（2）$CH_3C(=^{18}O)O^-$ 和 $CH_3C(=O)^{18}O^-$

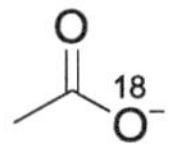

15-6 比较下列化合物的酸性大小。

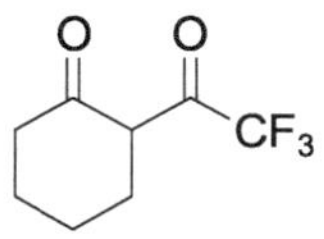

1：2-($COCF_3$)环己酮　　2：2-($COOC_2H_5$)环己酮　　3：2-($COCH_3$)环己酮

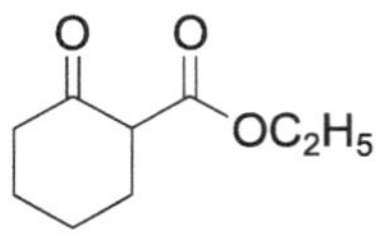

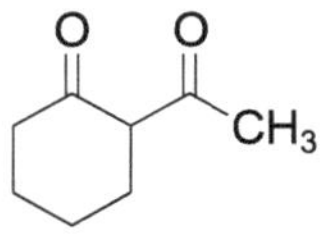

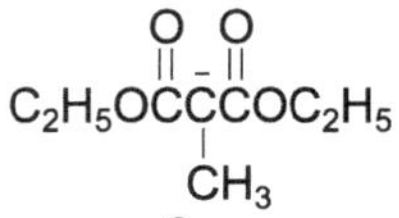

15-7 比较下列化合物碳负离子的稳定性。

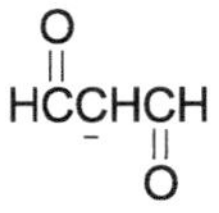

1：$HC(=O)\bar{C}HCH(=O)$　　2：$C_2H_5OC(=O)\bar{C}HC(=O)OC_2H_5$　　3：$C_2H_5OC(=O)\bar{C}(CH_3)C(=O)OC_2H_5$

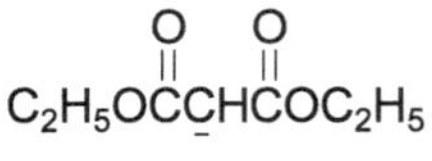

15-8 比较下列化合物α-H的活性顺序。

（1）$CH_2(COOC_2H_5)_2$　　（2）$CH_3COCH_2COOC_2H_5$

（3）$CH_3COCH_2CH_3$　　（4）$CH_3COCH_2COCH_3$

15-9 请分析下面三个β-二羰基化合物酸性不同的原因。

（1）$CH_3\overset{O}{\overset{\|}{C}}CH_2\overset{O}{\overset{\|}{C}}CH_3$ $pK_a = 9.0$

（2）$CH_3\overset{O}{\overset{\|}{C}}CH_2\overset{O}{\overset{\|}{C}}CF_3$ $pK_a = 4.7$

（3）$CH_3\overset{O}{\overset{\|}{C}}CH_2\overset{O}{\overset{\|}{C}}OEt$ $pK_a = 11$

15-10 用丙二酸二乙酯在碱性条件下分别和伯、仲、叔卤代烷反应，反应速率和产率有什么不同？

15-11 下面的反应能否发生？如能请写出主要产物，如不能发生，阐明理由。

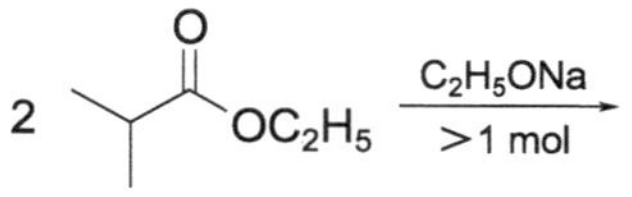

$$2\ (CH_3)_2CHCOOC_2H_5 \xrightarrow[>1\ mol]{C_2H_5ONa}$$

15-12 写出下列化合物的所有烯醇式结构，并预测哪一种烯醇式的结构最稳定，在平衡体系中所占比例最大？

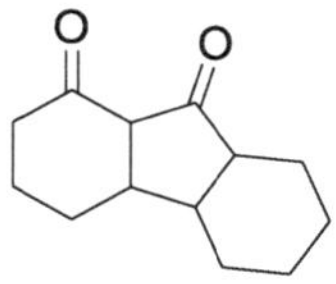

15-13 下列平衡混合物中，哪种占优势？为什么？

（1）$CH_3COCH_2COCH_3 \rightleftharpoons CH_3C(OH)=CHCOCH_3$

（2）$CH_3COCH_2COOEt \rightleftharpoons CH_3C(OH)=CHCOOEt$

15-14 2,4-戊二酮与等物质的量的氢化钠反应，有气体放出，产物用碘甲烷处理，得分子式为$C_6H_{10}O_2$的两个化合物A和B。A用酸水解又得到2,4-戊二酮，B对稀酸稳定。试推测A、B的结构。

15-15 在合成环丁基甲酸时获得了一个六元环状的副产物，请写出机理：

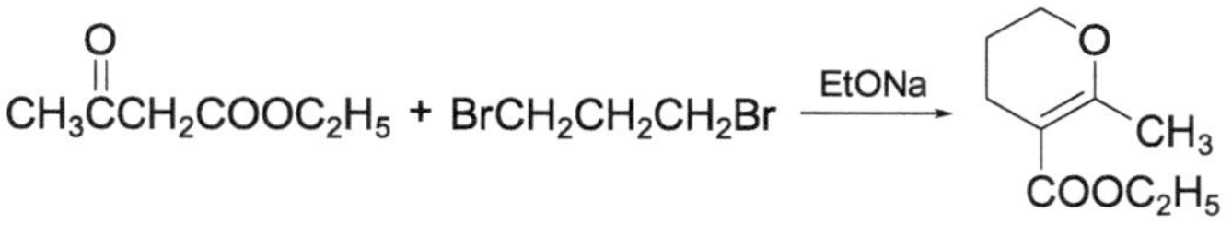

$$CH_3\overset{O}{\overset{\|}{C}}CH_2COOC_2H_5 + BrCH_2CH_2CH_2Br \xrightarrow{EtONa}$$

15-16 请写出下面反应的机理：

$$\xrightarrow[CH_3OH]{CH_3ONa}$$

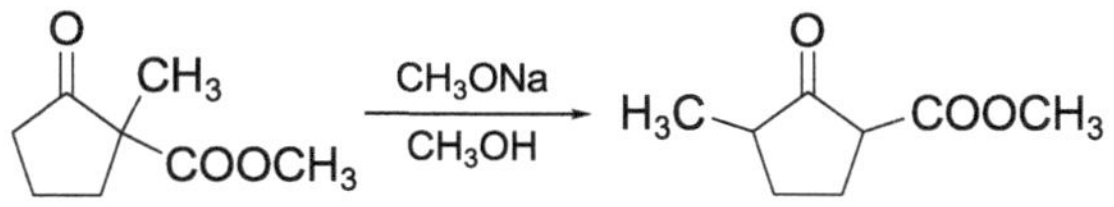

15-17 请写出下面反应的机理：

$$+\ HO\text{-}CH_2CH(CH_3)_2 \xrightarrow[苯]{H_2SO_4} \text{-}OCH_2CH(CH_3)_2$$

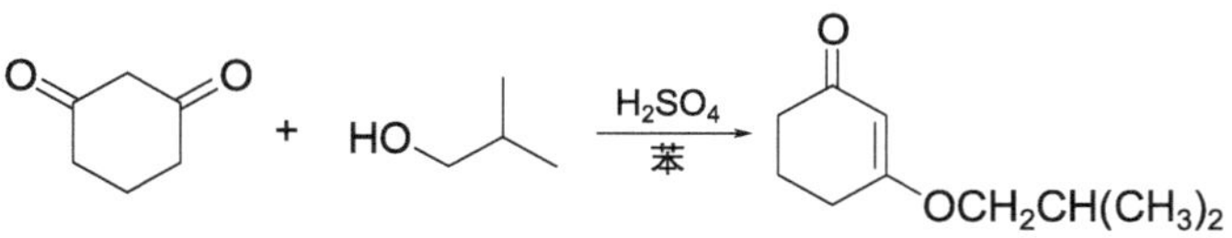

15-18 请解释如何实现下列转化过程：

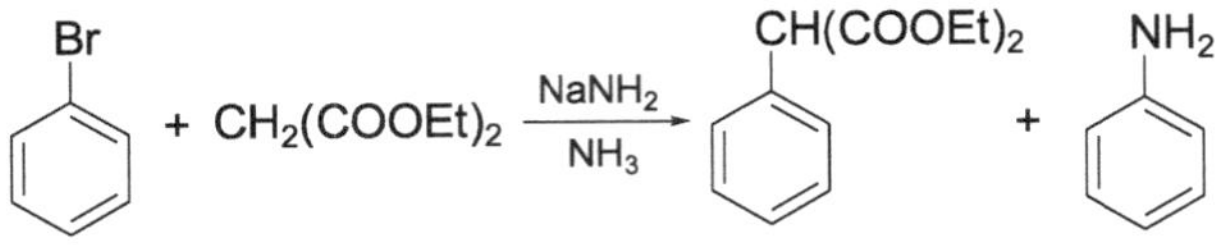

$$C_6H_5Br + CH_2(COOEt)_2 \xrightarrow[NH_3]{NaNH_2} C_6H_5CH(COOEt)_2 + C_6H_5NH_2$$

15-19 一般的羧酸酯与醇钠反应，可以得到缩合产物，但异丁酸乙酯与醇钠作用得不到缩合产物，为什么？

15-20 用简单原料合成 2-氧代环己烷甲酸乙酯（环己酮 2-位带 $COOC_2H_5$）。

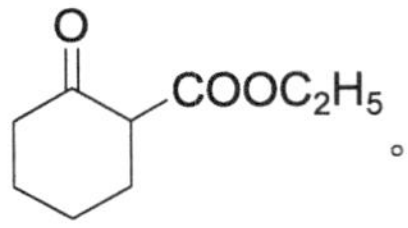

15-21 从指定原料出发用必要的试剂合成下列化合物：

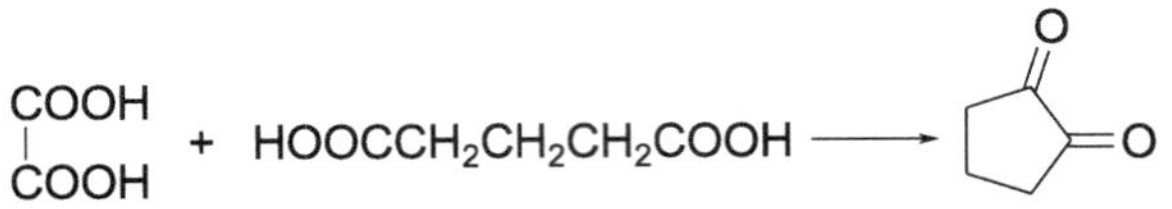

$$\begin{array}{l}COOH\\|\\COOH\end{array} + HOOCCH_2CH_2CH_2COOH \longrightarrow \text{1,2-环戊二酮}$$

第16章 胺及其他含氮化合物

16.1 胺

氨分子中的氢被烷基或芳基取代后生成的衍生物称为胺。胺可以根据和氮原子直接相连的烷基或芳基的数目进行分类，伯胺中氮原子和一个取代基相连，仲胺和两个取代基相连，叔胺和三个取代基相连。

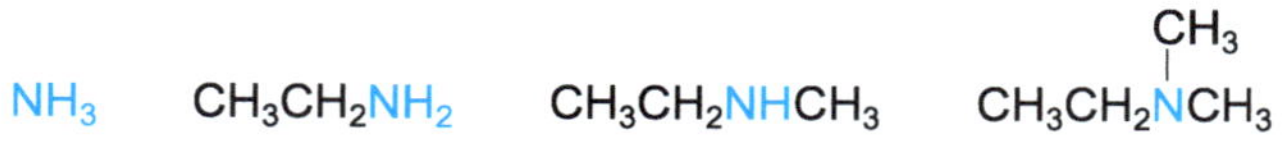

NH_3 氨　$CH_3CH_2NH_2$ 伯胺　$CH_3CH_2NHCH_3$ 仲胺　$CH_3CH_2N(CH_3)CH_3$ 叔胺

请注意醇和胺分类上的区别。醇是根据和羟基相连烷基的性质进行分类的，而胺是根据和氮原子相连的烷基的数目进行分类的。

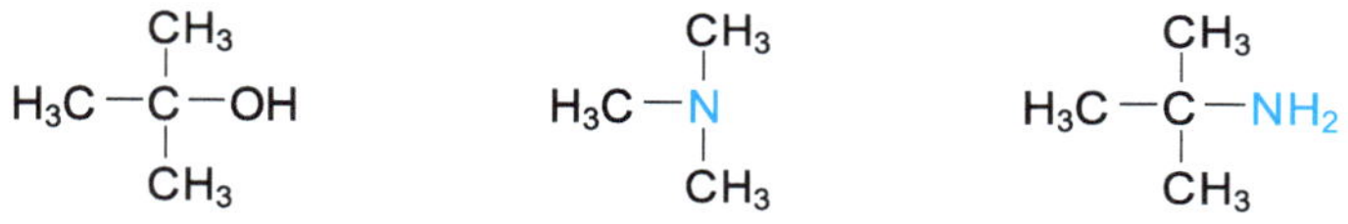

$(CH_3)_3C-OH$ 叔醇　$(CH_3)_3N$ 叔胺　$(CH_3)_3C-NH_2$ 伯胺

如果胺分子中的氮原子至少和一个芳基相连，该胺为芳胺，否则为脂肪胺。

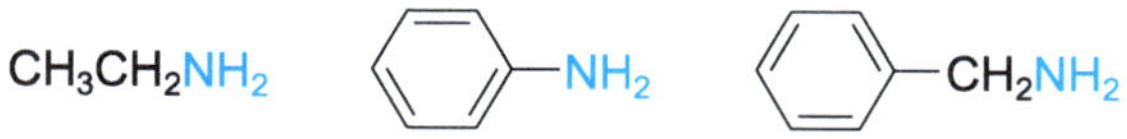

$CH_3CH_2NH_2$ 乙胺　$C_6H_5-NH_2$ 苯胺　$C_6H_5-CH_2NH_2$ 苄胺

另外需要注意的是，氮原子也可以和4个基团相连，只不过此时带有一个正电荷。这类化合物称为季铵盐。

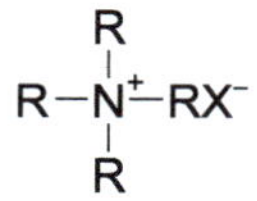

$R_4N^+X^-$ 季铵盐

16.1.1 胺的命名

在IUPAC体系中，胺可以用两种主要方法来命名，既可以将“-amine”作为词尾连缀在烃基名称之后，也可连缀在母体烃名之后。在命名伯胺时，英文烃名和“-amine”连缀前要去掉词尾的“e”。中文可将烃基的名称直接放在“胺”字前面即可。

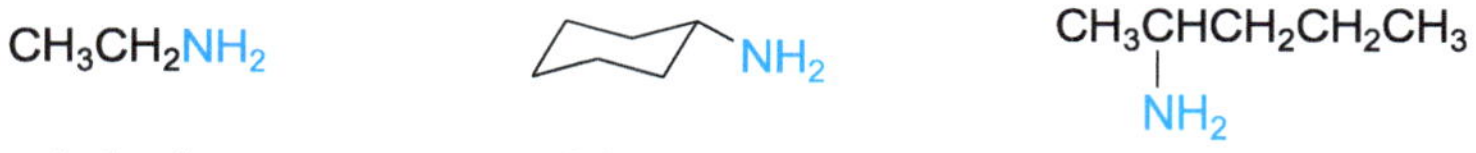

$CH_3CH_2NH_2$
ethylamine
(ethanamine)
乙胺

$C_6H_{11}-NH_2$
cyclohexylamine
(cyclohexanamine)
环己胺

$CH_3CH(NH_2)CH_2CH_2CH_3$
1-methylbutylamine
(2-pentanamine)
1-甲基丁基胺

苯的氨基衍生物称为苯胺。苯胺作为母体命名时从氨基所在的碳原子开始编号。取代基按由简到繁的次序排列在母体名称前面（英文按字母顺序排列）。如有两个以上的取代基，则编号时尽可能使所有取代基编号之和最小。

p-fluoroaniline
对氟苯胺

5-bromo-2-ethylaniline
2-乙基-5-溴苯胺

分子中含有两个氨基的化合物为二胺。英文命名二胺时可将“-diamine”直接放在烷烃或芳烃的名称后面即可。母体烃名称词尾的字母“e”保留。

$H_2NCH_2CH(NH_2)CH_3$
1,2-propanediamine
1,2-丙二胺

$H_2NCH_2CH_2CH_2CH_2CH_2CH_2NH_2$
1,6-hexanediamine
1,6-己二胺

1,4-benzenediamine
1,4-苯二胺

命名时氨基作为母体的级别相当低。羟基和羰基的级别都高于氨基。在这种情况下，氨基作为取代基来命名。

$HOCH_2CH_2NH_2$
2-aminoethanol
2-氨基乙醇

p-aminobenzaldehyde
(4-aminobenzenecarbaldehyde)
对氨基苯甲醛

仲胺和叔胺可看成是伯胺的*N*-取代衍生物。此时，和氮原子相连的最长碳链形成的胺作为母体。需要时，可用前缀*N*-作为位次来标明和氮原子相连的取代基。

$CH_3NHCH_2CH_3$
N-methylethylamine
(a secondary amine)
N-甲基乙胺

4-chloro-*N*-ethyl-3-nitroaniline
(a secondary amine)
N-乙基-3-硝基-4-氯苯胺

N,*N*-dimethylcyclooctylamine
(a tertiary amine)
N,*N*-二甲基环辛胺

命名季铵盐时，将相应的负离子的名称加在季铵盐的名称后面即可。

$CH_3\overset{+}{N}H_3 \cdot \overset{-}{Cl}$
methylammonium chloride
氯化甲铵

N-ethyl-*N*-methylcyclopentyl-ammonium trifluoroacetate
N-甲基-*N*-乙基环戊铵三氟乙酸盐

$C_6H_5CH_2\overset{+}{N}(CH_3)_3 \cdot I^-$
benzyltrimethyl-ammonium iodide
(a quaternary ammonium salt)
碘化苄基三甲基铵

16.1.2 胺的结构和物理性质

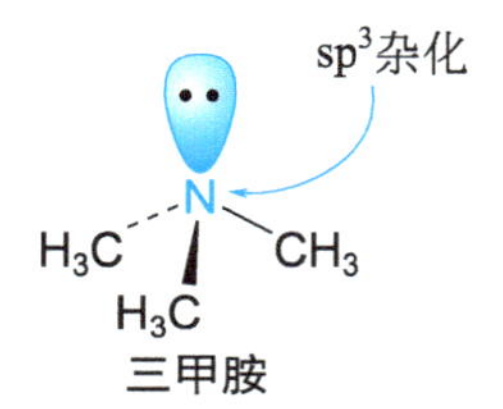

大多数胺的氮原子和氨中的一样，基本上处于sp^3杂化状态。三个烷基（或氢原子）占据着四面体的三个顶角，含有孤对电子的sp^3轨道指向另一个顶角。键角非常接近109.5°，正是四面体所应该具有的结构。

和醇一样，伯胺和仲胺可以形成分子间氢键，而叔胺则不能。

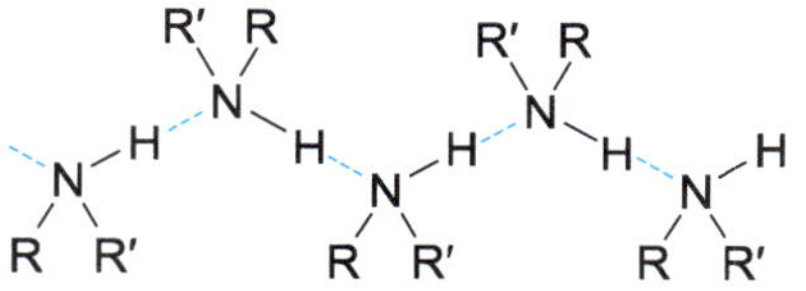

由于氮的电负性小于氧，N—H的极性小于O—H的极性，因而胺的氢键要弱于醇的氢键，胺的沸点要低于醇，但高于分子间不能形成氢键的非极性的烷烃。

	$CH_3CH_2CH_3$	$CH_3CH_2NH_2$	CH_3CH_2OH
沸点	−42 ℃	17 ℃	78 ℃
偶极矩	μ = 0 D	μ = 1.2 D	μ =1.7 D

互为异构体的胺，伯胺的沸点最高，叔胺的沸点最低。

化合物	$CH_3(CH_2)_5NH_2$	$(CH_3CH_2CH_2)_2NH$	$(CH_3CH_2)_3N$
沸点/℃	130	110	89.3

包括叔胺在内的所有的胺都可以接受质子和水生成氢键。含有六个或更少碳的胺都易溶于水。当胺中烷基的比重增大时，胺在水中的溶解度随之降低。

最简单的芳胺——苯胺，在室温下为液体，沸点184 ℃。其他所有的芳胺沸点都更高。苯胺在水中微溶（g/100 mL）。取代了的苯胺衍生物在水中的溶解度更低。

胺有难闻的气味。低级胺的气味和氨类似，高级胺有明显的鱼腥味。鱼类之所以有这种腥味是因为它们的组织中存在着挥发性的胺。腐肉散发出来的两种胺具有腐臭味，它们的俗名既能表明它们的性质，又能表明它们的来源。

$NH_2CH_2CH_2CH_2CH_2NH_2$	$NH_2CH_2CH_2CH_2CH_2CH_2NH_2$
腐胺	尸胺

16.1.3 胺的制备

（1）氨的烷基化

原则上，烷基化可以通过氨与卤代烷烃的亲核取代反应来完成。该类反应的主要限制是反应产物往往是伯、仲、叔胺的混合物。

① 伯胺的制备

反应分两步进行。第一阶段生成盐（此例为溴化乙铵），这和生成溴化铵一样，只不过现在铵离子氮上的氢被一个烷基取代。

$$\underset{\text{溴乙烷}}{CH_3CH_2Br} + \underset{\text{氨}}{NH_3} \longrightarrow \underset{\text{溴化乙铵}}{CH_3CH_2\overset{+}{N}H_3Br^-}$$

混合物中过量的氨可以和盐作用使反应逆向进行。

$$CH_3CH_2\overset{+}{N}H_3Br^- + NH_3 \longrightarrow CH_3CH_2NH_2 + \overset{+}{N}H_4Br^-$$

氨和乙铵离子上的氢结合离开后得到了伯胺——乙胺。混合物中氨的含量越多，则反应更容易正向进行。

② 仲胺的制备

上述反应并不停留在生成伯胺的阶段。乙胺还可以和溴乙烷按上述两步反应。

$$CH_3CH_2Br + CH_3CH_2NH_2 \longrightarrow CH_3CH_2-\overset{+}{N}H_2(CH_2CH_3)\,Br^-$$

混合物中过量的氨也可以和盐作用使反应逆向进行。

$$CH_3CH_2-\overset{+}{N}H_2(CH_2CH_3)\,Br^- + NH_3 \longrightarrow CH_3CH_2-NH(CH_2CH_3) + \overset{+}{N}H_4Br^-$$

氨移除二乙铵离子上的氢得到一个仲胺——二乙胺。

③ 叔胺的制备

反应还可以继续进行！二乙胺按上述的两步和溴乙烷反应。

$$CH_3CH_2Br + CH_3CH_2-NH(CH_2CH_3) \longrightarrow CH_3CH_2-\overset{+}{N}H(CH_2CH_3)_2\,Br^-$$

混合物中过量的氨还有可能和盐作用使反应逆向进行。

$$CH_3CH_2-\overset{+}{N}H(CH_2CH_3)_2\,Br^- + NH_3 \longrightarrow CH_3CH_2-N(CH_2CH_3)_2 + \overset{+}{N}H_4Br^-$$

氨移除三乙铵离子上的氢得到一个叔胺——三乙胺。

④ 季铵盐的制备

反应的最后阶段是三乙胺和溴乙烷作用生成季铵盐——溴化四乙铵。

$$CH_3CH_2Br + CH_3CH_2-N(CH_2CH_3)_2 \longrightarrow CH_3CH_2-\overset{+}{N}(CH_2CH_3)_2-CH_2CH_3 \cdot Br^-$$

此时氮原子上已经没有可移除的氢原子，反应就此停止。

（2）含氮化合物的还原

几乎任何含氮有机化合物都可以还原成胺。在合成胺时，主要应该考虑采用合适的步骤和选用适当的还原剂。

① 腈的还原

用氢化铝锂（$LiAlH_4$）作还原剂可以将腈还原成伯胺。

$$o\text{-}CH_3C_6H_4-C\equiv N \xrightarrow[2)\ H_2O]{1)\ LiAlH_4} o\text{-}CH_3C_6H_4-CH_2NH_2$$

腈很容易通过卤代烷烃和CN^-的反应得到，所以这是一个将卤代烷烃转换成脂肪族伯胺非常好的方法。

腈中的C≡N还可以在各种金属催化剂存在下用氢气还原。常见的催化剂有钯、铂或镍。反应需要在高温和一定压力下进行。催化剂不同反应的差异很大，因而很难给出反应的细节。例如，在钯作催化剂时，乙腈可以和氢气反应生成乙胺。

$$CH_3CN + 2H_2 \xrightarrow{Pd} CH_3CH_2NH_2$$

② 酰胺的还原

酰胺用氢化铝锂还原可得到伯胺，*N*-取代和*N,N*-二取代的酰胺可得到仲胺和叔胺。

$$CH_3CH_2CONH_2 \xrightarrow[2)\ H_3O^+]{1)\ LiAlH_4} CH_3CH_2CH_2NH_2$$

丙酰胺　　丙胺

$$CH_3CH_2CONHCH_3 \xrightarrow[2)\ H_3O^+]{1)\ LiAlH_4} CH_3CH_2CH_2NHCH_3$$

N-甲基丙酰胺　　*N*-甲基丙胺

$$CH_3CH_2CON(CH_3)_2 \xrightarrow[2)\ H_3O^+]{1)\ LiAlH_4} CH_3CH_2CH_2N(CH_3)_2$$

N,N-二甲基丙酰胺　　*N,N*-二甲基丙胺

酰胺很容易制备，所以该方法是合成所有种类胺的首选。

③ 硝基化合物的还原

芳胺通常用相应的芳香族硝基化合物还原制备。

$$Ar{-}H \xrightarrow[H_2SO_4]{HNO_3} Ar{-}NO_2 \xrightarrow{[H]} Ar{-}NH_2$$

硝基的还原可以通过不同的途径来实现。最常见的方法是催化加氢，或将硝基化合物用酸和铁、锌、锡（或金属盐，像$SnCl_2$）处理。

$$Ar{-}NO_2 \xrightarrow[\text{或 1) Fe, HCl；2) OH}^-]{H_2,\text{ 催化剂}} Ar{-}NH_2$$

$$C_6H_5NO_2 \xrightarrow[2)\ OH^-]{1)\ Fe,\ HCl} C_6H_5NH_2\ (97\%)$$

在氨的水溶液或乙醇溶液中，用硫化氢可以选择性地将二硝基化合物中的一个硝基还原。

$$m\text{-}C_6H_4(NO_2)_2 \xrightarrow[NH_3,\ C_2H_5OH]{H_2S} m\text{-}O_2NC_6H_4NH_2$$

间二硝基苯　　间硝基苯胺

选用该方法时，硫化氢的用量应严格限制，过量的硫化氢会使其他硝基被还原。

（3）盖布瑞尔（Gabriel）合成法

邻苯二甲酰亚胺可以通过盖布瑞尔合成法合成伯胺。该方法可以避免用卤代烷烃经烷基化反应合成胺时生成混合物的问题。

步骤1　　步骤2　　步骤3

$$\text{邻苯二甲酰亚胺（N—H）} \xrightarrow{KOH} \text{N}^-\text{K}^+ \xrightarrow[(-KX)]{R{-}X} \text{N—R} \xrightarrow[\text{回流（若干步骤）}]{\ddot{N}H_2\ddot{N}H_2,\ \text{乙醇}}$$

邻苯二甲酰亚胺具有相当强的酸性（pK_a=9），和氢氧化钾反应可以转化成邻苯二甲酰亚胺钾，该负离子具有很强的亲核性，可以和卤代烷烃通过S_N2机理反应生成*N*-取代的邻苯二甲酰亚胺。此时可以进行酸性或碱性水解，但不太容易。通常的做法是将*N*-取代的邻苯二甲酰亚胺和肼一起在乙醇中回流得到伯胺。

盖布瑞尔合成法只能用于甲基、一级和二级卤代烷烃。三级卤代烷烃几乎无一例外地发生消除反应。

（4）霍夫曼（Hofmann）重排

伯酰胺用Br_2和碱一起处理可以转化成胺。

$$RCONH_2 \xrightarrow[H_2O]{NaOH,\ Br_2} R-NH_2 + CO_2$$

该反应称为霍夫曼重排。该反应的机理冗长复杂，可以形成比原料少一个碳的胺，因此该反应又称为霍夫曼降解。

芬妥胺（Phentermine）是一种食欲抑制剂，市售的芬妥胺可以通过伯酰胺的霍夫曼重排合成。

$$C_6H_5-CH_2-C(CH_3)_2-CONH_2 \xrightarrow[H_2O]{NaOH,\ Cl_2} C_6H_5-CH_2-C(CH_3)_2-NH_2$$

2,2-二甲基-3-苯丙酰胺　　　　芬妥胺

（5）布歇尔（Bucherer）反应

β-萘酚可在$(NH_4)_2SO_3$作用下生成*β*-萘胺，该反应称为布歇尔反应。

$$\beta\text{-}C_{10}H_7OH \xrightarrow[150\ ^\circ C,\text{压力}]{(NH_4)_2SO_3\text{水溶液}} \beta\text{-}C_{10}H_7NH_2$$

布歇尔反应是萘系中羟基和氨基转化的一个重要反应，在染料工业中广泛应用。

16.1.4　胺的化学性质

（1）胺的碱性

和氨一样，胺的氮原子具有未成键的电子对，因而具有碱性。胺和酸的反应可表示为：

$$R_3N: + H-A \rightleftharpoons R_3\overset{+}{N}-H + :\overset{-}{A}$$

胺（Lewis碱）　　酸　　盐

例如。三甲胺和盐酸的反应为：

$$(CH_3)_3N + HCl \longrightarrow (CH_3)_3\overset{+}{N}HCl^-$$

碱性的强度可以用碱性常数K_b来表示：

$$RNH_2 + H_2O \rightleftharpoons R\overset{+}{N}H_3 + OH^-$$

$$K_b = \frac{[RNH_3^+][OH^-]}{[RNH_2]}, \quad pK_b = -\lg K_b$$

在实际应用时，碱性的强度往往不是通过K_b，而是通过相应铵离子的酸性强度来表示的（见表16-1）：

$$R\overset{+}{N}H_3 + H_2O \rightleftharpoons RNH_2 + H_3O^+$$

$$K_a = \frac{[RNH_2][H_3O^+]}{[RNH_3^+]}, \quad pK_a = -\lg K_a$$

大多数脂肪胺的碱性要比氨的强，这是因为烷基是供电子基团，可以使铵离子中的正电荷更稳定。不同的脂肪胺碱性差异很小，碱性强度差异不超过一个数量级。

表16-1　部分胺的共轭酸的pK_a（水中，25 ℃）

化合物	结构简式	共轭酸的pK_a	化合物	结构简式	共轭酸的pK_a
氨	NH_3	9.3	仲胺		
伯胺			二甲胺	$(CH_3)_2NH$	10.7
甲胺	CH_3NH_2	10.6	二乙胺	$(CH_3CH_2)_2NH$	11.1
乙胺	$CH_3CH_2NH_2$	10.8	*N*-甲基苯胺	$C_6H_5NHCH_3$	4.8
异丙胺	$(CH_3)_2CHNH_2$	10.6	叔胺		
叔丁胺	$(CH_3)_3CNH_2$	10.4	三甲胺	$(CH_3)_3N$	9.7
苯胺	$C_6H_5NH_2$	4.6	三乙胺	$(CH_3CH_2)_3N$	10.8
			N,*N*-二甲基苯胺	$C_6H_5N(CH_3)_2$	5.1

芳胺的碱性比氨和脂肪胺要弱得多（相差百万倍）。这是因为苯胺和其他芳胺的氨基氮原子上的电子对离域到苯环上了，因而和质子结合的能力大为降低。

苯胺环上的取代基对碱性的影响通常可以用以前讨论过的定位效应来解释。供电子基团使苯胺更稳定，所以使苯胺的碱性更强。反过来，吸电子基团使苯胺更不稳定，因而使苯胺的碱性更弱。取代基在氨基的邻对位时这种效应更明显。表16-2列出的是一些对位取代苯胺的碱性。

表16-2　苯胺中对位取代基对其碱性的影响

取代苯胺	X	共轭酸的pK_a
X—C₆H₄—NH₂ (对位)	H	4.6
	CH_3	5.3
	CF_3	3.5
	NO_2	1.0

可以利用氨的碱性对其进行分离提纯。例如，可将具有碱性的胺和中性的化合物（酮或醇）溶解在有机溶剂中，然后加入酸的水溶液，碱性的胺以质子化的盐的形式溶解在水层，而中性的化合物留在有机层。将水层分离，然后加入NaOH中和铵离子，就可以得到纯净的胺。

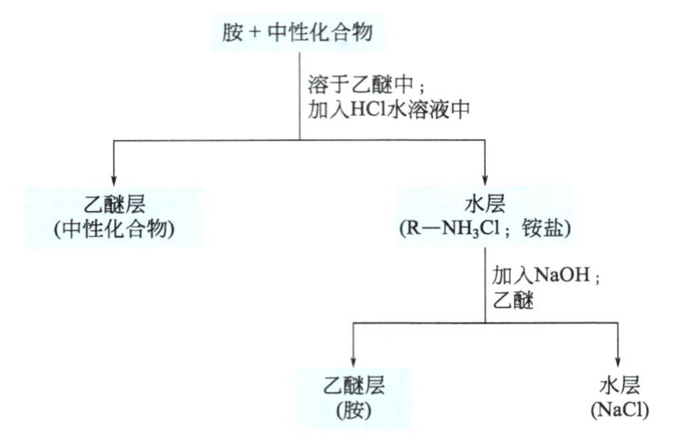

（2）胺的烷基化

氨、伯胺、仲胺（脂肪胺和芳胺均可）都可以和卤代烷发生反应生成一系列的伯胺、仲胺和叔胺。伯胺、仲胺和叔胺首先以铵盐的形式生成，用氢氧化钠处理后得到相应的游离胺。

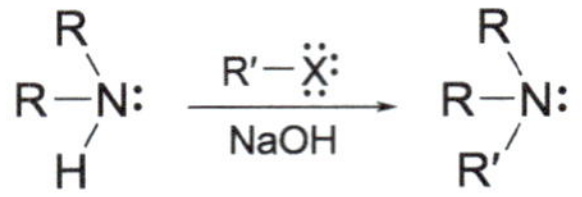

$$R_2NH \xrightarrow[NaOH]{R'-X} R_2NR'$$

R = H、烷基　　1°, 2°, 3° 胺

理论上，可以用伯胺合成仲胺，用仲胺合成叔胺。实际上，过烷基化的情况时有发生。例如，氨和碘甲烷反应生成伯胺、仲胺和叔胺的混合物，还有少量的季铵盐生成。

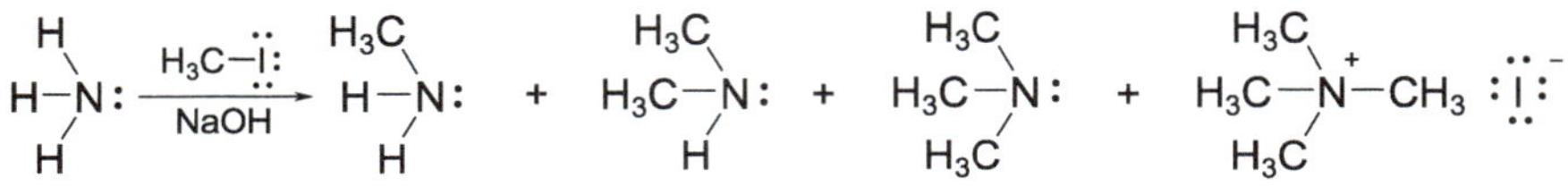

$$NH_3 \xrightarrow[NaOH]{H_3C-I} CH_3NH_2 + (CH_3)_2NH + (CH_3)_3N + (CH_3)_4N^+ \ I^-$$

1° 胺　　2° 胺　　3° 胺　　4° 铵盐

叔胺的烷基化是得到季铵盐不错的方法，因为没有可能生成其他产物。但是，级别更低胺的烷基化则不那么令人满意。

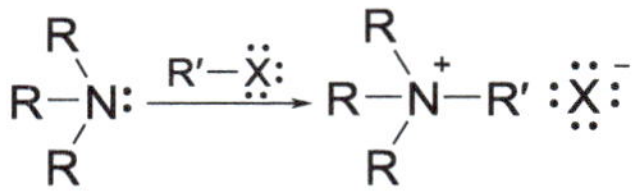

$$R_3N \xrightarrow{R'-X} R_3N^+-R' \ X^-$$

R = 烷基　　季铵盐

伯胺或仲胺烷基化更好的办法是在还原剂氰基硼氢化钠存在下用酮或醛处理氨，这就是还原氨化法。该方法不会发生过度烷基化的现象。

（3）霍夫曼消除

卤化季铵盐中的卤离子用糊状的氧化银处理后可以被氢氧根离子替换。反应生成了卤化银沉淀以及氢氧化季铵盐。碘化季铵盐由于容易制备而经常使用。

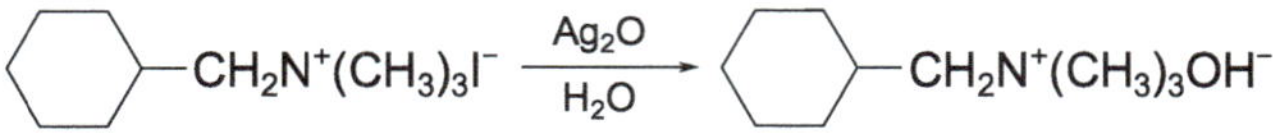

$$C_6H_{11}-CH_2N^+(CH_3)_3I^- \xrightarrow[H_2O]{Ag_2O} C_6H_{11}-CH_2N^+(CH_3)_3OH^-$$

氢氧化季铵盐加热时发生消除反应生成烯烃和胺。实际的消除是通过E2反应进行的，氢氧根移除质子，同时带正电荷的氮原子离去。

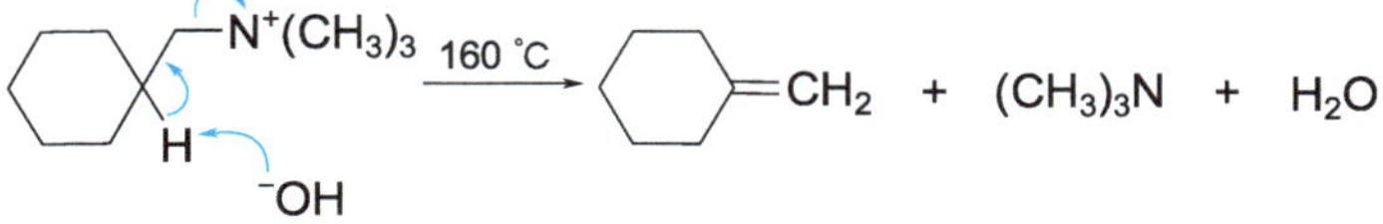

$$C_6H_{11}-CH_2N^+(CH_3)_3 \ ^-OH \xrightarrow{160\ ^\circ C} C_6H_{10}{=}CH_2 + (CH_3)_3N + H_2O$$

这就是霍夫曼消除。一个有趣的现象是，霍夫曼消除和大部分E2反应得到的产物不同。卤代烷的E2反应主要得到取代基较多的烯烃，而季铵盐的霍夫曼消除则得到取代基较少的烯烃。这就是所谓的霍夫曼规则。

$$CH_3CH_2CH_2-CH(CH_3)-N^+(CH_3)_3\cdot OH^- \xrightarrow{\triangle} CH_3CH_2CH_2CH{=}CH_2 + CH_3CH_2CH{=}CHCH_3$$

1-戊烯(94%)　　2-戊烯(6%)

反应的这种选择性可能是由于空间因素造成的。作为离去基团的三甲胺体积大，碱只能进攻空间因素有利即空间位阻最小的氢。

霍夫曼消除所具有的这种立体选择性正好和查依采夫规则相反，有时可以用来合成用一般卤代烷脱水不能得到的烯烃。但自从维悌希反应方法出现后，使用这种方法的重要性大为降低。

（4）科普（Cope）消除反应

叔胺用双氧水处理可生成胺氧化物，再通过加热脱去羟胺生成烯烃，该反应称为科普消除反应。

$$CH_3CH_2CH_2\ddot{N}(CH_3)_2 \xrightarrow{H_2O_2} CH_3CH_2CH_2\overset{+}{N}(O^-)(CH_3)_2 \longrightarrow CH_3CH{=}CH_2 + HON(CH_3)_2$$

$$CH_3CH_2CH_2\ddot{N}(CH_3)_2 \xrightarrow{HO-OH} CH_3CH_2CH_2\overset{+}{N}(OH)(CH_3)_2 + OH^- \xrightarrow{-H_2O} CH_3CH_2CH_2\overset{+}{N}(O^-)(CH_3)_2$$

反应中胺氧化物脱去羟胺这一步和酯的热消除反应类似，但它是以五元环过渡态，遵循霍夫曼规律进行消除的。

$$H_3C-CH(H)-CH_2-N(CH_3)_2(:O^-) \xrightarrow{\triangle} CH_3CH{=}CH_2 + HON(CH_3)-CH_3$$

（5）酰基化

无论是脂肪胺或芳香胺均可和酰氯或酸酐发生酰基化生成二级或三级酰胺。这个反应既可以看成是胺的酰基化，也可以看成是羧酸衍生物的亲核取代反应。

$$RCOCl + NH_3 \xrightarrow{\text{吡啶}} RCONH_2 + HCl$$

$$RCOCl + R'NH_2 \xrightarrow{\text{吡啶}} RCONHR' + HCl$$

$$HO-C_6H_4-NH_2 + CH_3COCOCH_3 \longrightarrow HO-C_6H_4-NHCOCH_3 + CH_3COOH$$

（6）芳环上的取代

氨基是芳香族亲电取代反应中强烈的邻对位致活定位基。氨基取代的苯环活性太高有时还有缺陷，因为很难控制不发生多取代反应。例如，在温和的条件下，苯胺可以和Br_2快速反应生成

2,4,6-三溴取代的产物。氨基致活效应太强，反应不可能停留在一取代阶段。

$$C_6H_5NH_2 + 3\,Br_2 \longrightarrow 2,4,6\text{-}Br_3C_6H_2NH_2 + 3\,HBr$$

另外一个缺陷在于氨基取代的苯环很难发生傅-克亲电取代反应。氨基和作为催化剂的$AlCl_3$形成酸碱络合物，从而使反应难以继续进行。

解决这两种缺陷的办法就是不用胺本身，而用相应的酰胺进行芳香族亲电取代反应。例如：

$$p\text{-}CH_3C_6H_4NH_2 \xrightarrow{(CH_3CO)_2O} p\text{-}CH_3C_6H_4NHCOCH_3 \xrightarrow{Br_2} 2\text{-}Br\text{-}4\text{-}CH_3C_6H_3NHCOCH_3 \xrightarrow{NaOH} 2\text{-}Br\text{-}4\text{-}CH_3C_6H_3NH_2 + CH_3CO_2^-$$

$$C_6H_5NH_2 \xrightarrow{(CH_3CO)_2O} C_6H_5NHCOCH_3 \xrightarrow[AlCl_3]{C_6H_5COCl} p\text{-}CH_3CONHC_6H_4C(=O)C_6H_5 \xrightarrow{NaOH} p\text{-}H_2NC_6H_4C(=O)C_6H_5$$

利用形成酰胺控制氨基取代的苯环的活性是芳香族亲电取代反应中常用的方法，否则有些反应很难实现。磺胺类药物的制备就是很好的例子。

$$C_6H_5NHCOCH_3 \xrightarrow{HOSO_2Cl} p\text{-}CH_3CONHC_6H_4SO_2Cl \xrightarrow{NH_3} p\text{-}CH_3CONHC_6H_4SO_2NH_2 \xrightarrow{NaOH} p\text{-}H_2NC_6H_4SO_2NH_2$$

（7）亚硝化

① 脂肪胺的亚硝化

亚硝酸钠的水溶液酸化后可以生成不同种类的亚硝化试剂，即它们都能生成亚硝酰正离子。为简便起见，有机化学家一般将所有这些试剂合并，只用亚硝酸作为代表来说明生成亚硝基正离子的一般过程。

$$^-:\ddot{O}-\ddot{N}=\ddot{O}: \xrightarrow{H_2O} H-\ddot{O}-\ddot{N}=\ddot{O}: \xrightarrow{H_2O} H-\overset{+}{O}(H)-\ddot{N}=\ddot{O}: \xrightarrow{-H_2O} :\overset{+}{N}=\ddot{O}:$$

亚硝酸盐离子　　亚硝酸　　亚硝基阳离子

为了解释胺是怎样发生亚硝化反应的，首先看一看仲胺和亚硝酸作用会发生什么。胺作为亲核试剂进攻亚硝基正离子上的氮原子。第一步生成的中间产物失去一个质子后生成*N*-亚硝基胺并可以分离出来。

$$(CH_3)_2\ddot{N}H \xrightarrow[H_2O]{NaNO_2,\ HCl} (CH_3)_2\ddot{N}-\ddot{N}=\ddot{O}:$$

二甲胺　　*N*-亚硝基二甲胺(88%～90%)

N-亚硝基胺更多被称为亚硝胺，很多的亚硝胺都是潜在的致癌物质，因此得到了深入的研

究。我们每天都会遇到亚硝胺这类环境问题。下列的几个亚硝胺都具有致癌性。

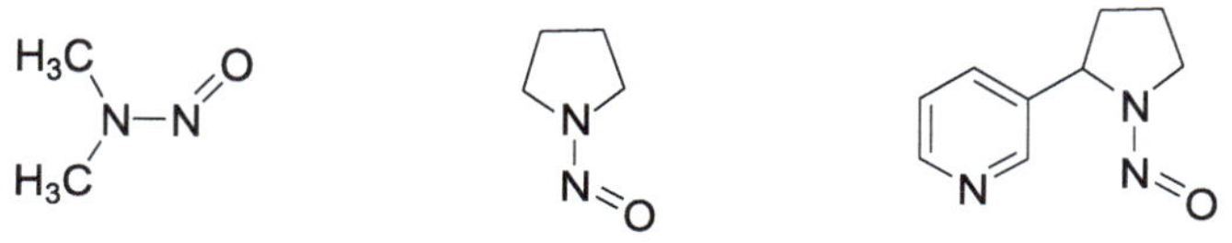

$(CH_3)_2N-N=O$

N-亚硝基二甲胺　　*N*-亚硝基吡咯烷　　*N*-亚硝基降烟碱

亚硝化试剂和仲胺只要接触就能生成亚胺。实际上，人体内合成出来的亚胺比由于环境污染进入到人体内的亚胺还要多。酶催化可以使硝酸根离子变为亚硝酸根离子，后者和人体内的胺生成*N*-亚硝基胺。

当伯胺亚硝化时，生成的*N*-亚硝基化合物不能分离出来而要继续反应。

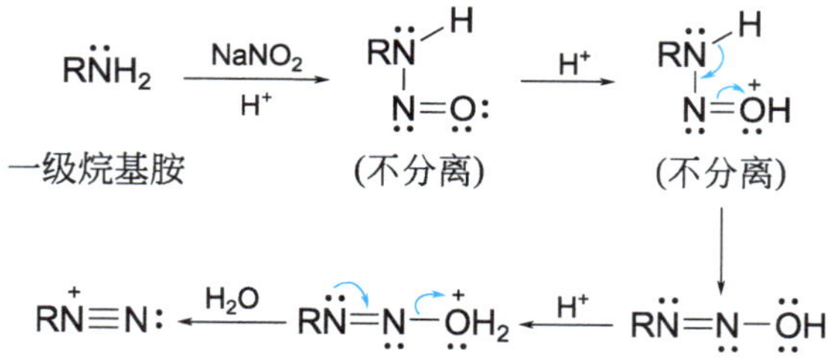

$$RNH_2 \xrightarrow[H^+]{NaNO_2} RN(H)-N=O \xrightarrow{H^+} RN(H)-N=\overset{+}{O}H \longrightarrow RN=N-OH \xrightarrow{H^+} RN=N-\overset{+}{O}H_2 \xrightarrow{-H_2O} R\overset{+}{N}\equiv N$$

一级烷基胺　(不分离)　(不分离)　(不分离)　(不分离)　烷基重氮离子

多步反应的结果是胺被重氮化生成了烷基重氮离子。烷基重氮离子不稳定，在生成的条件下迅速分解。氮气分子是极好的离去基团，重氮离子的溶剂化就能得到反应产物，反应时往往有碳正离子中间体形成。

$$R-\overset{+}{N}\equiv N \longrightarrow R^+ + N\equiv N$$

烷基重氮离子　　氮气

重氮离子的生成和分解可以产生不含氮的产物，这些反应称为去胺反应。烷基重氮离子很少用于合成，但得到广泛的研究，可以探索在离去基团快速以及不可逆失去后得到的碳正离子。

芳香族伯胺和亚硝酸的重氮化反应生成的芳基重氮离子则要比烷基重氮离子稳定得多，在合成上具有重大价值。

叔胺的亚硝化相当复杂，这类反应很少具有利用价值。

② 芳胺的亚硝化

我们已经认识到了三类不同的胺和亚硝化试剂反应时的差异。尽管脂肪族叔胺的亚硝化反应利用价值较低，但亚硝基正离子可以和*N,N*-二烷基芳胺发生芳环上的亲电取代反应。

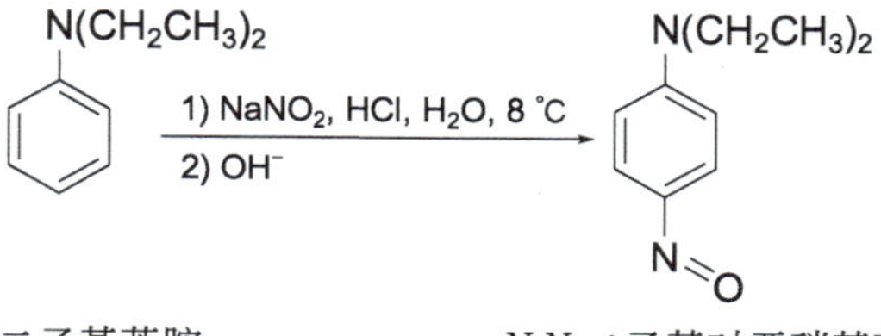

$$C_6H_5N(CH_2CH_3)_2 \xrightarrow[2)\ OH^-]{1)\ NaNO_2,\ HCl,\ H_2O,\ 8\ ^\circ C} p\text{-}ON-C_6H_4N(CH_2CH_3)_2$$

N,N-二乙基苯胺　　*N,N*-二乙基对亚硝基苯胺(95%)

亚硝基正离子是相对较弱的亲电试剂，只能进攻强烈致活了的苯环。

N-烷基芳胺和脂肪族仲胺类似，和亚硝酸反应时生成*N*-亚硝基化合物。

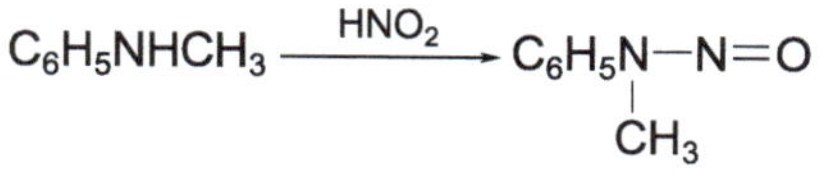

$$C_6H_5NHCH_3 \xrightarrow{HNO_2} C_6H_5N(CH_3)-N=O$$

N-甲基苯胺　　*N*-甲基-*N*-亚硝基苯胺(87%～93%)

芳香族伯胺和脂肪族伯胺一样，亚硝化时生成重氮离子。芳香族重氮离子比同类的脂肪族重氮离子要稳定得多。脂肪族重氮离子在反应条件下就要分解，而芳香族重氮盐在0～5 ℃时，可以在水溶液中保存一定的时间。芳香族重氮离子失去氮后产生了不稳定的芳基碳正离子，比脂肪族重氮离子失去氮的速率要低得多。

$$C_6H_5NH_2 \xrightarrow[H_2O,\ 0\sim5\ ^\circ C]{NaNO_2,\ HCl} C_6H_5\overset{+}{N}\equiv N \cdot Cl^-$$

苯胺　　　　氯化重氮苯

$$(CH_3)_2CH-C_6H_4-NH_2 \xrightarrow[H_2O,\ 0\sim5\ ^\circ C]{NaNO_2,\ H_2SO_4} (CH_3)_2CH-C_6H_4-\overset{+}{N}\equiv N \cdot HSO_4^-$$

对异丙基苯胺　　　　对异丙基苯重氮硫酸

芳香族重氮离子能进行不同类型的反应，作为中间体广泛用于制备环取代的芳香族化合物。下面将逐一讨论这些反应。

（8）重氮盐的反应

重氮离子对其他化合物而言是非常有用的亲电试剂。芳香族重氮盐在零度以下的低温非常稳定，加热时开始分解产生活性极高的正离子。这些正离子可以和溶液中存在的负离子反应生成各类化合物。

① 取代反应——重氮基被—Cl、—Br、—CN取代

芳香族重氮盐和氯化亚铜、溴化亚铜以及氰化亚铜反应，分别生成了重氮基被—Cl、—Br和—CN取代的产物，这些反应统称为桑德迈尔（Sandmeyer）反应。这一取代反应的机理还不完全清楚，不过应该是自由基反应，而不是离子型反应。

$$o\text{-}CH_3C_6H_4NH_2 \xrightarrow[H_2O\ (0\sim5\ ^\circ C)]{HCl,\ NaNO_2} o\text{-}CH_3C_6H_4\overset{+}{N}_2Cl^- \xrightarrow[15\sim60\ ^\circ C]{CuCl} o\text{-}CH_3C_6H_4Cl + N_2$$

邻甲苯胺　　　　邻氯甲苯(74%～79%)

$$m\text{-}ClC_6H_4NH_2 \xrightarrow[H_2O\ (0\sim10\ ^\circ C)]{HBr,\ NaNO_2} m\text{-}ClC_6H_4\overset{+}{N}_2Br^- \xrightarrow[100\ ^\circ C]{CuBr} m\text{-}ClC_6H_4Br + N_2$$

间氯苯胺　　　　间溴氯苯(70%)

$$o\text{-}O_2NC_6H_4NH_2 \xrightarrow[H_2O\ (r.t.)]{HCl,\ NaNO_2} o\text{-}O_2NC_6H_4\overset{+}{N}_2Cl^- \xrightarrow[90\sim100\ ^\circ C]{CuCN} o\text{-}O_2NC_6H_4CN + N_2$$

邻硝基苯胺　　　　邻硝基苯甲腈(65%)

② 取代反应——重氮基被—I和—F取代

重氮基可以被—I取代，尤其是当重氮基用硼氟酸处理时，可以被—F取代。硼氟酸盐的沉淀在分离、烘干和加热后，就可发生分解，生成了氟代芳烃。

$$p\text{-}O_2NC_6H_4NH_2 \xrightarrow[H_2O]{H_2SO_4,\ NaNO_2} p\text{-}O_2NC_6H_4N_2^+HSO_4^- \xrightarrow{KI} p\text{-}O_2NC_6H_4I + N_2$$

对硝基苯胺　　　　对碘硝基苯(81%)

$$\text{间甲基苯胺} \xrightarrow[\text{2) } HBF_4]{\text{1) } HNO_2,\ H^+} \text{氟硼酸间甲苯重氮盐(79\%)}\ (m\text{-}CH_3C_6H_4N_2^+BF_4^-) \xrightarrow{\text{加热}} \text{间氟甲苯(69\%)} + N_2 + BF_3$$

间甲基苯胺　　氟硼酸间甲苯重氮盐(79%)　　间氟甲苯(69%)

制备氟代芳烃的这种反应称为希曼（Schiemann）反应。

③ 取代反应——重氮基被—OH和—H取代

重氮基可以被—OH取代生成酚，被—H取代生成芳烃。芳香族重氮盐在硝酸铜存在下与氧化亚铜反应生成酚。由于很少有将羟基直接引入芳环的通用方法，这个反应尤其显示出其价值。

$$H_3C-C_6H_4-N_2^+HSO_4^- \xrightarrow[Cu^{2+},\ H_2O]{Cu_2O} H_3C-C_6H_4-OH$$

对甲苯重氮硫酸氢铵　　对甲酚(93%)

用次磷酸处理重氮盐可以使之还原为芳烃。这类反应通常情况下是为了利用氨基的定位效应而临时将氨基引入的。

$$p\text{-}CH_3C_6H_4NH_2 \xrightarrow{(CH_3CO)_2O} p\text{-}CH_3C_6H_4NHCOCH_3 \xrightarrow[\text{2) } OH^-,\ H_2O,\ \text{加热}]{\text{1) } Br_2} \text{4-}CH_3\text{-2-}Br\text{-}C_6H_3NH_2\ (65\%)$$

对甲苯胺　　(65%)

$$\xrightarrow[H_2O,\ 0\sim5\ ^\circ C]{H_2SO_4,\ NaNO_2} \text{4-}CH_3\text{-2-}Br\text{-}C_6H_3N_2^+ \xrightarrow[H_2O,\ 25\ ^\circ C]{H_3PO_2} m\text{-}CH_3C_6H_4Br + N_2$$

间溴甲苯(85%)

④ 重氮盐的偶联反应

重氮离子是弱的亲电试剂，可以与像酚和芳香族叔胺这类高度活化的芳香族化合物发生反应生成偶氮化合物。芳香族化合物的这类亲电取代反应通常称为重氮偶联反应。

$$C_6H_5N_2^+Cl^- + C_6H_5OH \xrightarrow[0\ ^\circ C]{NaOH,\ H_2O} C_6H_5-N{=}N-C_6H_4-OH$$

氯化重氮苯　　苯酚　　对苯基偶氮苯酚

$$C_6H_5N_2^+Cl^- + C_6H_5N(CH_3)_2 \longrightarrow C_6H_5-N{=}N-C_6H_4-N(CH_3)_2$$

氯化重氮苯　　*N*,*N*-二甲基苯胺　　*N*,*N*-二甲基对苯偶氮苯胺(黄色固体)

16.2 硝基化合物

硝基烷烃不太常见。硝基甲烷、硝基乙烷和2-硝基丙烷是其中几个例子。

$$\underset{\text{硝基甲烷}}{CH_3NO_2} \qquad \underset{\text{硝基乙烷}}{CH_3CH_2NO_2} \qquad \underset{\text{2-硝基丙烷}}{CH_3CH(CH_3)NO_2}$$

工业上硝基烷烃是通过烷烃自由基硝化而制备的。

$$CH_4 + HNO_3 \longrightarrow CH_3NO_2 + H_2O$$

实验室可以通过卤代烷烃和亚硝酸根离子的取代反应来制备一些硝基烷烃。亚硝酸根是一个两可负离子（离子中两处都带有负电荷），反应还会有副产物亚硝基烷烃生成。

$$CH_3(CH_2)_5CHICH_3 + NaNO_2 \longrightarrow \underset{(58\%)}{CH_3(CH_2)_5CH(NO_2)CH_3} + \underset{(30\%)}{CH_3(CH_2)_5CH(ONO)CH_3}$$

若使用亚硝酸银则生成硝基烷烃的产率更高。

$$CH_3(CH_2)_6CH_2I + AgNO_2 \longrightarrow \underset{(83\%)}{CH_3(CH_2)_6CH_2NO_2} + \underset{(11\%)}{CH_3(CH_2)_6CH_2ONO}$$

硝基烷烃最显著的性质是它们的酸性。硝基甲烷的pK_a是10.2，硝基乙烷的pK_a是8.5，2-硝基丙烷的pK_a是7.8，所以一个硝基使酸增强的效应相当于两个羰基。和羧酸以及酮一样，硝基化合物的酸性也是由于共轭碱通过共振而稳定的。

$$H_3C-N^+(=O)O^- \longrightarrow H^+ + \left[{}^-H_2C-N^+(O^-)=O \longleftrightarrow {}^-H_2C-N^+(=O)O^- \longleftrightarrow H_2C=N^+(O^-)O^- \right]$$

芳香族硝基化合物更常见，因为它们很容易通过芳香族化合物的亲电硝化制备。

$$C_6H_6 + HNO_3 \xrightarrow[50\ ^\circ C]{H_2SO_4} C_6H_5NO_2 + H_2O$$

硝基苯和相关的硝基化合物通常都是高沸点液体。硝基苯为淡黄色油状物，沸点210～211 ℃，具有杏仁味。2,4,6-三硝基甲苯（TNT）是重要的炸药。

芳香族硝基化合物最重要的反应就是还原反应。

$$\text{2-硝基-4-异丙基甲苯} \xrightarrow[Ni]{H_2} \text{2-甲基-5-异丙基苯胺}$$

2-甲基-5-异丙基苯胺(87%～90%)

$$\text{2,4-二硝基甲苯} \xrightarrow{Fe,\ HCl} \text{2,4-二氨基甲苯}$$

2,4-二氨基甲苯

硫化钠或硫氢化钠，硫化铵或硫氢化铵可以用来还原二硝基化合物中的一个硝基。

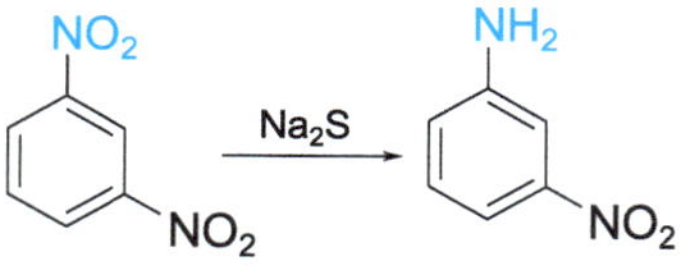

$$\text{m-}C_6H_4(NO_2)_2 \xrightarrow{Na_2S} \text{m-}NH_2C_6H_4NO_2$$

间硝基苯胺

碱性介质中还原得到二苯环化合物。

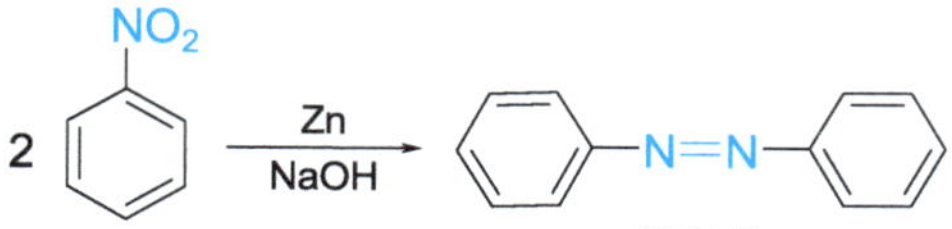

$$2\,C_6H_5NO_2 \xrightarrow[NaOH]{Zn} C_6H_5-N{=}N-C_6H_5$$

偶氮苯

16.3 腈

16.3.1 腈的命名

腈是含有氰基（—CN）的化合物。命名简单开链腈时，根据腈分子中碳原子的数目（包括氰基碳），直接将该腈称为“某”腈，英文是将nitrile作为后缀加在烷烃的名称后面即可。编号时把氰基碳作为1号碳。

英文中更复杂的腈是作为羧酸的衍生物来命名的。将羧酸名称中的-ic acid或-oic acid用-onitrile替换，或将-carboxylic acid用-carbonitrile替换。

$CH_3C{\equiv}N$	$CH_3CH(CH_3)CH_2CH_2CN$	$C_6H_5C{\equiv}N$	2,2-二甲基环己基-CN
acetonitrile	4-methylpentanenitrile	benzonitrile	2,2-dimethylcyclohexanecarbonitrile
乙腈	4-甲基戊腈	苯甲腈	2,2-二甲基环己腈

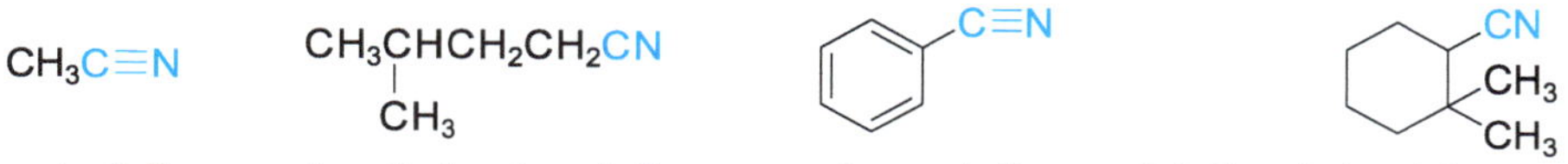

16.3.2 腈的物理性质

腈是属于极性最强的一类有机化合物。乙腈的偶极矩为3.4 D。腈的极性可以从它们的沸点看出。尽管不能生成氢键，但沸点很高。

	$CH_3C{\equiv}N$ 乙腈	$CH_3CH_2C{\equiv}N$ 丙腈	$CH_3C{\equiv}CH$ 丙炔
沸点	81.6 ℃	97.4 ℃	–23.3 ℃

16.3.3 腈的制备

制备腈最简单的方法是通过一级卤代烷和CN^-的S_N2反应来实现的。这种方法和通常的S_N2反应一样，受到空间位阻的限制，只能用于合成不受空间位阻影响的RCH_2CN。

$$RCH_2Br \xrightarrow{NaCN} RCH_2C{\equiv}N$$

另一个制备腈的方法是一级酰胺的脱水。亚硫酰氯是常用的脱水剂，其他的脱水剂像$POCl_3$也能达到同样的效果。

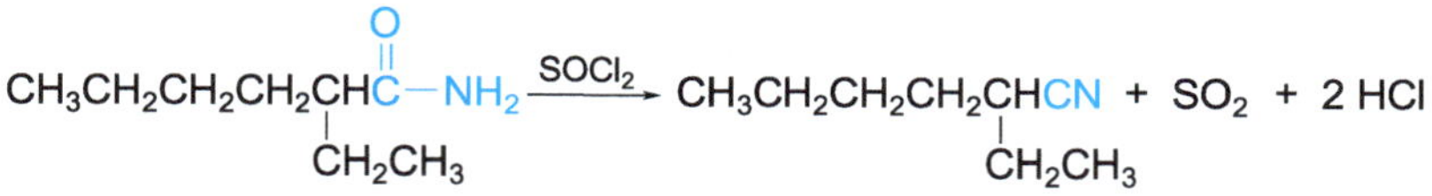

$$CH_3CH_2CH_2CH_2CH(CH_2CH_3)C(=O)-NH_2 \xrightarrow{SOCl_2} CH_3CH_2CH_2CH_2CH(CH_2CH_3)CN + SO_2 + 2\,HCl$$

2-乙基己酰胺　　　　2-乙基己腈

腈还可以通过重氮盐来制备。

$$\text{邻硝基苯胺（}o\text{-}NO_2C_6H_4NH_2\text{）}\xrightarrow[\text{2) CuCN}]{\text{1) }NaNO_2,\ HCl}\text{邻硝基苯甲腈（}o\text{-}NO_2C_6H_4CN\text{）}$$

邻硝基苯胺　　　　邻硝基苯甲腈

16.3.4 腈的反应

(1) 水解

腈之所以被称为羧酸的衍生物，就是因为水解时可以转化成为羧酸。腈酸性水解生成铵离子和羧酸。

$$RC\equiv N + H_2O \xrightarrow{H^+} RC(=O)-OH + NH_4^+$$

$$O_2N-C_6H_4-CH_2CN \xrightarrow[H_2O]{H_2SO_4} O_2N-C_6H_4-CH_2COOH$$

对硝基苄腈　　　　对硝基苯乙酸(92%～95%)

腈碱性水解时，氢氧根离子从羧酸中夺走一个质子，酸化后才能将羧酸分离。

$$RC\equiv N + H_2O \xrightarrow{OH^-} RC(=O)-O^- + NH_3$$

$$CH_3(CH_2)_9CN \xrightarrow[\text{2) }H_3O^+]{\text{1) }H_2O,\ OH^-} CH_3(CH_2)_9COOH$$

十一烷腈　　　　十一烷酸(80%)

(2) 还原

用$LiAlH_4$还原腈得到伯胺。

$$o\text{-}CH_3C_6H_4CN \xrightarrow[\text{2) }H_3O^+]{\text{1) }LiAlH_4} o\text{-}CH_3C_6H_4CH_2NH_2$$

邻甲基苯甲腈　　　　邻甲基苄胺(88%)

腈催化加氢也生成伯胺。

$$CH_3(CH_2)_4CN + 2\,H_2 \xrightarrow{Ni} CH_3(CH_2)_4CH_2NH_2$$

正己腈　　　　1-己胺

(3) 和格氏试剂的加成

腈的碳氮叁键发生亲核加成时的活性远低于醛酮的C═O。只有像格氏试剂这种强碱性亲核试剂才能和腈发生具有合成价值的反应。

$$m\text{-}F_3CC_6H_4CN + CH_3MgI \xrightarrow[\text{2) }H_3O^+]{\text{1) 乙醚}} m\text{-}F_3CC_6H_4C(=O)CH_3$$

间三氟甲基苯甲腈　　　　间三氟甲基苯乙酮(79%)

拓展阅读：硝酸甘油的前世今生

大名鼎鼎的诺贝尔因发明了硝酸甘油和硅石混合的炸药，而获得专利成为百万富翁。然而，他本人却因不愿意服用硝酸甘油而耽误了冠心病的治疗。

今天，硝酸甘油已经成为预防和治疗冠心病急性发作、心绞痛的主要药物。那么，硝酸甘油是怎样从兵工厂走进制药厂的呢？

传说有这样一个故事：19世纪英国有一家生产硝酸甘油炸药的化工厂接连发生怪事，几位平时体壮如牛的工人周末在家休息时接二连三地发生猝死。警方立即组成调查组进入工厂进行调查。结果发现，原来这些工人早就患有冠心病。但由于平时吸入了硝酸甘油尘粒，结果使心脏冠状血管得以扩张，心肌供血供氧得以增加，故平时未能发现他们有病。周末在家里休息时，不能及时吸入硝酸甘油尘粒而发病致死。这一惊人发现立即引起了医药学者的重视。

然而传说终究是传说。事实上，1847年冬季里的一天，意大利青年化学家苏布雷罗正如同往常一样聚精会神地做着实验，他此前研究了甘露醇，并且成功制备了亚硝酸盐，现在，他正进行着甘油的实验，他把浓硝酸和浓硫酸的混合液，一滴滴地滴入大杯的甘油中，一边滴入一边搅拌，很快，在甘油的底部，出现了一种有黏性、像浓鼻涕般的油状物。苏布雷罗并不知道，改变世界的硝酸甘油，就这样在他的手里诞生了。可是，硝酸甘油的提纯过程却让苏布雷罗望而却步。在加热、浓缩的提纯过程中，硝酸甘油爆炸了，就连苏布雷罗自己也未能幸免，他的脸因此留下了严重的伤疤，他意识到这种化合物具有非凡的爆炸力，后来他写道：“当我想到所有在硝酸甘油爆炸中丧生的受害者，并且受害者未来还会增加，我就很羞愧，不愿承认自己是它的发现者。”

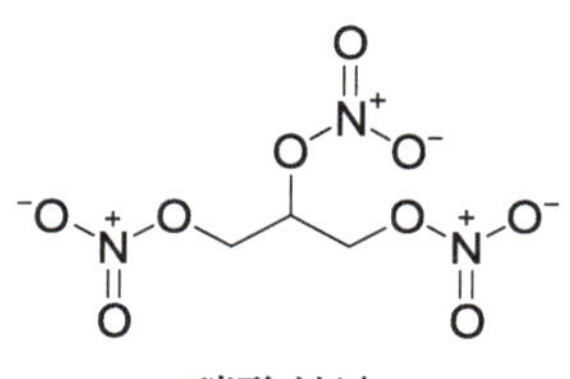

硝酸甘油

与苏布雷罗的态度相反，一位著名的瑞典化学家却从这剧烈的爆炸中看到了巨大的商机，于是，他潜心研究能让硝酸甘油稳定的方法，最终，新型的炸药被他研制出来，广泛用于军工、开矿等行业，而这位化学家也因此获得了巨大财富，并且设立了以他名字命名的著名基金——诺贝尔基金。不过，命运弄人，诺贝尔一生中的大部分时间健康状况都不太好，晚年更是深受心绞痛之苦，而当医生推荐他使用硝酸甘油治疗心脏病时，他却觉得这是对他的讽刺而断然拒绝，几年之后诺贝尔因病去世。

自1876年，硝酸甘油已被用于治疗心绞痛，但它是如何发挥作用的，却在一百多年后才被揭示。获得1998年诺贝尔医学奖的三位美国科学家，发现硝酸甘油及其他有机硝酸酯的作用机制：释放NO，能够扩张血管平滑肌使血管舒张，从而有利于血液循环，对心血管系统产生益处。硝酸甘油最常见的用法是舌下含服，而静脉滴注则可即刻起效。硝酸甘油静滴起效快，作用消退也快。实际临床上，可在实时血压监测下先快进，控制血压、症状后再慢调维持。

硝酸甘油发展的脚步，没有被提纯时的爆炸吓退，也没有被制备工人的猝死而停歇，一种经典的药物，需要历经千百次的研究、失误甚至受伤，凡此种种，都是它走向经典的铺路石。

参考资料

“是炸药，也是续命药——硝酸甘油和它的前世今生”https://www.zhihu.com/tardis/sogou/art/88547978.

习题

16-1 命名下列化合物。

（1）CH_3—N(—OCH_3)—环丙基

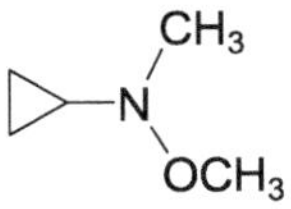

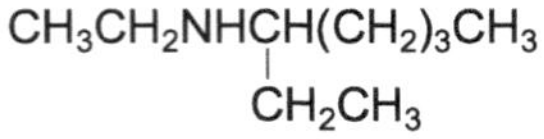

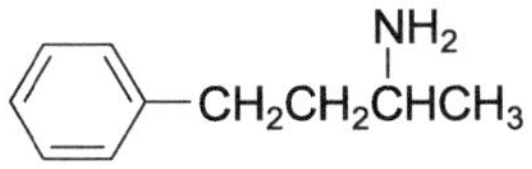

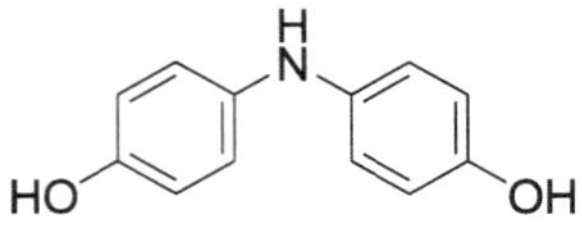

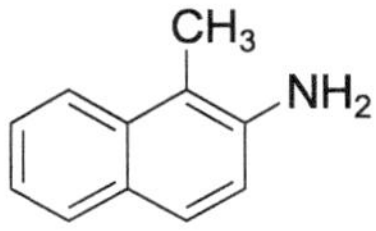

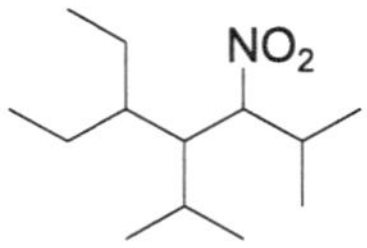

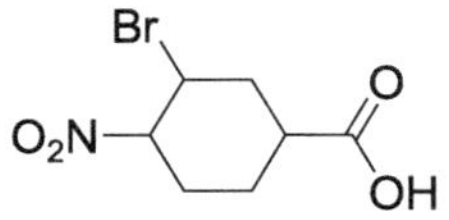

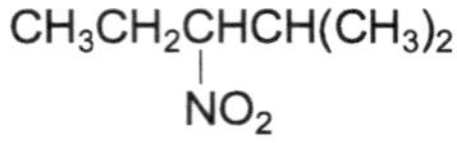

（2）$CH_3CH_2NHCH(CH_2)_3CH_3$
　　　　　　　　　　|
　　　　　　　　CH_2CH_3

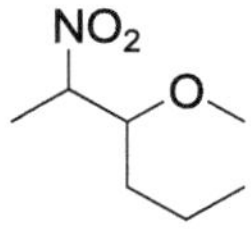

（3）C_6H_5—$CH_2CH_2CHCH_3$（NH_2）

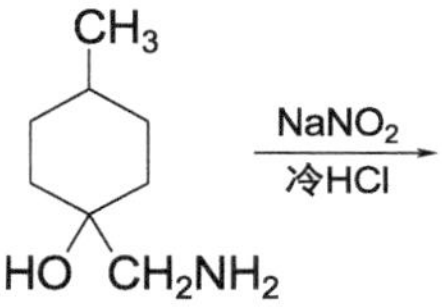

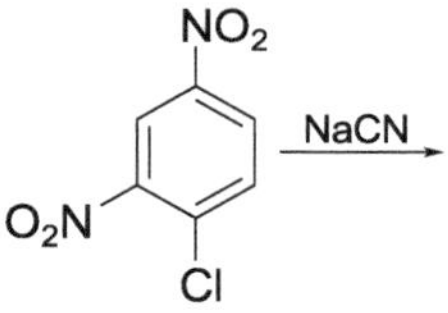

（4）HO　N-H　OH

（5）CH_3　NH_2

（6）NO_2

（7）Br　O_2N　O　OH

（8）$CH_3CH_2CHCH(CH_3)_2$
　　　　　　|
　　　　　NO_2

（9）NO_2　O

（10）NH_2　OH　Br

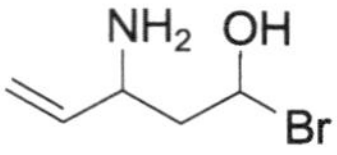

16-2　完成下列化学反应式，并推测其反应机理。

（1）$C_6H_5C(OH)(CH_3)$—$CH(NH_2)CH_3$ $\xrightarrow[HCl]{NaNO_2}$

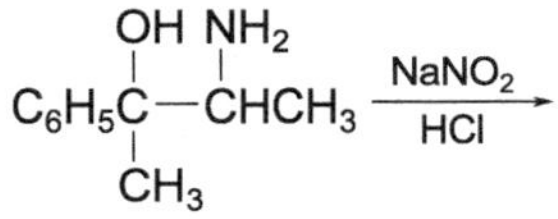

（2）CH_3　HO　CH_2NH_2 $\xrightarrow[冷HCl]{NaNO_2}$

（3）NO_2　O_2N　Cl $\xrightarrow{NaCN}$

（4）环己基—$CONH_2$ $\xrightarrow[CH_3OH]{Br_2,\ NaOCH_3}$

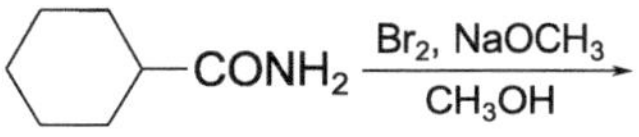

16-3　根据所给原料设计反应路线，合成相应的目标化合物。

（1）以苯、不超过4个碳的有机物和无机试剂为原料，合成3, 4-二氯乙酰苯胺。

（2）以苯胺为原料，四个碳以下试剂任选，合成邻硝基苯胺。

（3）由苯和其他必要的有机试剂合成2-(2,4-二硝基苯基)丙酸。

（4）由甲苯为唯一有机原料合成邻氨基苯甲酸。

16-4　根据题干中描述的反应历程推断化合物的结构。

（1）化合物A（$C_7H_{15}N$）用一碘甲烷处理，得到水溶性盐B（$C_8H_{18}NI$），将B置于氢氧化银悬浮液中加热，得到C（$C_8H_{17}N$），将C用一碘甲烷处理后再与氢氧化银悬浮液共热，得到三甲胺和化合物D，D用高锰酸钾氧化可以产生一分子丁二酮和两分子甲酸，试推测化合物A～D的结构式。

（2）化合物A（$C_{22}H_{27}NO$）不溶于酸和碱，但与浓盐酸一起加热得一溶液，冷却后有苯甲酸晶体析出，过滤出苯甲酸的滤液用碱处理，使之呈碱性，有液体B分出，在吡啶中将B与苯甲酰氯反应又得到A。B用亚硝酸钠、盐酸水溶液处理，无气体溢出；B与过量碘甲烷反应后用湿氧化银处理，再加热得化合物C（$C_9H_{19}N$）和苯乙烯。化合物C与过量碘甲烷反应后用湿氧化银处理，再加热得一烯烃D。D在高锰酸钾酸性溶液中氧化得甲酸和环己酮，试推导A ~ D结构式及写出D在高锰酸钾酸性溶液中的反应方程式。

（3）化合物A（$C_{11}H_{15}NO_2$）既溶于稀酸，又溶于稀碱，A与亚硝酸钠的盐酸溶液反应生成B（$C_{11}H_{14}O_3$），B溶于碱并能发生碘仿反应，B与浓硫酸共热得C（$C_{11}H_{12}O_2$），C经臭氧还原水解生成D（$C_9H_8O_3$）和乙醛，D发生碘仿反应生成E（$C_8H_6O_4$），E加热脱水生成酸酐F（$C_8H_4O_3$），试推测A ~ F的结构式，并写出A生成B、B生成C的反应方程式。

第17章 杂环化合物

17.1 杂环体系

前面各章讨论的环状化合物是指只含有碳原子的环状化合物，此类环状体系叫作碳环。除碳原子之外，还包含一个或多个其他杂原子的环称为杂环。杂环中最常出现的杂原子是氮、硫和氧。杂环化合物与碳环化合物类似，可以是饱和的，也可以是不饱和的或有芳香性的。

实际上，在前面章节中我们遇到很多杂环化合物：环状酸酐，例如琥珀酸酐、马来酸酐和邻苯二甲酸酐；环状酰亚胺，例如琥珀酰亚胺和邻苯二甲酰亚胺；内酯，例如γ-丁内酯和δ-戊内酯；内酰胺，例如己内酰胺；环状缩醛或缩酮，例如环己酮乙二醇缩酮；溶剂，例如二噁烷和四氢呋喃。上述这些化合物的化学性质同它们的开链类似物相同。

前面我们也碰到了环张力大从而具有很高反应活性的三元杂环——环氧化合物和氮丙啶，以及活性中间体——环状溴鎓离子和环状硫鎓离子。

饱和与不饱和的杂环化合物的化学性质与其开链化合物类似物的性质差别很小；因此，它们的化学性质已经在前面相关章节中被述及。芳香杂环化合物的性质与只含碳的芳香族化合物的性质有相当大的差别；然而，这种差别只是程度上的而不是本质上的。因此，芳香杂环化合物表现出比苯或高或低的芳香性，这一点在芳香杂环化合物和苯的化学反应的差异中将会得到体现。

本章讨论的主题是芳香杂环化合物，大约三分之二的有机化合物属于这一类别，所以很重要。这些化合物中，有一些对人类很重要的化合物。如果只考虑药品，可以用杂环化合物来定义药物的发展史。早在十六世纪，奎宁就被用来预防和治疗疟疾，虽然当时不知道该药物的结构。第一个合成药物是用于退烧的安替比林（1887年）。第一个有效的抗菌药是磺胺吡啶（1938年）。超重量级药物奥美拉唑——抗消化溃疡药。当前比较关注的治疗男性阳痿的药物——万艾可（1997年）。

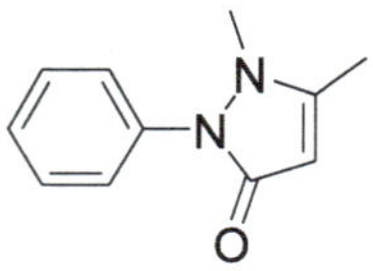

安替比林 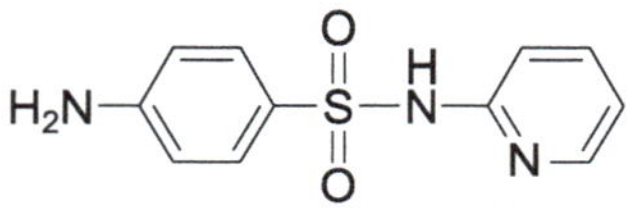　　磺胺吡啶

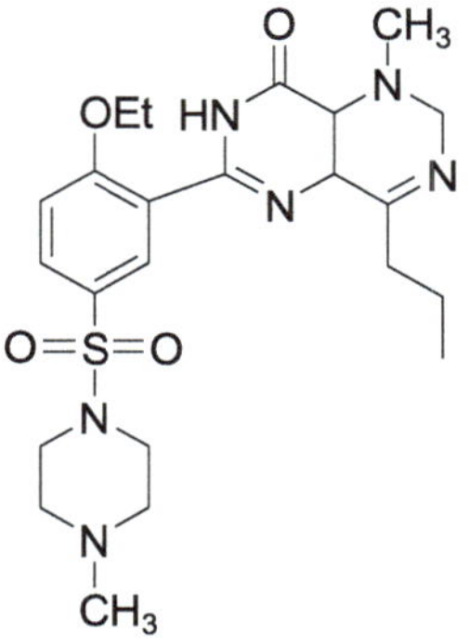

万艾可 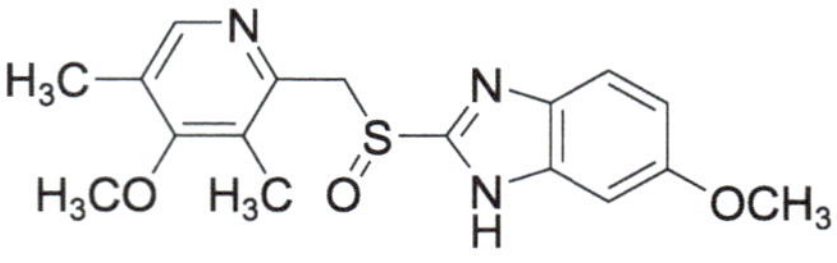　　奥美拉唑 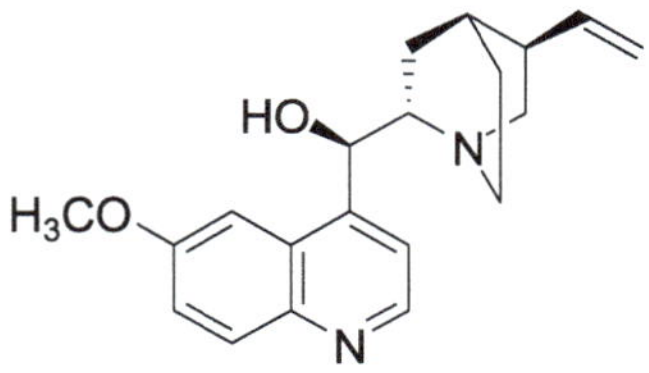　　奎宁

本章只简要地讨论杂环化合物中的一少部分，其中最重要也最引人关注的是具有芳香性的杂环。本章将着重研究它们，尤其是它们的芳香性。

17.2 杂环化合物的分类和命名法

在这些芳香性杂环中，五元或六元杂环会经常出现在天然产物或化学合成产物中。杂原子数目可以是一个、两个、三个等。这些杂环可以与芳环稠合，也可以与另一杂环稠合，还可以自身稠合，从而产生芳香性稠杂环化合物。

最简单的五元或六元杂环化合物是吡咯、呋喃、噻吩和吡啶，它们都只含单个杂原子。

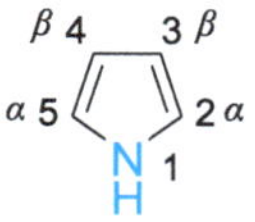

吡咯 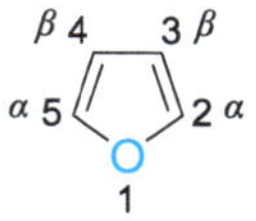　　呋喃 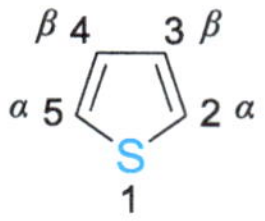　　噻吩 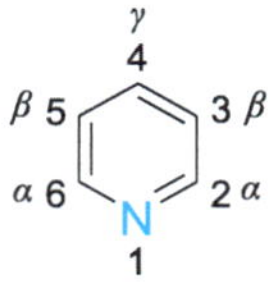　　吡啶

环上原子的编号从杂原子开始。在非系统命名法的命名中，只含有一个杂原子的杂环化合物，环上的其他原子通常采用α、β、γ来标注。α位原子为紧邻杂原子的第一个原子。

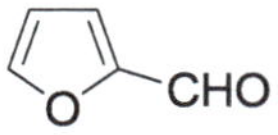

2-呋喃甲醛 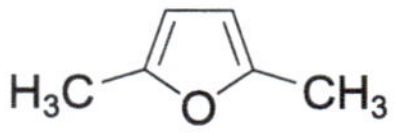　　2,5-二甲基呋喃
α,α'-二甲基呋喃　　4-甲基吡啶 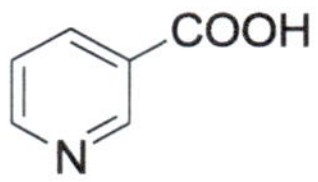　　3-吡啶甲酸

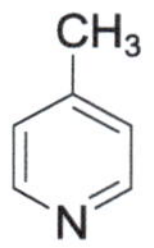

只含一个杂原子的稠杂环化合物，环上原子的编号方式通常也是从杂原子开始的。

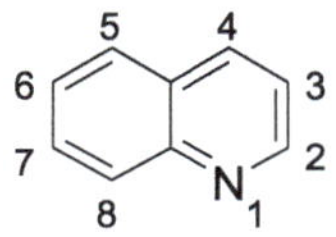

喹啉 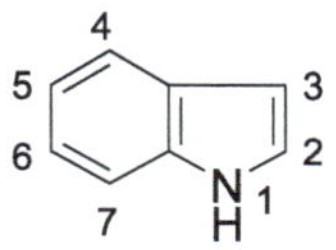　　吲哚 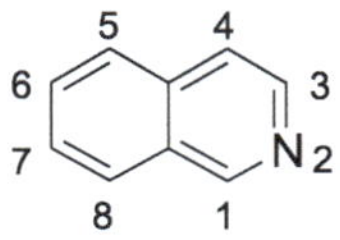　　异喹啉 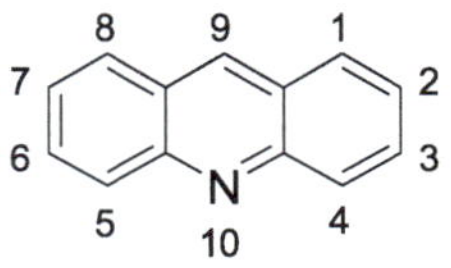　　吖啶

异喹啉环上的原子编号方式与萘相同，吖啶环上的原子编号方式与蒽相同。

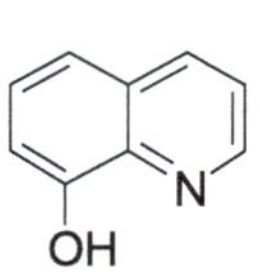

8-羟基喹啉 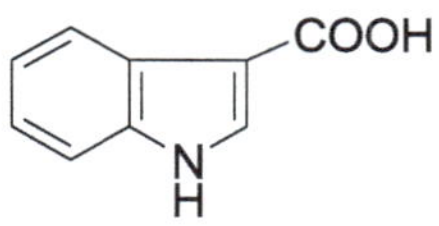　　3-吲哚甲酸

含两个或两个以上杂原子的五元和六元杂环的编号，从优先原子开始（优先顺序O > S > N）。如果一个杂环上具有两个或两个以上相同的杂原子，那么从含氢的杂原子或取代基的杂原子开始编号。

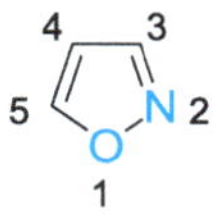

异噁唑 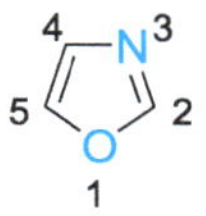　　噁唑 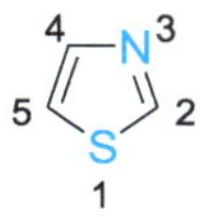　　噻唑 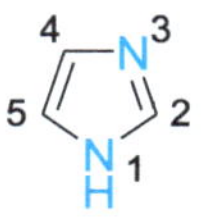　　咪唑

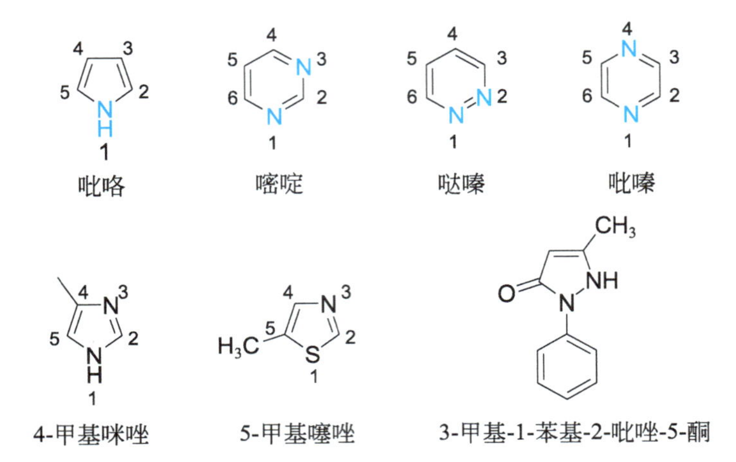

吡咯　嘧啶　哒嗪　吡嗪

4-甲基咪唑　5-甲基噻唑　3-甲基-1-苯基-2-吡唑-5-酮

17.3 杂环化合物的结构及芳香性

首先讨论五元杂环，呋喃、噻吩和吡咯均为五元杂环。从结构上看，它们应该具有共轭二烯烃、胺或硫化物（硫醚）的性质。但实际上除了具有加成反应的趋势之外，并没有预期的性质：噻吩没有典型硫化物的氧化性，吡咯没有像胺那样呈现碱性。

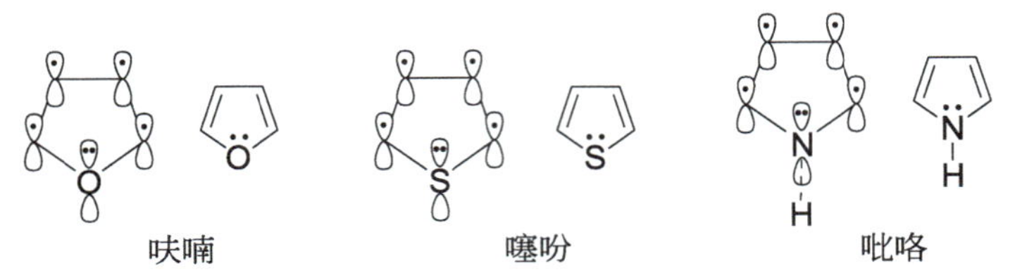

呋喃　噻吩　吡咯

相反地，这些杂环及其衍生物极容易发生亲电取代反应：硝化反应、磺化反应、卤化反应和傅-克酰基化反应，甚至Reimer-Tiemann反应和与重氮盐的偶合反应。燃烧热表明它们的共振能（66 ～ 117 kJ/mol）小于苯的共振能（约152 kJ/mol），但是远大于共轭二烯烃的共振能（约13 kJ/mol）。根据这些性质，可以确定吡咯、呋喃和噻吩具有芳香性。

现在讨论呋喃、噻吩和吡咯的轨道图。环上的每个原子，不管是碳原子还是氮原子，都有σ键与其他原子相连。在形成σ键的过程中，这些原子都具有三个sp^2轨道，并且三个sp^2轨道处于同一平面，相互之间键角为120°。在贡献一个电子参与σ键之后，碳原子都剩余一个电子，而氧原子、氮原子和硫原子都剩余两个电子。这些剩余电子占据p轨道。p轨道之间相互作用形成π电子云，其分布在环平面的上面和下面；π电子云为具有芳香性的六电子结构（Hückel规则$4n+2$）。

在呋喃、噻吩和吡咯的结构中，因为含有的杂原子不同，它们的芳香性和键长的平均程度也不相同。

0.144 nm　0.142 nm　0.143 nm

4 3 0.135 nm 5 O 2 1 0.137 nm　4 3 0.137 nm 5 S 2 1 0.171 nm　4 3 0.137 nm 5 N H 2 1 0.138 nm

苯具有芳香性，如果用一个氮原子取代苯环上的一个碳原子，就可得到吡啶。吡啶环上轨道的位置和形状都没有改变，三个双键结构仍具有六个电子。一个明显的差异是氮是三价的，因而它没有N—H键。但是它以一对孤对电子占据着原来苯环中C—H键的位置。吡啶的结构与苯类似，但是由于氮原子强的电负性，使得吡啶环上键长的平均化程度小于苯。

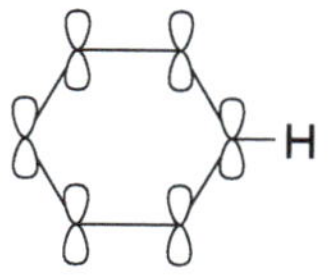

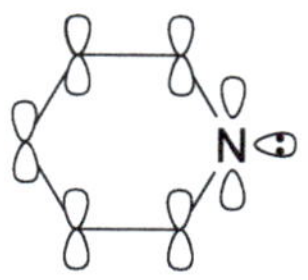

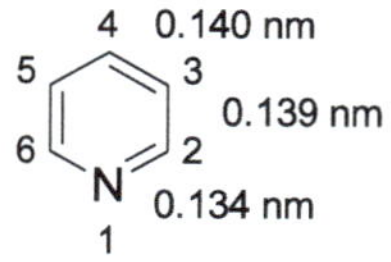

4 0.140 nm
5 3 0.139 nm
6 2
N 0.134 nm
1

噻吩、呋喃和吡咯与亲电试剂进行反应的活性大于苯，其反应发生在α位，它们反应活性的相对顺序为吡咯＞呋喃＞噻吩≫苯。虽然它们的活性都远大于苯，但是噻吩与其他两个五元杂环相比，其化学性质很接近于苯。吡啶发生亲电取代反应的活性远小于苯，它的取代反应几乎全部发生在3位上。吡啶的亲电取代反应活性很低，可能是由于氮原子上孤对电子与质子或亲电试剂结合，使氮原子上带正电荷，因而它的亲电取代反应的过渡态会在环上带有两个正电荷，并且由于这两个正电荷之间的相互排斥作用使得这种过渡态不稳定。呋喃和吡咯的亲电取代反应在很温和的条件下就可以进行，而吡啶要在很剧烈的条件下才能发生反应。

17.4 五元不饱和杂环

17.4.1 呋喃

呋喃是无色易挥发液体，沸点31.4 ℃，对碱稳定而对无机酸不稳定。它的气味与氯仿相似，在有机溶剂中的溶解度很高，在水中溶解度很低。暴露于空气中，呋喃会由于自然氧化作用而缓慢分解。

（1）呋喃的制备

呋喃可从糠醛脱去一氧化碳（脱羰作用）而制得，糠醛是以从燕麦壳和玉米芯中提取的戊糖为原料在酸性条件下脱水制得的。

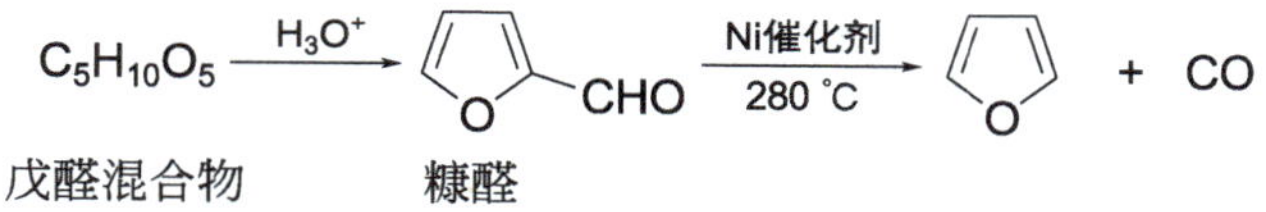

$C_5H_{10}O_5$ —H_3O^+→ 糠醛（CHO）—Ni催化剂, 280 ℃→ 呋喃 + CO

戊醛混合物　糠醛

（2）呋喃的化学性质

呋喃具有芳香性和比苯更高的反应活性，但在一定程度上，它具有不饱和烯烃的性质，即可发生加成反应。

① 取代反应

溴代反应

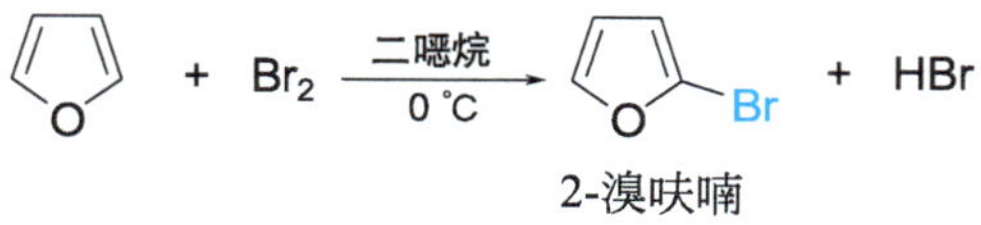

呋喃 + Br_2 —二噁烷, 0 ℃→ 2-溴呋喃 + HBr

2-溴呋喃

硝化反应

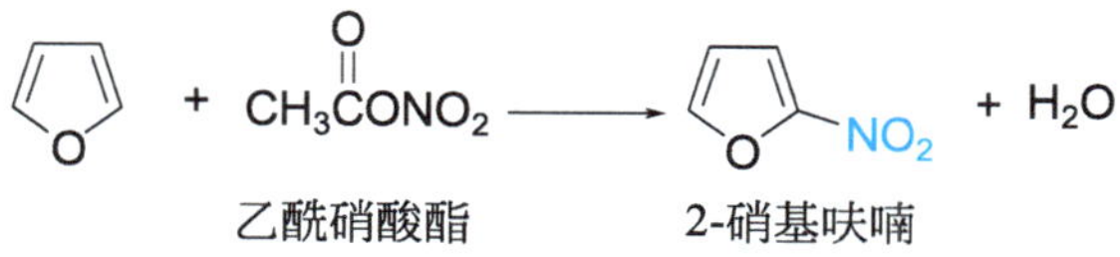

呋喃 + CH_3CONO_2（O）⟶ 2-硝基呋喃（NO_2）+ H_2O

乙酰硝酸酯　2-硝基呋喃

磺化反应

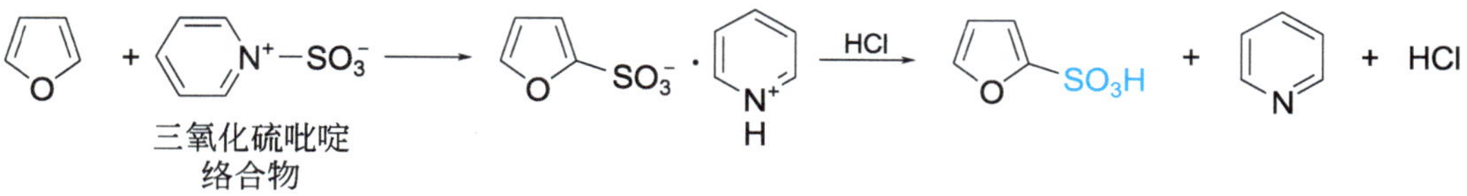

呋喃 + 吡啶$N^+-SO_3^-$ ⟶ 呋喃-SO_3^- · 吡啶N^+H —HCl→ 呋喃-SO_3H + 吡啶 + HCl

三氧化硫吡啶络合物

傅-克酰基化反应

$$\text{呋喃} + (CH_3CO)_2O \xrightarrow[\text{或}(C_2H_5)_2O\cdot BF_3]{SnCl_4} \text{2-乙酰基呋喃}(COCH_3) + CH_3COOH$$

② 加成反应

$$\text{呋喃} + \text{顺丁烯二酸酐} \longrightarrow \text{加成产物}$$

$$\text{呋喃} + H_2 \xrightarrow[100\ ^\circ C,\ 5\ MPa]{Pt} \text{四氢呋喃 (THF)}$$

四氢呋喃是无色液体，沸点65 ℃，是优良的溶剂，也是合成己二酸、己二胺以及丁二烯等的重要原料。

17.4.2 噻吩

噻吩小部分存在于煤焦油中。另外噻吩和它的同系物也存在于石油和页岩油中。

天然的噻吩可以从煤焦油中分离得到，粗噻吩中还含苯、苯的同系物、噻吩同系物，它们的沸点很相近，所以纯净的噻吩很难通过蒸馏得到。用浓硫酸重复地萃取粗噻吩，然后将萃取物脱磺酸基可制得纯净的噻吩。

（1）噻吩的制备

噻吩的工业制法是在600 ℃下，通过硫与丁烷或丁二烯的环化作用而制得。

$$\text{1,3-丁二烯} \xrightarrow[600\ ^\circ C]{S} \text{噻吩} + H_2S$$

（2）噻吩的性质

噻吩是无色液体，沸点84 ℃，不容易发生水解和聚合作用，是五元杂环中最稳定的化合物。噻吩不具有二烯的性质，不能氧化为亚砜和砜，但与苯相比，它和呋喃一样容易发生亲电取代反应，且亲电取代反应发生在α位。

$$\text{噻吩} \xrightarrow[CH_3COOH]{Br_2} \text{2-溴噻吩}(Br)$$

$$\text{噻吩} \xrightarrow[(CH_3CO)_2O]{HNO_3} \text{2-硝基噻吩}(NO_2)$$

$$\text{噻吩} \xrightarrow{H_2SO_4} \text{2-噻吩磺酸}(SO_3H)$$

$$\text{噻吩} \xrightarrow[SnCl_4]{CH_3COCl} \text{2-乙酰基噻吩}(COCH_3)$$

噻吩与苯相似，也可以与氯气和氢气发生加成反应。加氢之后的四氢噻吩表现出了硫醚的性质，容易氧化为亚砜和砜，这充分地说明了其共轭系统的破坏使得芳香性消失。四亚甲基砜是一个重要的溶剂。

噻吩 + H_2 $\xrightarrow[200\ ℃,\ 20\ MPa]{MoS_2}$ 四氢噻吩 $\xrightarrow{浓HNO_3}$ 四亚甲基砜

17.4.3 吡咯

吡咯为无色油状液体，沸点131 ℃，有类似于淡淡的苯的气味，难溶于水，易溶于醇或醚，暴露于空气中颜色会逐渐加深。

吡咯虽然被认为是环亚胺，但是氮上的孤对电子参与杂环的共轭系统，不容易与质子结合。因此吡咯的碱性很弱，不能形成稳定的盐酸盐。

（1）吡咯的制备

吡咯在工业上可以直接从煤焦油中获得，也可以在400 ℃氧化铝催化作用下，用氨处理呋喃制得。

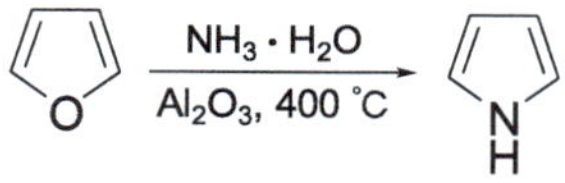

$$呋喃 \xrightarrow[Al_2O_3,\ 400\ ℃]{NH_3 \cdot H_2O} 吡咯$$

（2）吡咯的性质

① 弱酸性

由于氮的孤对电子参与杂环的共轭体系，所以吡咯有弱酸性（pK_a = 5），能与强碱反应形成盐。

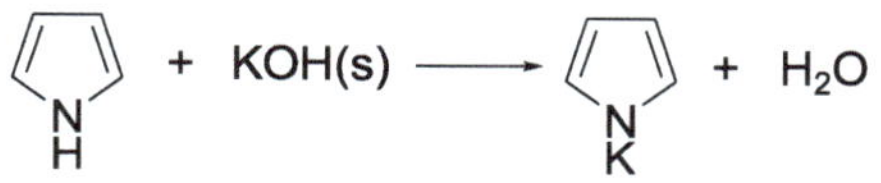

$$吡咯 + KOH(s) \longrightarrow 吡咯钾 + H_2O$$

② 取代反应

吡咯具有芳香性，比苯容易发生亲电取代，因为吡咯在酸性条件下容易发生聚合反应，所以卤化反应、硝化反应和磺化反应不能用酸性试剂。

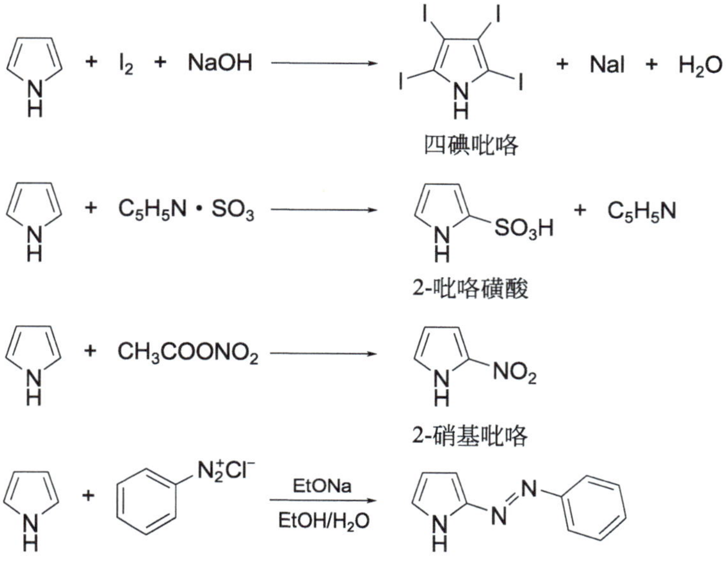

$$吡咯 + I_2 + NaOH \longrightarrow 四碘吡咯 + NaI + H_2O$$

四碘吡咯

$$吡咯 + C_5H_5N \cdot SO_3 \longrightarrow 2\text{-}吡咯磺酸 + C_5H_5N$$

2-吡咯磺酸

$$吡咯 + CH_3COONO_2 \longrightarrow 2\text{-}硝基吡咯$$

2-硝基吡咯

$$吡咯 + C_6H_5N_2^+Cl^- \xrightarrow[EtOH/H_2O]{EtONa} 2\text{-}苯偶氮基吡咯$$

（3）加氢反应

吡咯可以通过还原剂或者催化加氢反应转变成二氢吡咯或者吡咯烷。

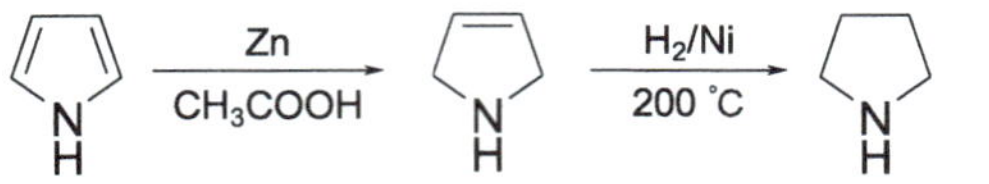

2,5-二氢吡咯　四氢吡咯

17.4.4 吲哚

吲哚由苯环与吡咯环稠合而成，大量的天然产物中包含吲哚环。

吲哚为易挥发无色固体，熔点52.5 ℃，沸点253 ℃，煤焦油、粪渣以及花卉油中存在少量吲哚。尽管吲哚含有氮，但吲哚不具有碱性。反而氮上的氢使它具有类似于脂肪醇的酸性。吲哚是芳香杂环化合物，可发生类似于苯的亲电取代反应，但发生亲电取代反应的活性高于苯，其反应性与苯酚相似，且可发生一系列类似于苯酚的反应。吲哚本身与空气缓慢反应，与大多数氧化剂迅速反应产生难处理的焦油状聚合物。

（1）吲哚的制备

吲哚是煤焦油的主要成分，工业吲哚主要来源于220 ～ 260 ℃的馏分。吲哚及其衍生物可以通过多种方法合成。

① Leimgruber-Batcho合成法

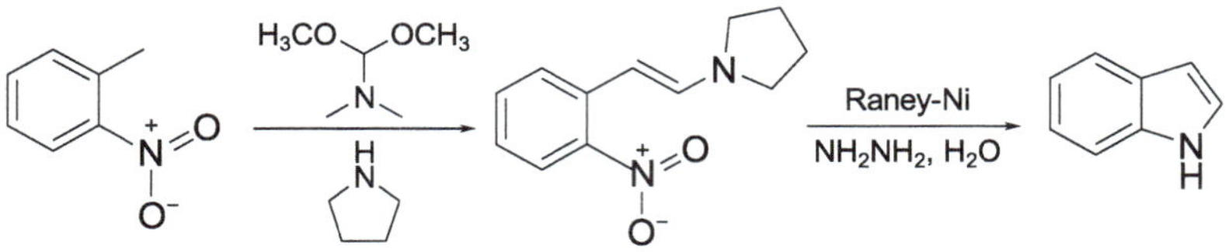

Leimgruber-Batcho合成法是合成吲哚及取代吲哚的有效方法。此方法高效且能合成取代吲哚，广泛应用在合成含有取代吲哚基的药物中。

② Fischer（费歇尔）吲哚合成

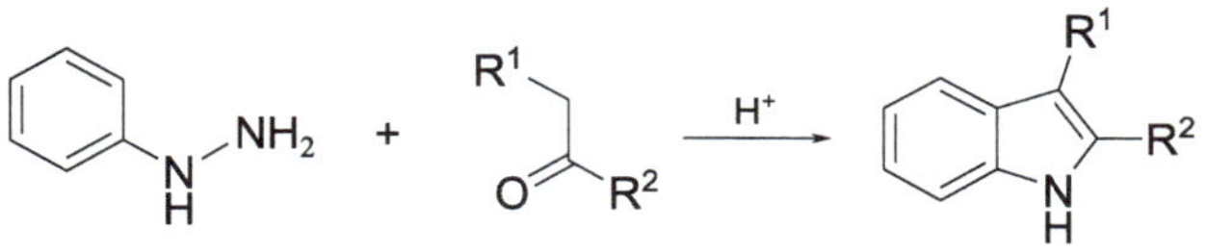

Emil Fischer于1883年发明了费歇尔吲哚合成法，这是最古老也是最有效合成取代吲哚的方法之一。虽然在合成吲哚本身上存在问题，但是费歇尔吲哚合成法常被用来合成2-或3-取代吲哚。

（2）吲哚的化学反应

① 氮的碱性

虽然吲哚的氮上有一对孤对电子，但是它并不像胺和苯胺一样具有碱性，因为它的孤对电子离域构成了芳香体系。质子化吲哚的pK_a =−3.6，因此诸如盐酸这样的强酸也只能使一定量的吲哚质子化。这种质子化作用使很多吲哚类化合物（例如色胺）对酸敏感。

② 亲电取代

吲哚的亲电取代主要发生在C3位，活性是苯的10^{13}倍。例如，维尔斯迈尔-哈克（Vilsmeier-Haack）吲哚甲酰化反应在室温下进行，发生在C3位。吡咯环是吲哚最活泼的部分，碳环（苯）上的亲电取代只有在N1、C2、C3被取代之后才发生。

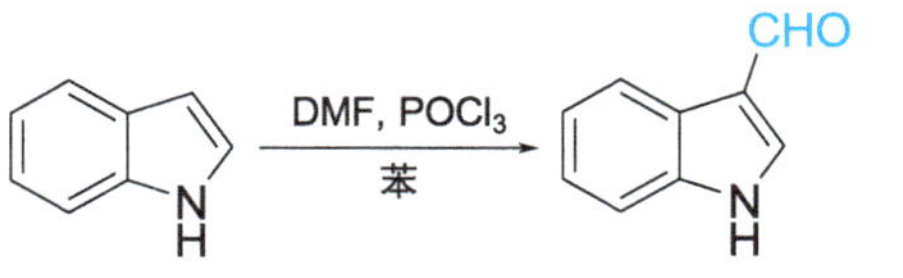

吲哚-3-甲醛

芦竹碱，一种很有用的合成中间体，由吲哚与二甲胺和甲醛发生曼尼希反应制得。

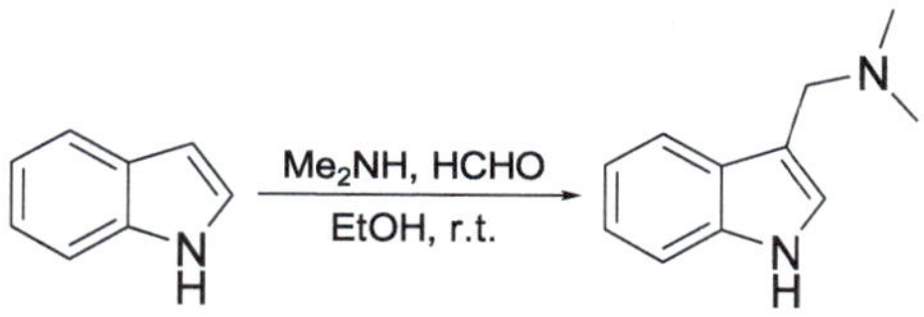

N
H
Me$_2$NH, HCHO
EtOH, r.t.
N
N
H
芦竹碱

17.5 六元杂环化合物——吡啶

吡啶是包含五个碳和一个氮的六元芳香杂环化合物。吡啶及其衍生物可以从煤焦油或者人工合成得到。吡啶类化合物存在于天然产物中，例如烟草中的尼古丁、蓖麻籽中的蓖麻碱、维生素B$_6$、烟碱、烟酰胺、维生素P以及一些生物碱中都存在。

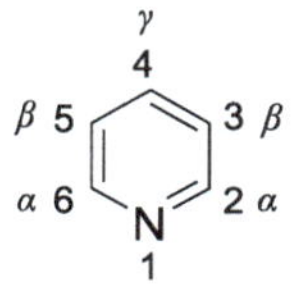

γ 4
β 5　3 β
α 6　2 α
N
1

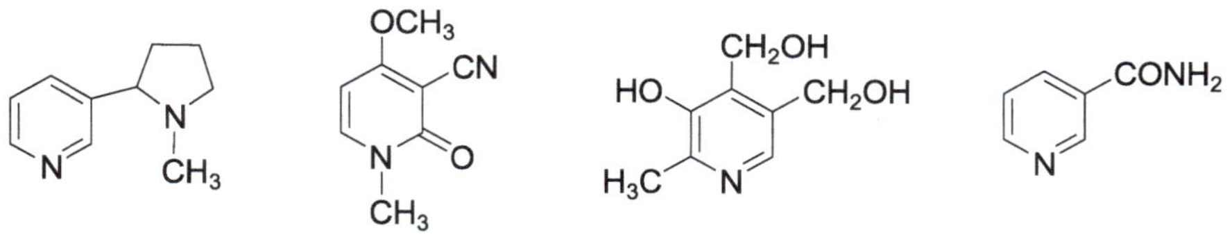

N　N　CH_3
OCH_3　CN　N　O　CH_3
CH_2OH　HO　CH_2OH　H_3C　N
$CONH_2$　N

尼古丁　蓖麻碱　维生素B$_6$　维生素P

吡啶具有刺激性难闻气味，为无色易吸湿液体。无水吡啶沸点115.2 ～ 115.3 ℃。溶于水及有机溶剂。吡啶体系具有芳香性，对热、酸、碱都稳定。常用作有机物和无机物的溶剂、缚酸剂、催化剂以及反应介质。

吡啶的氮上具有孤对电子，由于这对孤对电子没有参与芳香性的共轭体系，所以吡啶的化学性质类似于叔胺，其共轭酸的pK_a = 5.30，与酸反应生成吡啶盐阳离子。

（1）吡啶的碱性

吡啶是碱，其共轭酸的pK_a = 5.30，其碱性比吡咯强，比脂肪胺弱。它能与无机酸反应生成盐：

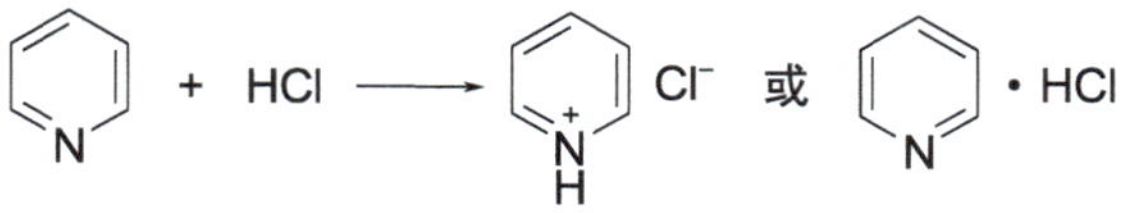

N + HCl ⟶ $\overset{+}{N}$H Cl^- 或 N · HCl

吡啶能与三氧化硫反应生成三氧化硫吡啶盐，这种盐被用作温和的磺化剂，因此吡啶常用作缚酸剂。

吡啶具有亲核性，能与卤代烷反应形成季铵盐。

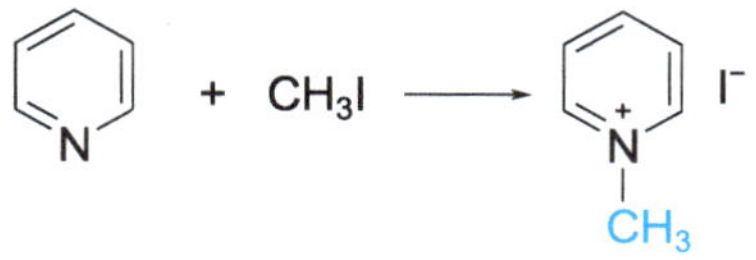

N + CH_3I ⟶ $\overset{+}{N}$–CH_3 I^-

与其他叔胺一样，吡啶能被过氧苯甲酸转化成*N*-氧化物。

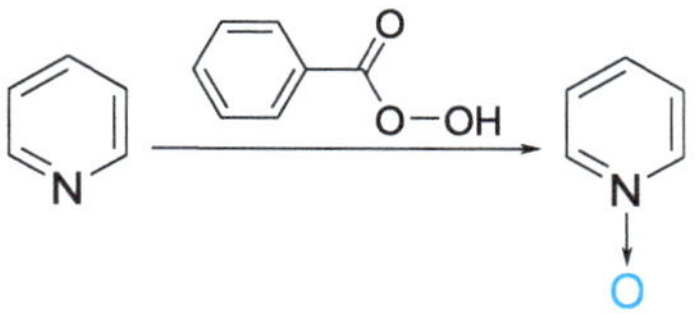

N ⟶ (O, O–OH) N→O

吡啶能与酰氯反应成盐，作为酰化剂。

$$\text{C}_5\text{H}_5\text{N} + \text{RCOCl} \longrightarrow [\text{C}_5\text{H}_5\overset{+}{\text{N}}\text{—COR}]\,\text{Cl}^-$$

（2）亲电取代反应

吡啶的亲电取代类似于高度钝化的苯的衍生物，在一定条件下可发生硝化、磺化、卤化反应，但是不发生傅-克反应，且取代一般发生在3-位（β-位）。

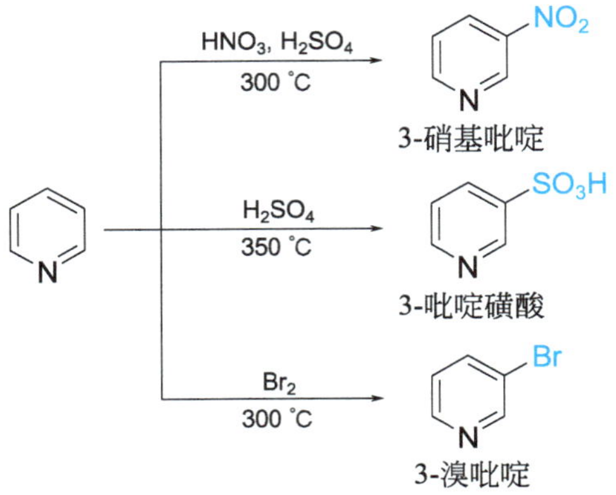

HNO_3, H_2SO_4 / 300 ℃ → 3-硝基吡啶（NO_2）

H_2SO_4 / 350 ℃ → 3-吡啶磺酸（SO_3H）

Br_2 / 300 ℃ → 3-溴吡啶（Br）

（3）亲核取代反应

吡啶环类似于带有强吸电子基团的苯环，如硝基苯。其与强亲核试剂的亲核取代反应发生在2-位和4-位。

吡啶用氨基钠处理时，发生氨基化作用生成2-氨基吡啶，称为齐齐巴宾（Chichibabin）反应。

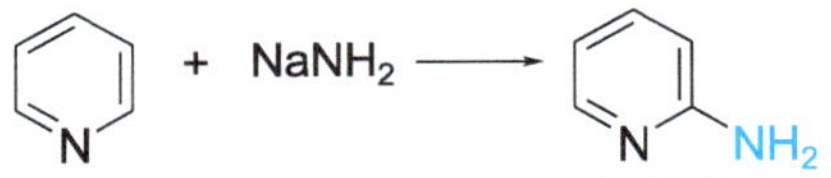

吡啶 + $NaNH_2$ → 2-氨基吡啶（NH_2）

类似于2-或4-硝基氯苯，2-或4-氯吡啶能与亲核试剂反应，如氢氧化物、胺等。

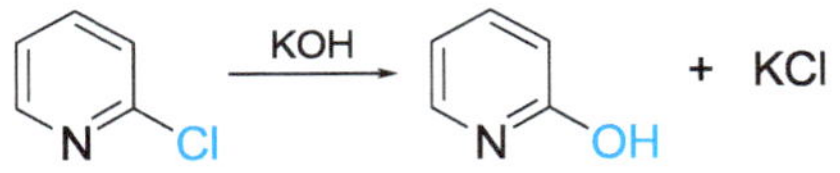

2-氯吡啶 —KOH→ 2-羟基吡啶 + KCl

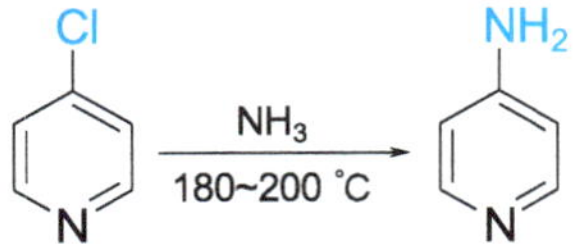

4-氯吡啶 —NH_3, 180~200 ℃→ 4-氨基吡啶

（4）氧化还原反应

吡啶比苯稳定，因此不能被氧化。但是吡啶环的侧链能被氧化成吡啶羧酸。

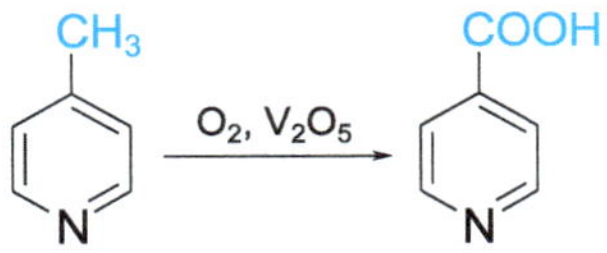

4-甲基吡啶（CH_3）—O_2, V_2O_5→ 异烟酸（COOH）

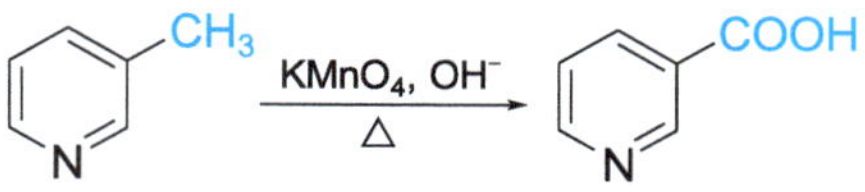

$$\text{3-甲基吡啶} \xrightarrow[\triangle]{KMnO_4,\ OH^-} \text{烟酸}$$

3-甲基吡啶　　烟酸

吡啶催化加氢生成脂肪族杂环化合物——哌啶。

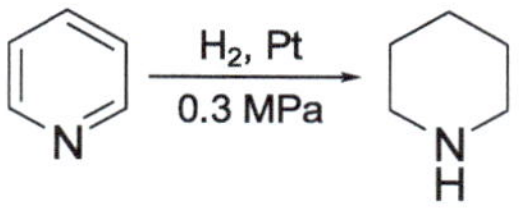

$$\text{吡啶} \xrightarrow[0.3\ MPa]{H_2,\ Pt} \text{六氢吡啶}$$

六氢吡啶

哌啶具有脂肪族仲胺相似的碱性。类似于吡啶，哌啶经常作为碱催化剂用于Knoevengal反应和Michael反应中。

17.6 喹啉和异喹啉

17.6.1 喹啉

喹啉也叫1-氮杂萘或者苯并[*b*]吡啶，为杂环芳香族有机化合物，分子式C_9H_7N，是具有强烈气味的无色的吸湿性液体。与吡啶相似，它具有弱碱性，$pK_a = 4.9$。

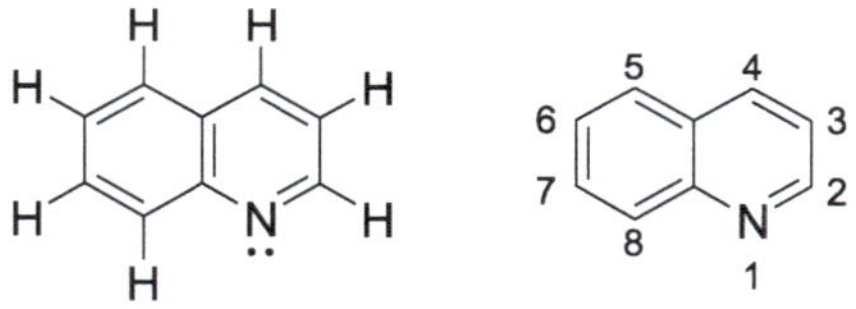

喹啉暴露于光线下，会逐渐变黄最后变成褐色。微溶于水，但易溶于大多数有机溶剂。

喹啉作为中间体，应用于冶金、染料、聚合物、农药的生产中，也用作防腐剂、消毒剂和溶剂。1834年喹啉首次从煤焦油中萃取得到。

斯克洛浦（Skraup）合成法是化学合成喹啉的常见方法，用苯胺在硫酸、甘油及氧化剂存在下加热制得喹啉。

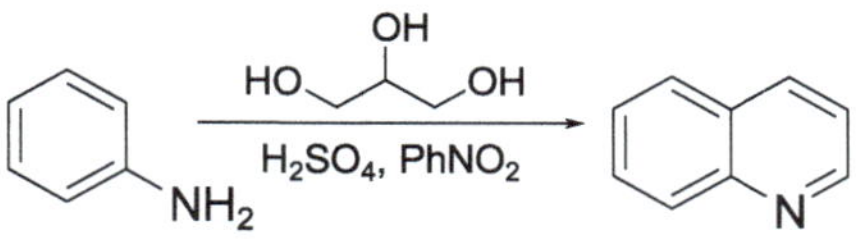

$$\text{苯胺} \xrightarrow[H_2SO_4,\ PhNO_2]{HOCH_2CH(OH)CH_2OH} \text{喹啉}$$

在这个反应中，硝基苯既是溶剂也是氧化剂。如果在硫酸亚铁存在的情况下，反应更激烈。与苯环相比，由于吡啶环上氮的电负性作用，亲电取代发生在苯环上，亲核取代发生在吡啶环上。

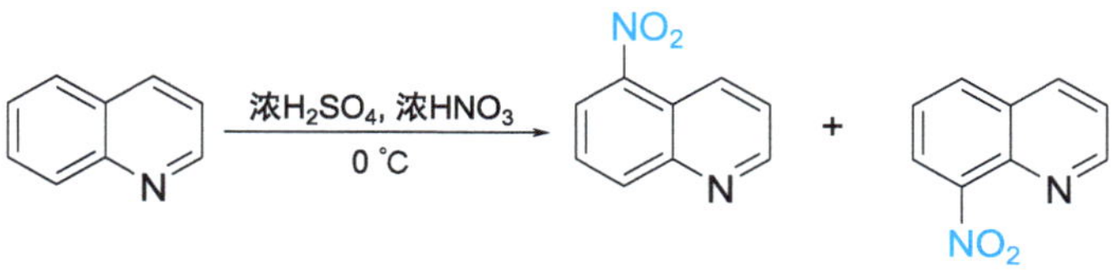

$$\text{喹啉} \xrightarrow[0\ ^\circ C]{浓H_2SO_4,\ 浓HNO_3} \text{5-硝基喹啉} + \text{8-硝基喹啉}$$

5-硝基喹啉　　8-硝基喹啉

浓H_2SO_4，220 ℃：喹啉 → 5-喹啉磺酸 + 8-喹啉磺酸

NaNH$_2$，二甲苯，100 ℃：喹啉 → 2-氨基喹啉

17.6.2 异喹啉

异喹啉也称为苯并[*c*]吡啶，是芳香族杂环有机化合物，喹啉的异构体。异喹啉和喹啉都具有苯并吡啶环。从广义上来讲，异喹啉也包含它的衍生物。异喹啉是天然存在的生物碱的主要骨架，例如罂粟碱、吗啡。这些天然产物中的异喹啉环由芳香氨基酸酪氨酸衍生而来。

室温下异喹啉为无色吸湿性液体，带有刺激性难闻气味。不纯的异喹啉呈现含氮杂环的典型褐色。微溶于水，易溶于乙醇、丙酮、乙醚和二硫化碳等有机溶剂，也溶于稀酸。

作为吡啶的类似物，异喹啉具有弱碱性，$pK_a = 5.4$，碱性大于喹啉。与强质子酸例如盐酸反应生成盐，与路易斯酸如BF_3反应生成加合物。

拓展阅读：屠呦呦与青蒿素

青蒿素分子式$C_{15}H_{22}O_5$，分子量282.34，无色针状结晶，熔点150 ~ 153 ℃，比旋光度$[\alpha]_D$+75° ~ +78°（*c*1.0，$CHCl_3$）。结构类型上属倍半萜4,5-碳碳键断开的杜松烷（cadinane）型，含7个立体异构中心（手性中心），具有独特的三噁烷结构单元和有趣的C—OO—C—O—C—O—C═O原子链，形成过氧缩酮、缩醛和内酯的串联组合。X射线晶体衍射显示5个氧原子集中在分子的一侧。结构中的三噁烷结构就是一种含氧杂环。我国科学家屠呦呦领衔的研究团队从系统收集整理历代医籍、本草、民间方药入手，在收集2000余方药的基础上，编写了640种药物为主的《抗疟单验方集》，对其中的200多种中药开展实验研究，历经380多次失败，利用现代医学和方法进行分析研究，不断改进提取方法，终于在1971年成功发掘青蒿的抗疟活性。

“这一医学发展史上的重大发现，每年在全世界，尤其在发展中国家，挽救了数以百万计疟疾患者的生命。在基础生物医学领域，许多重大发现的价值和效益并不在短期内显现。但也有少数，它们的诞生对人类健康的改善所起的作用和意义是立竿见影的。由屠呦呦和她的同事们一起研发的抗疟药物青蒿素就是这样一个例子。”这是2011年度拉斯克奖的颁奖词。当这位81岁的老人凭借40多年前的研究成果，第一次被推到幕前时，她的感言仍带着集体主义的烙印。“荣誉不是我个人的，还有我的团队，还有全国的同志们。”她说，“这是属于中医药集体发掘的一个成功范例，是中国科学事业、中医中药走向世界的一个荣誉。”2015年10月5日，屠呦呦获得2015年诺贝尔

医学奖；12月6日，屠呦呦参加由瑞典卡罗林斯卡医学院组织的新闻发布会。屠呦呦是第一位获得诺贝尔科学奖项的中国本土科学家、第一位获得诺贝尔生理医学奖的华人科学家，是中国医学界迄今为止获得的最高奖项，也是中医药成果获得的最高奖项。屠呦呦的事迹，已成为一种精神符号，其蕴含的爱国、创新、求实、奉献、协作、育人的高尚品格汇聚成了科学家精神，应当引导青少年理解这种精神，鼓励他们继承敢于创新、爱国奉献的优良传统和爱国之心，为祖国的文化传承和科技发展努力学习、拼搏奋进。

参考资料

[1] 王君平. 屠呦呦. 把青蒿素献给世界[J]. 科学大观园, 2021(05): 56-59.
[2] “青蒿素发明者屠呦呦获诺奖背后的故事” https://www.mindhave.com/lizhiwenzhang/29564.html.

17-1 命名下列化合物。

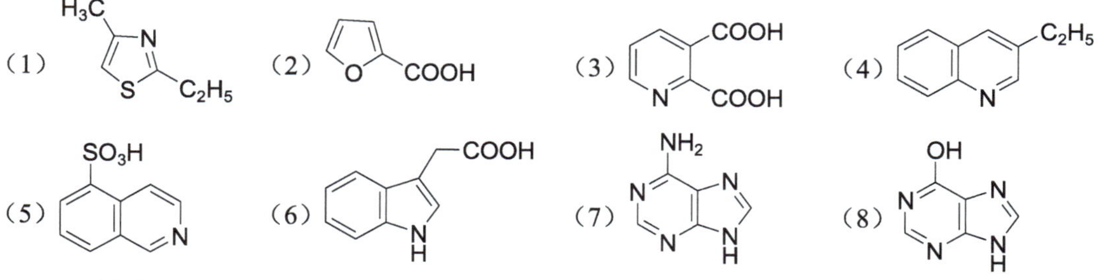

17-2 简答题

（1）如何区别喹啉、8-羟基喹啉、吡啶和萘？

（2）判断下列化合物中，哪些具有芳香性，说明理由。

(a) (b) (c) (d) (e) (f)

（3）吡咯、呋喃、噻吩的硝化反应能否在强酸性条件下进行？为什么？

（4）在呋喃、噻吩、吡咯、咪唑和噻唑中，咪唑的熔点和沸点最高，请解释原因。

（5）吲哚能溶于HCl还是NaOH溶液？请写出吲哚的结构式并解释。

（6）将苯胺、苄胺、吡咯、吡啶、氨按其碱性强弱的次序排列并说明原因。

（7）写出下列反应的主要产物，并用共振理论解释定位效应。

HCHO, HCl / $ZnCl_2$

17-3 合成题

（1）由4-甲基吡啶合成雷米封（异烟肼）

（2）由呋喃合成5-硝基-2-呋喃甲酸。

（3）用乙酰丙酮合成

（4）完成合成：噻吩 ⟶ 噻吩-2-COOH

（5）用乙酰乙酸乙酯和苯胺为原料制备 1-苯基-2,3,4,5-四甲基吡咯（N-Ph）

17-4 结构推导题

（1）化合物A的分子式为C_6H_6OS，不与硝酸银的氨溶液反应，但能生成肟，与I_2的NaOH溶液作用后酸化生成α-噻吩甲酸。试推测A的构造式。

（2）化合物A的分子式为$C_5H_3ClO_2$，与托伦试剂发生银镜反应后酸化生成B（$C_5H_3ClO_3$），加热B生成α-氯代呋喃并放出CO_2。试推测A与B的构造简式。

（3）用浓硫酸将喹啉在220~230 ℃磺化，得喹啉磺酸（A），把它与碱共熔，得喹啉的羟基衍生物（B）。B与应用Skraup法从邻氨基苯酚制得的喹啉衍生物完全相同，A与B是什么？磺化时苯环活泼还是吡啶活泼。

（4）杂环化合物A的分子式为$C_5H_4O_2$，与托伦试剂作用后酸化生成B（$C_5H_4O_3$），加热B生成C（C_4H_4O）并放出CO_2。B能与$NaHCO_3$溶液作用；C不显酸性，也不发生醛和酮的反应，但遇盐酸浸过的松木片呈绿色。试推测A、B和C的构造式。

（5）吡啶甲酸有A、B、C三种异构体，其熔点分别为137 ℃、234~237 ℃和317 ℃。喹啉氧化时生成二元酸D（$C_7H_5O_4$），D加热时生成B。异喹啉氧化时生成二元酸E（$C_7H_5O_4N$），E加热时生成B和C。试推测A ～ E的构造式。

（6）化合物A（$C_8H_{11}NO$）具有臭味，可进行光学拆分，可溶于5%的盐酸溶液。用浓硝酸加热氧化可得烟酸（3-吡啶甲酸）。化合物A与CrO_3在吡啶溶液中反应生成化合物B（C_8H_9NO）。B与NaOD在D_2O中反应，生成的产物含有五个氘原子。确定化合物A和B的结构。

17-5 反应机理题

（1）请写出由吡咯生成2-吡咯偶氮苯的反应机理。

$$\text{吡咯} + PhN_2^+X^- \xrightarrow{NaOAc} \text{2-(PhN=N)-吡咯}$$

（2）请写出由吡咯钾盐生成N-酰基吡咯的反应机理。

$$\text{吡咯}N^-K^+ + RCOX \longrightarrow \text{吡咯}N\text{-}C(=O)R + KX$$

（3）完成下列反应式，写出相应的反应机理。

$$\text{异噻唑} \xrightarrow[H_2SO_4,\ \triangle]{HNO_3}$$

（4）写出下列反应可能的机理。

$$\text{邻氨基苯甲醛(CHO, }NH_2) + CH_3COCH_3 \xrightarrow{H^+} \text{2-甲基喹啉}$$

第18章 碳水化合物

碳水化合物由碳（C）、氢（H）、氧（O）三种元素组成，是自然界存在最多、具有广谱化学结构和生物功能的有机化合物，其分子式可以用通式$C_x(H_2O)_y$表示。从形式上看，它所含的氢氧的比例为二比一，和水一样，就好像是由碳和水组成的，故称为碳水化合物。碳水化合物在自然界生物体中普遍存在，对于维持动植物的生命起着至关重要的作用。食物中的糖类和淀粉，木材、纸张、棉花中的纤维素都是天然的碳水化合物。

碳水化合物的分子可大可小，通常由较小的单元串联在一起，形成长链。我们把这种结构单元叫作单体，把单体组成的长链叫作多聚体。根据能否水解和水解后的生成物，碳水化合物可分为：单糖、低聚糖（寡糖）、多糖三类。其中不能水解成更简单的多羟基醛（或酮）的碳水化合物称为单糖。例如，葡萄糖、果糖。单糖是糖的基本单元，不能再行水解。每一分子水解后能生成2～10个单糖分子的碳水化合物称为低聚糖。其中能生成两分子单糖的是二糖，能生成三分子单糖的是三糖……。例如，麦芽糖（水解后生成两分子葡萄糖）、蔗糖（水解后生成一分子葡萄糖和一分子果糖）都是二糖。每一分子水解后能生成10个以上单糖分子的碳水化合物称为多糖。例如，淀粉、纤维素都是多糖，水解后都会产生许多葡萄糖单元。

18.1 单糖的结构

18.1.1 D-L标记法

最简单的单糖是甘油醛，即丙醛糖。

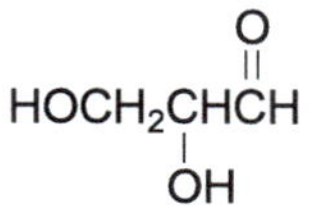

$$HOCH_2CH(OH)CHO$$

甘油醛

甘油醛分子中有一个不对称碳原子，它有两种对映异构体。

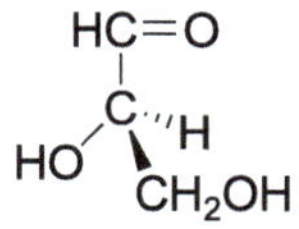

(*R*)-(+)-甘油醛 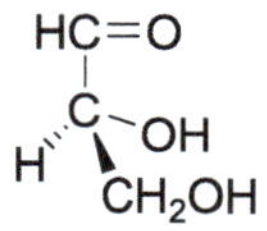　(*S*)-(−)-甘油醛 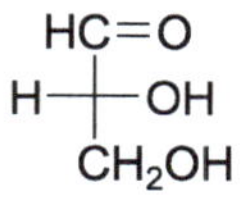　(*R*)-(+)-甘油醛 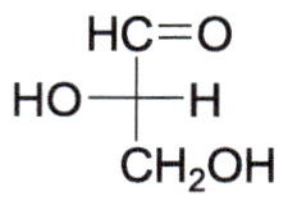　(*S*)-(−)-甘油醛

在十九世纪后期，费歇尔和他的同事研究碳水化合物时，还没有测定化合物绝对构型的方法，因此只能用相对构型来表示各种化合物之间的关系。费歇尔等人为规定：甘油醛的*R*构型为右旋的，即我们所指的D-甘油醛。最终证明D-甘油醛就是(*R*)-(+)-甘油醛，L-甘油醛是(*S*)-(−)-甘油醛。

D-甘油醛　　L-甘油醛

D/L标记符号主要用来描述碳水化合物和氨基酸的构型，因此学习D/L标记法具有很重要的意义。在单糖的费歇尔投影式中，羰基经常放在结构式顶部（以醛糖为例）或尽可能放在顶部（以酮糖为例）。从其结构式中我们可以看到，半乳糖有4个不对称碳原子（C2、C3、C4和C5）。如果羟基连接在最底层不对称碳原子（倒数第二个碳原子）的右边，该化合物的构型就是D型。如果羟基连接在左边，则化合物的构型是L型。自然界中存在的葡萄糖和果糖都是D型单糖。值得注意的是，D型糖的镜像就是L型糖。

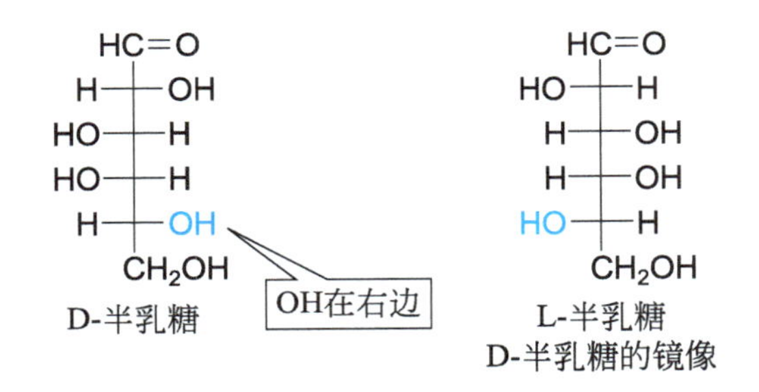

*R*和*S*、D和L只表示不对称碳原子的构象，并不表示该化合物的旋转偏振光是向右旋转还是向左旋转。例如，D-甘油醛是右旋的，然而D-乳酸是左旋的。换句话说，旋光性就像熔点、沸点一样，是一个化合物固有的物理性质，而*R*和*S*、D和L是人们用来标记分子构型的一种习惯方法。

D-(+)-甘油醛　　D-(−)-乳酸

18.1.2　醛糖的结构

丁醛糖有两个手性碳原子，因此有四种立体异构体。其中两种立体异构体是D型糖，另外两种是L型糖。戊醛糖有三个手性碳原子，因此有八种立体异构体（四对对映体）。而己醛糖有四个手性碳原子，十六种立体异构体（八对对映体）。

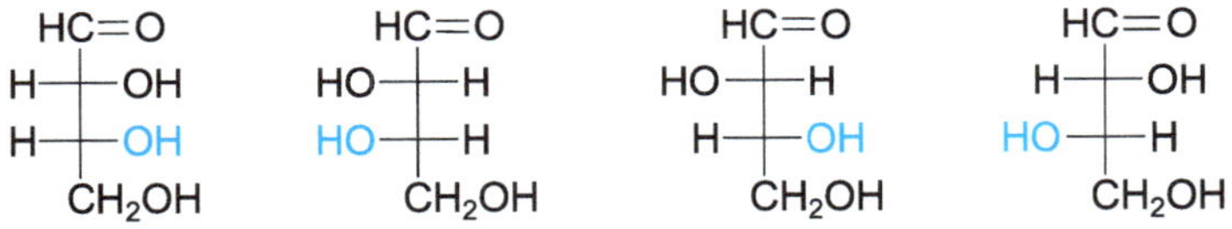

D-赤藓糖　　L-赤藓糖　　D-苏阿糖　　L-苏阿糖

仅在一个手性碳原子上构象不相同的非对映体叫差向异构体。例如D-核糖和D-阿拉伯糖是在C2上的差向异构体（它们只有在C2上的构象是不相同的），D-艾杜糖和D-塔罗糖是C3上的差向异构体。

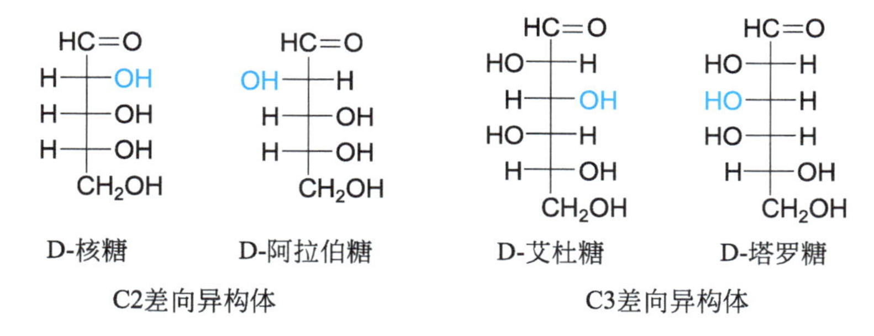

从甘油醛、丁醛糖、戊醛糖到己醛糖的D型结构如下所示。

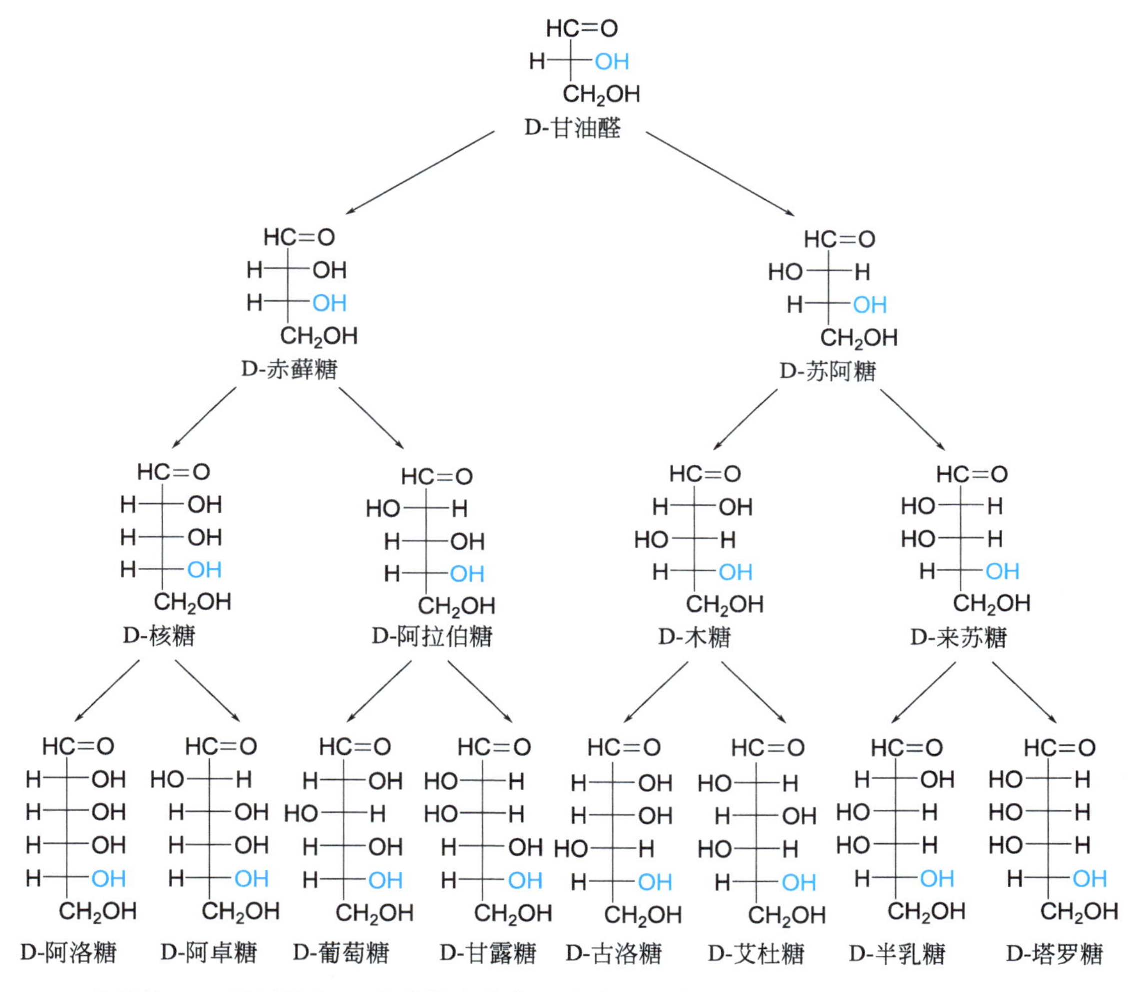

D-葡萄糖、D-甘露糖和D-半乳糖在生物系统中是最常见的己醛糖。学习它们最简单的方法是，先记住D-葡萄糖的结构，D-甘露糖和D-葡萄糖是C2上的差向异构体，D-半乳糖和D-葡萄糖是C4上的差向异构体。糖类中如D-葡萄糖和D-半乳糖是非对映异构体。差向异构体是非对映异构体的一种。

18.1.3 酮糖的结构

自然界中酮糖的羰基在C2位置上，其D-2-酮糖的构型如下所示。酮糖比具有相同碳原子的醛糖少一个手性碳原子，因此具有相同碳原子的酮糖立体异构体的数目只有醛糖的一半。

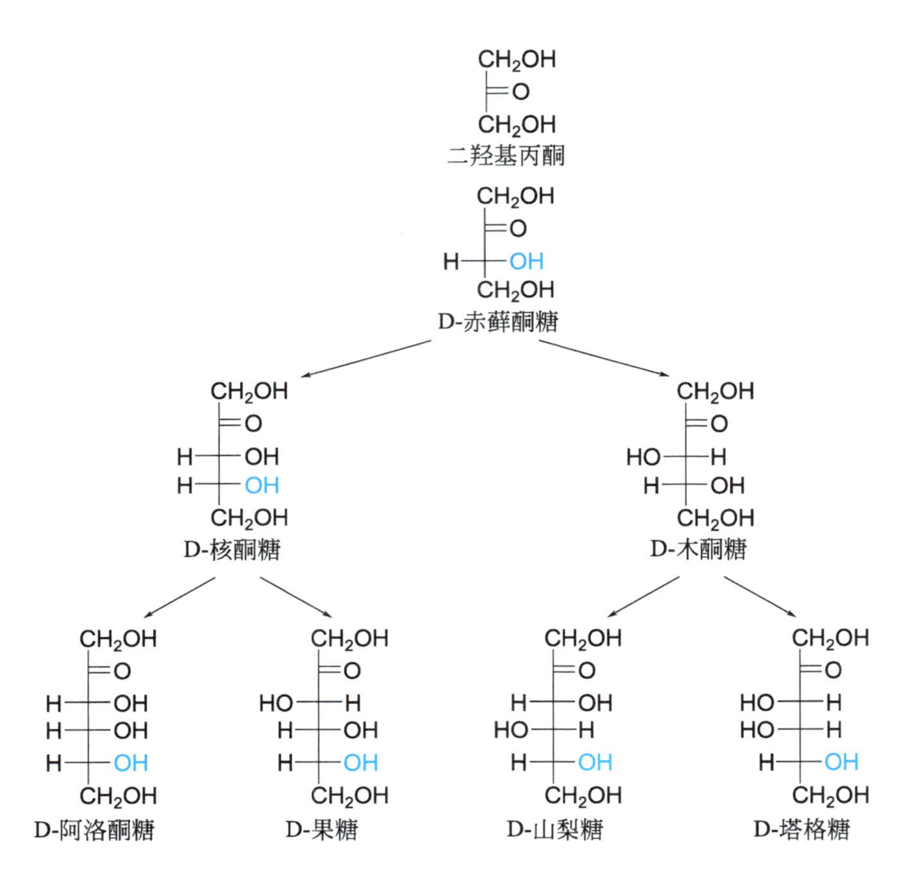

18.2 单糖的环状结构

D-葡萄糖存在三种结构：一种是前面讨论的D-葡萄糖开链结构，另外两种是氧环式结构：α-D-葡萄糖和β-D-葡萄糖。两种环式结构存在不同的物理性质，例如α-D-葡萄糖的熔点为146 ℃，比旋光度为+112.2°；β-D-葡萄糖的熔点为150 ℃，比旋光度为+18.7°。为什么D-葡萄糖存在两种环式结构？单糖例如D-葡萄糖含有一个醛基和几个羟基，D-葡萄糖的环状结构是C1醛基和C5羟基分子内形成半缩醛的结果。这个半缩醛具有六元环，之所以存在两种不同半缩醛，是由于开链式中的羰基转变成半缩醛时，形成了手性碳原子。连在手性碳原子上的羟基如果在右边，则半缩醛是α-D-葡萄糖；连在手性碳原子上的羟基如果在左边，则半缩醛是β-D-葡萄糖。环式半缩醛的形成机理与单分子羟醛缩合形成半缩醛的机理相同。

异头碳

α-D-葡萄糖 36%　　0.02%　　β-D-葡萄糖 64%

葡萄糖的全名应为α-D-(+)-或β-D-(+)-吡喃葡萄糖。α-和β-糖互为端基异构体，也叫异头物。

换言之，异头物是在羰基碳原子上的构型彼此不同的单糖同分异构体形式。开链结构中唯一的羰基碳原子叫异头碳原子（半缩醛羟基所在的碳原子），异头碳原子在分子中连着两个氧原子，前缀α-和β-用于表示异头碳原子的两种不同的构型。异头物就像差向（立体）异构体，是一种特殊的非对映异构体。

在水溶液中，开链化合物与两个环状半缩醛构成反应平衡，其中环状半缩醛的含量几乎占到99.98%，只有极少数的葡萄糖以开链形式存在（大约0.02%）。在平衡式中，β-D-葡萄糖的含量（64%）大约是α-D-葡萄糖（36%）的两倍。由于醛基的存在，发生反应后，平衡式向生成开链化合物的方向转变。最终，葡萄糖分子通过反应转变为开链化合物。

α-D-葡萄糖配成的溶液，最初的比旋光度为+112.2°，逐渐降低到+52.7°；β-D-葡萄糖配成的溶液，最初的比旋光度是+18.7°，逐渐升高到+52.7°。这种比旋光度上的变化是由于在水中存在开链式以及环状结构式。这种比旋光度发生变化的现象称为变旋现象。

如果一个醛糖能够以五元环或六元环的形式存在，那么它主要以环状半缩醛的形式存在于溶液中。而能否形成五元环或六元环，主要取决于它的稳定性。六元环糖叫吡喃糖，五元环糖叫呋喃糖，其名称来源于吡喃和呋喃。因此α-D-葡萄糖也叫作α-D-吡喃型葡萄糖，前缀α-代表了异头碳的构型，而吡喃糖则表示该糖以六元环状半缩醛形式存在。

由于C—O—C键的存在，如用费歇尔投影式来描述糖的环结构，往往不能直观地反映出基团在空间中的相对位置，所以常常把糖的环状结构写成哈沃斯透视式。

在吡喃糖的哈沃斯透视式中，六元环平面上，氧原子经常放在环后面的右上角，异头碳（C1）在其右手边，伯醇（C5）上的羟基在环的左上方。费歇尔投影式右边的基团在哈沃斯透视式的下面，而费歇尔投影式左边的基团在哈沃斯透视式的上面。

D-呋喃糖的哈沃斯透视式中，氧原子在视线的最远处，异头碳在分子的右边，伯醇上的羟基在环左后角的上方。

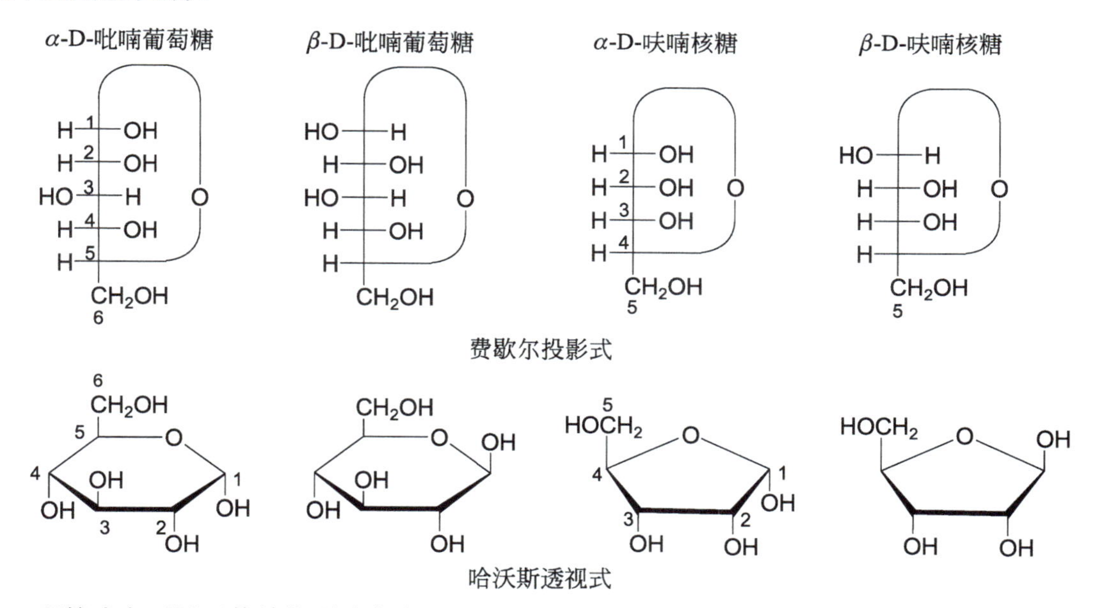

酮糖也主要以环状结构形式存在。D-果糖由于C5上的羟基与酮羰基发生反应而形成五元半酮缩醇环。如果不对称碳原子上的羟基在费歇尔投影式的右边，则该化合物是α-D-果糖；如果羟基在左边，则该化合物是β-D-果糖，也可以分别叫作α-D-呋喃果糖和β-D-呋喃果糖。值得注意的是，果糖的异头碳原子是C2，而醛糖的异头碳原子是C1。D-果糖通过C6上的羟基也能形成六元环状结构。吡喃糖主要以单糖形式存在，而呋喃糖主要存在于二糖中。

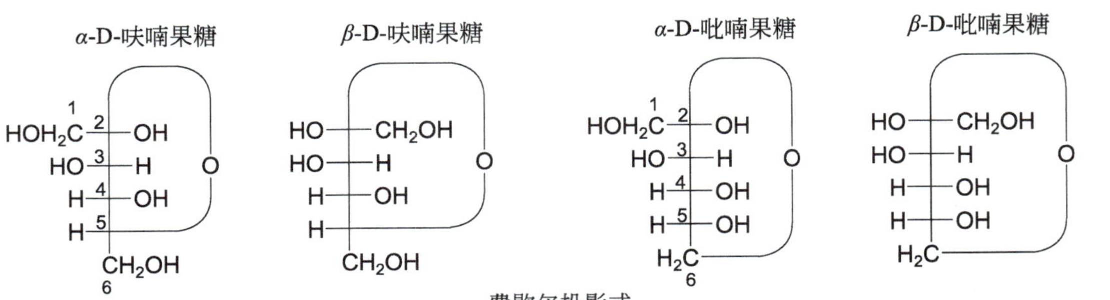

α-D-呋喃果糖　β-D-呋喃果糖　α-D-吡喃果糖　β-D-吡喃果糖

费歇尔投影式

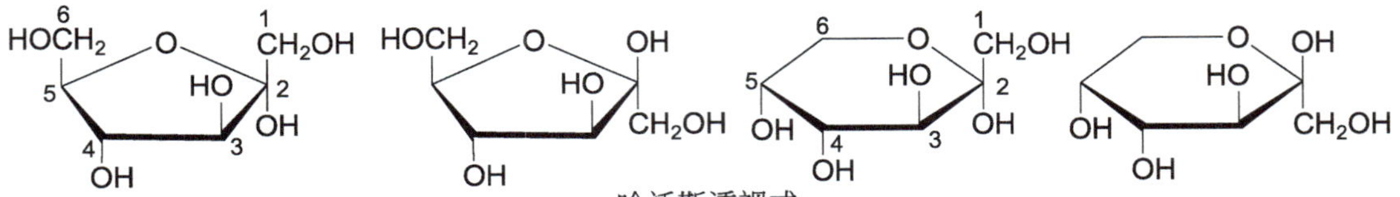

哈沃斯透视式

由于五元环接近于平面，所以通过哈沃斯透视式能很好地反映呋喃糖的结构。但哈沃斯透视式在结构上对吡喃糖很容易产生误导，因为六元环并不是平面的，通常以椅式构象存在。

哈沃斯透视式相对容易书写，并能清楚地表示出呋喃糖和吡喃糖上取代基的顺-反关系。但是它们不能精确地表示出分子构象的三维结构。吡喃糖的环式结构与环己烷的结构相似，具有椅式构象以及a键或e键的取代。在哈沃斯透视式上方的取代基，在椅式构象中也在上方，在哈沃斯透视式下方的取代基，在椅式构象中也在下方。哈沃斯透视式转化成椅式，可以通过以下步骤：

- 画出哈沃斯透视式，将氧原子放在右上边。
- 将最左边的碳原子（C4）放在平面的上方，将异头碳原子（C1）放在平面的下方。即

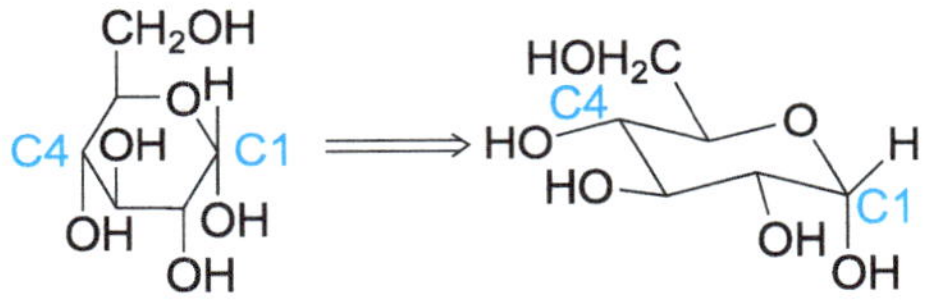

18.3　单糖反应

由于单糖结构中含有羟基、醛或酮等官能团，所以单糖可以发生一些我们以前学过的关于醇、醛、酮的化学反应。例如，单糖含有醛基，可以发生氧化、还原，以及能与亲核试剂反应生成亚胺、半缩醛、缩醛等。

18.3.1　还原

醛糖和酮糖中的羰基可以通过常规的羰基还原试剂进行还原（如$NaBH_4$），还原后的产物是多元醇，即糖醇。醛糖的还原反应可形成一种糖醇。酮糖的还原由于在产物中产生了一个新的不对称碳原子，而形成两种糖醇。D-甘露糖进行还原反应形成D-甘露醇，D-甘露醇主要存在于蘑菇、橄榄树和洋葱中。对D-果糖进行还原反应形成D-甘露醇和D-葡萄糖醇，D-甘露醇和D-葡萄糖醇是C2上的差向（立体）异构体。D-葡萄糖醇也叫作山梨糖醇，具有蔗糖60%的甜度。它存在于洋李、梨、樱桃和浆果中，可用来制造糖果。

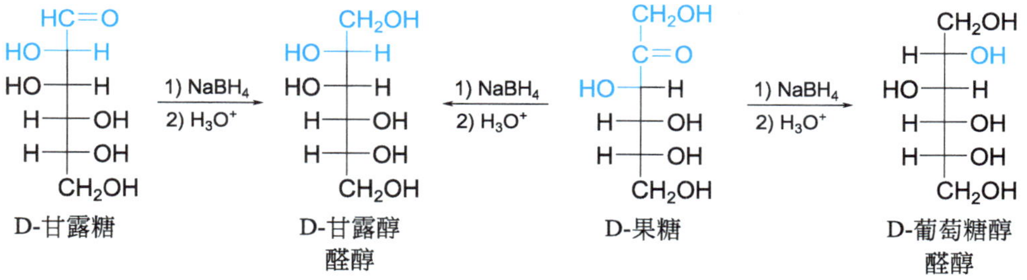

D-甘露糖 D-甘露醇 醛醇 D-果糖 D-葡萄糖醇 醛醇

D-葡萄糖醇也可以通过还原D-葡萄糖或L-古洛糖得到。

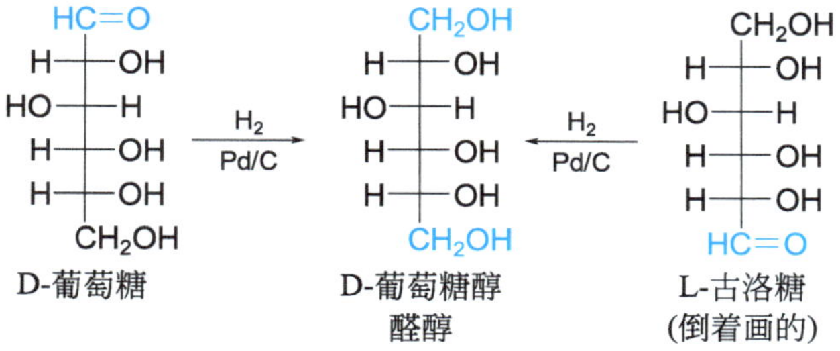

D-葡萄糖 D-葡萄糖醇 醛醇 L-古洛糖 (倒着画的)

D-木糖醇可以通过还原D-木糖得到，作为谷类和无糖口香糖的甜味剂。

18.3.2 氧化

将溴水加入糖中，通过观察溴水溶液颜色的变化可以区分醛糖和酮糖。Br_2是一个温和的氧化剂，可以很容易地氧化醛基，但是它不能氧化酮羰基或羟基。因此，可将少量的溴水加到未知的单糖中，如果红褐色的溴水溶液颜色消失，该单糖就是醛糖，否则就是酮糖。醛糖被氧化后的产物是糖酸。

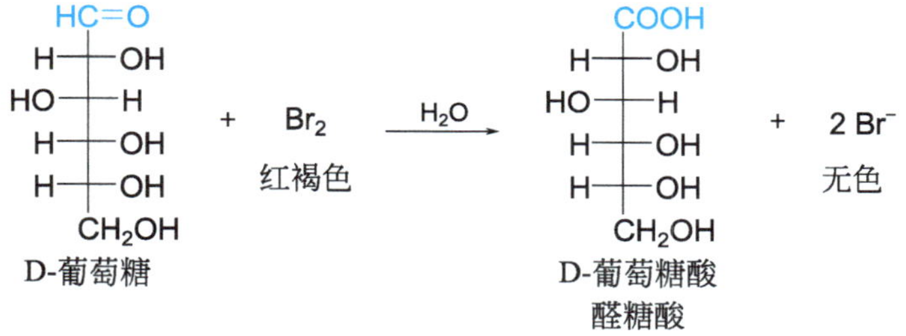

D-葡萄糖 + Br_2（红褐色）$\xrightarrow{H_2O}$ D-葡萄糖酸 醛糖酸 + $2\,Br^-$（无色）

醛糖和酮糖都能被托伦试剂氧化成糖酸，因此不能通过托伦试剂来区分醛糖和酮糖。托伦试剂能氧化醛而不能氧化酮，但是为什么托伦试剂能将酮糖氧化成糖酸呢？这是由于酮糖能通过烯醇化转化为醛糖。例如D-果糖与它的烯醇式处于平衡状态，而果糖的烯醇式也是D-葡萄糖的烯醇式。

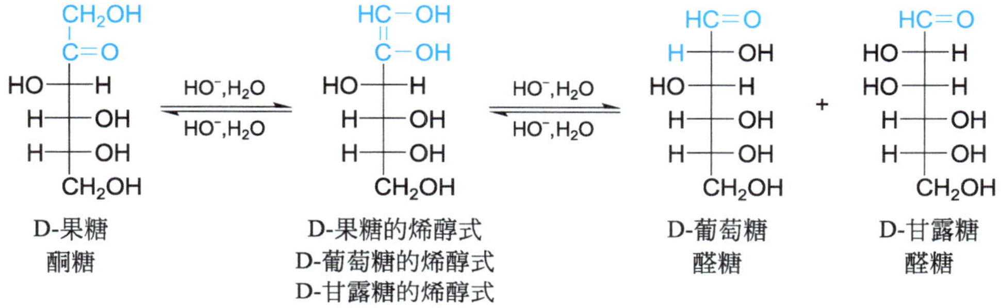

D-果糖 酮糖 D-果糖的烯醇式 D-葡萄糖的烯醇式 D-甘露糖的烯醇式 D-葡萄糖 醛糖 D-甘露糖 醛糖

如果氧化剂的氧化性强于上面讨论的试剂，例如硝酸，那么醛糖将被氧化成糖二酸。

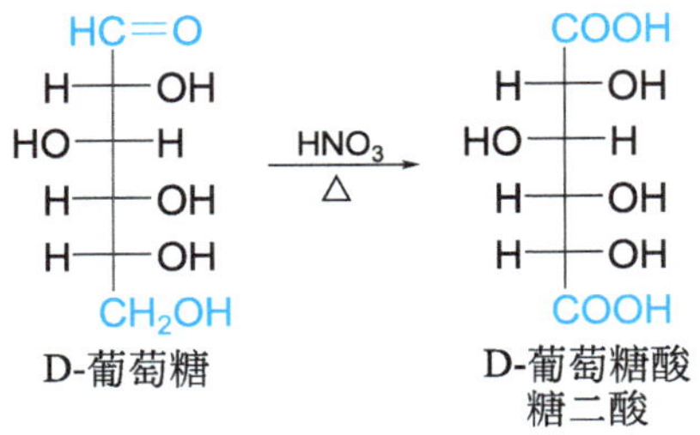

D-葡萄糖 $\xrightarrow[\triangle]{HNO_3}$ D-葡萄糖酸 糖二酸

18.3.3 成脎反应

将苯肼加入醛糖或酮糖中能形成不溶于水的黄色晶体物质，称为脎。脎很容易进行分离和提纯，曾广泛用于识别单糖。

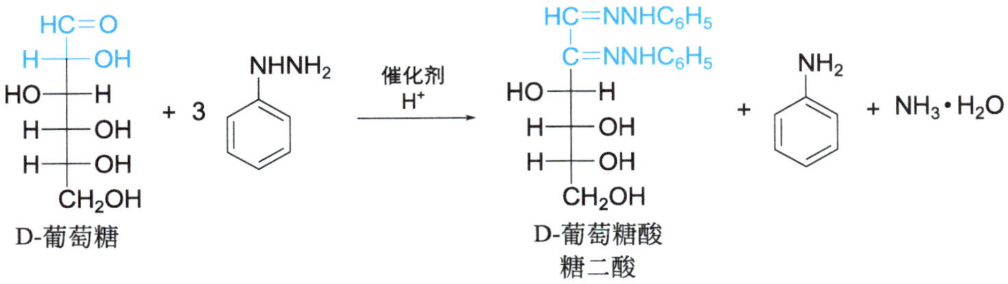

D-葡萄糖 + 3 苯肼 $\xrightarrow[H^+]{催化剂}$ D-葡萄糖酸 糖二酸 + 苯胺 + $NH_3 \cdot H_2O$

醛和酮与一分子苯肼反应生成苯腙。一分子醛糖或酮糖与三分子苯肼反应形成脎。一分子的苯肼作为氧化剂，被还原为苯胺和氨水，另外两分子苯肼与羰基形成亚胺。不论再加多少苯肼，反应依然停止在这一步。

由于C2在成脎反应中的构造发生了变化，因此C2差向异构体能形成同一种脎。例如D-艾杜糖和D-古洛糖，它们在C2上具有差向异构，两者可形成同一种脎。

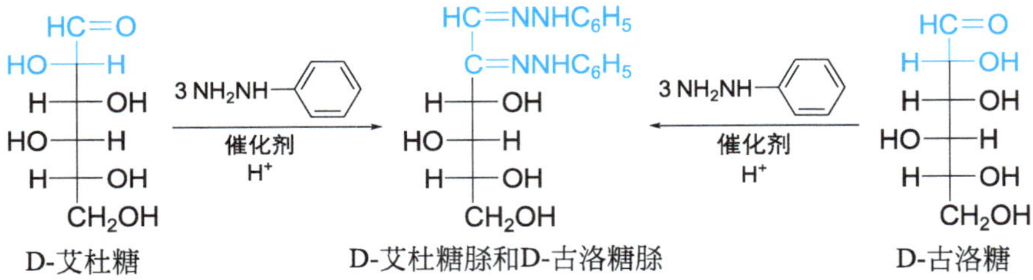

D-艾杜糖 $\xrightarrow[H^+]{3\,NH_2NH-C_6H_5,\ 催化剂}$ D-艾杜糖脎和D-古洛糖脎 $\xleftarrow[H^+]{3\,NH_2NH-C_6H_5,\ 催化剂}$ D-古洛糖

同样酮糖在C1、C2上的碳原子与苯肼反应也能生成同一种脎，因此D-果糖、D-葡萄糖、D-甘露糖也能形成同一种脎。

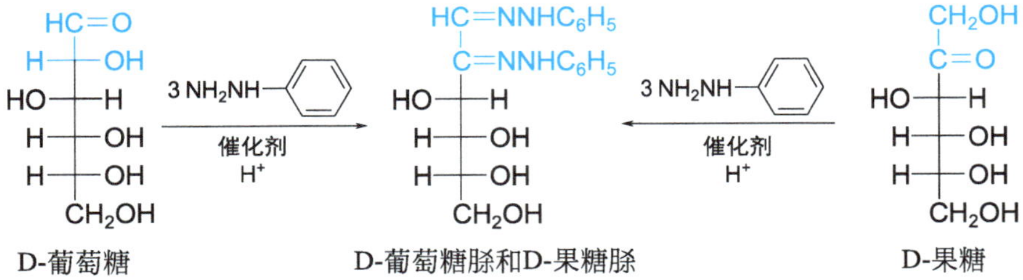

D-葡萄糖 $\xrightarrow[H^+]{3\,NH_2NH-C_6H_5,\ 催化剂}$ D-葡萄糖脎和D-果糖脎 $\xleftarrow[H^+]{3\,NH_2NH-C_6H_5,\ 催化剂}$ D-果糖

18.3.4 生成酯

单糖的羟基有典型的醇羟基的性质，例如它们与乙酰氯或酸酐反应能生成酯。

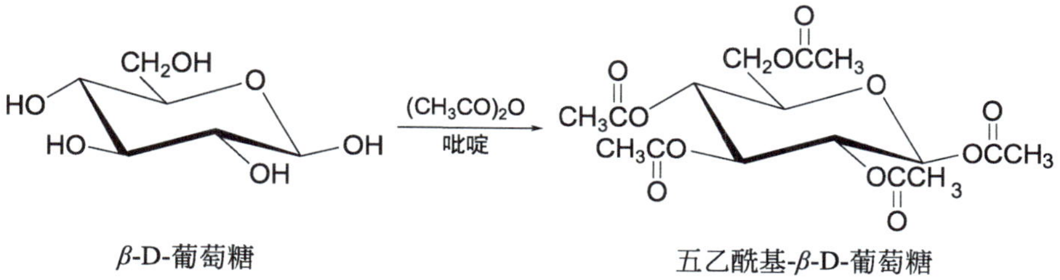
β-D-葡萄糖
(CH3CO)2O
吡啶
五乙酰基-β-D-葡萄糖

羟基官能团也能与碘甲烷在氧化银的催化下生成醚。羟基官能团是一个相对较弱的亲核试剂，因此在S_N2反应中氧化银常用来促进碘离子的离去。

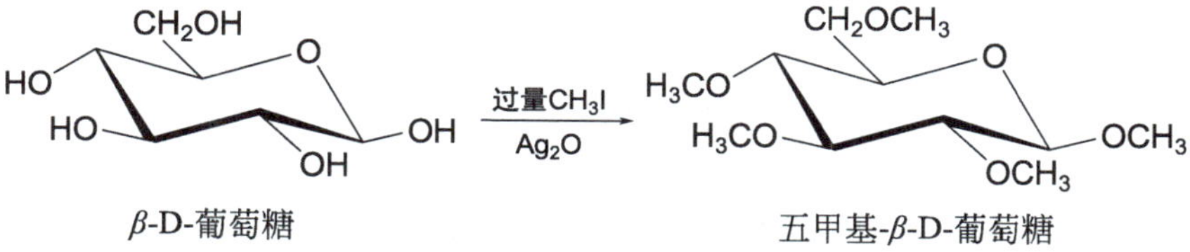
β-D-葡萄糖
过量CH3I
Ag2O
五甲基-β-D-葡萄糖

18.3.5 链的增长

醛糖可以通过适当的化学反应增加碳链的长度，也就是说四糖可以转化为戊糖，戊糖也可以转化为己糖。

第一步，首先用氰化钠和HCl处理醛糖。加在羰基官能团上的氰基形成了一个新的手性碳原子，得到两个在C2上构造不同的羟基腈。其他不对称碳原子的构型由于没有断裂而不发生变化。

第二步，水解羟基腈形成糖酸，这个方法一直沿用了很多年，最近通过钯催化还原羟基腈形成亚胺。

最后，亚胺水解生成醛糖。

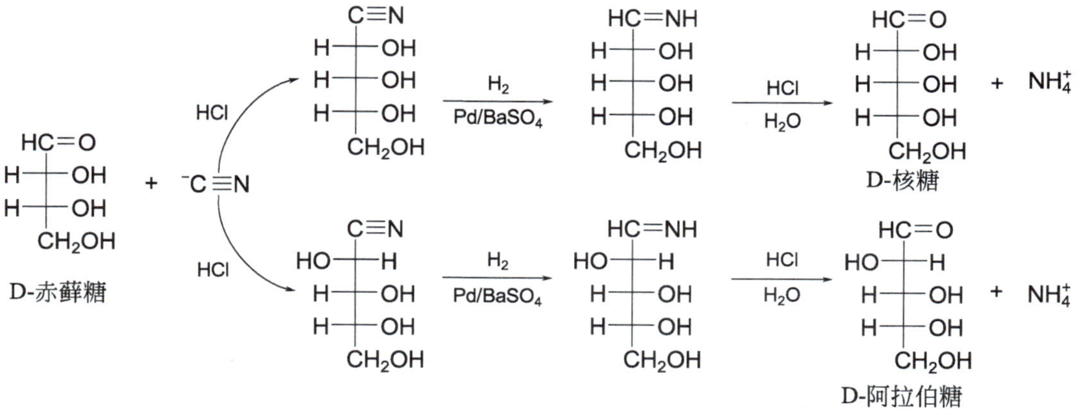
D-赤藓糖
HCl
H2
Pd/BaSO4
HCl
H2O
D-核糖
D-阿拉伯糖

需要注意的是，由于第一步原料中的羰基碳原子转化为了不对称碳原子，导致合成了一对C2上的差向（立体）异构体。因此在产物的费歇尔投影式中C2上的羟基可以在碳原子左边或右边，两种差向（立体）异构体的数量不是一样的。

18.3.6 链的缩短

与碳链增长的反应相反，醛糖也可以通过化学方法使碳链缩短。己糖可以转化为戊糖，戊糖可以转化为四糖。在碳链的缩短反应中，过氧化氢在铁离子催化下氧化糖酸的钙盐，使得C1与C2之间的键断裂形成二氧化碳和醛，该反应的反应机理目前还不是很清楚。该反应又叫Ruff降解。

$$\text{D-葡萄糖酸钙 (COO}^-(\text{Ca}^{2+})_{1/2}) + H_2O_2 \xrightarrow{Fe^{3+}} \text{D-阿拉伯糖} + CO_2$$

D-葡萄糖　　D-阿拉伯糖

糖酸的钙盐可以使用溴水氧化醛糖，然后在混合物中添加氢氧化钙而简单得到。

$$\text{D-葡萄糖} \xrightarrow[\text{2) } Ca(OH)_2]{\text{1) } Br_2,\ H_2O} \text{D-葡萄糖酸钙}$$

D-葡萄糖　　D-葡萄糖酸钙

18.4　二糖

二糖可以看作是一个单糖分子的苷羟基与另一个单糖分子的某一个羟基（可以是醇羟基，也可以是苷羟基）之间脱水缩合的产物，即构成二糖的两个单糖是通过糖苷键互相连接的。

麦芽糖是淀粉在淀粉酶作用下部分水解的产物。一分子麦芽糖水解后，生成两分子D-葡萄糖。因此，麦芽糖可以看作是一个葡萄糖分子的α-羟基与另一个葡萄糖分子的4-羟基之间失去一分子水而形成的，即构成麦芽糖的两个葡萄糖是通过α-1,4′-糖苷键连接的。麦芽糖含有的苷羟基的异头碳是α-型的。D型糖的两个异头碳中，C1羟基在a键（椅式）和在环平面下方（哈沃斯式）的叫作α-异构体；C1羟基在e键（椅式）和在环平面上方（哈沃斯式）的叫作β-异构体。在麦芽糖中，第二个葡萄糖单位仍保留有苷羟基，因而麦芽糖是一种还原糖。β-麦芽糖有苷羟基，因此，像单糖一样，在水溶液中，它的环状结构可以变成开链结构。通过开链结构，β-麦芽糖可以与α-麦芽糖互变平衡。因此，麦芽糖有变旋光现象。此外，在结晶状态下，麦芽糖含有苷羟基的异头碳是β-型的。

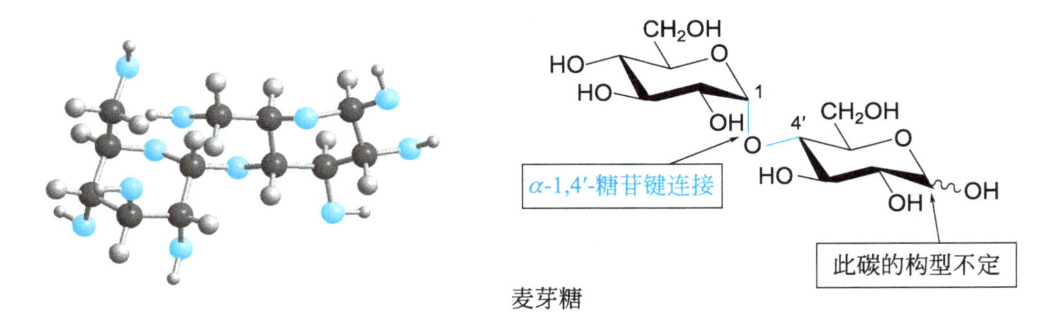

麦芽糖

纤维二糖是纤维素部分水解所生成的二糖。一分子纤维二糖水解后也生成两分子D-葡萄糖。与麦芽糖不同的是，构成纤维二糖的两个葡萄糖是通过β-1,4′-糖苷键连接的。β-纤维二糖含有苷羟基，所以它也是一种还原糖。纤维二糖也以α-纤维二糖和β-纤维二糖两种形式存在。在固态下，纤维二糖是β-型的。

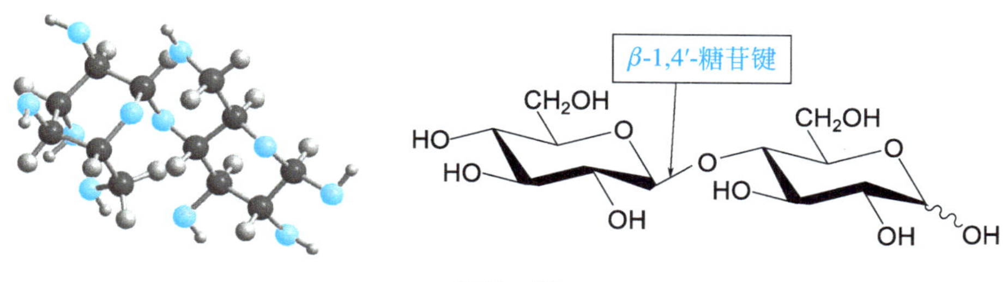

纤维二糖

乳糖也是一种二糖。牛奶成分的4.5%和人奶成分的6.5%是乳糖。乳糖是由一分子D-半乳糖和一分子D-葡萄糖通过β-1,4′-糖苷键连接的。其中D-葡萄糖仍保留有苷羟基，因而乳糖也是一种还原糖，具有变旋光现象。

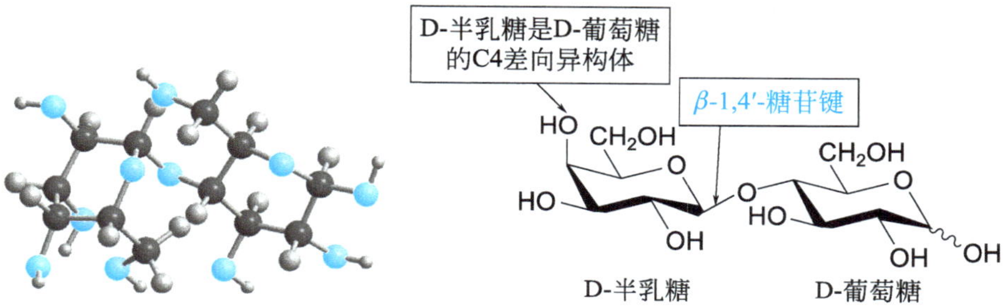

D-半乳糖是D-葡萄糖的C4差向异构体

β-1,4′-糖苷键

D-半乳糖　　D-葡萄糖

乳糖

带有苷羟基的是D-葡萄糖单元而非D-半乳糖单元，可以如下的实验为依据：乳糖与碘甲烷和氧化银作用，氧环中所有羟基都能变成甲氧基，然后将产物在酸性介质中水解，除了两个苷羟基水解外，所有醚键都不水解。产品的鉴别表明D-半乳糖单元在C4位可以和碘甲烷反应，但D-葡萄糖单元由于其C4位与D-半乳糖形成糖苷键而不能与碘甲烷反应。

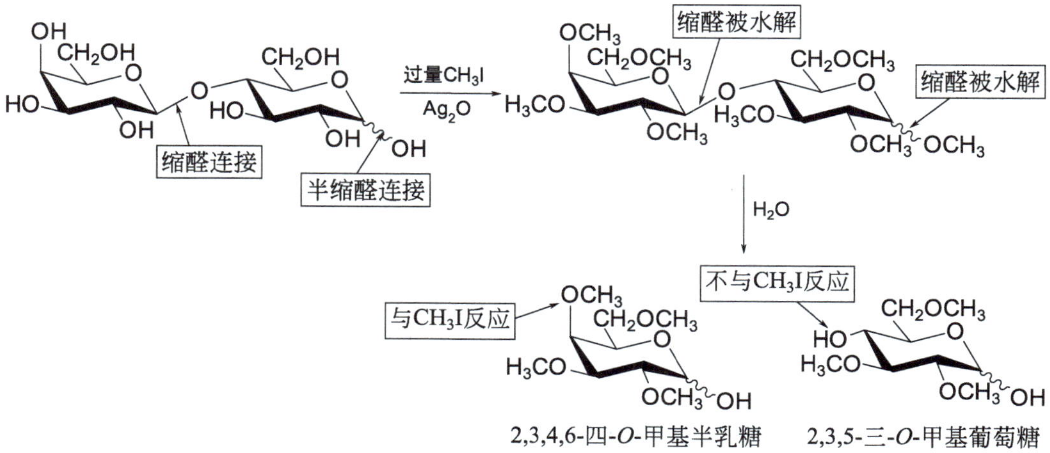

缩醛连接　　半缩醛连接　　过量CH_3I，Ag_2O　　缩醛被水解　　缩醛被水解　　H_2O

与CH_3I反应　　不与CH_3I反应

2,3,4,6-四-*O*-甲基半乳糖　　2,3,5-三-*O*-甲基葡萄糖

蔗糖是自然界中分布最广的二糖，在甘蔗和甜菜中含量最多，全球每年产量在1.4亿吨左右。蔗糖可以看作是一个α-葡萄糖分子的苷羟基与一个β-果糖分子的苷羟基之间失去一分子水而形成的。蔗糖分子中没有苷羟基，在水溶液中不能变成开链结构。因此蔗糖没有变旋光现象，也没有还原性，它是一个非还原性糖。

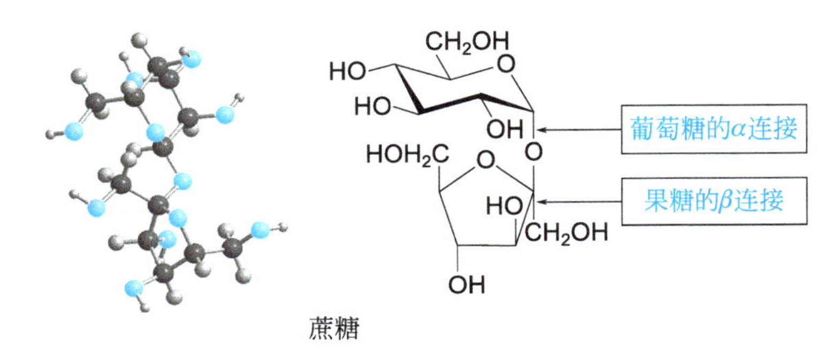

蔗糖

蔗糖是右旋的，比旋光度是+66.5°，蔗糖水解后生成一分子D-葡萄糖和一分子D-果糖。D-葡萄糖的比旋光度是+52°，D-果糖的比旋光度是−92°，所以这两种单糖的等分子混合物的比旋光度是−20°。蔗糖水解前溶液是右旋的，水解后变成左旋的了，即旋光方向发生转化。因此，常把蔗糖的水解反应叫作转化反应，而水解后生成的葡萄糖和果糖的混合溶液叫作转化糖。催化蔗糖水解的酶称为转化酵素。蜜蜂可以分泌转化酵素，因此它们生产的蜂蜜中含有葡萄糖和果糖。

18.5 多糖

多糖含有十至几千个通过糖苷键连接在一起的单糖分子。它的分子量是多变的，最常见的多糖是淀粉和纤维素。淀粉是面粉、马铃薯、米、豆、玉米和豌豆的主要成分。淀粉是直链淀粉（大约20%）和支链淀粉（大约80%）的混合物，直链淀粉是由无支链的D-葡萄糖单元通过α-1,4′-糖苷键连接在一起的。

α-1,4′-糖苷键

多糖的三个单元

支链淀粉即有支链的多糖，支链淀粉除了α-1,4′-糖苷键，还有α-1,6′-糖苷键，这些连接使得多糖产生了支链。支链淀粉能够包含10^6个葡萄糖单元，是自然界中最大的分子。

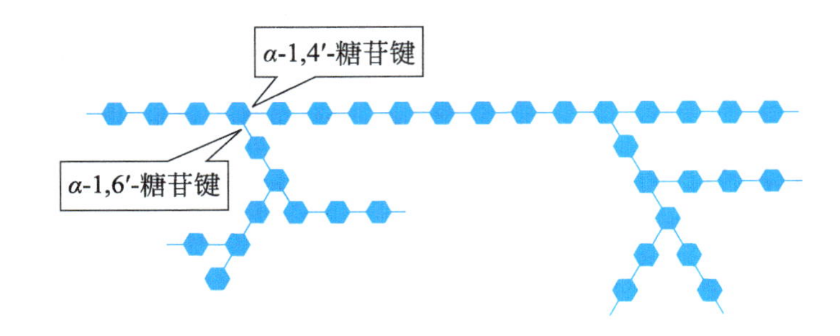

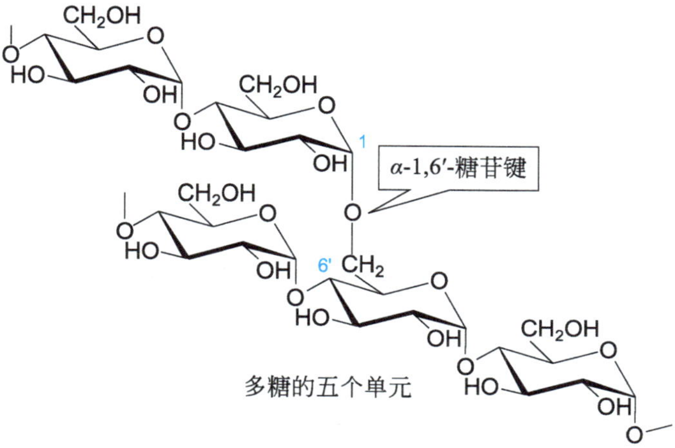

多糖的五个单元

纤维素是植物的骨架，例如，棉花含有90%的纤维素，木材含有50%的纤维素。与直链淀粉一样，纤维素是由无支链的葡萄糖结构单元构成的，但是与直链淀粉不同的是，纤维素是通过β-1,4′-糖苷键连接在一起的，而直链淀粉是通过α-1,4′-糖苷键连接在一起的。

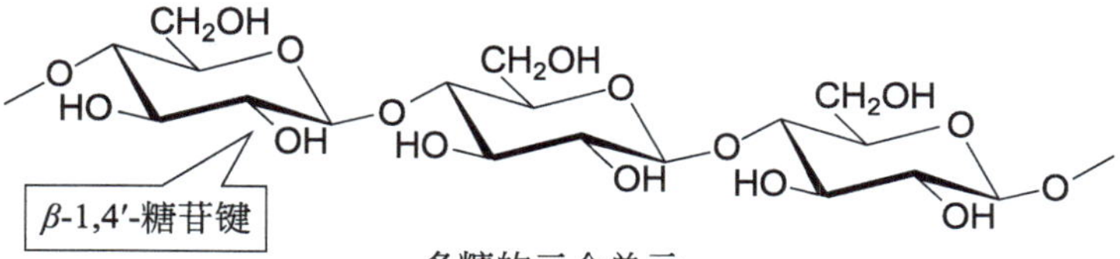

多糖的三个单元

由于端基异构效应减弱异头碳的键能，使得α-1,4′-糖苷键比β-1,4′-糖苷键容易水解。哺乳动物体内含有α-葡萄苷酶，它能水解连接葡萄糖单元的α-1,4′-糖苷键，但它们没有能水解β-1,4′-糖苷键的β-葡萄苷酶。因此哺乳动物不能通过食用纤维素来得到葡萄糖，而细菌内有β-葡萄苷酶。

在淀粉和纤维素中，不同的糖苷键其化合物具有不同的物理性质。在淀粉中，α-糖苷键使直链淀粉形成螺旋状，增加了羟基官能团在水中的氢键键能，使淀粉溶于水中。

另一方面，纤维素中的β-糖苷键增加分子内氢键的形成，因此这些分子以直线形式排列，而分子间氢键存在于两个相邻的链之间。这些大的聚集体使纤维素不溶于水，大量聚合体的强度使纤维素成为一个很有效的结构材料，可以用来制造纸和玻璃纸。

甲壳素是多糖，它与纤维素结构很相似，是甲壳类贝壳的骨架（例如龙虾、螃蟹等），与纤维素一样，甲壳素也是通过β-1,4′-糖苷键连接，不同于纤维素的是，甲壳素在C2上连的是N-乙酰氨基而不是羟基，β-1,4′-糖苷键连接使甲壳素具有僵硬的结构。在纤维素中，1,4′-苷键连接形成分子内氢键，使得分子形成线状分布。

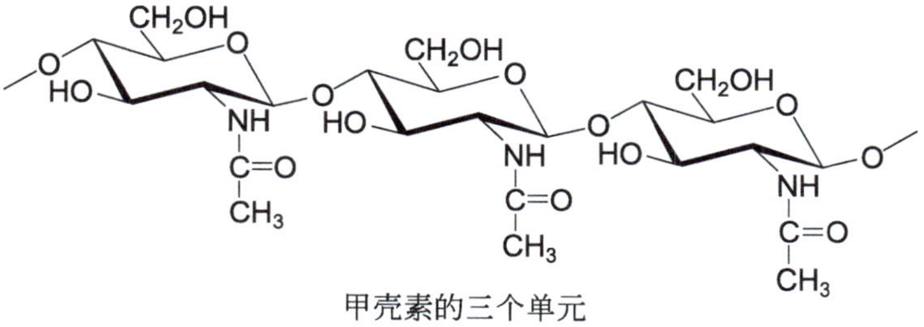

甲壳素的三个单元

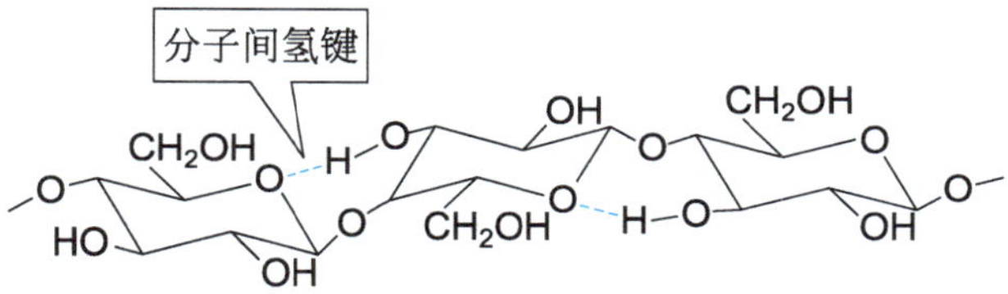

拓展阅读：赫尔曼·埃米尔·费歇尔

赫尔曼·埃米尔·费歇尔（Hermann Emil Fischer，1852年10月9日—1919年7月15日），德国有机化学家。他合成了苯肼，引入肼类作为研究糖类结构的有力手段，并合成了多种糖类，在理论上搞清了葡萄糖的结构，总结阐述了糖类普遍具有的立体异构现象，并用费歇尔投影式描述。他确定了咖啡因、茶碱、尿酸等物质都是嘌呤的衍生物，合成了嘌呤。他开拓了对蛋白质的研究，确定了氨基酸通过肽键形成多肽，并成功合成了多肽。1902年他因对嘌呤和糖类的合成研究被授予诺贝尔化学奖。

费歇尔出生在德国科隆地区的奥伊斯基兴小镇，父亲是一个商人。以优异的成绩从中学毕业后，他本想进入大学学习自然科学特别是物理学，但他的父亲强迫他从事家族生意，直到确定他的儿子不适合经商，不得不说“这个孩子太蠢成不了商人，只能去读书”。费歇尔从而进入波恩大学学习化学，曾经上过凯库勒等人的化学课程。1872年他转学到德国在阿尔萨斯-洛林地区建立的威廉皇帝大学（现今的斯特拉斯堡大学，目前该大学化学系的一间阶梯教室以费歇尔命名）以求继续学习物理，却在阿道夫·冯·拜尔的影响下，决定终生从事化学。1874年以对荧光黄和酚酞染料的性质进行研究获得博士学位，并被任命为助理讲师。

在斯特拉斯堡大学的临时讲师任上，费歇尔讲出了自己在化学上的第一个重要发现，使用亚硫酸盐还原重氮苯，合成了苯肼。以苯肼为起点，他和他的表弟奥托·费歇尔一起研究肼类化合物的性质，他们提出了从三苯甲烷生产染料的新合成路线，并通过实验证明了这一方法的正确。1875年，阿道夫·冯·拜尔被邀请前往慕尼黑大学接替1873年去世的李比希留下的化学系教授的教职，费歇尔跟随阿道夫·冯·拜尔前往，成为阿道夫·冯·拜尔在有机化学研究上的一名助手。

1879年，费歇尔被慕尼黑大学任命为分析化学副教授，并拒绝了来自亚琛工业大学的担任化学系主任的邀请。1881年他被埃尔朗根-纽伦堡大学任命为正教授，对茶叶、咖啡和可可等饮料的组分进行研究，分离并分析了茶碱、咖啡因和可可碱等，进一步阐明了这些化合物和尿酸都是一个杂环化合物的衍生物。这个化合物便是嘌呤，它是由一个嘧啶环和一个咪唑环杂合而成，是重要的代谢物之一。

1883年，费歇尔接受巴登苯胺苏打厂（巴斯夫股份公司的前身）的邀请，担任其实验室负责人。期间他开始了对糖类的研究。1880年以前，人们已经测出葡萄糖的化学式是$C_6H_{12}O_6$，并通过葡萄糖可以发生银镜反应和费林反应推测葡萄糖中存在醛基。费歇尔结合前人的成就和自己对肼类化合物的研究进行了大量的实验。他首先研究了葡萄糖的性质，如葡萄糖被氧化为葡萄糖酸，葡萄糖被还原为糖醇，糖类与苯肼的反应形成苯腙和脎，后者成为糖类的特征鉴别反应。

1888～1892年费歇尔成为维尔茨堡大学化学系教授，这一阶段他最大的贡献是提出了有机化学中描述立体构型的重要方法——费歇尔投影式，竖直线代表远离观察者的化学键，水平线代表朝向观察者的化学键，这样将三维结构的分子用二维形式表达出来，使得研究者便于互相交流。1892年他接替刚刚去世的奥古斯特·威廉·冯·霍夫曼任柏林大学化学系主任，一直到1919年去世。在柏林，费歇尔总结当时所有已知糖的立体构型，他接受了雅各布斯·亨里克斯·范特霍夫的葡萄糖中存在四个手性碳原子的观点，确定了葡萄糖的链状结构，并认为葡萄糖应该有2^4=16种立体异构体，并且自己合成了其中的异葡萄糖、甘露糖和艾杜糖。

1899～1908年，费歇尔对蛋白质的组成和性质进行了开创性的研究。在费歇尔之前，李比希等人试图像小分子一样用简单的化学式来描述蛋白质，但遇到了困难。费歇尔首先提出氨基酸通过肽键（—CONH—）结合所形成的多肽，多肽正是蛋白质的水解产物。在实验上，费歇尔改进了测试氨基酸的办法，发现了新的环状氨基酸脯氨酸和氧脯氨酸。他还尝试使用光反应来让氨基酸合成蛋白质，并合成出二肽、三肽和多肽（含18个氨基酸）。给后来桑格等人对蛋白质结构的进一步研究奠定了方法基础。

费歇尔的后半生得到了很多荣誉。他是剑桥大学、曼彻斯特大学和布鲁塞尔自由大学的荣誉博士，还荣获普鲁士秩序勋章和马克西米利安艺术和科学勋章。在1902年，他因对糖和嘌呤的合成被授予诺贝尔化学奖。但费歇尔的生活却是悲惨的，他的一个儿子在第一次世界大战中阵亡，另一个儿子在25岁时因忍受不了征兵的严厉训练而自杀。费歇尔因此陷入抑郁之中，并于1919年在柏林自杀。费歇尔的长子 Hermann Otto Laurenz Fischer在加州大学伯克利分校任教，从1948年直到他于1960年逝世，对有机化学和生物化学有一定贡献。

参考资料

[1] 李鹭，郭瑞霞，贾会珍. 埃米尔・费歇尔在生物化学领域的成就探析[J]. 石家庄学院学报，2013, 15(03): 37-41+63.

[2] "埃米尔・费歇尔：一代化学巨匠" 360doc.com/content/17/0329/14/8250148_641106412.shtml.

习题

18-1 命名下列化合物。

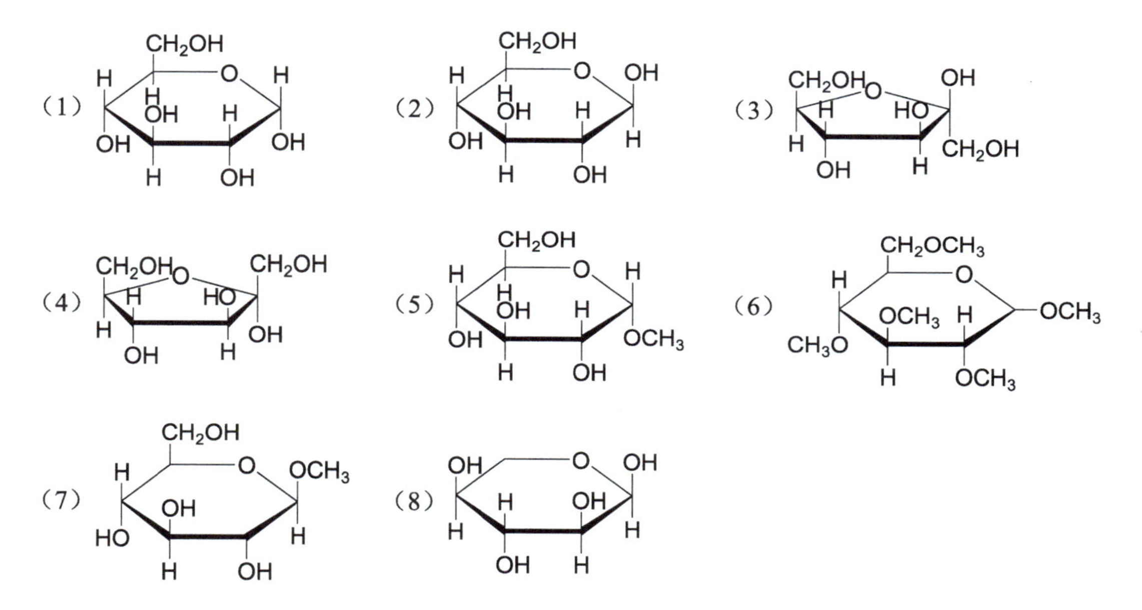

18-2 试用化学方法区别以下化合物。

（1）葡萄糖和蔗糖　（2）蔗糖和麦芽糖　（3）麦芽糖和麦芽糖酸

（4）葡萄糖和葡萄糖酸　（5）葡萄糖酸和葡萄糖醇

18-3 丁醛糖有几种立体异构体？并写出其所有异构体的结构式。

18-4 碳水化合物按结构可分为单糖、双糖和多糖，试分别举出两个典型的化合物。

18-5 葡萄糖存在几种结构形式？为什么存在两种氧环式结构。

18-6 麦芽糖是否具有变旋现象？为什么？

18-7 托伦试剂能氧化醛而不能氧化酮，为什么托伦试剂能将酮糖（例如果糖）氧化为糖酸？

18-8 如何用化学方法区别果糖和葡萄糖？

18-9 写出D-果糖与苯肼反应形成脎详细的反应过程。

18-10 写出D-吡喃葡萄糖在HCl作用下与一分子甲醇形成甲基-α-D-吡喃葡萄糖苷及甲基-β-D-吡喃葡萄糖苷的反应机制。

18-11 一种D-己糖（A）（$C_6H_{12}O_6$）有旋光性，能与费林试剂反应，并可进行下列反应：

$$A \xrightarrow{\text{Ruff降解}} \text{醛糖} \xrightarrow{NaBH_4} C_5H_{12}O_5(\text{无旋光性})$$

$$A \xrightarrow{NaBH_4} C_6H_{14}O_6(\text{无旋光性})$$

试推断该糖的结构，并完成各步反应。

18-12 一种D-己醛糖（A）经硝酸氧化得到不旋光的糖二酸（B）；若A经降解得到一种戊醛糖（C），C经硝酸氧化可得有旋光性的糖二酸（D）。试写出A～D的结构式，其中A需写吡喃型的环状结构式。

18-13 化合物A（$C_5H_{10}O_4$）用Br_2/H_2O氧化得到酸$C_5H_{10}O_5$，这个酸易形成内酯。A与Ac_2O反应生成三乙酸酯，与苯肼反应生成脎。用HIO_4氧化A，只消耗1 mol的HIO_4。试推出A的结构式。

18-14 某D-系列单糖（A）的分子式为$C_5H_{10}O_4$，能还原托伦试剂，能生成脎和发生变旋现象，用Br_2/H_2O氧化得一元酸（B），B具有旋光性。如果用稀硝酸使A氧化，得到的二元酸（C）无旋光性。A与HCl的甲醇溶液作用，得到相应的α-和β-甲基呋喃糖苷（D），D用（CH_3）$_2SO_4$/NaOH使之完全甲基化得到多甲基衍生物（E），E的分子式为$C_8H_{16}O_4$，将E进行酸水解，然后再用浓硝酸氧化，得到两种二元酸F和G，F的分子式为$C_5H_8O_5$，有旋光性。在上述用浓HNO_3氧化的反应中，除得到F和G外，还得到CO_2和甲氧乙酸副产物。试推测A～G的结构式。

18-15 有一己醛糖A用$NaBH_4$还原，生成无光学活性的己六醇B，A用Ruff法降解得一戊醛糖C，将C用硝酸氧化则得一种光学活性的糖二酸D。假定这些糖属于D系。试推断A～D各化合物结构式。

18-16 化学式为$C_{11}H_{20}O_{10}$的双糖（A），可被α-葡萄糖苷酶或β-核糖苷酶水解，生成D-葡萄糖及D-核糖，A不能还原费林试剂，A与$(CH_3O)_2SO_4$-NaOH作用生成七甲基醚（B），B酸性水解生成2,3,4,6-四-*O*-甲基-D-葡萄糖及2,3,5-三-*O*-甲基-D-核糖，分别写出A和B的哈沃斯透视结构式。

第19章 氨基酸、多肽、蛋白质和核酸

氨基酸是构成生物体蛋白质并与生命活动有关的最基本的物质。正如其名，氨基酸是同时含有碱性氨基和酸性羧基的有机化合物。如下所示，氨基酸是两性离子——氨基呈碱性而羧基呈酸性。如α-氨基酸中的丙氨酸，在与羧基相邻的碳上有一个氨基。

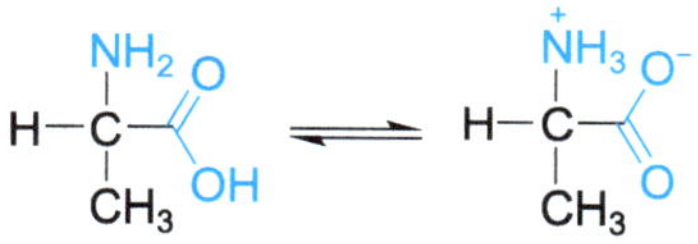

丙氨酸

$$H_3\overset{+}{N}-CH_2CH_2CH_2-CO_2^- \rightleftharpoons H_2N-CH_2CH_2CH_2-CO_2H$$

4-氨基丁酸

氨基酸也是生物学上重要的聚合物——多肽的单体，因此它很重要。在多肽中，α-氨基酸单体之间通过一个氨基酸中的氨基和另一个氨基酸中的羧基形成酰胺键，从而构成长链，其中α-氨基酸单体间形成的酰胺键称为肽键。

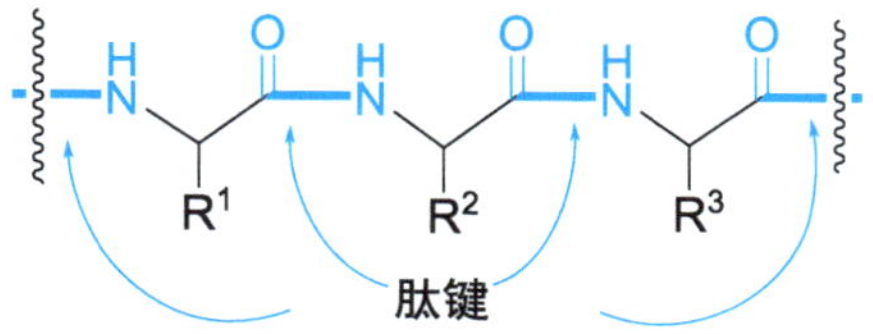

肽的一般结构

肽键

蛋白质是简单的大分子多肽（多肽和蛋白质之间没有明显区别）。多肽和蛋白质都在生物体中扮演着非常重要的角色。例如，酶（生物催化剂）、激素和许多其他重要的生物分子都是多肽或蛋白质。

19.1 氨基酸

19.1.1 氨基酸的命名

氨基酸可用IUPAC法则来命名，即含有氨基的羧酸：

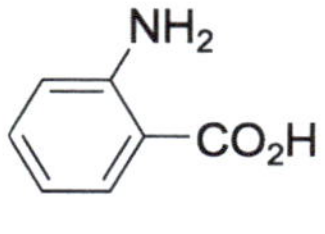

2-氨基苯甲酸

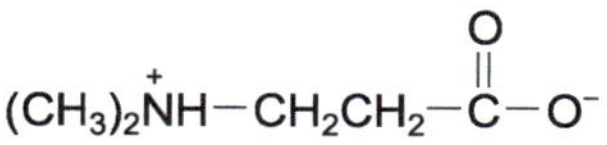

$$(CH_3)_2\overset{+}{N}H-CH_2CH_2-\overset{O}{\overset{\|}{C}}-O^-$$

3-二甲基氨基丙酸

另外，20种天然存在的氨基酸也有它们的传统名称。这些氨基酸是构成大部分蛋白质的主要成分，其名称和结构见表19-1。

表19-1　20种天然存在的氨基酸化合物的名称与结构

名称	结构	缩写	名称	结构	缩写
甘氨酸 Glycine	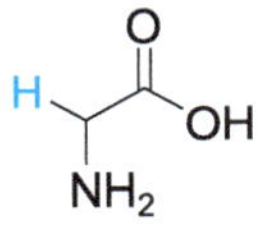 H, O, OH, NH_2	Gly　G	苏氨酸 Threonine	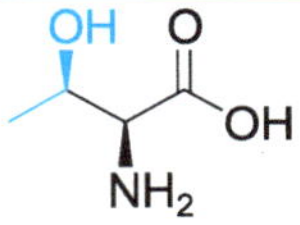 OH, O, OH, NH_2	Thr　T
丙氨酸 Alanine	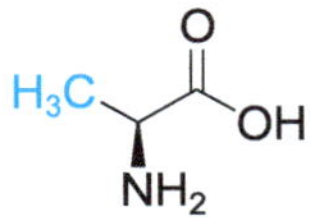 H_3C, O, OH, NH_2	Ala　A	酪氨酸 Tyrosine	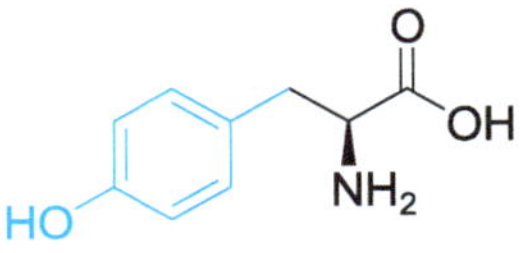 HO, O, OH, NH_2	Tyr　Y
缬氨酸 Valine	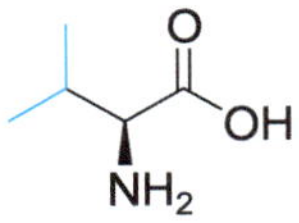 O, OH, NH_2	Val　V	谷氨酸 Glutamic acid	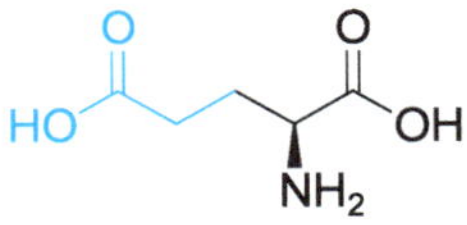 O, HO, O, OH, NH_2	Glu　E
亮氨酸 Leucine	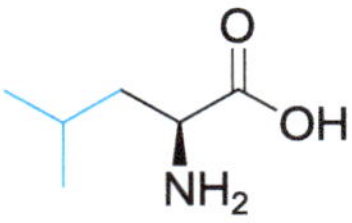 O, OH, NH_2	Leu　L	天冬氨酸 Aspartic acid	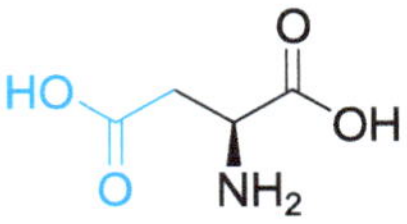 HO, O, O, OH, NH_2	Asp　D
异亮氨酸 Isoleucine	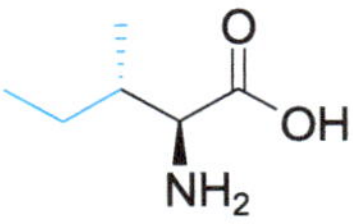 O, OH, NH_2	Iso　I	谷氨酰胺 Glutamine	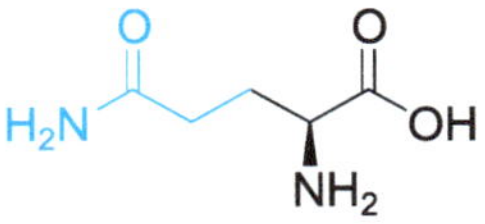 O, H_2N, O, OH, NH_2	Gln　Q
苯丙氨酸 Phenylalanine	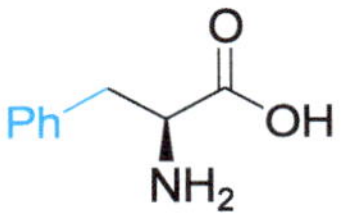 Ph, O, OH, NH_2	Phe　F	天冬酰胺 Asparagine	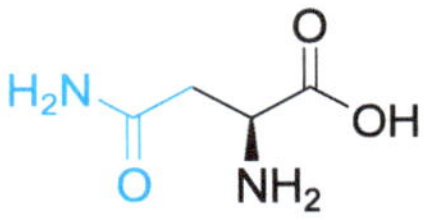 H_2N, O, O, OH, NH_2	Asn　N
色氨酸 Tryptophan	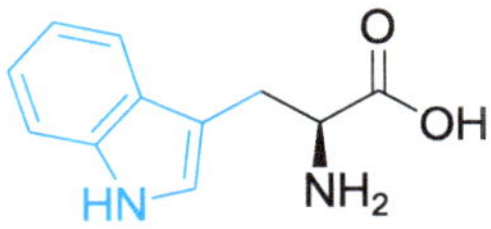 HN, O, OH, NH_2	Trp　W	精氨酸 Arginine	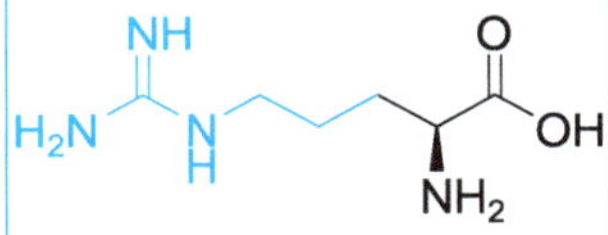 NH, H_2N, N H, O, OH, NH_2	Arg　R
甲硫氨酸 Methionine	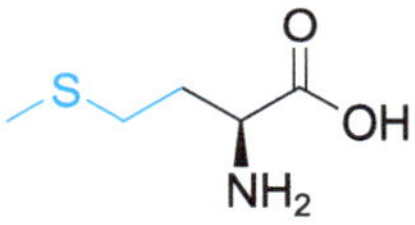 S, O, OH, NH_2	Met　M	组氨酸 Histidine	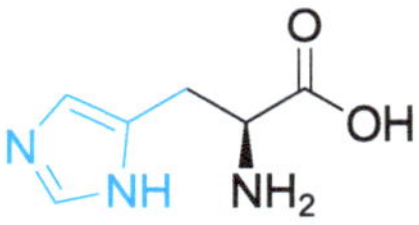 N, NH, O, OH, NH_2	His　H
半胱氨酸 Cysteine	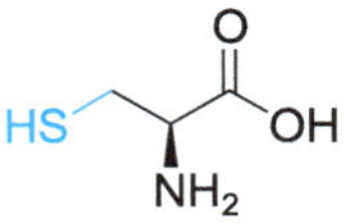 HS, O, OH, NH_2	Cys　C	赖氨酸 Lysine	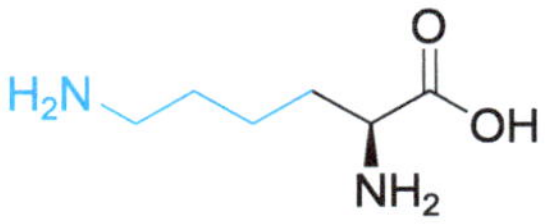 H_2N, O, OH, NH_2	Lys　K
丝氨酸 Serine	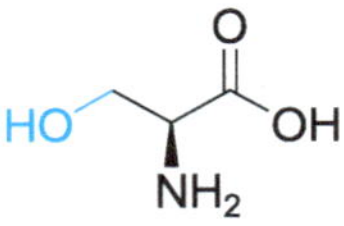 HO, O, OH, NH_2	Ser　S	脯氨酸 Proline	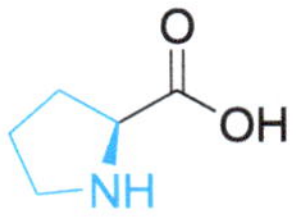 O, OH, NH	Pro　P

总结上述的20种天然α-氨基酸的结构特征，具有如下两个特点。

第一，除了脯氨酸，所有的α-氨基酸都有类似的普通结构，区别只在于侧链R基的不同。

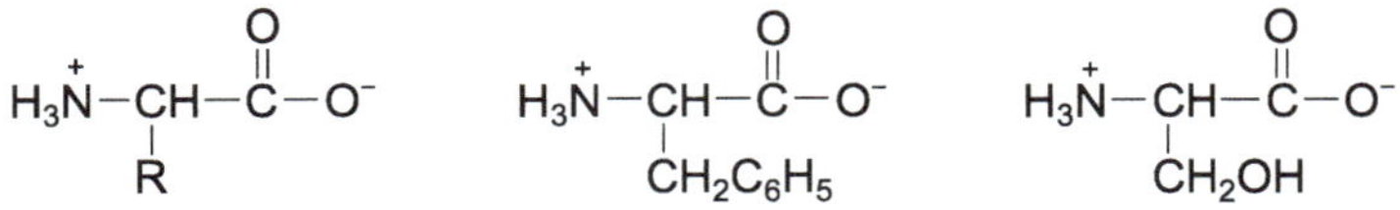

$$H_3\overset{+}{N}-\underset{R}{CH}-\overset{O}{\overset{\|}{C}}-O^- \qquad H_3\overset{+}{N}-\underset{CH_2C_6H_5}{CH}-\overset{O}{\overset{\|}{C}}-O^- \qquad H_3\overset{+}{N}-\underset{CH_2OH}{CH}-\overset{O}{\overset{\|}{C}}-O^-$$

普通结构　　　　苯丙氨酸　　　　丝氨酸

脯氨酸是唯一天然存在的二级氨基酸。脯氨酸中—NH—和侧链连接成环。

脯氨酸

第二，根据侧链的性质可以将氨基酸分为六类：

① 侧链为H或脂肪烃的氨基酸；

② 侧链含芳香基团的氨基酸；

③ 侧链含—SH、—SCH_3或—OH的氨基酸；

④ 侧链含羧基或氨基的氨基酸；

⑤ 含碱性侧链的氨基酸；

⑥ 脯氨酸。

α-氨基酸的名字通常很简短。表19-1列出了氨基酸的三个字母的缩写，我们也常使用一个字母的缩写来表示相应氨基酸，表中也已列出。

19.1.2 氨基酸的物理性质

氨基酸的熔点高、溶解性低（特别是在有机溶剂中）。同时，可用紫外光谱检测蛋白质或多肽的存在。大多数氨基酸只有很弱的紫外光谱峰，但是酪氨酸和色氨酸由于其芳基发色团的存在，在280 nm附近出现特征吸收峰（见表19-2）。280 nm处的吸收峰是蛋白质重要的物理性质之一，被称为“蛋白质药剂师”。随着蛋白质或多肽中酪氨酸和（或）色氨酸数目的增多，其λ值将变得更大。

表19-2 氨基酸的紫外吸收峰值

氨基酸	λ/nm	ε	氨基酸	λ/nm	ε
苯丙氨酸	259	200	色氨酸	279	5200
酪氨酸	278	1100			

19.1.3 氨基酸的酸碱性

氨基酸最特别的化学性质是它们既能和酸反应又能和碱反应。我们学习过氨和羧酸的酸碱反应，因此这种性质并不难理解。

（1）两性离子

虽然氨基酸通常被写成简单的非离子化的分子式，但是实际情况并非如此。事实上羧基上的质子被转移到碱性的氨基上，从而得到了一个两性离子。

$$\underset{\text{非电离的（假设的）}}{R-\underset{NH_2}{\underset{|}{CH}}-\overset{O}{\overset{\|}{C}}-OH} \qquad \underset{\text{两性离子}}{R-\underset{^{+}NH_3}{\underset{|}{CH}}-\overset{O}{\overset{\|}{C}}-O^-}$$

由于氨基酸两性离子结构的存在，它的盐晶体在不分解的条件下，熔点能达到250 ℃。这种盐晶体不溶于有机溶剂，但可溶于水。当盐晶体溶解时，在溶液中还是以两性离子形式存在。

（2）两种性质的体现

氨基酸是两性的，这就是说它既能和酸反应又能和碱反应。

$$\underset{\substack{阳离子，C\\(在强酸中)}}{R-\underset{\underset{{}^{+}NH_3}{|}}{C}OOH} \xleftarrow{H^+} \underset{\substack{两性离子，D\\(在水中)}}{R-\underset{\underset{{}^{+}NH_3}{|}}{C}OO^-} \xrightarrow{OH^-} \underset{\substack{阴离子，A\\(在强碱中)}}{R-\underset{\underset{NH_2}{|}}{C}OO^-} + H_2O$$

因此，在低pH的溶液中，氨基酸以阳离子形式存在（C）；而在高pH的溶液中，氨基酸以阴离子形式存在（A）；在接近中性的溶液中，几乎所有的分子都是两性的（D）。

（3）氨基酸的pK_a值

表19-3列出了几种氨基酸和它们的pK_a值。通过pK_a值，能更好地理解氨基酸的酸碱性。

表19-3　常见20种天然氨基酸的pK_a值

氨基酸	pK_{a1} α-COOH	pK_{a2} α-NH_3^+	氨基酸	pK_{a1} α-COOH	pK_{a2} α-NH_3^+
甘氨酸	2.34	9.60	苏氨酸	2.09	9.10
丙氨酸	2.34	9.69	酪氨酸	2.20	9.11
缬氨酸	2.32	9.62	谷氨酸	2.19	9.67
亮氨酸	2.36	9.60	天冬氨酸	1.88	9.60
异亮氨酸	2.36	9.60	谷氨酰胺	2.17	9.13
苯丙氨酸	1.83	9.13	天冬酰胺	2.02	8.80
色氨酸	2.83	9.39	精氨酸	2.17	9.04
甲硫氨酸	2.28	9.21	组氨酸	1.82	9.17
半胱氨酸	1.96	10.28	赖氨酸	2.18	8.95
丝氨酸	2.21	9.15	脯氨酸	1.99	10.60

例如，丙氨酸的阳离子C，有两个共轭的酸性基团：

$$\underset{C}{H_3C-\underset{\underset{{}^{+}NH_3}{|}}{CH}-COOH} \underset{}{\overset{pK_{a1}=2.34}{\rightleftharpoons}} \underset{D}{H_3C-\underset{\underset{{}^{+}NH_3}{|}}{CH}-COO^-} \overset{pK_{a2}=9.69}{\rightleftharpoons} \underset{A}{H_3C-\underset{\underset{NH_2}{|}}{CH}-COO^-} \quad (19\text{-}1)$$

比较强的酸是COOH基团，它的离子化的倾向用pK_{a1}来表示，pK_{a2}相应地用来表示NH_3^+基团的离子化倾向。由反应式（19-1）的第一步电离可知D是酸C的共轭碱，第二步电离中，D变成了共轭酸，它的共轭碱是A。

反应式（19-1）的平衡点是怎样被溶液的pH值影响的呢？在1 mol/L盐酸溶液中（pH=0），丙氨酸以C的形式存在，如果逐渐加入氢氧化钠溶液，溶液的pH将会逐渐升高，从C电离出来的质子将被OH^-中和，氨基酸的形式将转化为D，随着NaOH量的增加，D会转化为A，如有更多的OH^-，pH会升到13，然后到14，图19-1给出了相应的结果。

反应式（19-1）为两步电离过程，每一步都由不同的pK_a值控制。对于酸性基团和它们的共轭碱的这类电离，我们能做出精确的数值预测。

（4）等电点

大多数氨基酸分子（大于99%）在一定pH范围内都会存在两性离子，而在其中间区域的特定pH下，基本上所有的氨基酸分子都是两性离子。对于氨基酸来说，两性离子当然也是电中性离子。当电中性离子浓度达到最大时，此时溶液的pH就是氨基酸的等电点，通常以pI表示。而对于多肽或蛋白质分子来说，它们通常带有大量电荷，但是在等电点时，阳离子数目和阴离子数目基本相等。

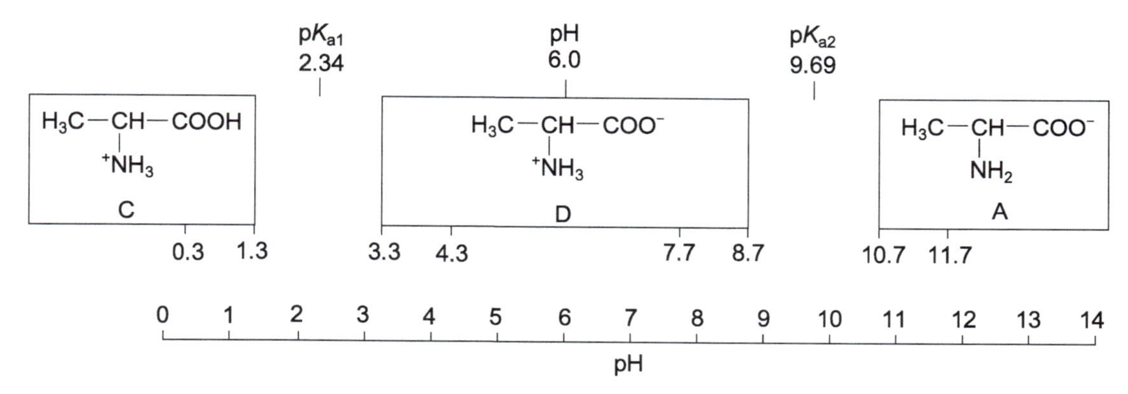

图19-1 丙氨酸在不同pH下的离子结构

C—阳离子；D—两性离子；A—阴离子

式（19-2）说明了氨基酸（如丙氨酸）的等电点正好处于pK_{a1}和pK_{a2}的中间，可以通过计算这两个pK_a的平均值得到pI值：

$$\mathrm{p}I=\frac{1}{2}(\mathrm{p}K_{a1}+\mathrm{p}K_{a2}) \tag{19-2}$$

对于丙氨酸：

$$\mathrm{p}I=\frac{2.34+9.69}{2}=\frac{12.03}{2}=6.0$$

实际上，除了那些有额外的羧基或氨基的氨基酸，大部分氨基酸的pI值接近6（约在5.5～6.5之间）。

对于酸性氨基酸（如谷氨酸）来说，其pI值与$\frac{1}{2}$(pK_{a1}+pK_{aR})相近；而对于碱性氨基酸，其pI值与$\frac{1}{2}$(pK_{a2}+pK_{aR})相近。其中，pK_{aR}指的是氨基酸中额外酸碱性基团的pK_a值。

氨基酸、肽或蛋白质的等电性质对它们的生物或化学性质有影响。例如，氨基酸在水中的溶解度在等电点时达到最大值。另外，带电荷的阴离子或阳离子比两性离子更易溶解。因此，实验室工作人员常试图在结晶氨基酸时将溶液的pH调到等电点。另外，溶液的pH在色谱分离时对氨基酸的通过率也有影响。

由于两性离子是呈电中性的，所以它在电场中并不发生迁移，根据该性质，可以通过电泳的方法来分离氨基酸。例如，如果在一个pH为6.1的缓冲氨基酸溶液中插入一对电极，那么等电点为6.1的氨基酸就不会移向任何一极，而等电点为5.6的氨基酸将缓慢移向阳极，而等电点为9.7的氨基酸将快速移向阴极。每个多肽分子和蛋白质分子也有它们自己的等电点。因此，它们的沉淀和分离（色谱分离法或电泳法）也类似地受到溶液pH的影响。

19.1.4 氨基酸的反应

（1）酰化

氨基酸和胺一样，很容易与酰氯或酸酐发生酰化反应。

$$H_3\overset{+}{N}-\underset{\underset{CH(CH_3)_2}{|}}{\underset{CH_2}{|}}{CH}-CO_2^- + PhCH_2-O-\overset{O}{\overset{\|}{C}}-Cl \longrightarrow PhCH_2-O-\overset{O}{\overset{\|}{C}}-NH-\underset{\underset{CH(CH_3)_2}{|}}{\underset{CH_2}{|}}{CH}-CO_2H$$

氯甲酸苄酯　　*N*-苄氧羰基亮氨酸

上面的反应中使用的酰氯是氯甲酸烷基酯的一个例子。氯甲酸烷基酯是多肽合成中重要的酰化试剂。

$$R-O-\overset{O}{\overset{\|}{C}}-Cl$$ 氯甲酸烷基酯

（2）酯化

氨基酸和普通的羧酸一样，在无机酸作催化剂和加热的条件下很容易发生酯化反应。

$$H_2N-C_6H_4-CO_2H + C_2H_5OH \xrightarrow[\triangle]{H_2SO_4} \xrightarrow{NaHCO_3} H_2N-C_6H_4-CO_2C_2H_5 + H_2O$$

$$H_3\overset{+}{N}-CH(CH_3)-CO_2^- + CH_3OH \xrightarrow[\triangle]{HCl} H_3\overset{+}{N}-CH(CH_3)-CO_2CH_3\ Cl^-$$

酯与胺反应生成酰胺。如果一个没有质子化的氨基酸酯能够存在于溶液中，那么分子中没有质子化的氨基将进攻其他分子的酯基，形成酰胺键，从而发生聚合反应。

$$H_3\overset{+}{N}-CH(R)-CO_2CH_3 \xrightarrow{碱} H_2N-CH(R)-CO_2CH_3$$

不能作亲核试剂　　可以作亲核试剂

$$2\ H_2N-CH(R)-\overset{O}{\overset{\|}{C}}-OCH_3 \longrightarrow CH_3OH + H_2N-CH(R)-\overset{O}{\overset{\|}{C}}-NH-CH(R)-\overset{O}{\overset{\|}{C}}-OCH_3$$

可以进一步进行相同类型的反应

（3）茚三酮反应

氨基酸的氨基能够和茚三酮反应生成一种紫色的化合物。

$$茚三酮\ (C_9H_4O_2(OH)_2) + H_2N-CH(R)-\overset{O}{\overset{\|}{C}}-OH \longrightarrow C_9H_4O_2{=}N{-}C_9H_4O(O^-) + RCHO + H_2O$$

茚三酮　　氨基酸

这种紫色化合物很容易识别，也可用分光光度计检测。胺或氨基酸的浓度可以通过颜色的亮度表现出来。

脯氨酸由于它的环形结构不能和茚三酮充分反应，因此会生成与紫色化合物不同的黄色化合物。

（4）与丹磺酰氯反应

还有一种比茚三酮反应更灵敏的反应，它能检测出更低浓度的氨基酸，这个反应就是与丹磺酰氯的反应。

$$(CH_3)_2N-C_{10}H_6-SO_2Cl + H_2N-CH(R)-\overset{O}{\overset{\|}{C}}-OH \longrightarrow (CH_3)_2N-C_{10}H_6-SO_2NH-CH(R)-\overset{O}{\overset{\|}{C}}-OH + HCl$$

丹磺酰氯　　氨基酸　　丹磺氨基酸

产物在紫外灯照射下产生荧光，也可以用荧光检测器分析。

（5）缩聚反应——肽键的形成

在生化领域中，氨基酸最重要的反应是生成多肽和蛋白质的缩合反应。缩合反应主要包括反应生成的水的移除和酰胺键的形成：

$$R^1C(=O)OH + H_2NR^2 \rightleftharpoons R^1-C(=O)-NH-R^2 + H_2O$$

羧酸　　胺　　酰胺

对于氨基酸而言，形成的酰胺键称为肽键。

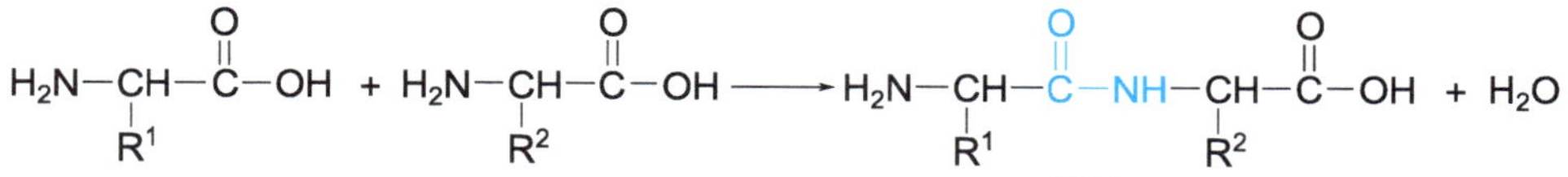

$$H_2N-CH(R^1)-C(=O)-OH + H_2N-CH(R^2)-C(=O)-OH \longrightarrow H_2N-CH(R^1)-C(=O)-NH-CH(R^2)-C(=O)-OH + H_2O$$

肽键

两个氨基酸连接在一起叫二肽，三个是三肽，以此类推。

多肽常常作为氨基酸的聚合体。当多肽链增长成分子量为成千上万的生物聚合体时，称这些聚合体为蛋白质。

肽键可以在酸或碱的水溶液中断裂或水解：

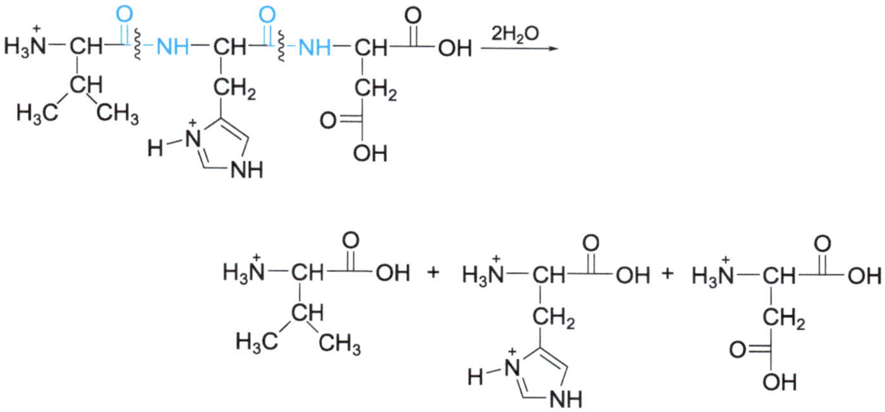

$$H_3\overset{+}{N}-CH(CH(CH_3)_2)-C(=O)-NH-CH(CH_2\text{-咪唑鎓})-C(=O)-NH-CH(CH_2COOH)-COOH \xrightarrow{2H_2O}$$

$$H_3\overset{+}{N}-CH(CH(CH_3)_2)-COOH + H_3\overset{+}{N}-CH(CH_2\text{-咪唑鎓})-COOH + H_3\overset{+}{N}-CH(CH_2COOH)-COOH$$

19.1.5 氨基酸的合成

（1）氨的烷基化

有些氨基酸可以通过氨与α-溴代酸的烷基化制得：

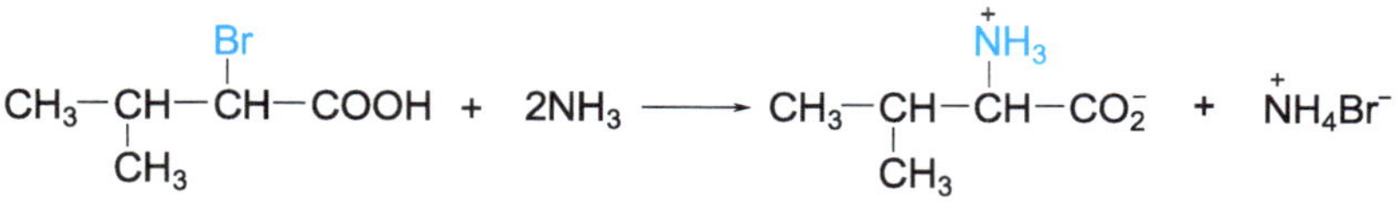

$$CH_3-CH(CH_3)-CH(Br)-COOH + 2NH_3 \longrightarrow CH_3-CH(CH_3)-CH(\overset{+}{N}H_3)-CO_2^- + \overset{+}{N}H_4Br^-$$

过量　　异亮氨酸 (49%)

氨的烷基化反应不止能发生一次，由单烷基化生成的氨基酸还可以进一步发生烷基化反应从而得到复杂的化合物。因此，在这个反应中使用过量的氨是为了确保单烷基取代反应的充分进行。此外，生成的氨基酸呈弱碱性和具有较大位阻效应，并不利于进一步氨的烷基化。因此可以通过氨的烷基化反应且以理想的产率获得一部分氨基酸。

（2）盖布瑞尔法

氨基酸也可以由盖布瑞尔法制得。该方法把氨上的氮制成环亚酰胺，从而避免了产生二元烷基化物。反应结束后，将环亚酰胺结构水解，即可释放出氨基。

$$\text{邻苯二甲酰亚胺钾(NK)} + BrCHRCOOCH_3 \longrightarrow \text{邻苯二甲酰亚胺基}-N-CHRCOOCH_3$$

$$\xrightarrow{H_2O} \text{邻苯二甲酸}(C_6H_4(COOH)_2) + H_3\overset{+}{N}CHRCOO^- + CH_3OH$$

（3）斯瑞克法

前面主要涉及把胺的合成方法应用到α-氨基酸的制备中。除此以外，我们也可以把羧酸的合成方法应用于制备α-氨基酸。合成羧酸的一个重要方法是腈的水解。为了通过这个路线制备α-氨基酸，需要先制备α-氨基腈。

$$H_3\overset{+}{N}-\underset{R}{\underset{|}{C}H}-CN \xrightarrow[H_2O,\ \triangle]{HCl} H_3\overset{+}{N}-\underset{R}{\underset{|}{C}H}-CO_2H$$

α-氨基腈是用乙醛与胺和腈发生作用制得的，再经过酸水解生成α-氨基酸：

$$CH_3CHO + \overset{+}{N}H_4Br^- + NaCN \longrightarrow H_3CHC(NH_2)(CN) + NaBr + H_2O$$

$$\xrightarrow[H_2O]{HCl} \xrightarrow{OH^-} H_3C-\underset{^+NH_3}{\underset{|}{C}H}-CO_2^- \quad \text{甘氨酸}\ (52\%\sim60\%)$$

这一氨基酸制备方法叫作斯瑞克（Strecker）合成。此反应的机理大概包括亚胺的瞬间形成，亚胺与氰化物反应生成α-氨基腈：

$$CH_3CHO + NH_3 \longrightarrow CH_3CH{=}NH \overset{H_3O^+}{\rightleftharpoons} CH_3-CH{=}\overset{+}{N}H_2 + H_2O$$

$$CH_3-CH{=}\overset{+}{N}H_2 + CN^- \longrightarrow CH_3-\underset{CN}{\underset{|}{C}H}-NH_2$$

氰化氢与亚胺的反应类似于氰化氢与乙醛或酮反应制备氰醇的过程：

$$HCN + CH_3CHO \longrightarrow H_3C-\underset{CN}{\underset{|}{C}H}-OH$$

19.2 多肽和蛋白质

1820年，法国化学家亨利·布拉科诺（Henri Braconnot）通过肌肉组织的酸性水解分离得到了亮氨酸，从明胶中分离得到了甘氨酸。然而，这两项发现的重要性在当时并没有引起足够重视。由于甘氨酸有点甜味，多年来布拉科诺一直认为他得到的是一种糖，并没有意识到分子中还含有氮元素。

直到1902年，在实验基础上，埃米尔·费歇尔（Emil Fischer）才提出了蛋白质是由氨基酸通过酰胺键连接而成的观点。1900～1950年，关于蛋白质的研究主要集中在通过水解得到各种氨基酸的烦琐工作中。1938年，伊利诺斯大学的W. C. Rose教授在酪朊（牛奶蛋白）和纤维朊（血凝固突发蛋白）中发现了20种标准氨基酸中的最后一种——苏氨酸。

在这个时期，普遍认为多肽和小分子肽是实验室合成产物，它们被认为是部分水解了的蛋白质。因为浓度非常低，天然的肽很难被检测到。然而，随着精密仪器和新的先进实验技术的应用，一些重要的小分子量和中等分子量的肽从有机体中被分离了出来。在1950年之前，人们只知道很少的几种肽，大部分肽是在1965年之后被发现的。

19.2.1 肽的命名

下面这个例子可以很好地说明肽的命名规则：它是由丙氨酸、缬氨酸和赖氨酸三种氨基酸组成的。

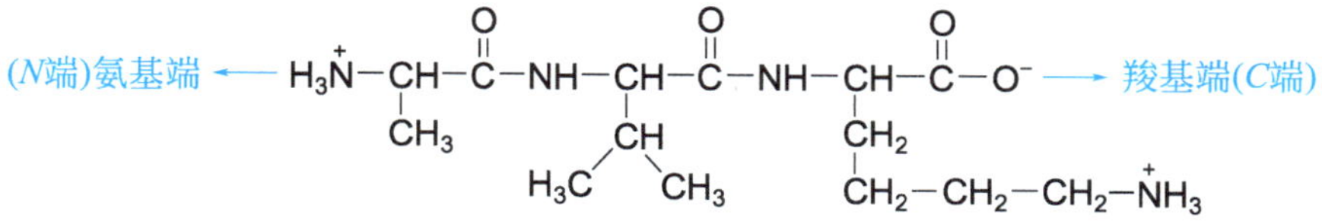

$$\text{(N端)氨基端} \longleftarrow H_3\overset{+}{N}-CH(CH_3)-\overset{O}{\overset{\|}{C}}-NH-CH(CH(CH_3)_2)-\overset{O}{\overset{\|}{C}}-NH-CH(CH_2-CH_2-CH_2-CH_2-\overset{+}{N}H_3)-\overset{O}{\overset{\|}{C}}-O^- \longrightarrow \text{羧基端(C端)}$$

丙氨酰缬氨酰赖氨酸

简称：丙–缬–赖

肽骨架是由连续的氮、*α*-碳和羧酸组成（特征氨基酸侧链都与骨架中的*α*-碳原子相连）。肽中的每个氨基酸都是一个氨基酸残基，例如，上面例子中的来自缬氨酸的部分就是缬氨酸残基。肽的两个末端分别称为*N*端和*C*端。肽中含有几个氨基酸残基则表示是几肽，例如，上面的例子就是一个三肽，因为它含有三个氨基酸残基。

肽的传统命名法是从*N*端开始按顺序来命名的，用“氨酰”的名称代替相应的氨基酸名称，但保留*C*端氨基酸原名。所以，上面的肽就被命名为丙氨酰缬氨酰赖氨酸。这种命名法对于大分子肽来说显得很烦琐，一种简单的方法是用氨基酸的前三个字母(或一个字母)来代替其化学名，从*N*端按顺序命名，因此，上面的肽也可命名为Ala-Val-Lys或者A-V-K。

具有生物重要性的大分子肽通常也有俗名。例如胰岛素，一种重要的肽激素，它含有51个氨基酸；核糖核酸酶，含有124个氨基酸。另外还有一些小分子量的蛋白质。

19.2.2 多肽和蛋白质的合成

前面章节中讲到的酰胺键形成相对较简单，先活化羧基，方法是将它转化为酸酐或者酰氯，然后再和胺反应：

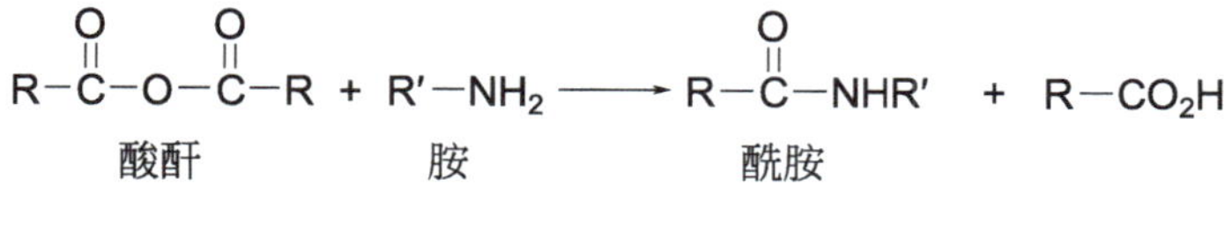

$$\underset{\text{酸酐}}{R-\overset{O}{\overset{\|}{C}}-O-\overset{O}{\overset{\|}{C}}-R} + \underset{\text{胺}}{R'-NH_2} \longrightarrow \underset{\text{酰胺}}{R-\overset{O}{\overset{\|}{C}}-NHR'} + R-CO_2H$$

然而，当羧基和氨基同时存在于同一分子中时（例如氨基酸），问题就变得复杂了，特别是想合成天然多酰胺时，它的不同氨基酸排序非常重要。例如，以简单二肽丙氨酰甘氨酸的合成为例。先将丙氨酸中的羧基转化为酰氯，然后再让它和甘氨酸反应。然而，并不能够阻止丙氨酰氯与它自身的反应，因此反应不单会生成丙氨酰甘氨酸，还会生成丙氨酰丙氨酸，也有可能生成丙氨酰丙氨酰丙氨酸和丙氨酰丙氨酰甘氨酸等。这样会导致所要产品的产率很低，另外在分离这些二肽、三肽和多肽时也会很麻烦。

$$CH_3CHCOOH(NH_2) \xrightarrow[2)\ H_3\overset{+}{N}CH_2CO_2^-]{1)\ SOCl_2} CH_3CH(\overset{+}{N}H_3)CONHCH_2CO_2^- + CH_3CH(\overset{+}{N}H_3)CONHCH(CH_3)CO_2^- + CH_3CH(\overset{+}{N}H_3)CONHCH(CH_3)CONHCH(CH_3)CO_2^- + CH_2(\overset{+}{N}H_3)CONHCH(CH_3)CONHCH_2CO_2^- + \cdots$$

丙氨酸　甘氨酸　丙氨酰甘氨酸　丙氨酰丙氨酸　丙氨酰丙氨酰丙氨酸　丙氨酰丙氨酰甘氨酸

(1) 基团保护

为了解决上面的问题，可以先将第一个氨基酸的氨基保护起来，然后再让它和另一个氨基酸反应。通过氨基保护，可以将它转化成一些低亲核性的基团，它将不再与活化酰基发生反应。当然，也必须慎重选择合适的保护基，因为在酰胺键合成后，还要脱除保护基，脱除过程中又不能破坏新生成的酰胺键。

如今，有很多试剂都可以起到这样的作用，其中最常用的有三种：氯甲酸苄酯、碳酸二叔丁酯和9-芴基甲基氯甲酸酯。

$$C_6H_5CH_2O-\overset{O}{\overset{\|}{C}}-Cl \qquad (CH_3)_3CO-\overset{O}{\overset{\|}{C}}-OC(CH_3)_3 \qquad \text{9-芴基}-CH_2-O-\overset{O}{\overset{\|}{C}}-Cl$$

氯甲酸苄酯　碳酸二叔丁酯　9-芴基甲基氯甲酸酯

这三种试剂均可与胺反应以阻止其进一步酰化，而它们的产物又可以在不影响肽键的情况下脱掉保护基。苄氧羰基（简称Z）可以通过催化氢解或在冷HBr的酸性条件下除去，叔丁氧羰基（简称BOC）可以在三氟乙酸酸性条件下除去，芴甲氧羰基（简称FMOC）在酸性环境下很稳定，但是它可以在哌啶（一种环状仲胺）的弱碱性条件下除去。

① 苄氧羰基的保护与去保护

$$C_6H_5CH_2O\overset{O}{\overset{\|}{C}}-Cl + H_2N-R \xrightarrow[25\ ^\circ C]{\text{保护}\ OH^-} C_6H_5CH_2O\overset{O}{\overset{\|}{C}}-NH-R + Cl^-$$

氯甲酸苄酯　苄氧羰基(简称Z)

去保护：

$$\xrightarrow{HBr(冷)} C_6H_5CH_2Br + CO_2 + H_2N-R$$

$$\xrightarrow{H_2/Pd} C_6H_5CH_3 + CO_2 + H_2N-R$$

② 叔丁氧羰基的保护与去保护

$$(CH_3)_3CO\overset{O}{\overset{\|}{C}}OC(CH_3)_3 + H_2N-R \xrightarrow[25\ ^\circ C]{\text{保护}\ OH^-} \underbrace{(CH_3)_3CO\overset{O}{\overset{\|}{C}}}-NHR + (CH_3)_3COH$$

碳酸二叔丁酯　叔丁氧羰基(简称BOC)

去保护：

$$\xrightarrow[25\ ^\circ C]{HCl/CF_3CO_2H} H_3C-\underset{CH_3}{\underset{|}{C}}=CH_2 + CO_2 + H_2N-R$$

③ 芴甲氧羰基的保护与去保护

$$\text{FMOC-Cl} + \text{H}_3\overset{+}{\text{N}}\text{CH(R)CO}_2^- \xrightarrow[\text{2) }H_3O^+]{\text{保护; 1) aq }Na_2CO_3\text{, 二噁烷, 0 °C}} \text{FMOC—NHCH(R)COOH}$$

9-芴甲酰氯　　氨基酸　　FMOC基团保护的氨基酸

FMOC= 9-芴甲氧羰基

$$\text{FMOC—NHCH(R)COOH} + \text{哌啶} \xrightarrow[\text{DMF}]{\text{去保护}} \text{H}_3\overset{+}{\text{N}}\text{CH(R)CO}_2^- + CO_2 + \text{副产物}$$

哌啶　　无保护的氨基酸　　副产物

苄氧羰基和叔丁氧羰基在酸性条件下易于除去，得益于一开始生成的碳正离子的稳定性。苄氧羰基产生了苄基碳正离子，叔丁氧羰基产生了叔丁基正离子。在催化加氢条件下的苄氧羰基之所以易于除去，原因是苄氧键很弱，从而发生了氢化裂解反应，生成了甲苯。

$$C_6H_5CH_2\text{—O}\overset{O}{\overset{\|}{C}}R \xrightarrow[25\ °C]{H_2/Pd} C_6H_5CH_3 + R\text{—}\overset{O}{\overset{\|}{C}}\text{—OH}$$

苄酯

(2) 羧基的活化

最明显的活化羧基的方式是将它转化成酰氯，这种方法在早期的肽合成中广泛应用。但是酰氯太过活泼，会导致很多副反应的发生。一种更好的方式是用丁基氯甲酸酯将已经保护过的氨基酸的羧基转化成混合酸酐，混合酸酐能够酰化另一个氨基酸生成肽链。

$$\text{Z—NHCH(R)}\overset{O}{\overset{\|}{C}}\text{—OH} \xrightarrow[\text{2) }ClCO_2C_4H_9]{\text{1) }(C_2H_5)_3N} \text{Z—NHCH(R)}\overset{O}{\overset{\|}{C}}\text{—O—}\overset{O}{\overset{\|}{C}}\text{—OC}_4H_9$$

混合酸酐

$Cl\text{—}\overset{O}{\overset{\|}{C}}\text{—}OC_4H_9$ 丁基氯甲酸酯

二异丙基碳二亚胺和二环己基碳二亚胺也常用于氨基酸羧基的活化，在下面自动肽合成内容中将看到它们的具体应用。

(3) 肽合成

下面来了解一下这些试剂是怎样用于二肽丙氨酰亮氨酸的合成的。当然，这些策略也适用于更长的多肽链的合成。

$$CH_3CH(\overset{+}{N}H_3)CO_2^- + C_6H_5CH_2O\overset{O}{\overset{\|}{C}}\text{—Cl} \xrightarrow[25\ °C]{OH^-\text{保护}} CH_3CH(NH\text{—}C(=O)\text{—}OCH_2C_6H_5)\text{—}CO_2H \xrightarrow[\text{2) }ClCO_2C_2H_5]{\text{羧基活化; 1) }(C_2H_5)_3N}$$

丙氨酸　　氯甲酸苄酯

肽键形成

$$CH_3CH(NHCOOCH_2C_6H_5)\text{—}\overset{O}{\overset{\|}{C}}\text{—}O\overset{O}{\overset{\|}{C}}OC_2H_5 \xrightarrow[\text{亮氨酸}]{(CH_3)_2CHCH_2CH(\overset{+}{N}H_3)CO_2^-} CH_3CH(NHCOOCH_2C_6H_5)\text{—}\overset{O}{\overset{\|}{C}}\text{—}NHCH(CH_2CH(CH_3)_2)CO_2H + CO_2 + C_2H_5OH$$

氨基去保护

$$\xrightarrow{H_2/Pd} CH_3CH(\overset{+}{N}H_3)\overset{O}{\overset{\|}{C}}NHCH(CH_2CH(CH_3)_2)CO_2^- + C_6H_5CH_3 + CO_2$$

丙氨酰亮氨酸

（4）自动肽合成

上面的方法已经广泛应用并合成了很多多肽，包括胰岛素在内。但是这些方法十分复杂和耗时，因为在反应的每个阶段都要分离和纯化，而且每次分离和纯化又会导致肽的损失。美国生物化学家罗伯特·布鲁斯·梅里菲尔德（Robert Bruce Merrifield）改进了这一过程并使其自动化，这是肽合成领域的一大突破性进展，梅里菲尔德也因此获得了1984年的诺贝尔化学奖。Merrifield法是一种固相合成法（SPPS），他将肽的一端固定在树脂上，另一端则不断地接上氨基酸，使肽合成得以实现。固相合成中的保护基和其他试剂还是需要的，但是由于要合成的肽是固定在树脂上的，因此其副产物、多余的试剂和溶剂在每步合成中都很容易洗涤除去，而不需要分步纯化。最后生成的多肽被固定在聚合物上，可以通过高效液相色谱法进行纯化。这种方法操作简便，并可以实现自动化。

固相合成法（见图19-2）中，首先是将第一个氨基酸的羧基与珠状聚合物结合，这种聚合物通常含有铰链剂或大分子。接着将附着在树脂上的肽*N*端氨基与新的氨基酸的羧基反应生成酰胺键，这样新的氨基酸就加上去了。二异丙基碳二亚胺（DIC，类似于二环己基碳二亚胺）常被用作生成酰胺键的试剂。为了防止不希望的反应发生，如新的氨基酸的重复连接，该氨基酸上的氨基通常要被保护起来。当要连接下一个氨基酸时，再将*N*端的保护基脱除。

虽然梅里菲尔德在最初的固相合成法中使用叔丁氧羰基（BOC）来保护连接到肽上的α-氨基，但是由于芴甲氧羰基（FMOC）的几点有利因素，使其在后来的固相合成中得到了更广泛的应用。其有利因素主要有两点：一是当有其他用于阻止活性侧链反应的保护基存在时，芴甲氧羰基可以很好地选择性除去；二是由于在每一次循环中，芴甲氧羰基都被释放出来，从而使得它具有了通过分光光度法控制合成进程的能力。

此外，分析肽合成中保护基选择的原则，可以总结出更多选择FMOC保护基的有利因素。我们知道，移去芴甲氧羰基的基本条件是需要有溶解在DMF中的哌啶。另一方面，肽的侧链保护基在酸性条件下不稳定，而芴甲氧羰基在碱性条件下不稳定，它们正好形成交叉保护基，因为在除掉其中一组保护基时另一组正好处于稳定环境中，反之亦然。利用芴甲氧羰基的另一个优点是，和叔丁氧羰基（简称BOC）相比，由于除去叔丁氧羰基是在酸性条件下，使得固定在树脂上的一些肽分子过早地被洗去了，另外一些侧链也过早地被去保护了，但是由于除去芴甲氧羰基是在碱性条件下，这就很好地避免了这些副反应的发生。

如上所述，固相合成法的最大优点在于多余的试剂、副产物和溶剂容易洗涤除去，只有产物留在树脂上，省去了每步的纯化过程。而且，由于反应中肽一直被固定在树脂上，从而使得合成

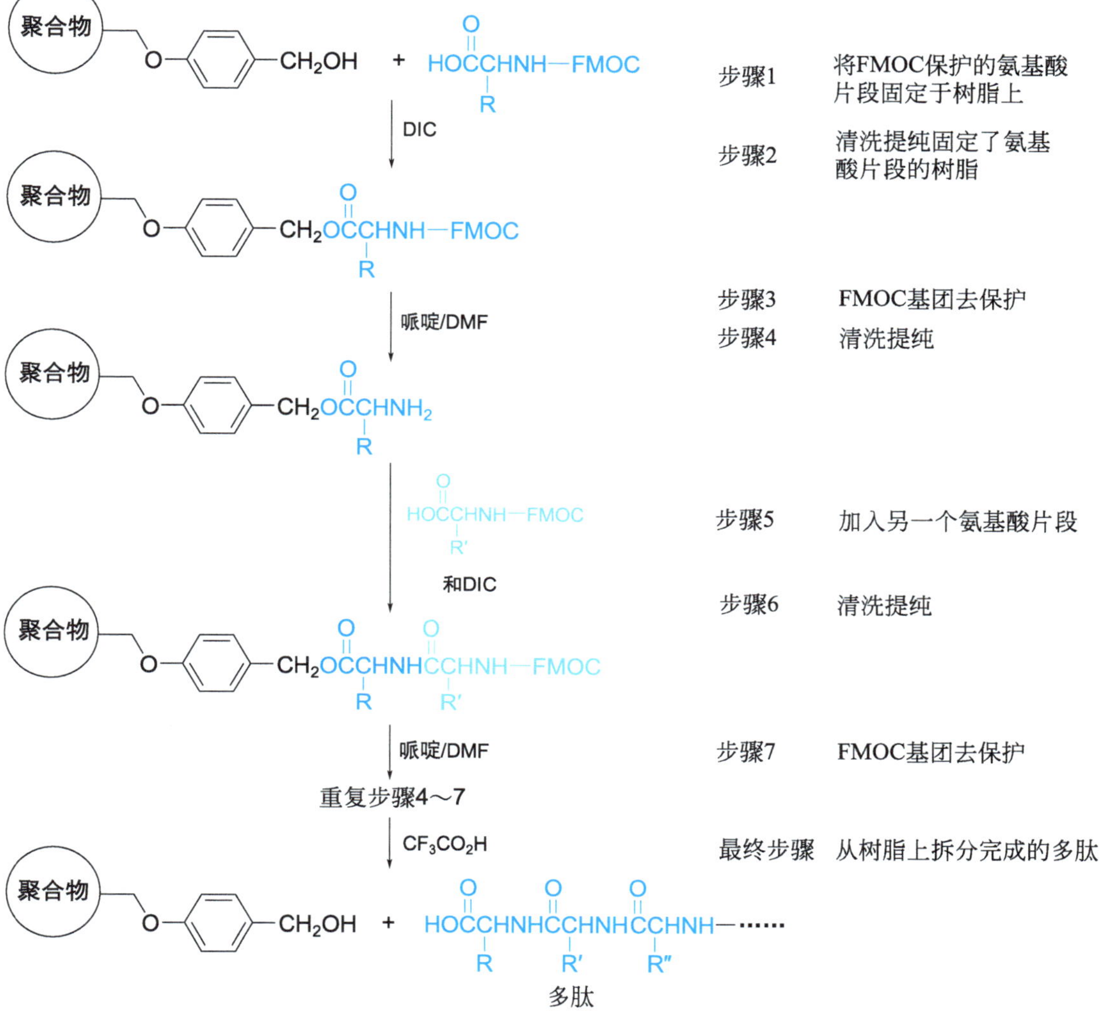

聚合物—O—C₆H₄—CH₂OH + HOCCHNH—FMOC (R)

步骤1 将FMOC保护的氨基酸片段固定于树脂上

DIC

步骤2 清洗提纯固定了氨基酸片段的树脂

聚合物—O—C₆H₄—CH₂OCCHNH—FMOC (R)

哌啶/DMF

步骤3 FMOC基团去保护

步骤4 清洗提纯

聚合物—O—C₆H₄—CH₂OCCHNH₂ (R)

HOCCHNH—FMOC (R′) 和DIC

步骤5 加入另一个氨基酸片段

步骤6 清洗提纯

聚合物—O—C₆H₄—CH₂OCCHNHCCHNH—FMOC (R, R′)

哌啶/DMF

步骤7 FMOC基团去保护

重复步骤4～7

CF_3CO_2H

最终步骤 从树脂上拆分完成的多肽

聚合物—O—C₆H₄—CH₂OH + HOCCHNHCCHNHCCHNH—…… (R, R′, R″)

多肽

图19-2 自动肽固相合成法

中的每一步都可以通过机器来循环操作。自动肽合成能够在40 min内完成一次循环并且能够自动完成45次循环。虽然没有达到在1 min内合成含有150个氨基酸的蛋白质这样的效率，但是自动肽合成已经使我们远离了一步一步人工合成肽的枯燥烦琐过程。自动肽合成的代表性例子是核糖核酸酶（124肽）的合成。该合成包括369个反应和11391步操作，所有这些反应都在没有分离中间产物下完成。这种合成的核糖核酸酶不仅具有和天然酶一样的物理性质，而且具有相同的生物活性。总产率为17%，这意味着每步反应的产率都在99%以上。

19.2.3 多肽结构的测定

胰岛素是一种相对简单的蛋白质，但也具有复杂的有机结构。那么如何去测定成百上千个氨基酸碎片的蛋白质和很大分子量的分子结构呢？化学家们设计出了一些很巧妙的方法去测定蛋白质中氨基酸的精确顺序，这里我们介绍一些最常见的方法。

（1）二硫键的断裂

在蛋白质中，一定数量的肽链会通过二硫键连接到一起。因此，结构测定的第一步是要打断二硫键，从而分开单个的肽链及由二硫键形成的环。随后将各个分离开来的肽链进行单独纯化和分析。

尽管双硫丙氨酸结构片段中二硫键很容易断裂形成两个磺基丙氨酸，然而，这些裂解下来的硫基丙氨酸碎片还是具有重新形成二硫键的倾向。因此，需要使用过氧酸氧化的方法把二硫键氧化成两个磺酸基团，从而实现二硫键的永久性断裂（图 19-3）。这个被氧化的硫基丙氨酸单元称作磺基丙氨酸碎片。

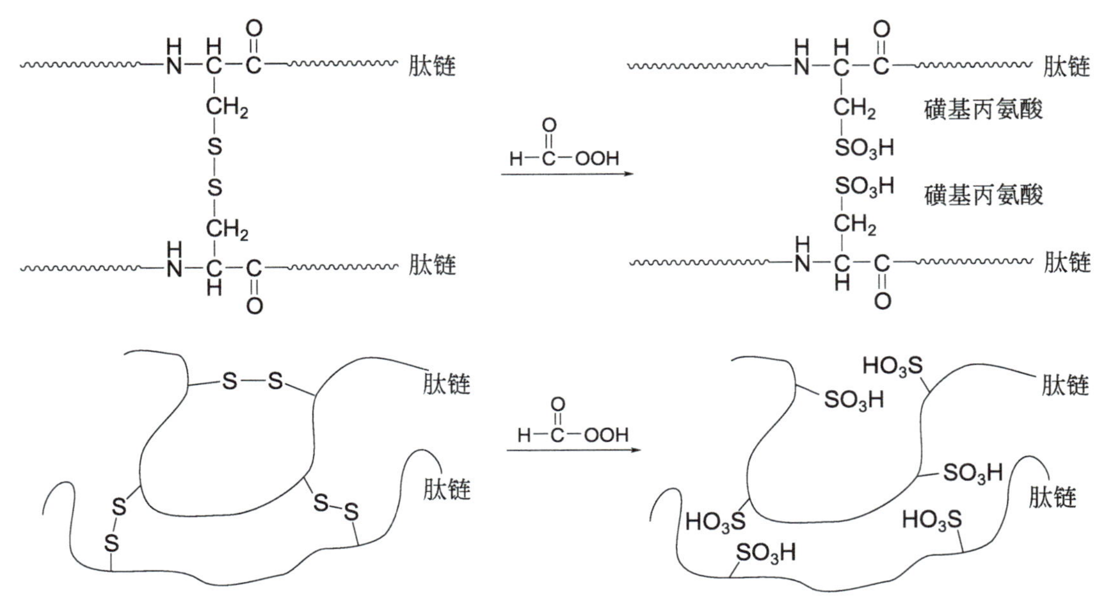

图19-3　蛋白质被过氧酸氧化，双硫键断裂，胱氨酸被氧化成磺基丙氨酸

（2）氨基酸组成的测定

二硫键被打断后，单个的肽链就可以被分离和纯化，每一个单链的结构也就可以测定了。第一步是测定单链中含有哪些氨基酸，并且具有什么性质。为了分析氨基酸的组成，需将多肽链在 6 mol/L 的盐酸中高温（90 ～ 100 ℃）水解 24 h，达到完全水解。随后将水解产物即氨基酸的混合物加到氨基酸分析仪中（图 19-4）。

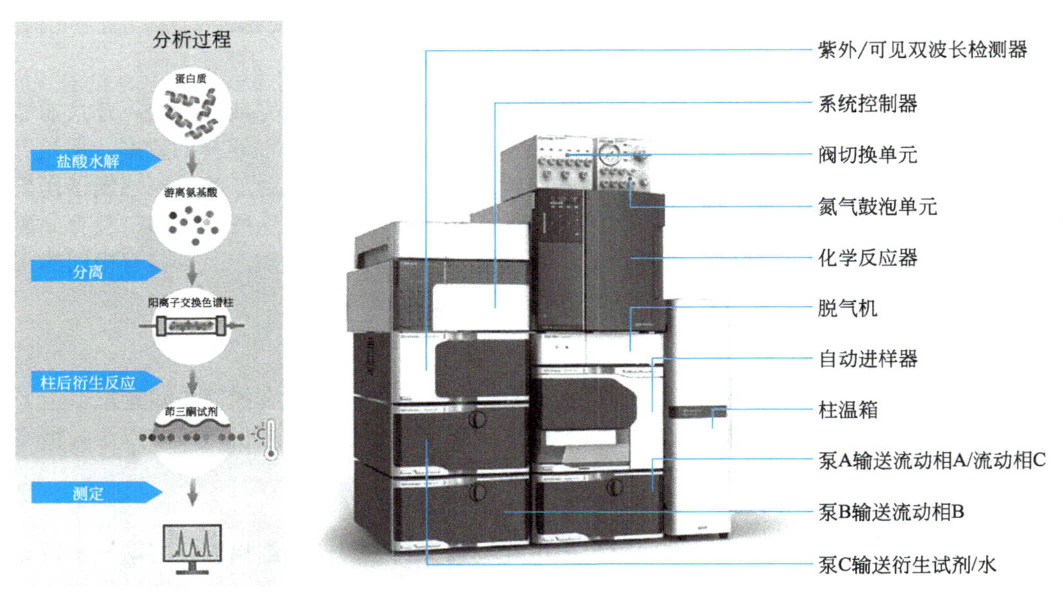

图19-4　氨基酸分析仪

水解产物溶解到水溶性的缓冲溶液中，然后通过离子交换柱进行分离。从柱子中出来的溶液与茚三酮混合，茚三酮和氨基酸反应得到紫色茚三酮，记录光的吸收，吸收曲线是记录反应时间的一种方式。

每一种氨基酸通过柱子的时间（保留时间）取决于氨基酸和离子交换树脂的反应强烈程度。氨基酸的保留时间可以通过纯氨基酸的标准表获得。在被测样品中出现的氨基酸可以和已知的保留时间比较进而确定。峰面积和相应的氨基酸含量是呈正比的，所以可以确定氨基酸的相对量。

图19-5（a）为氨基酸的等物质的量混合物的标准轨迹，（b）为人类缓激肽的水解产物的轨迹（Arg-Pro-Pro-Gly-Phe-Ser-Pro-Phe-Arg）。

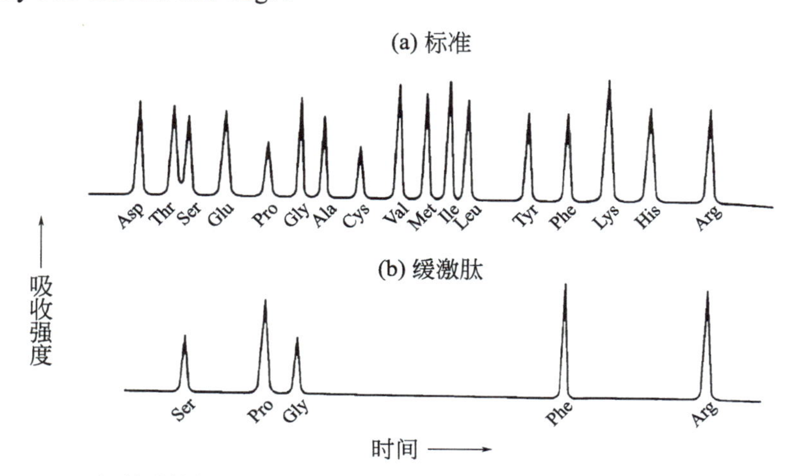

图19-5　氨基酸等物质的量混合物的标准轨迹和人类缓激肽的水解产物的轨迹

根据等物质的量混合物的标准轨迹可以确定人类缓激肽中含有Ser、Pro、Gly、Phe和Arg氨基酸成分，再通过氨基酸分析仪中所获得的水解产物轨迹峰面积之比，可以确定人类缓激肽中有一个Ser碎片、一个Gly碎片、三个Pro碎片、两个Arg碎片和两个Phe碎片。

（3）肽的顺序测定——末端残基的测定

氨基酸分析仪能确定肽链中的氨基酸种类和数量，但是它不能反映出这些氨基酸的连接顺序。在水解时，肽的顺序就已经被破坏。为了测定氨基酸的顺序，需要从肽链上逐一分离出单个氨基酸分子，并且让它的部分保持不变。对被分离的氨基酸分子进行鉴定并确定结构。依次重复这个过程，就可以获得肽链真实的连接方式。氨基酸分子可以从肽链的任何一端（*C*端或*N*端）进行分离。下面介绍从每一端（*C*端或*N*端）进行顺序测定的方法，这些方法统称为终端碎片分析法。

① *N*端顺序测定法——Edman降解法

最有效的测定肽顺序的方法是埃德曼（Edman）降解法，将肽链用异硫氰酸苯酯处理，然后用弱酸水解，可以得到变短的肽链和*N*端氨基酸衍生化的乙内酰苯硫脲。Edman降解法的一般分析过程如下。

第一步：异硫氰酸苯酯被自由氨基进攻，产物是苯基硫脲。

$$\mathrm{Ph{-}N{=}C{=}S} \quad \mathrm{H_2\ddot{N}{-}\underset{\large R^1}{\underset{|}{CH}}{-}\underset{\large O}{\underset{\|}{C}}{-}NH{-}peptide} \rightleftharpoons \mathrm{Ph{-}\overset{-}{N}{-}\overset{\large S}{\overset{\|}{C}}{-}\underset{\large H}{\underset{|}{\overset{+}{N}H}}{-}\underset{\large R^1}{\underset{|}{CH}}{-}\overset{\large O}{\overset{\|}{C}}{-}NH{-}peptide}$$

$$\rightleftharpoons \mathrm{Ph{-}NH{-}\overset{\large S}{\overset{\|}{C}}{-}NH{-}\underset{\large R^1}{\underset{|}{CH}}{-}\overset{\large O}{\overset{\|}{C}}{-}NH{-}peptide}$$

第二步：用盐酸处理，促使*N*端氨基酸环化，*N*端氨基酸以乙内酰苯硫脲衍生物的形式被分离开来，同时得到失去一个*N*端氨基酸的肽链。

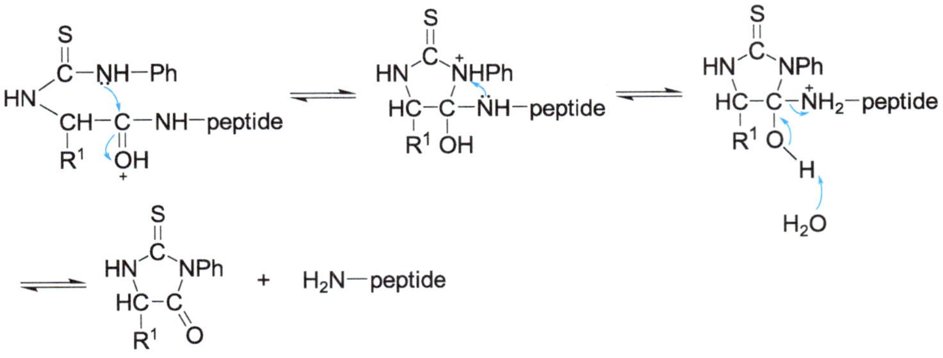

乙内酰苯硫脲衍生物

第三步：通过确定乙内酰苯硫脲衍生物的结构来确定*N*端氨基酸。乙内酰苯硫脲衍生物的确定是通过套色板法，即通过把它和标准氨基酸的乙内酰苯硫脲衍生物比较来确定。这样就确定了第一个*N*端氨基酸。接下来重复Edman降解法去确定肽链中剩余部分的氨基酸。这个过程很适合自动化操作，现在已有几种自动化测定顺序的设备。

下面以牛的催产素前两步*N*端氨基酸顺序测定为例来进一步说明Edman降解法。如图19-6所示，首先将牛的催产素通过过氧甲酸处理把二硫键切断，形成磺基丙氨酸肽链（步骤1）。随后，通过Edman降解法对牛的催产素*N*端氨基酸进行截断并确定（步骤2）。最后，对被截断的肽链*N*端氨基酸再一次进行截断和确定（步骤3）。通过上述测定，可以准确地确定牛的催产素*N*端两个

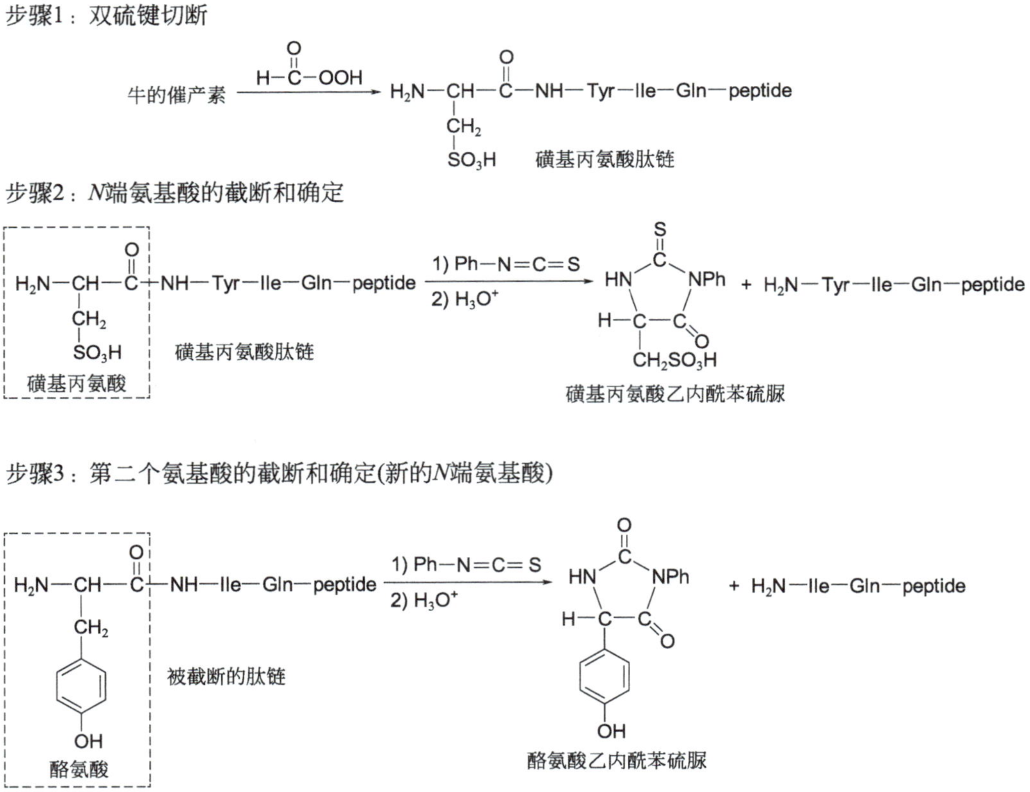

步骤1：双硫键切断

牛的催产素 → 磺基丙氨酸肽链

步骤2：*N*端氨基酸的截断和确定

磺基丙氨酸　磺基丙氨酸肽链　磺基丙氨酸乙内酰苯硫脲

步骤3：第二个氨基酸的截断和确定(新的*N*端氨基酸)

酪氨酸　被截断的肽链　酪氨酸乙内酰苯硫脲

图19-6　牛的催产素两个*N*端氨基酸的确定

氨基酸顺序依次为磺基丙氨酸和酪氨酸。

在理论上，Edman降解法能测定任何长度的肽链的顺序。但实际上随着降解法的重复进行会引起肽链内部的水解、样品量的损失和副产物的累积。30次降解循环后再要做进一步精确的分析就不可能了。像缓激肽这样的小肽链能够用Edman降解法完全确定，但是大的蛋白质必须分成比较小的部分，才能完全确定顺序。

② *C*端碎片分析

如果要从*C*端开始对肽链的氨基酸排序进行测定，现在还没有很有效的方法。在一些情况下*C*端的氨基酸也可以通过羧肽酶来鉴定，这种羧肽酶能打断*C*端肽键，产物为一个自由的*C*端氨基酸和一个缩短的肽链。进一步打断第二个氨基酸，会生成新的更短的*C*端氨基酸。最后，整个肽链被水解成独立氨基酸。

$$\text{peptide}-\text{NH}\underset{\underset{\text{R}^{n-1}}{|}}{\text{CH}}\overset{\overset{\text{O}}{\|}}{\text{C}}\text{NH}\underset{\underset{\text{R}^{n}}{|}}{\text{CH}}\overset{\overset{\text{O}}{\|}}{\text{C}}\text{OH}\xrightarrow[\text{H}_2\text{O}]{\text{羧肽酶}}\text{peptide}-\text{NH}\underset{\underset{\text{R}^{n-1}}{|}}{\text{CH}}\overset{\overset{\text{O}}{\|}}{\text{C}}\text{OH}+\text{H}_2\text{N}\underset{\underset{\text{R}^{n}}{|}}{\text{CH}}\overset{\overset{\text{O}}{\|}}{\text{C}}\text{OH}$$

在羧肽酶催化下从肽链上游离出来的氨基酸能被检测。理论上，浓度不断增加的那些氨基酸应该是*C*端的氨基酸，然后是新出来的*C*端氨基酸，实际上，不同的氨基酸从肽链上断裂出来的速率是不一样的，这样就很难确定哪个是*C*端氨基酸，哪个是去掉*C*端氨基酸后剩下的多肽继续水解得到的氨基酸。

③ 选择性水解

大分子蛋白质是由不超过30个氨基酸的小分子肽链连接而成的，这些链长较短的肽链就像儿童玩的拼板玩具一样拼接成蛋白质分子。

肽链的部分断裂可以在稀酸作用下短时间内完成，也可以在酶催化下完成，如胰蛋白酶和糜蛋白酶等。酸催化降解的选择性不高，它使蛋白质分子在各个部位都可能发生断裂，从而导致了链长较短的肽链混合物的产生。而酶催化降解则具有很好的选择性，它能够使肽链在特定的肽键处发生断裂。例如，糜蛋白酶能使苯丙氨酸、酪氨酸和色氨酸（含芳基侧链的氨基酸）的肽键水解。

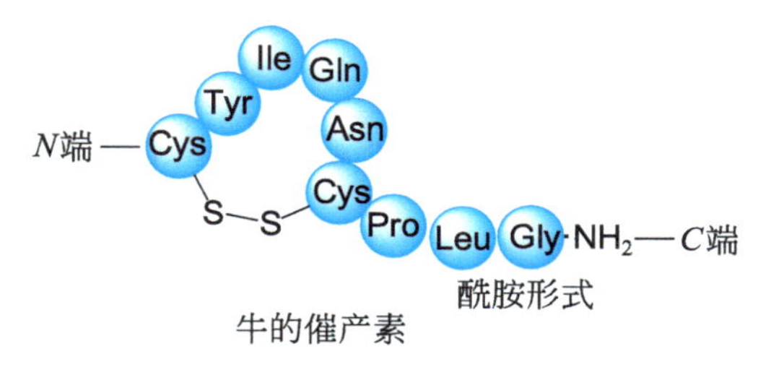

牛的催产素

通过*C*端分析和一系列的Edman降解可以确定催产素中的氨基酸序列，但是这些碎片又是怎样结合起来的呢？下面以催产素（图19-6）为例来说明选择性水解的应用。催产素（去硫化）酸催化选择性水解，产生下面这些肽混合物：

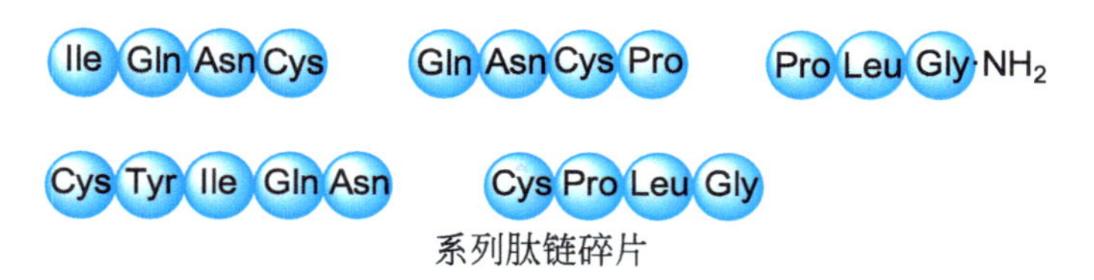

系列肽链碎片

比较这些碎片的重叠部分，可以推出催产素的完整结构：

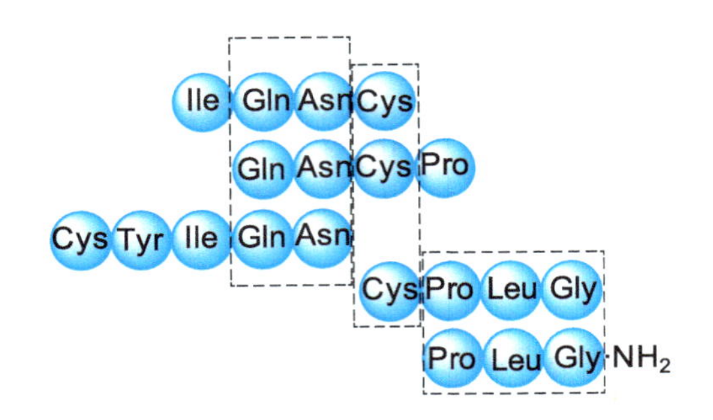

完整结构：Cys-Tyr-Ile-Gln-Asn-Cys-Pro-Leu-Gly-NH_2

牛催产素中两个半胱氨酸残基会由二硫键（—S—S—）相连，二硫键可能连接两个肽单元也可能是在一个肽链内成环，但通过测定催产素的分子量，发现其仅含有一个肽单元。因此，两个半胱氨酸残基一定是以环的形式连接在分子上。

19.2.4 蛋白质的等级结构

（1）一级结构

目前，我们已经讨论了蛋白质的一级结构，一级结构指分子的共价键结构，包括氨基酸的排列顺序以及二硫键。蛋白质的所有性质都直接或间接与一级结构有关，比如说其折叠、氢键以及催化活性都取决于蛋白质的一级结构。

（2）二级结构

肽链倾向于形成有序的氢键，特别是羰基上的氧原子和氨基上的氢（N—H）形成氢键的倾向很强。α-螺旋和β-折叠这两种结构有利于氢键的有序排列。这些氢键构成了蛋白质的二级结构。

当蛋白质分子扭曲成螺旋结构时，每个羰基上的氧原子都可以与相邻的另一个肽键上氨基上的氢原子形成氢键。很多蛋白质分子扭曲成α-螺旋（看起来就像是按顺时针旋转的线团），而侧链R基则指向螺旋外边。例如，羊毛中的α-角蛋白大部分为α-螺旋结构（图19-7）。

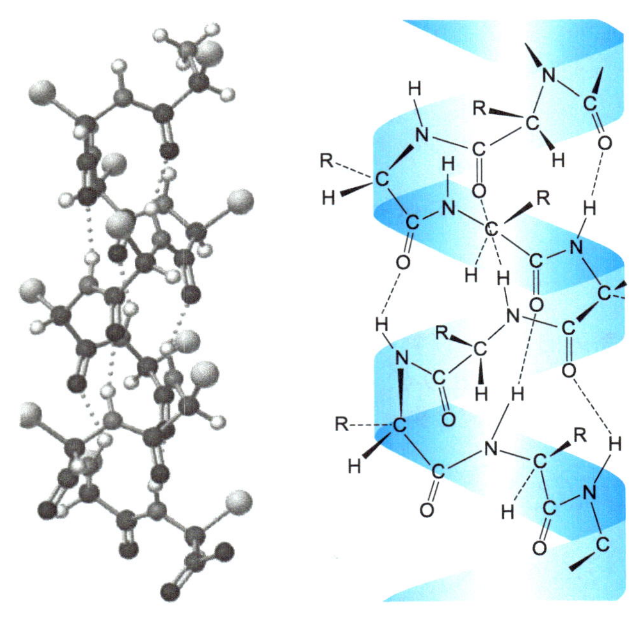

图19-7　α-螺旋（肽链上的每个羰基都与其相邻螺旋结构中氨基上的氢相连）

另外，一些相邻的肽链也可以平行排列形成氢键。这种结构中，每个肽链上的羰基都与相邻肽链氨基上的氢原子形成氢键，许多肽键平行排列成折叠面，氨基酸中的侧链R基交替伸向面的上下。

丝心蛋白（fibroin）是蚕丝的主要成分，其大部分二级结构是β-折叠（图19-8）。

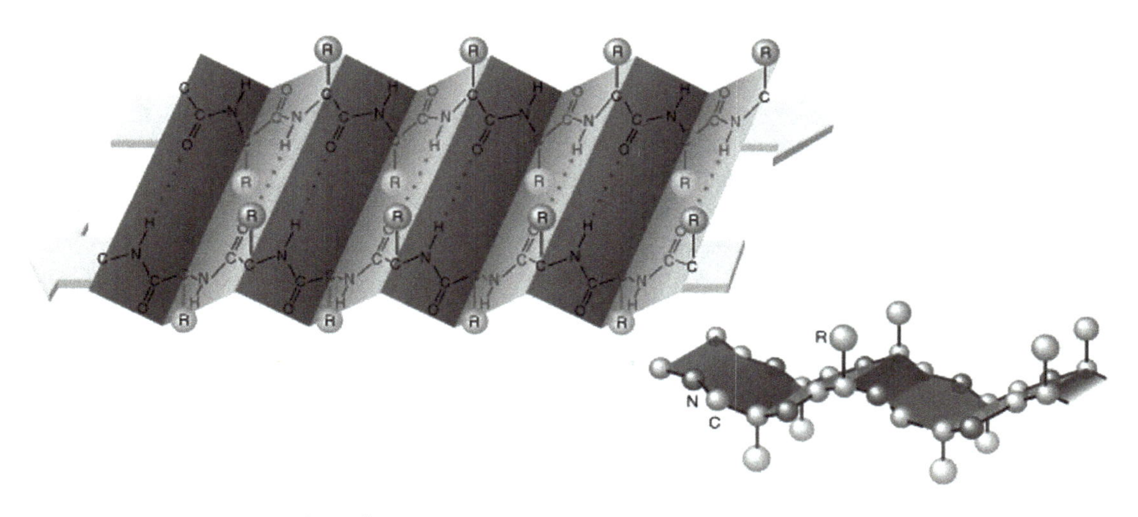

图19-8　β-折叠（每个肽链上的羰基都与相邻肽链的氨基上的氢形成氢键）

蛋白质分子可能自始至终都是同一种二级结构，也有可能一部分是α-螺旋，另一部分是β-折叠。另外，有的部分也许根本就不是二级结构，这种结构称为无规线团。例如，以α-螺旋或β-折叠结构排列的大部分球蛋白也含有无规线团结构，它们被折叠成球状。

（3）三级结构

蛋白质的三级结构是其完整的三维构型，二级结构只是蛋白质的局部构型，而三级结构则包含了所有的二级结构以及各种连接和折叠方式。图19-9为一种典型球蛋白的三级结构。

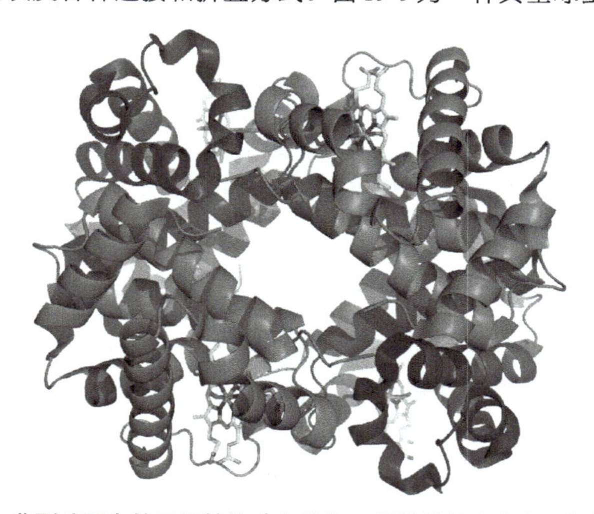

图19-9　典型球蛋白的三级结构（在发生α-螺旋的地方含有无规线团结构）

酶的卷曲结构使其产生了重要的催化活性，其极性的亲水基团定向排列在球体外围，而非极性的憎水基团则伸向内部。结构上的卷曲成了酶的活性点，该区域起到了固定底物和催化反应的作用。发生在该活性点的反应必须在无水和非极性条件下进行，否则整个反应体系将全部溶解在水中。

（4）四级结构

四级结构涉及整个蛋白质中的两个或多个肽链。例如，哺乳动物血液中携带氧的血红蛋白是由四条肽链构成的球蛋白。图19-10对蛋白质的多级结构作了总结。

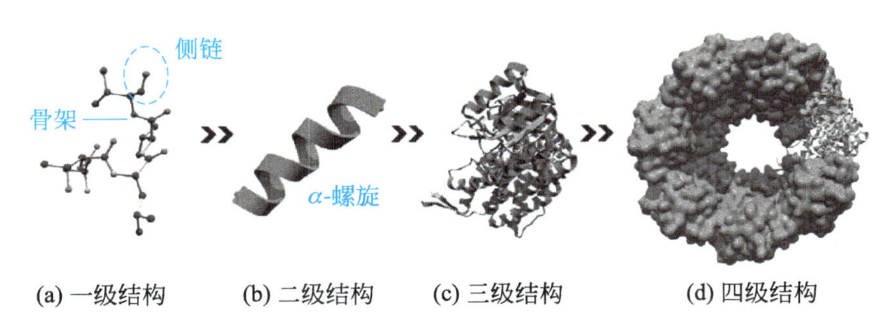

图19-10 蛋白质多级结构的简单比较

19.3 酶

所有发生在活细胞中的反应，都是在被称为酶的高效生物催化剂的作用下发生的。酶能够极大地提高反应速率，大多数情况下，酶促反应的速率要比没有催化剂参加的反应快10^6～10^{12}倍。对活的有机体而言，体内反应速率提高到如此的数量级是非常重要的。因为这样，即使是在活细胞体内温和的条件下，也可以使反应在合适的速率下进行。

酶对反应物（又称底物）和产物显示出高度的特异性。这种特异性比大多数化学催化剂的特异性要高得多。例如，在蛋白质的酶催化合成中，包含1000多个氨基酸残基的多肽可以被毫无差错地合成出来。1894年，Emil Fischer发现酶能区别*α*-和*β*-糖苷键，并最终创立用于解释酶的特异性的“锁-钥”学说。根据“锁-钥”学说，酶（称为锁）和它的底物（称为钥）之间的特异性来自它们几何学上互补的形状。

酶与底物结合形成酶-底物联合体。这种联合体的形成常常能诱导酶的构象改变，使酶与底物结合得更加有力，这就是诱导效应。酶与底物的结合经常会导致底物中的某些键变弱，因而很容易断裂发生化学变化生成产物。然而，反应产物的形状与底物有所不同，这种改变后的形状，或者一些情况下受到其他分子的干涉，会使得联合体再次分解。然后，单一的酶就可以再接受另一分子的底物，全部的过程得以重复。

$$\text{酶} + \text{底物} \rightleftharpoons \text{酶–底物} \rightleftharpoons \text{酶} + \text{产品}$$

几乎所有的酶都是蛋白质。底物与蛋白质结合，反应就在称为活性位的地方进行。将底物和活性位结合在一起的非共价键力跟构造蛋白质本身的力类似，包括范德华力、静电力、氢键和疏水作用。位于活性位的氨基酸按一定的结构排列，从而得以与底物发生特异性作用。

酶催化的反应尤其具有立体特异性，这种特异性来自酶结合底物的方式。例如，*α*-糖苷酶只与*α*型的配醣结合，而不与*β*型的结合；代谢葡萄糖的酶只与D型的葡萄糖结合；合成蛋白质的酶只与L型的氨基酸结合；等等。

尽管酶是绝对立体特异性的，但它们的几何特异性经常会发生显著的改变。这里的几何特异性指的是酶对底物上化学基团的识别能力。一些酶只能接受特定的化合物作为底物，然而，其他一些却能接受一系列具有相似基团的化合物。例如，羧肽酶A能水解多肽的*C*端缩氨酸，只要多肽*C*端的倒数第二个氨基酸残基不是精氨酸、赖氨酸或脯氨酸，并且接下去的氨基酸残基不是脯氨酸就可以。糜蛋白酶是一种催化水解肽键的消化酶，它也可以催化酯的水解。

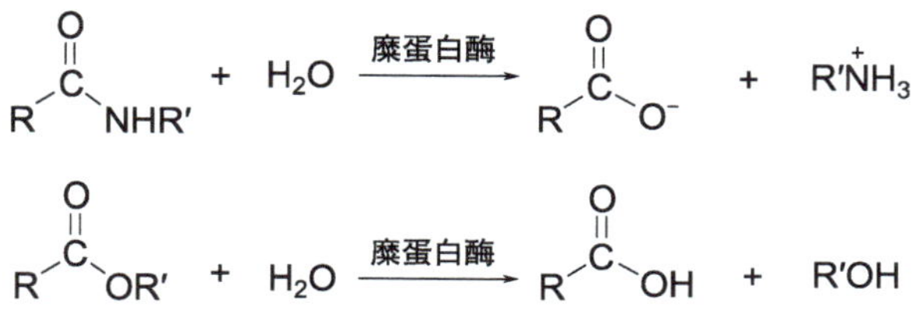

$$RCONHR' + H_2O \xrightarrow{\text{糜蛋白酶}} RCOO^- + R'\overset{+}{N}H_3$$

$$RCOOR' + H_2O \xrightarrow{\text{糜蛋白酶}} RCOOH + R'OH$$

抑制剂是能够降低酶活性的一类化合物。竞争性抑制剂能够直接同底物竞争酶的活性部位。

一些酶需要辅因子的存在才能发挥作用。辅因子可以是金属离子，例如，人体内的碳水化合物水解酶中的锌离子。其他一些酶则需要一些有机分子的存在，例如称为辅酶的NAD^+。辅酶在酶促反应过程中会发生化学变化，NAD^+会转变为NADH。在一些酶中，辅因子会永久地跟酶结合在一起，此时，辅因子就称为辅基。

许多水溶性的维生素都是辅酶的前体。尼亚新（烟酸）是NAD^+的前体，泛酸是辅酶A的前体。

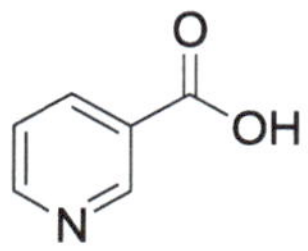

烟酸 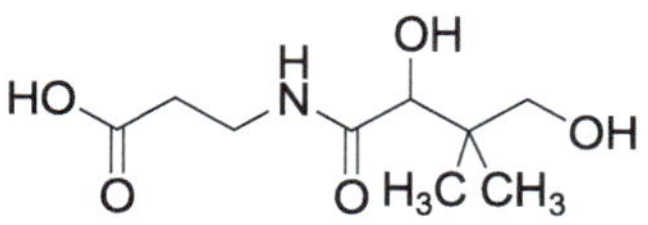　　泛酸

19.4 核酸

在每一种生物细胞中都能发现由核蛋白质、核酸和其他种类的天然聚合物偶合在一起组成的蛋白质。在化学的各个领域，核酸的研究应该是最令人兴奋的，因为这些物质与遗传有关。

虽然在化学性质方面有很大的不同，但是从基本结构方面来分析，核酸和蛋白质有很大的相似性，所有的核酸都有一条主链，长短不一，在主链上也连接着各种各样的基团。由于这些基团各自的特性和连接的顺序不同，各种核酸表现出了不同的性质。

蛋白质分子的主链是聚酰胺链（一个多肽链），核酸分子的主链是聚酯链（又叫多核苷酸）。其中酯键是磷酸（酸的一部分）和糖（醇的一部分）的衍生物形成的。

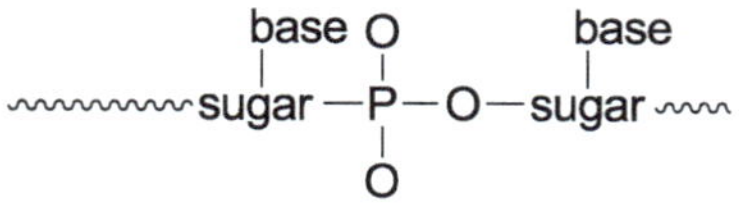

base O base

~~~sugar—P—O—sugar~~~

O

在组成核酸的糖单元中，如果糖是D-核糖，就是核糖核酸（RNA）。如果糖是D-2-去氧核糖，就是脱氧核糖核酸（DNA）。前缀“2-去氧”简单地表明在糖单元C2位上少一个羟基。糖单元是五环糖的形式，通过C3和C5上的羟基连到磷酸盐上（图19-11）。

由图19-11可以看出，核酸是一种聚合物，基本的聚合单元为核苷酸。核苷酸是由核苷和磷酸组成的，核苷是由每个糖单元的第一个碳上连接碱基而构成的。如图19-12所示，当碱基为腺嘌呤时，这时聚合单元核苷酸称为腺苷酸，而糖和腺嘌呤构成的则是腺苷。

脱氧核糖核酸中有4个主要碱基，分别是腺嘌呤（A）和鸟嘌呤（G），它们包含有嘌呤环体系；胞嘧啶（C）和胸腺嘧啶（T），它们包含有嘧啶环体系。核糖核酸中也包含4个主要碱基：腺嘌呤、鸟嘌呤、胞嘧啶和尿嘧啶（图19-13）。
~~~

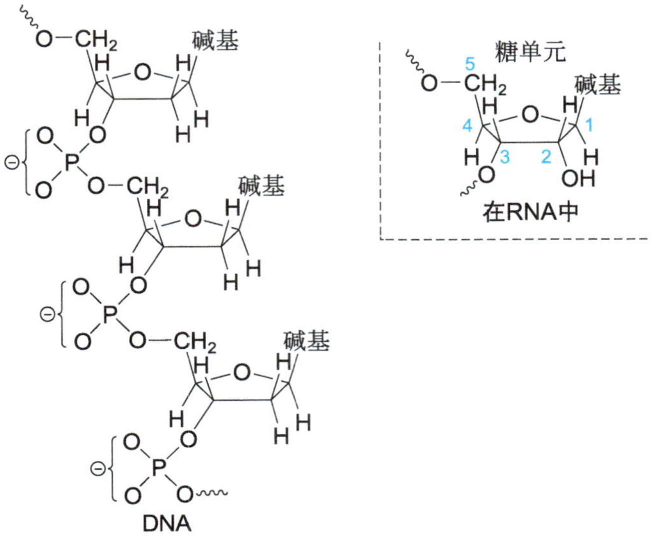

图19-11 脱氧核糖核酸和核糖核酸

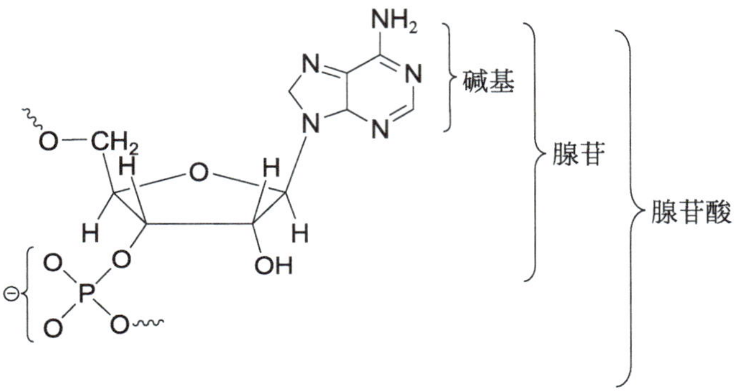

图19-12 核糖核酸中的腺苷酸（核苷是腺苷，碱基是腺嘌呤）

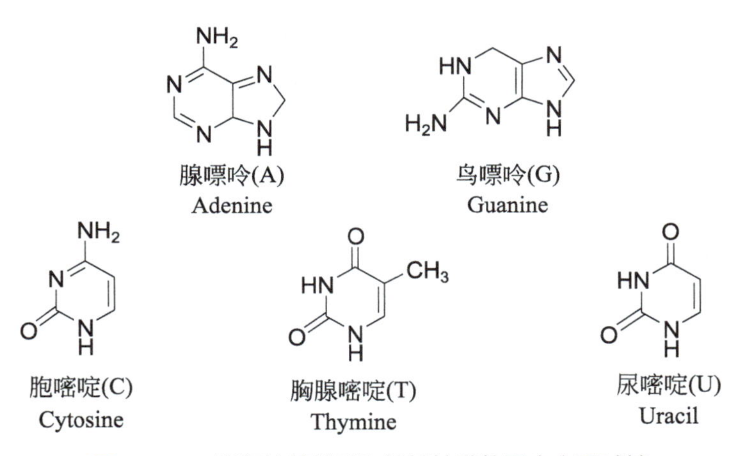

图19-13 脱氧核糖核酸和核糖核酸的五个主要碱基

在不同的核酸之间，它们的性质以及核苷酸单元的连接顺序存在差异。在一级结构的研究方面，蛋白质是采用连续肽链降级并分离鉴定端位氨基酸的方法，但由于DNA分子很长，一度认为要采用同样的方法对DNA进行排序确认十分艰巨，早在20世纪70年代就有预言说这项工程可能要在21世纪才能完成。但是在随后不久，1977年英国生物化学家弗雷德里克·桑格（Frederick Sanger）就报道完成了抗生素φX174DNA的排序问题（一种能传染大肠杆菌的病毒）。这个DNA分子形成了一个巨大的环，环上由5386个核苷碎片组成。

那什么是核酸的二级结构？1951年，美国分子生物科学家詹姆斯·杜威·沃森（James Dewey Watson）和英国生物学家弗朗西斯·哈利·康普顿·克里克（Francis Harry Compton Crick）一起研究DNA的结构。他们的研究是沿着鲍林对蛋白质的设想思路进行的。他们必须构想一种结构，这种结构能解释一些化学和X射线衍射的现象，同时要和各个单元的结构特性相一致，如：分子的大小和形状，键角和键长，结构和构造。化学现象中最具有特性的是：虽然在DNA中，底物的性质差异很大，但是总可以发现碱基是通过氢键相互间特定互补的，比如胸腺嘧啶（T）与腺嘌呤（A）互补，胞嘧啶（C）与鸟嘌呤（G）互补。图19-14表示了这两种碱基形成氢键互补的情形。

在分子模型的帮助下，沃森和克里克构想出了一种结构。这种结构中，各个组成部分很好地衔接在一起而不会拥挤，最重要的是它可以通过核苷碱基间的氢键达到最稳定构象，氢键不仅包括普通的氢键，也包括鲍林提出的这类线性氢键，如N—H···N或N—H···O。1953年沃森和克里克报道了他们提出的结构，即著名的双螺旋结构。1962年，他们因此获得诺贝尔生理学或医学奖。

也就是说，DNA是由两个多核苷酸链组成的，这两条链相互穿插形成一个直径2 nm的双螺旋体，相互间通过碱基形成氢键，从而得到稳定（图19-15）。

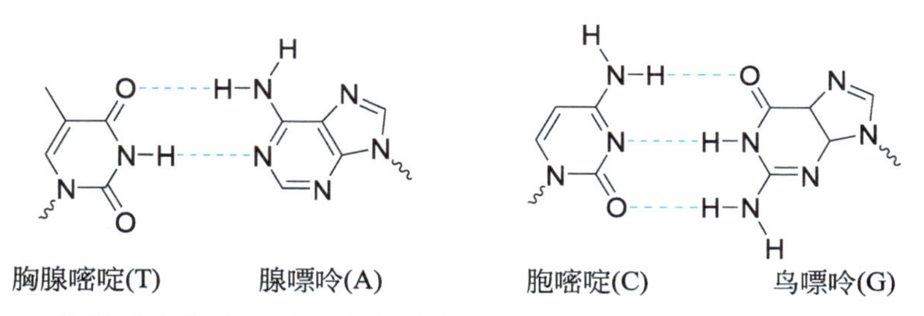

图19-14 胸腺嘧啶（T）与腺嘌呤（A）的互补及胞嘧啶（C）与鸟嘌呤（G）的互补

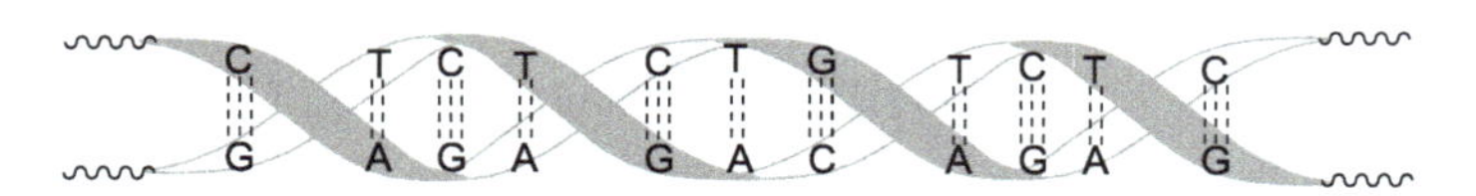

图19-15 DNA双螺旋结构的示意图

两个螺旋体都是右旋的，它们的头部在相反的方向，每一圈有10个核苷单元，在两个螺旋体之间有氢键，沿着轴每3.4 nm完成一圈，每个链的方向相反。所以一条链中按C3、C5顺序排列，而另一条链中则按C5、C3顺序排列。

两条链间隔性地通过氢键连接起来。在腺嘌呤和胸腺嘧啶之间，在鸟嘌呤和胞嘧啶之间有一些特征的线性氢键。简单地说，就是A与T互补，G与C互补，因为A总是键合到T上，G总是键合到C上。其他底物之间的氢键不允许它们键合到双螺旋结构中去。这两个线性的键合物不是相同的，但却是互补的。

对于RNA，它也像DNA一样通过碱基互补形成双螺旋体结构，但由于核糖的2-羟基伸入到了分子密集的部位，导致RNA的双螺旋结构稳定性相对较差。此外，RNA分子的大小差异很大，一些RNA分子非常大，像DNA分子；而另外一些非常小，连一百个碎片都不到。

因此RNA的二级结构一般不如DNA分子那样规律排布。

到目前为止我们仅仅讨论了核酸的二级结构，而三级和更高级结构中它们是怎样组成核蛋白质的？核蛋白质又是怎么盘绕折叠在一起组成染色体的？这些都还有待于进一步研究。

双螺旋体存在于整个结构的中心，这不仅合乎沃森和克里克提出的标准，更是一种不可预见的简单之美。这也说明了DNA两种角色的能力：一个是作为遗传信息的贮藏室，另一个是蛋白质合成的向导。上述神奇的能力已经在我们的日常生活中有所体现：由于每一个人的DNA是特定的，而且其结构具有精密复制功能，因此可以通过DNA测定来做特殊鉴定，例如确定犯罪嫌疑人、亲子鉴定等。

拓展阅读：人类基因组计划

人类基因组计划（HGP）被誉为生命科学领域的“阿波罗登月计划”，是人类生命科学史上最伟大的工程之一，是人类第一次系统、全面地解读和研究人类遗传物质DNA的全球性合作计划，该计划由美国科学家于1985年率先提出，并于1990年在美国正式启动，起始的目标是要完成人体23对染色体中全部碱基对的测序工作，后来又增加了人类基因的鉴定和分离内容。

1999年12月1日，人类基因组计划（HGP）的科学家宣布完成人类第22号染色体的基因测序，这是第一次对人类的某一染色体进行完整测序。为此，科学界和新闻界很是轰动，因为这不仅为人类治疗先天性心脏病、免疫功能低下、精神分裂症以及许多恶性肿瘤提供了更多、更有效的办法，同时也可找到染色体缺失或重组如何导致疾病、染色体如何进行复制和遗传等问题的答案。

2000年9月，我国获准加入该计划，负责测定人类基因组全部序列的1%，也就是3号染色体上的3000万个碱基对，我国因此成为参与这一计划的唯一发展中国家。从此，北京和上海等地科学家联手向这一生命科学的高峰发起冲刺。虽然只有1%的份额，但我国科学家独自承担的工作量却相当于1999年第一条被破译的人类22号染色体。而且此前，我国基因测序的基础极其薄弱，但是，在国家的支持下，启动工作从2000年10月正式开始。我国科学家组织精干力量，利用先进的测序仪器，上百名工作人员夜以继日地轮番测序。仅用半年的时间就完成了如此烦琐的工作，破译了人类3号染色体的部分遗传密码。自此，我国科学家建立起来的大规模基因测序能力得到了进一步的规模化和自动化，也意味着我国已经具备了对“以序列为基础的时代”的挑战能力，完全有能力保护、开发和利用自然界特殊的生物资源。

随后的几年中，英国、美国、日本等国科学家经过长期的不懈研究，相继破译了人类的其他染色体。2006年5月18日，美国和英国科学家在《Nature》上发表了他们成功完成的人类最后一个染色体——1号染色体的基因测序，成功破译1号染色体将为研究和治疗癌症、帕金森综合征和阿尔茨海默病（AD）等350多种疾病提供指引。自此，解读人体基因密码的人类基因计划也宣告全部完成。

历时近16年的人类基因组计划完成了人类“生命之书”的所有章节。人类基因研究所获得的数据就像一座巨大的金矿。人们从中更可以发掘出诊断和治疗5000种遗传疾病以及恶性肿瘤、心血管疾病和其他严重疾患的方法，阻止一些疾病的遗传。

参考资料

[1] 杨焕明. 科学与科普——从人类基因组计划谈起[J]. 科普研究, 2017, 12(03): 5-7+104.
[2] 贺淹才. 基因工程概论[M]. 清华大学出版社, 2008.

习题

19-1 用系统命名法命名丙氨酸和苯丙氨酸。

19-2 请画出L-丙氨酸和甘氨酸的Fischer投影式。

19-3 请指出20种氨基酸中，酸性氨基酸有哪些？

19-4 请简述Edman试剂的用途。

19-5 请写出核苷酸的重要组成部分。

19-6 说明氨基酸结构上的特点，并写出氨基酸的通式。

19-7 根据化学结构，氨基酸应如何分类？

19-8 [负离子]=[正离子]时的pH叫作等电点，电解实验中，α-氨基酸在等电点能否移动？

19-9 列举三种在多肽合成中用于保护氨基的试剂？

19-10 列举三种在多肽合成中用于保护羧基的试剂？

19-11 在pH值稍大于或小于等电点的水溶液中，氨基酸较易溶解还是较难溶解，为什么？

19-12 如何抑制α-氨基酸的电离？

19-13 用化学方法鉴别淀粉、纤维素和苯丙氨酸。

19-14 写出丙氨酸（等电点pI=6.00）在pH=12时的构造式。

19-15 使蛋白质变性的因素有哪些？变性后性质有哪些改变？

19-16 写出α-卤代酸水解法制备氨基酸的机理。

19-17 根据以下反应式，写出化合物A、B、C的结构。

$$\text{L-丝氨酸} \xrightarrow[CH_3OH]{HCl} (A) \xrightarrow{PCl_5} (B) \xrightarrow[(2)\ OH^-]{(1)\ H_2O,\ H^+} (C)$$

分子式：$C_4H_{10}ClNO_3$ 分子式：$C_4H_9Cl_2NO_2$ 分子式：$C_3H_6ClNO_2$

19-18 用邻苯二甲酰亚胺钾和氯乙酸乙酯合成甘氨酸。

19-19 用丙酸和必要试剂合成(±)-丙氨酸。

19-20 从3-吲哚醛出发合成色氨酸。

第20章 金属有机化合物

金属有机化合物是由金属原子与碳原子直接相连成键而形成的有机化合物，即含有碳-金属键（C—M）的化合物。如甲基钾（CH_3K）、丁基锂（C_4H_9Li）等。它们介于有机化合物和无机化合物之间，如前面学习过的乙炔钠（$HC\equiv C^-Na^+$）和格氏试剂（RMgX）等。然而，有些化合物即使有金属-碳键存在，其性质显然与金属有机化合物相差较大，如金属碳化物（如CaC_2）、氰化物（如KCN）等，也不属于金属有机化学的研究范畴。此外，有机物中O、S、N等元素作为金属配位原子的物质，也不属于金属有机化合物，而是无机配合物，属于配位化学的研究范畴。

金属有机化合物的性质与前面学习过的其他种类的有机化合物性质明显不同，它们可以提供碳负离子、自由基和卡宾等活性中间体，在有机合成领域具有重要的应用价值。

金属有机化合物以金属的取代衍生物命名，也就是将烷基作为前缀，金属名称作为后缀。如：

$CH_3CH_2CH_2CH_2Li$　　正丁基锂　　$(CH_3CH_2)_2Mg$　　二乙基镁

当金属上连有碳以外的其他基团时，可将基团看作阴离子分开来写，如：

CH_3MgCl　　甲基氯化镁　　$(CH_3CH_2)_2AlCl$　　二乙基氯化铝

20.1 金属有机化合物的制备

20.1.1 有机锂化合物的制备

有机锂化合物通常写为RLi，其制备方法主要有以下3种。

（1）卤代烷与金属锂反应

有机锂化合物和其他第一主族的金属有机化合物，都可由卤代烃和相应的金属在无水乙醚中反应制得。例如：

$$C_4H_9Cl + 2Li \xrightarrow[N_2]{\text{无水乙醚}} C_4H_9Li + LiCl$$

$$\triangleright\!\!-Br + 2Li \xrightarrow{\text{无水乙醚，}N_2} \triangleright\!\!-Li + LiBr$$

$$CH_3Br + 2Li \xrightarrow[-78\ ^\circ C,\ N_2]{\text{无水乙醚}} CH_3Li + LiBr$$

（2）卤化物和正丁基锂的交换反应

芳基卤、乙烯基卤化物与金属锂反应较困难，因此，通常采用卤化物交换法来制备相应的有机锂化合物。例如：

$$CH_2{=}CHX + n\text{-}C_4H_9Li \xrightarrow{N_2,\text{无水}Et_2O} CH_2{=}CH-Li + n\text{-}C_4H_9X$$

$$PhX + n\text{-}C_4H_9Li \xrightarrow{N_2,\text{无水}Et_2O} PhLi + n\text{-}C_4H_9X$$

X = Br, I, 不包括Cl

（3）金属化反应（夺氢反应）

由烃和n-C_4H_9Li或其他烃基锂化合物作用，也可以制备有机锂化合物，烃中的氢原子被金属锂取代，也叫金属化反应。在这类反应中，被夺取的氢其酸性要强于所生成烃或物质中相应氢的酸性。例如：

$$(CH_3)_3CC\equiv CH + n\text{-}C_4H_9Li \longrightarrow (CH_3)_3CC\equiv CLi + n\text{-}C_4H_{10}$$

$$C_6H_5H + n\text{-}C_4H_9Li \xrightarrow[THF]{TMEDA} C_6H_5Li\ (92\%) + n\text{-}C_4H_{10}$$

$$2\text{-}CH_3C_5H_4N + PhLi \xrightarrow{THF} 2\text{-}(LiCH_2)C_5H_4N + PhH$$

20.1.2 有机镁化合物的制备

有机镁化合物，即格氏试剂（详见8.4.3节），主要由金属镁和卤代烃反应制备，常用乙醚或四氢呋喃作为溶剂，并需要加热或加入少量碘单质来引发反应：

$$RX + Mg \xrightarrow[35\ ^\circ C]{Et_2O} RMgX$$

（R可以是Me，1°、2°、3°烷基，环烷基，烯基或芳香基）

由于成键电子对移向电负性较大的碳原子，所以格氏试剂中的烃基是一种高活性的亲核试剂，能发生加成、偶合和取代等反应，在有机合成中应用广泛。

当采用链状单取代末端炔烃或含有活泼氢的其他化合物时，也可以选择金属化法来制备格氏试剂。

$$RH + R'MgX \xrightarrow{Et_2O} RMgX + R'H$$

这里R的电负性大于R′时，才能向生成物的方向进行。例如：

$$RC\equiv CH + C_2H_5MgX \xrightarrow{Et_2O} RC\equiv CMgX + C_2H_6$$

$$ROH + R'MgX \xrightarrow{Et_2O} ROMgX + R'H$$

20.1.3 有机铜化合物的制备

二烷基铜锂试剂是最有用的金属有机铜试剂，一般表示为R_2CuLi，这些试剂比有机铜（Ⅰ）试剂更稳定，而且更活泼。它可以通过有机锂试剂和卤化亚铜（CuX）反应制得：

$$\underset{烷基锂}{2RLi} + \underset{卤化亚铜}{CuX} \xrightarrow[或THF]{Et_2O} \underset{二烷基铜锂}{R_2CuLi} + \underset{卤化锂}{LiX}$$

(X = Cl, Br, I)

具体步骤为：

$$RLi + CuI \xrightarrow{N_2,\ Et_2O} RCu + LiI$$

$$2RLi + CuI \xrightarrow{N_2,\ Et_2O} R_2CuLi + LiI$$

R = 芳基、烯基、伯烷基等

例如：

$$CH_3Li + CuI \xrightarrow{Et_2O} CH_3Cu \xrightarrow{CH_3Li} Li(CH_3)_2Cu$$

$$2(CH_3)_3CLi + CuI(C_4H_9)_3P \xrightarrow{Et_2O} Li[(CH_3)_3C]_2CuP(C_4H_9)_3$$

20.1.4 有机锌化合物的制备

通过类似的方法，金属锌也可以直接插入有机卤化物中，得到相应的有机锌金属试剂。但相对于活性较高的金属镁而言，金属锌的反应活性有所降低，因此该插入反应需要使用反应活性较高的有机溴化物或者反应活性更高的有机碘化物为反应底物。

$$R-X + Zn \xrightarrow{THF} R-ZnX$$

R = 烷基、芳基等，X = Br，I

相较于有机镁金属试剂较高的反应活性，有机锌金属试剂更加稳定，能容忍酯基的存在。

$$EtOC(=O)CH_2Br + Zn \xrightarrow[60\ ^\circ C]{THF} EtOC(=O)CH_2ZnBr$$

除此之外，通过使用活性较高的有机锂试剂（RLi）或者有机镁试剂（RMgX）和卤化锌（ZnX_2）发生转金属化反应，也可以制备得到相应的有机锌试剂。这些金属有机试剂的反应活性顺序是：RLi＞RMgX＞RZnX。

$$2RLi + ZnX_2 \xrightarrow{Et_2O或THF} R_2Zn + 2LiX$$

$$RMgX + ZnX_2 \xrightarrow{Et_2O或THF} RZnX + MgX_2$$

20.2 金属有机化合物的主要反应

20.2.1 金属有机化合物作为布朗斯特碱

RLi和RMgX在适当的溶剂中（如Et_2O）合成时是很稳定的。但它们是非常强的碱，能立即和质子供体反应，甚至和弱酸（如水和醇）都能立即反应。因此，这些金属有机试剂（RLi和RMgX）的制备必须在严格无水条件下进行（有时甚至需要在惰性气体氛围中进行）。

$$CH_3CH_2CH_2CH_2Li + H_2O \longrightarrow CH_3CH_2CH_2CH_3 + LiOH$$

$$CH_3CH_2MgBr + CH_3OH \longrightarrow CH_3CH_3 + CH_3OMgBr$$

金属锂和金属镁化合物的C—M键呈现一定碳负离子的性质。碳负离子属于非常强的碱，它们的共轭酸是碳氢化合物——很弱的酸。表20-1列出了典型碳氢化合物酸度的近似数据。

$$\ce{>C-H <=> H+ + >C^{-}:}$$

碳氢化合物（非常弱的酸）　质子　碳负离子（非常强的碱）

$$\text{环己基-Cl} + Mg \xrightarrow[35\ ^\circ C]{Et_2O} \text{环己基-MgCl} \xrightarrow{H_3C-C\equiv CH} \text{环己基-H} + H_3C-C\equiv CMgCl$$

$$CH_3Li + HN(i\text{-}C_3H_7)_2 \longrightarrow CH_4 + LiN(i\text{-}C_3H_7)_2$$

表 20-1　一些碳氢化合物和标准化合物的近似酸度

化合物	分子式	K_a	pK_a	共轭碱
2-甲基丙烷	$(CH_3)_3C-H$	10^{-71}	71	$(CH_3)_3\bar{C}:$
乙烷	CH_3CH_2-H	10^{-62}	62	$CH_3\bar{C}H_2$
甲烷	CH_3-H	10^{-60}	60	$H_3\bar{C}:$
乙烯	$H_2C=CH-H$	10^{-45}	45	$H_2C=\bar{C}H$
苯	C_6H_5-H（苯环）	10^{-43}	43	$C_6H_5^-$（苯基负离子）
氨	H_2N-H	10^{-36}	36	$H_2\ddot{N}:^-$
乙炔	$HC\equiv C-H$	10^{-26}	26	$HC\equiv\bar{C}:$
乙醇	CH_3CH_2O-H	10^{-16}	16	$CH_3CH_2\ddot{O}:^-$
水	$HO-H$	1.8×10^{-16}	15.7	$H\ddot{O}:^-$

20.2.2　金属有机化合物作为亲核试剂

格氏试剂（RMgX）和有机锂试剂（RLi）都具有亲核性，它们可以进攻羰基，形成新的C—C键（详见8.4.3章节）。金属有机锂化合物和羰基的反应与格氏试剂和羰基的反应相似。在它们与醛和酮反应时，RLi比RMgX还要活泼些。

$$H_2C=CHLi + C_6H_5CHO \xrightarrow[2)\ H_3O^+]{1)\ Et_2O} C_6H_5CH(OH)CH=CH_2$$

$$CH_3(CH_2)_3C\equiv CMgBr + HCHO \xrightarrow[2)\ H_3O^+]{1)\ Et_2O} CH_3(CH_2)_3C\equiv CCH_2OH$$

（1）有机铜试剂的反应

与有机镁化合物类似，有机铜化合物也能与卤代烃反应。二烷基铜锂（R_2CuLi）是最常用的有机铜试剂，作为一种双金属配合物，它的溶解性好，活性高，选择性好，在有机合成中应用广泛。如二烷基铜锂与烷基卤化物反应能生成烷烃：

$$R_2CuLi + R'X \longrightarrow R-R' + RCu + LiX$$

二烷基铜锂　卤代烃　烷烃　烷基铜　卤化锂

伯烷基卤化物，尤其是伯烷基碘化物，是理想的反应底物。仲烷基卤化物和叔烷基卤化物会发生消除反应：

$$(CH_3)_2CuLi + CH_3(CH_2)_8CH_2I \xrightarrow[0\ ^{\circ}C]{Et_2O} CH_3(CH_2)_8CH_2CH_3$$

二甲基铜锂　1-碘癸烷　十二烷(90%)

二芳基铜锂试剂的合成方法和二烷基铜锂的合成方法一样，且也能和伯烷基卤化物发生相同的反应：

$$(C_6H_5)_2CuLi + ICH_2(CH_2)_6CH_3 \xrightarrow{Et_2O} C_6H_5CH_2(CH_2)_6CH_3$$

二苯基铜锂　1-碘辛烷　1-苯基辛烷(99%)

最常使用的烷基铜试剂为伯烷基取代的有机铜化合物。立体位阻会使得含仲或叔烷基的金属有机铜化合物的活性降低，它们往往在与烷基卤代烃反应之前就分解了。

有机铜试剂与烷基卤化物（R—X）的反应活性符合一般的S_N2规律：$CH_3 > 1^{\circ} > 2^{\circ} > 3^{\circ}$，以及R—I＞R—Br＞R—Cl＞R—F。除此之外，对甲基苯磺酸酯（ROTs；Ts=4-$MeC_6H_4SO_2$）是很好的底物，比烷基卤化物的活性要高。

烯基卤化物和芳基卤化物虽然受亲核试剂进攻时反应活性不高，但它们却能与二烷基铜锂发生反应。

$$(CH_3CH_2CH_2CH_2)_2CuLi + \text{1-溴环己烯} \xrightarrow{Et_2O} \text{1-丁基环己烯}(CH_2CH_2CH_2CH_3)$$

二丁基铜锂　1-溴环己烯　1-丁基环己烯(80%)

$$(CH_3CH_2CH_2CH_2)_2CuLi + C_6H_5I \xrightarrow{Et_2O} C_6H_5CH_2CH_2CH_2CH_3$$

二丁基铜锂　碘苯　丁基苯(75%)

通常情况下，有机铜试剂与α,β-不饱和酮（例如：2-环己烯-1-酮）主要发生1,4-加成反应，而活性更高的有机锂试剂（或者有机镁试剂）更倾向于发生1,2-加成反应。

2-环己烯-1-酮 $\xrightarrow[2)\ NH_4Cl,\ H_2O]{1)\ CH_3Li\text{或}CH_3MgBr}$ 1-甲基-2-环己烯-1-醇（HO, CH_3）

1,2-加成

2-环己烯-1-酮 $\xrightarrow[2)\ NH_4Cl,\ H_2O]{1)\ (CH_3)_2CuLi}$ 3-甲基环己酮（CH_3）

1,4-加成

此外，无论是顺反异构的乙烯基卤化物与有机铜试剂反应，还是顺反异构的有机铜试剂与卤代烃反应，均可优先得到双键构型保持不变的产物。

$$C_6H_5CH=CHBr + (C_6H_5)_2CuLi \xrightarrow{0\ ^{\circ}C} \text{反式 } C_6H_5CH=CHC_6H_5 + \text{顺式 } C_6H_5CH=CHC_6H_5$$

	反式产物	顺式产物
顺式	＜1%	73%
反式	90%	＜2%

（2）有机铝试剂的反应

有机铝化合物是许多有机合成和高分子合成反应的催化剂。如三烷基铝、二烷基氯化铝、一烷基二氯化铝、三烷基三氯化二铝等。按照铝原子所连接的三个基团（或原子）的情况，有机铝化合物可分为三类：R_3Al、R_2AlZ、$RAlZ_2$（R = 烃基，Z=H、F、Cl、Br、OR、SR、NH_2、NHR、NR_2、PR_2等），其中应用最广泛、也最重要的是烷基铝及其卤化物，如三乙基铝、三异丁基铝、二乙基氯化铝等。

20世纪50年代早期，卡尔·齐格勒（Karl Ziegler）发现：在有机铝化合物作催化剂的条件下，在乙烯低聚反应中加入一些金属或是它们的化合物会形成8~18个碳原子的乙烯聚合物，但是其他试剂会促使形成碳链非常长的聚乙烯。这一反应路线（也称齐格勒路线）对合成聚乙烯非常重要，因为它只需要适度的温度和压力就能生成高密度的聚乙烯，而这种高密度聚乙烯的性能优于在3.6节介绍的由自由基引发聚合形成的低密度聚乙烯。

$$n\,H_2C{=}CH_2 \xrightarrow{Et_3Al} CH_3CH_2(CH_2CH_2)_{n-2}CH{=}CH_2$$

乙烯　　　　乙烯低聚物

$$H_2C{=}CH_2 \xrightarrow[\text{庚烷}]{AlEt_3,\ TiCl_4} \left[CH_2CH_2\right]_n \xrightarrow{Me_3COH} \left[CH_2CH_2\right]_n$$

高密度聚乙烯

齐格勒-纳塔催化剂是指由元素周期表中ⅣB到ⅦB族的过渡金属盐和ⅠA到ⅢA族的金属烷基化合物、卤化烷基化合物或氢化烷基化合物组成的催化体系，其典型代表是$TiCl_4$或$TiCl_4$和$(CH_3CH_2)_2AlCl$组成的体系。晶体状聚苯乙烯的合成，就是使用齐格勒-纳塔催化剂进行反应的典型代表。

$$C_6H_5CH{=}CH_2 \xrightarrow[\text{庚烷}]{Et_2AlCl,\ TiCl_4} \left[CH(C_6H_5)CH_2\right]_n$$

聚苯乙烯

拓展阅读：有机化学家戴立信院士

戴立信，著名有机化学家，中国科学院院士。1924年11月13日出生于北平，1947年国立浙江大学毕业。1953年进入中科院上海有机化学研究所工作。现任有机所研究员、有机所学术委员会和学位委员会顾问、金属有机化学国家重点实验室学术委员会委员、上海化学化工学会名誉理事长。曾任生命有机化学国家重点实验室学术委员会委员、元素有机化学国家重点实验室学术委员会主任。曾两次获国家自然科学奖二等奖，2002年获何梁何利科技进步化学奖，2018年获“中国化学会终身成就奖”。

戴立信的青少年时代是在日寇侵略的战乱中度过的。1937年9月，他随父母由北平逃难上海，先后入读几所中学，于1942年由三育中学高中毕业。当年在三育中学兼课的一位交通大学桂姓讲师讲授的化学课十分贴近日常生活，生动有趣，还穿插着不少有机化学的知识，让戴立信非常着迷，因此对有机化学产生了浓厚兴趣。同年9月，戴立信考取上海沪江大学化学系，但不到一年，日军进军租界，上海的生活日益困难，他怀抱着求学的决心，经过长达半年的艰苦跋涉，辗转浙江、福建、江西、湖南、广西等地，最终在西迁至贵州的浙江大学借读。一次，他到贵州农村慰问，亲眼看到一户人家因为没有足够的裤子穿，只能躲在被窝里取暖。这让他更加坚定了为国家的复兴发奋读书的决心。

戴立信来到浙江大学永兴校区的第一个晚上突发疟疾，幸亏校医室里还有几片奎宁，服药后才慢慢好转。经历这一磨难的戴立信，对于有机化学的热爱已不仅仅是觉其“有趣”，更觉其“有用”，认为科学可以改变中国贫穷落后的面貌。

1947年，浙大毕业后，戴立信做过短期代课教师和钢铁厂分析员。1953年6月，国家号召从事非专业所学工作人员“技术归队”，他被分配到了上海有机所工作。同年上海有机所开展了金霉素的研究工作，戴立信参加了黄耀曾院士负责的抗生素小组。那时的中国，抗生素才刚刚出现，金霉素、链霉素都只能依赖进口。“那时候做抗生素好比现在做蛋白，是很前沿的领域。即便是链霉素，都要用金条买，一般老百姓用不起。”戴立信发现，金霉素在碱液中容易被破坏为异金霉素，而金霉素在碱性溶液中的稳定性较在酸性溶液中要小，而且稳定性随温度升高而降低。于是，他建议在提取金霉素的工艺上，采取弱碱碳酸氢钠，上海第三制药厂采纳了他的建议，并改进了金霉素的提取路线，收到了很好的效果。

1960年，戴立信先后从事了高能燃料等国防任务的科学组织工作和有机硼化学的研究，诸如α,β-不饱和醛酮的硼氢化反应、高级硼烷的衍生化反应、碳硼烷的合成及转化等。1984年，六十岁的戴立信再次重返科研第一线。他以一位成熟的科学家的敏锐目光，瞻瞩国际科坛发展的风云变幻，迅速捕捉到金属有机化学的发展前景，果敢地选择了金属催化的不对称合成作为科研课题，把科研水平提升到相应的科学高度。

戴立信着手不对称合成等国际前沿科学命题研究，不到十年便确立了他在有机化学领域的科学地位，成为上海有机所第十位中科院院士，为我国老科学家学术成长史写下出彩的一页。

戴立信院士坦诚低调，待人和蔼可亲，他一生奉行求实治学和豁达做人的原则。他在当选中科院院士后说：“我能成为有机所第十名院士，有几个重要的机遇。一是1984年汪猷先生（中国抗生素事业的开拓者，中国生物有机化学的先驱者之一）让我回实验室从事金属有机合成研究，当时正是我国由总设计师主政而带来的科学春天，是科研环境非常好的时代；二是国家建立了研究生制度，我有幸得到一批有才华又非常勤奋的年轻人（指他的学生们）和我一起从事科研，他们给了我很大的帮助。三是我能在1953年技术归队，进入学术氛围很浓的上海有机所。老一辈科学家在20世纪30～40年代从当时的化学研究中心的欧洲带回来好传统，50年代从美国带回来的新知识和科学思维，都给我很多教益；老、中、青科研人员的团队合作，鼓励我在科学上的成长。”在他高度概括而又朴实的讲话中，他对有机所、前辈科学家和他的团队的感恩之情，溢于言表。

戴立信院士性格开朗、豁达大度。经历政治运动中的逆境、生理的病患和亲人的离别，他都能在较短的时间内平复，坚强地着眼未来，以“但愿人长久，千里共婵娟”的美好愿望来调节自己的心态。他是一位有着超过六十年党龄的科学工作者，也是位集党性、科学性和中国传统知识分子人性为一体的性情中人。

92岁时的戴立信院士，依然在工作日到上海有机化学所上班，参加科学讨论会并做些力所能及的事。90岁前后，他先后与上海有机所的侯雪龙、丁奎岭两位教授分别编著了由WILEY-VCH出版的《Chiral Ferrocenes in Asymmetric Catalysis》和《Organic Chemistry Breakthroughs and Perspectives》两本英文专著，他还参与了《神奇的葱蒜》的译审工作。

戴立信院士的科研生涯，诠释了一位化学家的科学担当和科学忠诚。

参考资料

熊家钰. 化学担当——记著名有机化学家戴立信院士[J]. 科学家, 2018(7):12.

习题

20-1 命名下列化合物。

（1）$CH_3CH_2CH_2CH_2Na$　（2）$(CH_3CH_2CH_2)_2Zn$　（3）$(CH_3)_3CLi$

（4）$[(CH_3)_2CH]_3Al$　（5）$(CH_3CH_2)_4Pb$　（6）$(PhCH_2)_2CuLi$

（7）PhMgI　（8）$CH_3CH_2AlBr_2$

20-2 完成下列反应式。

（1）4-溴氟苯 + Mg $\xrightarrow{Et_2O,\ 35\ ^\circ C}$

（2）$H_2C{=}CHBr$ + Mg $\xrightarrow{THF,\ 回流}$ $\xrightarrow{D_2O}$

（3）1-溴丙烷 $\xrightarrow[Et_2O]{Li}$ $\xrightarrow{CuI}$ $\xrightarrow{H_2C{=}CHCl}$

（4）（含 H_3CO 与 I 取代的桥环化合物）+ $(CH_3)_2CuLi$ $\longrightarrow$

（5）（3-呋喃甲基对甲苯磺酸酯，CH_3、O=S=O、O）+ $(CH_3CH_2CH_2CH_2)_2CuLi$ $\longrightarrow$

（6）环己酮 + 2-溴丁酸甲酯（Br，OCH_3）$\xrightarrow[THF]{Zn}$

20-3 写出下列反应中化合物A、B和C的合理结构。

Me_3C–环己基–OTs $\xrightarrow{(CH_3)_2CuLi}$ 化合物A（$C_{11}H_{22}$）+ 化合物B（$C_{10}H_{18}$）

Me_3C–环己基–OTs $\xrightarrow{(CH_3)_2CuLi}$ 化合物B + 化合物C（$C_{11}H_{22}$）

化合物A比化合物C更稳定。

20-4 完成下列反应方程式，写出聚合体的结构。

（1）$Et{-}HC(Me){-}HC{=}CH_2$ $\xrightarrow{Et_2AlCl,\ TiCl_4}$ $\xrightarrow{C_2H_5OH}$

（2）（异戊二烯）$\xrightarrow{[(CH_3)_2CHCH_2]_3Al,\ TiCl_4}$ $\xrightarrow{i\text{-}C_3H_7OH}$

20-5 写出下列方程式中用字母表示的反应物和产物的结构式。

（1）环己-2-烯酮 $\xrightarrow[2)\ NH_4Cl,\ H_2O]{1)\ (CH_2{=}CHCH_2)_2CuLi,\ Et_2O,\ -78\ ^\circ C}$ A

（2）苯基–Li $\xrightarrow[Et_2O,\ 0\ ^\circ C]{CuBr}$ B $\xrightarrow[2)\ NH_4Cl,\ H_2O]{1)\ \text{6-甲基环己-2-烯酮}}$ C

（3）D $\xrightarrow[\text{2) } NH_4Cl,\ H_2O]{\text{1) } (CH_3)_2CuLi,\ Et_2O,\ -78\ ^\circ C}$ 3,3-二甲基环己酮（结构式）

20-6 合成题。

（1）$CH_3CH_2CH_2Br \longrightarrow CH_3CH_2CH_2CH(CH_3)_2$

（2）$CH_3CH{=}CHCH_3$ + 苯 $\longrightarrow CH_3CH{=}CHCH_2Ph$

（3）环戊醇 $\longrightarrow$ 1-环戊基环戊醇（结构式，OH）

（4）环己烷 $\longrightarrow$ 环己基甲基酮（结构式，O）

（5）苯 $\longrightarrow$ 2-苯基-2-戊醇（结构式，OH）

（6）3,3-二甲基丁基溴（Br）$\longrightarrow$ 含 D 的产物（结构式，D）

（7）苯 $\longrightarrow$ 3-(4-氯苯基)丙腈（结构式，Cl，CN）

（8）3-甲基-1-丁烯 $\longrightarrow$ 5-甲基己醛（结构式，O）

（9）5-溴-2-戊酮（Br，O）$\longrightarrow$ 产物（结构式，OH，OH）

（10）以乙醇为唯一的有机原料合成如下产物

乙醇（OH）$\longrightarrow$ 3-甲基-3-戊醇（结构式，OH）

20-7 简答题：结合所学的知识解释如下反应为什么无法正常进行？

（1）4-羟基-2-丁酮（O，OH）(1 mol) $\xrightarrow[Et_2O]{PhMgCl(1\ mol)}$ 产物（OH，Ph，OH）

（2）6-溴己醛（O，H，Br）$\xrightarrow[Et_2O]{Mg}$ 产物（O，H，MgBr）

20-8 结构推导题。

（1）某化合物$C_6H_{13}Br$（A）所制得的格氏试剂与丙酮作用可生成2,4-二甲基-3-乙基-2-戊醇。A可发生消除反应生成两种互为异构体的产物B和C。将B臭氧化水解后，再在还原剂存在下水解，则得到相同碳原子数的醛D和酮E。试写出A～E的构造式。

（2）化合物A（$C_6H_{10}O$）与2,4-二硝基苯肼生成棕黄色沉淀；A与乙基溴化镁反应，水解后得到B（$C_8H_{16}O$）。B与浓H_2SO_4共热得C（C_8H_{14}）。C与冷的稀$KMnO_4$碱性溶液作用得D（$C_8H_{16}O_2$）。D与HIO_4作用得E（$C_8H_{14}O_2$）。E与I_2-NaOH溶液作用有黄色沉淀生成。试写出A～E的可能结构式。

第21章

周环反应

大多数有机反应通过极性机理发生，例如亲核试剂提供两个电子给亲电试剂，形成新的化学键；也有些反应通过自由基机理发生，例如两种反应物各给出一个电子，形成一个新的化学键。

近年来，第三类有机反应的基本原理已被逐渐揭示清楚。这类反应通过环状过渡态的协同过程发生，反应中没有中间体生成，所有化学键的断裂和生成在同一时间、同一步内发生，它们都对过渡态做出贡献。这种通过形成过渡态一步完成的多中心反应，称为周环反应。

21.1 周环反应的理论发展

20世纪60年代，科学家在天然产物的合成过程中发现了一些特殊的实验现象，这些实验现象驱动了人们对有机化学反应机理的探索。例如，埃格伯特·哈文加（Egbert Havinga）通过对维生素D_3的反应研究发现，7-脱氢胆固醇的B环通过光化学开环形成共轭三烯，接着甲基H原子继续重排到共轭体系的另一端。这一反应只是从维生素D体系中观测到的许多类似反应中的典型代表。

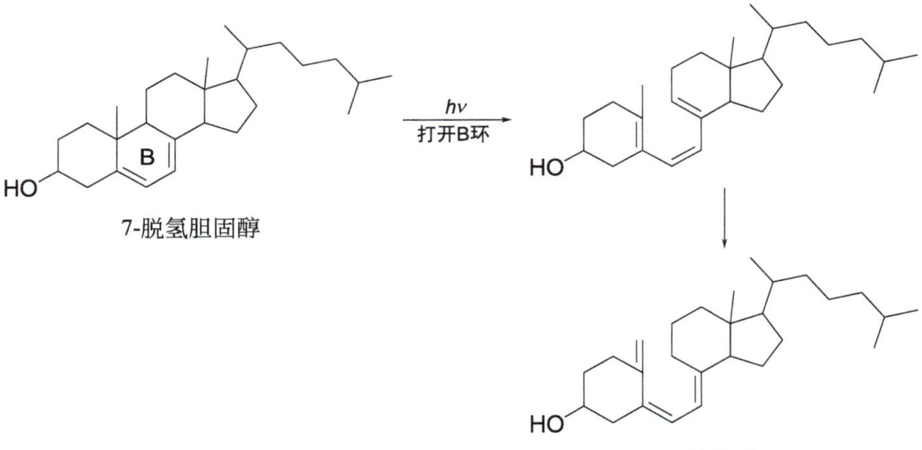

HO B 7-脱氢胆固醇 $h\nu$ 打开B环 HO HO 维生素D_3

与此同时，罗伯特·伯恩斯·伍德沃德（Robert Burns Woodward）正致力于维生素B_{12}的合成研究。他观察到在光和加热的反应条件下，共轭三烯形成环己二烯后又转变回三烯的立体化学变化。伍德沃德和他的同事罗德·霍夫曼（Roald Hoffmann）思考这些反应现象时，提出了“参与化学反应的分子轨道对称性决定了反应过程”这一假设。1965年，他们发表了一系列论文阐述有关反应中的轨道对称性守恒理论，开启了理论化学的新篇章。

共轭三烯 ⇌ 环己二烯

21.2 前线轨道理论

周环反应过程中分子轨道的对称守恒原则可以用前线轨道理论来解释。

描述反应物分子轨道间的相互作用和它们转化为产物分子轨道的方法有很多，其中最简单也最有效的是：当一个带电子的反应物的最高能量分子轨道和另一不带电子的反应物的最低能量分子轨道作用时，就会发生反应。这就好像给电子的路易斯碱和带空轨道的路易斯酸反应，或者类似亲核试剂和亲电试剂的反应。唯一不同的是，为了解释周环反应的专一性和立体化学性质，需精确研究其发生作用的轨道。

20世纪50年代，理论化学家福井谦一提出了著名的前线轨道理论。这一理论将分子周围分布的电子云根据能量细分为不同能级的分子轨道。福井指出：有电子排布的、能量最高的分子轨道（即最高占据轨道，highest occupied molecular orbital，HOMO）和没有被电子占据的、能量最低的分子轨道（即最低未占轨道，lowest unoccupied molecular orbital，LUMO）是决定一个体系发生化学反应的关键，其他能量的分子轨道对于化学反应虽然有影响，但是影响很小，可以暂时忽略。

HOMO和LUMO便是所谓的前线轨道。凡是处于前线轨道的电子，可优先配对。这对选择有机合成反应路线起着决定性作用。它的依据是：在分子中，HOMO上的电子能量最高，所受束缚最小，所以最活泼，容易变动；而LUMO在所有的未占轨道中能量最低，最容易接受电子。因此这两个轨道决定着分子的电子得失和转移能力，决定着分子间反应的空间取向等重要化学性质。

由于福井谦一提出的前线轨道理论及对怎样认识化学反应方面做出的重要贡献，他和与提出分子轨道对称性守恒原理的美国科学家罗德·霍夫曼共同获得了1981年的诺贝尔化学奖。

为什么这些特殊轨道对决定周环反应过程如此重要？这是因为分子最高占据轨道上的电子就像原子的最外层电子，与分子中其他电子相比，它的能量最高，用最少的能量就可以使它离去。例如，分子在气相中可电离出电子，使分子电离的光谱技术可以用来确定分子最高占据轨道HOMO的能级。而最低空轨道LUMO则是分子得到最少能量后所能达到的能级。

分子最高占据轨道的能量越高，越容易失去电子，最低空轨道的能量越低，越容易得到电子。因此，高能量的HOMO和低能量的LUMO分子间的相互作用最强。通常，一个分子的最高占据轨道能量和另一个分子的最低空轨道能量差距越小，它们的相互作用越强。

以乙烯为例，其成键、反键π轨道以及基态和激发态的电子构型如图21-1所示。

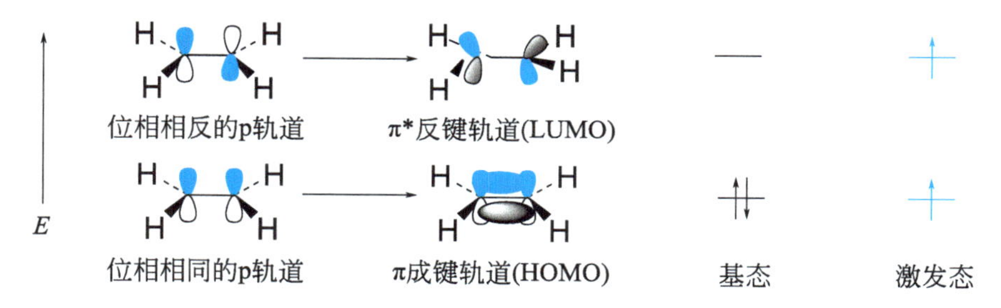

图21-1　乙烯的成键、反键π轨道以及基态和激发态的电子构型

乙烯的分子轨道图可以代表所有含有一个π轨道和两个电子的化合物，两个π分子轨道可通过与平分碳碳键的平面的关系描述为对称的或反对称的。可以想象这样一个平面，它把π轨道分割为两部分，轨道的左边和右边互为镜像。因此该π轨道基于该平面是对称的。而π^*轨道不是对称的，它基于平分碳碳键的平面是反对称的。

类似地，1,3-丁二烯的分子轨道图可用于探讨共轭二烯，如图21-2所示，四个分子轨道可命名为ψ_1、ψ_2、ψ_3和ψ_4（图21-2中所示的分子轨道可探讨任意有4个电子的共轭二烯体系）。

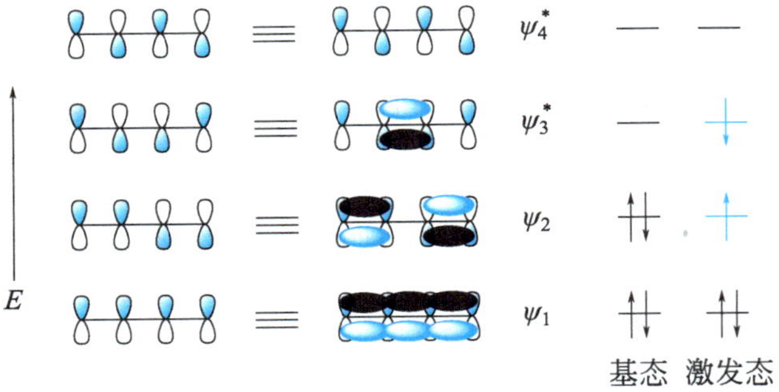

ψ_4^*

ψ_3^*

ψ_2

E

ψ_1

基态 激发态

图21-2 1,3-丁二烯分子轨道图和电子构型

在基态时，两个π电子占据ψ_1轨道，另两个π电子则占据ψ_2轨道。ψ_2在这里是能量最高的电子已占据的分子轨道，即HOMO。π电子在这个轨道中最活泼，往往是参与反应的电子。这个分子轨道的如何变化或重新组合决定着反应能否进行。另一个对反应也同样重要的分子轨道是能量最低的未占据的分子轨道ψ_3，即LUMO。在光的作用下，往往有π电子从HOMO被激发进入LUMO，这个分子轨道的如何变化或重新组合也决定着反应能否进行，所以在反应中ψ_2和ψ_3被称为前沿轨道，ψ_2和ψ_3的性质决定着反应进行的途径。

21.3 电环化反应

电环化反应是链形共轭体系的两个尾端碳原子之间π电子环化形成σ单键的单分子反应或其逆反应。环化过程通常是：断开一个π键，其他π键改变位置，同时形成一个新的σ键而得到环状化合物。反应可逆，其平衡位置取决于具体实例。如1,3,5-己三烯和1,3-环己二烯之间更倾向于得到环化产物环己二烯，而1,3-丁二烯和环丁烯之间则更倾向于得到没有张力的开环产物丁二烯。

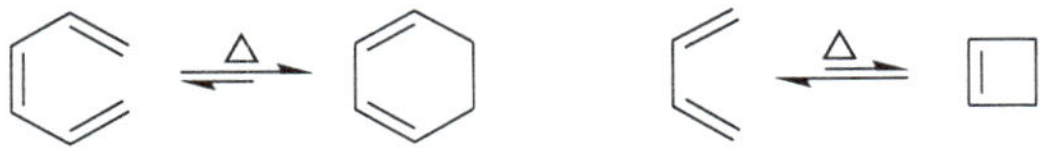

△ △

电环化反应最引人注目的，是其立体化学特性，如2,4,6-辛三烯的反应，在加热和光照下所得产物构型并不相同。

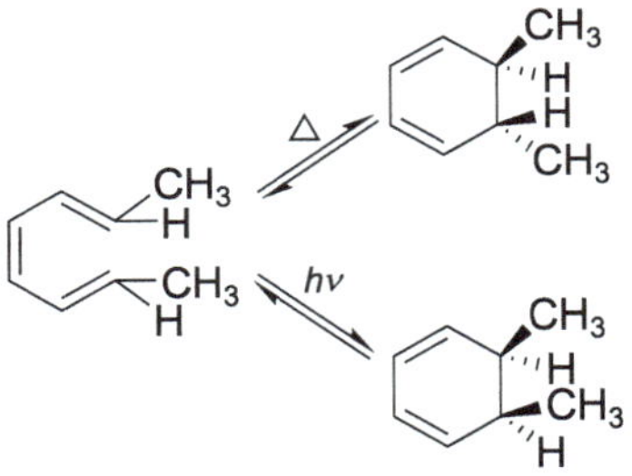

CH_3 H H CH_3 △ CH_3 H CH_3 H $h\nu$ CH_3 H CH_3 H

为了解释这些结果，需要观察多烯分子两端的轨道的位相——形成化学键时相互作用的轨道。这里有两种情况：有相同符号的轨道可能在分子的同侧或异侧，只有旋转到位相相同时，轨道重叠才可以发生反应。

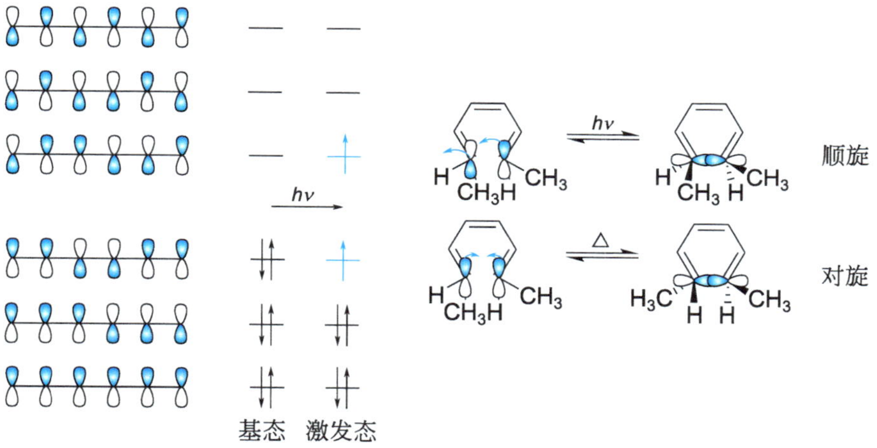

2,4,6-辛三烯有6个π分子轨道和6个π电子，基态时，6个π电子占据ψ_1、ψ_2、ψ_3轨道，ψ_3为HOMO，在加热条件下，ψ_3发生关环时需发生同位相重叠，因此必须采取对旋关环的方式；而在光照条件下，ψ_3上的一个电子跃迁到ψ_4，此时ψ_4为HOMO轨道，为了使关环时发生同位相重叠，必须采取顺旋关环。这也和实验结果相符。

但己二烯的关环现象却与辛三烯不同。在基态时，己二烯的4个π电子占据ψ_1、ψ_2轨道，ψ_2为HOMO，在加热条件下经顺旋关环得到关环产物，而在光照条件下，ψ_2上的一个电子跃迁到ψ_3，ψ_3为HOMO轨道，经对旋关环得到关环产物。

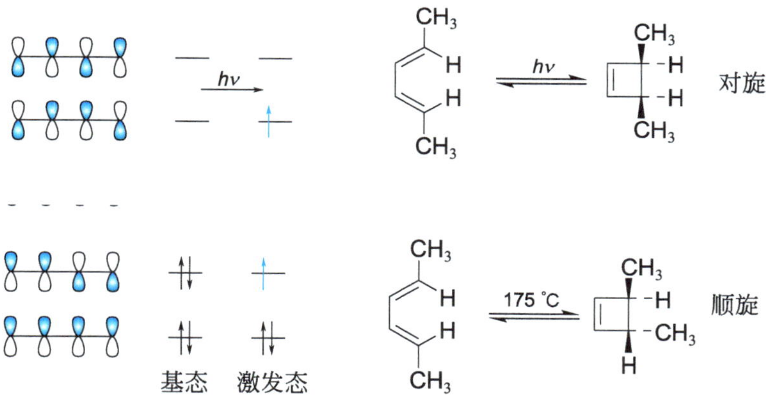

共轭多烯烃的π分子轨道对C_2旋转轴的对称性是按反对称、对称交替变化的，而对镜面m的对称性是按对称、反对称交替变化的。因此，所有属于4nπ体系的共轭多烯在基态时的HOMO都有相同的对称性，加热时都必须采取顺旋关环的方式；它们在激发态时的HOMO也都有相同的对称性，所以，光照时都必须采取对旋关环的方式。所有属于(4n+2)π体系的共轭多烯在基态时的HOMO也都有相同的对称性，加热时必须采取对旋关环的方式；在激发态时的HOMO也都有相同的对称性，所以光照时必须采取顺旋关环的方式。

将电环化反应的立体选择性进行归纳总结，可以得到如表21-1所示的规则。

表21-1　电环化反应的立体化学规则

π电子数	热反应	光化学反应
4n	顺旋	对旋
4n+2	对旋	顺旋

21.4 环加成反应

在光或热的作用下，两个或多个带有双键、共轭双键或孤对电子的分子相互作用，形成一个稳定的环状化合物的反应称为环加成反应。环加成反应的逆反应，称为环消除反应。

21.4.1 烯烃的光化学二聚反应

在基态下，一分子(*E*)-2-丁烯的最高占据轨道靠近另一分子(*E*)-2-丁烯的最低空轨道，不用紫外光时，一个乙烯分子的HOMO和另一个乙烯分子的LUMO发生同面-同面重叠时，一端是同位相重叠，另一端是异位相重叠，两者彼此排斥，因此这一反应在热条件下是禁阻的。当用紫外光照射(*E*)-2-丁烯分子时，其中一个(*E*)-2-丁烯分子到达激发态，它的HOMO轨道将会有不同的对称性。HOMO和LUMO发生同面-同面重叠时，均为同位相重叠，可以成键，且原料的立体构型在产物中将保持不变，如图21-3所示。

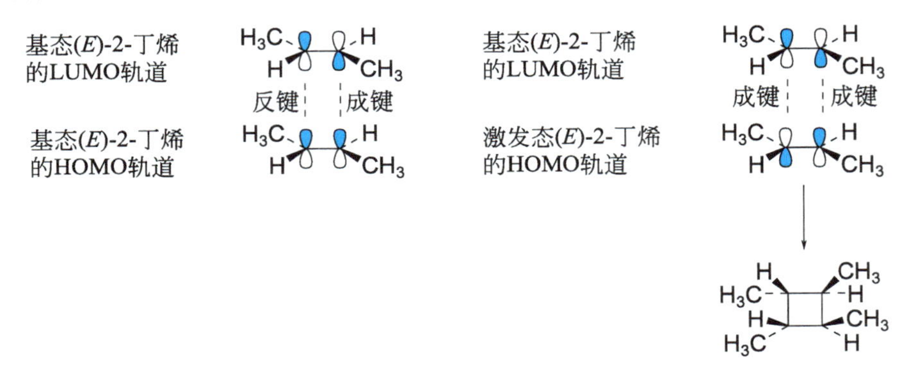

图21-3 基态和激发态下，(*E*)-2-丁烯的HUMO和LUMO轨道的相互作用

$h\nu$ / △ 不反应

21.4.2 狄尔斯-阿尔德反应

狄尔斯-阿尔德（Diels-Alder）反应，简称D-A反应，是另一类典型的环加成反应。在这类反应中，共轭双烯与含有烯键或炔键的化合物（一般称为亲双烯体）互相作用，生成六元环状化合物，所以也被称为双烯合成。即使新形成的环中的一些原子不是碳原子，这个反应也可以继续进行。一些此类反应是可逆的，这样的环分解反应叫作逆狄尔斯-阿尔德反应。

我们仍以1,3-丁二烯和乙烯为例，来分析D-A反应：

1,3-丁二烯和乙烯在加热条件下的环加成反应中，分子轨道的重叠有两种可能：一种是丁二烯基态的HOMO和乙烯基态的LUMO重叠；另一种是丁二烯基态的LUMO和乙烯基态的HOMO重叠。无论采取哪一种方式，基态时同面-同面加成位相都是相同的，都是对称允许的。

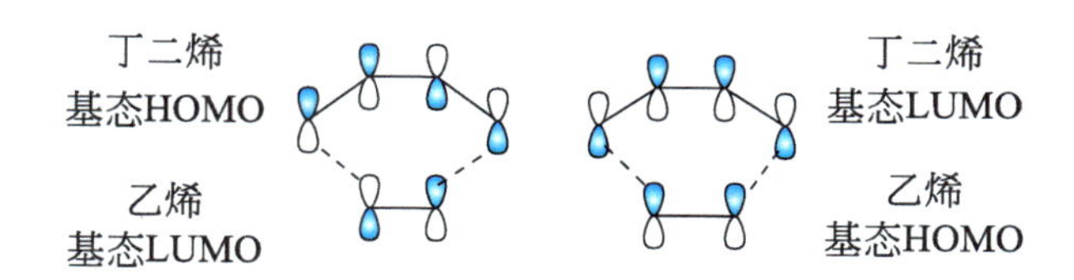

而在1,3-丁二烯和乙烯光激发条件下的环加成反应中，同面-同面加成是禁阻的。

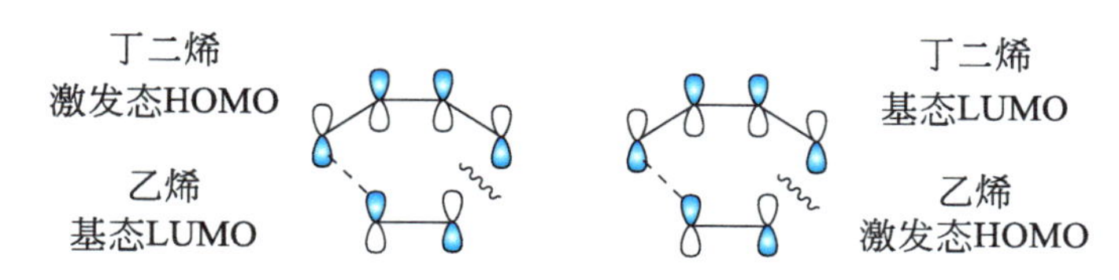

如上所述，狄尔斯-阿尔德反应是一步完成的。反应时，反应物分子彼此靠近，互相作用，形成一个环状过渡态，然后逐渐转化为产物分子。即旧键的断裂和新键的产生是互相协调在同一步骤中完成的，具有这种特点的反应称为协同反应。

21.4.3 环加成反应的立体选择性

与电环化反应的立体选择性类似，共轭多烯烃的π分子轨道对C_2旋转轴或镜面的对称性是交替变化的。所有属于$4n\pi$体系的共轭多烯在环加成过程中与乙烯二聚的结论相同；而所有属于$(4n+2)\pi$体系的共轭多烯则与1,3-丁二烯和乙烯的环加成反应结论一致。

在环加成反应过程中，反应物在不同情况下可以经过不同的过渡态，形成不同立体结构特征的产物。对于两个不饱和分子所进行的环加成反应，就存在4种不同的加成方式，即同面/同面、异面/异面、同面/异面、异面/同面。将环加成反应的立体选择性进行归纳总结，可以得到如表21-2所示的规则。

表21-2　环加成反应的立体化学规则

π电子数	热反应	光化学反应
$4n$	异面	同面
$4n+2$	同面	异面

21.5 σ重排

σ重排是指σ键上的原子或基团跨过π电子体系，从一个位置迁移到另一个位置的过程。反应物断裂一个σ键，π键发生转移，同时形成一新的σ键而得到产物。σ键可以在π电子体系的端点或中间。

21.5.1 σ重排的命名

在上述反应中，1、1′之间的σ键断裂，3、3′之间的σ键形成，原来在2、3之间和2′、3′之间的两个π键分别转移到1、2和1′、2′之间；上述键的变化都是经过一个很有规律的六元环状过渡态一步协同完成的。

σ迁移反应的命名方法是以反应物中发生迁移的σ键作为标准，从其两端开始分别编号，把新生成的σ键所连接的两个原子的位置i、j放在方括号内，称为[i, j] σ迁移。因此，上述反应也称为[3, 3] σ迁移。下面的反应则为[1, 5] σ迁移。

又如：

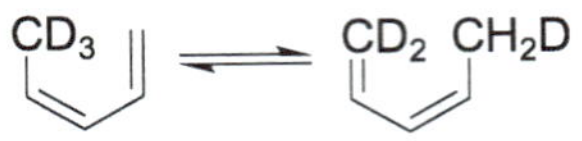

CD_3 ⇌ CD_2 CH_2D [1,5] σ迁移

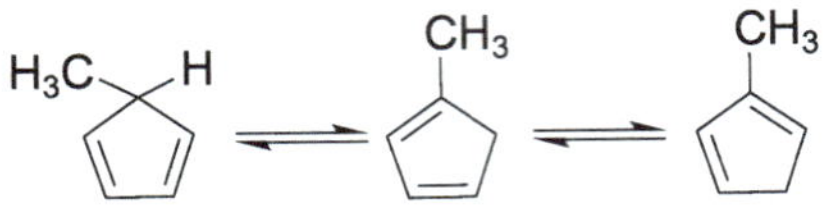

H_3C H ⇌ CH_3 ⇌ CH_3 [1,5] σ迁移

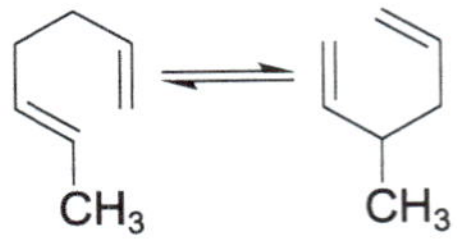

CH_3 ⇌ CH_3 [3, 3] σ迁移

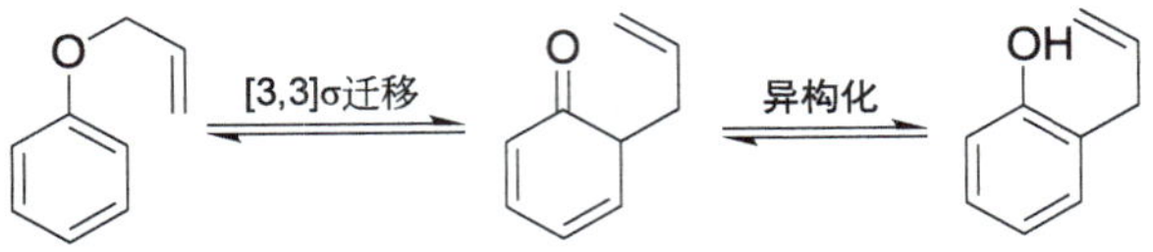

O ⇌[3,3]σ迁移 O ⇌异构化 OH

21.5.2 σ重排的前线轨道理论

对于[1, j] σ迁移而言，迁移时σ键发生均裂，产生一个氢原子（或碳自由基）和一个奇数碳共轭体系自由基，可以看作一个氢原子（或碳自由基）在奇数碳共轭体系自由基上移动来完成的。迁移反应中，起决定作用的分子轨道是奇数碳共轭体系中含有单电子的前线轨道，反应的立体选择性完全取决于该分子轨道的对称性。此外，新的σ键形成时，必须发生同位相的重叠。

如下反应中，基态时氢的[1, 3] σ同面迁移是对称禁阻的，而氢的[1, 5] σ同面迁移是对称允许的。

Me D H D Me Et —[1, 3]σ迁移 ✗→ H D Me D Et Me
—[1,5]σ迁移→ H Me D D Et Me

H 1 2 3 H　　H 1 2 3

H 1 2 3 4 5 H　　H 1 2 3 4 5

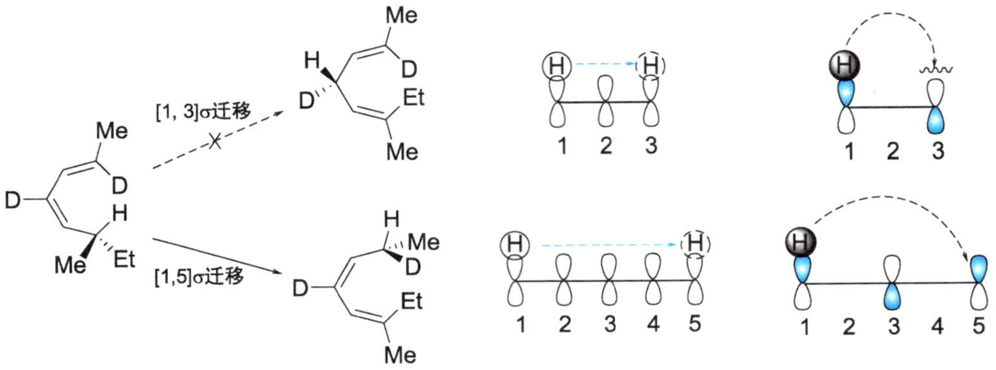

而[i, j] σ迁移时，σ键均裂，产生两个奇数碳共轭体系自由基，[i, j] σ迁移可以看作这两个奇数碳共轭体系的相互作用完成，新σ键形成时必须发生同位相重叠。

如1,5-二烯类化合物的[3,3] σ迁移，也称为柯普（Cope）重排，可以看作是通过两个烯丙基自由基体系的相互作用完成的。基态时，[3,3] σ迁移的同面-同面迁移是对称允许的，而激发态时，同面-异面迁移是对称允许的。

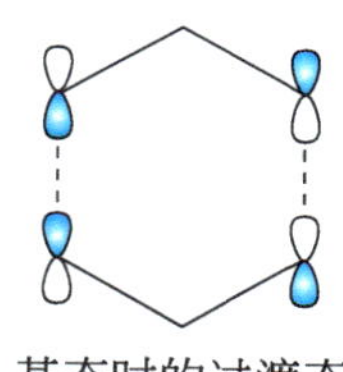
基态时的过渡态

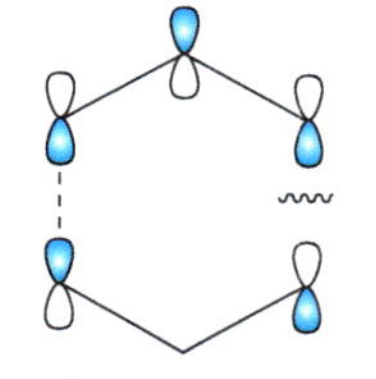
激发态时的过渡态

 拓展阅读：罗伯特 · 伯恩斯 · 伍德沃德

罗伯特·伯恩斯·伍德沃德（Robert Burns Woodward，1917年4月10日—1979年7月8日），美国有机化学家，对现代有机合成做出了相当大的贡献，尤其是在合成和具有复杂结构的天然有机分子结构阐明方面，被誉为现代有机合成之父。

伍德沃德生于马萨诸塞州波士顿，从小喜读书，善思考，学习成绩优异。1933年夏，只有16岁的伍德沃德就以优异的成绩考入美国的著名大学麻省理工学院。在全班学生中，他是年龄最小的一个，素有“神童”之称，学校为了培养他，为他一人单独安排了许多课程。他聪颖过人，只用3年时间就学完了大学的全部课程，并以出色的成绩获得了学士学位。随后，伍德沃德直接攻取博士学位，只用一年的时间，学完了博士生的所有课程，通过论文答辩获博士学位。

获博士学位以后，伍德沃德在哈佛大学执教，1950年被聘为教授。他教学极为严谨，且有很强的吸引力，特别重视化学演示实验，着重训练学生的实验技巧，他培养的学生，许多成了化学界的知名人士，其中包括获得1981年诺贝尔化学奖的波兰裔美国化学家罗德·霍夫曼（Roald Hoffmann）。

伍德沃德是20世纪在有机合成化学实验和理论上取得划时代成果的罕见的有机化学家，他以极其精巧的技术，合成了胆甾醇、皮质酮、马钱子碱、利血平、叶绿素等多种复杂有机化合物。据不完全统计，他合成的各种极难合成的复杂有机化合物达24种以上，所以他被称为“现代有机合成之父”。伍德沃德还探明了金霉素、土霉素、河豚素等复杂有机物的结构与功能，探索了核酸与蛋白质的合成问题、发现了以他的名字命名的伍德沃德有机反应和伍德沃德有机试剂。他在有机化学合成、结构分析、理论说明等多个领域都有独到的见解和杰出的贡献，他还独立地提出二茂铁的夹心结构，这一结构与英国化学家威尔金森（G. Wilkinscn）、费歇尔（E. O. Fischer）的研究结果完全一致。

1965年，伍德沃德因在有机合成方面的杰出贡献而荣获诺贝尔化学奖。获奖后，他并没有因为功成名就而停止工作，而是向着更艰巨复杂的化学合成方向前进。他组织了14个国家的110位化学家，协同攻关，探索维生素B_{12}的人工合成问题。在他以前，这种极为重要的药物，只能从动物的内脏中经人工提炼，所以价格极为昂贵，且供不应求。伍德沃德设计了一个拼接式合成方案，即先合成维生素B_{12}的各个局部，然后再把它们对接起来。这种方法后来成了合成所有有机大分子普遍采用的方法。合成维生素B_{12}过程中，不仅存在一个创立性的合成技术的问题，还遇到一个传统化学理论不能解释的有机理论问题。为此，伍德沃德参照了日本化学家福井谦一提出的“前线轨道理论”，和他的学生兼助手霍夫曼一起，提出了分子轨道对称守恒原理，这一理论用对称性简单直观地解释了许多有机化学过程，如电环化反应、环加成反应、σ键迁移反应等。该原理指出，反应物分子外层轨道对称性一致时，反应就易进行，这叫“对称性允许”；反应物分子外层轨道对称性不一致时，反应就不易进行，这叫“对称性禁阻”。分子轨道理论的创立，使霍夫曼和福井谦一共同获得了1981年诺贝尔化学奖。因为当时伍德沃德已去世2年，而诺贝尔奖又不授予已去世的科学家，所以学术界认为，如果伍德沃德还健在的话，他必是获奖人之一，那样，他将成为少数两次获得诺贝尔奖的科学家之一。

伍德沃德合成维生素B_{12}时，共做了近千个复杂的有机合成实验，历时11年，终于在他谢世前几年实现了。在有机合成过程中，伍德沃德以惊人的毅力夜以继日地工作。例如在合成番木鳖碱、奎宁碱等复杂物质时，需要长时间的守护和观察、记录，那时，伍德沃德每天只睡4个小时，其他时间均在实验室工作。

伍德沃德谦虚和善，不计名利，善于与人合作，一旦出了成果，发表论文时，总喜欢把合作者的名字署在前边，他自己有时干脆不署名，对他的这一高尚品质，学术界和他共过事的人都众口称赞。

伍德沃德对化学教育尽心竭力，他一生共培养研究生、进修生500多人，他的学生遍布世界各地。伍德沃德在总结他的工作时说:“之所以能取得一些成绩，是因为有幸和世界上众多能干又热心的化学家合作。”

1979年7月8日，伍德沃德积劳成疾，与世长辞，终年62岁。他在辞世前还面对他的学生和助手，念念不忘许多需要进一步研究的复杂有机物的合成工作，他逝世以后，人们经常以各种方式悼念这位有机化学巨星。

参考资料

[1] 邹宗柏. 有机合成的能工巧匠罗伯特·伯恩斯·伍德沃德[J]. 化工时刊, 1990(8).

[2] “最厉害、最生猛的有机合成大师——罗伯特·伯恩斯·伍德沃德” http://www.360doc.com/content/18/1116/18/52417265_795330815.shtml.

习题

21-1 完成下列反应。

(1) + ⟶ (   )

(2) + ⟶ (   )

(3) + 2(   ) ⟶

(4) $PhCH_2-\overset{O}{\overset{\|}{C}}-CH_2Ph$ + (   ) $\xrightarrow[MeOH]{MeONa}$ (Ph, O, Me, Ph)

21-2 实验发现，萘磺化时，低温下生成α-萘磺酸，而高温时则生成β-萘磺酸，如何解释？

21-3 为什么Diels-Alder反应的生成物有时有利于分解？

$\longrightarrow H_2C{=}CH_2 +$

21-4 写出下列反应的机理。

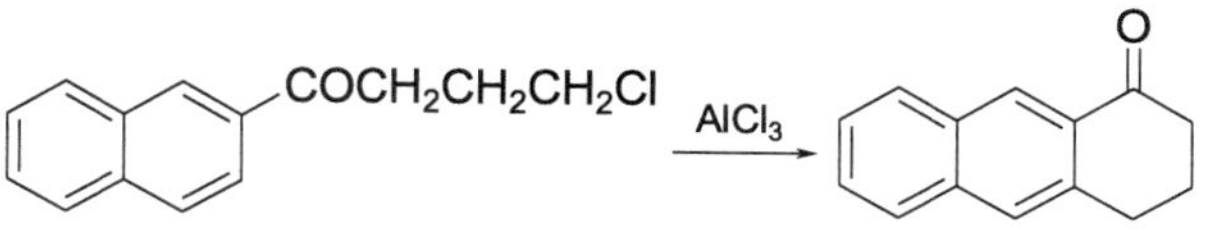

$$\text{2-萘基-COCH}_2\text{CH}_2\text{CH}_2\text{Cl} \xrightarrow{AlCl_3} \text{产物}$$

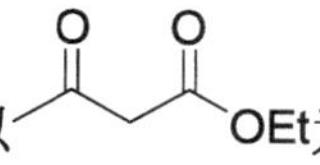

21-5 以 CH_3COCH_2COOEt 为原料合成：（双环缩酮结构，带 CH_3）。

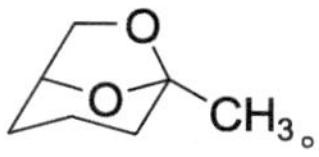

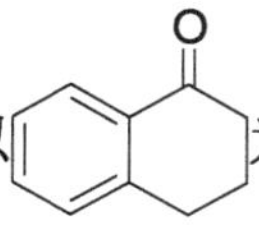

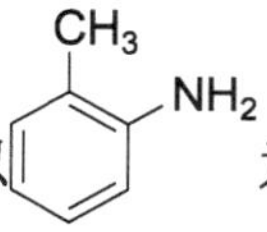

21-6 以 α-四氢萘酮为原料合成：（茚-2-基）$-CH_2OH$。

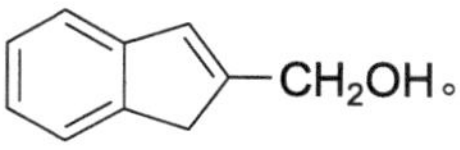

21-7 以 邻甲基苯胺（CH_3，NH_2）为原料合成：芴酮。

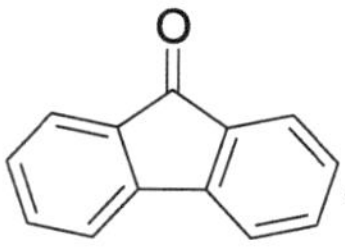

21-8 以对二甲苯为原料合成：1,4,6-三甲基萘（CH_3，CH_3，CH_3）。

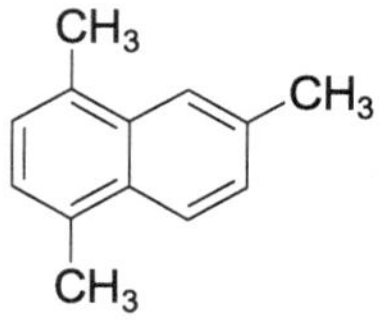

21-9 由不超过四个碳原子的化合物和简单的无机试剂合成：（环戊烯基）$-CHO$。

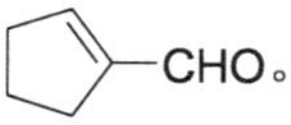

21-10 由不超过四个碳原子的化合物和简单的无机试剂合成：2,6-二甲基环己酮。

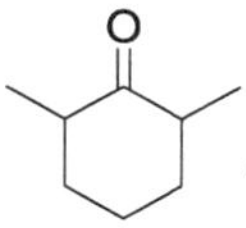

参考文献

[1] Seyhan N. Ege. Organic Chemistry. 5th edition. Houghton Mifflin Co., 2005.
[2] John C McMurry. Organic Chemistry. 9th Edition. Cengage Learning, 2015.
[3] Patrick G. Instant Notes in Organic Chemistry. 2nd Edition. Taylor & Francis, 2004.
[4] Marye Anne Fox, James K Whitesell. Organic Chemistry. 2nd Edition. Boston: Jones and Bartlett Publishers, 2001.
[5] Francis A Carey, Robert M Giuliano, Neil T Allison, Susan L Bane. Organic Chemistry. 11th Edition. McGraw-Hill Education, 2019.
[6] David E Lewis. Organic Chemistry: A Modern Perspective. Wm C Brown Publisher, 1996.
[7] Leroy G Wade. Organic Chemistry. 5th Edition. Beijing: Higher Education Press, 2004.
[8] Leroy G Wade. Organic Chemistry. 9th Edition. Pearson, 2016.
[9] T W Graham Solomons. Organic Chemistry. 7th Edition. John Wiley&.Sons Inc, 2000.
[10] Craig B Fryhle, Scott A Snyder, T W Graham Solomons. Organic Chemistry. 12th Edition. Wiley, 2016.
[11] K Peter C Vollhardt, Neil E Schore. Organic Chemistry: Structure and Function. 8th Edition.W H Freeman, 2018.